AF314997

pour se joindre aux annelets ou filets, en bas pour se joindre à la première moulure de la base.

APPAREIL, s. m., all. *Fugenschnitt*, angl. *The facing stones on the front of a building*, ital. *Apparecchio*. Art de tracer, placer et poser les pierres, par rapport à leurs lits et joints.

APPAREILLEUR, s. m., all. *Ausmesser der Werkstücke*. Chef ouvrier d'un chantier de maçonnerie, chargé de la conduite des pièces de trait et de tracer les pierres sur le chantier.

APPARTEMENT, s. m., all. *Reihe Zimmer*, angl. *Apartment*, ital. *Appartamento*. Nombre de pièces indéterminé, dépendantes les unes des autres, disposées de manière à former une habitation agréable et commode. A. de parade ou d'honneur, pièces principales d'une habitation, d'un palais, d'un château où sont reçues les personnes qu'on veut distinguer. A. de plain-pied, celui qui a tous ses planchers au même niveau.

APPENTIS, s. m., all. *Schirmdach (Angebauter Schoppen)*, angl. *Shed (Outhouse)*, ital. *Tettoja*. Toit d'une seule pente ; sert d'angar, de bûcher, de remise, de resserre. Les toits des collatéraux des églises du moyen âge sont le plus généralement en appentis.

APPORT, s. m., all. *Marktplatz*, angl. *Market place*, ital. *Mercato*. Marché public orné de colonnes ou de piliers et recouvert d'un toit.

APPUI, s. m., all. *Brustmauer*, angl. *Breast-wall, parapet under the window sill*, ital. *Sostegno*. Petit mur élevé entre deux pieds-droits et au pied d'une fenêtre, couronné d'une tablette avec ou sans moulures. A. allégé, celui qui en manière de parpaing occupe seulement une partie de l'épaisseur du mur. A. évidé, orné de balustres ou autrement ou en manière d'abat-jour.

APSIDE. *Voyez* Abside.

APSIDIALE. *Voyez* Absidiale.

AQUEDUC, s. m., all. *Wasserleitung*, angl. *Aqueduct*, ital. *Aquidotto*. Construction en maçonnerie, brique, pierre de taille, etc., souterraine ou non, servant selon son niveau de pente à conduire l'eau d'un lieu à un autre. Les Romains ont excellé dans l'établissement des aqueducs. Le premier qu'ils établirent fut celui qui conduit à Rome l'eau Appia; c'est Appius Claudius qui le fit construire en l'année 312 avant l'ère vulgaire : sa longueur était de 11,190 pas, sa prise d'eau

était à Præneste (Palestrine), à 32 kilomètres de Rome; il n'en
reste rien. Le second aqueduc fut celui de l'*Anio vetus*, construit
par Curius Dentatus, 272 ans avant l'ère vulgaire. Sa source
était au delà de Tivoli, à 24 kilomètres de Rome; 211 pas
étaient la longueur de ce qui s'élevait au-desssus du sol. On en
voit encore un fragment auprès de la porte Maggiore. Le troisième fut celui de Marcius, construit 146 ans avant l'ère vulgaire : il avait 36 kilomètres de longueur. En 126 le quatrième
fut bâti par C^n Servilius Cœpio et F. Flaccus : il conduisait
l'eau appelée Tepula de Tusculum au Capitole. Le cinquième
est de l'année 34 avant l'ère vulgaire; il est dû à M. Agrippa
et venait également de Tusculum : il conduisait l'Aqua Julia.
Le sixième est également dû à Agrippa : il amenait l'eau,
appelée Aqua Virgo, à Rome de la source de l'Anio (Teverone);
sa longueur était de 22 kilomètres. L'aqueduc de l'Aqua
Alsietina, établi par Auguste, avait sa prise d'eau dans le lac
Martignano, pense-t-on, près de Baccano. Le huitième est
celui d'Aqua Claudia, fondé par Caligula, continué et terminé
par Claude vers l'année 51. Enfin le dernier a été bâti par
Claude et s'appelle l'Anio Novus. Tous les aqueducs de Rome
avaient ensemble 428 kilomètres de longueur, dont 32 étaient
suspendus dans les airs! Ils fournissaient 787,000 mètres
cubes d'eau par vingt-quatre heures dans la ville. Le pont du
Gard, près de Nîmes, bâti par Agrippa, est un aqueduc
romain qui a 12 kilomètres de longueur. Il en existe un autre
à Ségovie.

ARABESQUES, s. f. pl., all. *Blumenzüge* (*Arabesken*), angl.
Arabesques, ital. *Arabeschi*. Ornement d'une composition et
d'une forme capricieuse et fantastique, dans lequel entrent
des rinceaux, des tiges, des feuillages, des fleurs et toute sorte
d'animaux naturels et imaginaires. L'art romain connaissait
l'arabesque : les Arabes l'ont employé, mais en y laissant seulement la végétation : la renaissance a rendu aux arabesques
toute l'élégance possible, elle y a réintégré le règne animal
et a créé dans ce genre d'ornementation toute la perfection
imaginable.

ARASEMENT, s. m., ital. *Agguagliamento*. Partie de mur
élevée à sa hauteur donnée, de niveau ou en contre-bas.

ARASER, v. a., all. *Schnurgleich machen*, angl. *To make level*,
ital. *Pareggiare*. Monter une assise de maçonnerie à la même

hauteur ; araser de niveau, conduire horizontalement les assises.

ARASES, s. f. pl. Assise de pierre plus forte ou moindre que celle quia précédé, pour arriver à une certaine hauteur donnée, comme un cours de plinthe au cymaise d'un entablement.

ARBALÉTRIER, s. m., all. *Dachstuhlsäule*, angl. *Principal Rafter* (*Blade*, *Back*), ital. *Puntoni*. Maîtresse pièce de bois destinée à soutenir et contreventer l'assemblage d'une ferme de comble. L'arbalétrier est cette pièce inclinée sur laquelle posent les pannes.

ARBALÉTRIÈRE, s. f., all. *Schiesscharte*, angl. *Cruciform loophole*, ital. *Feritore*. Meurtrière en forme de croix par laquelle l'archer ou l'arbalétrier déchargeait son arme.

ARBITRAGE, s. m., all. *Schiedsspruch*, angl. *Arbitration* (*Reference*), ital. *Arbitrato*. Décision, sentence ou jugement rendus par des personnes nommées à l'amiable par les parties, pour estimer et régler quelques difficultés survenues pendant ou après la construction d'un bâtiment.

ARBITRE, s. m., all. *Schiedsrichter*, angl. *Arbiter*, ital. *Arbitro*. Juge choisi par les parties pour juger et régler quelque difficulté.

ARC, s. m., all. *Bogen*, angl. *Arch*, ital. *Arco*. Portion de la circonférence d'un cercle dont la ligne qui joint les deux extrémités s'appelle corde. Arc, en architecture, est un arrangement curviligne, plus ou moins large et épais, de matériaux durs, se supportant les uns les autres dans le vide, destiné à former un espace vide dessous et un espace solide dessus. L'arc peut être à joints horizontaux ou à joints radiaux. Dans le premier cas, les pierres sont posées en encorbellement, avançant en saillie les unes sur les autres dans le vide, et taillées ensuite dessous selon la forme qu'on veut donner à l'arc. Dans le second cas, les pierres sont posées de manière à ce que les joints, formant une portion de rayon de cercle, tendent à un ou plusieurs points de centre. L'arc à joints horizontaux a été employé dans les pays où se trouvaient des matériaux de forte dimension et de qualité dure et solide. Il a été employé au monument grec appelé Trésor d'Atrée, près Mykène en Grèce, édifice anté-homérique ; et dans une construction dans la vallée d'El-Assasif, à Thèbes, et qui date de la dix-huitième dynastie, du XVIe siècle avant l'ère vulgaire. Il y avait aussi des arcs à joints radiaux dans plusieurs autres tombeaux de Thèbes, dans des canaux souterrains des palais de Nimroud (Ninive), aux portes de l'enceinte de Khorsabad, au grand cloaque de Rome. Mais l'arc et la voûte ne furent perfectionnés que par les architectes grecs et romains, qui n'eurent que de petits matériaux à leur disposition pour couvrir de grands espaces. Ils employèrent à cet effet l'arc à plein cintre et le formèrent au moyen de voussoirs et d'une clef, taillés en coins. Quant à l'arc ogival ou à tiers point, il en existait déjà aux palais de Ninive.

On distingue plusieurs sortes d'arcs. L'arc à plein cintre, all. *Rundbogen*, angl. *semi circular arch*, est formé d'un demi-cercle. Il a son centre au milieu de sa corde. L'arc bombé et surbaissé, celui qui a son ou ses points de centre plus bas que sa corde. Arc surhaussé, *stilled* en anglais, celui qui a son ou ses points de centre plus hauts que la corde : il a pour hauteur plus que la moitié du rayon. L'arc en ogive ou à tiers point, all. *Spitzbogen*, angl. *Pointed arch*, ital. *Arco acuto*, celui tracé par deux portions de cercle qui se joignent en pointe au sommet. Il y en a de beaucoup d'espèces. L'arc en chaîne, all. *Kettenbogen*, angl. *Catenarian arch*, celui dont la courbe suit la ligne que décrit une chaîne ou une corde mouillée, attachée par ses deux bouts : on comprend que cette courbe est employée le haut en bas. Cet arc est employé, mais rarement, dans les monuments des xie et xiie siècles. Arc en talons ou en accolade, all. *Eselsrückenbogen* (*Wellenbogen*, *Geschweifterbogen*), angl. *Ogee-arch*, *fourcentred arch*, a la forme de deux talons ou cymaises réunis ; il est tracé au moyen de quatre points de centre. Arc Tudor, formé également de quatre centres, deux sur la corde et deux beaucoup plus bas. Arc déprimé, formé de deux quarts de cercle, joints à leur sommet par une ligne droite. Arc polylobé, composé de plusieurs portions de cercle. Arc trilobé, all. *Drei-Pass*, angl. *Trifoil arch*, formé de trois lobes. Arc à quatre lobes, all. *Vier-Pass*, angl. *Quatrefoil*, à quatre feuilles ou lobes. Arc zigzagué, all.- *zackiger Bogen*, angl. *Zigzagated arch*, arc formé par des zigzags. Arc rampant, celui dont les naissances sont d'inégale hauteur. Arc de décharge, celui pratiqué au-dessus d'une plate-bande, d'un linteau de porte, de fenêtre, pour alléger le poids supérieur des murs élevés au-dessus.

ARC DE TRIOMPHE, s. m., all. *Ehrenpforte* (*Triumphbogen, Siegesbogen*), angl. *Triumphal arch,* ital. *Arco trionfale.* Monument dont la partie principale est une arcade ou arc, élevé par les Romains à l'entrée de ou dans une ville, pour célébrer et perpétuer la victoire et le triomphe de leurs illustres guerriers. Ces monuments sont plus ou moins grands, plus ou moins riches et plus ou moins beaux. On présume que le premier arc de triomphe a été élevé en l'honneur de Claudius Drusus, en l'année 9 avant l'ère vulgaire ; le second est celui de Titus de l'année 70, après sa victoire sur les Juifs ; le troisième est celui de Trajan à Bénévent ; le quatrième, celui de Marc-Aurèle, démoli il y a deux cents ans : le cinquième, celui de Septime Sévère, au pied du Capitole à Rome ; le sixième, celui de Constantin, près du Colisée à Rome. Il existe un arc de triomphe élevé à Auguste, à Aoste, à Saint-Remy (Bouches-du-Rhône) et en d'autres lieux ayant fait partie de l'empire romain.

ARC DE TRIOMPHE. Grand arc à plein cintre, à l'entrée du sanctuaire dans les anciennes basiliques chrétiennes, où l'on représentait le triomphe du fondateur de la religion chrétienne.

ARC-BOUTANT, s. m., all. *Strebcbogen*, angl. *Flying-Buttress,* (*Arch-Buttress*), ital. *Sperone* (*Appoggio, puntello*). Arc rampant ou oblique, placé surtout à l'extérieur des monuments du moyen âge, appuyé sur un contre-fort et contre un mur de voûte, pour arrêter la poussée et l'écartement d'une voûte. Les arcs-boutants commencent à être en usage à la fin du xiie siècle. Ils sont ornés, massifs ou à jour, comme aux cathédrales de Beauvais et d'Amiens. D'abord simples, ils deviennent très-riches et compliqués au xve siècle. — Se dit aussi d'une pièce de bois qui sert à fixer l'arbre montant d'un échafaud, d'une grue, d'un engin, d'une sonnette, etc.

ARC-DOUBLEAU, s. m., all. *Querbogen* (*Quergurt*), angl. *Transverse band or rib* (*cross-springer*), ital. *Arco doppio.* Arcade en saillie et en contre-bas de l'intrados d'une voûte dont elle suit la courbure. L'arc-doubleau prend sa naissance sur les piliers ou les murs d'une construction voûtée quelconque et s'étend en travers de cette construction, en équerre sur l'axe principal du monument. Les arcs-doubleaux antiques sont lisses, à surface plane : dès la fin du xie siècle on a commencé

à les orner et au xiv° siècle ils sont très-riches et même surchargés de moulures qui en ôtent la solidité à l'œil.

ARCEAU, s. m., all. *Krümmung an einem Gewölbe, Kleeblatt-
zug*, angl. *Curve of an arch*, ital. *Incurvazione di uno arco*.
Courbure d'une voûte. Se dit aussi d'un ornement de sculpture
en forme de trèfle, et garni d'un fleuron.

ARCHE, s. f., all. *Brückenjoch (Bogen, Joch)*, angl. *Arche*,
ital. *Volta, Arco di Ponte*. Grande voûte qui porte sur les piles
et culées d'un pont de pierre; ne s'emploie pas dans une
autre acception. Arche extradossée, celle dont les voussoirs,
égaux en longueur et coupés parallèlement à la douelle, ne
forment aucunes liaisons avec les assises de maçonnerie établies dessus. Arche maîtresse, celle du milieu, souvent plus
large et plus haute que les autres.

ARCHÈRE, s. f., all. *Senkrechte Schussscharte*, angl. *Vertical
loophole*, ital. *Feritore*. Meurtrière étroite, longue et verticale
destinée au tir de l'arc. Employée principalement dans les
fortifications et les châteaux forts de moyen âge.

ARCHEVÊCHÉ, s. m., all. *Erzbischöfliche Pallast*, angl.
Archbishop's Pallace, ital. *Palazzo arcivescovile*. Palais ou habitation d'un archevêque.

ARCHITECTE, s. m., all. *Baumeister*, angl. *Architect*, ital.
Architetto. Artiste qui conçoit, compose et exécute avec science
et selon les lois du beau, toute espèce de construction et d'édifices. L'architecte est la profession la plus longue à acquérir
et la plus difficile à atteindre. Elle demande beaucoup de
connaissances, d'intelligence et d'imagination. Les architectes
des temps primitifs chez tous les peuples étaient des prêtres et
des rois. Ce n'est que dans l'âge civil des nations que s'élevèrent des hommes revêtus de cet emploi. Le respect pour leur
individualité fut si grand, qu'on les rangea au nombre des
sages. Anciennement, les architectes étaient chargés de tous les
travaux ou monuments religieux, civils et militaires : François
Blondel fut nommé maréchal de camp par Louis XIV, et Clément
Metezeau avait le même grade. En l'année 1747, Trudaine
enleva aux architectes une partie de leurs attributions, la
construction des ponts, et forma le corps des ingénieurs des
ponts et chaussées, dont Perronet devint directeur.

Dans les premiers siècles du moyen âge, jusqu'au milieu
du xii°, les évêques, les abbés et les moines étaient les archi-

tectes de l'époque. On les nommait *Cæmentarius*, *Magister lapidum*, *Operario*, *Magistro ædificante*. Au xIII^e on trouve *Magister* , maître des œuvres (de maçonnerie). Ce n'est qu'au xvI^e siècle que le nom d'architecte fut donné aux artistes constructeurs.

ARCHITECTURE, s. f., all. *Baukunst*, angl. *Architecture*, ital. *Architettura*. Art créateur et non d'imitation, qui consiste à concevoir et à édifier des monuments suivant les règles du beau et de la science. L'architecture est le produit de formes harmoniques données à la nature inorganique. La construction seule, et non l'architecture, existe au commencement des sociétés humaines. L'architecture naît après la phase patriarcale, après la naissance et la formation des nationalités, et dès que les exigences collectives se sont produites. La première architecture de chaque peuple est religieuse ou hiératique. C'est à l'architecture que sont dues les plus anciennes créations connues et existantes, sorties du génie et de la main des hommes. Pour certains peuples, leurs monuments sont, avec leur langue, leur seule source historique. L'architecture est le premier, le plus noble et le plus difficile des arts ; elle témoigne de la supériorité et de l'infériorité des nations, de leur génie, de leurs mœurs, en un mot, de toutes leurs aptitudes intellectuelles et morales. L'architecture imprime aux princes qui s'en sont servis le sceau de la gloire et de l'honneur ou de la dégradation et du mépris ; elle est une puissance dans la main de tout chef d'État qui sait l'employer avec sagesse et moralité.

ARCHITECTURE ASSYRIENNE, est celle pratiquée dans une haute antiquité dans une contrée de l'Asie arrosée par le Tigre. Ce que le temps en a conservé, est sorti de dessous terre depuis à peine vingt-cinq ans. Ninive, la capitale, nous donne dans ses ruines les types de l'architecture assyrienne. Ses immenses palais, composés d'une série de cours, de portiques, de salles oblongues et vastes, de temples et de tombeaux, révèlent le génie et le goût élevés et puissants de ses créateurs et de ses habitants. Des murs en briques, revêtus jusqu'à une certaine élévation de tablettes d'albâtre ornées de bas-reliefs polychromes, surmontés de frises hautes peintes ou en mosaïque, forment les salles des palais : ce soubassement était couronné de piliers et de colonnes de formes fantastiques,

comme la nature elle-même de l'Asie, et ces supports verticaux, laissant des vides entre eux où appendaient des tapis
et des draperies, soutenaient une couverture horizontale en
charpente ornée avec goût et avec magnificence : à l'extérieur, cette couverture se terminait en un riche entablement
surmonté de créneaux en gradins souvent recouverts d'une
fine tôle d'or ou d'argent. Aux pieds-droits des principales
portes d'entrée, l'on voyait des animaux symboliques gigantesques, ayant le corps du lion ou du taureau, les ailes de
l'aigle et la tête de l'homme, pour figurer sans doute la force
et la création, l'agilité et la vitesse, la sagesse et la puissance.
La prodigieuse quantité de bas-reliefs, dont des fragments
volumineux sont déposés dans les deux grands musées de
Londres et de Paris, commencent à initier aux mœurs et aux
époques historiques des Assyriens. Les inscriptions qui accompagnent ces sculptures commencent à être déchiffrées :
elles sont formées de caractères dits cunéiformes (*Keilschrift*
en all., *Arrow-headed writing* en angl.), en forme de clous
ou de coins. L'architecture assyrienne a un caractère remarquable de sévérité, mais élégant, indépendant et léger.

ARCHITECTURE ÉGYPTIENNE. C'est celle, de toutes les
architectures connues, dont nous ayons les plus anciens monuments. Le style égyptien reflète avec fidélité le monstrueux
caractère de l'Afrique et de la vallée du Nil en particulier.
Elle est remarquablement solide, hardie et colossale. Ses plus
anciens édifices sont les pyramides, et parmi elles surtout les
pyramides de Memphis et de Saccarah, qui ont aujourd'hui
sept mille ans de durée! C'étaient des temples et non des
tombeaux, comme on l'a prétendu pendant longtemps, et qui
appartenaient à l'ancien empire. Dix-huit siècles avant l'ère
vulgaire commença le nouvel empire et avec lui un nouveau
genre d'architecture, dont on trouve cependant des types antérieurs en Égypte. Thèbes offre les plus beaux temples et
palais égyptiens. Qu'on se figure, à l'extrémité de rangées de
sphinx à perte de vue, deux tours tronquées, plus étroites à
leur sommet qu'à leur base, avec une énorme porte d'entrée
au milieu, conduisant dans une série de salles, de péristyles,
de cours et de jardins où des murs épais et des colonnes
quelquefois de plus de vingt mètres d'élévation et monolithes,
soutiennent des entablements vigoureux et tout cela dans des

longueurs quelquefois de deux cents mètres, — et l'on aura
une idée générale du génie des princes et des architectes
égyptiens. La colonne des bords du Nil est soit cylindrique,
soit composée à l'instar de quatre tiges végétales, retenues
en bas et en haut par des ligatures transversales, ayant pour
chapiteau soit un bouton de fleur tronqué par le haut, soit
campanulé avec de riches feuillages qui varient selon les
époques. Toute cette architecture, puissante par ses masses et
ses lignes merveilleuses de pureté, était peinte du haut en
bas, souvent même, dans certaines de ses parties, recouverte
d'une fine lame d'or, procédé appliqué aussi aux caractères
sacrés hiéroglyphiques qui ne font jamais défaut aux sculptures et aux faces planes et cylindriques des monuments de
l'Égypte, monuments qui portent, comme caractère essentiel,
celui de l'éternité et de l'immutabilité. Jamais le caprice indi-
viduel ni la mode n'ont atteint les arts de la vallée du Nil.
A l'époque même où l'hellénisme s'est établi en Égypte avec
les Ptolémées, quand une partie de la civilisation fut métamorphosée, l'architecture nationale ne fut point altérée et les
monuments furent encore élevés, à de légères modifications
près, dans le style qui avait prévalu depuis une longue série
de siècles.

ARCHITECTURE GRECQUE. Elle a deux origines distinctes,
l'Assyrie et l'Égypte. L'ordre ou le style ionien a ses types
en Assyrie : on retrouve dans des bas-reliefs de Ninive la
figuration de monuments avec des frontons et des colonnes
couronnées du chapiteau à volute, signe distinctif de l'ordre
ionien. C'est dans les villes de l'Ionie, contrée de l'Asie Mineure, que cette architecture a pris naissance. De là elle
passa naturellement dans la Grèce propre. L'ordre dorique
grec est d'origine égyptienne : on retrouve son prototype aux
curieux piliers de Méteharra, au nord d'Antinoé, à Béni-Hassan, de la sixième et de la douzième dynastie (4200 et 3200
ans avant l'ère vulgaire), à Kalabsché, à Amada, de la trei-
zième dynastie (xvie et xve siècle avant l'ère vulgaire), et dans
plusieurs autres localités. Le plus ancien type grec du dorique
se trouve dans la peinture d'un vase fait par Ergotimos et
peint par Klitias ; ce vase est contemporain des premiers rois
de Rome. Ensuite vient comme type reculé du dorique, non
une peinture, mais les fragments d'un monument même, de

l'ancien Parthénon de l'acropole d'Athènes, détruit par les Perses en 480 avant l'ère vulgaire. On présume que ce monument, non terminé, datait de l'administration des Pisistratides. Mais quoique les Grecs eussent emprunté des types à l'étranger, ils surent, par la puissance et la fécondité de leur génie créateur, les métamorphoser de telle sorte, que leur architecture est identique à une véritable création originale. Ils eurent l'art de leur donner l'harmonie la plus parfaite, l'élégance la plus exquise, la grâce la plus accomplie. La colonne grecque est cannelée pour donner à son fût plus de légèreté, tout en ne lui enlevant rien de sa solidité. Trois annelets au sommet du fût sont destinés à former une ligature à toutes ces lignes verticales des cannelures. Immédiatement au-dessus des annelets, s'élève l'échine, avec une assez forte saillie sur le fût, et enfin elle est elle-même couronnée par l'abaque carré et puissant qui semble devoir préserver le chapiteau du poids qui le surmonte. Au-dessus de l'abaque vient la puissante architrave, ensuite la frise, et enfin la corniche saillante pour préserver l'ensemble de l'extérieur du monument. Dans la frise on voit les métopes, espace dans lequel on a pratiqué des sculptures : elles alternent avec les triglyphes ornées de canaux et de gouttes. Les ordres ionien et corinthien ont des bases à leurs colonnes qui manquent à l'ordre dorique; ils n'ont point non plus de triglyphes ni de métopes ; la frise règne au pourtour du monument sans interruption et elle est ornée de bas-reliefs, comme au temple de la Victoire sans ailes sur l'acropole d'Athènes. Dans un des rares monuments doriques antérieur au siècle de Périklès, à Corinthe, la hauteur du fût de la colonne est moins que quatre diamètres; au Parthénon, elle est de cinq diamètres $^5/_9$. L'ordre ionique, avec sa base aux colonnes, son chapiteau où est conservée l'échine dorique ornée d'oves, est plus élancé : les colonnes du temple de la Victoire sans ailes, sur l'acropole d'Athènes, et qui est antérieur à Périklès, ont sept diamètres $^2/_3$ d'élévation. Aux angles des chapiteaux de cet ordre sont placées ces élégantes volutes, qui donnent tant de souplesse et d'élasticité au couronnement de la colonne. Comme exemples, nous citerons les chapiteaux des temples de la Victoire sans ailes, d'Apollon, à Bassae près Phigalie, d'Érechthée, sur l'acropole d'Athènes. Vers 440 avant l'ère vulgaire, a eu lieu la naissance du troisième ordre grec, le corinthien, qui est infiniment plus riche que l'ordre ionique dont il est dérivé. Mais nous n'avons que deux monuments grecs de cet ordre; ils sont à Athènes et fort petits : le premier est celui de Lysikrates, de l'année 335 avant l'ère vulgaire; le second, celui d'Andronikos Kyrrhestes, du milieu du ${II}^e$ siècle avant l'ère vulgaire. Dans les beaux temps de l'art en Grèce, on n'employa jamais l'ordre corinthien pour de grands monuments publics, mais seulement pour de petits édifices particuliers.

ARCHITECTURE INDIENNE. Celle de la presqu'île de l'Inde. Elle n'a point de monuments antérieurs au milieu du ${III}^e$ siècle avant l'ère vulgaire, et la plupart d'eux datent de notre moyen âge. Il y en a de trois sortes : 1° les topes monuments élevés au-dessus du sol, soit colonnes isolées, soit grandes constructions circulaires avec souterrains, les unes et les autres bâties par le roi Asoka en commémoration des conquêtes du Bouddhisme; 2° les temples souterrains ou isolés au-dessus de terre, et 3° les monastères ou habitations des prêtres. Le style des topes a quelque chose de correct, d'entendu et de régulier. L'architecture des temples souterrains ou non, a un caractère fantastique, sauvage même. On y a employé des colonnes ou des piliers carrés ou polygonaux, ornés ou non, avec ou sans chapiteaux. Parmi les temples souterrains nous citerons celui de Karli, présidence de Bombay, qu'on pense être du ${I}^{er}$ siècle de l'ère vulgaire, ceux d'Ajunta, de la même date, et postérieurs jusqu'aux ${IX}^e$ ou ${X}^e$ siècles, celui de Viswakarma à Ellora du ${VII}^e$ ou ${VIII}^e$ siècle, celui de Kennery, du ${IX}^e$ ou ${X}^e$ siècle. Il y a dans cette architecture des réminiscences perses et grecques, dans l'ornementation surtout, des cannelures aux colonnes, des palmettes, des rinceaux inhabilement dessinés, etc. La secte des Jaina, qui ne reconnaissait pas Bouddha, et dont l'époque de puissance et de gloire est vers les ${XI}^e$ et ${XII}^e$ siècles de l'ère vulgaire, bâtissait dans l'Inde selon une architecture particulière. Leurs temples ont dans leurs plans quelque ressemblance avec les mosquées mahométanes : leurs piliers et leurs colonnes sont d'une très-grande richesse, ainsi que les dômes de diverses formes qu'ils élevaient, mais qui étaient toujours très-plats et jamais circulaires. Enfin les pagodes sont une autre catégorie de monuments qui datent du milieu et de la fin du moyen âge.

ARCHITECTURE MAHOMÉTANE. Architecture de plusieurs contrées différentes de l'Europe, de l'Afrique et de l'Asie, où ont pénétré les croyants de Mahomet, mort en 631 de l'ère vulgaire. Les Arabes, tribus de Sémites nomades qui n'ont jamais eu d'aptitude pour la distinction, le nombre et la séparation, qui n'ont jamais eu la faculté de la constructivité, parce qu'ils ne comprennent pas non plus la multiplicité dans l'unité, l'analyse, les combinaisons réfléchies, les déductions rigoureuses, n'ont jamais rien bâti, parce qu'ils n'ont eu besoin en outre que de leur tente dans les déserts qu'ils parcouraient. Les savants qui ont écrit en langue arabe étaient des arians ayant embrassé le mahométisme. Les monuments élevés comme mosquées, ont eu, dès le commencement, des architectes chrétiens pour auteurs. Ibn-Khaldoun rapporte dans ses prolégomènes historiques, que lorsque le caliphe Oualid ou Walid Ier, fils d'Abd-el-Melek, voulut élever au commencement du VIIIe siècle une mosquée à Médine, une autre à Jérusalem et à Damas, il fut obligé de prier l'empereur grec de lui envoyer des ouvriers habiles dans la construction, ce que l'empereur fit effectivement. Le fond de cette architecture est donc celle de l'empire de Byzance, décadence elle-même du style grec et latin mélangés. Le coran défendant la représentation de la figure de l'homme et de celle des animaux, limitant par conséquent l'artiste à l'ornementation végétale, le poussa dans les combinaisons les plus compliquées de compartiments et d'arabesques de tout genre. L'architecture mahométane de plus livrée à l'arbitraire de constructeurs, obligés de se servir des matériaux que leur offraient les contrées où ils se trouvaient, dégénéra en caprices d'une imagination fourvoyée. Cette architecture n'a point de grandes masses, n'est point harmonieuse, mais désordonnée et bizarre. Elle utilise toutes les formes, le plein cintre, l'arc en fer à cheval, l'arc à tiers point, l'arc surbaissé, l'arc trilobé, etc. L'objet le plus caractéristique de l'architecture mahométane c'est le détail des couvertures ou voûtes de ses édifices. Ce détail consiste en petites niches ou alvéoles de diverses grandeurs, de diverses formes, confectionnées dans des moules avec des matières malléables, telles que terre, plâtre, ciment, etc. Ces niches sont agglomérées, les unes à côté des autres, et par étages ou assises les unes sur les autres, et qui se terminent au sommet en pointe. Ces plafonds ainsi composés peuvent se comparer à des cavernes de stalactites ou à des ruches d'abeilles. Quant à l'extérieur de ces dômes, il est très-simple, sans ornementation même ; les murs sont élevés et lisses, percés irrégulièrement de petites ouvertures, mais en nombre très-restreint. Le genre d'ornements appelés arabesques, est un détail essentiel de l'architecture mahométane. Les enroulements sont souvent enrichis de sentences du Coran ; mais l'écriture ne vient pas animer ces combinaisons géométriques ou végétales. De même qu'une histoire fait défaut aux Arabes, leur art est privé d'un développement progressif; dans les pays qu'ils ont conquis, ils ont fait des emprunts aux arts nationaux, qu'ils ont introduit tant bien que mal dans l'architecture de leurs monuments. Mais ils n'ont produit qu'un style monotone, peu varié, qui, en résumé, reflète l'impuissance de l'esprit arabe dans les créations du beau et du vrai.

ARCHITECTURE ÉTRUSCO-ROMAINE. Les Étrusques ont été les éducateurs des Romains : ayant séjourné sur les versants des Alpes avant de descendre en Italie, l'architecture des premiers s'était assimilée quelque chose de la construction en bois, le poteau ou la colonne, l'architrave et le toit saillant. Toutefois, il ne reste aucun monument du temps de la splendeur du peuple étrusque et les descriptions que les auteurs anciens donnent de leurs monuments, ne peuvent s'appliquer qu'à ceux qui avaient déjà subi une influence venue de la Grèce. L'ordre toscan si minutieusement détaillé par Vitruve n'est qu'une invention de son esprit. Les Étrusques étaient très-pratiques : ils étaient grands agriculteurs; ils avaient disposé le nord et le centre de l'Italie de façon à ce que le sol rapportât le plus possible : ils construisirent des canaux et des digues, ils drainèrent des contrées marécageuses, établirent un vaste système d'irrigation dans les grandes plaines qui en avaient besoin. Ils bâtirent des portes de villes, des silos, des aqueducs souterrains, des écluses, des temples et de magnifiques tombeaux encore parfaitement conservés aujourd'hui, même dans leurs peintures. Il se trouve un grand nombre de constructions dites cyclopéennes en Italie et qui ressemblent à celles qui existent encore à Mykène et en Arcadie, con-

structions antérieures, sans doute, à la fondation de Rome. Il
y a aussi en Italie des voûtes circulaires et coniques, bâties au
moyen de pierres posées en encorbellement, et semblables au
monument connu sous le nom de trésor d'Atrée à Mykène.
Quant aux temples étrusques, dans lesquels on pourrait étudier
le caractère de leur architecture, il n'en existe pas, comme
nous l'avons dit. Mais des peintures de vases et de tombeaux
très-anciens, nous conduisent à conclure que l'architecture
étrusque avait quelque ressemblance avec le vieux dorique
grec, sauf des modifications amenées par les matériaux employés, le bois surtout. En 617 avant l'ère vulgaire, un lucumon
étrusque, fils d'un corinthien nommé Démaratos, de la famille
des Bacchiades, et qui vint s'établir dans le sud-ouest de
l'Étrurie, devint roi de Rome et il se nommait Tarquin. Avec
lui les arts étrusques furent introduits dans sa nouvelle capitale. En 509, après plus d'un siècle d'existence, cette royauté
étrusque qui avait embelli Rome de splendides monuments,
ainsi que nous l'apprennent les auteurs anciens, fut chassée
et remplacée par une oligarchie tyrannique et sans poésie
dans le cœur. Aussi Rome n'eût-elle plus d'architecture; ce
ne fut qu'après avoir fait connaissance avec la Grèce, en 146
avant l'ère vulgaire, que l'art monumental eut une renaissance à Rome et dans le reste de l'Italie. Ce furent des architectes grecs qui élevèrent les premiers monuments romains :
car l'histoire enseigne qu'il n'y eut pas d'architectes nationaux
avant l'époque de l'empire. L'ordre qui fut préféré par les
Romains, fut le corinthien. Ils élevèrent des temples, des
palais, des thermes, des théâtres, des aqueducs, des arcs de
triomphe, des basiliques, des amphithéâtres, des cirques, etc.
Mais tous ces monuments ne sont qu'une copie de ceux de la
décadence grecque. Ils étaient de colossales dimensions, richement peints et ornés de sculptures et de statues. Mais l'architecture romaine, au lieu de se développer, ne se traîna que
dans le faste inintelligent de l'esprit du romain qui ne vivait
que des yeux, des sens, et qui n'avait pas le sentiment du
beau. Une seule exception peut être citée : c'est la maison
carrée de Nîmes du temps d'Auguste.

ARCHITECTURE BYZANTINE. Architecture pratiquée dans
l'empire d'Orient depuis Constantin en 324 jusqu'à la des-
truction de cet empire par les Turcs en 1453. Le fond de cette

architecture est le style grec auquel furent ajoutés l'arcade à plein cintre et la voûte romaines. De ce mélange avec les traits de la décadence romaine, un des caractères du byzantin, dérive son aspect massif, qui vient aussi de l'emploi du carré et du cube dans le plan, les faces verticales et les espaces vides. Au lieu de longues lignes à l'intérieur comme à l'extérieur, telles qu'on les voyait dans les temples grecs anciens et dans nos monuments romains de l'Occident, on n'en voit que de courtes dans les monuments byzantins. Ensuite les faces verticales s'ajustent inhabilement aux couvertures et aux dômes ou coupoles. Si la conception ne manque pas de talent, les détails sont maladroitement combinés et semblent n'être pas sortis du même jet de l'imagination de l'artiste. Jusqu'au xiii° siècle le plein cintre fut en usage dans l'empire d'Orient, et dès ce même siècle on y voit apparaître des édifices avec des arcs à ogive, mais en maintenant toujours l'usage de la coupole, parce qu'elle s'appropriait seule à la couverture d'un espace limité et carré. Comme les architectes qui élevèrent les premiers monuments mahométans dans le Levant étaient des grecs de Byzance, il est tout naturel que l'arabe ait de l'analogie avec le byzantin. L'édifice le plus remarquable de l'architecture byzantine est Sainte-Sophie de Constantinople, entièrement restaurée par l'empereur Justinien au milieu du vi° siècle.

ARCHITECTURE ROMANE. Style en usage depuis Charlemagne au ix° siècle jusqu'à la fin du xii°, et principalement dans le nord-ouest de l'Europe et dans le nord de l'Italie. L'architecture romane est une renaissance qui s'éleva de la parfaite décadence de l'architecture romaine, et à laquelle vinrent se mêler quelques légères influences orientales. L'emploi du plein cintre pour les portes, les fenêtres, les galeries et les voûtes caractérise ce style, mais qui ne devient très-élégant qu'au milieu du xii° siècle. Or, cette élégance ne s'éleva qu'au retour de la seconde croisade, quand les croisés rapportèrent de l'Orient, le souvenir de la magnificence que l'antiquité avait léguée à la postérité.

ARCHITECTURE DE TRANSITION. C'est ainsi qu'on nomme le style d'architecture qui prévalut en Europe à partir du milieu environ du xii° siècle jusqu'à la fin du premier quart du siècle suivant. Suger en fut le créateur. Dans ce style règne l'emploi simultané de l'arc à plein cintre et de l'arc à tiers point ou dit ogival. L'arc à tiers point est né d'un détail de construction, de la volonté d'employer des voûtes plus larges que longues, et pour remplacer l'absolu de la voûte d'arête romaine, qui ne pouvait jamais abriter que des espaces formant des carrés parfaits; tandis qu'avec l'arc formé de deux sections de cercle, l'arc doubleau (arc transversal) pouvait avoir pour corde le double que la corde du formeret (arc longitudinal). Ce qui caractérise encore l'architecture de transition, c'est une plus grande légèreté et une plus grande élégance que dans le style qui la précéda : c'est ensuite une addition d'un ornement, nommé griffe ou empattement adapté à la base des colonnes aux quatre angles du socle ou piédestal qui la supporte; c'est au milieu du fût de la colonne un anneau formé de plusieurs moulures et qui semble devoir consolider la colonne et la lier au mur.

ARCHITECTURE OGIVALE OU FRANÇAISE. Ainsi est appelée l'architecture qui suivit celle de transition. Les formes romanes en sont presqu'entièrement bannies. L'emploi de l'ogive pour les voûtes, a donné naissance à un système de construction logique, conséquent, original, qui eut ses lois et sa technique propres. L'ogive y domine partout; on la voit aux voûtes, aux fenêtres, aux portes, aux niches, dans les meneaux et les compartiments géométriques destinés à l'ornementation. Le caractère propre à cette architecture, est l'indétermination du rythme architectural, un certain désordre, l'absence de proportion rationnelle et de précision, toutes choses qui n'empêchent pas le sentiment de s'émouvoir mais qui ne satisfont pas un esprit sain et fort. La belle période du style ogival n'a duré que soixante-quinze ans : commencée vers 1225 elle expire en 1300 où il dégénère : alors ses règles sont outrées par l'absorption de l'imagination et l'abus dans leur emploi. L'architecture de 1300 à 1380 a été appelée rayonnante, à cause de l'usage immodéré du cercle partout où l'on pouvait l'employer. De 1380 à 1500 l'architecture ogivale est déjà en pleine décadence dans le style nommé flamboyant parce qu'en effet les meneaux curvilignes des fenêtres, les dessins des balustrades et des panneaux présentent des figures contournées, sinueuses, ressemblant à des flammes, à des cœurs allongés etc.

ARCHITECTURE DE LA RENAISSANCE. Celle ainsi appelée

date en Italie du xiv⁰ siècle et en France du xvi⁰. Elle retourne aux formes et à l'ornementation de l'architecture romaine de l'empire, tout en les adaptant aux climats et aux exigences des mœurs modernes. Elle reprend les ordres ionien et corinthien importés de la Grèce dans l'empire romain. Mais l'ordre dorique grec, lui reste naturellement inconnu. Les architectes de la Renaissance ignoraient la Grèce avec ses sublimes monuments. Ce n'est qu'au xvii⁰ siècle qu'elle fut révélée à l'Occident et ce n'est qu'au xviii⁰ qu'on commença à l'étudier.

L'architecture de la Renaissance peut être divisée en deux époques, la première commence à Louis XII et finit vers 1530. On y reconnait des réminiscences du gothique mêlées à des formes antiques et à une grande richesse d'ornementation. La seconde commence en 1530 et se prolonge jusqu'à la fin du xvi⁰ siècle. C'est sous le règne de Henri II qu'elle est parvenue à sa splendeur et à toute l'élégance possible. Dans cette seconde période elle est retournée à la normalité des formes antiques ; l'ornementation est sévère, sobre : le goût s'est épuré : il ne laisse plus trace de souvenirs du moyen âge. Cette épuration de l'architecture du milieu du xvi⁰ siècle était due à la connaissance des œuvres de l'antiquité grecque, quant à la littérature, et à l'étude des monuments romains du règne d'Auguste. L'esprit européen, retrempé dans l'idéal hellénique, aidé ensuite des œuvres de la renaissance opérée en Italie, où les traditions des arts antérieurs au christianisme ne périrent jamais, retourna au beau en architecture. Chez nous on éleva le Louvre, le château d'Anet et les Tuileries, auxquels s'attachent le nom des grands architectes, Pierre Lescot et Philibert de l'Orme.

La Renaissance commence en Italie plus tôt qu'en France. L'empereur Frédéric II et Nicolas de Pise, en furent les fondateurs au xiii⁰ siècle. Pétrarque et Boccace la favorisèrent par leurs écrits, et dès l'année 1420, Philippe Brunelleschi éleva la célèbre et magnifique coupole de Sainte-Marie des fleurs, cathédrale de Florence. L'école de la Renaissance florentine en fait d'architecture débuta par la manifestation la plus ordonnée, la plus harmonieuse et la plus élégante dans ses œuvres : les beaux palais de la Toscane en sont la preuve. Cette splendeur architecturale dérive du sentiment du beau qui, depuis l'époque des Étrusques, ne délaissa jamais les contrées qu'ils avaient peuplées.

En Allemagne la renaissance de l'architecture fut empêchée par les tourmentes amenées par la réforme religieuse. On guerroyait et l'on ne bâtissait que rarement. Les idées de la Renaissance s'étaient cependant emparées des meilleures têtes de l'époque. Dès l'année 1506 le grand Albert Durer visitait une partie de l'Italie et dans un de ses ouvrages, publié en 1525, il recommande l'étude des écrits de Vitruve et la « façon nouvelle » qui n'est autre que le style du xvie siècle.

En Angleterre l'architecture de la Renaissance ne commence que vers le milieu du xvie siècle, sous le règne de la reine Elisabeth et finit avant l'année 1600. Mais là, ce style est inférieur à celui employé en Italie et en France : il manque de légèreté et surtout d'élégance et de sobriété dans les détails et dans l'ornementation. Ce fut très-tard qu'Inigo Jones (né en 1572), qui avait visité l'Italie, introduisit la Renaissance italienne en Angleterre. Mais elle mourut avec lui.

L'architecture de la Renaissance suivit en Belgique le mouvement de la France.

En Espagne la Renaissance est précoce. Dès le règne de Ferdinand et d'Isabelle, Jean d'Olotzaga, éleva vers 1480 et termina en 1492, le collége de Sainte-Croix à Valladolid. Le style de la renaissance espagnole est excessivement riche de détails et d'ornementation. On y aperçoit l'influence que les monuments moresques ont exercée : l'arabesque joue un grand rôle dans les frises et les pilastres.

ARCHITECTURE CIVILE, all. *Civil Baukunst*, angl. *Civil Architecture*, ital. *Architettura civile*. C'est celle qui s'occupe des édifices publics et particuliers, comme maisons palais, hôtels de ville, hôpitaux, églises etc.

ARCHITECTURE MILITAIRE, all. *Kriegsbaukunst*, angl. *Military architecture*, ital. *Architettura militare*. C'est celle qui s'occupe des règles pour fortifier les places, afin de pourvoir à la sûreté nationale : elle comprend la construction des casernes, des poudrières et en général de toutes les fortifications.

ARCHITECTURE RELIGIEUSE. Elle fait partie de l'architecture civile, mais prescrit les règles d'après lesquelles doivent être conçus et exécutés les monuments destinés au culte; c'est la plus ancienne de toutes.

ARCHITECTURE ANTIQUE, all. *Classische Baukunst (Baukunst des Alterthums)*, angl. *Classical Architecture*, ital. *Architettura antica*. C'est l'architecture de tous les peuples antérieurs à l'ère vulgaire, mais appliquée plus particulièrement à celle de la Grèce et de Rome jusqu'au v° siècle, de l'ère vulgaire.

ARCHITECTURE GOTHIQUE, all. *Gothische Baukunst*, angl. *Gothic architecture*, ital. *Architettura gottica*. On a nommé pendant longtemps et l'on continue à nommer ainsi l'architecture du moyen âge, depuis la fin de l'empire romain jusqu'à la Renaissance. On a remplacé cette dénomination par « architecture ogivale ou du moyen âge. » Ce dernier terme est le plus juste, parce qu'il comprend le roman et le style ogival. Le nom de gothique appliqué à l'architecture du moyen âge, est tout-à-fait impropre parce que les Goths n'inventèrent aucun style d'architecture.

ARCHITRAVE, s. f., all. *Architrav (Architrab, Unterbalken, Hauptbalken)*, angl. *Architrave*, ital. *Architrave*. Partie inférieure de l'entablement, qui représente une poutre placée horizontalement et immédiatement sur le tailloir ou abaque des chapiteaux des colonnes. L'architrave est différente selon l'ordre auquel elle appartient. Dans le dorique grec elle est un large bandeau couronné d'un filet; dans les ordres ionique e^t corinthien elle se compose de trois faces. L'architrave est aussi nommé Epistyle.

ARCHIVES, s. f. pl., all. *Archiv-Gebäude*, angl. *Place where government archives or records and valuables are deposeted*, ital. *Archivio*. Bâtiments ou grandes salles voûtées à l'abri d'incendies, où l'on dépose des papiers, titres etc. publics.

ARCHIVOLTE, s. f., all. *Archivolte (Simswerk an einen Bogen)*, angl. *Archivolt*, ital. *Archivolto (Modono)*. Arc composé de moulures et d'ornements divers qui contourne les voussoirs et se termine sur les impostes. L'archivolte diffère selon l'ordre auquel elle appartient. Elle est romaine d'origine, mais fut employée aussi pendant le moyen âge, surtout dans l'architecture romane de la transition depuis 1150 à 1200 Il y a des archivoltes plein-cintre et des archivoltes à tiers point dans cette architecture. — Archivolte retournée, celle dont le bandeau contourne sur l'imposte, et se réunit à un autre adjacent.

ARDOISE, s. f., all. *Schiefer*, angl. *Slate*, ital. *Ardesia*. Pierre tendre bleuâtre ou violette qui débitée par feuilles sert à couvrir les combles des bâtiments. Elle est tendre ou dure.

ARÈNE, s. f., all. *Kampfplatz*, angl. *Arena*, ital. *Arena*. L'espace central des amphithéâtres romains où les gladiateurs combattaient.

ARÉNER, v. n. Corps qui s'abaisse ou s'affaisse par trop de pesanteur.

ARÉNEUX, EUSE, adj., Sablonneux, en parlant de la composition du mortier.

ARÉOSTYLE, s. m., all. *Mit breiten Zwischenweiten*, angl. *With few columns*, ital. *Ariostilo*. Temple dont l'entre-colonnement est très-large, souvent plus de quatre diamètres.

ARÉOTECTONIQUE, s. f., Partie d'architecture militaire, comprenant les retranchements, ponts de bateaux, redoutes et autres ouvrages de campagne.

ARÊTE, s, f., all. *Kante*, angl. *Edge (arris)*, ital. *angolo*. Tout angle saillant formé par l'intersection de deux surfaces planes ou non, et plus particulièrement encore la ligne ou la courbe que décrit cette intersection. Il y a par conséquent des arêtes droites et des arêtes curvilignes. Il y a l'arête d'une pierre, d'une pièce de bois, l'arête d'un corps solide quelconque. La sphère seule n'a point d'arête.

ARÊTE DE POISSON, all. *Fischgrätenartig*, angl. *Herring-bone work*. Se dit du parement d'un mur dont l'appareil est formé par des pierres ou briques placées obliquement et alternativement de droite à gauche : alors les joints sont à quarante-cinq degrés. Cet appareil a été employé quelques fois par les Romains; mais surtout par les Normands dans leur architecture primitive.

ARÊTIER, s. m., all. *Ecksparre (Gradsparre)*, angl. *Hiprafter*, ital. *Saettile*. Pièce de bois délardée formant l'angle ou l'arête d'un toit en croupe, sur laquelle on fixe les chevrons. On donne aussi ce nom aux tores qui ornent les angles des flèches pyramidales en pierre du XIIe et XIIIe siècle. — *Arêtier de plomb*. Tablette en plomb laminé placée au pied de l'arêtier de croupe, lorsque le comble est couvert d'ardoises ou de tuiles plates.

ARÉTIÈRE, s. f., Revêtement ou enduit de mortier, plâtre ou ciment, pratiqué aux angles d'une croupe de comble couvert de tuiles.

ARGILE, s. f., all. *Thon (Töpfererde)*, angl. *Clay (Potter's earth)*, ital. *Argilla*. Terre forte, terre glaise, appartenant aux silicates alumineux hydratés ou hydratifères. On s'en sert pour les batardeaux, les citernes, les écluses, les constructions de murs et ouvrages de poterie, tels que boisseaux, bourneaux, carrons. planelles, tuiles et autres.

ARMATURE, s. f., all. *Armatur (Eisenwerks-Verbindung)*, angl. *Iron bars in timber work*, ital. *Armatura*. Se dit des barres, liens, clefs, boulons, étriers etc., de fer qui consolident un grand assemblage de charpente. — Armature de verrière, réseau de tringles de fer, formant des compartiments, des dessins divers, et auquel les vitraux sont fixés.

ARMES, s. f. pl., all. *Wappen*, angl. *Armorial Bearings (arms)*, ital. *Stemma scudo gentilizio*. Attributs ou assemblage de pièces de blason, employés par les empires, les royaumes, les républiques, les villes et les particuliers, exécutés en sculpture peinte ou en peinture et placés à l'endroit le plus apparent d'une construction quelconque, palais, hôtel-de-ville, porte de ville, maison, etc.

ARMILLES, s. f. pl., ital. *Anelli, listelli*. Trois petits filets placés en dessous du quart de rond du chapiteau dorique romain, comme au théâtre de Marcellus, à Rome.

ARONDE, s. f., all. *Schwalbenschwanz*, angl. *Dove-Tail (swallow-tale)*, ital. *A coda di rondine*. Entaille pour un assemblage plus large en dehors qu'en dedans.

ARPENT, s. m., Ancienne mesure superficielle de terre, ordinairement de cent perches carrées. Un arpent équivalait à 0, 3419 hectares : trois arpents représentaient 1,0257 hectares. Depuis le système décimal, on ne se sert plus de l'arpent en France.

ARRACHEMENT, s. m., all. *Theil einer Mauer mit ungleich hervorragenden Steinen, an welche eine andere angeschlossen werden soll*, angl. *Toothing*, ital. *addentellato*. Pierres d'attente laissées en élevant un mur, ou que l'on arrache pour former liaison avec les constructions qu'on y adosse. Se dit aussi des pierres arrachées pour faire place aux premières retombées d'une voûte ou d'un arc.

ARASE, s. f., all. *Simsensteine*, angl. *The last or upper leveled*

bed or course of stones at the top of a wall, ital. *Pietre per conguagliare*. Dernière assise de niveau d'une muraille. — Pierre de
peu d'épaisseur qu'on place au dessus d'une autre trop basse,
afin que l'assise dont elle fait partie soit de niveau sur tous
les points.

ARRIÈRE-BEC, s. m., Eperon appuyé contre une pile de
pont, en aval, au côté opposé à celui d'où vient le courant.

ARRIÈRE-CHOEUR, s. m., Emplacement derrière le maître-
autel d'une église ou séparé par un mur avec ouvertures pour
établir la circulation.

ARRIÈRE-COUR, s. f., all. *Hinterhof*, angl. *Back-Court*,
ital. *Cortile de dietro*. Cour secondaire dans un corps de
bâtiment, destinée à éclairer les moindres appartements,
leurs dépendances, ainsi que les escaliers de dégagement, etc.

ARRIÈRE-VOUSSURE, s. f., all. *Vertieftes Thür oder Fenster-
gewölbe*, angl. *Discharging-Vault*, ital. *Volta, o specie di cassa
che si fa nel muro di dietro ad una porta o finestra perchè v'en-
trino le imposte*. Voûte en décharge, jetée derrière le tableau
d'une plate-bande qui sert de couronnement à l'embrasure
d'une porte ou d'une fenêtre.

ARSENAL, s. m., all. *Zeughaus*, angl. *Arsenal*, ital. *Arsenale*. Nombre indéterminé de bâtiments, cours, etc., destinés
à contenir des salles d'armes, des ateliers où l'on fabrique
tout ce qui a rapport à l'armement de l'artillerie. — Arsenal
de marine : bâtiments et dépendances dans un port de mer,
qui servent de logements aux officiers de marine, de fabriques
et d'entrepôts, pour tout ce qui a rapport à la construction
navale et à l'armement des vaisseaux de guerre.

ART, s. m., all. *Kunst*, angl. *Art*, ital. *Arte*. C'est cette
activité de l'âme qui consiste à pouvoir saisir et se figurer
la réalité invisible et la représenter ensuite sous une forme
ou une apparence matérielle, palpable aux sens ; c'est ce
génie indépendant, créateur et ordonnateur du beau, unique-
ment limité par ses lois propres, ayant conscience de sa force
d'action, qui se crée un domaine que ce génie tend sans cesse
à étendre, et qui enfin, au sein du monde des réalités, manifeste son insaisissable autorité, tout en se servant d'une série
de moyens empruntés au monde physique. L'art est la source
de la poésie ; la poésie est sa primitive, sa plus ancienne ma-

nifestation. C'est au sommet des montagnes, c'est au bruisse-
ment des forêts, au murmure des eaux, que la prière, sous la
forme de l'hymne, fut à l'origine offerte par l'homme à
Brahma, à Amon-Kneph, à Zeus, ou « la réalité absolue, in-
finie, Dieu, dont l'idée repose d'elle-même dans notre raison,
et dont le sentiment préexiste à tout autre dans notre cœur. »

On distingue différentes sortes d'art : 1° Les arts qui ne
procurent que du plaisir, sans être accompagnés de travail
pénible, et qu'on nomme arts libéraux ; ils ont leur but en
eux-mêmes et ne servent point de moyen : ils sont l'opposé du
métier, occupation ou travail pénible par lui-même, travail
réel, qui a une destination d'utilité quelconque. 2° Les arts
dont l'unique but est de faire naître le sentiment du plaisir et
du bonheur, et qui sont accompagnés, dans leur manifestation, de certains modes propres à les distinguer. On les nomme
beaux-arts. L'éloquence, par exemple, est au nombre des
beaux-arts ; car elle a pour but d'éveiller des vues dans l'imagination au moyen de mots que le plaisir accompagne. L'architecture, la sculpture, la peinture, la mimique, la danse, la
musique, sont rangées dans la catégorie des beaux-arts. Ils
ont chacun leurs moyens de manifestation, leurs apparences
propres de distinction. Seule, parmi les beaux-arts, l'architecture n'est point un art d'imitation, comme la sculpture ou
la peinture qui, pour manifester la réalité invisible, em-
pruntent des formes à la nature, au monde physique. L'architecture est l'art créateur par excellence : elle manifeste le
beau, la réalité invisible en toute liberté, d'une manière
arbitraire, en ne se soumettant qu'aux règles du beau et de
l'harmonie.

ARTISTE, s. m., all. *Künstler*, angl. *Artist*, ital. *Artista*.
Celui qui exerce un des beaux-arts ou un des arts libéraux.
Celui encore qui fait profession des beaux-arts pour subvenir
à ses besoins matériels.

ARTISTEMENT, adv., all. *Künstlich*, angl. *Artfully (Skyll-
fully)*, ital. *Fatto con artifizio.* Se dit d'un objet quelconque
disposé, ordonné, arrangé, ajusté avec art.

ASPECT, s. m., all. *Anblick*, Angl. *Aspect*, ital. *Aspetto.* Vue
d'un bâtiment, d'une façade, d'un portail ou autres corps, par
rapport à ceux qui les regardent.

ASPHALTE, s. m., all. *Bergpech (Judenpech)*, angl. *Asphalte*, ital. *Asfalto*. Matière bitumineuse d'un brun foncé, insoluble dans l'alcool, employée dans la construction. L'asphalte se trouve sur beaucoup de points du globe. Les Babyloniens s'en servaient au lieu de mortier dans leurs monuments.

ASSEMBLAGE, s. m., all. *Zusammenfügung oder Verbindung der Baumaterialien*, angl. *Assemblage*, ital. *Commessura, commettitura, Congiunzione*. Jonction et enlacement de parties entre elles, afin de ne former ensuite qu'un tout. En charpenterie :

———— A CLEF, all. *Mit verlornen Zapfen*, fait par des tenons à deux bouts, appelés clefs ; sert à fixer les abouts des pièces de bois employées aux combles, telles que sablières, pannes, faîtages ou plateformes.

———— EN CRÉMAILLÈRE, all. *Durch Einschnitte oder Verzahnungen*, angl. *Indented Scarfing*, ital. *Commessura à denti*. Fait d'entailles, en forme de dents, qui s'encastrent les unes dans les autres ; sert à lier et à joindre, de bout à bout, deux pièces de bois qui demandent une grande longueur, tels que tirants, entraits, etc.

———— PAR EMBRÈVEMENT, all. *Durch Kerben*, angl. *Double butting*, ital. *Commessura, Calettatura à triangolo*. Fait d'une entaille qui reçoit le bout démaigri d'une pièce de bois, sans tenon ni mortaise ; aussi par une entaille faite à la pièce où est la mortaise ; entaille qui reçoit les épaulements laissés des deux côtés du tenon.

———— PAR TENON ET MORTAISE, all. *Durch Zapfen und Loch*, angl. *By mortices and tenons*, ital. *Lavoro messo insième a maschio e femmina*. Fait d'une entaille rectangulaire qu'on nomme mortaise, propre à recevoir l'about d'une pièce de bois qu'on nomme tenon, arrêté ensuite par des chevilles.

Assemblage en menuiserie :

———— A ANGLET OU ONGLET, all. *Durch Zapfen und Loch nach der Gehrung*, angl. *Miter angle framed*, fait en diagonale sur la largeur du bois qu'on lie par tenons et mortaises.

———— A BOUEMENT, ne diffère de l'assemblage carré qu'en ce que la moulure qu'il porte à son parement est coupée à onglet.

———— A CLEF, all. *Durch verlornen Zapfen*, celui qui, pour joindre deux ais dans un panneau, se fait par des clefs ou tenons perdus de bois de fil, à mortaises de chaque côté, collés et chevillés.

—— A QUEUE D'ARONDE, all. *Durch Aufblattung mit dem Schwalbenschwanz*, angl. *by Dove-tail*, fait en triangle, à bois de fil, pour joindre deux ais bout à bout.

—— CARRÉ, all. *In rechten Winkel, durch Zapfen und Loch*, angl. *right angle framing, with tenons and mortices*, celui qui est fait carrément, par tenon et mortaise, ou par entaille à demi-épaisseur de bois.

—— EN ADENT, appelé aussi grain d'orge. Sert à joindre deux ais par leur épaisseur, en pratiquant une languette de forme triangulaire qui entre dans une rainure en anglet.

—— EN FAUSSE-COUPE, en anglet et hors d'équerre, forme un angle obtus ou aigu.

ASSEOIR, v. a., all. *Steine wagerecht neben einandersetzen*, poser de niveau les premières pierres d'une fondation quelconque.

ASSISE, s. f., all. *Schicht Steine in einer Mauer*, angl. *Layer or course of Stones*, ital. *Filare di pietre*. Rang de pierres taillées et appareillées de même hauteur, posées de niveau ou rampantes, souvent interrompues par des ouvertures de portes ou fenêtres.

ASTRAGALE, s. m., all. *Reif (Stab)*, angl. *Astragal*, ital. *Astragalo (Fondino)*. Petite moulure circulaire qui touche le chapiteau ou la base d'une colonne. Quand cette moulure est ailleurs, on la nomme baguette ; lorsqu'on y représente des perles ou des olives, on l'appelle chapelet.

ATELIER, s. m., all. *Der Bau*, angl. *The Work*, ital. *Opera*. Se dit des bâtiments et autres constructions qu'on édifie.

—— D'ARCHITECTURE, de PEINTURE, de SCULPTURE, all. *Werkstätte*, angl. *Study*, ital. *Lavoratoja*. Lieu où travaillent les architectes, les peintres et les sculpteurs. On dit aussi un atelier de charpenterie, de menuiserie, d'ébénisterie, etc.

—— PUBLIC, celui où l'on fait travailler les militaires en temps de paix, ou en hiver les pauvres gens, à des déblais, remblais, terrassements, chaussées et autres ouvrages.

ATHÉNÉE, s. m., all. *Athenäum*, angl. *Athenæum*, ital. *Ateneo*. Dans l'antiquité, lieu où se réunissaient les savants pour faire des lectures d'ouvrages ; il était composé de grandes salles, de vastes vestibules et de péristyles : les académies les remplacent dans les temps modernes.

ATLANTES, s. f. pl., all. *Atlanten*, angl. *Atlantides*, ital. *Telamone, Atlante*. Nom grec des figures d'hommes qui tiennent lieu de colonnes dans l'architecture antique et qui étaient destinées à supporter des entablements, dans le genre des cariatides. Un bel exemple d'Atlantes se voit dans le grand temple dit de Zeus Olympien, à Agrigente, en Sicile ; les Romains les nommaient *Telamones*.

ATRE, s. m., all. *Herd*, angl. *Hearth*, ital. *Focolare*. Foyer relevé ou au niveau du sol d'une pièce où l'on fait le feu.

ATRIUM, s. m., all. *Hof*, angl. *Atrium*, ital. *Atrio*. Cour principale entourée de galeries, dans la maison romaine de l'antiquité, autour de laquelle étaient rangés les appartements et communiquant avec la rue par un passage.

ATTENTE, s. m., ital. *l'Addentellato, morsa*. Se dit des pierres laissées d'espace en espace, en saillie, à l'extrémité ou à une partie de mur quelconque pour former une liaison avec celui qu'on aurait l'intention d'y adosser.

ATTICURGES, s. m. Mot athénien et qui signifie en grec *athénien*, employé pour indiquer un support carré, comme pilier, pilastre. On dit aussi *base atticurge*, dans l'ordre dorique romain, celle composée d'une plinthe, d'un tore inférieur, d'un petit filet, d'une scotie, d'un petit filet, d'un tore supérieur et d'un filet avec congé.

ATTIQUE, s. m., all. *Attica (Attike)*, angl. *Attic*, ital. *Attico*. Bâtiment chez les Athéniens, dont le toit ne paraissait pas. On donne aujourd'hui ce nom à un petit étage orné de pilastres qui termine une façade au-dessus de l'entablement ou d'une corniche. L'attique est principalement employé dans l'architecture romaine et dans celle de la Renaissance italienne.

—— CONTINU. Celui qui règne sans interruption au pourtour d'un bâtiment.

—— FAUX. Piédestal au-dessus de la base des colonnes.

—— INTERPOSÉ. Disposé entre deux étages et souvent décoré de colonnes ou de pilastres.

ATTITUDE, s. f., all. *Stellung (Leibesstellung)*, angl. *Attitude*, ital. *Attitudine*. En sculpture et en peinture, le geste et la contenance des figures représentées.

ATTRIBUTS, s. m. pl., all. *Sinnbilder (Merkmale)*, angl.

Attributes, ital. *Attributi*. Symboles qui servent à caractériser et à distinguer certaines figures de sculpture et de peinture. La foudre est l'attribut de Zeus, une palme celui de la Victoire, une massue celui d'Hercule, etc.

AVANCE, s. f., all. *Ausbau* (*Vorsprung*), angl. *Projecture* (*Sailings over*), ital. *Sporto*. Se dit d'une corniche, d'un cordon, d'un balcon, d'une maison, etc., qui sont en saillie sur la voie publique ou particulière.

AVANT-BEC, s. m., all. *Gegenpfeiler am Brückenjoche*, angl. *Starling* (*Sterling, Stilts*), ital. *Pigna*. Pointe ou éperon qui avance en amont de la pile d'un pont ; sert à fendre l'eau et détourner les corps qui pourraient obstruer le passage.

AVANT-CORPS, s. m., all. *Vorbau*, angl. *Fore part*, ital. *Sporto*. Partie d'un bâtiment en saillie sur un fond quelconque ; on comprend aussi sous ce terme les pilastres, les montants, etc., dans la décoration d'une façade.

AVANT-COUR ou **ANTE-COUR**, s. f., all. *Vorhof*, angl. *Antecour*, ital. *Anticorte*. Celle qui précède la principale cour et qui lui sert de dégagement.

AVANT-MUR, s. m., all. *Vormauer*, angl. *Outward wall*, ital. *Antimuro*. Mur établi en avant d'un autre mur, pour consolider une fondation, une terrasse, un contre-fort, etc.

AVANT-PORTAIL, s. m., all. *Vorderthor*, angl. *Outer porch*, ital. *Portico esteriore*. Grande porte d'entrée d'un clos, d'un parc et autres enceintes.

AVANT-SCÈNE, s. f., all. *Vorbühne*, angl. *Front of the stage*, ital. *Avante scena, Proscenio*. Partie de la scène d'un théâtre comprise entre les décorations ou le grand rideau jusqu'à l'orchestre.

AVANT-TOIT, s. m., all. *Vordach*, angl. *Eave*, ital. *Tetto*. Partie de toit ou de couverture en saillie du nu d'un mur à l'extérieur.

AUBIER ou **AUBOUR**, s. m., all. *Splint*, angl. *Sap*, ital. *Alburno*. Partie claire et tendre du bois, près de l'écorce, sujette à se gâter et à être entamée par les vers. Le bois passe à l'état d'aubier avant d'être bois parfait.

AUDITOIRE, s. m., all. *Hörsaal*, angl. *Auditory*, ital. *Auditorio*. Salle ou tout autre lieu où l'on prononce des discours. Partie d'un tribunal ou salle de justice où se tient le public.

AVENUE, s. f., all. *Allee (Zugang)*, angl. *Avenue (Walk)*, ital. *Viale (Viale d'alberi)*. Grande allée plantée d'arbres qui sert de décoration à l'entrée principale d'un palais ou d'une maison de plaisance, le plus souvent avec contre-allées de la moitié de sa largeur, destinées aux piétons.

—— EN PERSPECTIVE. Celle qui est plus large à une extrémité qu'à l'autre, en sorte qu'étant placé au petit bout, elle paraît plus longue et parallèle.

AVEUGLE, adj. (Arcade), all. *Blind*, angl. *Blind*, ital. *Orbo*. Qui n'est que simplement simulée.

AUGE, s. f., all. *Trog*, angl. *Trough*, ital. *Trouogola*. Cuve en pierre ou en bois dont on fait usage dans une cuisine, près d'une pompe ; sert à abreuver des bestiaux dans une cour, dans une écurie, etc. Se dit aussi des ustensiles en bois et de forme rectangulaire dont les maçons et les plâtriers se servent pour gâcher leurs plâtres, etc.

AUGÉE, s. f., all. *Trog voll*, angl. *Full trough*, ital. *Mastello*. Contenu d'une auge dont les maçons et les plâtriers se servent, etc.

AUMONERIE, s. f., all. *Almosenzimmer*, angl. *Almonry*, ital. *Elemosinieria*. La pièce ou salle dans un monastère où l'on distribuait les aumônes aux pauvres. Était quelquefois un bâtiment séparé ou placé près de l'église.

AURÉOLE, s. f., all. *Heiligenschein*, angl. *Glory*, ital. *Aureola*. Disque ou cercle lumineux qui sert à orner la tête d'un dieu ou d'un saint.

AUTEL, s. m., all. *Altar*, angl. *Altar*, ital. *Altare*. Table rectangulaire oblongue, élevée, simple ou ornée, riche ou non, qui sert à dire la messe dans les pays catholiques. Les luthériens en ont conservé dans leurs églises. Se dit aussi de tous les accessoires de l'autel qui sont susceptibles d'ornements en sculpture, peinture ou dorure.

—— A LA ROMAINE. Celui qui est isolé dans le chœur.

—— MAÎTRE. Celui qui est placé dans le sanctuaire.

AUVENT, s. m., all. *Schirmdach (Wetterdach)*, angl. *Penthouse*, ital. *Tavolato, Tettuccio*. Planches de différentes épaisseurs et largeurs, supportées par des corbeaux ou consoles de fer, de bois, etc., servent à déverser les eaux qui pourraient fluer contre des murs, des enseignes, des fermetures de magasins, etc.

AXE, s. m., all. *Achse*, angl. *Axis*, ital. *Asse*. Toute ligne qu'on suppose passer par le milieu du plan d'un monument, par le centre d'un cylindre, d'un fût de colonne, d'une sphère, etc.

—— DE LA VOLUTE IONIQUE. Ligne verticale passant par le milieu de l'œil de la volute.

—— SPIRAL. Celui tourné, mais destiné à tracer les circonvolutions en dehors d'une colonne torse.

AZUR, s. m., all. *Lazurstein* (*Lazurblau*), angl. *Azure*, ital. *Azzurro*. Espèce de minéral, appartenant aux arséniures, dont on fait un beau bleu.

B

BADIGEON, s. m., all. *Gelblicher Steinmörtel*, angl. *Yellow plaster*, ital. *Intonaco*. Peinture dont le fond est jaune et composée de chaux, dont on orne les murs à l'extérieur. On en a fait un grand abus au xviiie siècle pour l'intérieur des monuments.

BADIGEONNER, v. a. Appliquer le badigeon à un mur.

BAGNE, s. m., all. *Ort der Galeerensclaven*, angl. *Prison of the Galley-slaves*, ital. *Bagno*. Lieu en France où l'on renferme les forçats.

BAGUETTE, s. f., all. *Reif* (*Stab*), angl. *Astragal*, ital. *Tondino*. La plus petite moulure circulaire convexe, tracée au compas, sur laquelle on peint ou sculpte quelquefois des ornements en forme de rubans, feuilles de chêne, de laurier. On la nomme aussi *Astragale*.

BAHU, BAHUT, s. m., all. *Krumme Mauerkappe*, angl. *Saddle-backed-coping*, ital. *Schiena di muro*. Sorte de chaperon bombé, plus épais au milieu que sur les côtés, servant à couronner les murs d'un quai, d'une terrasse, d'un parapet de pont, de clôture, ou un mur d'appui, une balustrade.

BAIE, s. f., all. *OEffnung*, angl. *Aparture*, ital. *Apertura Aperzione*). Ouverture quelconque de portes ou fenêtres.

BAIGNOIR, s. m., all. *Badeort*, angl. *Bathing-place*, ital. *Bagno*. Établissement de bain.

BAIGNOIRE, s. f., all. *Badewanne*, angl. *Bathing-tub*, ital. *Tinozza*. Vase de différentes formes en pierre, marbre, cuivre, zinc ou autre matière, propre à contenir l'eau pour prendre des bains.

BAIN, s. m., all. *Bad*, angl. *Bath*, ital. *Bagno*. Se dit, *en maçonnerie*, de la pose des pierres, briques ou cailloux sur une épaisseur convenable de mortier.

BAINS ou THERMES, s. m. pl., all. *Bad* (*Bade Anstalt*, *Thermen*), angl. *Bath* (*Thermæ*), ital. *Bagni*. Chez les Grecs et surtout chez les Romains, les bâtiments avec plusieurs cours et grandes salles pour l'usage particulier des hommes ou des femmes. Les bains, dans l'antiquité, étaient considérés comme utiles, nécessaires et agréables, pour conserver et recouvrer la santé et ensuite comme procurant du plaisir. Chez les Grecs, les bains étaient établis dans les palestres et les gymnases. Les Romains regardaient les bains comme indispensables; ils tenaient surtout à ce qu'ils fussent bien établis. Ils en avaient dans leurs maisons de ville et dans leurs villas à la campagne. Afin que les moins fortunés des citoyens pussent aussi jouir de ce plaisir de l'eau, la souveraineté établit des bains publics, et avec ces derniers on commença à Rome à prendre des bains d'eau chaude. En l'année 25 avant l'ère vulgaire, M. Agrippa bâtit des bains publics d'une immense étendue et qu'il offrit au peuple romain. Le monument circulaire de Rome connu sous le nom de Panthéon n'en était qu'une dépendance : cette salle circulaire a 43 mètres 50 centimètres de diamètre, et du sol au haut de la coupole il y a également 43 mètres 50 centimètres d'élévation. D'après Publius Victor, il y avait à Rome 850 bains, tant particuliers que publics. Parmi les plus célèbres on cite ceux de Titus, de Dioclétien, de Néron, de Domitien et de Caracalla. Ceux de Pompéi sont également nombreux.

Les bains romains avaient une forme oblongue, rectangulaire; au centre et sous terre, il y avait un fourneau commun, nommé hypocauste. Au-dessus de ce fourneau étaient placés l'un au-dessus de l'autre trois vases d'airain (ahenæ) : le premier contenait de l'eau chaude, le second de l'eau tiède, le troisième, celui du dessus, de l'eau fraîche. C'était de ces grands réservoirs que l'eau était distribuée dans les différentes salles de bain situées des deux côtés de l'hypocauste. On avait d'abord le bain à transpirer, *laconicum* (sudatio), ensuite le bain d'eau chaude, *caldarium*, et enfin le bain froid, *frigida-*

rium. Aux extrémités des thermes, étaient établis de grandes piscines ou de vastes bassins (*labrum*), autour desquels s'élevaient des degrés (*scholæ*), sur lesquels les baigneurs pouvaient s'asseoir. Autour du réservoir d'eau ou piscine, il y avait une balustrade (*pluteus*), et derrière cette balustrade, il existait un espace (*alveus*), où l'on se tenait ou bien où l'on se promenait avant et après le bain. Toutes les couvertures des salles étaient voûtées; dans celle du laconicum, il y avait une ouverture (*lumen*), fermée au moyen d'un couvercle en bronze (*clypeus*), et par laquelle on diminuait ou augmentait la chaleur. Le laconicum était circulaire, afin que la chaleur fût égale sur tous les points et ne pût se perdre dans les angles.

Il y avait, en outre, dans les bains romains, des salles servant de vestiaires où l'on se déshabillait; elles étaient nommées *Apodyteria;* d'autres (*elaeothesia*), où l'on conservait l'huile, et où s'allaient racler et oindre ceux qui s'exerçaient. Les bains romains font comprendre la nécessité du grand volume d'eau dont nous avons parlé à l'article AQUEDUC.

—— NATURELS. Ceux où l'on fait usage des eaux minérales et médicinales.

BAJOUES, s. f. pl. Élévations en terre ou en maçonnerie, que l'on établit sur les rives d'un canal ou d'un bassin pour contenir les eaux.

BAJOYERS, s. f. pl., all. *Seitenmauern*, angl. *Lateral Walls* ital. *Sponde*. Murs latéraux.

BALCON, s. m., all. *Balcon (Austritt, Gang vor einem Fenster)*, angl. *Balcony*, ital. *Balcone*. Petite plate-forme garnie d'une balustrade, allant en saillie sur une façade de bâtiment, de terrasse, etc., supportée par des corbeaux, des consoles, des colonnes, des pilastres, etc.

BALDAQUIN, s. m., all. *Thronhimmel (Tragehimmel)*, angl. *Baldachin*, ital. *Baldacchino*. Sorte de dais qui, orné de colonnettes ou de pilastres, de sculptures, d'ornements de tous genres, sert à couronner une chaire à prêcher, un trône, un autel, un catafalque, un lit, etc.

BALÈVRE, s. f., all. *Ausgesprungener Steinsplitter*, angl. *out of flush*. Parement d'une pierre qui est gauche : étant en place, elle forme une partie saillante avec celles qui lui sont contiguës.

BALIVEAUX, s. m. pl., all. *Rüstbäume*, angl. *Pollards*.

Grandes pièces de bois liées et entées verticalement les unes sur les autres, qui servent à échafauder plusieurs étages pour construire les murs, faire les ravalements et ragréments. On les nomme aussi *échasses* d'échafaud.

BALUSTRADE, s. f., all. *Geländer* (*Brustlehne*), angl. *Balustrade*, ital. *Balustrata*. Rangée de plusieurs petites colonnes ou pilastres ornés de moulures, qui sert d'appui à une fenêtre, à un balcon, à une terrasse, à une galerie, ou de clôture à quelque autel ou à une chambre de parade d'un prince.

—— FEINTE, all. *Blindes Geländer*, angl. *Blind-Balustrade*. Celle dont les balustres ne sont qu'en partie apparents, et le reste confondu dans l'épaisseur d'un mur.

BALUSTRE, s. m., all. *Geländerdocke*, angl. *Baluster*, ital. *Balaustro*. Petite colonne renflée vers le bas, ou petit pilastre qui, posé à jour, sert à garnir et à orner la hauteur de l'appui d'une fenêtre, de balcon, de plate-forme, de terrasse. Le balustre se compose de quatre parties : une *base*, une *panse*, un *col* et un *chapiteau*. Le balustre a une origine romaine.

—— DE CHAPITEAU, all. *Wulst*, angl. *Baluster-side of the ionic capital*. Face latérale des volutes du chapiteau ionique; voy. *oreiller*.

BANC, s. m., all. *Bett*, angl. *Bed*, ital. *Banco*. Épaisseur d'une assise, d'un délit à l'autre de la pierre dans une carrière.

BANC-D'ŒUVRE, s. m., all. *Kirchenstuhl für die Kirchenältesten oder der Vorsteher*, ital. *Banco della fabriceria*. Sorte de banc ou réunion de siéges ou de stalles, établi devant une chaire à prêcher, et destiné aux membres de la fabrique d'une église.

BANDE, s. f., all. *Streif*, angl. *Band*, ital. *Banda*. Moulure plate et unie qui présente une certaine longueur et peu de hauteur. Une des trois parties de l'architrave ionique.

—— DE COLONNE. Espèce de bossage dont on orne les fûts des colonnes ou pilastres rustiques. On en pratique de simples, de pointillés, de vermiculés, etc.

BANDEAU, s. m., all. *Platte Thür und Fenster Einfassung*, angl. *Traverse, antepagmenta*, ital. *Fascia dell' Archivolto*. Moulure large, plate, de peu de saillie, placée au-dessus d'une ouverture de porte ou de fenêtre, et formant architrave.

BANDELETTE, s. f., all. *Riemen* (*Plättchen*), angl. *Fillet*

(*Listel*), ital. *Regoletta, Listello (orlo)*. C'est la plus petite moulure plane destinée à séparer deux moulures circulaires ou curvilignes.

BANDER, v. a., all. *Spannen*, angl. *Tighten*, ital. *Legare*. Serrer les claveaux et la clef d'une voûte, d'un arc ou d'une plate-bande.

BAPTISTÈRE, s. m., all. *Taufkapelle*, angl. *Baptistery*, ital. *Battisterio*. Chapelle isolée ou contiguë à une église, ou placée dans l'intérieur, où l'on administre le baptême. Ce monument date de l'ère du christianisme. Les plus beaux baptistères sont à Pise, à Florence, à Asti, à Parme, etc., etc. Ils sont circulaires ou polygonaux.

BARBACANE, s. f., all. *Schieszscharte*, angl. *Loophole (Barbican)*, ital. *Barbacane*. Ouverture étroite et longue pratiquée dans un mur de soutènement pour donner de l'air et faciliter l'écoulement des eaux. Espèce de fenêtre, presque toujours ébrasée à l'intérieur, dans l'architecture du moyen âge. Était aussi un ouvrage avancé, destiné à défendre la porte d'entrée d'un château ou de tout autre édifice.

BARDEAUX, s. m. pl., all. *Schindel*, angl. *Shingles*, ital. *Assicella*. Petits ais de planches minces, dont on couvre les maisons dans les pays où les bois sont abondants.

BARDER, v. a., all. *Laden*, angl. *To load*, ital. *Bardellare*. Charger des pierres sur une voiture ou un bateau.

BARDEURS, s. m. pl., ital. *Facchini che porta la Barella*. Manœuvres qui chargent des pierres sur une voiture, ou qui les approchent avec un bayart près d'un chantier ou autres lieux.

BARIOLAGE, s. m., all. *Buntscheckige Malerey*, angl. *Medley of colours*, ital. *Miscuglio di piu colori*. Différentes teintes de couleurs passées sur un mur, sur une surface quelconque. On dit *barioler*, passer des teintes de différentes couleurs.

BARRE, s. f., all. *Stange (Riegel, Querbaum)*, angl. *Bar*, ital. *Barra (Stanga)*. Pièce mince, étroite et longue, de fer, de bois, de cuivre, etc., qui sert à différents usages.

—— D'APPUI, s. f., all. *Geländerstange, Lehnstange, Brustlehne*, angl. *Breast-piece*, ital. *Appoggio*. Dalle mince de peu de largeur, dont les arêtes supérieures sont abattues ou arrondies; sorte de couronnement aux balustrades, aux rampes d'escaliers, aux balcons, etc.

—— D'AUDIENCE. Grande chambre ou salle où l'on rend la

justice ; se dit aussi de la hauteur d'appui qui clôt le parquet.

—— DE CROISÉE. Celle qui sert, au moyen de coulisses pratiquées dans l'intérieur, à fermer des volets quelconques.

—— DE TRÉMION OU DE TRÉMIE. Fer plat qui sert à supporter un manteau de cheminée ou une caisse destinée à recevoir un foyer.

BARREAU, s. m., all. *Gitterstange* (*Riegel*), angl. *Bar*, ital. *Cancello*. Barre de fer ou de bois, qui sert de montant à un grillage d'une baie.

—— MONTANT DE COTIÈRE. Celui qui soutient une porte de fer.

—— MONTANT DE BATTEMENT. Celui où l'on fixe la serrure.

BARRIÈRE, s. f., all. *Schutzgitter*, *Schlagbaum*, *Schranke*, *Wachhaus*, angl. *Barrier* (*Gate*, *Entrance*), ital. *Barriera*. Pavillon qui sert de bureau à certains fonctionnaires publics, comme employés de la régie, etc. ; se dit des pavillons que l'on bâtit à l'entrée d'une ville non fortifiée : les barrières sont susceptibles de grandes décorations.

—— DE BOIS, all. *Gitterwerk*, angl. *Wooden Fence*, ital. *Steccata*. Poteaux avec traverses. Sert de limites devant une cour de château, à l'entrée d'une promenade ou le long d'une rivière.

BAS COTÉS, s. m. pl., all. *Nebenschiffe* (*Seitenschiffe*), angl. *Aisles*, ital. *Navate*. Galeries basses et latérales de la nef, des transepts et du chœur d'une église. On les nomme aussi *collatéraux*, *ailes*. On applique aussi ce terme aux galeries basses d'une basilique, d'un vestibule, d'une salle de bal ou de concert, etc.

BASCULE, s. f., all. *Schaukelbrett*, angl. *Swing-gate*, ital. *Altalena*. Espèce de pont-levis qui s'abaisse et s'élève par le moyen d'un essieu placé au milieu de sa longueur.

BASE, s. f., all. *Säulenfusz*, angl. *Base*, ital. *Imbasamento* (*Base*). Partie inférieure de la colonne ou du piédestal sur laquelle repose le fût de la colonne ou le dé du piédestal, différente à chaque ordre grec et dans l'architecture des divers pays et époques. Se dit aussi généralement de tout *membre* d'architecture qui sert d'appui à un autre.

—— ATTIQUE OU ATTICURGE, all. *Attischer Säulenfusz*. Ainsi nommée de ce que les Athéniens l'ont mise en usage les premiers. Elle est composée d'un tore, d'un filet, d'une scotie, d'un autre filet, d'un second tore moins saillant que le premier, d'un filet et d'un congé. Elle a quelquefois été employée aux ordres ionique et composite.

—— COMPOSITE. Elle a un filet de moins que la corinthienne.

—— CONTINUÉE. Celle qui accompagne les retours des pilastres ou colonnes d'un soubassement avec filet et congé.

—— CORINTHIENNE, all. *Corinthischer Säulenfusz.* Elle se compose d'un gros tore, d'un filet, d'une scotie, d'un filet, de deux petits tores assemblés, d'un filet, d'une scotie, d'un filet, d'un tore moins gros que le premier, d'un large filet et d'un congé.

—— DORIQUE ROMAIN. Elle est composée d'un tore, d'une astragale, d'un filet et d'un congé.

—— IONIQUE. Elle est composée d'un filet, d'une scotie, d'un filet, de deux petits tores assemblés ou astragales, d'un filet, d'une scotie, d'un filet, d'un gros tore, d'un filet et d'un congé.

—— MUTILÉE. Profilée en retour des côtés d'un pilastre, n'a qu'une face par devant.

—— RUDENTÉE. Ses tores sont taillés en manière de câble.

Dans l'architecture du moyen âge, où les formes et les proportions sont réglées par l'arbitraire et le caprice, l'on voit des bases de toute nature. Cependant la base attique a maintenu son empire, surtout en France et en Allemagne, mais elle a été métamorphosée quelquefois de la manière la plus singulière : elle règne jusqu'à la fin du xiie siècle. Dans la dernière moitié de cette époque, le tore inférieur s'était enrichi d'un ornement, appelé *griffe* ou empattement, placé aux angles du dé ou piédestal, qui supporte la colonne. La griffe représente une véritable griffe ou patte d'animal, quelquefois un animal entier, d'autres fois des feuillages et des enroulements très-élégants.

Au xiiie siècle les tores des bases ne sont plus formés d'une seule portion de cercle, les tores sont méplats, c'est-à-dire que leur profil forme l'olive au lieu de plein cintre. Les gorges ou scoties sont profondes et très-refouillées, les filets très-minces.

Au xve siècle apparaissent des bases qu'on a nommées prismatiques, à cause du socle qui les supporte. La base proprement dite se compose d'un talon, dont la partie concave, fort aplatie au sommet, est aussi fort allongée comparée à la partie convexe. Ce talon est couronné d'un tore, d'une bravette, souvent d'un autre petit talon, et l'effet de cet ensemble n'est pas heureux.

BASILIQUE, s. f., all. *Basilica*, angl. *Basilica*, ital. *Basilica*. Nom donné par les Romains à leurs salles publiques destinées à rendre la justice ou aux transactions du commerce. Leur plan était un rectangle oblong, avec un porche, des bas côtés, et à l'extrémité opposée à l'entrée, un avant-corps circulaire où était établi le tribunal. La plus ancienne basilique romaine est celle de M. Porcius Caton, de l'année 204, avant l'ère vulgaire. Du temps de Pline, il y avait dix-huit basiliques à Rome ; ce genre de monuments se multiplia, et sous l'empire presque toutes les grandes villes en possédaient. Sur la fin du règne de Constantin, un grand nombre de basiliques furent converties en églises par les chrétiens, comme ceux des édifices antiques les plus propres à l'exercice du culte nouveau. Une des plus anciennes basiliques chrétiennes est celle de Sainte-Croix de Jérusalem, à Rome, bâtie pense-t-on par l'impératrice Hélène, mais restaurée, en 720, sous Grégoire II, et en 1144 par Luce II. En 1743, elle a été modernisée par Benoît XIV.

Le nom de Basilique est passé et est resté aux églises chrétiennes pendant le moyen âge, et avec raison, parce qu'elles ont plus ou moins conservé comme type celui de la basilique romaine : porche, nef, collatéraux, chœur et abside.

BAS-RELIEF, s. m., all. *Halb erhabene Bildhauerarbeit*, angl. *Basso relievo (Bas-relief)*, ital. *Bassorilievo*. Sculpture dont les motifs (figures humaines ou d'animaux, feuillages ou autres, etc.) sont en saillie sur un fond, mais adhérents avec une certaine portion de leur épaisseur engagée dans ce fond. On l'appelle *demi-bosse* lorsque les sujets ou ornements sont en parties détachés du fond. Les plus beaux bas-reliefs sont dus à l'art grec : ce sont ceux exécutés par Phidias, au Parthénon d'Athènes, et qui datent du milieu environ du v⁰ siècle avant l'ère vulgaire. Ceux du temple de la Victoire sans ailes leurs sont un peu antérieurs. Le bas-relief de la frise du monument de Lysikrates, à Athènes, élevé vers 335 avant l'ère vulgaire, est d'une grande élégance. — On a exécuté peu de bas-reliefs pendant le moyen âge, surtout en France, en Allemagne et en Angleterre. Ce genre de sculpture s'est constamment maintenu en Italie, et a refleuri dans tous les pays avec l'architecture de la Renaissance au xvi⁰ siècle.

BASSE-COUR, s. f., all. *Hühner-Hof*, angl. *Bailey (Bail)*, ital. *Cortile rustico*. Cour circonscrite par les constructions d'un château ou d'une forteresse. — *Viehhof (Hünerhof)*, *Poultry-yard*, *bassa corte*. Espace qui sert de dégagement pour les écuries, remises, bûchers, etc., et où l'on conserve la volaille.

BASSE-TAILLE, s. f., ital. *Basso rilievo, men distaccato*. En sculpture, se dit d'un bas-relief.

BASSIN, s. m., all. *Wasserbehälter (Brunnenbecken)*, angl. *Wet-Dock*, ital. *Stagno*. Espace creusé dans un jardin, d'une forme quelconque, revêtu de pierre, marbre, ciment ou plomb, bordé de gazons, de pierre ou de marbre, avec ou sans balustrade, recevant l'eau d'un jet. On appelle *bac* un petit bassin dont on écoule l'eau au moyen d'un robinet. — Les bassins réguliers soit de figure ovale, circulaire, carrée ou à pans, etc., commencèrent à être en usage dans les parcs et jardins, du temps de la Renaissance.

BASTIDE, s. f., all. *Lusthaus (Meierhof in der Provence)*, angl. *Country seat*, ital. *Villa, Casa di Campagna*. Nom donné à une maison de plaisance.

BASTILLE, s. f., all. *Schloss*, angl. *Bastil*, ital. *Castello*. Nom donné au moyen âge à un ouvrage avancé, destiné à défendre l'approche d'un château ou d'une ville fortifiée. La Bastille de Paris était primitivement une porte fortifiée, à laquelle Charles V ajouta des tours et des murs pour en faire une forteresse véritable. Sous Louis XIV et depuis, on y renfermait les prisonniers d'État. La Bastille fut démolie le 14 juillet 1789.

BASTION, s. m., all. *Bastey (Bollwerk)*, angl. *Bastion*, ital. *Bastione*. Amas plus ou moins volumineux de terre ou de décombres, revêtu d'un mur, qui sert à couvrir la courtine d'une forteresse. Se dit également d'un pavillon d'angle, d'un château recouvert d'une terrasse.

BATARDEAU, s. m., all. *Krippenwehr (Ueberfallwehr)*, angl. *Coffer Dam*, ital. *Tura*. Ouvrage de charpenterie construit dans l'eau, composé de deux fortes cloisons, faites de planches ou de forts madriers, soutenus par des pieux enfoncés, entre les-

quels on place de la terre glaise fortement serrée et battue.
Empêche la filtration des eaux, et facilite l'exécution des travaux en fondations des bâtiments, des quais, des piles de pont et autres du même genre.

BATI, s. m., all. *Rahmstück*, angl. *Frame*, ital. *Telajo, Imposte*. En menuiserie, assemblage de plusieurs montants et traverses. Se dit d'un mur, d'un plafond, d'une cloison de distribution, élevés ou lattés, qui ne sont point encore enduits de mortier ou de plâtre.

BATIÈRE, s. f., all. *Satteldach*, angl. *Two sloped roof*. On dit du toit d'un bâtiment quelconque, qu'il est en bâtière, lorsqu'il n'a que deux versants ou rampants, avec pignon aux extrémités.

BATIMENT, s. m., all. *Gebäude*, angl. *Edifice*, ital. *Edifizio* (*Fabbrica*). Construction ou édifice élevé par la souveraineté, pour l'honneur et la magnificence ou pour l'utilité. Au nombre des bâtiments de l'État, on range les palais, les hôtels de ville, les églises, les ministères, les casernes, les arsenaux, les halles, etc. On donne aussi ce nom à toute construction de ville ou de la campagne. On appelle bâtiment d'exploitation, les dépendances d'une ferme, telles qu'écuries, étables, bergeries, granges, pressoirs, etc.

—— PARTICULIER, all. *Privat Gebäude*. On désigne sous ce nom un hôtel, une maison de communauté et autres, bâtis suivant le rang et la fortune de ceux qui doivent les habiter.

—— RÉGULIER. Celui dont le plan est d'équerre, les côtés opposés égaux, et les parties disposées avec symétrie.

BATIR, v. a., all. *Bauen*, angl. *To build*, ital. *Edificare*. Construire, édifier, a différentes significations. On dit un prince a bâti un édifice, parce qu'il en a fait la dépense ; un architecte l'a bâti, parce qu'il en a donné les projets et qu'il l'a fait exécuter; un entrepreneur bâtit bien, lorsque ses bâtiments sont construits avec de bons matériaux, mis avantageusement en usage, selon les règles de l'art de construire.

BATISSE, s. f., all. *Bau, Baute*, angl. *Building of a house*, ital. *la fabbrica, fabbricazione*. L'état ou l'entreprise d'un bâtiment, quant à ce qui concerne la maçonnerie. On dit aussi : c'est une véritable bâtisse, en parlant d'une construction ou d'un édifice où n'est point manifesté le sentiment du beau et du convenable. C'est donc un terme de mépris.

BATISSEUR, s. m., all. *Bauliebhaber*, angl. *Great builder*, ital. *Uno che ama far fabbricare*. Se dit d'une personne qui aime à faire des constructions.

BATON, s. m., all. *Pfuhl (Torus)*, angl. *Torus*, ital. *Toro (Bastone)*. Grosse moulure circulaire, employée aux bases des colonnes. On la nomme aussi tore, tondin, boudin, bosel.

BATONS-ROMPUS, s. m. pl., all. *Unterbrochene Stäbe*, angl. *Fret*. Ornement grec ancien, qui ressemble à un bâton qu'on briserait de distance en distance, et en lui faisant former une suite d'angles droits. On le nomme aussi méandre, fret. Il est en usage jusqu'au xiie siècle dans les monuments romans.

BATTANTS, s. m. pl., all. *Thürflügel*, angl. *Leaf or fold of a folding door*, ital. *Battente*. Principales pièces de bois, où les traverses des portes, volets, contrevents et croisées en menuiserie s'assemblent. On nomme aussi battants les feuilles de fermetures quelconques. On dit aussi le ventail d'une porte.

BATTELLEMENT, s. m., all. *Dachtraufenziegel*, angl. *Eave's board (Eave's lath, Eave's catch)*. Double rang de tuiles sur le bord d'un toit, d'où les eaux s'égouttent dans un chéneau.

BATTEMENT, s. m., all. *Schlagleiste*, angl. *Clapping joint*, ital. *Battimento*. Liteau de bois ou de fer, qui recouvre le joint des vantaux d'une porte quelconque.

BAUGE, s. f., all. *Kleiberlehm*, angl. *Sort of mortar*. Composition faite de terre franche, mêlée et corroyée avec de la paille ou du foin, mise en usage pour des murs de bâtiment.

BAVETTE, s. f., all. *Traufröhre*, angl. *Flashing*. Bande de plomb blanchi, qui couvre le devant et les bords d'un chéneau.

BEAU-IDÉAL, s. m., all. *Ideale Schönheit*. C'est la beauté réelle, mais abstraite, invisible. C'est l'harmonie accomplie de l'ensemble et des détails que l'artiste sent et exprime quelquefois dans ses œuvres. C'est la sensation de l'âme faite au moyen des sens, produite à la vue d'un monument, d'une statue, d'un tableau, à l'audition d'une œuvre poétique où tous les détails sont placés avec convenance, mesure, proportion, harmonie et qui élèvent et ennoblissent l'esprit.

BEC, s. m., all. *Schnabel*. Petit filet au bord d'un larmier, qui sert de canal ou de mouchette pendante.

—— DE CANNE, all. *Entenschnabel*. Serrure à loquet.

—— DE CHOUETTE, angl. *Bird's beak*. Moulure aux chapiteaux des antes; c'est une échine concave au-dessous.

—— D'OISEAU. Ornement du XII° siècle. Représente une tête d'oiseau avec un bec crochu, dont la courbe s'adapte sur la superficie d'un tore d'archivolte ou de jambage de porte ou de fenêtre.

BEFFROI, s. m., all. *Glokenthurm*, angl. *Belfry*, ital. *Campanile*. Tour ou pavillon attenant ou isolé, d'une église, d'un hôtel de ville, d'un château, etc., où l'on place les cloches qui servent à annoncer les fêtes, à exprimer là joie publique, à sonner le tocsin en cas d'alarme ou de feu. Se dit aussi de l'assemblage de grosses pièces de charpente qui supporte les cloches, et qui, placé dans les tours, est isolé de la maçonnerie. La tour penchée de Pise et la magnifique tour du sud-ouest de la cathédrale de Florence sont les plus beaux campaniles. Le beffroi civil en France date de l'établissement des communes.

BELVÉDÈRE, s. m., all. *Belvedere*, angl. *Belvedere*, ital. *Altona*. Petit donjon ou pavillon élevé au-dessus d'un bâtiment quelconque, d'où l'on peut jouir d'un point de vue étendu et agréable. Le plus célèbre est celui du Vatican : il a donné son nom à l'Apollon qui s'y trouve.

BÉNARDE, s. f. Serrure qui s'ouvre des deux côtés.

BÉNITIER, s. m., all. *Weihkessel* (*Weihwasser Becken*), angl. *Holy-water-pot* (*Holy-water vat*), ital. *Pila. Piletta dell' acqua santa*. Vase circulaire ou polygonal, isolé ou adossé au mur à l'entrée des églises, contenant l'eau bénite, dans le culte catholique.

BERCEAU, s. m., all. *Tonnengewölbe*, angl. *Cylindrical or barrelvaulling*, (*Full-centered Vault*), ital. *Volta a botte*. Voûte à plein cintre, formant un demi-cylindre, usité chez les Romains et dans l'architecture du moyen âge, jusqu'au XII° siècle. Les bas côtés du temple de la Paix à Rome, le tombeau de Galla Placidia à Ravenne, l'église de Tournus et quelques monuments du moyen âge de l'Auvergne, ont des voûtes en berceau.

BERGERIE, s. f., all. *Schafstall* (*Schäferey*), angl. *Sheepfold*, ital. *Pecorile* (*Greggia*). Bâtiment servant à renfermer des moutons et des brebis, accompagné de fenils.

BESANTS, s. m., all. *Pfennige*, angl. *Pellet* (*Stud*), ital. *Bisante*. Disques figurés dans les archivoltes de l'architecture romane.

BÉTON, s. m., all. *Mörtel zum Grundlegen*, angl. *a Species of Concrete.* Mortier composé de gros graviers et de chaux vive. Sert à faire des fondements d'un bâtiment et autres travaux au bord des rivières. On l'emploie aussi pour des aires dans les lieux humides et pour les trottoirs d'asphalte.

BIAIS, s. m., all. *Schräge*, angl. *Sloped or canted*, ital. *Obliquo.* Se dit d'une surface, d'une ligne qui n'est point perpendiculaire à une autre, mais inclinée, oblique. Se dit généralement aussi en architecture de tout ce qui n'est pas à angle droit, d'équerre. Ainsi, quand les tableaux d'une baie quelconque ne sont pas d'équerre sur le mur où est la baie, qu'ils forment d'un côté un angle aigu, et de l'autre un angle obtus, on appelle cette baie, biaise; on dit porte, fenêtre, ouverture biaise.

—— MAIGRE OU GRAS. Celui qui a ses angles aigus ou obtus.

—— PAR TÊTE. Lorsque l'entrée d'une voûte droite ou rampante n'est pas d'équerre avec les murs, ou pieds-droits qui supportent la voûte.

—— PASSÉ. Fermeture d'un arc en voûte sur des pieds-droits, de travers, par leurs plans

BIAISEMENT, s. m., all. *Abweichen von der geraden Linie*, angl. *Sloping direction*, ital. *Sbiéco.* Contour en biais d'un passage, d'un mur, etc.

BIBLIOTHÈQUE, s. f., all. *Büchersammlung (Büchersaal)*, angl. *Library*, ital. *Bibliotheca.* Bâtiment, salle ou galerie, simple ou richement décoré. Sert à réunir une quantité de livres. Le levant est la situation qui lui convient le mieux. Il y avait des bibliothèques dans l'antiquité, aujourd'hui celle du British Museum de Londres est la plus remarquable sous le rapport des convenances.

La grande salle circulaire de lecture de cette bibliothèque, de 42 mètres 70 centimètres de diamètre, est surmontée d'un dôme dont la hauteur est de 32 mètres 30 centimètres du sol : Sidney Smirke en est l'architecte; et, commencée en 1854, elle fut ouverte au public en 1857. Cette salle avec ses dépendances a coûté 150,000 livres sterling; elle est formée de 20 piliers en fer.

Pisistrate fut le premier qui fonda une bibliothèque publique à Athènes; les Athéniens mirent tous leurs soins à augmenter cette bibliothèque, mais Xerxès, en 480 avant l'ère vulgaire, fit enlever tous les livres, qui furent, par son ordre, transportés en Perse. Longtemps après, les mêmes livres furent rapportés à Athènes par les soins du roi Séleucus Nicator (mort en 282 avant l'ère vulgaire). Ces livres, avec ceux d'Aristote et de Théophraste, arrivèrent à Rome par les soins de Sylla.

Asinius Pollion (mort en l'année V de l'ère vulgaire) institua la première bibliothèque publique à Rome, dans l'atrium du temple de la liberté et nommée Aventine. L'empereur Auguste fonda deux bibliothèques publiques dans la même ville : l'*Octaviana*, auprès du théâtre de Marcellus, et la *Palatine*, dans le portique du temple d'Apollon Palatin.

Il y avait aussi une très-célèbre bibliothèque à Alexandrie en Égypte, fondée par les Ptolémées et incendiée par les chrétiens.

BIGÉMINÉ, ad., all. *Zweimal wiederholt*, angl. *Three mullioned*. Subdivisé en quatre parties.

BILBOQUET, s. m. Morceau de pierre provenant d'une démolition ou de quelque bloc scié.

BILLARD, s. m. Table rectangulaire, ornée sur ses faces de bandes proéminantes, qui sert à jouer dans un lieu public ou particulier. On dit le billard, pour indiquer la salle où l'on joue ce jeu.

BILLETTES, s. f. pl., all. *Unterbrochene Rundstäbe*, angl. *Alternate Billets*. Moulure de l'architecture romane, fort employée en Normandie et en Angleterre, formée de cylindres de peu de longueur, interrompus dans leur étendue et placés quelquefois en damier. Ces morceaux de cylindres sont alors ajustés sur plusieurs rangs horizontaux. On voit aussi les billettes aux archivoltes romanes, et dans ce cas elles suivent la courbure de l'archivolte. Il y aussi des billettes carrées, prismatiques, etc.

BILOBÉ, ad., all. *Zweipass*, angl. *Two foliated circles*. Qui a deux lobes.

BINARD, s. m., all. *Blockwagen*, angl. *Truck*. Fort chariot à quatre roues, avec lequel on transporte de gros blocs de pierre ou de marbre.

BISCUITS, s. m. pl., all. *Die im Löschtroge nicht zergangenen Kalksteine*, angl. *Core (Unslakeable lumps in lime)*. Cailloux ou pierres non calcinés, qui restent au fond d'un bassin, où l'on éteint de la chaux. On les désigne aussi sous le nom de *crapeaux*.

BISEAU, s. m., all. *Schräger Abschnitt (Abgeschärfte Kante)*, angl. *Sloped edge*, ital. *Ugnatura*. Arête de pierre ou de bois, abattue ou chanfreinée en pan.

BITUME, s. m., all. *Erdpech*, angl. *Bitumen*, ital. *Bitume*. Corps résineux qui tient de la nature du soufre, et qui sert de mortier dans différents pays de l'Asie.

BLOC, s. m., all. *Block*, angl. *Block*, ital. *Massa*. Morceau de pierre ou de marbre qui n'a pas encore été taillé.

—— D'ÉCHANTILLON. Celui qui est taillé d'après des dimensions données.

BLOCAGE, s. m., all. *Füllsteine*, angl. *Uncoursed rubble wall*, ital. *Rottami di pietre*. Se dit des fondements en pierres perdues, ou de petits moellons qu'on jette en garniture intérieure d'un mur sur bain de mortier. On le nomme aussi *blocaille*.

BLOCHETS, s. m. pl., all. *Stichbalken (Schüssel)*, angl. *Hammer-Beams*, ital. *Puntoni*. Petites pièces de bois dans une ferme de charpente qui portent des chevrons, encastrées par bout dans la plateforme. On nomme *blochet d'arêtier* celui qui est posé à l'encoignure d'une croupe, et *blochet mordant* celui dont les tenons et entailles sont à queue d'aronde.

BLOQUER, v. a., all. *Mit Bruchsteinen, Mörtel, etc., ausfüllen*, angl. *To block up a wall*, ital. *Empire i vuoti d'una muraglia di frantumi di pietre*. Faire un mur épais avec de grosses pierres irrégulières, élevé par tranchée sans être aligné au cordeau, et garni de menus moellons et de bon mortier fait de chaux nouvellement éteinte.

BOIS, s. m. all. *Holz*, angl. *Wood*, ital. *Legno*. Substance dure et compacte qui forme le corps des arbres; sert aux constructions des bâtiments. Il est considéré selon ses espèces, ses façons et ses défauts.

BOIS DE CHARPENTE, all. *Bauholz, Zimmerholz*, angl. *Timber*. ital. *Legname da fabbrica*. C'est le bois avec lequel on élève des bâtiments entiers, ou des parties séparées de bâtiments. Le chêne est le bois par excellence pour la construction. Dans certaines contrées de l'Europe on emploie aussi le sapin (le pinastre et autres espèces). Le chêne a moins d'élasticité que e sapin, il résiste moins aux poids ou forces qui tendent à plier un arbre dans la longueur de ses fibres; mais le chêne est plus compacte, plus serré et par conséquent plus raide.

Le bois de chêne convient parfaitement pour des supports verticaux qui doivent porter ou soutenir. Le chêne est moins convenable pour des pièces placées horizontalement, position dans laquelle son propre poids le fait plier. Une poutre en sapin, au contraire, plie sous un poids considérable, mais reprend sa position primitive à cause de son élasticité, aussitôt qu'elle est débarrassée de ce poids. Une poutre en chêne ne plie pas sous un grand poids, mais se rompt.

Le bois de chêne supporte mieux que le sapin l'alternance de la sécheresse et de l'humidité, et dans l'eau il est indestructible et devient noir comme l'ébène au bout d'un grand nombre d'années. Le bois de sapin, au contraire, ne supporte pas l'alternance de la sécheresse et de l'humidité : c'est surtout cette dernière qui le fait périr.

Un mètre cube d'eau pèse 1,000 kilogrammes ; si l'on prend ce poids pour comparaison, un mètre cube de cœur de chêne pèsera 1170 kilogrammes, un mètre cube de chêne commun 934 kilogrammes, un mètre cube de sapin du Nord 745 kilogrammes, une mètre cube d'aulne commun 608 kilogrammes, un mètre cube de peuplier de la Caroline 450 kilogrammes, un mètre cube de peuplier d'Italie 378 kilogrammes.

BOIS SELON SES ESPÈCES.

—— DE CHÊNE DUR. all. *Hartes Eichenholz.* C'est par excellence le bois de la charpenterie. Il réunit à de belles dimensions la bonne qualité et une longue durée.

—— DE CHÊNE TENDRE, all. *Weiches Eichenholz.* Plus gros et moins poreux, sert dans les travaux de menuiserie et de sculpture.

—— DE HAUTE FUTAIE, Grands arbres à tige, tels que : chênes, hêtres, charmes, tilleuls, ormes, acacias, pins, etc.

—— DUR ET PRÉCIEUX. Sont : l'ébène, le chinois, de Pernambouc, le cèdre, l'acajou et autres, tels que : le noyer, le cerisier, le poirier et le frêne, que l'on refend en feuilles minces avec lesquelles on fait des placages en marqueterie et en ébénisterie.

—— LÉGER, all. *Leichtes Holz.* Se dit du sapin, du tilleul, du tremble, et autres dont on se sert pour les ouvrages de charpenterie et de menuiserie.

—— MARMENTEAUX. Servant à décorer les jardins, des bosquets, des bois taillis, de haute futaie, ou des cours, des allées, des avenues de châteaux, des maisons de campagne et de plaisance.

Bois sain et net. Celui qui n'a pas de nœuds vicieux, de gales, de fistules, etc.

SELON SES FAÇONS :

—— affaibli. Celui qui est droit, que l'on débillarde pour en faire des pièces courbes.

—— apparent. Celui qui est placé à un plancher, à une cloison ou autres lieux et qui reste découvert.

—— bouge. Celui qui est courbé ou bombé en plusieurs endroits.

—— corroyé. Celui qui est repassé au rabot et dressé à la varlope.

—— de brin. Celui qui est équarri pour enlever les flaches.

—— d'échantillon. Celui qui est taillé et coupé d'après des mesures de convention.

—— d'équarrissage. Se dit de celui qui a plus de vingt centimètres de diamètre.

—— de refend. Celui qui est propre à être refendu pour faire des lattes, des échalas, des poteaux, etc.

—— de sciage. Celui qui est propre à être débité à la scie, pour chevrons, lambourdes, planches, liteaux et autres de petites dimensions.

—— en grume. Celui que l'on amène des forêts avec l'écorce et sans être équarri, et que l'on emploie à faire du pilotis, des grillages ou des plates-formes, des maisons ou kiosques rustiques, etc.

—— flache. Celui qui est équarri sans beaucoup de déchet, et dont les arêtes ne sont pas vives ; on l'appelle cantirai, quand il n'est flache que d'un côté.

—— gauche ou déversé. Celui qui n'est pas droit sur ses angles ni sur ses côtés.

—— lavé. Celui à qui on enlève les traits de scie avec la besaiguë.

—— méplat. Se dit des bois refendus, dont la largeur est plus considérable que l'épaisseur.

—— refait. Celui qui, sur ses pans, est dressé au cordeau.

—— tortu. Celui qui, par sa courbure, est bon à faire des cercles et des rouages.

Bois vif. Celui qui est équarri à vive arête et dont il ne reste ni aubier ni écorce.

—— SELON SES DÉFAUTS :

—— blanc. Celui qui tient de la nature de l'aubier, se corrompt très-promptement.

—— carié. Celui qui est atteint de mélandres et de nœuds pourris.

—— gélif. Celui qui est sujet à se fendre par l'effet de la gelée.

—— mort. Celui qui, dépourvu de substance, n'est bon qu'à brûler.

—— rouge. Celui qui, avancé en âge, suivant son espèce, se gâte facilement.

—— roulé. Celui dont les cernes sont isolés, n'est pas propre à être débité.

—— tourmenté. Celui qui, employé vert, se déjette en séchant.

—— tranché. Celui qui a des nœuds vicieux et des fils obliques qui le coupent et l'affaiblissent, ne peut supporter de pesants fardeaux.

—— vermoulu. Celui qui est piqué par des vers.

BOISER, v. a., all. *Austäfeln*, angl. *To wainscot*, ital. *Intavolare, guarnir di legname*. Revêtir des parois, des murs ou des cloisons avec lambris de menuiserie.

BOISERIES, s. f. pl., all. *Täfelwerk (Getäfel)*, angl. *Wainscot*, ital. *Intavolatura*. Revêtement intérieur des pièces d'un appartement et fait en menuiserie. Nom générique de tous les ouvrages de menuiserie.

BOMBÉ, ÉE, ad., all. *Bauchicht*, angl. *Incurvated*, ital. *Piegato in arco*. Courbe faite avec une portion de cercle.

—— arc bombé. Celui tracé avec un arc de cercle ayant moins de 180 degrés.

BOMBEMENT, s. m., all. *Bäuchung (Schweifung)*, angl. *Swelling (Convexity)*, ital. *Curvità*. Portion extérieure d'un cercle.

BOMBER, v. a., all. *Schweifen (rund erhaben machen)*, angl. *To make convex*, ital. *Curvare*. Faire un trait plus ou moins renflé.

BORDURE. s. f., all. *Einfassung*, angl. *Border*, ital. *Orlo (Cornice), Fregio*. Corps en relief de tout profil, de figure carrée, circulaire, ovale, polygonale, qui sert à encadrer un objet quelconque, tel que plates-bandes de jardin, bassins, etc. Sert aussi à encadrer des tableaux, des bas-reliefs ou panneaux de compartiments. Il y en a de simples, d'unies et de composées avec moulures et ornements de sculpture.

BORDURE DE PAVÉ. Rang qui fixe une largeur quelconque de chaussée.

BORGNE, ad., all. *Blind*, angl. *Blind*, ce qui est seulement simulé.

BORNES, s. f. pl., all. *Grenzsteine (Ecksteine)*, angl. *Land-marks (Limits)*, ital. *Limite, termine*. Pierres taillées de différentes formes, suivant l'usage auquel on les destine, servant à fixer les limites et dépendances d'une commune, d'un canton, d'un arrondissement, d'un département, d'un royaume, d'un héritage, etc.

—— DE BATIMENT. Se dit des chasse-roues en bois, pierre ou fer, à qui l'on donne différentes figures, suivant la convenance du lieu où l'on veut les placer.

—— FONTAINE. Boute-roue d'où sort un jet d'eau.

BOSEL, s. m., all. *Pfuhl*, angl. *Bowtell (Boutell, Bottel)*, ital. *Toro, tondino, astragalo*. Moulure circulaire, mis en usage aux bases des colonnes. On la nomme aussi TORE.

BOSQUET, s. m., all. *Lustwäldchen*, angl. *Thicket*, ital. *Boschetto*. Se compose de petites allées de figures rectangulaires, carrées, rondes et autres, plantées d'arbres disposés symétriquement; sert à orner et à embellir un parc, un jardin ou autres lieux de plaisance.

BOSSAGE, s. m., all. *Bossage (hervorragende Arbeit, vorzüglich an den äussern Mauerflächen um Zierathen, etc. hinein zu hauen)*, angl. *Bossage*, ital. *Bozzo*. Pierre mise en place dont les moulures ne sont point encore profilées ni sculptées ; se dit des bosses laissées à certaines pierres, au-dessous des coussinets d'un arc ou d'une voûte, qui servent à supporter les cintres. On donne encore ce nom aux bosses qu'on laisse aux tambours des colonnes qui sont de plusieurs pièces, afin de faciliter la pose et conserver les arêtes de leurs joints, que les cordages pourraient émousser.

—— A ANGLET. Ses angles en joints sont chanfreinés à 45 degrés : étant posé sur un autre assise forme un angle droit.

—— A CAVET. Sa saillie est terminée par un *cavet* entre deux filets.

BOSSAGE A CHANFREIN. Celui dont l'arête est rabattue et laisse entre eux un petit canal.

—— CONTINU. Celui qui règne sur une façade et qui n'est interrompu que par des ornements et ouvertures des portes et fenêtres.

—— DE REFEND. Parement des pierres qui excèdent les joints de lit, marqué par des enfoncements ou rainures carrées.

—— A DOUCINE. Celui dont son arête a la forme d'une *doucine*.

—— EN CHARPENTERIE. Petite bosse qu'on laisse à un poinçon, à un arbre de grue, d'engin, etc., pour arrêter les moises.

—— EN LIAISON. Représente des carreaux et boutisses, séparés par des joints figurés en hauteur, de même largeur et enfoncement.

—— EN POINTE DE DIAMANT. Formé par quatre parements triangulaires en glacis, qui se terminent en un point, lorsqu'il est de forme carrée ou rectangulaire, et à une arête lorsqu'il est oblong.

—— MÊLÉS. Ont différentes hauteurs ; mêlés alternativement, représentent les bancs de haut et bas appareil.

—— QUARDERONNÉ AVEC LISTEL. Ressemble à un panneau en saillie, bordé d'un quart de rond, renfermé dans un listel.

—— RAVALÉ. Rentrant au lieu d'être en saillie, est bordé d'un listel, séparé d'un autre *bossage* par un canal carré.

—— RUSTIQUE. Ses angles de joints sont arrondis et ses parements bruts ou piqués également à la grosse pointe.

BOSSE, s. f., all. *Höcker*, angl. *Boss*, ital. *Gobba*. Petit bossage que l'ouvrier laisse jusqu'à ce que la pierre soit métrée, et que l'on fait disparaître en la ragréant.

—— OU RONDE BOSSE, all. *Figur von erhabener, hoch erhabener Arbeit, völlig freie Ausführung derselben*, angl. *Alto-rilievo*, ital. *Alto-rilievo*. Ouvrage en sculpture, dont toutes les parties sont isolées, comme une statue par exemple, etc. On appelle *demi-bosse, halberhaben, mezzo rilievo*, un bas-relief qui a des parties saillantes et détachées.

BOUCHARDE, s. f., angl. *Zackenmeisel*, ital. *Gradina, sorta di martello*. Marteau à tête taillée en pointes, qui sert à unir et à aplanir les parements des pierres et marbres.

BOUCHE, s. f., all. *Eingang (Oeffnung)*, angl. *Entrance (mouth)*, ital. *Entrata, ingresso, bocca*. Se dit d'une entrée de carrière; d'un puits, d'une galerie souterraine, d'un four, etc. Se dit encore en parlant des cuisines, offices et dépendances de la maison ou palais d'un roi ou d'un seigneur.

BOUCHERIE, s. f. all. *Schlachthaus*. Lieu où l'on abat le bétail.

BOUCLE, s. f., all. *Klopfring*, angl. *Door-handle (Knocker)*, ital. *Martello della porta*. Gros anneau de fer, de cuivre ou de bronze, placé à une porte cochère; sert à heurter, frapper. On en exécute de très-riches avec sculptures, représentant figures d'hommes et d'animaux, feuillages, enroulements, etc. On les nomme alors *Heurtoirs*.

BOUCLES, s. f. pl. Petits ornements en manière d'anneaux lacés sur une moulure circulaire.

BOUCLIER, s. m., all. *Schild*, angl. *Buckler (Shield)*, ital. *Scudo*. Arme défensive en usage dans l'antiquité et le moyen âge, de différentes formes et grandeurs qu'on ajuste dans des frises ou des trophées.

BOUDIN, s. m., all. *Pfuhl*, angl. *Torus*, ital. *Toro, rondino, Bastone*. Cordon ou baguette faisant partie d'une base de colonne.

BOUDOIR, s. m., all. *Cabinettchen*, angl. *Lady's private room*, ital. *Gabinetto*. Cabinet orné avec coquetterie, réservé à la folie et à la volupté : les ordres sévères d'architecture en sont exclus et le caprice préside à sa décoration.

BOUEMENT, s. m., all. *Ebenfügung*, angl. *Miter dado framing*. Genre d'assemblage fait carrément, excepté du côté du parement où il est coupé en anglet.

BOUGE, s. m., all. *Kämmerchen*, angl. *Small space or room*, ital. *Camerino*. Petit réduit où il n'y a de place que pour un lit ou une armoire à côté d'une cheminée, pour entreposer les ustensiles nécessaires à entretenir le feu; se dit, en charpenterie, d'une pièce de bois qui a du bombement et qui est courbe quelque part.

BOULANGERIE, s. f., all. *Bäckerey (Backhaus)*, angl. *Bakehouse*, ital. *Forno*. Atelier de boulanger, dans un palais ou maison de communauté, endroit où l'on fait le pain; dans un arsenal de marine, le biscuit; dans un chenil, le pain pour les chiens.

BOULE D'AMORTISSEMENT, s. f., all. *Endkugel*, angl. *Top* or *ridge Ball* (*Finial Ball*), ital. *Mela, Palla.* Corps sphérique qui sert à décorer la pointe ou l'extrémité d'un clocher, d'une tour, d'un pignon, d'une lanterne, d'un belvédère, d'un dôme et autres corps qui se terminent en pointe.

BOULEVART, s. m., all. *Bollwerk,* angl. *Wall, Bulwark* (*Rampart*), ital. *Propugnacolo.* Promenade avec ou sans arbres autour d'une ville, d'un bourg ou d'un village.

BOULINGRIN, s. m., all. *Rasenplatz* (*Grassplatz, Rasenstück*), angl. *Bowling-green,* ital. *Verdura, Zolla.* Sorte de parterre avec gazons découpés en manière de bordures arrangées en glacis, orné d'arbres verts à ses encoignures et au centre.

BOULINS, s. m. pl., all. *Rüststangen,* angl. *Put-logs,* ital. *Ponti.* Pièces de bois fixées d'équerre et horizontalement à un mur ou arrêtées par des étrésillons à quelques ouvertures ; servent à échafauder. Les trous qui restent en les défaisant se nomment : *Colombaria,* all. *Rüstlöcher,* ang. *Put-logs holes,* ital. *Buco di ponte.*

BOULON, s. m., all. *Bolzen,* angl. *Bolt,* ital. *Chiavarda, cavicchia di ferro.* Cheville en fer avec une tête ronde ou carrée ; sert à fixer un assemblage de charpente, un limon d'escalier; on met quelquefois un écrou ou une clavette à son extrémité.

BOURRIQUE, s. f., all. *Kasten um Materialien darin in die Höhezuziehen,* angl. *Barrow,* ital. *Barella.* Civière dont les maçons se servent pour élever des matériaux.

BOURRIQUET, s. m., all. *Haspel.* angl. *Hand-spike.* Petite machine avec laquelle on élève de pesants fardeaux.

BOURSE, s. f., all. *Börse* (*Kaufmannsbörse*), angl. *Exchange,* ital. *Borsa dei mercadanti.* Édifice public, composé de galeries, de portiques au rez-de-chaussée avec des salles et des bureaux où les banquiers, les agents de change, les négociants et les courtiers se réunissent pour parler, traiter et faire des opérations financières ou de commerce.

BOURSEAU, s. m., all. *Verzierungsleiste an gebrochenen Schieferdächern,* angl. *Circular moulding on the outside of the purlins of a Curb-roof.* Moulure circulaire qu'on pratique sur la panne de brisis d'un comble, revêtue de plomb ou de zinc. Autrefois on en mettait sur les faîtes des toits.

BOUSIN, s. m., all. *Steinrinde,* angl. *Rubbish,* ital. *La crosta, superficie delle pietre di cava.* Couche de pierre qui n'est point encore pétrifiée; ordinairement dans les délits des bancs : on l'enlève avec soin, étant très-nuisible, mise en usage dans une construction.

BOUSILLE, s. f., all. *Klebearbeit (Kleibewerk)*, angl. *Mud-work (Mud-wall)*, ital. *Muro di fango.* Maçonnerie faite grossièrement avec du chaume ou de la paille et de la terre détrempée. En usage plus particulièrement dans le Midi.

BOUSSOLE, s. f., all. *Compass*, angl. *Compass*, ital. *Bussola.* Instrument avec un aimant qui sert à lever des plans quelconques, et à orienter les bâtiments. L'aiguille aimantée de la boussole se dirige toujours vers le pôle nord.

BOUT, s. m., all. *Ende (Spitze)*, angl. *End (Tip)*, ital. *Estremita, Fine.* Extrémité d'un corps quelconque.

BOUT-EN-BOUT, s. m., all. *Durch und durch (von einem Ende zum andern*, angl. *Thorough*, ital. *Da un capo all' altro.* D'une extrémité à l'autre d'un bâtiment, d'une façade, d'une pièce de bois, etc.

BOUTANT, s. m., all. *Stützend*, angl. *Supporting*, ital. *Rinforzo.* Corps qui sert à en contrebouter un autre, Voyez ARC-BOUTANT.

BOUTÉE, s. f., all. *Stütze*, angl. *Support*, ital. *Rinforzàta.* Ouvrage en éperon ou en saillie, qui contrebalance la poussée d'un mur, d'une voûte ou d'un corps quelconque.

BOUTIQUE, s. f., all. *Laden*, angl. *Shop*, ital. *Bottega.* Emplacement, magasin, entrepôt au rez-de-chaussée, occupé par des commerçants ou artisans.

BOUTISSE, s. f., all. *Stein der seiner Länge nach in der Mauer mit der schmalen Seite aber heraus liegt*, angl. *Through-Stones*, ital. *Pietra posta con tutta la sua larghezza in fuori e'l resto internato nel muro.* Pierre dont la plus grande longueur est dans l'épaisseur du mur : différente du carreau en ce qu'elle présente moins de parement.

BOUTON, s. m., all. *Knopf*, angl. *Button*, ital. *Bottone.* Pièce ronde de menus ouvrages de serrurerie.

BOUVERIE, s. f., all. *Ochsenstall*, angl. *Cow-house*, ital. *Stalla da buoi.* Terme d'architecture rurale, lieu ou bâtiment, où l'on serre les bœufs.

BRANCARD, s. m., all. *Tragbahre (Steintrage)*, angl. *Litter*, ital. *Barella.* Sorte de civière portée sur des roues; sert à transporter des matériaux en y adaptant une caisse.

BRANCHES D'OGIVES, s. f. pl., all. *Diagonale Spitzgurten*, angl. *Diagonal groining ribs*, ital. *Spigoli*. Arcs en diagonale des voûtes du moyen âge à partir du milieu du XIIe siècle : il y en a de détachées, saillantes qui en rachètent d'autres suspendues où l'on place des culs-de-lampe, des couronnes de feuillage, des têtes, etc., etc.

BRANCHE-URSINE, s. f., all. *Bärenklau*, angl. *Bear's foot*, (*Bear's breech*), ital. *Branca orsina*. Espèce d'acanthe sauvage, mise en usage au chapiteau de l'ordre corinthien.

BRANDIR UN CHEVRON, v. ac. Le fixer à une panne avec une forte cheville.

BRASSE, s. f., all. *Klafter (Faden)*, angl. *Fathom*, ital. *Braccio*. Mesure imitée de la longueur du bras : elle a différentes longueurs, suivant les pays où l'on en fait usage.

BRASSERIE. s. f., all. *Brauerey (Brauhaus)*, angl. *Brewhouse*, ital. *Luogo dove si fa la birra*. Bâtiment considérable qui consiste en cours, puits, réservoirs, germoirs, grandes salles basses avec moulins, cuves, chaudières, fourneaux, etc., où l'on fabrique de la bière ; cellier pour l'entreposer ; hangar pour la futaille, grenier pour serrer l'orge, le houblon et autres ingrédients ; avec logements, écuries, remises et autres accessoires utiles à ces vastes établissements.

BRAVETTE, s. f. Moulure dont le profil est semblable à un demi-cœur : on la nomme aussi *Tore corrompu*.

BRÈCHE, s. f., all. *Wallbruch (Scharte)*, angl. *Breach (Gap)*, ital. *Breccia*. Ouverture à un mur quelconque, occasionnée par violence, malfaçon ou vétusté ; se dit aussi d'une qualité de marbre dont le fond est violet.

BRETTELER, v. a., all. *Berappen (mit dem Zahnhammer behauen)*. Dresser le parement d'une pierre ou regratter un mur avec un outil à dents.

BRINS DE FOUGÈRE, s. m. pl. Disposition de petits potelets assemblés diagonalement à 45 degrés, à tenons et mortaises dans les intervalles de plusieurs poteaux à plomb ; est employée surtout dans les anciennes façades des XVe, XVIe et XVIIe siècles.

BRIQUE, s. f., all. *Backstein (Mauerstein)*, angl. *Brick*, ital. *Mattone, quadrello*. Parallélipipède fait de terre glaise et cuit au feu, de couleur rougeâtre plus ou moins foncée, sert dans les bâtiments à la construction des murs de face et mitoyens, de refend, des cloisons, des tuyaux de cheminées, des voûtes et autres ouvrages. Sert aussi pour le revêtement des remparts. La brique remplace la pierre dans les pays où il n'y en a pas ou bien où elle est rare, comme en Angleterre, en Hollande et dans le nord de l'Allemagne. L'usage de la brique est d'une très-haute antiquité.

BRIQUE CRUE. Seulement séchée au soleil. On en trouve ainsi aux palais de Ninive, à Babylone, en Égypte, etc.

—— DE CHAMP. Celle qui, dans son emploi, est posée sur la plus longue de ses faces étroites, dans les foyers, pavés, gipes ou cloisons de distribution et autres.

—— DE CHANTIGNOLE OU PLANELLE. Celle qui a autant de longueur que de largeur, par trois centimètres d'épaisseur : elle sert à paver dans l'intérieur des appartements du rez-de-chaussée, à faire des cloisons de distribution, manteaux et caisses de cheminées.

—— EN ÉPI. Celles qui sont posées diagonalement sur les côtés.

—— EN LIAISON. Celles qu'on pose sur leurs plats et qui se découpent. On dit aussi *briques à plat.*

BRIQUETAGE, s. m., all. *Backsteinwerck,* angl. *Brickwork,* ital. *Casa fabbricata di mattoni.* Ouvrage en brique ; briques contrefaites avec du plâtre et de l'ocre ou du brun rouge.

BRIQUETERIE, s. f., all. *Ziegelbrennerey,* angl. *Brick-Kiln,* (*Brick-Field*), ital. *Fattura di mattoni.* Lieu où l'on fabrique la brique.

BRIQUETIER, s. m., all. *Ziegelbrenner,* angl. *Brickmaker,* ital. *Mattoniero.* Ouvrier qui fait de la brique.

BRISE-COU, s. m., all. *Halsbrechend,* angl. *Breakneck-place,* ital. *Scala ripida, rompicollo.* Se dit d'une rampe d'escalier trop rampante.

BRISE-GLACE, s. m., all. *Eisbrecher,* angl. *Starling of a bridge,* ital. *Palo apposto a' diacciuoli ne' fiumi.* Rang de pieux placés en amont d'une palée de pont de bois, couronné d'un chapeau rampant ; sert à détourner les glaces et à conserver la palée.

BRISIS, s. m., all. *Bruch eines Daches,* angl. *The angle made by the meeting of the two slopes in a Curb Roof.* Rencontre d'angles d'un comble faux ou coupé avec le vrai comble. A lieu surtout dans les combles à la Mansard.

BROCATELLE, s. f., all. *Brokatell*, angl. *Kind of marble*, ital. *Brocatello di Spagna*. Marbre de plusieurs couleurs.

BRODERIE, s. f., all. *Verzierung (Auszierung)*, angl. *Embroidery*, ital. *Ricamamento*. Différents ornements disposés dans un parterre, avec des gazons, arbrisseaux, buis et toutes sortes de plantes mélangées et arrangées avec symétrie.

BRONZE, s. m., all. *Erz (Glockengut)*, angl. *Bronze (Brass)*, ital. *Bronzo*. Alliage de cuivre, d'étain et de zinc, dans l'antiquité, de cuivre, d'étain, d'or et d'argent, dont on fait des figures, des bas-reliefs et autres ornements.

—— EN COULEUR. Teinte qui imite le bronze, composée de cuivre moulu de couleur rougeâtre, jaunâtre ou verdâtre.

BRONZER, v. a. Peindre en couleur de bronze.

BRUT, E, adj., all. *Unbearbeitet (roh)*, angl. *Coarse (impolished)*, ital. *Brutto, Rozzo*. Se dit de pierres, marbres, bois et autres matières, sans avoir été travaillés.

BUANDERIE, s. f., all. *Waschhaus*, angl. *Wash-house*, ital. *Lavatojo*. Lieu à un rez-de-chaussée où l'on fait la lessive.

BUCHER, s. m., all. *Holzstall*, angl. *Wood-house*, ital. *Rogo, legnaja*. Quelquefois dans un souterrain; sert à entreposer le bois que l'on consomme dans une maison. On nomme aussi *bûchers* les hangars, lorsqu'on y entrepose du bois. Dans les palais on les désigne sous le nom de *fourrière*.

BUFFET, s. m., all. *Silberschrank*, angl. *Sideboard*, ital. *Buffetto*. Grande table à gradins, placée près d'un vestibule ou d'une salle à manger; sert à déposer les vases, les bassins, la vaisselle plate, l'argenterie, les cristaux utiles à orner avec magnificence. Au moyen âge en Italie c'était un grand salon fermé seulement par une balustrade et on y adaptait quelquefois des dais d'étoffes plus ou moins riches.

—— D'EAU. Table de marbre, où des vases de cuivre dorés sont posés avec ordre sur des gradins, dont le corps de chacun jetait de l'eau, en sorte qu'ils paraissaient de cristal garni de vermeil. Sert d'ornement dans un jardin.

—— D'ORGUES, all. *Orgel-Gehäuse, Kasten*, angl. *Organ Case* ou *Skreen*, ital. *Cassa degli organi, organo*. Coffre plus ou moins richement orné qui contient le jeu d'un orgue. Il y en a d'anciens à Reims et à Strasbourg.

BUREAU, s. m., all. *Geschäftstube (Schreibstube)*, angl. *Office (Study)*, ital. *Uffizio*. Pièce où travaillent les commis ou employés d'une administration. — *Bureau d'octroi*, lieu où l'on perçoit les droits à l'entrée d'une ville. Se dit encore d'un meuble qui sert à conserver des objets précieux, et d'ornement dans un appartement.

BURETTE, s. f., all. *Kleiner Krug*, angl. *Cruet*, ital. *Ampolla*. Petit vase de verre ou de terre, etc., qui sert à différents usages.

BUSTE, s. m., all. *Brustbild*, angl. *Bust*, ital. *Busto*. Partie supérieure d'une figure, posée sur un piédouche.

BUTÉE, s. f., all. *Eckpfeiler (Eckbogen einer Brücke)*, angl. *Abutment*, ital. *Coscia (Pilastro di canto)*. Massif de maçonnerie ou de pierre de taille, fait aux deux extrémités d'un pont; sert aussi à soutenir une chaussée.

BUTER, v. a., all. *Stützen*, angl. *to abute*, ital. *Sostenere*. Jeter un *arc* ou *pilier butant*, pour empêcher la poussée d'un mur ou d'une voûte. Voyez CULÉE.

BUVEAU, s. m., all. *Schmiege (Winkelmasz)*, angl. *Bevel*, *Squadra Zoppa (Pifferello)*. Outil en manière de fausse équerre, sert à rapporter et tracer des angles.

BUVETTE, s. f., all. *Herrenschenke (Trinkstübchen)*, angl. *Tavern (Drinking-bout)* ital. *Bettola*. Pièce dépendant d'un théâtre ou autre monument public, où l'on vend des rafraîchissements.

C

CABANE, s. f., all. *Strohhütte*, angl. *Cottage*, ital. *Capanna*. Petite maisonnette à la campagne, couverte de chaume ou de paille, habitée par des paysans. On imite ces constructions en leur donnant des convenances pour être habitées par des gens de la ville en été.

CABARET, s. m., all. *Schenke (Wirthshaus)*, angl. *Public-house*, ital. *Bettola*. Lieu où l'on vend du vin, liqueurs et comestibles; se dit aussi d'une petite table qui sert à entreposer des verres, des bouteilles, des tasses et vases à liqueur.

CABESTAN, s. m., all. *Schiffswinde (Drehhaspel)*, angl. *Capstern*, ital. *Argano*. Cylindre posé à plomb, soutenu par un assemblage; sert à tirer à soi des fardeaux quelconques, à serrer une presse, etc.

CABINET, s. m., all. *Cabinett (Beyzimmerchen, Geheimzim-*

mer), angl. *Study* (*cabinet, closet*), ital. *Gabinetto, camerino*. Pièce secrète dans un appartement.

CABINET D'AISANCE. all. *Abtritt*, angl. *Water-closet* (*privy*) ital. *Ritirata*. Lieu commun avec un siége. On le nomme aussi garde-robe, privé, aisances, etc.

—— DE CURIOSITÉS. Lieu où l'on conserve des objets rares, tels que vases, statuettes, monnaies, meubles anciens, etc.

—— DE MÉDAILLES. Lieu où l'on conserve des médailles antiques, du moyen âge et des temps modernes.

CABLE, s. m., all. *Kabeltau* (*Ankertau*), angl. *Cable*, ital. *Gomena*. Cordages de différentes grosseurs et longueurs; sert à lever ou traîner des fardeaux.

—— Ornement de l'architecture romane, qui figure une grosse corde, employée dans les colonnes, les cordons et les archivoltes du x° à la fin du xii° siècle.

CABOCHE, s. f., all. *Breitköpfiger Nagel*, angl. *Large headed nail*, ital. *Zucca*. Petit clou à grosse tête.

CACHE-ENTRÉE, s. f. Petite plaque ou écusson de différentes formes et grandeurs, qui cache l'entrée d'une serrure.

CACHETTE, s. f., all. *Schlupfwinkel* (*Schlupfloch*), angl. *Hiding-Place*, ital. *Nascondiglio*. Lieu destiné à mettre en sûreté des objets précieux.

CACHOT, s. m., all. *Kerker*, angl. *Dungeon*, ital. *Prigione oscura*. Lieu dépendant d'une prison où l'on renferme des criminels ou des prévenus.

CADENAS, s. m., all. *Vorlegeschloss*, angl. *Padlock*, ital. *Lucchetto*. Petite serrure mobile qu'on adapte à volonté à une porte, armoire ou coffre.

CADETTE, s. f., all. *Steinplatte* (*Quaderstein*), angl. *Quarry-Stone*, ital. *Selice*. Pierre carrée de diverses dimensions destinées au pavage.

CADOLE, s. m., all. *Klinke* (*Thürklinke*), angl. *Latch* (*Bolt*), ital. *Saliscendo*. Loquet d'une porte.

CADRAN, s. m., all. *Zifferblatt*, angl. *Dial*, ital. *Mostra d'orologio*. Partie extérieure d'une horloge où sont marqués les chiffres pour indiquer les heures; souvent enrichi d'ornements divers et riches.

—— SOLAIRE, all. *Sonnenuhr*, angl. *Sun-Dial*, ital. *Mostra orologia del sole.* Sert à indiquer les heures par l'effet de l'ombre ou de la lumière du soleil, au moyen d'un style.

CADRE, s. m., all. *Rahm (Einfassung),* angl. *Frame,* ital. *Quadro.* Bordure qui entoure un compartiment, un panneau, un bas-relief, un tableau quelconque.

—— A DOUBLE PAREMENT. Celui dont les deux parements intérieur et extérieur sont semblables, comme à une porte de placard, de communication, etc.

—— DE CHARPENTE. Assemblage de quatre pièces de bois de charpente; sert à différents usages.

—— DE MAÇONNERIE. Fait de pierre ou de plâtre moulé; pour plafonds avec sculpture et dorure, chambranles de portes avec bas-reliefs au-dessus, parquets de cheminées, etc.

CAFÉ, s. m., all. *Kaffeehaus,* angl. *Coffee-house,* ital. *Caffè.* Lieu public, souvent décoré avec luxe et magnificence, où l'on vend du café, des liqueurs, etc.

CAGE, s. f., all. *Gehäuse,* angl. *Cage,* ital. *Gabbia.* Espace contenu entre quatre murs verticaux droits ou circulaires, qui sert à recevoir un escalier quelconque ou quelques divisions dans un appartement.

—— DE CLOCHER. Élévation en maçonnerie ou assemblage fait de bois, recouvert de plomb, de zinc ou d'ardoise.

—— DE CROISÉE. Sorte de chambranle saillant au dehors.

CAILLOUX, s. m. pl., all. *Kieselsteine,* angl. *Flintstones,* ital. *Pietra focaja.* Pierres très-dures qui servent à faire des chaussées, des pavés; sciées en deux on en fait des mosaïques.

CAILLOUTAGE, s. m., all. *Arbeit von zusammengesetzten Kieselsteinen,* angl. *Rock-work,* ital. *Lavoro fatto con pietruzze.* Ouvrage composé de cailloux bruts ou taillés.

CAISSE, s. f., Refouillement carré ou rectangulaire compris entre deux modillons, dont le centre est orné de roses, de rosaces, etc.

CAISSON, s. m., all. *Kaissons (vertiefte Felder),* angl. *Caissons,* ital. *Cassone.* Ornement pratiqué en compartiment refouillé avec ou sans sculptures, à une voûte ou à un plafond, en usage dans les architectures grecque, romaine et des temps modernes. On y place le plus ordinairement des rosaces ou des étoiles.

CALCAIRE, adj., all. *Kalkartig,* angl. *Calcareous (limy),* ital. *Calcareo.* Qualité de la pierre que le feu peut réduire en chaux.

CALE, s. f., all. *Keil (Span, Unterlage)*, angl. *Wooden-wedge*, ital. *Cala*. Morceau de bois ou lame de plomb, servant à hausser ou à fixer un objet que l'on pose.

CALFEUTRER, v. ac., all. *Ritze mit Leisten vermachen, verstopfen*, angl. *To stop chinks*, ital. *Riturare*. Boucher des lézardes, des fentes quelconques avec du ciment, du bois, du papier, de la colle, etc.

CALIBRE, s. m., all. *Schablone*, angl. *Caliber*, ital. *Calibro (modello)*. Profil de moulure, découpé sur tôle de fer, zinc ou autre métal, qui sert à pousser des corniches, cadres, etc., en masse ou en détail.

CALOTTE, s. f., all. *Runde Höhlung*, angl. *Calotte*, ital. *Calotta*. Concavité d'une voûte sphérique ou sphéroïdale.

CALQUE, s. m., all. *Durchzeichnung*, angl. *Outline drawn on a transparent paper*, ital. *Calco*. Trait léger d'un dessin tracé sur un transparent ou sur un papier transparent.

CALVAIRE, s. m., all. *Schädelstätte*, angl. *Calvary*, ital. *Calvario*. Chapelle construite sur une hauteur, dans une église, au centre d'un cloître, en mémoire du fondateur de la religion chrétienne, où est représentée, en peinture ou en sculpture, sa passion.

CAMAIEU, s. m., all. *Grau in grau, Darstellung mit einer einzigen Farbe*, angl. *Brooch*, ital. *Chiaro oscuro*. Peinture exécutée avec une ou deux couleurs seulement qui sert à représenter des sujets quelconques, particulièrement des bas-reliefs de marbre ou de pierre blanche. Quand une seule couleur est employée, la dégradation des teintes est observée pour les parties éloignées par l'affaiblissement du clair-obscur, comme on le pratique avec le crayon.

CAMBRURE, s. f., all. *Krümme*, angl. *Hollowness*, ital. *Incurvamento*. Courbure décrite par le cintre d'une voûte ou d'une pièce de bois.

CAMÉE, s. m., all. *Camee*, angl. *Cameo*, ital. *Cammeo*. Pierre composée de différentes couches ou feuilles, et sculptée en relief.

CAMPANE, s. f., all. *Kapitäl*, angl. *Capital*, ital. *Capitello*. La masse des chapiteaux corinthien et composite. On les nomme aussi *vase* et *tambour*, et le rebord qui touche au tailloir se nomme *lèvre*. Se dit encore d'un ornement de sculpture d'où pendent des houppes en forme de clochettes, en usage pour les dais, les autels, les trônes, les chaires à prêcher, etc.

CAMPANE DE COMBLE. Ornements en plomb, chantournés et évidés placés au bas d'un brisis de comble.

CAMPANILE, s. m., all. *Glockenthurm*, angl. *Bell-Tower*, ital. *Campanile*. Espèce de petite lanterne qui couronne le toit d'une église ou la flèche d'un clocher ou tour, et dans laquelle est placée une cloche. Est encore une forte tour à proximité d'une église principalement, en Italie, et destinée à recevoir les cloches. Le campanile de Crémone est au nombre des plus célèbres. Il est carré au bas, jusqu'à une élévation de 80 mètres, il continue en deux étages octogones ornés de colonnes; le tout a 120 mètres de hauteur : le bas est antique; la construction du moyen âge a été ajoutée en 1283. Le campanile de Florence, œuvre de Giotto, commencé en 1334, le plus beau qui existe, a 82 mètres d'élévation et 13 mètres 70 en carré. Le campanile ou tour penchée de Pise, qui date de l'année 1174, est circulaire et de 56 mètres d'élévation : il penche de 3 mètres 80 en dehors de sa base.

CAMPANULÉ, adj., all. *Glockenförmig*, angl. *Bellshaped*, ital. *Campanulato*. Se dit des corbeilles de chapiteaux qui offrent la forme d'une cloche renversée.

CANAL, s. m., all. *Wassergang (Kunstfluss)*, angl. *Canal*, ital. *Canale*. C'est, dans un aqueduc de pierre, la partie où coule l'eau; elle est ordinairement enduite de ciment pour empêcher les filtrations.

—— DE LARMIER. Partie creuse du larmier d'une corniche qui forme la mouchette pendante.

—— DE VOLUTE. Partie creuse des circonvolutions d'une volute ionique, bordée de chaque côté par un listel.

CANAUX, s. m. pl., *Rinnen (Kehlen)*, angl. *Canals*. Espèce de cannelures sur une face ou sous un larmier, dans lesquelles on pratique parfois de la sculpture, comme roseaux ou fleurons. — Cavités droites ou torses dont on orne les tigettes des caulicoles d'un chapiteau.

—— DE TRIGLYPHE. Ce sont deux canaux au centre et deux demi-canaux sur les angles de face de chaque triglyphe.

CANCEL ou CHANCEL, s. m., all. *Chor (Altarplatz)*, angl. *Chancel*, ital. *Cancello*. Ancien mot français qui servait à désigner la partie comprise entre le maître-autel et la balustrade qui clôt le chœur d'une église.

CANDÉLABRE, s. m., all. *Geländerdocken ähnlicher Vasen, (Armleuchter, Kronleuchter)*, angl. *Candelabra*, ital. *Candelabro*. Balustre placé en amortissement sur les arcs-boutants extérieurs d'un dôme. — Chandeliers de grandes dimensions qui ornent les autels.

CANIVEAUX, s. m. pl., all. *Pflastersteine durch die Mitte oder an die Seite einer Strasse*, ital. *Grosse selcine, pavementi delle Strade*. Pavés plus longs que larges, placés alternativement avec les contre-jumelles qui servent à former l'ornière ou la conduite dans laquelle les eaux s'écoulent.

CANNE, s. f., all. *Elle*, angl. *Yard*, ital. *Canna*. Mesure romaine équivalent à 1ᵐ,9927. Sorte de gros roseau employé à garnir les travées entre les cintres et la construction de la voûte.

CANNELURE. s. f., all. *Aushöhlung*, angl. *Fluting*, ital. *Canaliculo, Scanalatura*. Cavité circulaire de différentes dimensions et profils pratiquée sur les fûts des colonnes, pilastres, gaînes de termes, consoles, triglyphes, etc.

—— A CÔTES. Celles qui sont séparées par des listels, accompagnées de baguettes.

—— AVEC RUDENTURES. Celle où, jusqu'à un tiers de la hauteur du fût, on pratique, en remplissage, des bâtons, roseaux ou formes de câbles.

—— A VIVES ARÊTES. Celles qui se joignent toutes, comme dans l'ordre dorique.

—— DE GAÎNES DE TERMES OU DE CONSOLES. Plus larges par le haut que par le bas.

—— ORNÉES. Enrichies de sculptures; elles imitent des branches de laurier, de chêne, etc. Employées surtout dans l'architecture de la Renaissance.

—— PLATE. Sa cavité est plate dans ses petites faces ou en demi-bâton, au tiers-bas du fût.

—— TORSE. Celle qui tourne en vis ou spirale autour du fût d'une colonne. En usage surtout dans l'architecture des XVIᵉ et XVIIᵉ siècles.

CANONNIÈRE EN VOUTE, s. f., Berceau plus large à un bout qu'à l'autre.

CANONS DE GOUTTIÈRE, s. m. pl., all. *Ausgusz (Schlauch)*,

angl. *Waterspout*, ital. *Doccia di gronda*. Bouts de tuyaux de pierre, de fonte, de cuivre, de plomb, de zinc, qui servent à jeter les eaux de pluie au delà d'un chéneau.

CANTALABRE, s. m., all. *Gesims*, ital. *Stipite liscio*. Bordure ou chambranle d'une porte ou d'une fenêtre.

CANTIBAI, s. m., all. *Untaugliches Bauholz*, angl. *Cracked wood unfit for use*, ital. *Legno difettoso in una delle sue estremità*. Bois fendu, peu propre à être employé.

CANTINE, s. f., all. *Bier-oder Weinschenke in Festungen*, angl. *Canteen*, ital. *Cantina*. Petite cave où l'on vend du vin ou de la bière, des liqueurs et des comestibles, dans les fortifications et les casernes.

CANTONNÉ, s. m., all. *Ein Gebäude, dessen Ecken mit Säulen und andern Dingen verziert sind*, angl. *Cantoned, cantonized*, ital. *Cantonato*. Bâtiment dont l'encoignure est ornée d'un pilastre ou d'une colonne angulaire, de chaînes en pierre de refend ou bossage, ou de quelques autres corps en saillie sur la face nue d'un mur. Pilier ou pile cantonné, dans l'architecture romane, quand les encoignures en sont ornées de pilastres ou de colonnes angulaires, etc.

CAPITOLE, s. m., all. *Capitolium*, angl. *Capitol*, ital. *Campidoglio*. Palais situé sur le mont Capitolin à Rome, ou les sénateurs tenaient leurs assemblées. Les Romains ont donné ce nom aux palais qui servaient à loger leurs gouverneurs de province. Ainsi, il y avait le capitole à Toulouse, à Cologne, etc., etc.

CAPRICE, s. m., all. *Nach Einfällen gemachtes, fantastisches Stück*, angl. *A whimsical composition*, ital. *Capriccio*. Se dit des compositions artistiques hors des règles de l'art, ou d'un goût singulier, nouveau ou fantastique.

CAPUCINE, s. f. Plancher fait avec des panneaux courts.

CARACOL, s. m., all. *Schneckentreppe*, angl. *Spiral or winding Stairs*, ital. *Scala a chiocciola, a lumaca*. Nom donné à un escalier en limaçon.

CARAVANSÉRAIL, s. m., all. *Oeffentliche Herberge in den Morgenländern*, angl. *Caravansary*, ital. *Luogo di riposo per le caravane*. Dans les pays orientaux, un grand bâtiment à un seul étage, composé d'une vaste cour au centre, entourée de portiques qui servent à mettre à l'abri les chameaux, les chevaux, etc., etc., avec des logements pour les voyageurs, des magasins pour entreposer les marchandises.

CARIATIDES ou **CARYATIDES**, s. f., all. *Lastträgerinnen*, angl. *Caryatides*, ital. *Cariatidi*. Dans l'architecture grecque, figures de femmes élégantes, vêtues de longues robes, et dont les têtes servent d'appui à un entablement. Les plus belles étaient au temple de Pandrose attaché à celui de Minerve Poliade, de la fin du v⁰ siècle avant l'ère vulgaire.

CARNE, s. f., all. *Ecke (Kante) eines Tisches*, angl. *Angle (Corner)*, ital. *Angolo, Canto vivo*. Angle d'une table de bois ou de marbre.

CARRARE, s. m., (Marbre de). Ville de l'ancien duché de Massa, appartient aujourd'hui au royaume d'Italie. Carrières de beau marbre blanc : ces carrières étaient connues des anciens Romains, et l'on montre encore celle d'où fut extrait le marbre qui servit au Panthéon de Rome.

CARRÉ, s. m., all. *Viereck*, angl. *Square*, ital. *Quadrato*. Membre qui termine quelque corps ; il est adjectif lorsqu'on parle d'une figure qui a quatre angles droits et quatre côtés égaux, ou d'une superficie quelconque.

CARREAU, s. m., all. *Vierechige Platte (Fliese)*, angl. *Square pane*, ital. *Quadrillo*. Pierre équarrie qui présente plus de largeur en parement qu'elle n'a d'épaisseur en joint, et que l'on pose alternativement avec la boutisse pour former liaison.

CARREAU DE PAVÉ, s. m., all. *Backsteinplatte*, angl. *Square Tile*, ital. *Mattone*. Terre moulée et cuite, de différentes grandeurs et épaisseurs, suivant les lieux où l'on veut l'employer.

—— DE BRODERIE. Celui dont le dessin n'est pas régulier et qui est planté de différentes fleurs.

—— DE FAIENCE, all. *Ofenkachel*, angl. *Hardened argillaceous stone by vitrification*, ital. *Majolica*. Terre moulée et cuite couverte sur son parement d'une vitrification blanche d'ordinaire et d'autres couleurs. On met les carreaux de faïence en usage pour les foyers et jambages de cheminées, pour les pavés et revêtement de grottes, salles de bains et autres lieux frais.

CARRELAGE, s. m., all. *Belegt mit Steinplatten (oder Backsteinplatten)*, angl. *Paving with square tiles*, ital. *Mattonato*. Ouvrage quelconque fait de carreaux en terre cuite, de pierre ou de marbre.

CARRIÈRE, s. f., all. *Steinbruch*, angl. *Quarry*, ital. *Cárriera*,

Cava. Lieu d'où l'on extrait les pierres à bâtir; il y en a à tranchées ouvertes, d'autres sont exploitées au moyen de puits. Celle d'où l'on tire du marbre est nommée *marbrière*; du plâtre, *plâtrière*, et des ardoises, *ardoisière.*

CARILLON, s. m., all. *Glockenspiel*, angl. *Chime, Peal*, ital. *Scampanata, Cariglione*. Série de plusieurs cloches dans un établissement public, tels qu'églises, hôtels de ville, etc., desquelles on tire des sons cadencés. Le carillon d'Alost, dans les Pays-Bas, passe pour le premier inventé en 1487.

CARROUSEL, s. m., all. *Platz zum Ringelrennen*, angl. *Carousal*, ital. *Carosello*. Local spacieux où l'on faisait anciennement des exercices d'agilité à pied et à cheval.

CARTON DE PEINTURE, s. m., all. *Riss auf Pappe oder starkes Papier als Muster zur Malerey*, angl. *Cartoon*, ital. *Cartone*. Esquisse faite sur un fort papier, pour imprimer les traits d'un tableau ou ornements quelconques, sur un enduit pour les peindre soit à l'huile soit à fresque. On donne ce nom à un dessin colorié destiné à servir de modèle pour fabriquer la mosaïque. On nomme aussi carton, l'esquisse qu'un peintre fait sur du fort papier, d'un tableau qu'il veut exécuter.

CARTOUCHE, s. m., all. *Zierliche Einfassung*, angl. *Cartouch*, ital. *Cartoccio*. Ornements de sculpture, de peinture et de gravure. En usage principalement depuis la Renaissance. La forme en est très-variée.

CASEMATE, s, f., all. *Wallgewölbe*, angl. *Casemate*, ital. *Casamatta*. Lieu voûté à l'abri de la bombe dans une fortification où l'on place des canons.

CASERNE, s. f., all. *Caserne (Soldatenhaus)*, angl. *Barrack*, ital. *Caserna*. Bâtiment où on loge les soldats dans une ville de guerre, accompagné de pavillons destinés aux officiers.

CASSE, s. f., all. *Viereckiger Raum zwischen den Sparrenköpfen des Gesimses*, angl. *Sunk panel on the sofite of the Corona*, ital. *Cassa*. Partie rectangulaire comprise entre deux modillons dans l'ordre corinthien, ornée de rosaces sculptées ou peintes.

CASSINE, s. f., *Kleines Landhaus*, angl. *Little country house*, ital. *Casino, piccola casa di campagna*. Petite maison de campagne de peu de valeur.

CASSOLETTE, s. f., all. *Räucherpfännchen*, angl. *Perfuming-pan*, ital. *Braciere da parfumi*. Vase isolé ou en bas-relief sculpté, avec des flammes et de la fumée, placé en amortissement sur quelques monuments.

CATACOMBES, s. f. pl., all. *Leichengrüfte,* angl. *Catacombs,* ital. *Catacombe.* Corridors et salles souterrains creusés ou taillés dans le sable, la pierre ou la pouzzoulane, ayant été dans l'origine des sablières et des carrières, et ayant dans la suite servi comme lieux isolés et solitaires, à l'exercice du culte des premiers chrétiens, au moment des persécutions. Plus tard les catacombes servirent de lieu d'inhumation pour les premiers chrétiens et spécialement pour les martyres. Les catacombes les plus considérables étaient à Rome : celles de Saint-Sébastien sont les plus célèbres ; elles sont près de l'église Saint-Sébastien : il y en a d'autres auprès des basiliques de Saint-Laurent et de Sainte-Agnèse.

CATAFALQUE, s. m., all. *Trauergerüst (Leichengerüst),* angl. *Catafalco,* ital. *Catafalco.* Mausolée, sarcophage ou cercueil élevé sur des gradins, pour la célébration d'une pompe funèbre, décoré de génies, d'armoiries, de chiffres et de divers ornements de peinture et de sculpture.

CATHÉDRALE, s. f., all. *Hauptkirche, Domkirche,* angl. *Cathedral,* ital. *Cattedrale.* La principale église d'un archevêché et d'un évêché, dans laquelle est le trône ou la chaire en permanence de l'évêque ; église dans laquelle l'évêque ou l'archevêque est installé dans son diocèse. La dignité d'évêque date du commencement du ive siècle. Parmi les plus anciennes cathédrales, on compte celles de Trèves, ancienne basilique romaine, de Pise, la Basse-Œuvre de Beauvais ; parmi les plus belles, celles de Reims, de Paris, d'Amiens, de Laon, de Beauvais, de Milan, de Cologne, de Salisbury, de Winchester, etc., etc.

CATHÈTE, s. f., all. *Senkrechte Linie,* angl. *Cathetus,* ital. *Cateto.* Ligne nommée aussi *axe,* qu'on suppose passer par le centre d'un corps cylindrique ; se dit aussi de la ligne d'aplomb qui passe par le centre de l'œil de la volute du chapiteau ionique.

CAVE, s. f., all. *Keller,* angl. *Cellar,* ital. *Cantina.* Lieu souterrain où l'on entrepose du vin, des liqueurs, huiles et autres liquides ; on y conserve aussi le bois et le charbon.

CAVEAU, s. m., all. *Kellerchen (Gruft in einer Kirche; das gewölbte Grab),* angl. *Little vault or cellar, Crypt,* ital. *Cantinetta, sepoltura.* Petite cave voûtée dans un lieu souterrain. Chapelle particulière et souterraine destinée à recevoir les restes funèbres d'une ou de plusieurs familles.

CAVET, s. m., all. *Hohlkehle (Hohlleiste)*, angl. *Cavetto*, ital. *Guscio, Trochilo.* Moulure en quart de rond concave, employée dans les corniches : on la nomme aussi *cymaise.*

CAULICOLES. s. m. pl., all. *Stängelformige Figuren an den corinthischen Capitälen*, angl. *Caulicola or Caulicoli*, ital. *Gambi, Volute minori.* Espèces de petites tiges placées aux angles du chapiteau corinthien et qui semblent en soutenir les volutes.

CEINTURE, s. f., all. *Kranz um eine Säule (Gürtel am Fusse einer Säule)*, angl. *Girdle (Cincture)*, ital. *Circuito, Cintura.* Anneau au bas du fût d'une colonne : celui du haut est nommé *colarin* ou collier ; se dit aussi d'un rang de feuilles de métal posées en couronnement d'une astragale, afin de séparer la partie cannelée d'une colonne torse des ornements, et cacher les joints d'un placage de bronze sur une colonne militaire. Se dit encore d'une grande étendue de murs qui forment une enceinte.

—— EN ÉCHARPE. Listel ou ourlet du parement de la volute ionique du côté du profil.

CELLA, s. f. (Ναὸς σηκὸς, Cella), all. *Tempelhaus*, angl. *Cell*, ital. *Cella.* L'espace contenu dans les murs du temple antique, en Grèce et à Rome, entre le pronaos et le posticum, et qui contenait un ἄδυτον, le lieu très-saint.

CELLIER, s. m., all. *Speisekeller*, angl. *Store room (cellar)*, ital. *Celliere.* Lieu quelquefois dans le souterrain d'un bâtiment où l'on fabrique et entrepose les vins et les liqueurs. On y conserve aussi des comestibles, surtout des légumes frais.

CELLULE, s. f., all. *Zelle*, angl. *Cell*, ital. *Cella.* Petite chambre dans un établissement religieux, un couvent, monastère d'hommes ou de femmes ; on donne aussi ce nom aux *chambres* occupées par les cardinaux pendant le conclave à Rome. *Cell* est le nom admis par M. Whewell, pour indiquer les espaces vides entre les nervures d'une voûte du moyen âge.

CÉNACLE, s. m., all. *Speisesaal der Alten*, angl. *Cœnaculum,* ital. *Cenacolo.* Nom que les anciens Romains donnaient à une salle à manger, qui était aussi désignée sous le nom de Triclinum.

CÉNOTAPHE, s. m. (Κενος, vide, Ταφος, sépulcre), all. *Ehren-*

grabmal, angl. *Cenotaphe*, ital. *Cenotafio*. Monument funéraire élevé en l'honneur d'un personnage dont le corps s'est perdu dans une bataille ou dans un combat naval. Il peut avoir plusieurs formes et dimensions, être orné ou non de sculpture, de peinture, d'inscriptions, de génies, de blasons et autres accessoires.

CENSE, s. f., all. *Meierey*, angl. *Tee-Farm*, ital. *Podere*. Métairie, ferme et dépendances.

CENTIARE, s. m. Mesure superficielle de France, un mètre carré, la centième partie d'un are, la dix-millième partie d'un hectare. Le yard carré anglais vaut 0m 836097 carré : donc moins d'un centiare.

CENTIMÈTRE, s. m. La centième partie d'un mètre. Un pouce anglais vaut 2,539954 centimètres.

CERCYS, s. m. Rang de portiques élevés dans les théâtres de l'antiquité, en dehors des gradins où se plaçaient les personnes qui n'avaient pas droit de cité.

CHABOTS, s. m. pl., all. *Seilwerk an den Gerüsten*, angl. *Scaffolding ropes*, ital. *Piccole corde per fare i ponti*. Petits cordages avec lesquels sont attachés les baliveaux et échasses, qui servent à faire un échafaud.

CHAINE DE PIERRE, s. f., all. *Eine Reihe in einander greifender Quadersteine, in lothrechter Richtung*, angl. *Coins, rustic coins*, ital. *Catena*. Pierre de taille posée en manière de jambages montés d'aplomb dans un mur quelconque, dont les pierres sont généralement petites et présentent peu de solidité : sert surtout à donner de la solidité au mur et à porter les abouts des poutres des planchers.

CHAIRE A PRÊCHER, s. f., all. *Kanzel*, angl. *Pulpit*, ital. *Cattedra, Pulpito, Pergamo*. Siége élevé, le plus souvent adossé contre un pilier d'église, quelquefois isolé, où le prêtre se place pour prononcer des sermons, etc. On y arrive ordinairement par un petit escalier habilement combiné. La chaire à prêcher est souvent ornée d'architecture et de sculpture, avec un dais au-dessus. La chaire à prêcher est en pierre, marbre ou bois. On en trouve aussi qui ont été élevées contre des monuments et donnant sur les places publiques. Il y a une chaire à l'extérieur de Notre-Dame de Saint-Lô; elle est du XVe siècle. Il y en a une autre à l'angle sud-ouest de l'église de Saint-Michel de Lucques. Il y a une belle chaire en marbre du xiii° siècle, dans l'église de San Mini alo près de Florence : d'autres, du même siècle (1260), dans le baptistère de Pise et dans la cathédrale de Sienne, dues à Nicolas de Pise; une autre à Strasbourg de 1486, exécutée d'après les dessins de l'architecte Hans Hammerer : une autre à Bâle, de 1486. Il y a aussi, en Angleterre, des chaires en bois à l'extérieur, comme celle de Magdalene College à Oxford, de 1480 : d'autres dans l'intérieur, comme dans l'église de Beaulieu, de Hants de 1260 environ, dans celle de Fotheringhay Northamptonshire de 1440, et dans celle de Frampton, Dorset, de 1450 environ. La Belgique est riche en chaires à prêcher du xvii° siècle, elles sont souvent en bois, mais de mauvais goût.

CHAISE, s. f., all. *Stuhl.* angl. *Chair*, ital. *Sedia*. Assemblage en charpente fait de quatre pièces de bois, sur lesquelles on pose la cage d'un clocher ou d'un moulin à vent; se dit aussi des siéges placés au pourtour du chœur d'une église, et destinés aux desservants.

CALCIDIQUE, ou chalcidique, s. m., all. *Calcidicum*, angl. *Chalcidicum*. Salles au nord-est et au sud-est des tribunaux romains où l'on vendait des rafraîchissements. Ce mot ne se trouve que dans Vitruve, et sa signification est obscure.

CHAMBRANLE, s. m., all. *Einfassung*, angl. *Ornamental Bordering*, ital. *Intelajatura di porte, finestre, etc.* Bordure avec ou sans moulures, adaptée autour d'une porte, soit à l'extérieur, soit à l'intérieur d'une fenêtre ou d'une cheminée. Il y en a de larges et d'étroits et ils diffèrent selon le lieu où on les met en usage et l'ordre duquel ils dépendent. Lorsque le chambranle est simple et sans moulures, on le nomme *bandeau*.

CHAMBRE, s. f., all. *Stube, Zimmer*, angl. *Room*, ital. *Camera, Stanza*. Pièce d'un appartement la plus nécessaire à l'habitation.

—— a coucher, all. *Schlafzimmer*, angl. *Bed-Rom*. Celle qui est disposée à recevoir un ou plusieurs lits, quelquefois placés dans une alcôve que l'on y a ménagée.

—— civile ou criminelle. Salle où l'on juge les délits de police et les accusés de crimes.

—— d'écluse. Espace dans un canal compris entre deux portes d'écluse.

—— de parade. Pièce bien située, spacieuse, décorée et ornée de beaux et riches meubles.

Chambre en galetas. Celle qui est enclavée dans un comble.

CHAMBRETTE, s. f., all. *Zimmerchen*, angl. *Little room*, ital. *Cameretta*. Petite chambre.

CHAMOISERIE, s. f., all. *Samischgärberey*, angl. *a place where the skins of the chamois are dressed*. Bâtiment où l'on prépare les peaux.

CHAMP, s. m., all. *Feld*, *Grund*, angl. *Field*, *Ground*, *Champ*, *champe*, ital. *Campo*. Espace qui reste autour d'un panneau, d'un compartiment, d'un ornement ou d'un cadre.

—— DE MARS, en all. *Marsfeld*, ital. *Campo d'armi*. Vaste emplacement public chez les Romains, où l'on faisait des exercices d'adresse et d'agilité.

—— ÉLYSÉE. Nom donné aux cimetières dans l'antiquité.

CHANCELLERIE, s. f., all. *Kanzeley*, angl. *Chancery*, ital. *Cancelleria*. Palais ou hôtel situé auprès de l'habitation d'un souverain où loge le chancelier. Indépendamment des appartements particuliers du chancelier, il renferme de grandes salles d'audience, de conseil, etc., des cabinets, des bureaux et une salle d'archives. Un des plus beaux palais de chancellerie est celui de Rome, bâti en 1495 par Bramante.

CHANDELIER D'EAU, s. m. Gros balustre, couronné d'une vasque taillée en coquille, d'où l'eau qui alimente une fontaine s'échappe en une nappe dans un bassin ou vasque plus considérable.

CHANFREIN, s. m., all. *Schräger Abschnitt*, angl. *Chamfer*, ital. *Smusso*. Échancrure faite sur une arête de pierre ou de bois, le plus ordinairement à 45 degrés. On le nomme aussi *biseau*.

CHANGE, s. m., all. *Börse*, angl. *Exchange*, ital. *Banco dei mercadanti*. Monument public composé de portiques, de galeries, de salles, de bureaux et autres dépendances, où s'assemblent les négociants. La Bourse de Paris fut commencée sur les dessins de Brongniard et continuée par Labarre; elle fut terminée en 1827. Exécutée à frais communs par l'État, la ville de Paris et le commerce au moyen d'une imposition spéciale sur les patentes, elle a coûté 8,149,192 francs. Le *Royal Exchange* de Londres a été bâti sur les dessins de William Tite et ouvert en 1844; il a coûté 180,000 livres sterling.

CHANLATES, s. f. pl., all. *Traufhaken*, *Aufschöbling*, angl.

Battens, ital. *Pezzi da gronde*. Petites pièces de bois placées sur les chevrons d'un comble pour supporter les tuiles.

CHANTEPLEURE, s. f., all. *Abzug*, angl. *Gullyhole*, ital. *Colatoio, spiraglio*. Ouverture pratiquée dans un mur de clôture le long d'eaux courantes, pour que dans un débordement elles puissent entrer dans le clos et en sortir librement.

CHANTIER, s. m., all. *Bauhof (Holzhof)*, angl. *Timber yard*, ital. *Recinto da legname*. Local où un marchand de bois équarrit et coupe d'échantillons ses bois, et les tient en entrepôt.

—— D'ATELIER, ital. *Recinto di Cantiere*. Emplacement où les ouvriers de différents états mettent en œuvre les pierres, bois, fers, etc. Se dit aussi d'un morceau de pierre ou de bois qui sert à en élever un autre pour le travailler ou façonner.

CHANTIGNOLE, s. f., all. *Stück Holz, worauf die Querbalken am Dachstuhle ruhen*, angl. *Purlin-bracket*, ital. *Bietta, Calzatoia*. Petite pièce de bois de la charpente d'un comble, coupée carrément par l'un de ses bouts, et en biseau par l'autre bout; elle soutient les pannes, et s'assemble par embrèvement sur l'arbalétrier.

CHANTOURNER, v. a,, all. *Nach einem Model ausschweifen, aushöhlen*, angl. *To cut a profile with a sweep*, ital. *Scorniciare, Tagliare secondo il disegno*. Évider une pièce de bois, de fer, de plomb, etc., en dedans ou en dehors, suivant un profil donné.

CHAPE, s. f., all. *Ueberguss aus Mörtel über den Rücken eines fertig gemauerten Gewölbes*, angl. *Cope*, ital. *Cappa, coperchio*. Enduit très-épais fait de mortier et de ciment, sur l'extrados d'une voûte quelconque, pour empêcher l'infiltration des eaux.

CHAPEAU, s. m., all. *Oberstes Stück Holz um die Eckpfosten eines Gebäudes*, angl. *Head piece of timber of the posts of a partition*, ital. *Cappello*. Pièce de bois chanfreinée qui couronne un pan de bois, et reçoit une corniche en plâtre, bois, etc.

—— D'ÉTAIE. Pièce que l'on place à l'about d'un étai.

—— DE FIL DE PIEUX. Pièce de bois fixée par des chevilles en fer qui leur sert de couronnement.

—— DE LUCARNE. Pièce de bois placée sur la partie supérieure d'une lucarne dont elle forme la fermeture ; elle est supportée par les deux montants ou par les chevrons.

CHAPELET, s. m., all. *Stäbchen worauf Blätterchen, Perlen, Oliven*, etc., *geschnitzt oder gemalt sind*, angl. *Chaplet*, ital. *Corona*. Baguette où l'on taille des grains, tels qu'olives, fleurons, perles, etc.

CHAPELLE, s. f., all. (*Sacellum*) *Capelle*, angl. *Chapel*, ital. *Cappella*. Petit local, dépendant d'une église, ou isolé, destiné au service divin. On en construit aussi dans les palais des princes, dans les châteaux, ainsi que dans les maisons particulières. Dans les églises du xiie siècle, les chapelles forment en plan une couronne autour de l'abside. Il y en avait trois, cinq ou sept. Au xiiie siècle, on les ajouta au nord et au sud des bas côtés de la nef. Elles sont simples ou très-ornées, comme les chapelles du temps de Louis XII et de François Ier.

CHAPERON, s. m., all. *Mauerkappe*, angl. *the top or coping of a wall*, ital. *Schiena di muro*. Recouvrement d'un mur quelconque avec des pierres de taille, briques, plâtre, tuiles, etc.; quand il est à deux rampants, on lui donne aussi le nom de *bahus*.

CHAPITEAU, s. m., all. *Capital einer Säule, Knauf*, angl. *Capital*, ital. *Capitello*. La tête ou couronnement d'une colonne ou d'un pilastre posé directement au-dessus du fût. Suivant l'ordre auquel il appartient, chaque chapiteau a ses moulures et ses ornements particuliers.

—— ANGULAIRE. Celui qui, à l'encoignure d'un avant-corps de façade, fait retour avec l'entablement.

—— ATTIQUE. Celui qui est orné de feuilles de refend dans le gorgerin.

—— COMPOSITE. Celui où sont employées les feuilles du corinthien et les volutes de l'ionique.

—— CORINTHIEN. Celui qui est orné de huit fortes et autant de petites volutes adaptées contre un corps appelé *campane*, *cloche* ou *tambour*, orné lui-même de feuilles d'acanthe. Le chapiteau corinthien est un mariage heureux des volutes ioniennes avec des formes végétales, et qui ne parut pas avant l'année 440 antérieure à l'ère vulgaire. Deux monuments corinthiens grecs seuls sont connus : le petit monument choragique de Lysikrates et la Tour des Vents à Athènes. Le chapiteau corinthien fut largement employé dans les monuments romains, imité dans l'architecture romane depuis Charlemagne jusqu'à la fin du xiie siècle, et enfin ramené presque à sa pureté primitive à l'époque de la Renaissance au xvie siècle.

CHAPITEAU DORIQUE. Celui composé d'annelets, d'une eschine et d'un tailloir ou abaque simple.

—— GALBÉ. Dont les feuilles massives sont simplement ébauchées.

—— IONIQUE. Composé d'un filet, d'une cymaise en talon, d'un listel, du canal de volute, d'une rangée circulaire d'oves et dont l'ensemble a deux volutes avec patenôtres. Ce chapiteau grec est très-ancien : on retrouve ses types en Égypte et dans les bas-reliefs des monuments de Ninive.

CHAPITRE, SALLE CAPITULAIRE, s. m. s. f., all. *Capitelhaus*, *Capitel Saal*, angl. *Chapter house*, ital. *Capitolo*. Bâtiment ou salle, contigu ou isolé d'une église cathédrale, avec siéges, où les chanoines se réunissent pour régler ce qui concerne l'administration du diocèse. Il y avait aussi de ces salles dans certains couvents, dans lesquelles les moines et les théologiens s'assemblaient pour traiter des affaires de la communauté et pour discuter sur des points de théologie. Pendant la période romane, les salles capitulaires étaient généralement rectangulaires et oblongues : ensuite elles devinrent polygonales et même circulaires. Il en existe une fort belle du xive siècle à la cathédrale de Notre-Dame de Noyon, une autre à la cathédrale de Wells, en Angleterre, bâtie vers 1300 : elle est octogone, de 16m. 75 de diamètre avec une colonne centrale, cantonnée de seize colonnettes engagées, d'où partent seize nervures qui, avec une foule d'autres, forment une étoile fort riche. Celle de Salisbury est aussi citée pour sa dimension et son élégance.

CHARDONS, s. m. pl., all. *Disteln*, angl. *Thistles*, ital. *Cardi*, *Cardoni*. Pointes de fer en forme de dards ou flammes, qu'on adapte au haut d'une grille ou d'un mur pour empêcher l'escalade. Feuilles usitées dans l'architecture du xve siècle.

CHARGE, s. f., angl. *Pug mortar*. Maçonnerie légère établie sur un ais ou un couchis de plancher, sur laquelle est faite une aire de plâtre ou de brique.

CHARNIER, s. m., all. *Beinhaus*, angl. *Charnel-house*, ital. *Carnajo*. Petit bâtiment annexé à un cimetière, avec portiques et galeries, ou adossé à une église; sert à recevoir des ossements trouvés dans des fouilles quelconques.

CHARNIÈRE, s. f., all. *Gewinde*, angl. *Hinge*, *Turning joint*, ital. *Cerniera*, *Commessura*. Deux pièces de métal qui s'enlacent l'une dans l'autre, et qui sont fixées au moyen d'une goupille.

CHARPENTE, s. f., all. *Zimmerwerk*, *Zimmer Holz*, angl. *Timber work*, ital. *Armadura di legname*. Assemblage quelconque de pièces de bois destinées et employées à la construction d'un édifice ou d'une maison.

CHARPENTERIE, s. f., all. *Zimmermannskunst*, angl. *Carpentry*, *Arte del* ital. *Legname*. Art du charpentier etqui consiste à savoir et appliquer toutes les règles de l'assemblage des bois.

CHARTREUSE, s. f., all. *Carthause*, angl. *Carthusian Monastery*, ital. *Certosa*. Assemblée de construction formant un couvent de l'ordre de saint Bruno, qui fonda la Chartreuse de Grenoble en 1084. La plus belle chartreuse, sous le rapport de l'architecture, est celle de Pavie, dont la façade date de la Renaissance.

CHASSE, s. f., all. *Reliquienkästchen*, angl. *Shrine*, ital. *Cassa*, *Reliquiario*. Coffre de formes diverses où l'on enferme les reliques d'un saint; coffret soit roman soit gothique, où l'on dépose les ossements d'une personne canonisée par l'église catholique de Rome.

CHASSER, v. a., all. *Treiben*, *Jagen*, angl. *Drive in*, ital. *Scacciare*. Pousser à coups de maillet pour joindre un assemblage de charpente ou de menuiserie, entrer un coin pour fixer quelque chose, ou fendre du bois.

CHASSIS, s. m., all. *Gestell* (*Fenster*, *Thür-Gestell*), angl. *Frame*, *Sash*, ital. *Impannata*, *Invetriata*. Partie mobile d'une fenêtre, dans laquelle sont fixés les carreaux de verre.

—— A COULISSE. Celui qui est composé de deux parties, dont l'une se double sur l'autre, en la haussant ou en la glissant soit à gauche, soit à droite.

—— A FICHES. Celui qui s'ouvre comme un volet (le plus ordinairement à l'intérieur).

—— A PANNEAUX. Celui qui, compris entre les croisillons en bois, est moins épais qu'eux.

—— A POINTES DE DIAMANT. Celui dont les bois se croisent, s'assemblent à onglet et forment quatre faces en façon de pyramide fort peu élevée.

CHASSIS DORMANT. Arrêté par des pattes scellées dans le mur et qui ne peut s'ouvrir.

CHATEAU, s. m., all. *Schloss*, angl. *Castle*, ital. *Castello*. Le plus souvent une maison royale, fortifiée pour être défendue militairement. Idem de la noblesse féodale au moyen âge. Le château pouvait avoir des formes diverses : il était carré, rectangulaire ou polygonal, avec des tourelles circulaires, le tout était crénelé avec mâchicoulis, et entouré d'un fossé avec bastions avancés, ponts-levis, etc. Il y avait une ou plusieurs cours, et, au centre de la cour principale, une énorme tour appelée donjon. Un des châteaux les plus remarquables du XIIIe siècle en France, est celui de Coucy, dans le département de l'Aisne ; en Angleterre, ceux de Windsor et de Norwich ; en Allemagne, ceux de Gelnhausen dans la Hesse, et de Marienbourg en Prusse.

—— D'EAU. Pavillon où sont conduites des eaux où l'on a adapté des robinets aux conduits pour distribuer les eaux où l'on veut les avoir. Le château d'eau peut être décoré des ordres d'architecture, d'ornements divers, de nappes d'eau, de cascades, de statues représentant les fleuves, de bas-reliefs, etc., etc.

CHAUFFOIR, s. m., all. *Wärmstube (in Klöstern, Spitälern, etc.)*, angl. *Warming-Place*, ital. *Scaldatojo*. Emplacement dans un établissement public, dans une caserne, dans un couvent, où il y a un fourneau ou des bouches de chaleur d'un calorifère, qui sert à chauffer les habitants de l'établissement, ou à réchauffer les pièces contiguës au moyen de conduits de chaleur disposés habilement à cet effet.

CHAUFOUR, s. m., all. *Kalkofen*, angl. *Limekiln*, ital. *Fornace de calcina*. Four avec ses dépendances, servant à calciner la pierre calcaire et à la réduire en chaux.

CHAUX, s. f., all. *Kalk*, angl. *Lime*, ital. *Calcina*. Pierre calcaire réduite en chaux au moyen de la calcination : mélangée avec du sable et de l'eau et corroyée par mécanique ou à force de bras, produit le mortier propre aux constructions des murs de bâtiments et des murs d'édifices.

—— ÉTEINTE, all. *Gelöschter Kalk*, angl. *Slack Lime*, ital. *Calcina spenta*. Celle qui est réduite en pâte et conduite dans un bassin. Elle est nommée *fusée*, quand l'humidité la réduit en poussière; alors elle est mauvaise et ne peut faire que de mauvais usages.

CHAUX HYDRAULIQUE. Celle qui peut être employée sans altération dans l'eau.

———— VIVE. Ainsi appelée avant ou au moment où on l'éteint.

CHEF-D'OEUVRE, s. m., all. *Meisterstück (Meisterwerk)*, angl. *Master-piece*, ital. *Capo d'opera*. Ouvrage parfait et accompli, exécuté avec goût et selon les règles voulues, soit d'architecture, de peinture, de sculpture, de coupe des pierres, de charpenterie, de menuiserie, etc.

CHEMINÉE, s. f., all. *Schornstein (Kamin)*, angl. *Chimney*, ital. *Cammino*. Foyer et tuyau destiné à conduire la fumée du lieu où l'on fait le feu, hors d'une maison.

———— ADOSSÉE OU EN SAILLIE. Conduite de fumée adossée contre un mur au moyen d'arrachements pratiqués ou de harpons posés.

———— AFFLEURÉE. Pratiquée dans l'épaisseur d'un mur, les ornements qui décorent le manteau sont seuls saillants.

———— EN HOTTE. Celle dont le manteau est supporté par des consoles : très-large en bas, elle se termine en pyramide.

Il n'y avait pas de cheminées dans l'antiquité. Au moyen âge, au XII° siècle, elles commencent à être employées dans les châteaux royaux et dans ceux de la noblesse. On en trouve même dans quelques églises. Les cheminées du XIII° siècle sont fort simples et participent dans leurs détails du style de chaque époque. Au XV°, elles deviennent de vrais petits monuments, au XVI°, elles se développent encore avec plus de richesse d'ornements.

CHÉNEAU, s. m., all. *Dachrinne (Traufröhre)*, angl. *Gutter*, ital. *Gorno (Compluvio)*. Canal en plomb, zinc, etc. disposé au pourtour d'un bâtiment pour recevoir les eaux des combles, qui, de là, se jettent dans les tuyaux de descente.

CHENIL, s. m., all. *Hundestall*, angl. *Dog-kennel*, ital. *Canile (Stanza da cani)*. Établissement formé de cours plus ou moins grandes et de bâtiments destinés à loger les officiers d'une vénerie, les valets et leurs meutes. Ce terme désigne aussi plus particulièrement l'emplacement bas, au rez-de-chaussée, où les chiens sont enfermés et où ils couchent.

CHERCHE, s. f., all. *Zeichnung zu einer Bogenwölbung*, angl.

Catenaria. Trait d'un arc quelconque, plein cintre, surhaussé, surbaissé ou rampant.

CHÉRUBIN, s. m., all. *Cherub (Cherubim)*, angl. *Cherub*, ital. *Cherubino*. Tête d'enfant ornée d'ailes, employée dans l'ornementation des monuments du culte, surtout aux XVIᵉ et XVIIᵉ siècles.

CHEVALEMENT, s. m., all. *Stütze*, angl. *Prop (stay)*, ital. *Puntello, Calzatoia, Sostegno*. Manière d'étayer et de soutenir un trumeau ou jambage, etc., et toutes les parties supérieures d'une construction, pour faire des percements en sous-œuvre.

CHEVALET, s. m., all. *Rüstbock*, angl. *Tressel*, ital. *Cavalletto*. Petit comble de forme triangulaire, derrière une lucarne, une souche de cheminée ou un fronton, formé de petits chevrons; se dit aussi des tréteaux qui servent pour les échafaudages.

CHEVET D'ÉGLISE, s. m., all. *Haube des Chores hinter dem hohen Altare (Tribune)*, angl. *Apse*, ital. *Tribuna*. Extrémité extérieure et orientale du chœur d'une église. Le chevet peut être carré, circulaire ou polygonal, à trois, cinq et sept pans ou faces. C'est en Angleterre surtout que les chevets d'église ont une terminaison carrée, d'un moins bel effet que les chevets circulaires ou polygonaux d'Allemagne, de France et d'Italie.

CHEVÊTRE, s. m., all. *Stichbalken*, angl. *Binding-joist*, ital. *Travicello*. Pièce de bois placée de manière à laisser un espace libre dans les planchers, pour le placement de l'âtre et pour le passage des tuyaux de cheminée : elle s'assemble à tenons dans les solives d'enchevêtrures, et est percée de mortaises pour recevoir les solives de remplissage.

CHEVILLE, s. f., all. *Pflock (Bolzen)*, angl. *Pin*, ital. *Cavicchia*. Petit morceau de bois rond qui sert à tenir l'assemblage de deux pièces de bois.

CHÈVRE, s. f., all. *Hebezeug (Hebebock)*, angl. *Crab (Crane)*, ital. *Organo da levar pesi*. Machine composée de deux pièces de bois disposées en triangle, munie d'une poulie et d'un moulinet, servant à élever des pièces de bois ou des pierres, sur un bâtiment.

CHEVRON, s. m., all. *Sparre*, angl. *Rafter*, ital. *Cantiere (Scaglione, Puntone)*. Bois équarri ou refendu destiné à porter le lattis d'un comble. Le chevron est placé de haut en bas et suivant la pente du comble.

CHEVRON cintré. Celui qui est de forme courbée et qui sert dans un dôme ou une voûte.

—— DE CROUPE OU EMPANON. Celui qui placé à côté des arêtiers est de différentes longueurs.

—— DE LONG PAN. Celui qui est placé sur le long rampant d'un comble.

——DE REMPLISSAGE. Celui qui placé à l'encoignure d'un comble, a plus ou moins de longueur.

Est aussi une moulure de l'architecture romane, fréquente surtout en Normandie; elle est formée d'un tore qui décrit une suite de zigzags. *Chevrons multiples,* formés de plusieurs chevrons serrés les uns contre les autres: on les nomme aussi *tores guivrés.* Lorsqu'ils sont tracés de manière à ce que leurs angles soient opposés et qu'ils forment ainsi des losanges, on les nomme tores ou chevrons contre-chevronnés ou zigzags contre-zigzagués. En héraldique, le chevron est une pièce d'honneur, représentée par un V renversé.

CHIFFRE, s. m., all. *Schriftzug (Namenszug)*, angl. *Cypher*, ital. *Cifera (Figura)*. Deux ou plus de lettres entrelacées à jour ou sur un bas-relief et servant à orner des œuvres de sculpture et de serrurerie. L'entrelacement des lettres était surtout aimé au xvie siècle.

CHIMÈRE, s. f., all. *Chimära*, angl. *Chimera*, ital. *Chimera.* Monstre fantastique de la légende grecque que Bellerophon devait tuer. Selon Homère, la Chimère avait l'avant-corps du lion, la queue du serpent et le milieu du corps l'apparence du corps de la chèvre sauvage ou des bois (Χίμαιρα), et elle jetait des flammes par sa gueule. La chimère étrusque d'Arretium est célèbre : de son dos s'élève une tête de chèvre sauvage.

CHOEUR, s. m., all. *Chor*, angl. *Choir (Chancel)*, ital. *Coro.* La partie orientale d'une église qui s'étend depuis l'intersection ou le transept jusqu'à l'abside, intérieurement. La terminaison orientale du chœur peut être circulaire ou polygonale; le chœur est ordinairement plus élevé que le reste de l'église : il contient le maître-autel et dans les cathédrales, les stalles de l'évêque et des chanoines. Les chœurs d'Amiens, de Beauvais, de Cologne, de Winchester, etc., sont surtout remarquables. Le chœur dans les églises chrétiennes a toujours été réservé au clergé.

CHOU (FEUILLE DE), s. f. pl., all. *Kohlblatt*, angl. *Cabbage-Leaf*, ital. *Foglia di Cavolo*. Feuille arrangée, galbée, frisée et contournée de mille manières, et employée très-fréquemment dans l'architecture de la décadence au XV⁰ siècle, surtout en France : elle n'est point plastique.

CHUTE (DE FESTONS OU D'ORNEMENTS), s. f., all. *Blumen oder Früchten-Gehänge*, angl. *The flow, the wave of festoons, of ornements*. Guirlande composée de feuillages, de fleurs et de fruits, employée dans les façades, les pieds droits, les pilastres ou panneaux de compartiment d'un lambris ou revêtement.

CIBOIRE, s. m., all. *Ciborium*, angl. *Canopy*, ital. *Ciborio*. Espèce de petit dais de pierre, de marbre, de bois ou de métal, porté par des colonnes, quelquefois torses, et qui recouvrait le maître-autel dans les anciennes basiliques.

CIMAISE, s. f., all. *Rinnleiste (Karnies)*, angl. *Cyma*, ital. *Gola*. Moulure qui a autant de saillie que d'élévation : formée de deux portions de cercle, elle est en profil, concave en haut et convexe en bas. Elle couronne d'ordinaire la partie supérieure d'une corniche : on la nomme aussi *doucine*.

—— DORIQUE. Celle qui représente un cavet en profil.

—— LESBIENNE. Elle ressemble à un talon renversé.

CIMENT, s. m., all. *Cement*, angl. *Cement*, ital. *Calcistruzzo*. Débris de tuiles, de briques ou de carreaux et autres substances concassées et mêlées avec de la chaux, huile, cire ou résine pour en faire une pâte destinée à empêcher l'infiltration des eaux ou l'humidité ; on l'emploie pour les réservoirs, citernes, conduites d'eau, fosses d'aisance et autres lieux susceptibles d'être endommagés par les eaux.

CIMETIÈRE, s. m., all. *Kirchhof (Gottesacker)*, angl. *Church yard*, ital. *Cimiterio*. Emplacement circonscrit de murs ou de portiques, où l'on enterre les morts. Un des plus célèbres est celui de Pise, connu sous le nom de Campo-Santo.

CINQ FEUILLES, s. m., all. *Fünfblatt*, angl. *Cinquefoil*, ital. *Cinque Foglio*. Ornement à cinq lobes employé dans l'architecture du XII⁰ siècle et surtout dans le style du siècle suivant, appelé ogival. On voit les cinq feuilles mais rarement, dans les roses des fenêtres, dans les panneaux, etc. C'est aussi un terme de blason.

CINTRE, s. m., all. *Bogengerüst (Bogen)*, angl. *Centre*, ital. *Centina*. Arc fait de planches ou courbes assemblées pour le cintrage d'une voûte quelconque.

—— DE CHARPENTE. Celui qui, composé de pièces de bois assemblées suivant les règles de l'art, sert à poser des plates-bandes, des arcs en pierre ou maçonnerie d'une voûte, d'un pont, d'aqueduc, etc.

—— PLEIN CINTRE. Celui formé de la moitié du cercle, surtout usité dans l'architecture romane du xe jusqu'à la fin du xiie siècle.

—— RAMPANT. Celui dont les naissances ne sont point au même niveau.

CIPPE, s. m., all. *Gedächtnissäule*, angl. *Cippus*, ital. *Cippo*. Petit tombeau en pierre, plus ou moins considérable, plus ou moins orné, ordinairement de forme quadrangulaire, et portant sur sa face principale l'inscription latine qui rappelle les noms, les titres et la filiation du défunt.

CIRQUE, s. m., all. *Rennbahn (Stadium)*, angl. *Circus*, ital. *Circo*. Les Romains nommaient ainsi l'espace oblong réservé aux courses à chars : de là le nom de « Circenses. » Les cirques romains offraient le spectacle ou un des spectacles les plus grandioses de l'antiquité : c'était là que s'assemblaient de grandes foules, ceux qui voulaient voir et ceux qui voulaient être vus. Le plus ancien et le plus vaste de ces cirques était le Circus Maximus, situé dans la onzième région de la ville de Rome, entre les monts Palatin et Aventin. Il avait été établi par Tarquin l'Ancien et considérablement agrandi dans la suite, car Publius Victor rapporte qu'il pouvait contenir 383,000 spectateurs. Le cirque romain avait deux longs côtés : à l'extrémité il était arrondi : l'entrée, à l'extrémité opposée, était carrée ; là, il n'y avait point de degrés pour les spectateurs tandis qu'il y avait des gradins sur les trois autres faces. Au-dessous des gradins il y avait des voûtes et des entrées pour le public. Sur la petite face carrée d'entrée, de chaque côté de la porte, il y avait douze emplacements nommés *Carceres*, d'où s'élançaient les chevaux à un signal donné. L'intérieur, appelé Arena, l'arène, était sablé : au centre s'élevait un long mur d'appui, nommé *Spina*, qui divisait l'arène en deux parties. A chaque extrémité de ce mur d'appui, s'élevaient trois colonnes, ou plutôt trois obélisques de forme conique (*Metæ*), sur lesquels il y avait des boules (*ova vehiculorum*), destinées à compter les tours faits par les chars dans l'arène : le vainqueur devait en faire le tour sept fois. Il y avait en outre sur le petit mur d'appui, de petits temples, des statues et quelquefois aussi des obélisques. Il y avait encore à Rome le Cirque Flaminien, le Circus Agonalis, le Circus Vaticanus, le Circus Sallustii : ensuite le Cirque d'Adrien et enfin celui de Caracalla.

CISELURE, s. f., all. *Ausgestochene, getriebene Arbeit*, angl. *Chasing (Carving)*, ital. *Lavoro di cesello*. Taille étroite faite sur le bord de la pierre ou du marbre avant d'en dresser les parements ; c'est encore la taille au ciseau de l'épaisseur des tranches de marbre. Se dit aussi des ouvrages de sculpture, de serrurerie, etc., terminés au ciseau.

CISTE, s. f., all. *Kiste (Kästchen)*, angl. *Cist (Chest)*, ital. *Cisto*. Coffret en bronze, en usage chez les Étrusques dans les nécropoles. C'est dans ces coffrets qu'on a découvert les célèbres miroirs de bronze appelés patères, si remarquables par l'élégance des dessins qui y sont gravés. On nomme aussi ainsi les coffrets carrés funèbres, en tuf ou en albâtre et où l'on renfermait des cendres humaines. — Ciste était aussi un terme en usage chez les Grecs, pour désigner les belles corbeilles employées dans la célébration des fêtes éleusiniennes.

CITADELLE, s. f., all. *Beyfestung*, angl. *Fortress (Citadel)*, ital. *Cittadella*. Forteresse qui commande à une ville.

CITÉ, s. f., all. *Stadt (Altstadt)*, angl. *City*, ital. *Citta*. Ville on nomme ainsi la partie la plus ancienne d'une ville.

CITERNE, s. f., all. *Wasserfang (Cisterne)*, angl. *Cistern*, ital. *Cisterna*. Construction voûtée souterraine qui reçoit et retient les eaux pluviales dans les lieux où il n'y en a pas d'autres. La citerne est d'origine orientale. Une des plus célèbres est la citerne de Constantinople située à l'ouest de l'hippodrome (Atmeidan), nommée par les Turcs Binbirdirek (c'est-à-dire la citerne aux 1001 colonnes).

CLAIRE-VOIE, s. f., all. *OEffnung (Spacium)*, angl. *Opening*, ital. *Rastrello, Steccato, Graticcio*. Espace trop étendu entre les soliveaux d'un plancher, les chevrons et lattes d'un comble, les barreaux d'une grille, etc. Se dit aussi des découpures à jour qui ornent les clefs de voûtes pendantes dans les monuments de la fin du xvᵉ et du commencement du xviᵉ siècle. Se dit encore de la série de fenêtres formant l'étage supérieur des nefs d'église, surtout du milieu du XIIe siècle jusqu'à la fin du XVIe. On dit en anglais *the Clere-Story*, ou *Clear-Story*; en allemand *Oberlichter*.

CLAUSOIR, s. m., all. *Schluszstein in einer gleichen Mauer, oder zwischen zwei Mauer-Pfeilern*, angl. *Closer*, ital. *Nome applicato alla pietra che forma il serraglio di una volta, o compie uno strato di pietre sporgenti in cui termina una muraglia*. Dernière pierre posée dans une voûte ou dans un mur, pour remplir le dernier espace qui restait vide.

CLAUSTRAUX (Bâtiments), s. m., all. *Klösterlich*, angl. *Claustral* (*Monastic*), ital. *Claustrale*. Tous les bâtiments appartenant à un couvent, mais plus spécialement ceux annexés à un cloître, tels que réfectoire, dortoir, etc.

CLAVEAU, s. m., all. *Keilstein eines Bogens, eines Gewölbes*, angl. *Arch-stone, Voussoir*, ital. *Serraglio*. Pierre taillée en coin pour une plate-bande, un arc, une voûte, etc.

—— A CROSSETTE. Celui dont la tête est retournée avec les assises.

—— A CROCHETS. Celui à qui l'on pratique des crochets pour les empêcher de couler sur eux-mêmes.

CLEF (de voûte), s. f., all. *Schluszstein eines Gewölbes*, ang. *Keystone*, ital. *Serraglio*. Pierre taillée en claveau, qui sert à fermer un arc, une plate-bande, une voûte, etc. Les clefs de voûte sont différentes suivant les époques et les lieux où on les met en usage.

—— A CROSSETTE. Celle dont la partie supérieure s'élève perpendiculairement, avec crochets, et forme liaison avec les claveaux de l'assise contiguë.

—— EN BOSSAGE. Celle qui, en saillie, en contre-bas sur les claveaux, est propre à être ornée de sculpture.

—— PASSANTE. Celle qui, ayant beaucoup d'élévation, interrompt le cours de l'architrave et de la frise.

—— PENDANTE ET SAILLANTE. Celle qui dépasse de beaucoup en saillie le dessous de l'intrados de l'arc, ou les nervures d'une voûte. Elle commence à être ornée au XIIe siècle de têtes d'animaux, de feuillages, etc.; au XIIIe d'écussons; à la fin du XVe, elles s'allongent considérablement et sont fréquemment sculptées à claire-voie. Dans les voûtes en berceau ou semi-cylindriques, les clefs ne sont point apparentes. Il y a des clefs pendantes remarquables dans les voûtes des cha-

pelles du chœur de Saint-Pierre de Caen, dans celles de
la chapelle de la Vierge de l'église de la Ferté-Bernard, dans
celles des chapelles du nord de la cathédrale de Senlis, dans
celles de la chapelle des Bourbons de la cathédrale de Lyon,
dans celles de la chapelle Notre-Dame de l'église de Caudebec, etc.

CLOAQUE, s. m., all. *Cloak, Abzucht,* angl. *Sewer,* ital. *Chiavico, Fogna.* Égout ou aqueduc souterrain construit pour
recevoir les eaux et immondices d'une maison, d'un édifice
public, d'un quartier ou d'une ville. Il y en avait de considérables sous les palais de Ninive. Le grand cloaque de Rome,
a été construit par Tarquin l'Ancien dans le VIIe siècle, avant
l'ère vulgaire. Là est aussi une des plus anciennes voûtes : le
grand cloaque de Rome qui existe encore aujourd'hui, a environ 300 mètres de longueur : il est construit en tuf.

CLOCHE (de chapiteau), s. f., all. *Glocke,* angl. *Bell,*
ital. *Campana.* On nomme ainsi le noyau ou corps du chapiteau, abstraction faite de son ornementation. Ce noyau
n'est pas la reproduction d'une cloche suspendue, mais bien
d'une cloche entièrement renversée. Le plan de la cloche de
chapiteau forme un cercle n'importe à quelle hauteur on la
tranche horizontalement. Elle est aussi nommée *Corbeille.*

CLOCHER, s. m., all. *Thurm (Glockenthurm),* angl. *Steeple
(Spire),* ital. *Campanile.* Construction carrée, circulaire, ou
polygonale, d'une grande élévation par rapport à sa base,
construite isolément ou enclavée dans une église et destinée
à contenir les cloches. Il y a des clochers dans l'architecture
romane, tels que ceux de la cathédrale de Chartres, de Saint-
Pierre de Lisieux, de Saint-Étienne de Caen, de la cathédrale
de Bayeux ; le clocher ou tour circulaire annexé à l'église
de Little Saxam (Suffolk), le Tower gate house de Bury
Saint-Edmond, la tour centrale de la cathédrale d'Oxford, etc.
De la transition et du XIIIe siècle, nous citerons les clochers
de Senlis, de Saint-Denis (démoli), de Fribourg dans le duché
de Bade, de Strasbourg, d'Anvers, de Saint-Étienne de Vienne
en Autriche, etc. Ce dernier clocher a 136^{m}50 d'élévation ;
celui de Strasbourg en a 143^{m}09 ; celui d'Anvers en a 123 ;
celui de Fribourg en a 117^{m}18 ; la tour penchée de Pise a 55^m
d'élévation ; le clocher de Saint-Martin de Landshut à 130^{m}80
d'élévation, et celui de la cathédrale de Salisbury a 124^{m}90.

CLOCHETTES, s. f. pl., all. *Tropfen*, angl. *Drops* (*Guttæ*), ital. *Giocci pendente*. Ornement dorique, en forme de cône tronqué, placé dans l'architrave sous les triglyphes et en contre-bas du filet ou tœnia. On les nomme aussi *gouttes* et elles sont encore employées en dessous des mutules ou modillons de l'ordre dorique. Il y a des exemples dans l'architecture grecque que les gouttes sont un peu concaves.

CLOITRE, s. m., all. *Kreuzgang*, angl. *Cloister*, ital. *Chiostro*. Promenoir couvert rectangulaire, une des parties essentielles d'un monastère ou d'une église collégiale. Le cloître servait de passage ou de communication entre les différents bâtiments claustraux, indépendamment de son but qui était de servir de lieu de délassement et de récréation pour les moines et les gens d'église. Les cloîtres du Sud de l'Europe sont les plus vastes, mais aussi les plus simples ; ceux du Nord offrent l'architecture la plus riche. Parmi les cloîtres du style roman ou à plein cintre, nous citerons ceux d'Aix en Provence, de Saint-Aubin à Angers, d'Aoste en Piémont, d'Arles, de Saint-Paul à Barcelone ; du style de la transition, les restes de celui de Saint-Leu d'Esserent (département de l'Oise), de Saint-Antoine de Padoue ; du style ogival, les cloîtres des cathédrales de Burgos et de Tolède, ceux de la cathédrale de Pampelune, de Santiago de Bilbao ; en Angleterre, les cloîtres de Salisbury, de Lincoln, de Westminster-Abbey à Londres, d'Exeter, de Worcester, de Gloucester, tous attenant aux cathédrales de ces villes.

CLOTURE, s. f., all. *Befriedigung*, angl. *Enclosure*, ital. *Chiudenda* (*Ricinto*). Mur, grille, défense quelconque qui entoure un parc, un jardin, une cour ou une propriété.

—— DE CHŒUR D'ÉGLISE, all. *Schranke*, angl. *Screen*, ital. *Tramezzo*. Fermeture en pierre, fer ou bois, avec barreaux à jour, qui entoure le chœur à l'ouest, le long des bas côtés et autour du sanctuaire. Il en existe d'anciennes dans les églises d'Italie, d'Espagne et d'Angleterre.

CLOU (Tête de), s. m., all. *Nagelkopf* (*Diamant*), angl. *Nail-Head*, ital. *Tapocchia*. Ornement roman, carré à quatre faces triangulaires, formant saillie et se réunissant en pointe au centre. On les nomme aussi *pointes de diamant*. Souvent employé dans les entablements et les archivoltes des arcades du xie jusqu'au xiiie siècle, surtout en Normandie.

COLISÉE, s. m., all. *Coliseum (Colosseum)*, angl. *Coliseum*, ital. *Coliseo*. Nom donné au plus vaste et plus magnifique amphithéâtre de Rome, bâti par l'empereur Vespasien vers l'année 72 de l'ère vulgaire. Il est ovale, son plus grand diamètre est de 200 mètres et le plus petit de 167; la hauteur de l'extérieur est de 49 mètres; il pouvait contenir 87,000 spectateurs assis et 20,000 debout. C'est à cause de ses gigantesques dimensions qu'on lui a donné le nom de *Colosseum*, dont on a fait Colisée.

COLLÉGE, s. m., all. *Lehranstalt*, angl. *College*, ital. *Collegio*. Établissement public avec salles d'études, cours, promenoirs, logements de professeurs, destiné à l'éducation dans les hautes branches de l'instruction. Les colléges ont succédé aux universités du moyen âge.

COLLET DE MARCHE, s. m., all. *Schmales Ende der Stufen in Wendeltreppen*, angl. *The narrow end of the winders (steps) in a winding staircase*, ital. *Collo*. Partie la plus étroite de la marche près le noyau ou limon d'un escalier tournant.

COLOMBAGE, s. m., all. *Ständerwerk*, angl. *Upright Joists in a Partition*, ital. *Palancato*. Rangée de poteaux posés verticalement dans une cloison.

COLOMBE, s. f., all. *Ständer*, angl. *Post*, ital. *Stile*. Poteau posé d'aplomb à une cloison, à un pan de bois, etc., etc.

COLOMBIER, s. m., all. *Taubenhaus*, angl. *Dove-house*, ital. *Colombajo*. Pavillon carré, circulaire ou de toute autre forme, destiné à l'habitation des pigeons.

COLONNADE, s. f., all. *Säulengang (Säulenreihe, Säulenstellung)*, angl. *Colonnade*, ital. *Colonnata*. Rangée de colonnes disposées sur une ligne droite ou circulaire, destinées à former des galeries ou des péristyles.

—— POLYSTYLE. Celle dont on ne peut compter les colonnes d'un seul et même point.

COLONNAISON, s. f., all. *Säulenanordnung*, angl. *Colonnade*, ital. *Colonnato*. Se dit de l'ordonnance et de la disposition de plusieurs colonnes.

COLONNE, s. f., all. *Säule*, angl. *Column*, ital. *Colonna*. Corps cylindrique plus ou moins gros, plus ou moins élevé, en marbre, pierre, granit, porphyre, bronze, fer ou bois, composé d'une base, d'un fût et d'un chapiteau et destiné à supporter quelque chose, mais principalement un entablement. La mesure avec laquelle il est d'usage de mesurer et de diviser la colonne, est nommée *module :* le module est la moitié du diamètre inférieur de la colonne et il se divise pour le dorique en douze parties, appelées minutes ; pour le ionique et le corinthien, il se divise en dix-huit parties. La naissance de la colonne est très-ancienne ; on en trouve en Egypte, à Béni-Hassan et qui ont au-delà de 3,000 ans d'existence avant l'ère vulgaire ; mais ce fut en Grèce, où la colonne fut le plus élégamment développée et portée à sa plus haute élégance. L'architecture babylonienne n'admettait point de colonnes ; l'architecture assyrienne en a employé, mais isolées, au centre des pièces qui étaient longues et larges, trop larges pour trouver des poutres qui allassent d'un mur à l'autre. Les Assyriens employaient encore la colonne pour supporter le toit de leurs palais ; dans ce cas elles étaient en bois. L'Inde aussi a employé la colonne et cela de plusieurs manières et de plusieurs formes. Les Romains sont ceux de tous les peuples qui ont le plus fait usage de la colonne, et surtout de la colonne corinthienne. L'architecture romane en a usé avec modération ; elle les a employées avec un certain goût. Mais l'architecture ogivale en a poussé l'usage et les proportions à l'excès et à l'abus. La Renaissance a repris la colonne romaine, et depuis trois siècles et demi, elle est employée dans tous les pays de l'Europe. On peut distinguer la colonne suivant son ordre, sa forme, sa construction, sa matière, son usage et sa disposition.

Colonne PAR RAPPORT AUX ORDRES :

—— corinthienne. Selon Palladio, elle aurait 19 modules d'élévation, base et chapiteau compris : la base aurait un module d'élévation, le chapiteau 2 1/3, dont 1/3 pour le tailloir. Selon Vignole, cette colonne aurait 20 modules 4 parties, 14 1/2 parties pour la base et 2 modules, 6 parties, pour le chapiteau, qui est composé de deux rangs de feuilles d'acanthe avec des caulicoles, d'où naissent de petites volutes. Cette colonne appartient au troisième ordre. Elle est cannelée en Grèce, et souvent unie dans l'architecture romaine. Exemples : au temple de Jupiter Stator, au temple de Mars Ultor à Rome et au temple de Vesta à Tivoli.

—— dorique. Au Parthénon d'Athènes, elle a 10 modules 11 parties d'élévation, dont il revient 11 parties au chapiteau.

Elle n'a point d'ornement végétal; elle a sous son tailloir simple et uni, une echine ou tore aplati avec des filets en dessous. Les plus anciennes colonnes doriques n'ont que seize cannelures, celles du Parthénon en ont vingt. Exemples : aux temples de Thésée, d'Athènè, aux Propylées, au portique sur l'Agora à Athènes; au temple d'Athènè du cap Sunium, au temple d'Athènè à Egine.

Colonne ionique. Au temple de l'Ilyssos, elle a 20 modules, 5 parties, dont 19 parties appartiennent au chapiteau et 33 à la base. La colonne ionique est aussi ancienne que la colonne dorique; la première est d'origine asiatique, assyrienne; la seconde est d'origine égyptienne.

—— toscane ou étrusque. On ne connaît cette colonne que par la description qu'en fait Vitruve; aucun monument étrusque avec colonnes n'étant parvenu jusqu'à nous. Les architectes italiens l'ont fait renaître pendant la décadence de l'architecture de la Renaissance. On admettait anciennement une colonne d'ordre composite, mais cet ordre n'était qu'une décadence de la fin de l'empire romain, quand le goût s'en alla et que les saines traditions sur l'art furent oubliées.

—— PAR RAPPORT A SA FORME :

—— a balustre. Celle qui est composée d'une base, d'un fût en forme de poire et d'un chapiteau, soit d'un des trois ordres grecs, soit d'une composition arbitraire ou fantastique: due à l'époque de la Renaissance.

—— a cannelures torses. Celles dont le fût est droit, mais dont les cannelures tournent en biaisant autour ou en ligne spirale.

—— a pans. Celle qui offre plusieurs faces et qui n'est par conséquent plus cylindrique; la plus régulière a six ou huit faces.

—— bandée. Celle qui est composée de plusieurs assises dont les unes sont en saillie sur les autres; les bandes, circulaires ou carrées, sont quelquefois sculptées : souvent usitée dans l'architecture de la Renaissance, comme aux palais des Tuileries, du Luxembourg à Paris, Pitti à Florence, etc.

—— cannelée, Celle ornée de haut en bas de petits canaux circulaires, adhérents ou séparés par un filet.

—— cannelée ornée. Celle dont les cannelures sont ornées

de festons, de feuillages ou de guirlandes jusqu'à un tiers de sa hauteur.

Colonne cannelée rudentée. Celle dont les cannelures sont ornées d'ornements imitant des câbles, jusqu'à un tiers de la hauteur du fût.

—— colossale. Celle dont l'élévation est considérable, comme celles de la salle hypostyle du palais de Carnac (l'ancienne Thèbes) en Égypte, de 23 mètres de hauteur; comme la colonne Trajane à Rome, de 43 mètres 50 de hauteur.

—— carolotique. Celle qui est ornée de festons, de fruits et de fleurs, mêlés de figures humaines ou d'animaux, suivant une ligne en spirale, ou de feuilles d'olivier, de laurier, de vigne, de lierre : employée surtout à l'époque de la Renaissance et depuis.

—— cylindrique. Celle qui a un même diamètre dans la totalité de sa hauteur.

—— diminuée. Celle qui s'élève en diminuant depuis sa base jusqu'à son sommet, avec des diamètres différents.

—— a entasis. Celle qui s'élève cylindrique jusqu'à un tiers de sa hauteur, et qui de ce point va en diminuant jusqu'à son chapiteau.

—— en faisceau. Celle composée de plusieurs colonnes qui entourent un noyau ; ces colonnes peuvent adhérer au noyau ou en être isolées, comme dans la nef de Notre-Dame de Paris.

—— feinte. Celle qui n'est que peinte pour en figurer une réelle sur une surface plane.

—— fuselée. Celle qui a un renflement en forme de fuseau plus considérable que l'entasis.

—— gothique. Celle qui n'appartient à aucun style de l'antiquité, mais à l'architecture française, née vers le milieu du XIIe siècle, mais plus particulièrement développée au XIIIe.

—— grèle. Celle dont la hauteur n'est pas selon les lois de l'harmonie et du bon goût : qui est trop mince pour son élévation.

—— hermétique. Celle dont le chapiteau est remplacé par une tête humaine.

—— lisse. Celle dont le fût est uni : sans cannelures ni ornements.

Colonne marine. Celle qui est taillée en coquillages, en glaçons, par bandes en bossages continus sur toute sa hauteur. L'emploi de ce genre de colonne implique toujours une époque de décadence dans le goût.

—— massive. Celle dont le diamètre est plus considérable que l'enseignent les lois de l'harmonie et du bon goût. Très-usitée dans l'architecture romane du xie jusqu'à la fin du xiie siècle.

—— ovale. Celle dont le plan offre un ovale. Quelque fois employée dans l'architecture ogivale et de la renaissance.

—— pastorale. Celle qui imite un tronc d'arbre.

—— rudentée. Celle qui, offre des rudentures en relief.

—— serpentine. Celle qui est formée de serpents entortillés, dont les têtes forment le chapiteau.

—— torse. Celle qui avec les proportions, a son fût en spirale : on y pratique des cannelures, des rudentures, etc.

PAR RAPPORT A SA CONSTRUCTION :

—— d'asssemblage. Celle qui, composée de fortes membrures de bois assemblés, collés et chevillés, creuse dans l'intérieur et cannelée à l'extérieur, sert à la décoration d'autels, de théâtres et autres lieux.

—— de maçonnerie. Celle construite en forts moellons ou de briques disposées par assises, revêtue de stuc ou de plâtre ; quelques fois les parements en briques sont laissés apparents.

—— en tambour. Celle exécutée en pierre, par assises plus étroites en élévation que le diamètre.

—— incrustée. Celle dont le noyau est construit en pierre de taille, puis revêtu en placage de marbre ou pierres précieuses. Les joints en sont rendus imperceptibles au moyen d'un mastic fait avec de la poussière de marbre ou de pierre.

—— par tronçons. Celle dont trois ou quatre morceaux composent la totalité de son élévation.

—— variée. Celle qui est formée de tronçons variés de marbre, pierres ou métaux.

PAR RAPPORT A SA MATIÈRE :

—— d'eau. Celle qui contient un tube dans son intérieur au moyen duquel les eaux sont conduites au-dessus de son chapiteau ; l'eau étant montée, se jette de toutes parts en nappes et produit un aspect agréable. Se dit aussi d'une quantité d'eau qui entre forcée dans un tuyau de pompe ou de fontaine.

Colonne de rocaille. Celle qui est composée de mastic, pierraille et stuc.

—— hydraulique. Celle dont le fût creux est de matière transparente, sert à conduire les eaux dans une vasque ou bassin formé par le chapiteau, d'où elles s'échappent en nappes agréables à la vue.

—— métallique. Celle qui est faite de bronze, de cuivre, de fer ou autres métaux quelconques.

—— moulée. Celle qui est composée d'un mélange de pierraille, de graviers, de mastic, etc., et enduite de stuc : étant polie, elle imite parfaitement le marbre.

PAR RAPPORT A SON USAGE :

—— astronomique. Tour circulaire très-élevée, destinée à observer le cours des astres et faire des études astronomiques.

—— bellique. Colonne élevée par les Romains dans leurs temples de Janus, au pied de laquelle leurs consuls groupés déclaraient la guerre à une nation.

—— chronologique. Celle où l'on inscrit la date des principaux faits d'une nation.

—— creuse. Celle où l'on a pratiqué au centre une ouverture sur sa hauteur, assez spacieuse pour former l'emplacement d'un escalier.

—— crucifère. Celle qui, destinée à porter une croix, est élevée sur un piédestal avec gradins au pourtour.

—— funéraire. Celle au sommet de laquelle est placé un vase qu'on suppose contenir les cendres d'une personne ; c'est une réminiscence de l'antique, lorsqu'on faisait usage de la crémation.

—— généalogique. Celle dont le fût a l'apparence d'un arbre avec ses branches, sur lesquelles sont arrangées symétriquement des armes héraldiques, des chiffres ou portraits d'une famille.

—— gnomonique. Celle qui est cylindrique et sur laquelle sont marquées les heures au moyen de l'ombre d'un style.

—— héraldique. Celle qui est élevée en l'honneur d'un personnage et ornée de blasons, d'armes, de cartouches, de chiffres, d'inscriptions, de devises et autres ornements de circonstance.

Colonne historique. Celle qui, ornée d'un bas relief en spirale jusqu'à son sommet, sert à retracer les hauts faits d'un personnage, d'une armée ou d'un peuple.

—— honorable ou statuaire. Celle qui est élevée en l'honneur d'un homme illustre, mort au service de l'État, et est ornée à son sommet d'une statue, avec bas-reliefs et inscriptions sur son fût ou sur son piédestal.

—— indicative. Celle qui est placée dans un port de mer pour marquer la marée, ou dans une rivière, un fleuve, pour marquer les plus hautes eaux.

—— itinéraire. Celle qui, placée dans un carrefour de plusieurs routes, est destinée à indiquer le nom de chacune d'elles.

—— limitrophe. Celle qui désigne les limites ou frontières d'un État, d'une province, d'un département, etc.

—— lumineuse. Celle qui est formée de châssis cylindriques de bois couverts de gaze ou de toile transparente de couleur, où l'on place intérieurement ou extérieurement des becs de gaz, des bougies ou des lampions formant des lignes verticales, horizontales ou en spirale, etc.

—— manubière. Celle qui est ornée de sculptures représentant les dépouilles faites sur un ennemi vaincu.

—— mémoriale. Celle qui est élevée pour perpétuer quelques grands événements ; on désigne par des symboles ou des figures en quel honneur elle a été érigée.

—— méniane. Celle où, sur la superficie du chapiteau on a formé une espèce de plate-forme avec balustrade, etc.

—— militaire. Celle où sont inscrits les noms des capitaines et des soldats d'une armée victorieuse ou envoyée à une expédition guerrière.

—— miliaire. Celle élevée dans la capitale d'un État et où sont inscrits les distances des principales villes de cet État.

—— rostrale. Celle qui, ornée de proues et de poupes de vaisseaux, ancres et autres accessoires, est élevée en commémoration d'un combat naval.

—— sépulcrale. Celle qui est érigée dans un cimetière.

—— statuaire ou honorable. Celle qui supporte une ou plusieurs statues : on désigne encore sous ce nom les cariatides, les persiques, les termes et autres figures humaines mis à la place de la colonne architectonique et qui supportent un entablement ou autre chose.

COLONNE TRIOMPHALE. Celle qui est élevée en l'honneur de grandes victoires remportées sur l'ennemi et qui est ornée avec richesse de bas-reliefs et de trophées représentant les dépouilles des vaincus.

—— ZOPHORIQUE. Celle sur laquelle sont placées des figures d'animaux.

—— PAR RAPPORT A SA DISPOSITION :

—— ACCOMPLIES. Deux colonnes qui sont placées à côté l'une de l'autre, sans que les bases ni les chapiteaux se touchent.

—— ACCOUPLÉES. Deux colonnes placées à côté l'une de l'autre, ou l'une devant l'autre, dont les bases se touchent et dont les tailloirs n'en forment qu'un seul ; très en usage dans l'architecture du moyen âge, moins fréquemment pendant la Renaissance.

—— ANGULAIRE. Celle qui se trouve isolée à l'encoignure d'une galerie, d'un péristyle, d'un porche, ou qui est engagée auprès d'un angle rentrant.

—— ANNELÉE. Celle qui a sur son fût un ou plusieurs anneaux, formé de moulures. Employée dans le style de la transition, pendant la seconde moitié du XIIe siècle.

—— ATTIQUE. C'est un pilier ou pilastre carré isolé, d'ordre corinthien, avec quatre faces égales.

—— CANTONNÉES. Celles qui, engagées aux quatre encoignures d'un pilier carré ou rectangulaire, reçoivent les nervures ou retombées des voûtes : commencent dans l'architecture romane dans la première moitié du XIIe siècle.

—— DOUBLÉE. Celle dont le fût entre d'un tiers de son diamètre dans une autre colonne.

—— ENGAGÉE. Celle qui tient à un mur ou à un pilier par le tiers, la moitié ou le quart de son diamètre. Rarement employée dans l'architecture grecque, plus fréquemment par les Romains et beaucoup au moyen âge.

—— FLANQUÉE. Celle qui est engagée d'un tiers ou de la moitié de son diamètre entre deux pilastres ou deux demi-pilastres.

—— GROUPÉES. Celles qui sont disposées de trois en trois ou de quatre en quatre sur le même piédestal.

Colonne isolée. Détachée de toute espèce de corps quelconque.

—— liée. Celle qui par une languette, une annelure, ou un lien quelconque, tient à un mur ou a une autre colonne sans confusion dans les bases ni dans les chapiteaux.

—— majeures. Celles qui, dans une grande façade, sont surmontées par d'autres de plus faible dimension ou moins considérables.

—— médianes. Les deux colonnes qui sont placées au milieu d'une façade ou d'un porche quelconque, dont l'entre-colonnement, est plus large que ceux qui sont contigus.

—— nichée Celle dont le fût isolé pénètre d'un demi-diamètre dans le parement d'un mur creusé parallèlement à son plan et à la saillie du tore de la base.

—— rares. Celles dont l'entre-colonnement est très-considérable.

—— en retraite. Lorsqu'elles sont situéesdans des angles rentrants, et d'après une disposition biaise, comme aux portails des architectures romane et ogivale.

—— solitaire. Celle qui est élevée sur une place publique en commémoration de quelque fait d'armes.

COLONNETTE, s. f., all. *Säulchen*, angl. *Small and thin column*, ital. *Colonnino, colonnetta*. Petite colonne mince.

COLLATÉRAL, s. m., all. *Nebenschiff*, angl. *Aisle (Aile)*. ital. *Ala*. Les petites nefs latérales qui, dans une église, flanquent au nord et au midi la nef principale : l'espace qui entoure le chœur au nord, au midi et à l'est ; l'espace qui flanque à l'est et à l'ouest la nef principale du transept d'une église, ainsi que ses extrémités nord et sud, quand cet espace, séparé par des colonnes ou des piliers existent ; car le plus souvent le transept n'a qu'une nef : c'est dans les grandes cathédrales qu'il en existe plusieurs ; alors les latérales, moins considérables que celle du milieu, prennent ce nom.

COLLÉGIALE (église), s. f., all. *Collegialkirche*, angl. *Collegiate-Church*, ital. *Collegiata*. Église desservie par un collége de chanoines.

COLOSSE, s. m., all. *Koloss (Riesengestalt)*, angl. *Colossus* ital. *Colosso*. Figure humaine de proportion gigantesque. Les plus célèbres sont ceux 1° de Rhodes, représentant Phœbus, le dieu du soleil, et ouvrage de Charès de Lindos, un des élèves les plus distingués de Lysippe. Il était en bronze, de 32 mètres d'élévation et coulé en un grand nombre de pièces : il fut placé en 280 avant l'ère vulgaire à l'entrée du petit port : mais en 224 il fut renversé par un tremblement de terre. En 672 de l'ère vulgaire, le calife Moawyah en vendit les débris à un juif d'Emesa qui employa, dit la tradition, 900 chameaux pour les transporter. — 2° De Zeus à Tarente, de 18 mètres de hauteur, le plus grand colosse après celui de Rhodes, au dire de Strabon. — 3° Celui de Néron, haut de 32 mètres, exécuté par Zénodore, auquel il fut payé 400,000 sesterces ou environ 84,000 francs.

COMBLE, s. m., all. *Dach* (*Dachwerk*), angl. *Timber-roof*, ital. *Colmo*. Ensemble de toutes les pièces de charpente destinées à porter les ardoises, les tuiles, les tablettes de plomb ou de zinc qui constituent la couverture d'une maison ou d'un édifice public. Se dit aussi de l'espace entre le dernier plancher et les pièces de charpente formant le comble.

—— EN APPENTIS. Qui n'a qu'un seul rampant ou pente.

—— A CROUPE. Celui qui dans sa construction a deux arêtiers et deux poinçons.

—— A DEUX ÉGOUTS. Celui qui a deux pentes ou deux rampants.

—— BRISÉ. Celui composé de plans inclinés l'un au-dessus de l'autre : ou d'un comble naturel et d'un faux comble incliné : on le nomme aussi coupé ou à la Mansard, qui en fut l'inventeur.

—— EN DÔME. Celui dont le plan est carré avec ses contours cintrés.

—— A L'IMPÉRIALE. Celui qui, vu en coupe, présente un talon renversé.

—— A PIGNON. Celui qui a un pignon à chaque extrémité.

—— A POTENCE. Celui qui, étant adossé contre un mur, est composé d'un appentis ou de plusieurs demi-fermes d'assemblage.

—— EN PATTE D'OIE. Auvent à plusieurs pans, qui sert à abriter une pompe, un puits ou un pavillon.

—— DE PAVILLON. Celui qui est composé de deux croupes, avec un, deux et même quatre poinçons.

—— ENTRAPETÉ. Celui qui, coupé au sommet pour diminuer

sa hauteur, a une base très-large et sert à couvrir des galeries, des corridors, des passages et autres lieux de ce genre.

COMBLE PLAT. Celui dont la hauteur est d'un sixième de sa base.

—— POINTU. Celui dont la coupe présente un triangle équilatéral, ou un triangle très-aigu à son sommet, comme dans les pyramides-flèches des tours d'église du moyen âge.

—— A TERRASSE. Celui dont la partie supérieure est tranchée de niveau pour y pratiquer une terrasse.

—— ROND. Celui qui, circulaire ou ovale en son plan ou à sa base, a ses pentes droites en coupe ou en profil.

COMMANDERIE, s. f., all. *Comthurey (Ordenspfründe)*, angl. *Commandery*, ital. *Commenda*. Domaine appartenant aux chevaliers hospitaliers, où ils bâtissaient des églises et les bâtiments nécessaires au logement des frères. Les chevaliers hospitaliers ou de Saint-Jean de Jérusalem, furent institués vers 1048, et constitués en ordre militaire au commencement du XIIe siècle (1118), par Raymond du Puy, second grand maître de l'ordre.

COMMISSURE, s. f., mot dont on s'est servi pendant la Renaissance pour désigner un joint.

COMMODITÉS, s. f. pl., all. *Abtritt*, angl. *Water-closet*, ital. *Zambra*. Privés, cabinets et siéges d'aisances.

COMMUN, s. m., all. *Die in Palästen und grossen Häusern angelegten Küchen, Speiskammern, Kellereien, etc., wo auch die Dienerschaft wohnt und speiset*, angl. *Offices, Servants Hall*, ital. *le Camere per la Servità*. Bâtiment qui dépend d'un palais, d'un hôtel, d'une grande maison, contenant les cuisines, offices, celliers, cours, garde-manger et autres dépendances ; se dit aussi des lieux d'aisance.

COMPARTIMENT, s. m., all. *Vertheilung (Feld)*, angl. *Compartment*, ital. *Compartimento*. Disposition régulière formée par des lignes droites, parallèles ou courbes, ou sinueuses, ou composée de lignes droites et de portions de cercle, de toutes grandeurs et de toutes formes, le plus ordinairement placée et ordonnée symétriquement pour lambris, plafonds plats, voûtes soit en pierre, marbre, bois, etc., tablements en pierre dure de diverses couleurs, en mosaïque, etc. C'est la subdivision d'une portion architectonique plus grande, et destinée à l'ornementation. On nomme moulures à compartiment, celles qui, droites ou courbes, forment effectivement des compartiments de diverses formes, et qui sont enrichis d'ornements au centre. On en trouve fréquemment dans l'architecture romane.

COMPOSITE, s. m. et adj., all. *Römische Säulenordnung*, angl. *Composite ordre*, ital. *Ordine romano (Composito)*. Ordre d'architecture de la décadence romaine et de la Renaissance, formé d'un mélange d'ionique et de corinthien.

CONCAVE, s. m. et adj., all. *Hohlrund (Rund ausgehöhlt)*, angl. *Concave*, ital. *Concavo*. Circonférence ou surface courbée et creuse, le plus ordinairement tracée avec le compas ou formée par une calotte sphérique.

CONCAVITÉ, s. f., all. *Hohlründung (Runde Höhlung)*, angl. *Concavity*, ital. *Concavita*. Cavité ou creux d'un corps : concavité d'une niche, d'une moulure (la gorge, par exemple).

CONCENTRIQUE, adj., all. *Concentrisch, einen gemeinschaftlichen Mittelpunkt habend*, angl. *Concentric*, ital. *Concentrico*. Ce qui a un centre commun.

CONCHOIDE, s. f., all. *Muschellinie*, angl. *Conchoid*, ital. *Concoïde*. Ligne courbe employée pour tracer le contour d'une colonne.

CONDUIT, s. m., all. *Rinne, Röhre, Leitung*, angl. *Pipe, Conduit*, ital. *Condotto, Canale*. Canal en bois, fer ou plomb qui sert à conduire les eaux d'un lieu à un autre; en tôle ou poterie pour conduire la chaleur; en poterie pour conduire la fumée.

CONE, s. m., all. *Kegel*, angl. *Cone*, ital. *Cono*. Solide ou corps produit par la révolution d'un triangle rectangle sur son côté vertical : sa base est circulaire et son sommet forme une pointe. Sa solidité ou cube est égal au produit de sa base multiplié par le tiers de sa hauteur.

CONFESSION, s. f. C'est l'ancienne dénomination pour les cryptes ou chapelles, ou églises souterraines.

CONFESSIONNAL, s. m., all. *Beichtstuhl*, angl. *Confessional*, ital. *Confessionale*. Siége ou stalle fermé avec un guichet aux deux côtés, où le prêtre reçoit la confession des pénitents catholiques. La confession auriculaire ayant été instituée au commencement du XIIIe siècle, il n'existe point de confessionnaux antérieurs à cette époque; ils étaient en pierre, marbre ou bois. Il en existe de fort beaux en Italie du milieu du xiiie siècle, un entre autres dans l'église Saint-Michel de Pise.

CONGÉ, s. m., all. *Einziehung* (*Ablauf, Anlauf*), angl. *Cavetto* (*Apophyge*), ital. *Guocia*. Adoucissement d'une surface verticale, plane ou cylindrique à une moulure horizontale. droite ou circulaire, au moyen d'un quart de cercle (concave): le congé peut être dessus ou dessous une moulure ou surface. En all. congé d'en haut, *Ablauf*; congé d'en bas, *Anlauf*.

CONOIDE, s. f., all. *Afterkegel*, angl. *Conoid*, ital. *Conoide*. Sa différence du cône, consiste en ce que sa base décrit une ellipse au lieu d'un cercle.

CONQUE, s. f., all. *Concha* (*Muschel*), angl. *Concha*, ital. *Conca*. Dans la terminologie moderne de l'archéologie du moyen âge, on a donné ce nom à la moitié de la calotte sphérique qui couronne la tribune des basiliques et l'abside des églises romanes quand la voûte de leur nef est en berceau ou à travées à plein cintre.

CONSOLE, s. f., all. *Kragstein* (*Console*), angl. *Bracket* (*Corbel*), ital. *Mensola* (*Carella, Cartella*). Membre saillant d'architecture ou de sculpture, de diverses formes et de diverses grandeurs, destiné à supporter des moulures, des corniches, des nervures et formerets de voûtes gothiques, des galeries, des balcons, des figures, des bustes, des vases, etc. Elle diffère de style suivant les pays et les époques.

—— ADOSSÉE. Celle qui, employée dans les ouvrages de serrurerie, est faite en manière de double enroulement.

—— ARASÉE. Celle dont les enroulements affleurent ses côtés.

—— COUDÉE. Celle qui, dans sa courbure, est interrompue par quelques angles.

—— EN ENCORBELLEMENT. Celle de grande dimension qui est employée pour les balcons.

—— PLATE. Celle qui, ayant l'apparence d'un corbeau, est ornée de glyphes et de gouttes.

—— RAMPANTE. Celle qui supporte ou soutient un côté latéral, en suivant la pente d'un fronton angulaire ou circulaire.

—— RENVERSÉE. Celle dont le plus grand enroulement est en bas et se raccorde avec des ornements quelconques.

CONSTRUCTION, s. f., all. *Bau* (*Erbauung, Errichtung eines Gebäudes*), angl. *Construction*, ital. *Costruzione*. La méthode de la liaison des parties pour en former un tout, un ensemble; l'art de bâtir par rapport à la matière : se dit aussi d'un ouvrage, d'un bâtiment achevé. Mais une construction peut être parfaite selon les lois de bâtir, sans avoir de beauté, sans qu'on y ait appliqué les lois du beau.

CONSTRUCTION DE PIÈCES DE TRAIT. Développement des lignes rallongées d'un plan par rapport au profil.

CONTOUR, s. m., all. *Umriss*, angl. *Outline (Circuit)*, ital. *Contorno*. Ligne qui détermine la dimension et l'apparence d'une surface ou d'un corps.

CONTRACTURE, s. f., all. *Verjüngung, Verdünnung der Saülen am Obertheile*, angl. *Diminution or continued contraction of the diameter of the column as it rises*, ital. *L'affusolare una colonna*. Diminution ou rétrécissement continu de la partie supérieure d'une colonne.

CONTRASTER, v. a., all. *Abstechen machen (Absetzen)*, angl. *To contrast*, ital. *Far un contrasto*. Varier une œuvre, une façade, les différentes pièces d'un palais, d'une grande habitation particulière, dans les détails, par des styles, des dessins, des figures et ornements particuliers, employés et disposés avec habileté et talent.

CONTRE-BAS, ad., all. *Von oben herab*, angl. *Downwards*, ital. *Di alto in basso*. De haut en bas. On se sert de ce terme pour déterminer un point quelconque en partant d'un point plus élevé, comme d'un toit, d'une corniche, du sommet d'un mur.

CONTRE-BOUTER, v. a., all. *Stützen (mit Streben versehen)*, angl. *To support*, ital. *Puntellare*. Placer un étai ou un pilier, ou un support quelconque.

CONTRE CHASSIS, s. m. Second châssis d'une même ouverture.

CONTRE-CLEF, s. f., all. *Der Stein neben dem Schluszstein rechts und links*, angl. *Voussoir right and left next to the key-stone*, ital. *Contracchiave*. Voussoir à droite ou à gauche d'une clef de voûte ou arc.

CONTRE-CŒUR, s. m., all. *Rückenblatt in Kamine*, angl. *Back of a chimney*, ital. *Frontone*. Fond d'une cheminée entre les jambages ; on le nomme aussi contre-feu.

———— DE FENÊTRE. Parpaing moins épais que le mur et placé au-dessous d'un appui de fenêtre.

———— DE FER OU PLATINE. All. *Gusseisenplatte am Rückenblatt eines Kamines*, angl. *Cast iron plate in the back of a chim-

ney. Plaque en fer fondu, quelquefois ornée de sculpture et appliquée en avant du contre-cœur d'une cheminée.

CONTRE-FORT, s. m., all. *Strebepfeiler* (*Widerlage, Strebemauer*), angl. *Buttress*, ital. *Contrafforte, sperone, puntello*. Pilier-boutant adapté contre des murs de terrasses, de quais et souvent après coup contre des bâtiments menaçant ruine. Dans l'architecture du XIII⁰ siècle en Europe, c'est un pilier isolé, relié à la muraille au moyen d'un arc-boutant pour consolider les points d'appui d'une voûte ou d'un mur de refend. Il y a de beaux contre-forts aux cathédrales de Paris, de Reims, d'Amiens et de Beauvais, aux églises de Saint-Wulfran d'Abbeville et de Saint-Riquier. Les contre-forts de la cathédrale de Beauvais, ont au-delà de 50 mètres d'élévation. Dans l'architecture romane jusqu'en l'année 1175 environ, les contreforts n'étaient point isolés, mais adaptés contre les parois des murs : ils étaient assez larges et peu saillants. Il y en avait de circulaires, comme à Saint-Remi de Reims, à l'église de Saint-Pierre, dans le Northampton en Angleterre, et à Saint-François d'Assise en Italie.

CONTRE FRUIT, s. m., all. *Nicht senkrechter Stand einer Mauer*, angl. *Over span, the jut out of a wall*, ital. *Esser fuori di dirittura*. Plus grande épaisseur qu'on donne à un mur à son sommet qu'à sa base. Est aussi synonyme de surplomb.

CONTRE-HAUT, adv., all. *Von oben nach unten*, angl. *From the top to the base*, ital. *D'alto in basso*. De haut en bas : se dit d'un objet quelconque quand il est plus élevé qu'un autre.

CONTRE-JOUR, s. m., all. *Das Gegenlicht*, angl. *False light*, ital. *Contrallume*. Lieu opposé au grand jour.

CONTRE-LATTE, s. f., all. *Gegenlatte zwischen den Sparren*, angl. *Counter lath*, ital. *Panconcello, Cancello di sostegno*. Planche mince, placée de hauteur, en forme d'étrésillon entre les chevrons d'un toit.

CONTRE-LATTE DE FENTE, s. f., all. *Gerissene Gegenlatte*, angl. *Cleft counter-lath*, ital. *Panconcello speccato*. Bois mince, refendu et non scié, sur lequel on place les tuiles d'un comble.

CONTRE-LATTE DE SCIAGE, s. f., all. *Geschnittene Gegenlatte*, angl. *Sawed counter-lath*. Planche large et longue, en usage dans les couvertures en ardoises.

CONTRE-LOBES, s. m., pl. all. *Nasen*, angl. *Cusps*. Festonsarrondis qui garnissent les intrados de certains arcs dans l'architecture des XIIIe, XIVe et XVe siècles.

CONTRE-MARCHE, s. f. all. *Setzstufe (Setzbrett)*, angl. *Riser*. Partie extérieure et verticale d'une marche et qui en forme l'élévation.

CONTRESCARPE, s. f., all. *Gegenböschung (äussere Abdachung des Grabens gegen die Festung)*, angl. *Counterscarp*, ital. *Contra scarpa*. La pente dans un fossé de fortification, qui fait face à la ville.

CONTRE-MUR, s. m., all. *Schwache Scheidemauer*, angl. *Counter wall*, ital. *Muro di rinforzo*. Addition en maçonnerie à un mur pour garantir une propriété de celle du voisin.

CONTRE-ZIGZAGS, s. m. pl., all. *Rautenförmig*, angl. *Reversed chevrons (zigzags)*. Chevrons en zigzags dont les angles sont opposés.

CONTREVENT. s. m., all. *Fensterladen (Windladen)*, angl. *Outside shutter*, ital. *Imposta di fuori, Paravento*. Pièce de bois placée en bras de force, dans l'assemblage d'un pan de bois ou courbe d'un dôme. On l'appelle aussi *guêtre*. — Grand volet ayant la hauteur d'une baie de porte ou de fenêtre, et placé à l'extérieur dans des feuillures.

CONYSTRA, s. f., lieu dans la palestre grecque où se conservait le sable dont les athlètes se saupoudraient après s'être enduits d'huile. — Aussi l'arène dans laquelle ils s'exerçaient.

CONVEXE, s. m., et f. et adj., all. *Runderhaben*, angl. *Convex*, ital. *Convesso*. Contour extérieur renflé ou bombé d'un corps orbiculaire comme l'extrados d'une voûte sphérique.

COQUILLE, s. f., all. *Muschel*, angl. *Schell*, ital. *Conchiglia*. Ornement de sculpture, imité des conques marines et servant ordinairement à orner le fond et le haut d'une niche; très-en usage pendant le siècle de la Renaissance et depuis.

—— D'ESCALIER DE PIERRE, all., *Schräg aufsteigendes Tonnengewölbe bei steinernen Treppen*, angl. *The winding vault in stone stairs*. Dessous des marches qui tournent en spirale ou limaçon et qui porte son délardement, et de celui en bois, le dessous des marches délardées, lattées et ravalées en plâtre.

COQUE, s. f., all. *Schale der Eier in einem Eierstab*, angl. *Shell, anchor or tongue of the eggs in an echinus*, ital. *Guscio d'un ovo (Fusarolo)*. Enveloppe d'un ove, dans l'architecture antique et imitée dans l'architecture romane.

CORBEAU, s. m., all. *Console oder Kragstein häufig in Gestalt von Köpfen,* angl. *Corbel,* ital. *Beccatello.* Terme usité dans l'architecture du moyen âge pour désigner une pierre en saillie ou l'about d'une pièce de charpente destinée à supporter une corniche, une colonnette ou une nervure de voûte. Il y a des corbeaux formés de têtes d'hommes ou d'animaux, de feuillages ou de moulures, etc. On en voit déjà au palais de Spalatro bâti par l'empereur Dioclétien. On en trouve dans l'architecture romane qui ont la forme d'une corne de bœuf, comme à Saint-Sébalde de Nuremberg, et à l'église de Broadwater dans le Sussex.

—— DE FER. Celui qui étant double et de forme carrée ou de face, sert à supporter des sablières, des fausses poutres, des soliveaux et autres objets quelconques.

CORBEILLE, s. f., all. *Korb (Glocke),* angl. *Corbeil (Bell),* ital. *Campana, canestro, cestello.* La partie d'un chapiteau quelconque contenue entre l'astragale et l'abaque, en forme de corbeille évasée par le haut, ou encore en forme de cloche renversée ; cette partie unie et circulaire reçoit l'ornementation en sculpture. Il n'y a point de corbeille aux chapiteaux des ordres dorique et ionique, mais à ceux de l'ordre corinthien dont les premiers nous apparaissent dans le monument de Lysikrates et de la tour des Vents à Athènes. Il y a des corbeilles aux chapiteaux romans et de l'architecture ogivale. La corbeille peut être cylindrique, cubique, conique (en cône tronqué ou renversé), coudée ou en forme de cœur, pyramidale (en pyramide tronquée et renversée), urcéolée (resserrée un peu au dessous de son somme), campanulée ou en forme de cloche, infundibuliforme ou en manière d'entonnoir, godronnée, garni de godrons ou renflements, scaphoïde ou ressemblant à une nacelle. — On nomme encore corbeille une partie de sculpture en forme de panier de fleurs et de fruits, et qui sert d'amortissement à certaines décorations. On en fait un fréquent usage dans les bas-reliefs.

CORDELIÈRE, s. f. all. *Kleiner Zierath in Gestalt eines Strickes,* angl. *A small sculpted lace,* ital. *Cordone.* Petit ornement taillé en forme de corde moyenne sur une baguette ou face quelconque. Se voit dans l'architecture du xv⁰ siècle et beaucoup pendant la Renaissance.

CORDERIE, s. f. all. *Seilerbahn,* angl. *Rope walk (or house),* ital. *Corderia*. Bâtiment avec angar, dans un arsenal de marine, où on file et corde les câbles et autres cordages de moindre grosseur.

CORDON, s. m., all. *Kleines steinernes wagerechtes Gesims*, angl. *Stringcourse*, ital. *Cordone*. Moulure ou réunion de moulures en saillie s'étendant horizontalement sur le nu d'un mur, soit à l'intérieur, soit à l'extérieur, et destiné à diviser en étage ou couper de grandes surfaces de mur. Dans l'architecture romane primitive des xᵉ et xiᵉ siècles, le cordon muni d'un larmier couronne ordinairement une petite rangée d'arcades à plein cintre. Les cordons sont simples ou ornés de feuillages, de dents de scie, de billettes, de zigzags, de feuilles entablées. Au xvᵉ siècle les cordons sont ornés de rinceaux de feuilles de vigne, de chou ou de chardon.

CORINTHIEN, Ordre, s. m., all. *Corinthischer Styl*, angl. *Corinthian order*, ital. *Ordine Corinto*. Architecture la plus ornée de l'antiquité grecque et romaine. On ignore l'origine de l'ordre corinthien : il parut en Grèce vers l'année 440 avant l'ère vulgaire. Le chapiteau campanulé se retrouve à la porte d'entrée du trésor d'Atrée à Mykène. Comme l'ordre dorique, il a également son type en Égypte. Mais les Grecs en s'inspirant d'une forme étrangère, surent la métamorphoser à un tel point que leur œuvre vaut une création. Dès 664 avant l'ère vulgaire les Corinthiens construisirent des vaisseaux pour les Samiens, qui dès cette époque commerçaient avec l'Égypte ouverte depuis peu aux étrangers. C'est probablement à Corinthe que l'ordre dont nous nous occupons a eu son origine ; de là il ne se répandit que peu en Grèce, car deux seuls monuments grecs d'ordre corinthien sont parvenus jusqu'à nous ; ce sont le petit monument choragique de Lysikrates et la tour des Vents à Athènes. De la Grèce le corinthien passa en Italie et de là repassa, perfectionné et développé, en Grèce et en Asie Mineure. Les Romains l'affectionnaient particulièrement.

C'est par le chapiteau qu'on distingue l'ordre corinthien ; sa hauteur est plus qu'un diamètre et se compose d'un astragale, d'un filet et d'apophyges, compris dans le fût ; ensuite vient la corbeille campanulée avec les deux rangées de feuillages, les volutes et le tailloir concave. Les architectes de la Renaissance ont reproduit, sans le copier inintelligemment, le chapiteau ainsi que l'ordre corinthien, et depuis on l'a moins bien imité. La lanterne de la coupole du dôme de Florence, exécutée selon le projet de Brunelleschi, en 1437, est dans le style corinthien.

CORNE D'ABAQUE, s. f., all. *Ecke an dem Abakus eines Säulen Capitals,* angl. *The truncated angle of the Abacus in the corinthian order.* Encoignure à pan coupé du tailloir de la volute de l'ordre corinthien.

—— D'ABONDANCE, corne sculptée diversement d'où sortent des fleurs et des fruits sculptés.

—— DE BÉLIER. Ornement mis en usage pour volute au chapiteau ionique.

CORNICHE, s. f., all. *Karniesz (Kranz),* angl. *Cornice,* ital. *Cornice.* La saillie horizontale formée de moulures et d'ornements qui couronnent ou terminent un édifice ou les différentes parties qui composent un édifice. Dans l'architecture antique, chaque ordre a sa corniche propre. L'architecture romane offre des corniches composées d'une large bande, échancrée vers le bas par des plein-cintres supportés sur des corbeaux; souvent aussi les plein-cintres sont remplacés par des dents de scie. Alors il n'y point de corbeau. Dans l'architecture ogivale, les corniches se compliquent de quantité de moulures, telles que gorges ornées de feuillages, tores, talons, bandes, filets, cavets, etc. Une des plus belles corniches de ce genre, est celle qui couronne le chœur de la cathédrale de Beauvais. La corniche, quand elle est bien conçue, a toujours un larmier, moulure creusée en manière de canal, à sa face de dessous et destinée à préserver les parois des murs des eaux pluviales. La corniche dorique se compose en partant du haut: d'un filet, d'une échine, d'un filet, d'une cymaise renversée, d'un larmier, d'un petit filet, d'un modillon, de mutules, et de modillons, de triglyphes et de métopes. La corniche ionique se compose : d'un petit filet, d'une cymaise, d'un autre petit filet, d'une échine, d'un larmier, d'une cymaise renversée d'un filet et d'une échine. La corniche corinthienne est composée, d'un filet, d'une doucine, d'un filet, d'un talon, d'un larmier, d'un talon, de modillons, d'un filet, d'un quart de rond, d'un astragale, d'un filet, de denticules, d'un filet et d'un congé.

CORNIER, POTEAU, s. m., all. *Eckpfeiler (Eckpfosten),* angl.

Angle Post, ital. *Legno angolare*. Poteau d'encoignure d'une construction en charpente. On en a fait un grand usage dans les maisons des xvᵉ et xviᵉ siècles et on les ornait diversement de sculptures. Se dit aussi d'un chéneau (chéneau cornier) posé sur la noue de rencontre de deux combles, qui en reçoit les eaux.

CORPS DE LOGIS, s. m., all. *Haupttheil eines Gebäudes*, angl. *Main Body of a House*, ital. *Appartamento*. Bâtiment contenant un appartement complet ; simple quand il n'a qu'une pièce sur le devant, et double quand il y en a plusieurs.

CORPS DE GARDE, s. f., all. *Wachthaus (Hauptwache)*, angl. *Guard-house*, ital. *Corpo di guardia*. Salle à un rez-de-chaussée près ou dans un palais, d'une porte de ville, sur une place publique ou autres lieux, accompagnée d'un violon et d'une chambre d'officier, sert d'abri aux gardes.

CORRIDOR, s. m., all. *Gang (Vorgang)*, angl. *Gallery (corridor)*, ital. *Corridojo*. Espèce de vestibule étroit et long qui sert de dégagement à plusieurs pièces d'un grand bâtiment.

COTES, s. f., pl. all. *Zwischenstäbe*, angl. *Small bands or fillets between the flutes of a column*, ital. *Scalmi (Rialzo)*. Listel qui sépare les cannelures d'une colonne ionique ou corinthienne.

COTER. v. a., all. *Das Masz beisetzen*, angl. *To write measures in a drawing*, ital. *Applicare i numeri*. Ecrire les mesures en chiffres ou autrement sur un dessin quelconque.

COUCHE. s. f. all. *Saumschwelle (Setzsohle, Spannrahmen)*, angl. *Ground Cill*, ital. *corrente*, *opiana*. Pièce de bois qu'on place sur le sol, sous le pied d'un étai, d'un about d'étrésillon ou étançon. On la nomme aussi *sablière*.

—— DE CIMENT, all. *Cement Lage*, angl. *A coat of cement*, ital. *strato di cimento*. Enduit fait avec un mélange de chaux vive et de tuileaux réduits en poudre, dont on fait usage pour l'intérieur d'un aqueduc, d'un canal, d'une citerne, d'un réservoir et autres cavités destinées à recevoir un liquide quelconque.

COUCHIS, s. m. all. *Unterlage von Sand, Kiesz*, etc., angl. *Stratum of sand*, etc., ital. *Centina*. Etendue d'une certaine épaisseur de graviers sur les madriers d'un pont ou de tout autre endroit, propre à recevoir un pavé ou carrelage : se dit aussi des madriers placés sur les cintres pour soutenir les voussoirs, ou que l'on met par terre pour recevoir les pieds d'un chevalement.

COUDÉE, s. f. all. *Elle*, angl. *Cubit*, ital. *Braccio*. Mesure de longueur de l'antiquité. En Grèce elle valait 462.367 millimètres, en Egypte la coudée naturelle valait 461,8 millimètres, la coudée royale 524.5 millimètres.

COULIS, s. f. all. *Dünner Mörtel*, angl. *Thin concrete (or mortar)* ital. *Gesso stemperato in molt' acqua*. Mortier, ciment ou plâtre gâchés clairs pour couler et ficher les joints des pierres en construction.

COULISSE, s. f. all. *Falz (Fuge, Rinne)*, angl. *Groove*, ital. *Canale*. Rainure, en forme de canal, dans laquelle on place une trappe d'écluse.

COULOIR, s. m. all. *Kleiner Gang zwischen Zimmern*, angl. *Narrow passage or gallery*, ital. *Colatojo*. Passage ou dégagement d'un appartement.

COUPE, s. f. all. *Schale (Kelch)*, angl. *Cup*, ital. *Tazza*. Vase circulaire ou ovale sculpté qui sert d'amortissement à une décoration.

—— D'ÉDIFICE, all. *Durchschnitt*, angl. *Section*, ital. *Taglio*. C'est supposer une ligne qui le traverse sur un plan uni en un point sur toute sa hauteur et largeur ou longueur; et puis, représenter en face et en profil toutes les parties coupées ainsi que celles en reculement. La coupe des monuments, se fait ordinairement sur les axes longitudinaux et transversaux, ou sur certaines parties qu'il importe de faire connaître. La coupe montre toujours l'intérieur d'un monument ou d'une maison.

COUPE DE PIERRES. s. f. all. *Steinschnitt (Lithurgik)*, angl. *Stone cutting*, ital. *L'Intaglio di pietre*. Art de tracer par les procédés connus les pierres pour la construction, afin qu'en les posant en place elles s'y soutiennent, ainsi qu'on le pratique, par exemple, aux arcs, plates-bandes, voûtes, trompes, etc. On la nomme aussi stéréotomie.

COUPOLE. s. f. all. *Kuppel (Helmdach, Kesselgewölbe, Kugelgewölbe)*, angl. *Cupola*, ital. *Cupola*. Partie concave d'un dôme, plafond hémisphérique ou d'une autre courbe, couvrant un espace circulaire, ovale ou polygonal, orné ou non de compartiments sculptés ou peints. La plus ancienne construction qui se rapproche de la coupole, se voit dans le trésor d'Atrée à Mykène, qui est antérieur à la guerre de Troie. Parmi les plus célèbres coupoles nous citerons celles du Panthéon de

Rome, de Sainte-Sophie à Constantinople, de Sainte-Marie-des fleurs ou cathédrale de Florence, de Saint-Pierre de Rome, des Invalides à Paris, de Saint-Paul à Londres, de Sainte-Geneviève à Paris, etc. Au sommet et au centre de la coupole, est presque toujours une ouverture horizontale et circulaire, appelée œil de dôme, en allemand *Nabel der Kuppel* (*Nabelöffnung*), en anglais *Eye of the dome*, en italien, *Occhio della copula*. Au-dessus de cette ouverture s'élève ordinairement une lanterne, ouverte ou vitrée, destinée à éclairer l'intérieur de la coupole. Les coupoles sont presque toujours construites en pierre, il en existe cependant élevées en charpente; mais alors elles sont de petite dimension. Au moyen-âge l'usage des coupoles s'est répandu surtout en Italie et en France. Il y a des coupoles à l'église Saint-Marc de Venise, l'intersection de la nef, du chœur et des transepts au dôme de Pise, est couverte d'une coupole. Il y a des coupoles à Saint-Antoine de Padoue, à Sainte-Marie-Immaculée de Terni, à Saint-Nicolo e Cataldo de Lecce, à la cathédrale de Molletto, à l'église de la Sainte-Sagesse de Bénévent, à Saint-Sabino de Canosa, à la cathédrale de Bari, à Saint-Giovanni degli Eremiti à Palerme. En France on voit des coupoles aux églises de Souillac, de Fontevrault, de Saint-Front de Périgueux, à la cathédrale du Puy en Velay, aux églises d'Angoulême, du Roulet, de Loches, de Saint-Hilaire de Poitiers etc. Il y a aussi des églises rhénanes, avec des coupoles, à Cologne, Spire, Worms, etc.; mais là elles sont de préférence polygonales. Dans son complet développement, la coupole est romaine. De Rome elle est passée à Constantinople, de là en Orient, en Italie et en Sicile. En France, elle nous est sans doute venue de la Sicile et de l'Apulie où il y a des monuments à coupoles, antérieurs aux nôtres.

COUR s. f., all. *Hof*, angl. *Court* (*yard*), ital. *Corte* (*Cortile*). Espace vide placé devant ou dans l'intérieur d'un bâtiment, qui sert de dégagement aux principaux corps de logis des palais, des hôtels, des châteaux et maisons de campagne. La cour peut être avec ou sans portiques sur ses faces. La cour de marbre du château de Versailles, la cour du palais Pitti, celles des palais de la Chancellerie et Farnese à Rome, sont célèbres.

COURBE. s. f., all. *Gebogene Sparre von einem Kuppeldache*, angl. *Spherical ribs of a dome*, ital. *Curva*. Sorte de chevron cintré qui, assemblé au moyen de liernes, sert à former la coupole d'un dôme.

COURBE RAMPANTE. all. *Backen oder Wange an einer Wendeltreppe*, angl. *The winding line of the newel in a winding stair case.* Celle décrite par un limon d'escalier suspendu ou en spirale.

COURBURE, s. f., all. *Krümme (Krümmung)*, angl. *Curvety*, ital. *Incurvatura.* Ligne inclinée en arc comme le profil de la coupe d'un dôme, d'une feuille de chapiteau, etc.

COURONNE. s. f., all. *Krone*, angl. *Crown*, ital. *Corona.* Ornement circulaire, et varié, plus ou moins enrichi de sculptures, imité de l'insigne de la royauté, de la souveraineté, que les chefs d'États portaient sur le chef et qui termine le sommet de quelques décorations.

COURONNEMENT. s. m., all. *Krönung (Vollendung)*, angl. *Crown work, coping*, ital. *Coronamento.* Se dit d'une corniche, d'une crête, d'un cordon ou d'autres corps qui terminent un ensemble général ou particulier. Synonyme d'*amortissement.*

COURONNER. v. a. all. *Krönen (Vollenden)* angl. *To crown, to end*, ital. *Coronare.* En architecture cela signifie terminer ou former la partie d'un corps ou d'une décoration quelconques, une crête, une corniche, un entablement, des créneaux, etc. On peut aussi couronner un monument d'un dôme, d'un fronton, d'une tour, d'un clocher, de statues.

COURS D'ASSISE. s. m. all. *Steinschichte*, angl. *Continued level range of stones, stone layer*, ital. *Filare di pietre.* Rang de pierres de niveau ayant la même hauteur sur toute la longueur d'une façade.

—— DE PLINTHE OU CORDON. all. *Gurtgesims*, angl. *String-course*, ital. *Cordone.* Celui qui règne extérieurement d'un bâtiment à chaque étage.

COURTINE, s. f., all. *Mittelwall*, angl. *Courtain*, ital. *Cortina.* Portion de mur entre deux bastions; en architecture civile l'espace qui est compris entre deux avant-corps ou pavillons.

COUSSINET, s. m., all. *Der oberste Stein einer Widerlage, auf welchem das Gewölbe aufsitzt*, angl. *The stone placed upon the impost of a pier for receiving the first stone of an arch.* Pierre qui couronne un pied droit, dont le lit de dessous est de niveau et le dessus taillé en coupe, destinée à recevoir la première retombée d'un arc.

COUSSINET DE CHAPITEAU. s. m., all. *Seite der jonischen*

Voluten, angl. *Lateral part of the ionian volute*, ital. *Fianco delle volute del capitello ionico*. Face de côté des volutes ioniques, qu'on nomme aussi *balustre* et oreiller.

COUVENT. s. m., all. *Kloster*, angl. *Convent*, ital. *Convento* Voyez monastère.

COUVERTURE, s. f., all. *Decke (Dach)*, angl. *Roof*, ital. *Tetto*. On nomme ainsi tout l'ensemble d'un comble de bâtiment.

COYAUX. s. m., all. *Traufhaken (Aufschiebling)*, angl. *Rafter-foot*, ital. *Capo de' travicelli*. Petits chevrons placés sous les couvertures en saillie sur la corniche.

COYER. s. m., all., *Walm Sparre*, angl. *Angle-tie-piece*, ital. *Corrente*. Pièce de bois qui dans la construction d'une croupe placée horizontalement et diagonalement, va d'un poinçon ou d'un gousset à l'arrêtier, auquel elle correspond. On l'assemble dans le pied du poinçon, et elle fait fonction d'entrait. Dans les planchers, le coyer se pose aussi diagonalement, et reçoit les soliveaux en empanons.

CRAMPON, s. m., all. *Klammer (Krampe)*, angl. *Iron Cramp*, ital. *Rampicone*. Morceau de fer ou de cuivre, carré ou rond, recourbé par les deux bouts et destiné à lier deux corps ensemble.

CRAPAUDINE, s. f., all. *Die Pfanne nebst dem Zapfen am Thorflügel*, angl. *Socket or sole of the pivot of a gate*, ital. *Dado, ralla*. Morceau de fer ou de bronze carré, pour recevoir le pivot d'un vantail de grille ou de porte ou d'un arbre de machine qui tourne verticalement.

CRÉDENCE, s. f., all. *Seitentischchen*, angl. *Low cupboard*, ital. *Credenza*. Buffet où l'on entrepose tous les objets nécessaires au service d'une table.

—— D'AUTEL. All. *Credenztisch*, angl. *Credence*, ital. *Credenziera (Prothesis* en latin). Petite table où l'on entrepose ce qui est nécessaire au service de l'autel. On y plaçait le pain et le vin avant leur consécration. C'était aussi une table de communion au moyen âge. Au XV° siècle les crédences sont quelquefois pratiquées dans le mur.

CRÉNEAU, s. m., all. *Zinne (Schieszscharte)*, angl. *Battlement*, ital. *Merlo*. L'intervalle vide qui sépare les merlons d'un mur fortifié On nomme merlons, les petites portions de maçonnerie séparées les unes des autres par un vide et qui couronnent un mur ou un bâtiment entier. C'est par les créneaux qu'on se servait de la fronde et de l'arc. Dans l'antiquité et au moyen âge, on tirait encore de l'arc par les créneaux. L'usage de la poudre à canon en a fait disparaître l'utilité.

CRÉPI, s. m., all. *Kalkwurf (Gypswurf)*, angl. *Rough cast*, ital. *Incamiciatura, Intonico*. Enduit de mortier ou de plâtre étendu grossièrement sur la surface de murs et surtout des murs en moëllon.

CRÉPIR, v. a., all. *Kalk oder Gyps anwerfen*, angl. *To parget*, ital. *Intonacare*. Nettoyer les parements et joints d'un mur, que l'on mouille et enduit avec du mortier, ou que l'on fouette avec un balai et du mortier ou plâtre clairement délayés.

CRÊTE, s. f., all. *Kamm (Krone)*, angl. *Crest*, ital. *Cresta*. Se dit d'un ornement en bois, fer ou plomb, découpé à jour et qui est placé sur le sommet d'un toit. Il y en a de toutes les formes, et de tous les dessins. C'est surtout au xv⁰ siècle que ce genre d'ornement était en usage pour les monuments civils.

CROCHET, s. m., all. *Knolle (Bosse, Krabbe)*, angl. *Crocket*, ital. *Uncino*. Touffe de feuilles, de fruits, etc., employée dans l'architecture française du xIIIᵉ siècle pour orner les angles des flèches, des baldaquins, des côtés des frontons, soit à l'extérieur, soit à l'intérieur des monuments. Les crochets commencent à la fin du xIIᵉ siècle : il y en a qui figurent une tête d'homme, des animaux naturels et fantastiques. Les plus élégantes sont celles du règne de Louis IX. Au xvᵉ siècle, elles représentent des chardons, des feuilles de vigne et de choux.

CROISÉE, s. f., all. *Fenster*, angl. *Window*, ital. *Finestra*. L'assemblage de menuiserie placé dans la baie d'une fenêtre, et qui est destiné à servir de dormant aux carreaux de verre.

CROISÉE, s. f., all. *Queerschiff*, angl. *Transept*, ital. *Crociata*. Nef ou partie transversale dans une église, du nord au sud, entre la nef principale et le chœur, formant saillie ou non sur les faces latérales du nord et du sud. La croisée donne la forme de la croix à l'église, plus ou moins prononcée. Elle est terminée à ses deux extrémités ou carrément, ou circulaire, ou polygonalement, à trois, cinq ou sept pans. On retrouve la croisée dans les plus anciennes basiliques qui ont servi de type aux églises chrétiennes primitives : mais alors elle ne faisait point saillie en dehors. La croisée a quelquefois des collatéraux. La croisée du dôme de Pise, de la fin du xie siècle, est circulaire à ses deux extrémités ; il en est de même de celle de l'église de Saint-Pellino, dans le sud de l'Italie : l'extrémité méridionale de la croisée de Notre-Dame de Soissons est circulaire ; celles de Notre-Dame de Noyon, de Sainte-Elisabeth de Marbourg, de l'église de Bonn sont polygonales ; celles de la cathédrale de Tournai, circulaires. On se sert peu du terme de croisée pour désigner la partie de l'église à laquelle on l'a donné ; il est généralement reçu de se servir du mot de transept, en son lieu. Il serait plus logique d'appliquer le terme de croisée pour caractériser l'espace carré qui résulte de l'intersection de la branche transversale de la croix avec la nef principale.

CROISÉES D'OGIVES, s. f. pl., all. *Die erhabenen Rippen in den goth'schen Gewölben des xiie Jahrhunderts*, angl. *Cross ribs of a groined vault*. ital. *Costole*. Nervures saillantes diagonales d'une voûte d'arête et qui suivent la direction de l'arête. On pense que c'est Philibert de l'Orme qui le premier s'est servi de ce terme.

CROISETTE, s. f., all. *Das Kreuzchen*, angl. *Small cross*, ital. *Crocetta*. Petite croix, souvent placée en amortissement des petites flèches des clochetons dans l'architecture du moyen âge.

CROISILLONS, s. m., all. *Fensterkreuz*, angl. *Cross mullions of a Window*, ital. *Braccio di croce*. Meneaux de pierre qui, dans les fenêtres rectangulaires, se croisent à angle droit et forment une croix, d'où leur est venu leur nom. C'est de ces meneaux en croix, formés d'une tige verticale et d'une tige horizontale qu'est venu le nom de *croisée*, donné improprement aujourd'hui aux fenêtres. Les croisillons commencent à devenir fort en usage dans le courant du xve siècle et pour les constructions civiles, au xvie, où ils sont profilés avec beaucoup de goût et d'élégance. On a donné improprement le nom de croisillons aux extrémités des transepts, ce qui a jeté de la confusion dans la terminologie de l'architecture religieuse du moyen âge.

CROIX, s. f., all. *Kreuz*, angl. *Cross*, ital. *Croce*. Symbole religieux de plusieurs peuples de l'antiquité, des Égyptiens, par exemple. Dans les sculptures et les peintures de ce peuple, chaque divinité tient d'une main la croix ansée, ou T surmonté d'un anneau : c'était le symbole de la vie divine. Dès le iie siècle de l'ère vulgaire, les chrétiens ont pratiqué le signe de la croix, soit dans la vie domestique, soit dans l'exercice du culte. Au ive siècle, la représentation de la croix apparait en plusieurs endroits des églises, comme aux autels par exemple, et depuis cette époque, l'usage s'en est continué et étendu avec profusion dans les édifices du moyen âge. La croix est formée de deux branches qui se croisent à angle droit. Il y en a de deux sortes : la croix grecque et la croix latine ou romaine; la première a ses quatre branches d'égale longueur ; la seconde a l'une d'elles plus longue que les autres. La croix grecque est formée du déploiement horizontal des quatre faces verticales d'un cube ; la croix latine, du déploiement des mêmes faces avec addition de la face supérieure du cube. La croix grecque représente donc quatre carrés placés autour d'un carré central : elle a trois carrés sur sa longueur et trois sur sa largeur. La croix latine est formée de même; mais sa tige verticale est formée d'un carré de plus : trois en travers et quatre en longueur ou hauteur. Il y a des croix formées de deux tiges transversales, celle d'en haut plus courte que la principale; on les nomme croix de Lorraine. La croix à trois tiges transversales est rare et employée comme emblème de la papauté. Presque toutes les églises de France, d'Espagne, d'Allemagne et d'Angleterre ont été bâties en forme de croix latine, visible ou non à l'extérieur; les églises en forme de croix de Lorraine, comme celle de Cluny, par exemple, sont rares et encore plus rares sont les églises en forme de croix grecque. Plusieurs églises du nord et surtout de l'Italie, sont bâties en forme de *tau* ou T, ou croix tronquée par le haut.

CROIX DE PIERRE, s. f., all. *Stein Kreuz*, angl. *Stone Cross*, ital. *Croce di pietra*. Petit monument isolé en pierre composé d'une croix seule, montée sur un petit piédestal, ou de marches avec soubassement surmonté d'une construction plus ou moins considérable, plus ou moins riche et ornée. Les croix de pierre ont été élevées pendant le moyen âge pour perpétuer le souvenir d'un événement mémorable quelconque. Il y en avait sur les grandes routes, sur les champs de bataille, aux limites des terres et des pays, dans les marchés et dans les cimetières. Quand elles étaient placées dans les villes, elles renfermaient assez souvent des fontaines dans leur soubassement. L'Angleterre est le pays où l'on trouve encore la plus grande quantité de croix de pierre, telles que celles de Lanherne dans les Cornouailles, de Waltham dans l'Essex, de Iron Acton dans le Gloucester-Shire, de Yarnton dans le Oxfordshire, etc., qui toutes sont isolées. Les croix de marchés, entourées d'une sorte de porche se voient encore à Cheddar dans le Somerset-Shire, à Glostonbury dans la même province, à Malsbury et à Salisbury dans le Wiltshire.

CROIX DE SAINT-ANDRÉ, s. f., all. *Andreaskreuz*, angl. *Saint-Andrew's Cross*, ital. *Croce di S. Andrea*. Assemblage de deux pièces de bois en croix, d'équerre ou non, posées diagonalement, le plus souvent à 45 degrés, destiné à contreventer les faîtes avec les sous faîtes d'un comble ou d'un beffroi de clocher. La croix de Saint-André sert aussi dans les pans de bois en charpenterie ; surtout dans les trumeaux où elle sasatisfait aux besoins du remplissage et aux conditions de la stabilité.

CROSSE, s. f., all. *Krummstab* (*Bischofstab*), angl. *Crozier*, ital. *Rocco*. Un des insignes d'un archevêque, d'un évêque et abbé mitré. Longue canne surmontée d'un ornement en spirale, soit en bois sculpté, soit en or ou en argent, ou en vermeil. La crosse est quelquefois figurée en sculpture dans les monuments du moyen âge.

CROSSETTE, s. f., all. *Verkröpfung*, angl. *Ancone* (*Crosette*), ital. *Risalto*. Crochets pratiqués dans les claveaux d'une platebande ou d'un arc ; on les nomme aussi *Oreillons*. C'est encore le petit retour en dehors d'un chambranle de porte ou de fenêtre dans l'architecture classique.

CROUPE, s. f., all. *Seitendachfläche eines Walmdachs, Zeltdachs*, angl. *Hip or hipped roof*, ital. *Colmo*. Extrémité en pente d'un comble formant égout, composée de deux arêtiers tendant à un poinçon. La *demi-croupe* en est une moitié et ressemble à un appentis.

CRYPTE, s. f., all. *Unterirdische Gruft in einer Kirche*, angl. *Crypt*, ital. *Volta sotterranea*. Chapelle voûtée et souterraine, située ordinairement en dessous du chœur d'une église. Les cryptes sont petites ou grandes, avec une seule voûte et sans supports, ou avec plusieurs voûtes avec piliers ou colonnes. Il y a de belles cryptes dans les églises de S.-Miniato près Florence, de Sainte-Trinité de Caen, de Saint-Denis près de Paris, dans les cathédrales de Chartres, de Bourges, de Cantorbury, etc. La construction des cryptes cesse à partir du XIII° siècle, sans qu'on en sache le motif.

CUBE, s. m., all. *Cubus* (*Würfel*), angl. *Cube*, ital. *Cubo*. Corps solide ayant hauteur, largeur et épaisseur égales, formé de six faces carrées d'égale dimension.

CUBIQUE, adj., all. *Cubisch* (*Würfelicht*), angl. *Cubic* (*Cubical*), ital. *Cubico*. En forme de cube. Il y a des chapiteaux des IX° et X° siècles qui ont la forme d'un cube, le plus souvent arrondi sur les angles inférieurs, au moyen desquels ils se raccordent avec le fût cylindrique de la colonne.

CUISINE, s. f., all. *Küche*, angl. *Kitchen*, ital. *Cucina*. Pièce dépendante d'un appartement, où sont les fourneaux, les fours, etc., destinés à préparer les aliments.

CUISSE DE TRIGLYPHE, s. f., all. *Steg oder Schenkel der Triglyphen*, angl. *Narrow flat space between the channels or flutes of the Triglyphes*. Côte entre deux canaux de triglyphes.

CUL DE FOUR, s. m., all. *Muschelgewölbe, Kessel-oder Kuppelgewölbe* (*Concha*), angl. *Oven-Shaped vault*. Voûte formée d'un quart de sphère; elle couvre dans les anciennes églises romanes l'abside ou partie orientale du chœur, et fut imitée des anciennes basiliques romaines où cette voûte était fréquemment employée. Vers le milieu du XII° siècle, les voûtes absidales furent construites d'après un autre système, celui des voûtes polygonales ou à plusieurs pans à nervures saillantes. Le cul de four est une demi-coupole.

—— EN PENDENTIF. Voûte sphérique rachetée par quatre fourches ou pendentifs.

CUL DE LAMPE, s. m., all. *Herabhängender Zierath an Decken oder Gewölben* (*Tragstein*), angl. *Bracket, Pendant*, ital. *Fiore* (*Mensola*). Ornement de forme et de grandeur diverses, saillant du nu du mur et destiné à supporter quelque chose. Les culs de lampe, peu employés avant le XIII° siècle, sont ordinairement formés d'une touffe de feuillage; d'autres représentent une tête humaine ou des animaux fantastiques. A l'extérieur ils supportaient des niches ou des statues. A l'intérieur des colonnettes ou la retombée ou naissance de nervures de voûtes. On a confondu les culs de lampe avec les pendentifs.

—— PAR ENCORBELLEMENT. Saillie composée de moulures pratiquée sur un mur, un rempart où l'on place une tourelle.

CULÉE, s. f., all. *Widerlage*, angl. *Butment*, ital. *Cosce d'un ponte*. Massif qui arc-boute la première et dernière arche d'un pont; pilier qui reçoit les retombées d'un arc-boutant. On la nomme aussi *butée*.

CUIIÈRE, s. f., all. *Ausgehöhlter Stein welcher das Regenwasser aus der Dachrinne empfängt*, angl. *Gutter stone*, ital. *Gronda (Colatojo)*. Pierre recreusée, posée dessous un tuyau de descente, pour recevoir les eaux pluviales et autres et les conduire au ruisseau.

CULOT, s. m., all. *Art Verzierung, die einem Aste, Stängel, einer Düte, etc., ähnlich ist, und woraus Blätter emporsteigen*, angl. *Boss (Bracket)*, ital. *Bozza (Bosone)*. Petit ornement de sculpture qui sert à orner des frises et d'où part la tige d'un rinceau, ou d'où s'échappent des enroulements divers.

CURVILIGNE, adj., all. *Krummlinig*, angl. *Curvilineal*, ital. *Curvilineo*. Ligne ou face d'un corps qui décrit une courbe quelconque.

CURVITÉ, s. f., all. *Krümme*, angl. *Curvity (Curvature)*, ital. *Curvità, Curvatura*. Corps ou face qui décrit une courbure.

CUVE DE BAIN, s. f., all. *Bad Kufe*, angl. *Bathing vat*, ital. *Vagello da bagno*. Grand bassin dont on se servait dans l'antiquité pour tenir les eaux en réserve pour l'usage des thermes, principalement chez les Romains.

CUVETTE, s. f., all. *Trichter an der Dachröhre das Regenwasser in dieselbe zu leiten*, angl. *Cistern head*, ital. *Cuvetta*. Espèce d'entonnoir qui reçoit les eaux du toit pour les conduire dans les tuyaux de descente ; qui reçoit aussi les eaux des éviers et les verse dans le tuyau de descente.

CYLINDRE, s. m., all. *Cylinder (Walze)*, angl. *Cylinder*, ital. *Cilindro*. Corps solide d'apparence circulaire, allongé, compris entre deux cercles égaux placés dans le même plan ou parallèles, joints ensemble par des lignes droites.

—— OBLIQUE, all. *Schräge*, angl. *Oblique*, ital. *Obbliquo*. Celui qui est incliné.

CYMAISE, voyez CIMAISE.

CYZICÈNES, s. f. pl., Salles à manger chez les Grecs, placées le long des portiques qui regardaient le nord et donnant sur des jardins. Leurs portes étaient au milieu ; ces salles à manger devaient être assez longues et assez larges pour contenir deux tables et trois lits, mises en regard l'une de l'autre, avec l'espace exigé pour la commodité du service. Probablement originaires de la ville de Cyzique et de là leur nom. Les Romains les appelaient *cénacles*.

D

DAIS, s. m., all. *Himmel, Traghimmel, Thronhimmel, Altarhimmel,* angl. *Canopy,* ital. *Baldacchino.* Petit dôme de formes diverses plus ou moins grand, quelquefois en forme de couronne ou de tente, quelquefois carré ou rectangulaire, sert à couronner un autel, une chaire à prêcher, une niche pour abriter la statue qu'elle contient. Dans l'architecture ogivale le dais est aussi placé au-dessus des portes, des fenêtres, des tombeaux, etc. Au nombre des dais romans, nous citerons ceux au-dessus des figures au portail septentrional de la cathédrale de Chartres, de la fin du xiie siècle. Il y a des dais aux piliers de la nef de Saint-Ouen, de Rouen. Quant aux dais placés sur des tombeaux, un des plus riches est celui du tombeau de l'archevêque de Gray, dans la cathédrale d'York.

DALLE, s. f., all. *Steinplatte,* angl. *Stone or marble Slab,* ital. *Grondaje di pietra.* Pierre mince et dure de diverses dimensions et carrée, en usage pour paver les rez-de-chaussée, pour recouvrir des terrasses ou des maisons dans les pays chauds. Les dalles ont été employées à paver les églises, les réfectoires, les cloîtres, etc. Les dalles aux inscriptions qui recouvrent les sépulcres sont appelées *pierres tombales.*

—— A JOINTS RECOUVERTS. Celle où l'on pratique une feuillure avec moulure dessus, en façon d'ourlet de recouvrement.

DAMIER, s. m., all. *Dambrett,* angl. *Chess-board ornement,* ital. *Tavoliere.* Ornement de l'architecture romane formé de petits carrés alternativement en saillie et en creux. Surtout employé aux entablements.

DANSANTE (MARCHE), s. f., all. *Wendelstufe,* angl. *Winder.* Celle qui est moins large auprès du limon que du côté du mur.

Toutes les marches d'un escalier en spirale ou en limaçon sont dites dansantes.

DÉ, s. m., all. *Würfel*, ang. *Die*, ital. *Dado*. Corps nu et carré de pierre, de bois, de fer, de plâtre, de maçonnerie, etc., qui sert dans la composition d'un piédestal, à supporter une colonne, un pilier, un poteau d'angar, etc.

DÉBITER, v. a., all. *Holz oder Steine verarbeiten, Zuschneiden, zuhauen*, angl. *Preparing materials for their use, as stone and wood*, ital. *Asciare, tagliare, segare, preparar il legname da mettersi in opera*. Scier de la pierre, du marbre ou toute autre matière dure, ou refendre ou scier des bois quelconques pour être ensuite façonnés.

DÉCAMÈTRE, s. m., all. *Französisches Längenmas, welches 10 mètres ausmacht*, angl. *French measure equal to 10 mètres or 32,808 foot english*, ital. *Misura francese eguale a 10 metri*. Mesure de 10 mètres.

DÉCASTYLE, s. m., all. *Decastylos (zehnsäulig)*, angl. *Decastyle*, ital. *Decastilo*. Terme employé par Vitruve pour indiquer un édifice ayant dix colonnes de front sur sa principale façade. Il ne reste aucun édifice antique de ce genre.

DÉCHARGE, s f., all. *Gemauerter Bogen über dem Ausschnitt einer Thür oder eines Fensters, Strebe oder Stützband*, angl. *Discharge*, ital. *Sostegno, trave, arco di sostegno*. Arc jeté sur une baie de porte ou de fenêtre, sur une voûte, etc., sur des ouvertures quelconques pour empêcher que la charge ne les rompe ou les écrase. Pièce de bois posée obliquement dans un assemblage de charpente, d'un pan de bois ou d'une cloison.

DÉCHAUSSÉ, ad., all. *Ein am Fundamente schadhaftes Gebäude*, angl. *Decay of the foundation of a building*, ital. *Scalzatura*. Se dit des fondations d'un bâtiment ou d'une pile de pont qui tombe en vétusté.

DÉCHET, s. m., all. *Abfall*, angl. *Loss*, ital. *Calo*. Perte que subissent les matériaux lors de leur mise en œuvre ; la pierre de taille, le moellon, le bois de charpente et la menuiserie éprouvent du déchet. Le plus ou le moins de déchet dépend de la science de l'appareilleur, du charpentier et du menuisier.

DÉCIMÈTRE, s. m., dixième partie du mètre.

DÉCINTRER, v. a., all. *Das Bogengerüste wieder abnehmen*, angl. *To take of the centres of an arch, of a vault after it is built.*

ital. *Torre via le centime d'una volta ovvero d'un arco.* Démolir et enlever les cintres qui ont servi à la construction d'un arc ou d'une voûte, ou d'un banquetage de plate-bande.

DÉCISTÈRE, s. m., Dixième partie du stère ou mètre cube.

DÉCORATEUR, s. m., all. *Verzierer, Bühnenmahler*, angl. *Decorator*, ital. *Decoratore.* Artiste qui a de grandes connaissances en architecture et en peinture de tous genres pour faire des choix convenables, en peinture, en sculpture, en perspective et optique pour donner aux ouvrages qu'il compose des proportions harmoniques suivant les différents degrés d'éloignement qui conviennent, tant pour les décorations intérieures qu'extérieures d'un bâtiment, que pour les décorations d'arcs de triomphe, de colonnes, d'obélisques, de mausolées, catafalques pour les pompes funèbres et enfin les décorations des théâtres. Quand au talent de l'architecte, un artiste joint celui de décorateur, alors il déploie son génie en créant des palais et des temples magnifiques, des lieux pleins de pompe, de richesses, d'ornements originaux et du meilleur goût; il place avec art les ombres et les lumières, pour que le coloris des illuminations pittoresques, n'acquière que plus de vigueur dans les transparents de colonnes et de leurs accessoires, figures et autres détails de circonstance pour les fêtes publiques.

DÉCORATION, s. f., all. *Verzierung*, angl. *Decoration*, ital. *Decorazione.* On entend par ce mot en général, l'embellissement d'un objet quelconque, grand ou petit, au moyen d'un assemblage ou d'une série de détails, soit architectoniques, soit pris dans la nature, comme plantes et animaux; ornements unis (en peinture) ou saillants (en sculpture) mis en usage par des règles données par le goût et le sentiment du beau, servant à enrichir l'extérieur ou l'intérieur d'un monument ou d'une habitation particulière.

—— D'ÉGLISE. Se dit des objets mobiles contenus dans un édifice du culte, tels que tableaux, autels, retables, tabernacles, étoffes, candelabres, vases, etc., adaptés avec un art accompli tel, que l'architecture ne perd en aucune façon ses véritables dimensions.

—— DE THÉÂTRE. Celle qui représente, des scènes en perspective, des vues de palais, de maisons, de places publiques, de vues, de jardins, de bosquets et de forêts.

DÉDALE, s. m., all. *Labyrinth*, angl. *Labyrinth*, ital. *Laberinto*. Monument traditionnel mais imaginaire des anciens et réputé avoir été construit par un ancien architecte grec nommé Dédale. On se figurait ce monument ayant de très-grandes dimensions, dont l'intérieur était percé de passages et de corridors obscurs et inextricables, où une fois entré, il était difficile d'en sortir. Mais on s'aperçoit que c'est le grand monument égyptien élevé par Aménemhé III, vers 3200 avant l'ère vulgaire, auprès du lac Mœris, et destiné à recevoir les grandes assemblées nationales de l'Égypte, qui a donné lieu à la tradition du Dédale. Ce monument était effectivement d'une très-grande étendue et composé d'une immense série de galeries et de corridors souterrains aussi bien qu'au rez-de-chaussée. *Voyez le mot* LABYRINTHE.

DÉGAGEMENT, s. m., all. *Nebenausgang eines Zimmers*, angl. *Passage*, ital. *Passaggio*. Escalier, passage ou pièce dans un appartement destiné à servir de communication privée.

DÉGAUCHIR, v. a., all. *Holz, Steine oder Metall zurichten*, angl. *To plane (to polisch)*, ital. *Addirizzare*. Dresser en tous sens une pierre ou une pièce de bois, soit de charpente, soit de menuiserie. Se dit aussi du raccordement d'un talus avec une pente de terrain.

DÉGRADATION, s. f., all. *Beschädigung (Verfall)*, angl. *Degradation (Ruin)*, ital. *Guasto*. Dégat fait par le temps, l'intempérie des saisons ou par la main de l'homme à un monument ou à une maison ou autres lieux. Se dit aussi de l'affaiblissement de la lumière et des couleurs dans un dessin.

DÉGRADÉ, ÉE, adj. all. *Beschädigt*, angl. *Degraded*, ital. *Ruinato*. Se dit des parties d'un bâtiment qui sont en mauvais état.

DEGRÉ, s. m., all. *Grad*, angl. *Degree*, ital. *Grado*. La trois cent soixantième partie de la circonférence d'un cercle; on divise le degré en 60 minutes, et la minute en 60 secondes. C'est au moyen du degré qu'on mesure l'apparence des angles. Se dit aussi d'une marche d'escalier.

DÉGROSSIR, v. a., all. *Aus dem gröbsten arbeiten (zuhauen)*, angl. *To chip*, ital. *Sgrossare*. Enlever le plus gros d'un bloc de pierre ou de marbre, pour lui donner les dimensions voulues. Se dit également des pièces de bois.

DÉJETER, v. a., all. *Krümmen (sich werfen)*, angl. *To warp* (*to contract*), ital. *Incurvare.* Se dit des bois verts mis en œuvre dans un assemblage qui, en séchant, se retirent et se déjoignent; ce qui fait que les panneaux sortent de leurs enrainures.

DÉJOINDRE, v. a., all. *Trennen (reiszen, brechen)*, angl. *Disjoin (loosen)*, ital. *Disgiugnere, distaccarsi.* Séparer des objets qui étaient assemblés.

DÉLARDEMENT, s. m., all. *Das abstoszen einer scharfen Kante besonders an den untern Stufen einer Treppe*, angl. *The chamfering of the under part of steps*, ital. *Scantonamento.* Amaigrissement du dessous d'une marche d'escalier.

DÉLARDER, v. a., all. *Eine Kante abstoszen (abrunden)*, angl. *To chamfer*, ital. *Scantonato.* Abattre les angles d'une pierre ou d'une pièce de bois en chanfrein. Se dit aussi d'un limon ou d'une marche d'escalier échanfreinés, suivant la ligne de rampe.

DÉLIAISON, s. f., all *Schlechte Setzung der Steine im Bau*, angl. *Stones or bricks badly laid*, ital. *Distacco.* Pierres qui ne se recouvrent pas suffisamment pour former une liaison solide.

DÉLIT, s. m., all. *Die senkrechte Stellung eines Steines die in der Grube wagerecht war*, angl. *The laying of stones out of their natural bed.* Se dit des pierres dont les joints des bancs de carrières sont placés d'aplomb dans une construction, par conséquent contraires à leurs lits naturels.

DÉLITER UNE PIERRE, v. a., all. *Einen Stein spalten*, angl. *To cleave or split a stone*, ital. *Spezzare una pietra.* C'est la refendre.

DÉMAIGRIR, v. a., all. *Einen Stein, ein Zimmerstück nach der Schnur abhauen und zurichten*, angl. *To diminish the size of a stone or of a piece of timber*, ital. *Smagrire, sminuire, piallare.* Couper le joint d'une pierre, trop fort pour être posé, ou couper une pièce de bois en angle aigu. On dit aussi *amaigrir.*

DEMEURE, s. f., all. *Wohnung, Wohnort*, angl. *Dwelling (abode)*, ital. *Abitazione (stanza).* Maison, habitation, domicile, etc.

DEMI-BOSSE, s. f., all. *Halb-erhaben*, angl. *Half-relievo*, ital. *Mezzo-rilievo.* Sculpture en bas-relief, qui a les parties saillantes de moitié de nature.

DEMI-CERCLE, s. m., all. *Halber Kreis*, angl. *Semicircle,* ital. *Mezzo cerchio.* Moitié de la circonférence d'un cercle ayant le diamètre pour base qui, divisé en 180 degrés, sert à prendre les ouvertures d'angles et à les rapporter.

DEMI-LUNE, s. f., all. *Theil eines Gebäudes welches von der einen Seite in einem hohlen Kreisbogen gebaut ist um mehr Plaz zu gewinnen,* angl. *Semi circular part of a building,* ital. *Mezza luna.* Façade circulaire d'un bâtiment. Se dit aussi de l'entrée d'une avenue de château, de palais, plantée d'arbres, ou close d'un portail de forme semi-circulaire.

DEMI-MÉTOPE, s. f., all. *Halbe Metope,* angl. *Space less than a metope,* ital. *Mezza metopa.* Espace moindre que la métope, à l'encoignure de la frise dorique.

DÉMOLIR, v. a., all. *Abreissen (niederbrechen, abtragen, einreissen),* angl. *To demolisch (to pull down),* ital. *Demolire.* Abattre un bâtiment ou d'autres constructions qui menacent ruine ou que l'on veut changer de place; en conserver les matériaux pour les réemployer au besoin.

DÉMOLITION, s. f., all. *Abbrechung (Schleifung), Materialien von einem abgebrochenen Gebäude,* angl. *Demolition,* ital. *Demolizione (rottami di pietra etc).* Pierres de taille, moellons, bois, plâtras et autres matériaux provenant d'un bâtiment démoli.

DENT-DE-SCIE, s. f., all. *Sägezahn-Ornament,* angl. *Indented ornement.* Ornement de l'architecture romane qui imite effectivement les dents d'une scie. Moins fréquent au XIIIe siècle. Les dents de scie sont appelées *dents de loup* par quelques antiquaires.

DENTELURES, s. f. pl. Mot impropre et vague, employé dans des descriptions archéologiques : il ne faut pas s'en servir.

DENTICULE, s. m., all. *Kälberzahn (Zahn, Zapfen),* angl. *Dentels (Dentils),* ital. *Dentello.* Ornement qui ressemble à une dent; les denticules sont rectangulaires et oblongs en hauteur, ressemblant à des gouttes. Ils sont placés au-dessus de la frise de l'ordre ionique, quelquefois aussi au-dessus de celle de l'ordre corinthien. Le denticule a pour hauteur deux fois sa largeur. Les romains seuls ont placé des denticules seulement sous les consoles. Le denticule, imité de l'antique, est passé dans l'architecture romane ; il est quelquefois employé sur plusieurs rangs, et alors ils sont placés en échiquier et ne diffèrent du dernier que par leur plus grande saillie.

DÉPARTEMENT, s. m., all. *Abtheilung (Fach)*, angl. *Department*, ital. *Dipartimento*. Dans une grande maison, on donne ce nom aux sections de la bouche, des logements de domestiques, des écuries, des remises. etc.

DÉPENSE, s. f., all. *Speisekammer*, angl. *Larder*, ital. *Dispensa*. Pièce contiguë à une cuisine, où l'on entrepose les provisions de bouche, où l'on apprête les viandes, etc.

DÉSAFLEURER, v. a., all. *Zweien neben einanderstehenden Sachen eine ungleiche Höhe oder Dicke geben*, angl. *To be uneven*, ital. *Non cordeggiare*. Donner à deux corps, l'un près de l'autre, une saillie ou une hauteur différentes.

DESCENTE, s. f., all. *Schräges Gewölbe über einer Treppe*, angl. *Descent*, ital. *Discesa*. Se dit de la rampe de l'escalier ou de la voûte qui la recouvre.

—— BIAISE. Celle dont les pieds droits ne sont pas d'équerre au mur de face.

DESSIN, s. m., all. *Zeichnung*, angl. *Drawing*, ital. *Disegno*. Représentation géométrique ou perspective sur le papier de la construction projetée. Dans le dessin sont compris les plans, coupes et élévations du projet; les détails mêmes peuvent en faire partie.

—— ARRÊTÉ. Celui dont les mesures cotées est accepté, approuvé et signé par les parties, et qui sert de base pour la conclusion d'un marché.

—— AU TRAIT. Celui qui est simplement tracé et accusé au crayon ou à l'encre par des lignes, sans ombres ni surcharge. C'est aussi celui qu'on donne au maître-ouvrier pour l'exécution des travaux. Son échelle est toujours une partie proportionnelle de la mesure en usage, du mètre par exemple, en France. Ainsi on peut prendre pour représenter un mètre, dans le dessin, soit un centimètre, 12, 15, 18 millimètres deux centimètres, etc., etc., où plus ou moins, car l'échelle d'un dessin d'architecture est arbitraire.

—— LAVÉ. Celui qui est d'abord passé au trait, ensuite ombré, selon les règles du tracé des ombres, et colorié enfin en observant l'indication au naturel de tous les détails.

DESSINS COURANTS, s. m. pl. Terme générique pour tous les ornements qui dans une étendue donnée, se répètent autant qu'on veut. Tels sont les méandres, les festons, les guilloches, les postes, les enroulements, les dents de scie, les bâtons rompus, les chevrons ou zigzags, etc. Les dessins courants ont été employés dans l'architecture antique et dans celle du moyen âge jusqu'à la fin du XIIe siècle. Ils recommencent au XVIe, pendant la Renaissance.

DESSINATEUR, s. m., all. *Zeichner*, angl. *Designer (Modeller)*, ital., *Disegnatore, Delineatore*. Artiste qui, sous la direction de l'architecte fait les dessins d'édifices ou de maisons, d'après des mesures et des proportions données, convenues ou prises.

DESSUS DE PORTE, s. m., all. *Feld über einer Thür*, angl. *Field above a door*, ital.. *Tavola sopra un uscio*. Table ou panneau destiné à recevoir un bas-relief ou une inscription ou autres ornements, placé au dessus d'une porte.

DÉTAIL, s. m., all., *Umständliche Aufzählung der Werke mit Preisen eines zu aufführenden Gebäudes*, angl. *Specification or description of the work to be performed in the execution of a building*, ital. *Specificazione*. Mémoire exact et développé de la quantité des ouvrages, de leur prix et du montant de la dépense d'un édifice, d'un bâtiment ou maison quelconques, calculé d'après des bases et des données certaines. — Se dit aussi des parties cotées d'un dessin, étudiées sur une plus grande échelle ou proportion que le dessin d'ensemble.

DÉTREMPE, s. f., all. *Malerei mit Wasserfarben (Leim-oder Kalkfarben)*, angl. *Distemper*, ital. *Tempera*. Peinture de toutes couleurs employée avec de l'eau, de la gomme ou de la colle. On s'en sert principalement pour la décoration de grandes salles de monuments publics; pour les décorations des salles de spectacle et de leurs décors scéniques. Exposée au grand jour ou à la grande lumière, ses teintes et son velouté sont éclatants et vifs; leur effet est merveilleux. Ce genre de peinture dure fort longtemps et ne s'altère point, tant que le fond subsiste.

DÉTREMPER DE LA CHAUX, v. a., all. *Kalk löschen*, angl. *To slack lime*, ital. *Stemperare calce*. En mettre dans un réservoir ou un vase, la delayer avec de l'eau et la couler ensuite dans un bassin, pour s'en servir au besoin.

DEVANTURE s. f., all. *Vordertheil irgend eines Gegenstandes (eines Sitzes, etc.)*, angl. *Fore-work*, ital. *il dinanzi d'una Man-*

giatoja od attro.,) Se dit du devant de la face apparente ou de la bordure d'un siége d'aisance, d'une crèche ou mangeoire, faits de pierre, de bois ou de plâtre. — Se dit aussi de la garniture que l'on fait autour des tuyaux de cheminées ou le long des murs de pignon sur un couvert et qui est fait de mortier ou de plâtre.

DÉVELOPPER ou FAIRE LE DÉVELOPPEMENT, v. a., all. *Vollständige Darstellung durch Linien, von allen Theilen der Zusammenfügung eines Zimmerwerkes,* angl. *to represent by means of lines any piece of timber as it is to be employed.* C'est représenter au moyen de lignes, les faces, les profils, et toutes les parties d'une pièce ou d'un assemblage de charpente, soit sur du papier, un mur ou un plancher, en faisant usage de la méthode adoptée pour tracer des épures.

—— DÉVELOPPEMENT DE DESSIN, all., *Risse so zur vollständigen Darstellung eines Gebäudes erforderlich sind,* ital. *Presentare gli spaccati d'un edifizio.* Figurer toutes les faces et profils qui doivent composer l'ensemble d'un bâtiment.

DEVERS, s. m., all. *Schiefgestellter Holzpfosten in einer hölzernen Bleich oder Riegelwand,* angl. *oblique post in a trussed partition.* Poteau de bois posé obliquement dans un pan de bois, ou un parement d'un corps quelconque qui ne se dégauchit pas.

DÉVIER, v. a., all. *Von der senkrechten Linie abweichen,* angl. *To mislead,* ital. *Deviare.* Jeter à droite ou à gauche des tuyaux quelconques ; leur faire quitter la ligne indiquée et tracée ; ne pas les monter d'aplomb.

DEVIS, s. m., all. *Bauanschlag,* angl. *Estimate of the expenses of a building,* ital. *Lista esatta delle cose da eseguirsi.* Description et estimation d'un ouvrage d'après les plans cotés et arrêtés, où l'on désigne les quantités et qualités des matériaux, la manière de les employer et leur valeur. Le devis est considéré comme un mémoire descriptif ou analyse développée d'un détail estimatif.

DEVISE, s. f., all. *Sinnbild (Wappenspruch),* angl. *Device (Motto),* ital. *Motto (impresa).* Représentation symbolique, inscription, sentence, mot ou locution favorite, représentés en caractères et quelques fois enrichis d'ornements sculptés ou peints, adaptés aux monuments publics. On voit à la maison de Jacques Cœur à Bourges, la devise de ce célèbre banquier :

Availlant (ici il y a deux cœurs sculptés), *rien impossible*. En France, les devises commencent au xv° siècle et sont continuées jusqu'au milieu du xvii°.

DEVOYER, v. a., all. *Nicht gerade aufführen*, angl. *To lead astray*, ital. *Traviare, Sviare*. Monter obliquement contre un mur des tuyaux de cheminée les uns à côté des autres. — Se dit aussi de la direction oblique des tuyaux de descente d'un évier ou d'une chaussée d'aisance.

DIACONICON, DIACONIQUE, s. f. Petites salles placées à droite et à gauche de la tribune des basiliques chrétiennes primitives : celle de gauche était nommée *diaconicon minus*, elle n'était qu'une dépendance intérieure de la grande sacristie, appelée *diaconicon majus*.

DIAGONALE s. f., all. *Diagonallinie*, angl. *Diagonal*, ital. *Diagonale*. Ligne droite tirée à travers une figure plane ou un corps solide et joignant deux angles opposés. On ne dit pas pour les figures à lignes courbes, diagonale : on se sert du terme *diamètre* pour le cercle, la sphère, etc. Un rectangle ou un carré sont divisés en deux parties égales par leur diagonale : cette diagonale devient alors l'hypothénuse des deux triangles rectangles, formés par la diagonale et le carré de cette hypothénuse est égal aux deux carrés élevés sur les deux autres côtés du triangle.

DIAMANT, POINTES de, s. f. pl., all. *Nagelkopf*, angl. *Nailhead*. Ornement de l'architecture romane, il est carré de contour et son relief est formé de quatre triangles composant une pyramide très-peu élevée. Ressemble beaucoup aux têtes de clous.

DIAMÈTRE s. m., all. *Durchmesser*, angl. *Diameter*, ital. *Diametro*. Ligne droite passant au centre d'une figure de géométrie, telle qu'un cercle, une ellipse ou hyperbole, une sphère. La moitié du diamètre d'un cercle ou d'une sphère est nommée *rayon*. En architecture, le *diamètre de colonne*, signifie le diamètre pris au pied du fût d'une colonne : ce diamètre, divisé en deux parties égales, compte pour deux modules et sert à déterminer, un peu arbitrairement à la vérité, les proportions générales d'un ordre.

—— DE DIMINUTION. Celui le plus près du chapiteau.

DIASTYLE s. m. Mot grec qui signifie appuyer et que Vitruve a appliqué au temple dont les colonnes ont un entre-colonnement de trois fois le diamètre d'une colonne : telle est l'ordonnance du temple d'Apollon et de Diane. Mais il ne dit pas de quel endroit. L'inconvénient de cette disposition, ajoute-t-il est que les architraves peuvent se rompre à cause de la grandeur des intervalles.

DIAZOMATA, s. m. pl. Les paliers des escaliers dans les théâtres grecs et romains.

DIGLYPHE, s. m., all. *Zweischlitze*, angl. *Diglyphs*, ital. *Diglifo o peduccio, a doppio intaglio*. Triglyphe imparfait, inventé par Vignole : les deux canaux d'angle y sont supprimés.

DIMENSION, s. f., all. *Ausdehnung, Ausmessung*, angl. *Dimension*, ital. *Dimensione, misura*. Mesure de longueur, largeur, épaisseur ou profondeur d'un corps ou d'un bâtiment quelconques.

DIMINUTION, s. f., all. *Verjüngung der Säulenschäfte*, angl. *Diminution of the column shafts*, ital. *Diminuzione*. Se dit du rétrécissement d'une colonne depuis le tiers de la hauteur du fût jusqu'au chapiteau.

DIPTÈRE, s. m. Expression employée par Vitruve pour désigner un temple ayant huit colonnes de front, tant à la partie antérieure qu'à la partie postérieure et entouré d'une double rangée de colonnes. A l'appui de sa définition, il cite comme exemples, les temples de Quirinus, d'ordre dorique, et celui de Diane à Éphèse, d'ordre ionique. Le temple d'Apollon Didyméen à Milet en Asie Mineure, rebâti après l'incendie de la soixante-onzième olympiade (de 496 à 493 avant l'ère vulgaire) était diptère, d'ordre ionique, mais ayant dix colonnes sur ses deux faces principales à fronton.

DISCOIDE, adj., all. *Scheibenartig*, angl. *Pellet ornament*, ital., *Discoide*. Ornement de l'architecture romane en forme de cercle ou disque, uni ou enrichi de moulures circulaires et de feuillages.

DISPOSITION, s. f., all. *Anordnung*, angl. *Disposition*, ital. *Disposizione*. Arrangement des parties d'un édifice, plans, coupes et élévations mises en harmonie et avec convenance en rapport avec l'ensemble général. La bonne disposition est une des parties les plus essentielles de l'architecture.

DISTRIBUTION, s. f., all. *Eintheilung*, angl. *Distribution*, ital. *Distribuzione*. Divisions intérieures d'un bâtiment quelconque, telles que situation des pièces ou salles, corridors, dégagements, escaliers, etc. La distribution dépend de la destination du monument ou de la commodité et des besoins du propriétaire, si c'est une maison d'habitation. Le talent pratique de l'architecte se manifeste surtout dans les bonnes distributions.

DITRIGLYPHE, s. m., ital., *Ditriglifo*. Disposition architectonique enseignée par Vitruve, qui consiste à placer (contrairement à tous les exemples existants) deux triglyphes dans l'espace d'un entre-colonnement d'ordre dorique.

DOME, s. m., all. *Helmdach, Kuppel,* angl. *Dome, Cupola,* ital., *Cupola, Duomo*. Comble de figure sphérique ou conique curviligne, polygonale, qui sert à couvrir des espaces circulaires, tels que manéges, églises, salles de fêtes et d'assemblées, etc. Les dômes les plus connus sont ceux du Panthéon et de Saint-Pierre à Rome, de Sainte-Sophie à Constantinople, de Saint-Paul à Londres, de Sainte-Geneviève et des Invalides à Paris, de Sainte-Marie des Fleurs à Florence, etc.

—— CIRCULAIRE. Celui dont le plan est formé par un cercle.

—— A PANS ou POLYGONAL. Celui dont le plan est formé d'un polygone ou de plusieurs faces. Il y en a de six, huit, dix et douze faces.

—— SURBAISSÉ, Celui qui a moins de hauteur que la moitié de son diamètre.

—— SURMONTÉ ou SURHAUSSÉ. Celui dont la hauteur dépasse la moitié de son diamètre. Dans l'architecture romane des XI et XIIe siècles il y a des dômes polygonaux convexes construits en pierre ; mais ils ne sont pas d'une forme agréable. Ce mot est dérivé de l'italien *duomo*, une cathédrale ; l'usage d'élever sur l'intersection de ces monuments des coupoles ou dômes, a tellement prévalu que le nom de cette portion seule du monument a été reporté de l'église à cette espèce de couverture en France, en Allemagne et en Angleterre.

DONJON, s. m., all. *Schlossthurm, Festungsthurm,* angl. *Donjon (Dungeon, principal tower or keep of a Castle),* ital. *Torrione*. Tour fortifiée, isolée et principale d'un château fort du moyen âge, ordinairement située au centre des autres constructions. Un simple donjon, presque toujours placé sur une éminence, entouré d'un premier fossé puis d'un rempart soit en terre soit en pierre, formait la forteresse féodale antérieur au xiie siècle. Le donjon avait des murailles très-épaisses, plusieurs étages voûtés, de très-petites ouvertures et un seul pont levis. Au xiiie siècle le château féodal s'agrandit, autour du donjon traditionnel s'élevèrent des corps de bâtiment plus nombreux et plus considérables. Le château de Coucy dans le département de l'Aisne et le château de Vincennes ont de beaux exemples de donjons. Il y a encore des donjons à Gisors, à Falaise, à Loches. En Angleterre on cite les donjons de la Tour de Londres, ceux de Rochester, Guilford, Conisborough et Norwich. On nomme aussi donjon, un petit pavillon en charpente, élevé sur le comble d'une maison, pour y respirer le bon air et y jouir de quelques points de vue.

DORIQUE, s. m. et adj., all. *Dorisch*, angl. *Doric*, ital. *Dorico*. Un des deux plus anciens ordres grecs, le plus simple et le plus sévère. Originaire de l'Égypte, sans qu'on puisse en tracer jusqu'à présent l'itinéraire des bords du Nil en Grèce, on en retrouve les types sur les rives de ce fleuve, à Béni-Hassan, à Météharra, à Kalabsché, à Amada, dans des monuments de la dix-huitième dynastie, du xviie siècle avant l'ère vulgaire et même plus anciens encore. Tandis que l'ordre ionique est plus décidément assyrien, le dorique a puisé son inspiration dans les détails des édifices que nous venons de nommer. Là on retrouve les cannelures aux colonnes, les filets, l'échine et le tailloir aux chapiteaux, les triglyphes et les métopes dans la frise. Mais nous répétons ici ce que nous avons souvent déjà dit des Grecs, leur esprit d'invention, leur sentiment du beau, les portèrent à métamorphoser d'une manière si originale et si parfaite les emprunts qu'ils avaient faits à l'étranger, que ces emprunts, ainsi développés, équivalent à une création primitive. L'ordre dorique n'a pas été conçu par les Doriens comme on pourrait le croire ; ce peuple n'inventa rien. Introduit en Grèce simultanément avec le culte de l'Apollon Delphien, le dorique resta longtemps le style hiératique des Grecs et il se répandit dans les provinces soumises par les Doriens qui envahirent la Grèce 1104 ans avant l'ère vulgaire, quatre-vingt ans après la prise de Troie. La représentation la plus ancienne que nous ayons de l'ordre dorique le plus primitif, est la peinture d'un vase grec exécuté par le potier Ergotimos, contemporain de Tarquin l'ancien, et peint par Klitias, vase découvert en 1845 à Chiusi, l'ancien Clusium en

Étrurie. Par cette peinture nous apprenons que les plus anciennes colonnes doriques avaient, comme les colonnes égyptiennes, une base ou sorte de plinthe unie peu élevée ; que l'échine était plus haute que dans la suite et qu'en dessous il avait une sorte de concavité : que les triglyphes existaient déjà mais sans leurs canaux qu'on peignait sans doute et qu'enfin la frise était formée de cette grande gorge ornée de feuilles et qui couronne les temples et les palais égyptiens.

Quelques positives et pour ainsi dire absolues que paraissent les règles données sur les proportions du dorique par Vitruve, elles ne sont cependant rien moins que telles et il n'y a pas un monument grec auquel elles pourraient s'adapter. Il dit que la colonne dorique n'eut dans le principe que six diamètres de hauteur : dans la peinture du vase d'Égotimos, elle en a sept et demi : dans les restes d'un temple à Corinthe, consacré à Athéné Chalinitis, la hauteur des colonnes est moins de quatre diamètres ; ce monument est du commencement du ve siècle avant l'ère vulgaire. Au Parthénon les colonnes ont pour hauteur cinq diamètres cinq neuvièmes. Plus tard, dit encore Vitruve on donna à la colonne dorique sept de ses diamètres : cette assertion est aussi arbitraire que la précédente.

DORMANT, s. m., all. *Dünner Balken, welcher in hohen Thorwegen von einem Kampfer bis zum andern reicht, das Thor seiner Höhe nach in zwei ungleiche Hälften theilt und einem über dem Thor befindlichen Fenster oder Gitter zum Fusspunkte dient,* angl. *Dormant-Tree, sleeper or joist,* ital. *Telaio maestro.* Traverse placée horizontalement à une baie de porte ou de fenêtre, qui sert de battant aux vantaux ou aux fenêtres. Quand il est composé d'assemblage, on le nomme *tympan.*

—— DE FER. Enroulements et autres ornements adaptés dans un châssis, pour servir d'imposte au-dessus d'une porte.

DORTOIR, s. m., all. *Schlafsaal*, angl. *Dormitory*, ital. *Dormitorio.* Grande salle dans les colléges, les séminaires, les couvents, où l'on place un nombre indéterminé de lits. Ce terme ainsi que celui de dormitoire était appliqué dans les couvents au moyen âge à la salle où les moines dormaient en commun.

DOS D'ANE, s. m., all. *Eselsrücken*, angl. *An obtuse ridge, formed at the apex of two inclined planes (literally, like an ass's* *back*), ital. *Schiena di mulo.* Tout objet, corps, qui a deux pentes inclinées, comme un faux-comble. Le dos d'âne en architecture est un double talus. Les chaperons de murs, les tablettes d'appui sont le plus souvent formés en dos d'âne.

DOSSES, s. f. pl., all. *Bohlen oder Bretter, deren eine Seite convex ist, Schwarte,* angl. *Planks or slabs of timber for scaffolding.* ital. *Sfasciature, Scorze.* Planches premières levées sur une pièce de bois.

DOSSERET, s. m., all. *Pfeiler der einen geschleiften Schlot unterstützt,* angl. *Small jutting pilaster,* ital. *Battuta, Pilastrino.* Petit pilastre ou parpaing d'un mur qui fait un piedroit commun à une porte ou à une fenêtre.

—— OU DOSSIER DE CHEMINÉE. Petit exhaussement au-dessus d'un mur de pignon, pour retenir et consolider une souche de cheminée.

DOSSIER, s. m., all. *Rückseite, Rückwand,* angl. *Back of a seat,* ital. *Dossiere, spalliera.* Partie postérieure et élevée d'un siége, d'une stalle d'église, d'un trône, d'une chaire à prêcher, etc.

DOUANE, s. f., all. *Zollhaus, Zollamt,* angl. *Custom-House,* ital. *Dogana.* Bâtiment avec bureaux et dépendance extérieures disposés à servir d'entrepôt de marchandises qui paient un droit d'entrée. Ces bâtiments sont plus particulièrement situés aux frontières des États.

DOUBLEAU, s. m., all. *Gewölbbogen der in der Quere eines Gebäudes zwei Pfeiler mit einander verbindet,* angl. *Transverse Arch,* ital. *Arco doppio.* Arc plein cintre, à tiers point ou surbaissé qui joint un pilier à un autre.

DOUBLEAUX, s. m. pl., all. *Starke Querbalken, Brettklötzer,* angl. *Binding joists.* Fortes solives que l'on place dans les planchers, pour servir de supports aux chevêtres ou toute autre charge.

DOUCINE, s. f., all. *Rinnleiste (Karnies),* angl. *Cyma Recta,* ital. *Gola, onda.* Moulure grecque, concave par le haut et convexe par le bas, employée comme cimaise dans la composition d'une corniche délicate. Cette moulure se trace au moyen de deux centres avec la même ouverture de compas.

DOUILLE, s. f., all. *Innere oder hohle Fläche eines Steines oder Gewölbes,* angl. *Concave curvature of a voussoir or of a vault,* ital. *Spigolo, Frontale delle pietre d'una volta.* Partie courbe du dedans d'un voussoir ou d'une voûte, qu'on nomme aussi *intrados*.

DRESSER, v. a., all. *Aufrichten (Aufstellen)*, angl. *To set up (to rise)*, ital. *In alzare*. Elever à plomb une colonne, un obélisque, une statue ou autre corps.

—— D'ALIGNEMENT. Elever un mur d'aplomb et au cordeau.

—— DE NIVEAU. Aplanir ou égaliser un terrain.

—— EN CHARPENTERIE ET MENUISERIE. Equarrir les bois à la cognée, et les dresser à la varlope et au rabot.

—— UNE PIERRE. Rendre ses parements droits, dégauchis et parallèles.

DRESSOIR, s. m., all. *Anrichte (Anrichttisch)*, angl. *Dresser, Side Table*, ital. *Tavola*. Espèce de buffet orné ; armoire propre à entreposer les ustensiles d'une table. Au XVe siècle, on commença à orner avec recherche les dressoirs ; mais ceux de la Renaissance les surpassent en dimension et en richesse d'ornementation.

DROIT, AU, adv., all. *Gleichbedeutend von Höhe*, angl. *At the height of...* ital. *all' altezza...* Même signification qu'à la *hauteur de...*

DROITE (MARCHE), s. f., all. *Gleichbreite Stufe*, angl. *Step of equal breadth in its lenght*, ital. *Gradinata dritta*. Marche d'égale largeur dans toute sa longueur.

E

EAU, s. f., all. *Wasser*, angl. *Water*, ital. *Acqua*. Elément liquide et transparent dont on se sert pour apprêter les matériaux que l'on emploie pour les constructions, etc.

ÉBAUCHE, s. f., all. *Entwurf (aus dem groben gearbeitet, Vorarbeit)*, angl. *Nearly to a shape*, ital. *Abozzo*. Forme première que l'on donne à un bloc de pierre ou de marbre ; se dit des masses grossièrement taillées ou façonnées, pour figures, statues, bas-reliefs, ornements, etc.

ÉBOUSINER, v. a., all. *Von einen Steine das Schlechte weghauen*, angl. *To rough-hew*, ital. *Spogliare una pietra della parti tenere*. Enlever au marteau à pointes la mauvaise couche de pierre appelée *bousin*, qui sépare chaque banc.

ÉBRASER, v. a., all. *Die inwendige Oeffnung einer Thür oder eines Fensters erweitern*, angl. *To widen the inside aporture of a Door or Window*, ital. *Strombare*. Elargir intérieurement une baie de porte ou de fenêtre, depuis la battue jusqu'au retour de l'alignement intérieur , ce qui rend les angles obtus. On dit aussi *évaser*.

ÉBRASURE, s. f., all. *Die Erweiterung der inwendigen Oeffnung zu einer Thür oder zu einem Fenster*, angl. *Splay of the jambs or sides of the aparture of a Door or Window*, ital. *Strombatura*. L'élargissement donné à l'intérieur aux jambages de la baie d'une porte ou d'une fenêtre, pour faciliter l'introduction du jour dans une pièce et aussi pour mieux pouvoir développer les vantaux d'une porte et les fenêtres. On dit aussi *évasement, embrasure*.

ÉCAILLES , s. f. pl., all. *Schuppen (Schalen)*, angl. *Scales*, ital. *Scaglie*. Ornements qui imitent les écailles de poisson et qui décorent assez souvent les flèches des tours et tourelles romanes et aussi des fûts de colonnes.

ÉCHAFAUD, s. m., all. *Gerüst*, angl. *Scaffold*, ital. *Palco, Tavolato*. Plancher temporaire, établi avec des planches ou des madriers sur des échasses ou poteaux verticaux et traverses ou boulins, et qui sert aux ouvriers constructeurs pendant la construction d'un bâtiment.

—— VOLANT, all. *Fliegendes Gerüst*, angl. *Flying Scaffold*. Echafaud léger, soutenu par des cordes.

ÉCHAFAUDAGE, s. m., all. *Gerüst von zusammengefügten Hölzern*, angl. *Scaffold made of assembled pieces of timber*, ital. *Ponte*. Plancher temporaire plus solide que l'échafaud, formé de poteaux , reliés par des longuerines sur lesquelles portent les boulins ou solives destinés à recevoir le plancher. Toutes les pièces de bois de l'échafaudage, qu'on nomme aussi échafaudage d'assemblage, sont équarries. Ce sont ces échafaudages d'assemblages qu'on emploie ordinairement pour les monuments publics.

ÉCHAFAUDER , v. a., all. *Ein Gerüst aufrichten*, angl. *To construct a scaffold*, ital. *Fare ponti*. Faire un échafaud ou un échafaudage.

ÉCHAUGUETTE , s. f., all. *Wachthäuschen (kleiner Wachtthurm)*, angl. *Watch-Turret*, ital. *Vedetta, Veletta*. Petite tourelle en pierre, en forme de guérite, et le plus souvent bâtie en encorbellement sur de grosses tours ou des murs de fortification, destinée à abriter les sentinelles.

ÉCHANTILLON, s. m., all. *Heiszt das in jedem Lande hergebrachte und von der Polizei vorgeschriebene Maas der Backsteine, Ziegel, Bretter*, etc., angl. *Lawfull scantling of Materials*, ital. *Mostra.* Toutes pierres, briques, tuiles, ardoises, carreaux, tous bois, etc., qui ont les dimensions voulues et déterminées par des arrêtés administratifs. Ce terme est aussi employé comme le mot *d'appareil*, pour indiquer les dimensions des matériaux. On dit *de grand*, *de petit échantillon.*

ÉCHAPPÉE, s. f., all. *Raum unter einer Treppe hoch genug zum Durchgehen*, angl. *Headway*, ital. *Passaggio, Vano.* Hauteur convenable et suffisante pour passer facilement sous une rampe d'escalier.

ÉCHEA, s. Vases de bronze ou de terre en forme de cruche qu'on plaçait entre les siéges des théâtres de l'antiquité, dans des niches faites pour cet usage, afin de renforcer la voix des acteurs. Vitruve rapporte que Lucius Mummius enleva les vases de ce genre qui étaient au théâtre de Corinthe, pour les consacrer dans le temple de la Lune : ce qui veut sans doute dire que du produit de ces vases il fit bâtir un temple à la lune.

ÉCHELLE, s. f., all. *Verjüngter Maszstab*, angl. *Scale*, ital. *Scala.* Ligne divisée en plusieurs parties en rapport avec le mètre ou mesure légale d'un pays, et tracée sur un plan, une façade, une coupe ou des détails, afin de servir à déterminer leurs dimensions et proportions.

ÉCHELLE, s. f., all. *Leiter*, angl. *Ladder*, ital. *Scala.* Escalier formé de deux montants, dans lesquels sont fixées de petites traverses carrées ou cylindriques : sert aux ouvriers pendant la construction d'un bâtiment, quand l'escalier n'en est point encore posé.

ÉCHIFFRE, s. m., all. *Schräger Absatz einer Mauer, auf welchen man die Treppenstufen oder Treppenwangen legt*, angl. *Slope of the newel of a staircase*, ital. *Muro da Scala.* Mur rampant sur lequel les marches et la rampe d'un escalier portent.

—— DE BOIS. Assemblage triangulaire, composé d'un patin, de deux noyaux, d'un ou de plusieurs potelets, avec limon, appui et balustres.

ÉCHINE, s. f., all. *Wulst (Viertelstab)*, angl. *Echinus, Ovolo, quarter round*, ital. *Uovolo, Schiena*. Moulure en quart de rond, employée dans les entablements et dans les chapiteaux d'ordre dorique. On y peint et sculpte des oves, comme dans le chapiteau ionique.

ÉCHOEA. Voyez Echea.

ÉCHIQUIER. Ornement de l'architecture romane. Voyez Damier.

ÉCHOPPE, s. f., all. *Offener Schoppen zum Aufbewahren von Geräthe, Brennholz, Baumaterial*, etc., angl. *Stall*, ital. *Botteguccia, Ciappoletta*. Mauvais ou petit bâtiment peu élevé, désagréable à la vue, adossé contre un mur de bâtiment ou de clôture.

ÉCLUSE, s. f., all. *Schleuse*, angl. *Sluice*, ital. *Cateratta, Imposta*. Travaux en maçonnerie pour arrêter le cours des eaux d'un canal, d'une rivière, etc., les élever et n'en prendre que la quantité désirée, au moyen d'une vanne qui y est adaptée.

—— en éperon. Celle dont la porte est coupée en deux vantaux qui se rejoignent et forment un avant-bec ou éperon.

ÉCOINÇON, s. m., *Die Ecke einer Mauer, wo der wegen der Thür oder des Fensters nöthige Einschnitt oder die Ebrasure auffängt*, angl. *Part of a wall from the jamb of a door or window to a partition wall*, ital. *Cantoniera*. La portion de mur, depuis l'arête de l'ébrasure d'une fenêtre ou d'une porte, jusqu'à un mur de refend ou mur latéral d'un bâtiment.

ÉCOINÇONS, s. m. pl. Jambages qui servent à supporter les abouts d'un appui de fenêtre et qui servent de parement au contre-mur.

ÉCOPERCHE, s. f., all. *Rolle und Seil, um verschiedene Sachen, Baumaterialien u. dergl. zu heben und in die höhe zuzichen*, angl. *A beam of a crane to which is added a pulley to give more flight*, ital. *Falcone*. Pièce de bois que l'on ajoute au bec d'une grue ou d'une échelle d'engin, appropriée à recevoir une poulie, afin de lui donner plus de volée.

ÉCOUTE, s. f., ital. *Tribuna con ferriata*. Dans une église, lieu fermé et grillé, où des pensionnaires ou d'autres personnes qui ne veulent pas être vues se placent.

ÉCURIE, s. f., all. *Stall*, angl. *Stable*, ital. *Scuderia, Stalla*. Dépendance d'un palais ou d'une maison destinée à loger les chevaux, trains, équipages. Celles du château de Chantilly, élevées par le prince de Condé, Louis-Henri de Bourbon, de 1719 à 1735, sur les dessins d'Aubert, architecte et contrôleur des bâtiments de Louis XV et du duc de Bourbon, sont surtout remarquables et peuvent contenir 240 chevaux. On cite aussi les écuries du château de Versailles, élevées sur les dessins de Jules Hardouin Mansard.

ÉCURIE DOUBLE. Celle qui contient deux rangs de chevaux.

—— SIMPLE. Celle qui ne contient qu'un rang de chevaux.

ÉCUSSON, s. m., all. *Wappenschild*, angl. *Escutcheon* (*Scutcheon*), ital. *Scudo*. Champ ou surface de forme et grandeur diverses, sur lesquels on peint ou sculpte des armoiries. En serrurerie, c'est une plaque de métal de forme variée, sur laquelle est posée le heurtoir, ou qui sert d'entrée à la clé d'une serrure.

ÉDICULE, s. m. Petit temple, petite chapelle.

ÉDIFICE, s. m., all. *Gebäude*, angl. *Edifice* (*Building*), ital. *Edifizio*. Dans le sens général de ce mot on entend toute œuvre d'architecture qui constitue un ensemble ou tout fini et isolé ne pouvant être considéré comme constituant une portion d'un plus grand ensemble. Se dit d'un palais, d'un théâtre, d'un arc de triomphe, d'un temple, d'une église ou tout autre monument public.

ÉGLISE, s. f., all. *Kirche*, angl. *Church*, ital. *Chiesa*. Dans la religion chrétienne, monument public consacré au culte. Le plus grand nombre d'églises est en Europe, où règne surtout la foi chrétienne; il y en a de presque toutes les époques, de toutes les formes et de toute dimension. Hiérarchiquement les églises prennent différentes dénominations : Eglise *pontificale*, dans la ville où réside le pape, aujourd'hui c'est Saint-Pierre de Rome ; *patriarcale*, celle d'un patriarche; *métropolitaine*, celle d'un archevêque ; *cathédrale*, celle d'un évêque ; *collégiale*, celle desservie par des chanoines ; *paroissiale*, celle desservie par un curé ; *conventuelle*, celle d'un monastère.

Les églises se distinguent encore par leur plan et reçoivent différents noms d'après leur forme, savoir :

ÉGLISE CRUCIFORME. En forme de croix.

—— A CROIX LATINE. Celle dont la branche de l'est à l'ouest est plus longue que la branche du nord au sud.

ÉGLISE A CROIX GRECQUE. Celle dont les quatre branches de la croix sont égales.

—— A UNE NEF. Qui n'a qu'un vaisseau sans bas côtés.

—— A TROIS NEFS. Celle qui a une nef au centre avec de petites nefs latérales au nord et au sud, et appelées bas côtés ou collatéraux.

—— A CINQ NEFS. Celle qui est divisée en cinq vaisseaux par quatre rangées de colonnes ou de piliers, comme Notre-Dame de Paris et la cathédrale de Cologne.

—— A COLLATÉRAUX. Celle qui a de chaque côté, au nord comme au sud, une galerie voûtée.

—— ROMANE. Celle bâtie dans le style à plein cintre, depuis Charlemagne jusqu'à la fin du XIIe siècle.

—— OGIVALE. Celle bâtie dans le style qui prévalut depuis la fin du XIIe siècle jusqu'au XVIe, c'est-à-dire où l'on ne voit plus que des ogives ou arcs à tiers point.

—— DE ROTONDE. Celle dont le plan est circulaire, comme l'Assomption à Paris.

—— A COUPOLE. Celle qui est couverte et éclairée par des coupoles, au lieu d'avoir sur sa nef principale soit un plafond plat, soit des voûtes quelconques.

Presque toutes les églises se composent d'une ou de plusieurs nefs qui sont situées de l'est à l'ouest; d'un transept ou croisillon qui coupe l'église du nord au sud; d'un chœur avec ou sans collatéraux, avec ou sans chapelles autour, au nombre de trois, cinq ou sept. Les églises peuvent avoir une ou deux tours sur leur façade occidentale; deux à l'est du transept, de chaque côté du chœur et une autre sur l'intersection de la nef avec le transept et le chœur. Les cathédrales d'Amiens, de Paris, de Reims ont sur leur portail ouest deux tours qui devaient avoir des flèches qui n'ont point été exécutées. La cathédrale de Laon a sept tours, les églises conventuelles en ont trois, comme celles de Saint-Leu d'Esserant et de Morienval, dans le département de l'Oise.

Le chœur des églises est terminé à l'est soit en demi-cercle, soit à plusieurs pans, trois, cinq, mais rarement plus de sept. Les églises conventuelles de l'ordre de Cîteaux ont un chœur presque toujours vaste et terminé carrément. L'église de l'abbaye de Cîteaux avait un chœur carré, ainsi que les églises de Heilsbronn, d'Eberbach en Allemagne, la cathédrale

de Bitonto, l'église S. Nicolo e Cataldo de Lecce, en Italie;
quant aux églises d'Angleterre, elles ont toutes leur chœur
terminé carrément. La plus longue église de l'Europe est celle
de Saint-Pierre de Rome qui date du commencement du
XVIe siècle ; celle dont les voûtes sont le plus élevées, est la
cathédrale de Beauvais, mais à laquelle manque la nef. La
tour avec flèche, la plus élevée, est celle de la cathédrale de
Strasbourg, elle a 143^m de hauteur. Comme élégance, on cite
les églises cathédrales de Pise, de Florence, de Sienne, d'Or-
viete, de Reims, d'Amiens, de Chartres, de Paris, de Cologne,
de Spire, de Mayence, de Salisbury, de Canterbury, de
Gloucester, etc.

ÉGOUT, s. m., all. *Abzucht (Cloak)*, angl. *Sewer*, ital. *Chià-
vica*. Canal couvert ou découvert, destiné à l'écoulement des
immondices. Il y avait des égouts considérables sous les salles
des palais de Ninive, où on en a retrouvé même construits à
tiers point. Tarquin l'ancien commença à bâtir le grand égout
de Rome, encore existant et qui a plus de trois cents mètres
de longueur.

ÉGOUT, s. m., all. *Dachrinne*, angl. *Gutter*, ital. *Scorrimento
d'acque*. Échappée des eaux d'un comble, dans un chéneau
ou au delà de la corniche. Chaque propriétaire est obligé de
recueillir ses eaux, et de disposer ses constructions en conséquence.

ÉLÉGIR, v. a., all. *Leichter machen (ein Glied heraus arbeiten)*, angl. *To slide a moulding*, ital. *Assottigliare un legno me-
diante la modanatura*. Débillarder une pièce de bois; pousser
une moulure sur un panneau de compartiment ou autre, etc.

ÉLÉVATION, s. f., all. *Aufrisz eines Gebäudes*, angl. *Elevation*, ital. *L'Alzata*. Façade d'un bâtiment, représentée géomé-
tralement en longueur et hauteur. L'élévation géométrale
représente les objets non tels qu'on les voit, mais comme si
l'œil était à la hauteur de chacune des parties qui les composent ; toutes les lignes horizontales y sont parallèles, tandis
qu'en nature, elles fuient vers un point de l'horizon.

—— EN PERSPECTIVE. Dessin d'une vue de bâtiment tel que
l'œil le voit placé à distance ; dans lequel les lignes horizontales fuient vers un point de l'horizon, et dans lequel les
parties reculées sont vues en raccourci. L'élévation en perspective est un dessin pittoresque qui ne peut être utile aux

ouvriers, tandis que l'élévation géométrale peut leur donner toutes les mesures.

ÉLEVER, v. a., all. *Bauen (aufführen, errichten)*, angl. *To build (to raise)*, ital. *Elevare, edificare.* Édifier un bâtiment quelconque, ou tout autre corps élevé verticalement sur un plan.

ÉLLIPSE, s. f., all. *Krumme Linie, welche durch einen schiefen Durchschnitt eines Kegels entsteht*, angl. *Ellipsis*, ital. *Ellissi.* Ligne courbe régulière qui naît par la coupe biaise d'un cône, ou coupé non parallèle à la base. La moitié représente une *anse de panier*. On la nomme aussi ovale.

EMBASEMENT, s. m., all. *Grundmauer*, angl. *Basement*, ital. *Imbasamento.* Assise sans ornements, avec retraite qui se termine à la hauteur du dessous des bases d'un ordre établi, continué au pourtour d'un bâtiment.

EMBOITURE, s. f., all. *Einfügung (Fuge)*, angl. *Juncture (joint)*, ital. *Incastro (cavità).* Petite languette en bois qu'on place dans des mortaises d'assemblage de planches. On dit généralement emboîter, chasser une chose dans une autre.

EMBRANCHEMENTS, s. m. pl., all. *Verbindung der Balken und Sparren*, angl. *Pieces of Timber in a hipped roof*, ital. *Imboccatura.* Pièces, dans la croupe d'un comble, assemblées de niveau avec les empanons et le coyer.

EMBRASSURE, s. f. Assemblage à queue d'aronde de quatre chevrons chevillés au-dessous d'une plinthe et d'un larmier d'une souche de cheminée, pour empêcher qu'elle ne se lézarde. Se dit aussi d'une barre de fer plat, coudée et assemblée avec clavettes ou boulons, employée au même usage.

EMBRASURE, s. f., all. *Schmiege (Der schräge Ausschnit der Thür und Fenster-Oeffnung)* angl. *Chamfering of a door or a window (Splay)*, ital. *Sguancio, vano d'una finestra, d'una porta.* Espace vide, oblique ou non, d'une porte ou fenêtre.

EMBRÈVEMENT, s. m., all. *Zapfen-oder Kerbenfügung*, ital. *Intaccatura a triangolo.* Entaille pratiquée à la surface d'une pièce destinée à recevoir le bout amaigri d'une autre pièce inclinée; les chevrons s'assemblent ordinairement de cette manière dans les plates-formes; l'effort exercé sur les chevrons n'ayant lieu que dans le sens qui pourrait les faire pénétrer davantage dans l'entaille, cet assemblage présente autant de solidité que celui à tenon.

EMPANONS, s. m. pl., all. *Schiftsparren*, angl. *Jack rafters*, ital. *Cantieri*. Chevron qui ne va pas jusqu'au faîte, mais qui, dans les croupes, s'assemble à tenons et à mortaises dans l'arêtier; il peut être délardé ou déversé.

EMPATEMENT, s. m., all. *Hervortretende Dicke einer Grundmauer*, angl. *Sett-off*, ital. *Sodo, imbasamento d'un edifizio*. Plus grande épaisseur laissée dans les fondations à un mur de face ou de refend.

EMPLECTON, s. m. Espèce de maçonnerie d'origine grecque dont parle Vitruve au VIII° chapitre de son second livre. Les pierres qui formaient les parements étaient unies et posées par assises horizontales. On leur donnait plus ou moins d'épaisseur, selon la dimension des matériaux. Pour former cette maçonnerie, on élevait de chaque côté deux parements; le milieu était rempli avec du mortier, dans lequel on jetait pêle-mêle des pierres, sans autre liaison que celle que leur donnait le hasard. Mais les Grecs opéraient d'une autre manière pour donner plus de solidité à la maçonnerie. Au lieu d'élever deux parements qui n'avaient point de liaison, ils remplissaient l'espace du milieu de pierres régulières avec parpaings de distance en distance, traversant le mur de part en part, afin de lier les deux parements entre eux. Les Romains ont pratiqué la première manière indiquée, qui fut suivie pour les gros murs pendant tout le moyen âge, et c'est le motif pour lequel ses constructions ont été pour la plupart si peu solides.

ENCASTRER, v. a., all. *Einfügen (einlassen)*, angl. *To set in a groove*, ital. *Incastrare*. Faire une entaille propre à recevoir une barre de fer, un crampon, un harpon, etc. Joindre deux pièces de bois par des entailles à embrèvement.

ENCEINTE, s. f., all. *Einschliessung (Umfang)*, angl. *Inclosure*, ital. *Recinto*. Murs d'un clos, d'un parc, etc. L'enceinte peut aussi être en palissades, en saut de loup, etc.

ENCHEVAUCHURE, s. f., all. *Zusammenfügung, Aneinanderblattung des Zimmerholzes*, angl. *Rabetting*, ital. *Incavalcatura, il sovrapporre in parte*. Partie d'une ardoise, d'une planche, d'une tuile, etc., qui recouvre en partie celle qui est posée au-dessous.

ENCHEVÊTRURE, s. f., *Die viereckige Oeffnung in einer*

Decke zwischen zweien und mehrern Balken, welche durch Wechselbalken oder Schlüssel gebildet wird, um Schornstein-röhren, Treppen und dergl. durch die Decke zu führen : angl. *The square aparture in a roof for the passage of a chimney.* ital. *Travatura.* Assemblage comprenant l'espace carré vide laissé dans les planchers pour les âtres et le passage des tuyaux de cheminée. Cet assemblage comprend le chevêtre placé parallèlement au mur à distance convenable, et les deux solives d'enchevêtrure dans lesquelle le chevêtre est assemblé.

ENCLAVER, v. a., all. *Einfügen (einlassen),* angl. *To mortise,* ital. *Chiudere.* Faire entrer les bouts des solives par entailles dans une poutre ; c'est aussi arrêter une pièce avec des clefs ou des boulons de fer ; c'est encore mettre quelques carreaux de différentes hauteurs, en assise, par des entailles pratiquées en liaison.

ENCLOS, s. m., all. *Innere Platz oder Bezirk zwischen Mauern, Zäunen, Umfassungsmauer, etc.,* angl. *Inclosure,* ital. *Ricinto.* Lieu entouré de murs ou de palissades.

ENCOIGNURE, s. f., all. *Ecke oder Winkel an einem Gebäude,* angl. *Corner or angle of a building,* ital. *Cantonata.* Partie d'angle rentrant, formé par la façade principale d'un bâtiment avec ses avant-corps. Se dit aussi d'un retour d'angle d'un parterre de jardin.

ENCORBELLEMENT, s. m., all. *Das Hervortreten oder Hervorragen eines Steines,* angl. *Corbels,* ital. *Sporto.* Saillie portant à faux au delà du nu du mur, comme une console, un corbeau ou un autre corps quelconque. C'est aussi le nom générique de tout ce qui fait saillie sur le nu du mur, en ne se soutenant que par la partie qui y est engagée. Il peut y avoir des assises entières en encorbellement. L'édifice appelé Trésor d'Atrée, à Mykène, est bâti en assises circulaires placées en encorbellement, c'est-à-dire que les assises, à mesure qu'elles s'élèvent, forment saillie dans le vide sur celles de dessous.

ENDUIT, s. f., all. *Anwurf, Tünche, Ueberzug mit Kalk,* angl. *Plastering,* ital. *Intonaco.* Couche de plâtre ou composé de chaux et de sable qu'on applique sur un mur ou un plafond.

ENFOURCHEMENT, s. m., all. *Art des Pfropfens ; auch die ersten Steine auf der Widerlage in den Winkeln, wo die Grade eines Kreuzgewölbes anfangen*; angl. *The solid angle produced by two surfaces in a groined vault.* Angle solide, formé par deux douelles de voûtes, comme dans les voûtes d'arête, par exemple. C'est aussi une sorte d'enture et d'assemblage pour des pièces de charpente verticales.

ENGAGÉE (Colonne), adj., all. *Halbsäule, Wandsäule,* angl. *Engaged Column,* ital. *Colonna mezzo incassata.* Celle dont une partie de son épaisseur semble avoir été dissimulée dans la muraille. Dans les beaux temps de l'architecture grecque, on ne rencontre jamais de colonnes engagées. Mais après l'année 409 environ, avant l'ère vulgaire, on en voit paraître à la face occidentale du temple d'Erechthée sur l'acropole d'Athènes. Les Romains ont fréquemment fait usage de colonnes engagées, et pendant le moyen âge, cet usage est devenu universel et pour ainsi dire indispensable.

ENGRENÉE, adj., all. *In einander greifend,* angl. *Indented,* ital. *Ingranato.* Se dit de claveaux disposés sur deux ou plusieurs rangs, s'emboîtant les uns dans les autres au moyen d'angles rentrants et saillants dont leur intrados et leur extrados sont garnis. Les claveaux engrenés ne se voient que dans les monuments des xɪᵉ et xɪɪᵉ siècles; il y en a un assez grand nombre en Auvergne, mais on en voit à l'église de Langeais ainsi qu'à la cathédrale du Mans.

ENGRAISSEMENT, s. m. Nom donné aux assemblages dont les tenons ne peuvent entrer que par force dans les mortaises.

ENRAYURE, s. f., all. *Balkenrisz,* angl. *Platform,* ital. *Incavallatura.* Assemblage de toutes les pièces horizontales qui composent une ferme.

ENROULEMENT, s. m., all. *Schnörkel, Laubwerk,* angl. *Scroll,* ital. *Arrotolamento.* Ornement contourné en spirale. D'origine égyptienne et assyrienne, l'enroulement fut perfectionné en Grèce, qui en donna l'exemple aux Romains; de ceux-ci, il passa aux arts du moyen âge, et c'est pendant le douzième siècle qu'il est surtout fort commun dans les monuments occidentaux. L'enroulement disparaît au xɪɪɪᵉ siècle pour ne reparaître qu'à la Renaissance.

ENTABLÉES (Feuilles), s. f. pl. Larges et fortes feuilles de toute espèce, placées en dessous d'une moulure saillante quelconque, se recourbant en avant sur elles-mêmes, comme si le corps qui les surmonte en avait gêné la croissance. C'est dans la seconde moitié du xɪɪᵉ siècle qu'apparaissent les feuilles entablées : elles sont continuées dans l'architecture des deux siècles suivants et disparaissent au xvᵉ. Les feuilles entablées de l'entablement supérieur du chœur de la cathédrale de Beauvais, sont un bel exemple de l'espèce.

ENTABLEMENT, s. m., all. *Gebälke*, angl. *Entablature*, ital. *Fregio, Intavolato*. Ensemble des différentes parties et moulures qui, dans les ordres d'architecture, se trouvent au-dessus des colonnes et des pilastres. L'entablement se compose de l'architrave, de la frise et d'une corniche.

—— DE COURONNEMENT. Celui qui termine les façades d'un édifice. Celui du Parthénon d'Athènes, du temple d'Apollon à Phigalie, en Arcadie, du temple d'Athéné Polias à Priène, en Asie-Mineure, sont surtout célèbres par leur élégance. Les entablements cessent au commencement du moyen âge et ne sont repris que par les architectes de la Renaissance.

ENTAILLE, s. f., all. *Einschnitt*, angl. *Notch*, ital. *Tacca, Intaglio*. Ouverture plus ou moins grande faite pour lier une pièce à une autre. Les entailles sont ou carrées ou à demi-bois, ou par embrèvement, ou à dent, ou à queue d'aronde, etc.

ENTASIS, s. f. (en grec Ἔντασις, enflure), all. *Schwellung*, angl. *Entasis, Swelling*, ital. *Entasi*. Renflement délicat et presque imperceptible du fût des colonnes qu'on aperçoit dans presque toutes les colonnes grecques connues. C'est T. Allason, voyageur anglais qui, dès 1814, signala l'entasis comme existant dans les colonnes des monuments grecs.

ENTER, v. a., all. *Pfropfen, Anpfropfen*, angl. *To graft, to ingraff*, ital. *Incastare*. C'est joindre deux pièces de bois de charpente de même grosseur, bout à bout et à plomb, pour un noyau d'escalier, par exemple : se pratique par entaille à mi-épaisseur de bois ou avec tenons et mortaises : on dit enter une colonne, un pilier ou un mur, reprendre en sous-œuvre ou en incrustation les parties dégradées.

ENTRAIT, s. m., all. *Spannriegel*, angl., *Tie-beam*, ital. *Asticciuola*. Pièce principale ou poutre qui, dans une ferme, porte les arbalétriers et le poinçon. On les voit dans les charpentes apparentes, comme à Saint-Miniato de Florence, par exemple, église du xɪᵉ siècle.

ENTRE-COLONNEMENT, s. m., all. *Säulenweite*, angl. *Intercolumniation*, ital. *Intercolonnio*. Espace vide compris entre deux colonnes. Les anciens, selon Vitruve, avaient cinq entre-colonnements différents : pycnostyle, ou à colonnes serrées; le systyle, à colonnes un peu moins rapprochées; le diostyle, à colonnes qui offrent entre elles plus d'espace; l'aréostyle, à colonnes trop éloignées les unes des autres; l'eustyle, à colonnes bien espacées. L'entre-colonnement pycnostyle comprenait un diamètre et demi de la colonne à sa base : tel était le temple dans le Forum de César, bâti par lui et consacré à Vénus, dont il prétendait descendre. Le systyle avait deux fois le diamètre d'une colonne. Le diostyle avait trois fois le diamètre d'une colonne. L'aréostyle n'admettait point d'architraves de pierre ni de marbre : on y employait des poutres. L'eustyle avait deux fois un quart le diamètre d'une colonne. Mais toutes ces définitions et ces mesures données par Vitruve sont arbitraires et controuvées.

ENTRE-CROISÉ, adj., *voyez* INTERSECTÉ.

ENTRE-MODILLON, s. m., all. *In einem Hauptgesims der Zwischenraum zwischen zwei Kragsteinen*, angl. *Space between two modillons*. Espace compris entre deux modillons. Il peut être uni ou orné de sculpture ou de peinture.

ENTRE-PILASTRE, s. m., all. *Zwischenweite zweier Pfeiler*, angl. *The distance between two pilasters*. Espace entre deux pilastres, différent à chaque ordre d'arthitecture.

ENTRÉE, s. f., all. *Eingang, Einfahrt, Zutritt*, angl. *Entry, Passage*, ital. *Entrata, Ingresso*. Ouverture ou baie quelconque par où l'on entre dans un édifice, une maison, ou autres lieux.

—— DE SERRURE, all. *Schlüsselloch*. Plaque percée d'un trou semblable au profil d'une clef et adaptée au-devant d'une serrure. Il y en avait de fort élégantes au xiv° et xv° siècles, dont on retrouve des exemples dans le nord de l'Allemagne surtout.

ENTRELACÉ, adj., *voyez* INTERSECTÉ.

ENTRELACS, s. m. pl., all. *Durchflochtene Arbeit, Kettenzüge*, angl. *Knots, an ornament used in classical Architecture, formed by intertwining bands*, ital. *Intrecciature*. Ornement de l'architecture antique, composé de listels et de fleurons, liés les uns aux autres, que l'on taille sur les moulures et dans les frises.

ENTREPOT, s. m., all. *Niederlage, Stapelplatz*, angl. *Storehouse*, ital. *Magazzino di deposito*. Lieu ou bâtiment où l'on met en dépôt des marchandises.

ENTRESOL, s. m., all. *Halbgeschoss, so öfters zwischen zwei Stockwerken angelegt wird*, angl. *A low story between two floors*, ital. *Mezzanino*. Petit étage pratiqué au rez-de-chaussée et au premier étage, et qui est moins élevé qu'un étage ordinaire.

ENTRETOISE, s. f., all. *Stichbalken*, angl. *Tie-Straining or Strutting piece*, ital. *Traversa, Reticello*. Toute pièce de bois placée entre deux autres dans lesquelles elle s'assemble à tenons et mortaises. C'est une sorte de traverse qui forme châssis et retient l'écartement.

—— CROISÉE. Assemblage en croix de Saint-André, posé de niveau entre les entraits et l'enrayure d'un dôme.

ENTREVOUS, s. m., all. *Zwischenraum zwischen den Balken in einer Decke, welcher gewöhnlich mit Schalholz ausgefüllt wird*, angl. *Space between two joists*, ital. *Spazio tra una trave e l'altra*. Dans un plancher, l'espace compris entre les soliveaux, garni d'un couchis en planche ou d'une maçonnerie légère de plâtre que l'on nomme alors voûte-canne.

ENTURE, s. f., all. *Der gemachte Einschnitt zum Einsetzen des Pfropfreises*, angl. *The grafting*, ital. *Innestazione*. Endroit où l'on pratique une ente.

ÉPAUFFURE, s. f., all. *Abgesprengtes Stück von dem Rande eines bearbeiteten Steines*, angl. *Splinter*, ital. *Scheggia*. Eclat enlevé à l'arête d'une pierre, par maladresse de l'ouvrier ou par tassement de la construction : lorsque l'éclat part après que la pierre est terminée, de la faute de ceux qui la tournent, la transportent ou la posent, il se nomme *écornure*.

ÉPAULÉE, s. f., all. *Stufenweise mit Verzahnungen aufgeführte Mauer*. Mur élevé à différentes reprises, ainsi qu'on le pratique dans les sous-œuvres.

ÉPERON, s. m., all. *Widerlage, Strebepfeiler, Ecke des Brückenpfeilers wider den Strom oder das Eis*, angl. *The head and edge of piers of a bridge, Buttress*, ital. *Sperone*. Pilier avec talus, pratiqué en liaison et en saillie d'un mur de bâtiment ou de terrasse, d'une pile de pont, pour briser le courant, etc. On se sert quelquefois d'éperons pour contrebutter un mur lorsqu'il menace ruine.

ÉPI, s. m., all. *Zusammenfügung der Sparren und Tragbän-*

der eines runden Daches mit den Ständern, angl. *The top of the crown-post*. Sorte d'assemblage pratiqué dans un comble circulaire ; se dit aussi de la partie supérieure du poinçon qui dépasse sur le couvert, qui sert à recevoir un amortissement quelconque.

EPIGRAPHE, s. f., all. *Ueberschrift eines Gebäudes*, angl. *Epigraph*, ital. *Motto, Epigrafe*. Toute inscription sur des monuments ou bâtiments quelconques, faite sur la pierre ou le marbre, en l'honneur de celui qui les a fait ériger,

ÉPISTYLE, s. f. (Επι, sur, Στυλος, colonne), est la même chose qu'architrave.

EPITAPHE, s. f., all. *Grabschrift,* angl. *Epitaph*, ital. *Epitafio*. Inscription pratiquée sur un tombeau. Se dit aussi, mais improprement, d'un morceau d'architecture orné de sculpture, comme bustes, figures et médaillons symboliques, placé dans un cimetière, contre le mur d'une chapelle ou autres lieux.

ÉPURE, s. f., all. *Entwurf zu einem aufzuführenden Gebäude, entweder auf dem gemauerten Grunde oder dem geebneten Grundboden*, angl. *Drawing, Scantling of a building, of a part of Carpenter's work, as large as nature*, ital. *Modano, Dettaglio*. Trait du plan, de la coupe et de la façade d'un bâtiment, de grandeur d'exécution : aussi pièce de trait tracée de grandeur naturelle, sur un plancher ou contre un mur enduit, où on lève les panneaux et prend les mesures nécessaires pour l'exécution : il est d'usage de tracer en grand tous les objets difficiles qui demandent de la sujétion.

ÉQUARRIR, v. a., all. *Abvieren, viereckig behauen*, angl. *To square*, ital. *Squadrare*. Mettre d'équerre en tous sens une pierre ou une pièce de bois.

ÉQUARRISSAGE, s. m., all. *Die Abvierung*, angl. *Squareness*, ital. *Riquadratura*. Terme qui indique la grosseur d'une pièce de bois : par exemple, telle pièce a 30 centimètres d'équarrissage.

ÉQUARRISSEMENT, s. m., all. *Das Abvieren*, angl. *The Squaring*, ital. *Squadratura d'un pezzo di legno*. Action d'équarrir une pièce de bois ; se dit aussi d'une certaine manière de tracer les pièces composant un arc, un quartier tournant d'escalier.

ÉQUERRE, s. f., all. *Winkelmasz*, angl. *Square rule*, ital. *Squadra, Regolo*. Outil formé de deux règles, réunies et formant un angle droit, sert aux maçons et aux charpentiers, surtout quand ils ont des angles droits à tracer.

ÉQUERRE, s. f., all. *Winkelband, Tragband*, angl. *Square*, ital. *Squadra, Norma*. Fers coudés, mis en usage aux poteaux corniers d'encoignure, aux pans de bois, aux châssis des fenêtres et portes de menuiserie, aux caisses d'orangers et autres ouvrages.

ÉQUIPAGE, s. m., all. *Geräthschaft*, angl. *The whole of the tools, scaffolds, etc., used in a building*, ital. *Attrezzi, Arnesi, Utensili*. Ensemble, dans un atelier, des outils, des machines, comme grues, chèvres, échelles, chariots, baliveaux, tréteaux, plateaux, cordages et autres nécessaires à l'exécution d'une construction.

ÉRIGER, v. a., all. *Erheben, Aufrichten*, angl. *To erect, raise, build*, ital. *Erigere. Edificare*. Bâtir, élever, construire un édifice ou tout autre monument d'art.

ERMITAGE, s. m., all. *Einsiedeley*, angl. *Hermitage*, ital. *Romitorio*. Maison écartée et champêtre qui servait autrefois de retraite aux ermites. On imite quelquefois ces maisons rustiques dans des lieux retirés.

ESCALIER, s. m., all. *Treppe, Stiege*, angl. *Stairs, Staircase*, ital. *Scala*. Disposition dans un bâtiment qui permet de communiquer d'un étage à un autre, commodément et facilement.

—— A DEUX RAMPES PARALLÈLES. Celui qui commence par un palier, se dirige à droite et à gauche et se termine à la rencontre d'une plate-forme.

—— A DOUBLE VIS. Celui qui a deux rampes disposées l'une sur l'autre, dont les marches portent leurs délardements.

—— A GIRONS RAMPANTS. Celui dont les marches ont beaucoup de largeur et peu de hauteur : les animaux peuvent facilement y monter.

—— A JOUR. Celui où l'on pratique une ouverture entre les limons, disposés en galeries, en arcades, ou bien suspendus.

—— A PÉRISTYLE CIRCULAIRE. Celui dont les limons de la rampe sont portés par des colonnes.

—— A PÉRISTYLE DROIT EN PERSPECTIVE. Sa rampe, placée entre deux rangs de colonnes, n'est pas parallèle; par rapport à la diminution progressive des colonnes d'en haut, qui ont moins de diamètre.

ESCALIER A QUARTIERS TOURNANTS. Celui dont les rencontres des limons de chaque rampe sont arrondies.

—— A QUATRE NOYAUX. Celui qui a un grand jour au milieu, dont les limons sont supportés par quatre piliers.

—— A RAMPES OPPOSÉES. Celui qui commence par un perron suivi de deux rampes qui se réunissent en une seule, pour arriver sur une plate-forme.

—— A REPOS. Celui dont les rampes, droites et parallèles, se terminent à des paliers.

—— A VIS SAINT GILLES, RONDE OU CARRÉE. Celui dont les limons sont supportés par des piliers et arcades.

—— EN ARC DE CLOITRE. Celui qui est supporté par des piliers qui servent d'arcs-boutants aux limons et aux voûtes qui sont pratiquées sous les rampes et paliers.

—— EN FER A CHEVAL. Sa forme est circulaire, avec une rampe des deux côtés qui, en montant, se réunissent à un palier commun.

—— EN LIMACE. Celui qui parcourt une grande étendue et qui est en manière de rampe douce.

ESCARPE, s. f., all. *Böschung des Walles einer Festung welche nach dem Felde zugekehrt ist*, angl. *Scarp of a ditch*, ital. *Scarpa*. Mur en talus d'un bâtiment, ou partie d'un rempart en talus tourné à l'extérieur. *Contre-escarpe* est le mur opposé de revêtement ou de soutènement des terres d'un fossé.

ESMILIER, v. a., all. *Mit der Hammerspitze Steine abvieren*, angl. *To pick, to square stones with the point of a hammer*. Equarrir du moëllon avec la pointe du marteau.

ESPACEMENT, s. m., all. *Weite oder Entfernung zwischen zwei Säulen, Ständern, Fenstern und dergl.* angl. *Distance, Space*, ital. *Spazio, Distanza*. La distance observée en posant des poteaux, soliveaux, lambourdes, chevrons, etc.

ESPAGNOLETTE, s. f., all. *Eine Vorrichtung, um Fensterflügel mittelst einer beweglichen eisernen Stange zu öffnen oder zu schliessen*, angl. *Sash door or window fastening*, ital. *Spagnoletta, Serrame delle finestre*. Tringle ordinairement circulaire, avec crochets en haut et en bas et avec poignée qui sert à fermer des fenêtres, des portes, des contrevents, des volets, etc.

ESQUISSE, s. f. all. *Skizze*, angl. *Scketch, Outline*, ital. *Ab-*

bozzo, Schizzo. Ébauche ou dessin largement et légèrement tracé de quelques détails d'architecture, de peinture ou de sculpture, avec un crayon, du fusin, de la craie noire ou blanche, etc., représentant une première idée. En sculpture, c'est plus positivement un petit modèle de terre ou de cire commencé.

ESSELIER, s. m., all. *Stützband*, angl. *Brace*, ital., *Contrafforte d'una giuntura angolare.* Pièce de bois de charpente de moyenne dimension, qui s'assemble dans l'arbalétrier et le faux entrait pour le fortifier.

ESTRADE, s. f., all. *Eine Fuszbodenerhöhung*, angl. *Estrade*, ital. *Palco, Palchetto.* Partie élevée dans un lieu, avec marches ou marchepied pour y monter, qui sert à y placer un trône, un lit, etc.

ÉTABLE, s. f., all. *Kuhstall*, angl. *Cow-house*, ital. *Stalla.* Petite écurie en forme de hangar, sert dans les campagnes à la retraite du bétail. On la nomme aussi *bouverie* pour les vaches et les bœufs ; *bergerie* pour les moutons.

ÉTAGE, s. m., all. *Stockwerk*, angl. *Stage, Floor, Story,* ital. *Piano.* C'est l'espace, dans un bâtiment, compris entre deux planchers.

—— AU REZ-DE-CHAUSSÉE, all. *Untergeschoss*, angl. *Ground-floor*, ital. *A pian di terra.* Celui qui est peu élevé au-dessus du sol environnant.

—— CARRÉ. Celui dont le comble est dissimulé au moyen d'un attique.

—— EN GALETAS. Celui qui est établi sous un comble.

—— SOUTERRAIN. Celui qui est placé immédiatement au-dessous du rez-de-chaussée.

ÉTAI, s. m., all. *Stütze*, angl. *Support*, ital. *Puntello.* Pièce de bois destinée à appuyer et retenir un mur, un plancher ou autres corps qui menacent ruine.

ÉTAIEMENT, s. m., all. *Das Stützen*, angl. *The action of supporting something*, ital. *Puntello.* Action de poser des étais.

ÉTAYER, v. a., all. *Stützen*, angl. *To support*, ital. *Puntellare.* Poser des étais.

ÉTANÇON, s. m., all. *Stütze*, angl. *Stanchion*, ital. *Puntello.* Appui ou étai que l'on emploie pour retenir un mur ou plancher pendant l'exécution de quelques réparations.

ETOILE, s. f., all. *Stern,* angl. *Star,* ital. *Stella.* Lieu où plusieurs allées se rencontrent dans une forêt, dans un parc, dans un jardin, etc. C'est aussi un ornement de l'architecture romane ayant quatre branches.

ÉTRÉSILLON, s. m., all. *Steife, Spreize, Trempel,* angl. *Prop, Support,* ital. *Puntellino.* Petite pièce de bois placée dans un fossé en voie de confection pour empêcher les éboulements de terre, ou adaptée à toutes ouvertures quelconques pendant l'exécution d'ouvrages en sous-œuvre.

ÉTRIER, s. m., all. *Bügel, Hangeisen,* angl. *Iron-hook,* ital. *Staffa.* Fer plat d'une certaine épaisseur, coudé en deux endroits d'équerre, que l'on fixe à un poinçon au moyen de boulons ou de crochets.

ÉTUVE, s. f., all. *Stube, Zimmer durch einen Ofen erwärmt, zum Schwitzen,* angl. *Hall or room heated by a stove, for sweating,* ital. *Stufa.* Salle ou pièce dans un appartement de bain, échauffée par le feu et destinée à faire transpirer. Principalement en usage chez les anciens.

ÉVÊCHÉ, s. m., all. *Bischöflicher Pallast,* angl. *Bishop's Pallace,* ital. *Vescovato.* Palais ou habitation d'un évêque, situé ordinairement à proximité de la cathédrale, composé d'appartements de cérémonie et de commodité, etc. C'est au XIIe siècle qu'on commença à mettre de la grandeur et de l'élégance dans la construction des palais épiscopaux.

ÉVIDER, v. a., all. *Aushöhlen,* angl. *To groove,* ital. *Incavare.* Produire des ouvrages percés à jour et en les laissant en relief dans certains endroits, comme entrelacs de balustres, grilles, etc.

ÉVIER, s. m., all. *Gossenstein in den Küchen,* angl. *Sink,* ital. *Acquajolo.* Pierre ordinairement carrée, creusée à quelques centimètres de profondeur, placée dans une cuisine, pour recevoir les écoulements des eaux des rateliers et autres; se dit aussi d'une petite pièce qui contient une pierre d'évier.

EURIPES, s. f. pl. Jets d'eau des anciens, composés de gerbes, cascades, nappes d'eau, etc., etc.

EURIPUS, s. m. Fossé qui séparait l'area, l'aira ou sol intérieur du cirque des gradins, afin que les spectateurs ne fussent pas exposés aux atteintes des animaux qui brisaient quelquefois la grille en bois placée en avant du fossé.

EURYTHMIE, s. f., all. *Ebenmass, Wohlgereimtheit, Schick-*

lichkeit, angl. *Justness of proportion,* ital. *Euritmia.* C'est l'aspect agréable, l'heureuse harmonie des différentes parties de l'édifice entre elles et qui a lieu lorsque les parties ont de la justesse, que la hauteur répond à la longueur, l'ensemble aux lois de la symétrie.

EUSTYLE, s. m., all. *Schönsäulig,* angl. *Eustyle,* ital. *A colonne ben disposte.* Veut dire : à colonnes bien espacées. Ce nom, appliqué à un temple, exprime qu'il renferme toutes les conditions possibles de commodité, de beauté, de solidité. Ses entre-colonnements doivent avoir deux fois et un quart le diamètre inférieur d'une colonne. Toutefois, ajoute Vitruve, un seul entre-colonnement, celui du milieu de la façade antérieure et postérieure, doit avoir la longueur de trois fois le diamètre d'une colonne. Cette disposition embellit l'aspect du temple, en dégage l'entrée et facilite la promenade autour de la cella.

EXASTYLE, s. m., all. *Sechssäulig,* angl. *With six columns in front,* ital. *Esastilo.* Porche dans un édifice qui est orné de six colonnes de front, comme les temples de Thésée, à Athènes ; d'Athéné, à Athènes ; de Dionysos, à Téos.

EXÈDRE, s. m. Bâtiment ou salle contenant plusieurs divisions garnies de bancs et de siéges, où, dans les bains surtout, on se réunissait pour faire la conversation.

EXTRADOS, s. m., all. *Die äussere Rundung eines Gewölbes,* angl. *Extrados,* ital. *Parte esteriore d'una volta, d'un arco.* Curvité extérieure d'une voûte ou d'un arc.

EXTRADOSSÉ, ÉE, adj., all. *Wenn die Steine eines Gewölbes auch oben nach der Figur des Gewölbes bearbeitet sind,* angl. *When all the stones of a vault or an arch have the some thickness,* etc., ital. *Volta i cui spigoli della parte convessa sono eguali a quelli della concava, nè più nè meno lavorati, di rilievo,* etc. Voûte en arcade dont toutes les pierres ont la même épaisseur.

F

FABRIQUE, s. f. Se dit d'un édifice ou monument considérable tombant en ruines. C'est aussi le nom des établissements où l'on fabrique différents objets d'utilité.

FAÇADE, s. f., all. *Auszenseite, Aufrisz*, angl. *The face or front of a building*, ital. *Facciata*. La face extérieure d'un monument, d'une maison sur une place, rue ou quelque autre côté. Un bâtiment carré isolé a quatre façades.

—— RICHE. Celle dont les portes et les fenêtres sont ornées de chambranles ou de colonnes, de plinthes, de cordons, de corniches, panneaux à bas-reliefs, trophées, bustes, statues, ou en saillie du mur de la face.

—— SIMPLE. Celle qui n'a que peu ou point de moulures aux portes et aux fenêtres et dont les faces environnantes sont lisses et seulement enduites de plâtre ou de mortier.

Au nombre des plus belles façades, on compte celles des palais Farnèse par San Gallo, de Giraud, de la Chancellerie, par Bramante, à Rome ; des palais Strozzi, Pitti, Riccardi, Pandolfini, à Florence ; du Louvre, des Tuileries et du Garde-meuble, à Paris ; du palais de Whitehall, à Londres. Il y a aussi beaucoup de façades d'églises des styles roman et ogival remarquables.

FACE, s. f., all. *Von der Seite, Fläche, Hauptaussenseite*, angl. *Front, Face*, ital. *Faccia*. Un des côtés quelconques d'un bâtiment : côté régulier d'un corps ou membre plat d'un bandeau de chambranle, de cadre, etc.

FACETTE, s. f., all. *Die an den Kanten verbrochene und abgeschliffene Fläche eines Körpers, Spiegelglasses*, angl. *Facet*, ital. *Faccetta*. Superficie d'un corps taillé à plusieurs angles et faces.

FAÇON, s. f., all. *Arbeitslohn, Macherlohn*, angl. *Labour*, ital. *Fattura*. C'est la main-d'œuvre ou les journées employées pour faire un travail quelconque. On dit *mal-façon*, lorsque l'ouvrage est mal exécuté.

FACTICE, s. m. et f. all. *Künstlich, nachgemacht*, angl. *Factitious*, ital. *Artifiziale*. Composition quelconque qui n'est pas naturelle, mais imitée ou artificielle, comme la brique, la tuile, le stuc, etc.

FAIENCERIE, s. f., all. *Unächte Porcellanfabrik*, angl. *China Manufactory*, ital. *Fabbrica della Majolica*. Local où l'on fabrique de la faïence.

FAISANDERIE, s. f., all. *Fasanerey*, angl. *Pheasant-Walk*, ital. *Fagiania*. Bâtiment et dépendances avec un clos où l'on élève des faisans.

FAISCEAU, s. m., all. *Bündel*, *Bund*, angl. *Bundle*, ital. *Fascetto*. Ornement employé dans les trophées : faisceau de lances, de drapeaux, d'épées, c'est-à-dire assemblage de plusieurs de ces objets.

FAITAGE, s. m., all. *Dachforst*, angl. *Ridge-piece*, ital. *Travi che cuoprono il comignolo*. Pièce de bois placée horizontalement à la crête et dans toute la longueur d'un comble sur laquelle s'appuient les chevrons à leur extrémité supérieure, c'est par conséquent la partie la plus élevée d'un toit quelconque.

FAITE, s. m., all. *Firste*, *Forst*, *Gipfel*, angl. *Top*, *Ridge*, *Summit*, ital. *Comignolo*, *Colmo*. Sommet de comble d'un édifice.

FAITIÈRE, s. f., all. *Forstziegel*, angl. *Ridge-Tile*, ital. *Tegola*, *Tegolino*. Tuile courbe dont on couvre le faîte d'un toit.

FALOT, s. m., all. *Stocklaterne*, *Pechpfanne*, angl. *Sort of large lantern*, ital. *Lanternone*. Grande lanterne ou vase placé dans une cour, une entrée de palais et de port, pour éclairer pendant la nuit.

FANAL, s. m., all. *Seeleuchte*, *Leuchtthurm*, angl. *Watch-light*, ital. *Fanale*. Tour élevée à l'entrée d'un port auprès d'un écueil, sur laquelle on entretient des feux pendant la nuit, pour servir de signaux aux vaisseaux : il y en a de simples et d'ornées.

FAUBOURG, s. m., all. *Vorstadt*, angl. *Suburb*, ital. *Sobborgo*. Partie d'une ville au delà de ses portes et de son enceinte.

FAUCONNEAU, s. m., all. *Querholz am Hebezeuge*. Pièce de bois qui, placée en travers sur le haut d'un engin, sert à soutenir deux poulies propres à élever des fardeaux.

FAUCONNERIE, s. f., all. *Falknerey*, angl. *Falconry*, ital. *Falconeria*. Bâtiment avec dépendances, telles que volières et logements de valets qui dressent des oiseaux utiles à un certain genre de chasse ; plus guère en usage aujourd'hui.

FAUSSE BRAIE, s. f., all. *Unterwall*, ital. *Falsa braca*. Chemin couvert, terrasse continue entre le fossé et les murs d'un château.

FAUSSE-COUPE, s. f., all. *Falscher Steinschnitt*, angl. *Splice*, *Wrong cutting of stones*, ital. *Taglio in isbieco*. En maçonnerie, lorsque les coupes ne tendent point au même point ; en charpenterie et en menuiserie, lorsque les coupes ne sont ni d'équerre ni à onglets.

FAUSSE ÉQUERRE, s. f., all. *Winkelfasser*, angl. *Bevel* ital. *Squadra zoppa, piffcrello.* Instrument de charpenterie et de menuiserie qui sert à faire des épures ou à prendre et à rapporter l'ouverture des angles.

FAUSSE PORTE, s. f., all. *Blinde Thür*, angl. *Blank door*, ital. *Porta da soccorso.* Celle qui n'est que simulée et qui ne s'ouvre pas : celle qui est placée à l'entrée d'un faubourg.

FAUX ATTIQUE, s. m. Entablement irrégulier, plus élevé que l'attique ordinaire.

FAUX COMBLE, s. m., all. *Obere Theil eines gebrochenen Daches*, angl. *Upper part of a Mansard or Curb roof*, ital. *Doppio tetto, tetto posticcio.* Celui au-dessus du brisis d'un comble à la Mansard, dont la pente est la même que celle d'un fronton triangulaire.

FAUX JOUR, s. m., all. *Falsches-Licht,* angl. *False-light*, ital. *Falso lume.* Jour venant indirectement en traversant un appartement ou par quelques petites ouvertures placées trop bas ou trop près du plancher.

FAUX MANTEAU, s. m. Vieille cheminée qui est supportée par des consoles ou corbeaux. Se dit d'un manteau établi pour l'ornement d'un lieu quelconque.

FAUX PLANCHER, s. m., all. *Falsche Decke*, ital. *Doppio soffito.* Pièces de bois placées d'une poutre à l'autre, contre lesquelles on pratique un plafond uni : sert aussi dans un comble à cacher la charpente.

FENÊTRE, s. f., all. *Fenster*, angl. *Window*, ital. *Finestra.* Baie ou ouverture pratiquée dans un mur quelconque, pour donner du jour dans un lieu.

—— A BALCON. all. *Balconfenster*, angl. *Balcony Window.* Celle qui ornée de balustres a un appui saillant.

—— A ORDRE. Celle où l'on a employé les ordres d'architecture.

—— ATTICURGE. Celle dont l'appui est saillant.

——BIAISE. all. *Mit einem schrägen Ausschnitt der Mauer gegen das Zimmer.* Celle dont les parements des tableaux ne sont pas d'équerre à la ligne de face.

—— CINTRÉE. Celle dont le sommet décrit un arc ou une partie de cercle.

FENÊTRE d'encoignure. Celle qui est placée sur un pan coupé.

—— ébrasée. Celle dont l'évasement est pratiqué à l'extérieur.

—— en abat-jour. Celle qui est destinée à donner d'en haut du jour quelque part.

—— en embrasure. Celle dont l'évasement est à l'intérieur.

—— en tour creuse. Celle qui est cintrée à l'intérieur par son plan.

—— en tour ronde. Celle qui, par son plan, est cintrée à l'extérieur.

—— en tribune. Celle qui, sans appui, est ornée de balustres ou balcons.

—— feinte. all. *Blindes Fenster*, angl. *Blanc Window*, ital. *Falsa finestra*. Enfoncement figuré, quelquefois en peinture seulement, de la grandeur d'une ouverture ou baie de fenêtre.

—— mezanine. Celle dont la largeur est plus considérable que la hauteur.

—— rampante. Celle dont l'appui et le sommet ne sont pas de niveau.

—— circulaire. Celle dont le tableau décrit une circonférence.

—— rustique. Celle dont les chambranles sont ornés de bossages et refends.

—— gisante. Voy. Mezanine.

FENIL, s. m., all. *Heuscheuer*, *Heuboden*, angl. *Hay-loft*, ital. *Fenile*. Local où l'on entrepose du foin.

FENTE, s. f., all. *Risz*, *Spalte*, *Ritze*, angl. *Cleft*, *Chink*, *Crevice*, ital. *Fessura*, *Crepatura*. Lézarde à un mur, à une cloison, à un plafond, etc.

FENTONS, s. m. pl., all. *Stäbe von Eisen oder Holz, welche man in die Mauern legt, um etwas hervorragendes tragen zu helfen*, angl. *A sort of Iron-Cramp, Iron-Tie*, ital. *Spranga*. Crampons que l'on scelle dans un mur pour soutenir et lier un objet, comme tuyaux de cheminée, etc.

FER, s. m., all. *Eisen*, angl. *Iron*, ital. *Ferro*. Métal dur mais malléable, qui sert à beaucoup d'usages dans la construction, que l'on désigne selon ses grosseurs, ses façons, ses usages et ses défauts. Un mètre cube de fer pèse 7788 kilogrammes.

Le fer est désigné suivant ses grosseurs :

—— aplati. all. *Platt*, angl. *Flattened*. Celui qui n'a d'épaisseur qu'un cinquième de sa largeur.

FER CARILLON. Celui qui a deux centimètres d'équarrissage.

—— CARRÉ. Celui qui a huit centimètres d'équarrissage.

—— CARRÉ BATARD. Celui qui a trois centimètres d'équarrissage.

—— CARRÉ COMMUN. Celui qui a deux centimètres et demi d'équarrissage.

—— EN FEUILLE. Celui qui, mince et très-large, sert à faire des ciselures et autres ornements. Il est aussi nommé TÔLE.

—— EN LAME. Celui qui, plus ou moins large, a moins d'un centimètre d'épaisseur.

—— EN VERGE. Celui qui, très-mince, sert à faire des clous, des crochets, etc.

—— MÉPLAT. all. *Halbflach*. Celui qui, en largeur, a le double de son épaisseur.

—— PLAT. Celui qui a un huitième de sa largeur pour épaisseur.

—— ROND. Celui qui, de forme cylindrique ou ronde, sert pour des tringles.

FER Suivant ses façons :

—— ACÉRÉ. Celui qui, mélangé d'acier étant chaud, est trempé pour outils.

—— COUDÉ. Celui qui, plié sur son épaisseur, est employé à différents usages.

—— CORROYÉ. Celui qui est forgé à chaud, ensuite à froid, pour le rendre moins cassant.

—— EMBOUTI. Tôle relevée en bosse, pour figurer des roses, rosaces et autres ornements.

—— ENROULÉ. Celui qui a la courbure d'une ligne en spirale, pour consoles, corbeaux, etc.

—— ÉTIRÉ. Celui qui est allongé en le battant à chaud.

—— FONDU. Celui qui brut, sert à faire des charpentes, des balcons, des platines, des rouages, des tuyaux de conduite pour eaux, poêles et fontaines, et encore une infinité d'autres ouvrages.

FER Suivant ses usages :

—— D'AMORTISSEMENT. Tout morceau mince que l'on adapte au sommet ou au faîte d'un corps quelconque.

—— DE CUVETTE. Celui qui, ayant la forme d'un collier, sert à fixer contre un mur un tuyau de descente.

FER DE MENUS OUVRAGES. Se dit des serrures, targettes, fiches et autres pièces de garnitures pour portes et fenêtres, etc.

—— DE PIÈCE. Celui fait de trois ou quatre branches que l'on adapte au bout d'un pilotis affilé. On le nomme aussi SABOT.

—— DE PIQUE. Ornement de serrurerie en forme de dard, que l'on adapte au sommet des barreaux d'une grille.

—— MAILLÉ. Treillis dormant, fait de barreaux de fer disposés carrément ou en losange.

FER Suivant ses défauts :

—— AIGRE. Celui qui à froid se casse facilement.

—— CENDREUX. Celui qui refuse le poli à cause des taches couleur de cendre qu'il contient.

—— PAILLEUX. Celui qui, ayant peu de consistance, se casse facilement.

—— ROUVERIN. Celui qui a des gerçures ; se casse à chaud.

—— TENDRE. Celui qui brûle facilement au feu.

FER-BLANC, s. m., all. *Weissblech, verzinntes Blech*, angl. *Tin*, ital. *Latta*. Fer en lame mince ou en tôle, recouvert d'étain.

FER A CHEVAL, s. m., all. *Hufeisen*, angl. *Horse shoe*, ital. *Ferro*. Terrasse circulaire où l'on arrive au moyen d'un escalier ou d'une rampe douce. Terme appliqué aussi à un arc surhaussé, mais dont le cercle forme toute la périphérie, et en usage chez les mahométans.

FERME, s. f., all. *Meierey*, angl. *Farm*, ital. *Poderc*. Métairie ou maison avec dépendances telles que granges, étables, basses-cours, etc.

—— DE CHARPENTE. all. *Dachstuhl*, angl. *Truss*, ital. *Cavalletto d'una tettoja*. Assemblage composé de deux arbalétriers, d'un poinçon, souvent d'un faux entrait, de bras de force, parfois de moises, etc. LA DEMI FERME forme la croupe.

—— DE REMPLAGE. Celles qui sont placées entre les maîtresses fermes et qui portent quelquefois sur des vides.

—— MAÎTRESSE. Celle qui porte sur une poutre.

—— RONDE. Assemblage en cintre, pour dômes, voûtes en plein cintre, etc.

—— SURHAUSSÉE. Celle qui a en hauteur plus de moitié de

la largeur sur laquelle elle s'appuie. Principalement en usage autrefois dans les toits des édifices du moyen âge.

FERME en équerre. Celle qui a en hauteur la moitié de sa largeur totale.

—— surbaissée. Celle qui a en hauteur moins que la moitié de sa base ou largeur.

FERMER, v. a., all. *Schlieszen*, angl. *To stop*, ital. *Chiudere*. Placer la clef à un arc, à une voûte, à une plate-bande, etc. Se dit aussi d'un atelier, d'une porte, d'une fenêtre, etc. Enclore un lieu.

FERMETTE, s. f., Petite ferme d'un faux comble ou d'une lucarne.

FERMETURE, s. f., all. *Verschlieszung, Schlusz*, angl. *Schutters*, ital. *Chiusura*. Se dit d'un assemblage en charpenterie, menuiserie, serrurerie, pour fermer des ouvertures quelconques.

FERRER, v. a., all. *Mit Eisen beschlagen*, angl. *To bind with iron-work*, ital. *Ferrare*. Poser des barres, gonds, etc., aux portes, volets, persiennes, fenêtres et des équerres, verroux, targettes, serrures, loquets, etc., aux placards, châssis, etc.

FERRURE, s. f., all. *Das Beschläge, der Beschlag*, angl. *Iron work*, ital. *Ferratura*. Pose ou garniture de menus ouvrages.

FESTON, s. m., all. *Fruchtschnur, Gehänge*, angl. *Festoon*, ital. *Festone*. Faisceau de branches d'arbres, garnies de leurs feuilles, entremêlées de fleurs et de fruits et exécutées en sculpture. On en fait d'artificiels, en peinture, pour des édifices temporaires, comme Arcs-de-Triomphe et autres.

FEUILLAGE, s. m., all. *Laubwerk*, angl. *Foliage*, ital. *Fogliame*. Feuilles imitées de la nature ou composées ou artificielles, dont on orne les frises, les gorges, les pilastres, les tympans, etc.

FUEILLES, s. f. pl., all. *Blätter*, angl. *Framed Work with rails, styles and panels for shutters, etc.* Assemblage en menuiserie pour fermetures de vantaux de fenêtres et magasins.

FEUILLES, s. f. pl., all. *Blätter*, angl. *Leaves*, ital. *Foglie*. Ornements de sculpture ou de peinture, employés dans les décorations d'un bâtiment.

—— galbées all. *Nur aus dem Groben gearbeitet*, angl. *Roughhewn*, ital. *Abozzo*. Celles qui sont seulement ébauchées.

—— imaginaires. all. *Nicht nach der Natur, fantastisch,*

angl. *Imaginary, phantastical,* ital. *Foglie fantastiche.* Sont des rinceaux, feuillages et touffes ainsi qu'autres assemblages composés de diverses feuilles non imitées de la nature

FEUILLES NATURELLES. all. *Natürliche,* angl. *Natural,* ital. *Foglie naturali.* Celles qui imitent la nature; on en compte quatre espèces, mises en usage dans l'antiquité pour les chapiteaux, savoir: l'acanthe, le laurier, l'olivier et le persil. Dans l'architecture romane, les feuilles d'acanthe et d'olivier sont généralement employées. Au XIIIe siècle on eût une prédilection particulière pour les feuilles de lierre, de chêne, de cerisier, de roseau, de pommier, de houx, de fraisier, de vigne, etc. Au XVe siècle les artistes employèrent d'une manière très-capricieuse les feuilles de chardon, de vigne vierge et surtout de chou. Les feuilles employées dans l'ornementation des monuments du moyen âge peuvent donc servir à aider à connaître la date d'un monument. Le bel ouvrage sur l'art égyptien qu'on attend avec impatience de M. Prisse d'Avennes, apprendra avec quelle supériorité les artistes des bords du Nil ont su employer les feuilles naturelles dans l'ornementation des merveilleux monuments qu'ils ont laissé à la postérité.

FEUILLETIS, s. m., all. *Gemeinschaftliche Grundfläche der beiden Kegel eines Steines.* Angle qui sépare la partie supérieure d'une pierre avec une autre inférieure. Se dit aussi de l'endroit où des pierres tendres se délitent.

FEUILLURE, s. f., all. *Anschlag, Schmale Vertiefung, Rinne in einem Thürgewande,* angl. *Rebate,* ital. *Scanalatura d'uscio.* Espèce de canal sur une arête, qui sert à recevoir les châssis, volets, contrevents ou feuilles d'une fermeture.

FICHE, s. f., all. *Fischband,* angl. *Bolt,* ital. *Mastietto.* Petite penture avec charnières, employée aux portes de communication, placards, gardes-robes, châssis et autres meubles. Se dit d'une lame de fer plate, dentelée comme une scie, avec laquelle on facilite l'entrée du mortier ou autres compositions entre des pierres.

FIER, ÈRE, adj., all. *Hart zu arbeiten,* angl. *Bold, firm,* ital. *Ferma, resistente.* Nom donné aux pierres et marbres très-durs.

FIGURE, s. m., all. *Bildsäule, Bild, Gestalt,* angl. *Figure, Statue,* ital. *Figura.* Nom donné principalement aux statues assises, pour les empereurs, rois, princes, grands personnages

et hommes célèbres : ou à genoux pour orner les tombeaux:
ou couchées, pour les provinces, les fleuves, etc. Se dit encore
du principal ornement figuratif d'architecture.

FIGURE DE GÉOMÉTRIE., all. *Geometrische Figur*, angl. *Geo-*
metrical, ital. *Geometrica*. Superficie limitée de tous côtés par
des lignes. La plus simple est le triangle, formé de trois côtés
ou lignes. Lorsqu'elle est à lignes droites, elle est *rectiligne*;
elle est *curviligne* lorsqu'elle est terminée par des lignes
courbes ; *mixte*, si elle est limitée par des lignes droites et des
lignes courbes ; *régulière*, si ses côtés et ses angles sont égaux,
comme le carré, le rectangle, etc., et *irrégulière* dans le cas
contraire.

FIGURINES, s. f. pl., all. *Kleine Statuen*, angl. *Statues of a*
very small size, ital. *Figurine*. Petites figures mises en usage
comme accessoires dans les décorations.

—— FUNÉRAIRES. Celles offertes en hommage aux morts et
qu'on rencontre fréquemment en aussi grand nombre dans les
tombeaux de l'antiquité, surtout en Égypte. Elles sont en bois
et peintes, en pierre ou en terre émaillée, avec des inscriptions en creux. On retrouve le même nom du mort sur toutes
celles qui sont dans la même sépulture.

FIL, s. m., all. *Faden*, angl. *Vein*, ital. *Filone*. Défauts,
veines qui, dans le marbre et les pierres, les coupent et les
détériorent par l'action de l'air. On nomme ainsi les nœuds
dans une pièce de bois qui se rencontrent au même endroit.

FILARDEUX, EUSE, adj., all. *Aderig*, angl. *With veins*, ital.
Venato. Pierres et marbres avec des fils qui leur sont perni-
cieux.

FILATURE, s. f., all. *Seiden, Wollen, etc.* — *Spinnerey*, angl.
Silk or cotton yarn Manufactory, ital. *Filatura*. Bâtiment avec
ateliers et dépendances où l'on file les soies, les cotons, les
laines, etc.

FILET, s. m. all. *Plättchen, Riemen, Ueberschlag, Binde,*
Leiste, angl. *Fillet, Annulet, Listel*, ital. *Gradetto, Listello, Orlo,*
Regoletta. Moulure formée par une petite bande unie et employée principalement dans l'architecture antique pour séparer d'autres moulures les unes des autres, comme boudins,
tores, gorges, doucines, etc. Le filet, aussi nommé *listel*, a été
employé également dans l'architecture du moyen âge et surtout dans le roman.

FILET DE COUVERTURE. Enduit de plâtre ou de mortier, qui sert à fixer un rang de tuiles ou d'ardoises contre un corps.

FILIÈRES, s. f. pl., all. *Dachstuhlpfette*, angl. *Purlin*, ital. *Comignolo*. Pièces de bois de charpente d'équerre, de grosseurs diverses, employées dans les combles et les planchers. Ce sont aussi les veines qui coupent en sens divers les bancs des carrières.

FILOTIÈRE, s. f. pl., all. *Zierliche Einfassung an Fenstern*, angl. *Ornamented border around Windows*, ital. *Cornice d'impannata di un finestrone*. Bordures ornées autour de fenêtres : bordures d'un panneau en forme de vitraux.

FLACHE, s. f., all. *Wahnkante*, angl. *Flaw*, ital. *Ciò che si vede nella sfasciatura del legno*. L'endroit où l'écorce, ou l'aubier paraissent encore, dans une pièce de bois équarrie, mais non à vive arête.

FLAMBOYANT, s. m. et adj. ital. *Fiammeggiante*. On nomme ainsi le style d'architecture qui s'éleva en France pendant la première moitié du xv° siècle et qui s'étendit jusqu'à la Renaissance. C'est un antiquaire français, aussi modeste que distingué, M. Auguste Leprévost, qui le premier proposa cette expression pour désigner le style architectural du xv° siècle. Ce style n'est point une continuation et encore moins un développement des genres qui le précédèrent immédiatement. Les œuvres dans ce style sont riches, très-diversifiées, quelquefois heureuses de conception : mais on y rencontre généralement des innovations intempestives, fantastiques et arbitraires, et quelque soit l'intérêt avec lequel l'œil s'attache à ces œuvres, on ne peut se dissimuler qu'elles témoignent d'une forte décadence dans le goût national. A quelques exceptions près, les monuments élevés dans le style flamboyant, sont vulgaires, secs et froids malgré leur exubérante ornementation qui semble avoir été le seul but de l'architecte. La pureté des lignes, la juste et conséquente proportion des masses, leurs rapports harmoniques avec les détails qui les accompagnent, la normalité des formes, tout cela fait défaut au style flamboyant. Il règne partout dans ce style, un caprice désordonné qui n'a que rarement réussi à exprimer la beauté : il a déprimé les formes précédentes, et ses additions ou ses modifications l'ont conduit au commun et à l'extravagant.

Ce qui caractérise surtout l'architecture flamboyante, ce sont les formes prismatiques ou anguleuses des moulures : les frontons en arc, en accolade ou en doucine et en autres combinaisons curvilignes : les meneaux des fenêtres et des roses en forme de figures contournées qui ressemblent à des cœurs allongés ou épatés ou encore à des *flammes* par les lignes sinueuses qu'ils affectent. Ces mêmes formes, dans des variétés infinies, se répètent aux balustrades, dans les ornements des murs, et en général partout où l'architecte a voulu dissimuler une partie massive : les clochetons offrent des tourelles pleines, octogones, sans ouvertures latérales, dont les faces, convexes et concaves, sont ornées de panneaux simulés : leurs flèches sont hérissées de feuilles à crochets. L'ornementation est formée de feuilles et de fleurs de chardon, de feuilles de choux et de vigne vierge, etc., etc.; elle est souvent pauvre et maigre, et souvent lourde et contournée en se rapprochant de l'aspect de plumes enroulées sur elles-mêmes. Les piliers des nefs se composent de filets très-fins, de gorges et de nervures prismatiques qui se continuent sans interruption des chapiteaux jusqu'à la clef des nervures des voûtes. Quand ces piliers sont ornés de chapiteaux, ils sont formés de feuillages frisés qui forment pour ainsi dire deux rangs de bouquets superposés l'un sur l'autre. Quant aux voûtes, leurs nervures sont très-saillantes et prismatiques et en très-grand nombre; souvent avec des clefs pendantes excessivement riches de conception. Le nord de la France surtout abonde en monuments flamboyants. Parmi les plus remarquables nous citerons la petite église du Saint-Esprit de Rue (Somme), de 1440, le portail de la cathédrale de Toul, de 1447, l'église de Notre-Dame de Louviers, la chapelle du château d'Amboise, de nombreuses parties de la cathédrale d'Évreux, les églises Saint-Wulfran d'Abbeville, et de Saint-Riquier, près de cette ville, Saint-Ouen de Rouen, etc., etc. Il existe aussi en Allemagne des monuments dans le style flamboyant, principalement sur la rive droite du Rhin et en Westphalie, mais dans une bien moindre proportion qu'en France. L'Italie n'accepta pas ce genre d'architecture, et en Angleterre il est remplacé par ce que les antiquaires anglais, appellent le style *perpendiculaire.* — Le style allemand, contemporain du style flamboyant français, est appelé d'en delà du Rhin, *Spätgermanis-*

cher Styl. Les églises Saint-Pierre et Saint-Paul de Görlitz, de
Saint-Goar, de Saint-Ulrich et de Saint-Afra d'Augsbourg, de
Schorndorf, Notre-Dame de Worms, la collégiale d'Anspach,
de Saint-Georges de Dinkelsbühl, Notre-Dame d'Ingolstadt,
de Saint-Martin de Landshut, le dôme de Munich, lui appartiennent.

FLAMMES, s. f. pl., all. *Flammen,* angl. *Flames,* ital. *Fiamme.*
Ornements de sculpture, imitant des flammes de feu, introduits dans l'architecture dès le commencement du règne de
Louis XIV. On les place d'ordinaire sur des vases, des candélabres, des colonnes funéraires, etc. Dans les pompes funèbres
on s'en sert comme de symboles; elles marquent alors l'im-
mortalité, comme les larmes, la douleur, etc.

FLANC, s. m., all. *Seite, Flanke,* angl. *Side, Flank,* ital.
Fianco. Petit côté d'un pavillon de face ou d'encoignure, par
lequel il est joint au corps de logis. Parties latérales d'un bastion, d'habitude perpendiculaires à la courtine.

FLANQUER, v. a., all. *Von der Seite decken,* angl. *To flank,*
ital. *Fiancheggiare.* Garnir sur les côtés, quand une façade est
terminée à ses deux extrémités par une tour, on dit qu'elle
est flanquée de deux tours ; et encore donner plus ou moins
de saillie à un pavillon, à un pilastre et autres corps en
saillie.

FLÉAU, s. m., all. *Groszer Riegel am Thorwege, Wagebalken,*
angl. *Door beam,* ital. *Sbarra o spranga.* Barre de fer ou de
bois derrière les portes cochères, qu'on tourne à demi pour
ouvrir les deux battants.

FLÈCHE, s. f., all. *Thurmspitze, Thurmhelm,* angl. *Spire,*
ital. *Aguglia.* Terminaison aiguë, circulaire ou polygonale, en
pierre ou en bois, de tours ou de tourelles dans les monuments du moyen âge. La flèche commença d'abord par n'être
qu'une pyramide à base carrée : mais au commencement du
xɪɪᵉ siècle, on devint plus hardi dans la conception de ces
constructions pour ainsi dire aériennes. La flèche a la France
pour patrie ; elle est une conséquence du système vertical
dont les éléments et les principes furent conçus et élaborés
dans le nord de la France. De là elle passe en Angleterre et en
Allemagne : dans ce dernier pays la flèche atteignit l'apogée
de sa perfection et de sa richesse. Parmi les plus anciennes
pyramides ou sorte de flèches carrées, il faut citer celles des

petites églises normandes et de Saint-Contest de Than près
de Caen : parmi les octogones les plus anciennes, celle de
Saint-Jean à Auxerre, de Saint-Étienne de Caen, ensuite celles
de Notre-Dame de Senlis, de Saint-Denis, près de Paris, de
la cathédrale de Chartres (tour du sud), de Saint-Georges de
Boscherville, de Saint-Pierre de Caen, de la cathédrale de
Bayeux. Mais ce fut en Allemagne que la conception de la
flèche eut le plus de succès : là on la construisit à jour. Dans
les vingt-cinq dernières années du xiiie siècle, on éleva la
flèche octogone et à jour de la cathédrale de Fribourg, en
Brisgau, et qui a 117 mètres d'élévation. Celle de Strasbourg
qui est postérieure, également à jour, a 143 mètres de hauteur ; la flèche de la tour méridionale de Saint-Étienne de
Vienne, commencée vers 1370 et achevée en 1433, a 135 mètres d'élévation ; celle de l'église de Notre-Dame d'Esslingue,
commencée en 1406 et continuée jusqu'en 1472, est haute de
72 mètres ; deux autres flèches du xve siècle, en Allemagne
sont celles de l'église de Strassengel, en Styrie, et de Sainte-
Marie (am Gestade ou Marie Stiegen) à Vienne.

Dans le nord de l'Allemagne, où il n'y a point de pierre, en
se contentait d'élever des flèches en charpente, recouvertes
d'ardoises ou de cuivre. Le clocher de Saint-Pierre à Ham-
bourg, détruit par l'incendie de 1842, avait une flèche de ce
genre, haute de 127 mètres ; les deux flèches de l'église Sainte-
Marie de Lübeck, ont 120 mètres d'élévation. Une belle et
haute flèche existe à Lünebourg.

Dans l'architecture anglaise de transition, les flèches aiguës
commencent à paraître, mais beaucoup plus simples qu'ailleurs. Celle de l'église d'Almondsbury, dans le Gloucestershire
est octogone, et il en est de même de celle de Sainte-Marie à
Cheltenham : nous citerons encore les flèches de Welford, de
Sainte-Marie de Stamford, de la cathédrale de Salisbury, de
125 mètres d'élévation, de Bloxham, dans le Oxfordshire, de
Louth, dans le Lincolnshire, de Newcastle sur la Tyne, les
trois flèches de la cathédrale de Lichfield, celles des cathédrales de Norwich, de Petersborough, de Chichester, etc.

FLÈCHE, s. f., all. *Querstütze*, *Sinus Versus*, angl. *Versed sine
of an arc*, ital. *Freccia*. Ligne qui passe par le milieu d'un arc,
et qui est perpendiculaire à sa corde. Petit ouvrage, élevé vis-
à-vis des chemins couverts d'une fortification. Ornement dont

on fait quelquefois usage pour couronner des barreaux verticaux de grilles.

FLÈCHE D'ARPENTEUR. Sur un dessin sert à indiquer le nord et le courant des eaux. Petite aiguille qui sert à marquer les chaînées.

FLEURS, s. f. pl., all. *Blumen*, angl. *Flowers*, ital. *Fiori*. Ornements en sculpture ou en peinture, arrangés de différentes manières, imitant la nature ou composées ou plutôt arrangées par l'imagination et le caprice de l'artiste. Une fleur, soit un lys ou une rose, orne le centre de l'abaque du chapiteau corinthien : il n'y a point de fleurs dans l'ordre dorique. Mais dans le ionique postérieur à Périklès, les fleurs paraissent, comme celles de chèvrefeuille aux élégants chapiteaux du temple d'Erechthée sur l'acropole d'Athènes. L'architecture égyptienne et assyrienne employait aussi les fleurs en peinture pour la décoration des monuments. Au moyen âge, c'est surtout au xve siècle qu'on s'est servi de quelques rares espèces de fleurs pour orner des frises : la rose fut préférée et avec elle la fleur de fraisier. Les fleurs naturelles et fantastiques qu'on trouve dans les manuscrits du xiie siècle et suivants, sont une imitation de celles que les mahométans employaient et qu'ils importèrent de l'Asie et de l'Égypte en Europe, surtout en Sicile, d'où elles passèrent en Italie pour aller de là dans le Nord, et particulièrement en France et en Allemagne.

FLEURON, s. m., all. *Blumenwerk*, angl. *Flowerwork*, ital. *Rosone, Fiorone*. Ajustement de fleurs, de feuilles, de rinceaux, de galons, de cordes, d'animaux, de figures géométriques, de fruits, de boutons, de fleurs, etc., etc., qui sert d'ornement et d'amortissement de certaines parties d'architecture.

FONDATION, s. f., all. *Grund eines Gebäudes*, angl. *Foundation*, ital. *Fondazione*. Vide pratiqué dans le sol pour l'emplacement des murs de fondement d'un bâtiment.

FONDEMENT, s. m., all. *Grund-Bau*, angl. *Foundation*, ital. *Fondamento*. Maçonnerie grossière et épaisse élevée jusqu'au niveau du sol, qui sert de base à l'édification d'un monument ou bâtiment quelconques.

FONDER, v. a., all. *Den Grund legen*, angl. *To lay the foundation*, ital. *Fondare*. Faire des fondements, prendre toutes les mesures matérielles pour faire exécuter les bases souterraines d'une construction.

FONDIS, s. m., all. *Gesunkene Erde*, angl. *Hollow, sinking earth*, ital. *Sprofondamento*. Affaissement d'un bâtiment qui a été établi sur un terrain mouvant ou peu solide ; — éboulement qui se fait dans des galeries souterraines, faute de n'avoir pas laissé assez de consistance aux piliers.

FONDS, s. m., all. *Grund, Boden*, angl. *Soil*, ital. *Fondo, Terreno*. Terrain destiné et propre à recevoir une construction.

—— DE CURE. Cavité à angles arrondis en tous sens.

—— D'ORNEMENT. Champ ou espace de formes diverses sur lequel on peut tailler ou peindre des ornements, des chiffres, des armes, des trophées, des bas-reliefs, etc.

FONTAINE, s. f., all. *Brunnen, Springbrunnen*, angl. *Fountain, spring*, ital. *Fontana, sorgente*. Source d'eau vive. Ensemble d'architecture avec ornementation ou non de sculpture qui prend différents noms, et sert soit à l'utilité, soit à la décoration d'un édifice, d'un parc, d'un jardin ou à l'embellissement d'une ville. L'art hydrostatique est basé sur le principe de l'expérience, que l'eau reprend en tous lieux sa position horizontale ou niveau. Dan un tuyau vertical, elle conserve donc son niveau quand ce tuyau communique, au moyen d'un autre, avec le réservoir ou la source. Si le tuyau vertical est plus court que le niveau de l'eau à son départ, l'eau jaillira hors de ce tuyau, afin d'obéir aux lois de l'hydrostatique, pour rechercher son niveau. Mais la pression de l'air empêche toutefois que le jet d'eau arrive tout à fait au niveau en question.

L'antiquité connaissait les fontaines artificielles, et les Égyptiens, dès la plus haute antiquité, avaient des puits artésiens, qui ne sont que des fontaines naturelles. A Athènes, Pisistrates avait orné la source de Kalirrhoe d'un portique, d'ordre ionique sans doute, et de neuf ouvertures d'où jaillissait l'eau. On a retrouvé aussi dans les ruines de Ninive et de Persépolis, des trous de fontaines qui embellissaient leurs palais gigantesques. Le sinistre moyen âge dut nécessairement négliger l'usage utile et agréable des fontaines, dont Rome antique offrait cependant de beaux et de nombreux exemples. Vers la fin du XIVe siècle, les fontaines monumentales reparaissent dans presque tous les pays septentrionaux de l'Europe.

Sur la place du marché à Durham, on voit une petite fontaine octogone, surmontée d'une statue de Neptune : l'eau y fut conduite pour la première fois en 1451. Il en existe une autre à Northampton. La fontaine de Lincoln est de l'année 1540. A Rouen il y a la fontaine de la Croix et celle de la Croix-de-Pierre, du commencement du xvi⁰ siècle. Clermont-Ferrand possède une jolie fontaine dans le style de la Renaissance et due à Jacques d'Amboise (1515). Mais une des plus belles fontaines connues est celle de Nuremberg, appelée le Schöne Brunnen, c'est-à-dire la belle fontaine. Elle a pour auteurs les deux frères architectes Georges et François Rupprecht. Bâtie dans la seconde moitié du xive siècle, cette riche construction, ornée de statues, a près de 19 mètres d'élévation. La fontaine de Trevi, la plus vaste et la plus abondante de Rome, date du temps de Clément XII ; elle fut érigée en 1735, d'après les dessins de Nicolo Salvi ; les sculptures sont de Pietro Bracci, Fil. Valle, And. Bergondi et Giov. Grossi. La fontaine de la nymphe Egérie, près de Saint-Urbain, hors la porte latine à Rome, est célèbre dans l'histoire. Mais la construction actuellement visible n'est pas auss'. ancienne que Numa : elle ne date guère que de la fin du iiie siècle de l'ère vulgaire.

FONTAINE statuaire. Celle qui est entourée d'une ou de plusieurs statues en amortissement.

—— adossée. Celle qui est appuyée contre un corps quelconque.

—— d'encoignure. Celle qui dans une rue, à un passage ou à un carrefour, est placée à la rencontre de deux façades. Telle était à son origine la fontaine du Marché des Innocents à Paris, de Jean Goujon.

—— en renfoncement. Celle qui dans un plan carré ou circulaire, est placée en retraite de l'alignement d'un pan de mur.

—— isolée. Celle qui n'a aucun bâtiment ni corps autour d'elle.

FONTS, s. m. pl., all. *Taufstein, Taufbecken*, angl. *Font*, ital. *Fonte Battesimale*. Cuves en pierre ou en marbre, de forme diverses, plus ou moins grandes, avec ou sans sculptures, sur lesquelles on tient les enfants lorsqu'on leur administre le baptême : elles sont ou placées dans une chapelle à l'extrémité

occidentale de la nef ou auprès du chœur. Parmi une des plus
belles, on peut citer la cuve baptismale du baptistère Saint-
Jean de Pise, du xive siècle, avec l'élégante statue en bronze
de saint Jean-Baptiste, attribuée à Bandinelli : cette cuve est
octogone: son diamètre est de 3 mètres 58, et elle est en
marbre de Carrare. Nous citerons aussi la grande cuve, curieuse mais barbare, de l'église Saint-Jean in Fonte à Vérone,
du milieu du xiie siècle. Il y a des fonts qui datent environ de
l'année 1140 dans l'église d'Iffley, dans le Oxfordshire : ils sont
carrés et supportés par quatre colonnes massives dont deux
sont torses. D'autres fonts circulaires existent dans l'église de
Coleshill, dans le Warwickshire : ils datent de 1150 environ,
sont ornés d'arcades à plein cintre, de figures et de très-beaux
enroulements. Dans la chapelle Saint-Michel de l'église de
Saint-Riquier, près d'Abbeville, il y a une cuve baptismale
du xvie siècle, qui est octogone et couverte de bas-reliefs qui
retracent les principaux faits de la vie de Jésus et de sa mère.
Le couvercle, espèce de pyramide en bois, est curieux quoi-
qu'il appartienne à une date plus moderne que la cuve. Nous
citerons encore les cuves baptismales des églises de Limay,
département de Seine-et-Oise, de la fin du xiie siècle ou commencement du xiiie, de Bercy, du règne de François Ier, avec
d'élégantes arabesques. Un autre fonts se voit au palais des
Beaux-arts de Paris; il est de l'année 1542, très-gracieux de
composition architecturale et d'ornementation. On trouve en
Belgique un grand nombre de fonts baptismaux en métal.
Parmi eux nous citerons ceux des églises Notre-Dame de Hal
et de Saint-Pierre de Louvain, tous deux avec pivots mobiles
destinés à en mouvoir le couvercle. Il s'en trouve un du même
genre dans l'église de Sainte-Colombe à Cologne.

FORCE, s. f., all. *Dachstuhlsaule*, angl. *Queenpost*, ital. *Razze,
Monachetti*. C'est, dans une ferme, une forte pièce de bois inclinée, assemblée dans l'entrait, ou tirant principal, et le faux
entrait; les blochets y sont assemblés. On l'appelle aussi
jambe de force ou *faux arbalétrier*. On nomme *petites forces*,
celles d'un faux comble de mansarde.

FORGE, s. f., all. *Schmiede*. angl. *Forge*, ital. *Fucina*. Vastes
bâtiments avec fourneaux, hangars, martinets et autre accessoires, où l'on fabrique le fer. Les maréchaux appellent aussi
ainsi l'endroit où ils font chauffer leurs fers pour les travailler.

FORJETER, v. n., all. *Einen Bauch machen, sich Bauchen,* angl. *To jut out,* ital. *Sporgere in fuori, uscir di linea.* Lorsqu'un mur se jette en dehors, on dit qu'il se *forjette.*

FORMERET, s. m., all. *Schildbogen,* angl. *Wall arch or Rib,* ital. *Arco d'una volta gottica.* Espèce d'arc doubleau, parallèle à l'axe d'une voûte et appuyé contre le mur latéral, d'un usage très-ancien dans l'architecture du moyen âge. Philibert Delorme est le premier qui se soit servi de ce terme.

FORT s. m. all. *Kleiner befestigter Ort, Schanze,* angl. *Fort,* ital. *Fortezza.* Petite place, élevée, avec remparts, fossés et accessoires, comme bâtiments pour loger des troupes, magasins, hangars, etc.; ordinairement situé dans un défilé et commandant une plaine ou une route; sert à mettre à l'abri un matériel de guerre et à arrêter la marche de l'ennemi. Se dit aussi d'une pièce de bois posée sur son champ.

FORTERESSE, s, f. all. *Festung,* angl. *Fortress,* ital. *Fortezza.* Place ou ville fortifiée.

FORTIN, s. m. all. *Kleine Schanze,* angl. *Little fort,* ital. *Fortino, Castelletto.* Retranchement en manière de fort.

FORUM, s. m., all. *Versammlungsplatz,* angl. *A place in antiquity for public meetings of the inhabitants,* ital, *Foro.* Le Forum était, chez les Romains, une vaste place où se tenaient les marchés, où s'assemblaient les soldats, où siégeait le conseil de guerre et où les habitants se réunissaient pour converser et s'occuper des affaires publiques. Le Forum primitif de Rome, appelé *Forum romanum* ou *magnum* était situé où est aujourd'hui le Campo-Vaccino. Depuis César et Auguste, le Forum perdit l'importance qu'il avait eue pendant l'ère républicaine et comme centre de la vie politique des Romains. Le despotisme devait craindre la critique de ses actions et en redouter la publicité. Mais il fut embelli au moyen de portiques et de monuments, tels que la basilique de Julie, monuments dont on continua la série jusqu'en 608 de l'ère vulgaire, époque à laquelle l'exarque Smaragde éleva, en l'honneur de l'empereur Phocas, la colonne qu'on voit encore aujourd'hui. Le Forum de Trajan était le plus splendide de tous ceux de Rome; il était orné d'une basilique, de quatre arcs de triomphe, de portiques et de statues : au centre s'élevait la belle colonne qui porte le nom de cet empereur, appréciateur éclairé des arts, et qui a au delà de 43 mètres d'élévation, mais affublée à son sommet d'une mauvaise statue de saint Pierre, due au sculpteur Thomas della Porta et fondue par Tornesani à la fin du XVI° siècle, par ordre de Sixte-Quint.

FOSSE, s. f., all. *Grube, Gruft*, angl. *Grave, Pit*, ital. *Fossa, Fassato* Toute cavité quelconque dans un bâtiment qui sert pour caves, puits, citernes, cloaques, etc. C'est, dans une fonderie, l'endroit où l'on place les moules.

—— A CHAUX, all. *Kalkgrube*. Trou où l'on dépose de la chaux éteinte.

—— D'AISANCE, all. *Abstrittsgruft*. Espace plus ou moins étendu, voûté, revêtu de contre-murs, de pavés, de bétons, etc., destiné à recevoir les matières des cabinets privés, etc.

FOSSÉ, s. m., all. *Graben*, angl. *Ditch*, ital. *Fossa, Fossato*. Espace d'une longueur quelconque exécuté autour des façades d'un château pour en empêcher l'approche et éclairer l'étage souterrain.

—— A FOND DE CUVE. Celui dont les angles du fond sont arrondis.

—— REVÊTU. Celui d'une forteresse, revêtu de maçonnerie.

FOUDRE, s. f., all. *Donnerkeil*, angl. *Thunderbolt*, ital. *Folgore*. Un des attributs du Jupiter romain ; ornement de sculpture et de peinture qui sert d'accessoire aux armes d'un personnage puissant.

FOUETTER, v. a., all. *Gypsanwurf machen*, angl. *To flap*, ital. *Sbattere il gesso o la malta sui panconcelli o sull' incannucciata d'un soffito, d'un tremezzo*. Jeter avec un balai ou une brosse du mortier ou du piâtre délayé, contre des murs, en forme de crépissage.

FOUILLE DE TERRE, s. f., all. *Aufgraben*, angl. *Trenching, digging out of earth for foundations*, ital. *Scavare, incavare*. Action d'ouvrir un fossé ou une cavité pour y établir les fondations d'un bâtiment, ou déblayer un emplacement quelconque.

FOUILLER, v. a. et n., all. *Vertiefen*, angl. *To excavate*, ital. *Scavare*. Terme de sculpture : évider, creuser et tailler les ornements et draperies, pour leur donner le relief convenable.

FOUR, s. m., all. *Ofen*, angl. *Oven, Kiln*, ital. *Forno, Fornace, Fornello*. Espace plus ou moins étendu et voûté où l'on fait cuire le pain.

—— A BRIQUES ET A TUILES, all. *Backstein und Ziegel-Ofen*,

angl. *Brickclamp,* ital. *Fornace di mattoni.* Celui qui sert à cuire les briques, carreaux, etc., et généralement tous les objets de poterie.

FOURCHE, s. f., all. *Kappe zwischen den Rippen einer Kuppel,* angl. *Triangular part of a Cupola between the ribs.* Portion de voûte entre les arcs d'une coupole.

FOURCHETTE, s. f., all. *Dachkehle,* angl. *Valley,* ital. *Forcella, Cantoniera.* Jonction des petites noues d'une lucarne.

FOURRIÈRE, s. f., angl. *Gebäude auf dem Hinterhof eines Palastes, in welchem Holz und Kohlen aufbewahrt werden, auch die Wohnung des Hausvoigts befindlich ist,* angl. *Wood-yard,* ital. *Legnaja.* Bâtiment dans une arrière basse-cour de palais ou d'hôtel, où l'on entrepose au rez-de-chaussée les bois, charbons, etc. ; où, au premier étage, on loge la domesticité chargée de la distribution et de la surveillance.

FOURNEAU, s. m., all. *Ofen,* angl. *Stove, Kiln, Small mine,* ital. *Fornello, mina.* Lieu où l'on cuit ou fond quelque matière. Il y en a de différentes manières , grandeurs et matiètières ; les uns servent à fondre les métaux ou à faire la cuisine ; les autres, à distiller des liqueurs et divers autres objets.

FOURNIL, s. m., all. *Backerey, Backhaus, Backstube,* angl. *Bakehouse,* ital. *Bottega dove il è forno.* Lieu à proximité d'une cuisine, contenant les fours et accessoires à cuire le pain et la pâtisserie.

FOYER, s. m., all. *Herd,* angl. *Hearth,* ital. *Focolare, Fuoco.* Lieu établi en matériaux incombustibles, comme pierre, brique, fer, etc., sur lequel on fait le feu.

—— DE SPECTACLE, all. *Wärmstube im Theater,* angl. *Tiring-room,* ital. *Ridotto o Stanza di riunione nei teatri.* Espèce de salle ou vestibule qui sert de dégagement aux loges des acteurs, et de promenade au public. Salon sur la scène où se tiennent les acteurs dans les entr'actes. Grande salle sur le devant du théâtre, où se promène le public dans les entr'actes.

FRAGMENT, s. m., all. *Theil, Bruchstück,* angl. *Fragment, a Part,* ital. *Frammento.* On nomme ainsi des parties détachées d'architecture, de sculpture ou de poterie, trouvées dans des ruines.

FRESQUE, s. f., all. *Fresco-Malerey,* angl. *Fresco-painting,* ital. *Dipintura a fresco.* Toute peinture faite sur des murs fraîchement recrépis avec des couleurs en *détrempe,* c'est-à-dire

passées par le feu et délayées avec de l'eau. Cette peinture était
employée dans toute l'antiquité et plus communément chez
les Égyptiens, les Étrusques et les Grecs ; elle fut toutefois
employée simultanément avec la peinture à l'encaustique.
Pour peindre à fresque, le mur destiné à recevoir l'œuvre de
l'artiste est fraîchement enduit ; sur l'enduit humide sont tracés les contours du sujet au moyen d'un carton piqué ou découpé. Immédiatement après on pose les couleurs, tandis que
l'enduit est encore humide. On ne se sert que de couleurs terreuses délayées avec de l'eau, ainsi que nous l'avons dit. Les
couleurs disparaissent d'abord sur le fond humide, mais reparaissent avec plus d'éclat aussitôt qu'elles sont sèches.

Les peintures d'Herculanum et de Pompeï sont des fresques.
Les premières peintures de l'ère vulgaire en Europe sont des
fresques : telles sont celles des catacombes de Rome et de Naples. Mais ce genre d'art se perdit avec tant d'autres belles
choses pendant les premiers siècles du moyen âge. Ce ne fut
qu'au xiiie siècle que la peinture à fresque eut une renaissance. Beaucoup d'églises de France et d'Allemagne en sont
les témoignages. La peinture à fresque brilla en Italie par les
Florentins et les Siennois. L'école de Giotto a laissé un nombre
considérable de fresques murales, et cette école fut imitée par
les écoles des autres parties de l'Italie. Nous citerons les fresques du Campo Santo de Pise, parmi lesquelles : l'Histoire
de la vie de saint Ranieri, par Symon de Sienne et Antonio
Veneziano ; le Triomphe de la mort et le jugement dernier,
par Andrea di Cione (Orcagna) ; la Vie des ermites, par Ambruogio et Pietro Lorenzetti ; l'Histoire des livres de Moïse et
le Couronnement de la Vierge, par Pietro di Puccio ; la Vie
de saint Éphèse et de saint Potite, par Spinello Aretino, etc.
Dans le palais public de Sienne, il y a les belles fresques du
Sodoma, de Sano di Pietro, de Symon de Sienne, de Tadeo
Bartoli, et les magnifiques fresques d'Ambruogio Lorenzetti,
représentant les suites du bon et du mauvais gouvernement,
et enfin les curieuses peintures à fresque de Spinello Aretino, représentant les démêlés de l'empereur Frédéric Ier avec
le pape Alexandre III.

FRETTE, s. f., all. *Das eiserne Band, womit die Köpfe der zum
Einschlagen bestimmten Pfähle armirt werden*, angl. *Iron hoop*,
ital. *Cerchio di ferro, fasciatura, ghièra*. Cercle de fer dont on

couronne la tête d'un pilotis qu'on enfonce pour empêcher qu'il n'éclate ou se fende.

FRETTE, s. f., all. *Gitterwerk*, angl. *Frette, Fret*, ital. *Meandro*. Espèce d'ornement qui consiste en un ou plusieurs petits filets qui se coupent horizontalement et verticalement ; les sections des canaux entre les filets sont rectangulaires. Très en usage chez les Grecs et les Égyptiens, fréquents dans l'architecture romane, surtout en Normandie. Il y a la *frette crénelée rectangulaire*, formée d'un tore qui, placé entre deux autres, court d'abord horizontalement en côtoyant l'inférieur, se relève ensuite verticalement jusqu'à ce qu'il atteigne le tore supérieur, recommence alors à courir horizontalement en le côtoyant aussi, puis redescend verticalement pour continuer toujours sa course de la même manière. La *frette triangulaire* est rare : elle forme des triangles au lieu de carrés. La *frette triangulaire diminuée* est celle qui forme des trapèzes.

FRETTÉ, adj., all. *Gegittert*, angl. *Fretted*, ital. *Lozangato*. Enrichi de l'ornement nommé frette.

FRISE, s. f., all. *Borten, Fries*, angl. *Frieze, Freeze, Frise*, ital. *Frègio*. La partie comprise dans l'entablement entre l'architrave et la corniche dans les ordres classiques. Dans les ordres grecs elle est toujours plate, quelquefois convexe dans l'architecture romaine, comme dans la basilique d'Antonin à Rome. Dans l'ordre dorique, la frise a des métopes et des triglyphes ; dans l'ordre ionique, elle est quelquefois ornée de sculptures, et il en est de même de la frise corinthienne. La frise n'était primitivement que l'extérieur de l'espace formé des abouts des poutres transversales ; les triglyphes représentent ces abouts eux-mêmes, et les métopes figurent l'espace vide entre les poutres. Dans la suite, quand l'art pénétra dans l'édification des temples, l'apparence latérale de la frise fut répétée sur les deux faces principales ; l'about des poutres fut orné et constitua les triglyphes, et l'espace entre les triglyphes fut fermé, ce qui constitua les métopes, qui, pour plus d'élégance et de richesse, furent ornées de sculptures. On sait par Euripides, vers 412 avant l'ère vulgaire, que les Grecs avaient encore le souvenir de monuments avec des triglyphes isolées. Dans *Iphigénie en Tauride* (V. 113), au moment où Oreste et Pylade se concertent sur les moyens d'entrer dans le temple d'Artémise pour enlever la statue de cette déesse,

Pylade propose de passer *entre* les triglyphes, à l'endroit où il y a une ouverture. Un temple dont le haut était ainsi disposé devait avoir une couverture en bois, et si Euripide n'en vit plus ainsi lui-même, il rapporte et utilise une ancienne tradition qui remontait à l'époque où vivait Oreste. Les Romains, qui formèrent ce qu'ils appelaient l'architecture toscane, du style hiératique pratiqué par les Étrusques, ornaient quelquefois la frise de leur dorique de têtes de bœufs décharnées, en italien *capo di bove*, telles qu'on les voit au temple de la Sibylle à Tivoli, et au tombeau de Cæcilia Metella à Rome.

FRISE, s. f., all. *Borte*, angl. *Board*, ital. *Asse, Tavola*. Pièce de bois de 0ᵐ 08 à 0ᵐ 10 de largeur employée dans la confection d'un plancher.

—— DE LAMBRIS. Panneau beaucoup plus long que large dans l'assemblage d'un lambris d'appui ou de revêtement.

—— DE PARQUET. Bandes qui rachètent le biais et séparent les feuilles et cadres d'un parquet.

FRONTISPICE, s. m., all. *Hauptseite eines Gebäudes*, angl. *Frontispice*, ital. *Facciata*. Face principale d'un grand bâtiment.

FRONTON, s. m., all. *Giebeldach*, angl. *Pediment,* ital. *Frontispizio*. Le pignon ou couronnement triangulaire plus ou moins élevé qui termine une façade ou un portique à son sommet. On s'en est aussi servi pour couronner les portes et les fenêtres. Dans les monuments antiques les frontons varient de hauteur : ainsi ils sont moins hauts en Grèce et en Sicile qu'à Rome et dans les provinces septentrionales de l'empire, parce qu'il pleuvait moins en Grèce qu'en Italie. Scamozzi fixe la hauteur d'un fronton aux deux neuvièmes de la longueur totale de la corniche, rapport qui se trouve effectivement aussi au portail du Panthéon de Rome.

—— CINTRÉ. Celui formé d'une portion de cercle.

—— CIRCULAIRE. Celui formé par un demi-cercle entier.

—— EN ENROULEMENT. Celui formé par deux consoles qui se joignent au sommet.

—— GOTHIQUE. Celui qui est très-aigu ; orné de feuilles à crochets sur ses côtés et surmonté d'un pompon de formes diverses composé de touffes de feuillages.

—— A JOUR. Celui dont le tympan est évidé pour donner du jour.

—— SANS BASE. Celui dont la corniche de niveau est retournée sur deux colonnes ou pilastres, pour l'exhaussement d'un arc à la place d'un entablement.

—— SURBAISSÉ. Celui dont l'élévation a moins d'un cinquième de sa base.

—— SURMONTÉ. Celui qui, en élévation, a plus d'un cinquième de sa base. Ce sont ceux de l'architecture ogivale française du XIIIe siècle.

—— TRIANGULAIRE. Celui qui a ses deux angles inférieurs et ses côtés égaux, l'angle du sommet obtus ou aigu.

La plus belle proportion des frontons se trouve chez les Grecs : les frontons des temples de Thésée et d'Athéné (Parthénon) à Athènes n'ont qu'un huitième de leur longueur pour élévation. Pendant les XIIIe et XIVe siècles les frontons étaient triangulaires dans l'architecture occidentale : mais au XVe la décadence du goût se manifeste fortement dans la figure des frontons qu'on trace en talon, en doucine et en d'autres contours composés de lignes droites et de lignes sinueuses, comme on en voit à l'église de Caudebec, de Saint-Riquier, au portail de la cathédrale de Troyes, etc.

FRUIT, s. m., all. *Das Dünnwerden einer Mauer nach oben, die Verjüngung derselben*, angl. *the deminishing of the thickness of a wall towards the top*, ital. *Assottigliamento*. Diminution ou retraite que l'on fait à un mur en l'élevant. *Contre fruit*, lorsqu'il est plus épais en haut qu'à sa base; se dit encore d'ornements sculptés imitant des fruits arrangés en manière de festons.

FRUITIER, s. m., all. *Obstkammer*, angl. *Fruit-loft, Fruitery*, ital. *Dispensa delle frutta*. Lieu propre à conserver les fruits en toute saison. On dit aussi *fruiterie*.

FUSAROLLE, s. m., all. *Reif, Stab, Astragalus*, angl. *Beade, Astragal*, ital. *Annulo, Tondino*. Petite moulure dont le profil est circulaire, quelquefois taillée en manière de perles, placée sous l'ove d'un chapiteau, ou d'une bande d'architrave.

FUSEAUX, s. m. pl., all. *Spindel*, angl. *Spindle*, ital. *Fusi*. Ornements de l'architecture romane, employés surtout aux chapiteaux : corps solide dont le diamètre du milieu est plus grand que le diamètre inférieur et supérieur qui sont égaux entre eux.

FUSELÉ, adj., all. *Spindelformig*, angl. *Having the shape of a spindle*, ital. *Affusato, affusolato*. En forme de fuseau.

FUSER, v. a., all. *Kalk löschen*, angl. *to slake lime*, ital. *Spegner la calce*. Eteindre, couler de la chaux.

FUT, s. m., all. *Säulenschaft*, angl. *Shaft of a column*, ital. *Fusto della colonna*. Tronc d'une colonne, compris entre la base et le chapiteau. Il peut être entièrement cylindrique ou à six ou huit pans. Il peut aussi être avec ou sans cannelures, avec ou sans arabesques. Les plus anciens fûts de colonnes connus sont ceux des hypogées de Beni-Hassan, en Egypte, qui datent de la douzième dynastie qui régnait 3000 ans avant l'ère vulgaire. Ces fûts ont 15 cannelures et une bande plate au lieu de la seizième et destinée aux hiéroglyphes. Plus anciens encore sont peut-être les fûts de colonne représentés en bas-relief sur les piliers carrés des hypogées de Météharra : ils sont lisses et cylindriques. Dans un autre tombeau de Béni-Hassan, il y a des fûts de colonnes formés d'un faisceau de quatre tiges réunies, d'une remarquable élégance. Les fûts à cannelures sont fréquents dans les monuments égyptiens de la xviiie dynastie, des xve et xive siècles avant l'ère vulgaire. Le plus ancien fût de colonne européenne, est celui représenté sur le bas-relief de la porte des lions à Mykène, antérieure à la guerre de Troie.

Les plus beaux fûts furent ceux des colonnes des monuments grecs de l'Asie-Mineure et de la Grèce propre. Les plus anciens avaient seize cannelures, ensuite on leur en donna vingt, et à la fin ils en eurent vingt-quatre, mais rarement cependant. Le fût des colonnes grecques n'était point monolithe, composé d'un seul morceau de pierre ou de marbre : il était formé de plusieurs morceaux appelés tambours, reliés entre eux par des goujons en bois et en os. Cette liaison était faite avec un tel soin, qu'on ne voyait pas les joints. Les tambours ne se posaient qu'épannelés, ensuite on appareillait la face circulaire sur laquelle enfin l'on creusait les cannelures, qu'on amorçait en haut et en bas. Il reste encore des monuments où les cannelures ne sont commencées qu'à la base et en dessous du chapiteau : le milieu est resté en saillie et lisse. Au temple d'Egeste, en Sicile, les cannelures ne sont même pas amorcées, ce qui est une preuve que les fûts ne furent pas achevés. Ce temple peut dater d'environ quatre siècles avant l'ère vulgaire.

FUTÉE, s. m., all. *Kitt von Tischlerleim und Sägespänen*, angl. *Joiner's-putty*, ital. *Mastice o mastico*. Sorte de mastic composé de sciure de bois et de copeaux avec de la colle-forte et dont les menuisiers se servent pour boucher des fentes de bois.

G

GABLE, s. m., all. *Giebel*, angl. *Gable*, ital. *Colma*. Vieux mot français qui s'applique à cette partie triangulaire d'un mur qui termine un toit à deux rampants. Il ne faut pas confondre le gable avec le pignon. La Basse-OEuvre et Saint-Etienne de Beauvais, l'église de Barfreston ont de beaux gables du xiie siècle. Aux xve et xvie siècles les pannes et plusieurs chevrons avançaient sur le gable et formaient une saillie considérable. Les deux rampants du gable étaient revêtus de planches découpées en dessins divers et richement ornées de sculptures. Ces planches ornées sont nommées *barge-boards* en anglais.

GACHE, s. f., all. *Kasten eines eisernen Thürschlosses, Schliezkappe zum Riegel eines französischen Schlosses*, angl. *Staple of a lock*, ital. *Bocca della slanghetta*. Plaque de fer percée d'un trou rectangulaire pour recevoir les pènes d'une serrure. Se dit aussi d'un collier qui sert à fixer des tuyaux de descente, *Heftring* en allemand.

GACHER, v. a., all. *Kalk, Gyps, etc. einrühren*, angl. *to mix lime or plaster with water*, ital. *Impastare, intridere*. Mêler dans une auge de l'eau avec du plâtre, lui donner le degré convenable de consistance pour être employé.

GAINE, s. f., all. *Bildsäulenschaft*, ital. *Guaina*. Sorte de piédestal destiné à supporter un buste.

GALBE, s. m., all. *Umrisz irgend einer Verzierung, einer Vase, eines Kragsteines, einer Geländersäule oder Docke*, angl. *a gracefull sweep*, ital. *Garbo*. Se dit d'un contour élégant et gracieux pour feuilles, vases, balustres et autres ornements. Les beaux galbes sont dans la nature végétale qu'on prend pour modèle. Les Égyptiens et les Grecs ont excellé dans les beaux galbes donnés à la corbeille de leurs chapiteaux.

GALERIE, s. f., all. *Gallerie, Gemach sehr lang und schmal*, angl. *Gallery*, ital. *Galleria*. Pièce beaucoup plus longue que large, qui sert à se promener et souvent de dégagement dans un vaste appartement. C'est aussi un passage, ayant un mur d'un côté, et de l'autre des pilastres ou des colonnes, dont, l'entrecolonnement peut être ouvert ou fermé. Il y a de vastes galeries dans les palais qui servent aux fêtes que donnent les souverains, comme la galerie de Diane à Versailles, celles de François Ier et de Henri II au château de Fontainebleau. Celles de la cour du Vatican où sont les loges de Raphaël, sont assez connues : elles servent de communication et de promenoirs.

GALERIE D'ÉGLISE. All. *Emporkirche*, angl. *Triforium*, ital. *Loggia*. Celle située au-dessus des collatéraux et située au-dessus des grandes arcades de la nef, sur cette nef. On la trouve principalement dans les grandes églises, comme à Notre-Dame de Paris, de Noyon, d'Amiens, etc.

—— DE PEINTURE. All. *Bildersaal*, angl. *Picture gallery*, ital. *Galleria per pittura*. Celle où l'on a réuni et où l'on conserve un grand nombre de tableaux.

—— DE POURTOUR. Celle adaptée en encorbellement pour établir une communication tant intérieurement qu'extérieurement.

GALETAS, s. m., all. *Zimmer unter dem Dache*, angl. *Garret*, ital. *Solajo*, *Soffitta*. Dernier étage d'une maison, en partie dans le comble, éclairé par des lucarnes.

GALONS, s. m. pl., all. *Gallone, Borde*, angl. *Lace*, ital. *Galloni*. Ornements de l'architecture romane, imitant des galons pliés, repliés sur eux-mêmes, entrelacés et tressés, simples ou enrichis de dessins ou de détails imitant des pierres fines, des perles, etc.

GARDE (CORPS DE), s. m., all. *Wache, Wachthaus, Wachtstube*, angl. *Guardhouse or room*, ital. *Corpo di guardia*. Lieu où les soldats de garde se retirent. Quelquefois isolé, peut être décoré d'un ordre convenable, accompagné d'une pièce pour l'officier et d'une petite prison appelée *violon*.

GARDE-FOU, s. m., all. *Geländer an Brücken, Gräben, etc.*, angl. *Rail*, ital. *Parapetto, sponda*. Appui massif ou à jour, avec ou sans balustres, etc., placé des deux côtés d'un pont, d'une terrasse ou autres lieux, pour empêcher les accidents. Se nomme aussi *garde-corps*.

GARDE-MANGER, s. m., all. *Speise-Kammer*, angl. *Larder, Buttery*, ital. *Dispensa, Moscajuolo*. Lieu, au nord et près d'une cuisine, où l'on dépose les objets de bouche ou de consommation.

GARDE-MEUBLE, s. m., all. *Geräth-Kammer*, angl. *Wardrobe*, ital. *Guardaroba*. Magasin où l'on dépose et conserve des meubles et des effets. On nomme ainsi un des plus beaux monuments de l'architecture française du xviiie siècle, situé sur la place Louis XV ou de la Concorde, à Paris.

GARDE-ROBE, s. f., all. *Kleider-Kammer*, angl. *Wardrobe*, ital. *Guardaroba*. Lieu, cabinet ou placard qui sert à conserver du linge, des habillements et autres objets précieux. Se dit encore du cabinet où l'on place une chaise percée, etc.

GARGOUILLE, s. f., all. *Steinerne Traufröhre am Dache, Schnautze einer Dachrinne, Fratzengesicht*, angl. *Gargoyle*, ital. *Doccia di gronda*. Dans l'architecture ogivale, on nomme ainsi l'extrémité d'une gouttière sculptée d'une manière quelconque, le plus souvent en forme de monstre fantastique et grotesque, à corps allongé avec une forte saillie sur les murs, avec une gueule béante qui jette l'eau d'un chéneau, d'une gouttière loin du pied des monuments. C'est aussi une pierre creusée qui sert à conduire quelque part des eaux.

GARNI, s. m., all. *Ausfüllung der Mauern mit kleinen Steinen zwischen den äussern Hauptsteinen*, angl. *Uncoursed rubble work between two ashlar facings*, ital. *Ripieno*. Maçonnerie ou remplissage entre des carreaux, boutisses, parements d'un gros mur. Se dit aussi d'un ramassis de cailloux ou de moellons que l'on place entre un mur et la terre pour empêcher l'humidité de pénétrer. Synonyme de *remplissage*.

GARNITURE, s. f., all. *Zugehör, Auszierung, Besetzung*, angl. *Trimming, Furniture*, ital. *Guarnitura, ornamento*. Se dit des planchers, des cadres, des crochets, des happes, etc. que l'on pose dans quelque lieu.

—— DE COMBLE. *Alle Materialien, welche zur Deckung eines Daches von dieser oder jener Art erforderlich sind*. Se dit des lattes, ardoises ou tuiles, etc., d'un comble.

GAUCHE, adj., all. *Ungeschickt, sagt man von einem Stein oder Holz, dessen Flächen aus Versehen nicht winkelrecht in das Gevierte gehauen sind*, angl. *Is applied to materials, stone or wood, badly and awkwardly cut*, ital. *Sgraziato*. Se dit d'un mur, d'un parement, d'une pierre, d'une pièce de bois, irrégulier, dont les faces ne sont pas droites et les parements non d'équerre. Une pièce de bois est gauche quand elle est maladroitement équarrie.

GÉMINÉ, ÉE, adj., f. et m., all. *Doppelt*, angl. *Double, Twofold*, ital. *Doppio*. Une arcade ou baie géminée est celle qui est subdivisée en deux autres. Des ogives géminées sont celles qui sont réunies deux à deux.

GÉOMÉTRAL, LE, adj., all. *Geometrisch*, angl. *Geometrical*, ital. *Geometrico*. Se dit d'une élévation, d'une façade, non vue en perspective, d'un plan dont les proportions sont rigoureusement observées et d'après lesquelles on peut exécuter l'œuvre. La façade géométrale, comme la coupe, supposent l'œil toujours au niveau du point qu'il regarde : c'est l'opposé de la façade en perspective que l'œil embrasse sans changer de plan. Dans la première les lignes horizontales sont parallèles, tandis que dans la seconde, les lignes horizontales en nature tendent au point de fuite.

GÉOMÉTRIE, s. f., all. *Geometrie, Gröszenlehre, Messkunst*, angl. *Geometry*, ital. *Geometria*. La seconde partie des mathématiques pures et élémentaires, consacrée à la connaissance de l'espace. L'espace est l'étendue d'un objet dans plusieurs directions (longueur, largeur et épaisseur) : c'est sa grandeur, ce qui est susceptible d'addition ou de soustraction de ses parties.

GÉOMÉTRIQUE (PROGRESSION), s. f. Série de nombres qui augmentent et diminuent dans un certain ordre. Le nombre exposant détermine la série. Par exemple, les nombres 1, 2, 4, 8, 16, 32, 64, 128, etc., augmentent successivement, de sorte que le nombre suivant est toujours le double de l'antécédent : deux est l'exposant de cette série.

—— PROPORTION. C'est l'égalité de deux rapports géométriques. Par exemple 3 se rapporte à 6 comme 4 à 8 ; car 6 est le double de 3, comme 8 est le double de 4. On exprime cette proportion de la manière suivante : 3 : 6 = 4 : 8. Dans toute proportion géométrique le produit des deux nombres extrêmes est égal à celui des deux nombres du milieu. Dans l'exemple cité plus haut on aura $3 \times 8 = 4 \times 6 = 24$.

—— RAPPORT. Quand on cherche la valeur de deux nombres entre eux au moyen de la division, lorsqu'on indique alors le quotient de l'exposant du rapport : dans le rapport 3 : 6 l'exposant est 2.

GÉOMÉTRIQUES (MOULURES), adj. Ce sont celles qui peuvent être tracées à la règle et au compas. On les divise en moulures simples et composées : les premières sont : le filet ou listel, la bande, l'astragale, le quart de rond, le cavet et le tore ; les secondes sont : la cymaise ou talon, la doucine et la scotie.

GLOBE D'EAU, s. f., all. *Wassergarbe*, angl. *Water-sheaf*, ital. *Fascio d'acqua*. Plusieurs tuyaux disposés avec art, de manière à jeter en même temps de l'eau.

GERÇURES, s. f. pl., all. *Risse*, angl. *Clefts*, ital. *Fessure, Crepature*. Se dit des fentes dans le bois, des lézardes dans la maçonnerie.

GIRANDE, s. f., all. *Art künstlicher Spring-Brunnen*, angl. *A kind of Water-works*, ital. *sorte di Zampillo*. Plusieurs tuyaux d'où l'eau jaillit avec impétuosité, et qui, au moyen des vents renfermés, imitent le bruit du tonnerre, de la pluie, etc.

GIRON, s. m., all. *Oberste Fläche einer Treppenstufe*, angl. *Tread or breadth of the Step, of a stair*, ital. *Larghezza degli scaglioni, o scalini d'una scala*. Largeur de la partie horizontale ou supérieure d'une marche, où l'on pose le pied.

—— DROIT. *Flyer* en anglais. Celui qui est contenu entre deux lignes parallèles.

—— RAMPANT. Celui qui, très-large, est peu élevé.

—— TRIANGULAIRE. All. *Wendelstufe, Stufe einer Wendeltreppe*, angl. *Winder*. Celui qui est étroit près du noyau et large à son autre bout, comme dans un escalier à vis ou tournant.

GIROUETTE, s. f., all. *Wetterfahne*, angl. *Weathercock*, ital. *Banderuola*. Pièce de zinc, fer-blanc ou tôle de fer, de formes diverses, placée sur un comble ou ailleurs, pour servir à indiquer les vents. La girouette est enfilée et tourne sur une verge qui est immobile. L'emploi de la girouette, comme ornement, était très-fréquent au moyen âge et pendant les siècles qui le suivirent. La figure du coq a souvent été et est encore employée comme girouette : il symbolise la vigilance et du sommet des flèches d'églises il salue le premier le lever du soleil.

GLACIÈRE, s. f., all. *Eiskeller*, angl. *Ice-house*, ital. *Ghiacciaja*. Excavation sous un bâtiment ou lieu frais quelconque, de forme cylindrique ou conique, avec un gril au fond, pour faciliter l'écoulement des eaux de la fonte des glaces qu'on y conserve; son entrée est ordinairement au nord.

GLACIS, s. m., all. *Abhang, Feldbrustwehre,* angl. *Sloping-bank,* ital. *Spianata, spalto.* Pente douce pratiquée au-dessus d'un cordon, d'une corniche, etc., pour faciliter l'écoulement des eaux de pluie et de la fonte des glaces; se dit aussi des esplanades comprises entre les chemins couverts et les contre-fossés d'une fortification, des murs, évasements, contre-cœurs, etc., à qui l'on donne beaucoup de talus.

GLAISE, adj., all. *Thonerde,* angl. *Clay, potter's earth,* ital. *Argilla, Creta.* Terre forte et grasse de diverses nuances, grise, brune ou verte, dont on fait des tuiles, des briques et tuyaux et autres objets de poterie. Sert aussi pour les ciments de fontaines, de citernes, de batardeaux et autres lieux pour empêcher l'infiltration des eaux.

GLOBE, s. m., all. *Globus,* angl. *Globe,* ital. *Globo.* Même chose que sphère.

GLOIRE, s. f., all. *Glorie,* angl. *Glory,* ital. *Gloria.* Dans l'art du moyen âge, le disque représenté autour de la tête d'un personnage.

GLYPHE, s. m., all. *Glyph,* angl. *Glyph,* ital. *Glifo.* Canal à angle circulaire ou carré qui sert d'ornement dans l'architecture antique. Dans la frise de l'ordre dorique il y en a trois : de là le mot triglyphe.

GLYPTOTHÈQUE, s. f., all. *Glyptothek,* ital. *Gliptoteca,* Bâtiment destiné à la conservation d'ouvrages de sculpture de l'antiquité et des temps modernes. Il y a un tel bâtiment à Munich, que son architecte de Klenze commença en 1826 et acheva en 1830.

GNOMON, s. m., all. *Zeiger einer Sonnenuhr,* angl. *Gnomon,* ital. *Gnomone, ago, stilo d'un quadrante.* Style d'un cadran solaire : aussi instrument destiné à mesurer la hauteur du soleil. On pense, mais sans en avoir la certitude, que ce fut Anaximandre de Milet, né en 611 avant l'ère vulgaire, qui le premier fit des horloges solaires ; d'autres disent que ce fut son disciple Anaximènes. Hérodote, de son côté, dit que les Grecs tenaient le cadran solaire des Babyloniens. On a des observations astronomiques des Chinois faites au moyen du gnomon, qui datent de onze siècles avant l'ère vulgaire. Le Grec Pytheas mesura à Marseille, vers 320 avant l'ère vulgaire la hauteur du soleil avec un gnomon de 40 mètres d'élévation. Le premier cadran solaire, dit Pline, fut érigé à Rome 293 avant l'ère vulgaire par L. Papirius Cursor, auprès du temple de Quirinus; mais Varron, rapporté par Pline, attribue ce fait à M. Valerius Messala, en 263 avant l'ère vulgaire. En 1468 Paul Toscanelli construisit un gnomon solsticial sur le dôme de Florence, élevé peu d'années auparavant par Brunelleschi : on s'en est servi la dernière fois en 1510.

GNOMONIQUE, s. f., all. *Gnomonik*, angl. *Gnomonics*, ital. *Gnomonica*. Science de tracer les cadrans solaires.

GOBETER, v. a., all. *Die Ritzen in einer Mauer verkleiben*, angl. *To plaster joints of a wall*, ital. *Riturare o empire digesso le commessure delle pietre d'un muro.* Introduire du mortier ou du plâtre délayé dans des joints de pierre, etc.

GODRONS, s. m. pl., all. *Eine Art Verzierung mit Leisten statt der Eier an runden Gesimsgliedern*, ital. *Bacchettine, cornici, bastoni.* Ornements convexes en demi-rond, taillés sur une échine ou un quart de rond, offrant l'aspect de tores juxtaposés. On peut assez justement se représenter les godrons comme étant l'inverse des cannelures. Principalement employés dans l'architecture romaine.

GODRONNÉ, adj., orné de godrons. Pratiqué fréquemment dans les chapiteaux et les fûts de colonnes de l'architecture romane du XII° siècle.

GOND, s. m., all. *Thürangel, Thür, Thor-Band*, angl. *Hinge*, ital. *Arpione, cardine.* Fer plat fixé sur l'épaisseur inférieure d'une porte, coudé à l'extrémité, près de la feuillure, sur lequel tournent les pentures d'une porte.

GONFALON, s. m., all. *Kirchenfahne, Brüderschaftsfahne*, angl. *Church banner, gonfalon*, ital. *Gonfalone.* Bannière d'église ou de corporation, de confrérie : de plusieurs couleurs et avec des attributions diverses.

GORGE, s. f., all. *Hohlkehle, Hohlleiste*, angl. *Hollow, casement*, ital. *Cavetto.* Moulure concave, tracée au moyen d'un quart de rond, ou d'une portion de cercle quelconque, ayant ordinairement autant de saillie que d'élévation. Elle est plus large et moins profonde que la scotie et de toutes les époques.

GORGERIN, s. m., all. *Hals einer toscanischen Säule*, angl. *Collar, Colarino, cincture, neck, gorgerin, hypotrachilium*, ital.

Collarino. Petite frise dans des chapiteaux romains, comprise entre l'astragale et les annelets.

GOTHIQUE (ARCHITECTURE), s. f. Malgré la grande variété qui existe dans les monuments du moyen âge, on peut cependant les ranger dans deux styles bien caractérisés. Pendant les premières mille années de la période chrétienne, les édifices sont élevés dans un style qu'on a nommé roman. Le second style qui a prévalu dès le commencement du XIIIe siècle, tant en France qu'en Angleterre, en Allemagne, en Espagne et dans une partie du nord de l'Italie, a été nommé pendant longtemps *gothique,* mot dont on se sert encore pour désigner l'architecture des trois siècles qui précédèrent la Renaissance. Mais le mot gothique est tout à fait impropre dans le sens où on l'emploie. Les Goths, peuple germanique, envahirent au VI° siècle certaines provinces européennes de l'empire romain : ils n'étaient point assez civilisés pour avoir pu concevoir un nouveau style d'architecture et il est certain au contraire qu'ils imitèrent dans leurs édifications monumentales les édifices qu'ils rencontrèrent dans le pays qu'ils envahirent. Vasari est un des premiers qui se soit servi du terme de gothique pour désigner l'architecture ogivale. Avant lui César Cesariano, un des commentateurs primitifs de Vitruve, avait trouvé occasion de parler de l'architecture gothique qu'il appelle aussi allemande, et depuis le XVIe siècle tous les auteurs se sont servis du mot gothique pour désigner l'architecture française à ogive. Peu à peu le mot gothique fut employé pour désigner ce qui passait pour être barbare, fantastique, arbitraire et laid, quand G.-J Grelot, dans sa *Relation nouvelle d'un voyage à Constantinople,* etc., 1680, parle des portions de Sainte-Sophie d'un style grec corrompu, il les qualifie de grec gothisé, ou d'un ordre particulier qu'on peut appeler grec barbare. Si Molière veut flétrir le mauvais goût des âges passés, il s'exprime ainsi dans la *Gloire du Val de Grâce* de l'année 1669 :

> ..... Du fade goût des ornements *gothiques,*
> Ces monstres odieux des siècles ignorants,
> Que de la barbarie ont produits les torrents,
> Quand leur cours inondant presque toute la terre
> Fit à la *politesse* une mortelle guerre,
> Et de la grande Rome abattant les remparts
> Vint avec son empire étouffer les beaux-arts.

Fénelon, dans le deuxième Dialogue sur l'éloquence, a aussi appliqué le mot de gothique à l'architecture ogivale. «Connaissez-vous l'architecture de nos vieilles églises qu'on nomme gothiques? dit-il. N'avez-vous pas remarqué ces roses, ces points, ces petits ornements coupés et sans dessin suivi, enfin tous ces colifichets dont elle est pleine? Voilà en architecture ce que les antithèses et les autres jeux de mots sont en éloquence. L'architecture grecque est bien plus simple. Elle n'admet que des ornements majestueux et naturels : on n'y voit rien que de grand, de proportionné, de mis en place. Cette architecture qu'on appelle gothique nous est venue des Arabes : ces sortes d'esprits étant fort vifs, et n'ayant ni règle ni culture, ne pouvaient manquer de se jeter dans de fausses subtilités : de là leur vint ce mauvais goût en toute chose. Ils ont été sophistes en raisonnement, amateurs de colifichets en architecture, et inventeurs de pointes en poésie et en éloquence. Tout cela est du même génie. »

Dans l'*Histoire littéraire du règne de Louis* XIV, par l'abbé Lambert, Paris, 1751, l'auteur dit que « le barbarisme succéda à l'élégance et au choix des ordres dès que Rome, en cessant de donner des lois, fut contrainte d'en recevoir. Les ravages des Visigoths dans le v° siècle abolirent les plus superbes monuments de l'antiquité : ce fut alors qu'un mélange connu sous le nom d'ordre gothique, qui se ressentait du beau qu'on avait quitté et du goût grossier apporté par les peuples du Nord, prit la place de la belle architecture. »

Rousseau aussi emploie le mot gothique comme terme de flétrissure. Dans sa préface des Lettres de deux amants, on lit : « Ce recueil avec son gothique ton, etc. Maximes gothiques. »

Dans son *Essai sur l'Architecture* de 1753 et 1755, l'abbé Laugier dit : « On abandonna les ridicules colifichets du gothique et de l'arabesque pour y substituer les parures mâles et élégantes du dorique, de l'ionique, du corinthien. »

Enfin le Dictionnaire de l'Académie dit que gothique se dit familièrement, par une sorte de mépris, de ce qui paraît trop ancien, hors de mode, etc.

Félibien, dans la *vie des plus célèbres architectes*, en parlant de la manière gothique (monuments du commencement du xi° siècle jusqu'à la fin du xiv°, dit-il), rapporte « qu'on pré-

tend qu'elle a été introduite par les Gots. A l'égard des bâtimens gotiques, continue-t-il, il n'y a point d'auteurs qui
en ayent donné des règles : mais on remarque deux sortes de
bâtimens gotiques, sçavoir d'anciens et de modernes. Pour les
modernes, ils sont d'un goût si opposé à celuy des anciens
gotiques, qu'on peut dire que ceux qui les ont faits, ont passé
dans un aussi grand excès de délicatesse, que les autres avoient
fait dans une extrême pesanteur et grossiereté, particulièrement en ce qui regarde les ornemens. » On voit que Félibien
avait su saisir la grande différence entre le roman et le style
ogival.

Ainsi qu'en France, le terme de gothique comme expression
de mépris a longtemps prévalu en Angleterre. « L'ancienne
architecture grecque et romaine, disait Evelyn vers 1697, répond à toutes les perfections requises dans un bâtiment accompli et sans fautes, et aurait sans aucun doute subsisté et fait
prévaloir ses prétentions, ainsi que ce qui est dit d'elle, si les
Goths et les Vandales et d'autres nations barbares ne les eussent
pas renversées ou démolies, en même temps que l'empire glo-
rieux où se trouvaient ces monumeuts superbes et pompeux, et
introduit à leur place une certaine manière fantastique et licen-
cieuse de bâtir, que nous avons nommée depuis moderne ou
gothique, — tas de piles lourdes, obscures, mélancoliques et
monacales, sans juste proportion, ni utilité ni beauté. » Ce
passage est rapporté par sir Christopher Wren dans son *Pa-
rentalia*, où il le nomme « la judicieuse comparaison des
styles anciens et modernes. » L'architecte de Saint-Paul de
Londres va même plus loin quand il dit: « L'irruption d'es-
saims de ces peuples brutaux du Nord, ces Maures et ces
Arabes du sud et de l'orient, inondant le monde civilisé, commencèrent, partout où ils se fixèrent, la débauche de cet art
noble et utile : alors qu'au lieu de ces magnifiques ordres, si
majestueux et si convenables, ils élevèrent ces piliers minces
et mal faits, ou plutôt faisceaux de douves et autres étais
absurdes pour supporter les poids imposés et les toits
voûtés et pesants sans entablement. » — Ailleurs il appelle
les cathédrales « des montagnes de pierre, des constructions vastes, gigantesques, mais indignes du nom d'architecture. »

On ne traita non plus guère mieux l'architecture ogivale en Allemagne au xviiie siècle. Lessing, Gœthe, Wieland la condamnent : le premier dit qu'elle est inintelligente, qu'elle ne représente que d'énormes masses de pierre, sans goût ou au moins érigées dans un goût très-médiocre.

Mais au xixe siècle, on a rendu justice de nouveau au style improprement qualifié de gothique. On a apprécié avec impartialité ses particularités sans omettre tous ses grands défauts, et enfin on lui a assigné dans l'histoire générale des beaux-arts la place et le mérite relatifs qu'elle méritait. Cette architecture, qui commence vers 1200, est surtout caractérisée par l'arc aigu ou à tiers-point ; par des piliers tellement originaux qu'ils perdent toute trace des proportions classiques ; par des fûts de colonnes placés les uns à côté des autres, souvent de diamètres divers et groupés, et combinés de manières diverses. Ses moulures, ses corniches et ses chapiteaux n'offrent plus ni les membres ni les formes classiques : les arêtes d'équerre, les surfaces rectangulaires, les pilastres et les entablements ont disparu ; les éléments de la construction sont devenus sveltes, isolés, détachés, ils sont infatigablement répétés et multipliés : ils assument des formes qui impliquent la courbure et la ramification. Les baies deviennent la partie importante des murs, les autres parties leur sont subordonnées. La tendance générale est d'arriver à la prépondérance et à la prolongation la plus étendue possible des lignes *verticales ;* dans l'intérieur, par exemple, au moyen de la continuation de l'articulation des piliers, comme archivolte, et, à l'extérieur, par l'emploi de contre-forts d'une forte saillie qui s'élèvent à travers les balustrades supérieures pour se terminer en clochetons et en flèches.

L'origine de l'architecture ogivale, dite gothique, a donné lieu à une foule de systèmes, les uns ingénieux, les autres fantastiques et l'on ne peut plus invraisemblables. A la page 239 du second volume de notre *Manuel de l'histoire de l'architecture,* nous avons rapporté l'opinion de soixante-dix-sept auteurs sur l'origine de l'architecture qui succéda au roman au xiiie siècle. Aujourd'hui un fait positif est acquis à l'histoire de l'art : c'est que le style en question a pour berceau la province de l'Ile-de-France, et que son origine, du temps de l'administration de l'abbé Suger, est due à la solution de

couvrir d'une voûte d'arête un espace plus large que long,
tout en conservant le même niveau pour le sommet de l'intrados des deux voûtes croisées. Cela ne pouvait avoir lieu
qu'au moyen de la substitution de l'arc aigu ou à tiers point ou
ogival, à l'arc à plein cintre ou formé d'un demi-cercle. Des
aspirations religieuses, des élucubrations mystiques, des sentiments d'esthétique ne sont pour rien dans l'architecture du
XIII⁰ siècle ; elle ne doit son existence qu'à une nécessité absolue de construction qui, méditée, élaborée avec logique, en-
fanta un système complet rigoureusement conséquent dans
l'articulation concrète de toutes ses parties. Mais il faut dire,
d'un autre côté, que l'effet produit sur l'âme par ces monuments du temps de Louis IX, est mélancolique, triste, ce qui
provient de leur imperfection, parce qu'on a violé dans eux
toutes les lois de l'équilibre, toutes les mélodies de l'harmonie
du monde. « Nous éprouvons aussi, dit un auteur contemporain, en faisant le tour d'une cathédrale et en la considérant
en plein soleil, à l'aspect de ces arcs-boutants, de ces aiguilles,
de ces terrasses d'inégale hauteur, de ces lignes droites et
courbes qui se croisent et s'entre-choquent dans tous les sens,
quelque chose qui nous gâte le sentiment de l'infini par celui
de l'inachevé. Pour peu que l'intelligence prenne alors en nous
le dessus sur le sentiment, il nous semble que nous sommes
en face d'une énorme bâtisse encore en construction et sans
ordonnance apparente, à laquelle sont encore suspendus les
échafauds, les poulies et les cordages à travers lesquels exé-
cutent les maçons et leurs aides. Outre qu'il n'y a presque pas
au monde de cathédrales gothiques réellement terminées, il
n'y en a pas une seule qui ait l'air d'être achevée ; et cet aspect
d'inachèvement, l'indétermination de ce rhythme architectural si vague et qui n'éveille aucune idée d'ordre, de proportion et de symétrie, offre quelque chose de douloureux à l'esprit. Ce besoin d'ordre, de clarté, de précision, ce sentiment
d'une mesure arrêtée, d'une mélodie franche, d'un accord
complet entre le tout et les parties, en un mot toutes ces
notions diverses qui constituent la notion du beau, restent
hésitantes et bouleversées, et la jouissance que l'on éprouve
a quelque chose d'inquiet et de maladif. Au lieu de se
trouver transporté dans la région sereine de ce qui est éter-
nel et divin, on sent trop, à cette admiration mélancolique

et poignante, que l'on reste enchaîné dans la vallée des larmes [1]. »

GOUACHE, s. f., all. *Deckende Wasserfarben Malerei*, angl. *Water colour painting*, ital. *Pittura a guazzo o tempera*. Peinture dont les couleurs non transparentes sont détrempées et délayées avec de l'eau de gomme. Elle diffère de l'aquarelle en ce qu'elle couvre le fond sur lequel on peint.

GOUJON, s. m., all. *Döbel, Bolzen, Klammer*, angl. *Gudgeon, Tronpin*, ital. *Ago d'un arpione, Pernio*. Cheville en bois ou en fer, ronde ou carrée et sans tête que l'on pose dans les tambours de colonnes, dans des balustres, des pilastres, etc. On l'emploie aussi pour lier des claveaux de plate-bande, d'architrave et des tablettes de recouvrement.

GOULETTE, s. f., all. *Kleine Hohlkehle auf den Marmorplatten bei Wasserpyramiden*, angl. *a little channel*. Petit canal à un bassin, par lequel les eaux s'échappent en forme de nappes.

GOULOTTE, s. f., all. *Kleine Rinne in Rinnleisten, um das Abtropfen des Regenwassers zu befördern*, angl. *Small canal hollowed in a cornice, a string course*, etc., *for the purpose to conduct rainwater into a pipe*, ital. *Canaletto, cavetto*. Petite rigole qui, pratiquée sur une corniche, un cordon ou autres corps saillants, est destinée à recevoir les eaux pluviales et les conduire dans un tuyau de descente.

. GOUSSES, s. f. pl., all. *Auslaufende Blätter im jonischen Capitäl*, angl. *Cods or husks in the ionion capital*, ital. *Baccelli, gusci*. Écorces de fèves placées comme ornement à côté des oves du chapiteau ionique.

GOUSSET, s. m., all. *Trage oder Stützband*, angl. *Bracket*, ital. *Ditello*. Pièce de bois placée diagonalement dans une enrayure, pour assembler les coyers avec les tirants, les plateformes et lier une ferme. Dans les croupes, il sert à supporter la demi-ferme d'arêtier.

GOUT, s. m., all. *Geschmack,* angl. *Taste*, ital. *Gusto*. C'est cette faculté de l'homme de saisir et de comprendre le beau, c'est cette facilité d'apercevoir et de retracer le beau et le sublime de la nature et de l'art; c'est encore cette qualité d'une âme accomplie qui consiste à embrasser par un effet immédiat

---

[1] *Questions d'art et de morale*, par M. Victor de Laprade. 1861, in-18, page 181.

de l'esprit, les proportions, les mesures, l'ordre, les rapports, en
un mot l'harmonie, l'accord musical du monde. Le germe primitif du goût est un don naturel : plus les organes sont constitués avec délicatesse , plus ils sont excitables , plus l'homme
est capable de comprendre le beau. Voilà pourquoi l'homme
le moins cultivé même a souvent le sentiment du beau. Mais
il faut que cette faculté de voir le beau soit cultivée et développée, car elle resterait incomplète, ou bien elle suivrait une
fausse direction, malgré sa conception naturelle du beau.

L'artiste ne doit pas manquer de goût si ses œuvres doivent
plaire et opérer une impression agréable sur l'âme. L'esprit
toutefois , ne peut développer et encore moins acquérir le
goût par l'étude : le goût doit être cultivé par l'observation
de la nature et celle de ses phénomènes aussi bien intellectuels que physiques. Plus un homme est familiarisé avec le
monde qui l'entoure, plus il a de goût, et plus ce goût aussi
est-il élevé et complet. Citons comme exemples Phidias et
Léonard de Vinci. Ce qui aide puissamment le développement
et l'épuration du goût, c'est l'étude intelligente des belles
œuvres d'art du passé. Ainsi pour l'architecte, il devra étudier
et connaître la puissance, la force, l'imposante gravité de l'architecture égyptienne , sa science profonde des proportions à
donner aux colonnes et à leurs chapiteaux suivant la dimension
du monument et la nature des matériaux employés; il devra
connaître la normalité des formes, la simplicité et la magnificence des détails et de l'ornementation du dorique, de l'ionien
et du corinthien grecs : il devra s'initier au génie et aux idées
qui présidèrent à la conception des plus beaux monuments des
rives du Nil, tels que les temples et les palais de Thèbes ; il
devra se familiariser avec les éléments de la société grecque
et étudier le Parthénon , les Propylées d'Athènes , le temple
d'Apollon Epicurien de Phygalie et les belles ruines des édifices du temps de Périclès qui jonchent en toutes directions le
sol de la Grèce; il ne devra pas omettre d'étudier les vestiges
d'architecture qui subsistent à Persépolis, où le goût s'est manifesté dans plus d'un détail élégant : enfin il étudiera les
monuments romains et ceux du moyen âge pour se garantir
des écarts du vrai et du beau, et ne pas tomber dans l'exagération et le fantastique.

L'architecte pourra encore étudier la renaissance qui eut

lieu dans le style roman vers le milieu du xii⁰ siècle, renaissance qui s'éleva à la suite des premières croisades et qui fut amenée par la connaissance des monuments de l'antiquité que les Occidentaux émerveillés visitèrent en Orient. Au xvi⁰ siècle, le goût se retrempa une autre fois dans les traditions grecques et latines, dont la renaissance fut préparée au xiii⁰ siècle par les tentatives de l'empereur Frédéric II et les grands artistes qu'il sut choisir et former pour exécuter les édifices et les monuments historiques élevés sous son règne : renaissance consommée plus radicalement encore sous le règne de François I⁰ʳ par le grand mouvement antique des esprits , poussé par la diffusion des lettres classiques qu'opérèrent les Domitio Calderino, les J. Sulpicius, les Ange Politian, les Marsile Ficin, les J. Argyropule et tant d'autres qui eurent pour précurseurs Pétrarque, Boccace, Jean Malpaghino ou de Ravenne , Laurent Valla , Georges de Trébisonde , Théodore Gaza, Bessarion, etc., etc.

Sous François I⁰ʳ il y eut en France une *fusion* intelligente du goût et des exigences modernes avec le goût antique. Quelque imité que soit le goût dans les monuments et en général dans les œuvres d'art de la Renaissance, toujours est-il qu'il est réglé, normal : il satisfait l'esprit et le sentiment ; il se développe dans cette direction jusque sous Louis XIII. L'école d'architecture formée par Pierre Lescot, Philibert de l'Orme et les Du Cerceau, continuée avec des modifications diverses par les Jean Bullant, les Duperac, les Clément Métezeau , les Claude Villefaux et autres, s'appauvrit sous Louis XIV, esprit médiocre, bourgeois, théâtral, ignorant du vrai beau, qui n'aimait que le faste inintelligent et vulgaire du parvenu ; sous ce roi orgueilleux et bourgeois au fond, le goût se perdit et donna naissance en architecture à ce style froid mais ample, mathématiquement régulier et symétrique, stéréotypé par l'académie d'architecture, fondée en 1671 et destinée « à perpétuer et même à augmenter les règles et le bon goût de l'Architecture ancienne et moderne, » comme il est dit dans l'acte d'établissement de cette société. Le goût des monuments du règne de Louis XIV, est froid et régulier : il est même abstrait. Ce goût rationaliste provenait d'abord de l'importance et de la domination de l'idée catholique, très-forte encore dans la première moitié du xvii⁰ siècle : il provenait ensuite du côté mathématique dans lequel entra la société à cette époque, émue et enthousiasmée par le grand mouvement scientifique amené par l'étude en Allemagne, en Italie, en France, en Hollande et en Angleterre, des auteurs de l'antiquité d'abord, et ensuite par l'action bienheureuse développée par Galilée et Kepler sur le système et la physique du monde, mais embrouillée à nouveau par les *a priori* abstraits et l'idéologie sémitique de Descartes qui, dans ses voyages, ne visita ni Galilée ni Kepler ! de Descartes faisant jouer son esprit avec des combinaisons systématiques, des axiomes abstraits, et en révolte continuelle contre les méthodes expérimentales, sorte de philosophie qui a embourbé la société depuis cent cinquante ans et formé ces esprits métaphysiques, en dehors de la nature, qui dissertent à perte de vue dans de volumineux livres, sur ce qu'ils appellent les facultés de l'esprit.

Mais parmi les nombreuses causes qui amenèrent la corruption et la disparition du goût sous Louis XIV, il y en a surtout une et qui était puissante. Sous ce règne on s'adonnait au jeu, d'une manière extraordinaire. Dans la classe titrée de la société, un jeune homme ruiné réparait sa fortune au moyen de ce qu'on appelait une *mésalliance,* et « que l'amour des richesses a rendues si fréquentes, » disait en 1745 l'abbé Gedoyn ; les mésalliances, dit-il aussi, « ont encore beaucoup contribué à altérer le bon goût. Une bourgeoise transplantée à la cour y porte souvent le goût du terroir où elle est née, une prononciation parisienne bien pire que cette patavinité tant reprochée à Tite-Live, en un mot, des manières et une éducation bourgeoises, dont on ne se défait presque jamais. »

Le grand Michel-Ange, dont le talent tomba dans l'exagération et l'arbitraire, eut naturellement des imitateurs : ceux-ci ne saisirent que les défauts du maître, qui, avec son indomptable génie, ne sut dans les créations plastiques se renfermer dans les limites assignées par la nature et encore moins en architecture, s'astreindre aux principes généraux de la statique et des proportions architectoniques [1]. Il créa des

---

[1] Il faut, disait Winckelmann, qu'une sage économie préside à la distribution des ornements, en modère la quantité, et en adapte soigneusement la physionomie au but général en particulier de l'édifice. Cette rare sagesse a été l'apanage des plus habiles architectes de l'antiquité; elle n'a été donnée

formes arbitraires, qui n'avaient point leur raison d'être et qui ne révélaient point leur but propre : Bernini et Borromini exagérèrent à l'excès les créations de Michel-Ange et opérèrent la transition du baroque italien au rococo français, né dans la dernière moitié du règne de Louis XIV : c'est dans ce style que s'engouffra le goût. On y remarque un désordre, une surcharge de détails portés jusqu'à la confusion et à la folie : toutes les lignes droites décoratives y sont enroulées et frisées , les surfaces et les formes constructives se courbent et se bouclent en ornements de dimension colossale et en colimaçon : les courbes des vagues et des plumes agitées y sont même introduites ! Le sentiment et la raison des parties et des ornements se perdirent, on dirait une dissolution de toutes les formes rationnelles, une ornementation sans âme quoique réelle et fantastique. Le goût du style rococo ne pouvait convenir qu'à une société telle que Richelieu et Louis XIV l'avaient faite : société sans foi, sans grandeur, plongée dans les plaisirs des yeux, et dans laquelle les femmes se lassèrent du respect infini même que les hommes avaient pour elles jadis et qu'au lieu de polir les jeunes gens, comme le disait encore l'abbé Gédoyn, elles ont applaudi à leurs airs brusques et familiers. Meissonnier fut un des grands promoteurs de la décadence du goût. La nature elle-même fut englobée dans le système architectural du xviiie siècle, les arbres furent taillés en formes baroques et tous les autres arts s'empressèrent en chœur d'orner les murs et les plafonds de figures blafardes et niaises, d'ornements en colifichets, et l'on alla même jusqu'à exposer aux frimas et à la pluie des statues nues de divinités de l'antiquité ! Il y avait cependant toujours un fonds dans cette mascarade de l'art : c'était une tendance à produire de l'effet par les masses, tendance artistique, mais fausse, à la vérité ; le pittoresque fit invasion dans l'architecture. Mais le goût, le bon goût s'était perdu : on l'avait anéanti sans en laisser vestige ; on l'avait remplacé par des jeux stériles de formes, par des aberrations de tous genres. Cependant au milieu de cette décadence et de ce désordre des arts, une voix s'éleva, celle de Winckel-

qu'à peu de modernes, et Michel-Ange lui-même mérite le reproche d'avoir frayé la voie aux corrupteurs du goût, en laissant envahir trop de place aux décorations. (*Remarques sur l'architecture des anciens*, 1761.)

mann; il fit de grands efforts pour ramener le goût et le sentiment du beau parmi les artistes. Il engageait à étudier la
beauté telle que l'a créée la nature, telle que l'avait vue l'imagination grecque, et l'art fit effectivement une évolution. Mais
le goût était tellement abaissé qu'il ne put sortir de la frivolité
laide dans laquelle il se traînait depuis plus d'un demi-siècle.
Une sorte de purisme s'éleva dans les lettres et les arts : l'attention appelée par Winckelmann, Lessing, Laugier et par d'autres
sur les monuments antiques de l'Italie, en fut la cause. Mais on
tomba dans des excès contraires : on voulut imiter, sans
réserve, les monuments grecs et romains, dont les petites dimensions, la simplicité et la solidité de lignes furent reproduites
sur une échelle plus vaste, en sorte qu'ils furent agrandis d'une
manière monstrueuse, ce qui eut pour résultat un vide et un
creux extraordinaires. Le Panthéon de Soufflot en est un exemple. Les grands artistes de la Renaissance s'étaient préservés de
cet écart. Au sein de cette corruption de goût du xviiie siècle, il
y eut néanmoins des artistes privilégiés, doués du sentiment
du beau en architecture : tel fut Jacques-Ange Gabriel, l'im-
mortel auteur des colonnades du Garde-Meuble de la place
Louis XV, à Paris, œuvre d'un grand artiste, d'un homme de
goût. Le monument dont nous parlons est un des plus beaux
de notre architecture française.

Au goût rococo, ou Pompadour, ainsi qu'on le nomme
aussi, succéda ce goût guindé, froid et roide du règne de
Louis XVI, sous lequel furent copiés et imités avec talent,
mais sans génie comme sans intelligence, les monuments de
Pompeï et d'Herculanum, ainsi que les meubles et les ustensiles qu'on trouva dans les fouilles, ou représentés sur les
murailles. La ligne sinueuse, enroulée, bouclée et en colimaçon du règne de Louis XV, fut en partie abandonnée : la ligne
droite en architecture reprit un certain empire, et une certaine sobriété fut observée dans l'ornementation. Tout en
cherchant des types, un point d'appui dans les styles antiques,
les architectes s'astreignaient aux règles données par Vitruve,
en grande vénération déjà depuis un siècle, et aux préceptes
enseignés par les plus célèbres architectes italiens du xvie
siècle, et principalement par Vignole et Palladio, au lieu de
consulter, faute de moyens sans doute, les monuments subsis-
tants eux-mêmes : on puisa de seconde main et l'on devint

imitateurs d'imitateurs. Il était donc tout naturel, qu'en s'efforçant d'inculquer plus de calme et de sécurité aux œuvres d'architecture, elles finirent par rester sans animation, fades et insipides. L'architecture avec absence de goût, perdit le mouvement et la vie. Elle éprouva depuis soixante ans des syncopes de renaissance et de régénération : si elle n'eut point de rechute, elle ne fit point non plus de progrès ; le goût se traîne dans un état d'épuisement en se prolongeant dans les œuvres modernes, qui ont inauguré un style inconnu pour la belle architecture, le style des spéculations sémitiques, ou de l'encasernement, qui offense le sentiment du beau et de l'élégance et désole et attriste l'homme de goût.

La société constituée par le christianisme, a épuisé la plupart des styles du passé : elle a cherché à s'approprier le goût des civilisations antiques : elle a fait entrer dans les arts dont elle a animé son culte religieux, le goût de la décadence romaine, ceux de la Grèce antique pendant le xiie siècle, des Arabes de la Sicile et du sud de l'Italie dans une grande partie de l'ornementation, et surtout dans l'orfévrerie et la peinture pendant le xiiie siècle : elle a abâtardi le goût de la Renaissance païenne du xvie siècle pendant le règne de Louis XIV, elle a caricaturé ce goût sous Louis XV : au commencement de ce siècle elle a appauvri et glacé le goût chaleureux et puissant des artistes contemporains de François Ier, de Henri II et de Henri IV ; l'Académie d'architecture, dans son impuissance de créer un seul grand architecte, a prôné le goût en vogue d'âge en âge, pour acculer enfin le sentiment au point d'aboutir à la pauvreté archéologique qu'on voit dans nos monuments contemporains. Le goût ne peut se régénérer que lorsque les peuples de l'Europe sortiront de l'éreintement où ils sont, et qui n'est que l'effet des longues luttes pour l'anéantissement de principes et de croyances qui ne sont plus en harmonie avec l'esprit et la science modernes.

Platon assignait déjà au développement du goût une grande influence sur la moralité. « Ne faudra-t-il pas encore, dit-il, dans le troisième livre de la République, avoir l'œil sur tous les auteurs et les empêcher de nous donner, soit en peinture, soit en architecture, soit en quelque autre genre, des ouvrages qui n'aient ni grâce, ni correction, ni noblesse, ni proportion ? Quant à ceux qui ne pourront faire autrement, ne leur défendrons-nous pas de travailler chez nous, dans la crainte que les gardiens de notre république, élevés au milieu de ces images vicieuses, comme dans de mauvais pâturages et se nourrissant, pour ainsi dire, chaque jour de cette vue, n'en contractent à la fin quelque grand vice dans l'âme sans s'en apercevoir? Il nous faut au contraire chercher des artistes habiles, capables de suivre à la trace la nature du beau et d gracieux, afin que nos jeunes gens, élevés parmi leurs ouvrages, comme dans un air pur et sain, en reçoivent sans cesse de salutaires impressions par les yeux et les oreilles, que dès l'enfance tout les porte insensiblement à imiter, à aimer le beau et à établir entre elle et eux un parfait accord. »

Et ailleurs, dans le second livre des lois, Platon revient sur ce sujet.

GOUTTE, s. f., all. *Tropfen, Kälberzahn*, angl. *Drops, Gutta*, ital. *Goccie pendenti*. Ornement circulaire ou triangulaire de l'architecture antique, placé sous les plafonds d'ordre dorique, ou sous le filet au bas des triglyphes, il ressemble à une goutte d'eau. On le désigne aussi sous le nom de *clochettes*, *companes* et *larmes*.

GOUTTIÈRE, s. f., all. *Traufe, Dachtraufe, Dachrinne*, angl. *Gutter*, ital. *Grondaja*. Canal de pierre, de plomb, de zinc ou de bois, qui sert à recevoir les eaux pluviales d'un comble et à les conduire au loin d'un mur de face. On leur donne différentes formes, selon le lieu et l'ordre du bâtiment où on les met en usage.

GRADATION, s. f., all. *Stufengang, Steigerung*, angl. *Gradation*, ital. *Gradazione*. Disposition dans les théâtres, de plusieurs parties de siéges en forme d'amphithéâtre, s'élevant les uns au-dessus des autres en s'éloignant de la scène, en sorte que le corps de devant ne puisse nuire pour la vue à celui de derrière.

GRADIN, s. f., all. *Tritt, die stufenweise erhöheten Bänke*, angl. *Stair, step*, ital. *Scalino, Scaglione*. Degrés ou marches élevés les uns au-dessus des autres. Se dit aussi des retraites pratiquées au bas extérieur d'un dôme ou dans d'autres lieux. Les temples grecs étaient ordinairement élevés sur trois gradins.

GRAIN, s. m. Poids ancien qui équivaut à 0,053 grammes.

GRAIN D'ORGE, s. m. Sorte d'assemblage de bois de charpente et de menuiserie.

GRAINES, s. f. pl., all. *Samenkörner*, *Kerne*, angl. *Seads*, ital. *Semenze, semi.* Petits boutons d'inégale grosseur, placés au bout de rinceaux de feuillages dans l'ornementation antique, peints ou sculptés.

GRAMME, s. m. Mesure décimale de pesanteur ; c'est le poids d'un centimètre cube d'eau à 4 degrés centigrades : c'est la centième partie d'un hectogramme. Il faut 1,000 grammes pour faire un kilogramme ; 1,062 grammes équivaut à 20 grains de poids ancien. Un gramme vaut 15,433 grains Troy ou 0,643 penny weight anglais. Le marc de l'association douanière allemande vaut 233,855 grammes. La libbra piémontaise vaut 368,875 grammes. La libbra toscane vaut 339,5 grammes, juste le poids de la petite mine antique de l'Attique.

GRANGE, s. f., all. *Scheuer*, *Scheune*, angl. *Barn*, ital. *Aja. Capanna*, Bâtiment destiné à retenir les récoltes en blé, foin, chanvre, etc.

GRANIT, TE, s. m., all. *Granit,* angl. *Granite*, ital. *Granito.* Roche composée, massive, formée de trois éléments cristallins, orthose, quartz et mica, réunis ordinairement en masses grossièrement granuleuses et agrégés avec plus ou moins de force. Dans la Haute-Égypte, vers Syène et Philæ, se trouvent ces carrières de granit rose, si renommées par les grands monuments qui en ont été tirés et d'où provient aussi l'obélisque de Louqsor, élevé sur la place de la Concorde, à Paris.

GRANITELLE, adj. Matière et marbre qui ressemble au granit.

GRAPHIQUE, adj., all. *Bildlich, Graphisch*, angl. *Graphic, Graphical*, ital. *Grafico.* Manière de démontrer ou de décrire une opération au moyen d'une figure.

GRAPHOMÈTRE, s. m., all. *Graphometer*, angl. *Graphometer*, ital. *Grafometro.* Instrument propre à mesurer les distances, les hauteurs, les ouvertures d'angles ; formé d'un demi-cercle divisé en 180 degrés, avec boussole, alidade et pinnules.

GRAS, s. m., all. *Zu stark, wird von einem Stein und Zapfen gesagt,* angl. *Too thick.* ital. *grasso.* Se dit d'une pierre trop épaisse ou d'un tenon trop fort pour les lieux où l'on se propose de les placer.

GRASSES, adj. (PLANTES OU FEUILLES). Employées dans l'architecture des Xe et XIIe siècles ; elles sont d'une texture charnue et sans nervures.

GRATICULER, v. a., all. *Uebergattern*, angl. *To graticulate, division of a design or draught into squares, for the purpose to reduce it to smaller dimensions*, ital. *Retare, Far la rete.* Tracer des carreaux sur un dessin pour le rapporter sur une échelle plus grande ou plus petite. C'est un moyen expéditif de réduire ou d'augmenter en proportion un dessin quelconque.

GRECQUE, s. f., all. *Mäander*, angl. *Fret, Doric Fret*, ital. *Greca*. Ornement de l'architecture égyptienne, assyrienne, grecque et romaine : consiste en petits filets qui se joignent d'équerre verticalement et horizontalement. Employé surtout dans les petites frises. Il est devenu le bâton-rompu dans l'architecture du moyen âge.

GRÉCO-ROMAIN, s. m. et adj., all. *Griechisch-Römisch*, angl. *Greco-Roman*, ital. *Greco-Romano*. Une des qualifications données au style de la Renaissance.

GRENIER, s. m., all. *Boden unter dem Dache eines Hauses, Kornboden*, angl. *Garret, Granary, Loft*, ital. *Granajo, soffitta,* Espace au-dessus du dernier plancher d'un bâtiment et en dessous de la charpente, où l'on serre ordinairement le grain et autres denrées pour les conserver.

—— PUBLIC OU D'ABONDANCE, all. *Oeffentlicher Kornspeicher*, angl. *Public Granary* ital. *Granajo pubblico*. Bâtiment considérable dans une ville, où l'on entrepose des blés et autres denrées, pour que, en cas de disette, on n'en souffre pas ; se dit aussi d'un entrepôt de sel destiné au même usage.

GRÈS, s. m., all. *Sandstein*, angl. *Sandstone*, ital. *Sorta di Pietra bigia*. Pierre de diverses nuances, formée de parties en petits grains distincts, composées de quartz, d'argile et de chaux, et liées ensemble par un gluten particulier. Très-dur à façonner. Les monuments égyptiens de la Thébaïde sont élevés en grès. Dans les pays septentrionaux, le grès est un excellent conducteur de l'humidité : on l'emploie peu pour cette raison dans la construction. Se trouve dans les terrains de sédiment et n'a point de lit.

GRESSERIE, s. f., all. *Mauerei in Sandstein*, ital. *Pietra bigia messa in opera*. Ouvrages élevés ou composés en grès, comme soubassements, piliers, soupiraux, etc.

GRIFFON, s. m., all. *Greif*, angl. *Griffin, Griffon*, ital. *Grifone*. Animal fantastique employé dans l'ornementation ar·

chitecturale grecque. Il faut chercher son origine en Assyrie, dans les palais de Ninive. Aristée de Proconnèse qui vivait vers la 50e ou 56e olympiade (580 ou 556 avant l'ère vulgaire) du temps de Krésus et Cyrus, parle déjà des griffons. Ensuite Eschyle les nomme dans son *Prométhée* (vers 285 et 805), Hérodote dans son livre iv (ch. 12, 13, 32), Ktésias au chapitre 12 de son *Histoire de l'Inde*, Pausanias dans son 1er livre, ch. 24, et viiie livre, ch. 2 ; Elien, livre iv, ch. 26. Les griffons étaient des oiseaux à quatre pieds, à tête d'aigle, de la grandeur du loup, dont les jambes et les griffes ressemblaient à celles du lion. Leurs plumes étaient rouges sur la poitrine et noires sur le reste du corps. Ils portaient des ailes sur le dos et le cou était bleu. Ils habitaient les montagnes de l'Inde et y gardaient les mines d'or. *Or* dans cette fable est égal à *lumière, soleil*. Aussi les Griffons étaient-ils des animaux mythologiques et sacrés appartenant à Apollon ; ce dieu ou Artémis sont conduits en char par eux; on les plaçait aussi en ronde-bosse sur les acrotères latéraux ou du centre des temples grecs.

GRIFFONNER, v. a. , all. *Kritzeln, im Groben entwerfen*, angl. *to scrawl, to scribble*, ital. *scarabocchiare , schiccherare*. Dessiner grossièrement, maladroitement, faire une esquisse.

GRILLAGE., s. m., all. *Gitterwerk, Gatterwerk*, angl. *Frame of Timber*, ital. *Ferriata , Grata*. Assemblage de pièces de bois de charpente, posé dans des fondations d'édifice, quelquefois sur des pilotis quand le terrain n'est pas solide. Se dit aussi de l'ensemble des montants et des traverses d'une grille adaptée à une porte ou à une fenêtre.

GRILLE, s. f., all. *Gitterthor (Gitterwerk)*, angl. *Screen*, ital. *Inferriata*. Assemblage de montants, traverses et festons , en fer, fonte ou bois , pour clore un jardin , un monument , une cour d'hôtel ou de palais, un chœur ou une chapelle d'église.

GRISAILLE, s. f., all. *Grau in Grau, Camayeu*, angl. *Painting done gray in gray*, ital. *chiar-oscuro*. Peinture de gris sur gris, ayant la couleur des pierres et marbres. On l'emploie dans les compartiments intérieurs, comme à ceux de la Bourse de Paris, ou extérieurs de bâtiments ou autres lieux. La grisaille remplace souvent la sculpture, qu'elle imite. Il y a aussi des vitraux en verre blanc faiblement teinté, sur lesquels se dessinent des arabesques noires et qu'on nomme *Grisailles*.

GROS, s. m. Poids ancien valant dans le système décimal 3,82 grammes.

GROTESQUE, adj., all. *Unnatürlich, Grillenwerk, Wunderlich*, angl. *Grotesque*, ital. *Grottesco*. Composition en sculpture ou en peinture, soit de figures, animaux, feuilles, fleurs, etc., sortie de l'imagination capricieuse de l'artiste et qui, comme ensemble, n'a point ses types dans la nature.

C'est surtout dans les époques de décadence de l'art qu'apparaît le grotesque, Vitruve dit déjà : « Mais cette belle nature, dans laquelle les anciens allaient prendre leurs modèles, nos goûts dépravés la repoussent aujourd'hui. On ne voit plus sur les murs que des monstres, au lieu de ces représentations vraies, naturelles; en place de colonnes, on met des roseaux ; les frontons sont remplacés par des espèces de harpons et des coquilles striées, avec des feuilles frisées et de légères volutes. On fait des candélabres soutenant de petits édifices , du haut desquels s'élèvent, comme y ayant pris racine, quantité de jeunes tiges ornées de volutes, et portant, sans raison, de petites figures assises; on voit encore des tiges terminées par des fleurs d'où sortent des demi-figures, les unes avec des visages d'hommes, les autres avec des têtes d'animaux. »

On présume que le mot grotesque vient du mot italien *Grotta*, et que les *grotesques* imités depuis la Renaissance, sont une imitation de certaines peintures anciennes qui ont été découvertes dans des grottes souterraines, appartenant à des monuments de l'antiquité. On croit que les grotesques antiques, tels qu'on les trouve dans les bains de Titus et de Livie à Rome, dans la villa d'Adrien à Tivoli, dans plusieurs édifices d'Herculanum et de Pompéï et dans beaucoup d'autres lieux encore, ont été inspirés des animaux fantastiques et imaginaires qui étaient représentés sur les tapis de l'Inde et de la Perse.

GROTTE, s. f., all. *Höhle, Grotte, unterirdisches Gemach*, angl. *Cavern, Cave*, ital. *Grotta*. Construction dont l'extérieur figure de l'architecture rustique imitée de la nature, représentant des parties de roches, etc., et l'intérieur est orné de statues, fontaines, jets d'eau, coquillages, cascades, etc., etc. Au moyen âge , grottes était une expression employée quelquefois pour désigner une crypte ou caveau plus ou moins grand, sous le chœur des églises, et où l'on déposait fréquemment les corps de personnages célèbres.

GROUPE, s. m. C'est dans les arts plastiques, l'ensemble de plusieurs figures ou statues qui composent un sujet ou une scène ; c'est, en architecture, plusieurs colonnes accouplées.

GRUE, s. f., all. *Krahn, Kranich*, angl. *Crane*, ital. *Argano, Grua, Altalena*. Grande machine de plusieurs formes, destinée à lever et élever des fardeaux et matériaux pendant la construction d'un bâtiment. Elle obtient sa puissance au moyen du polysparte ou moufle à plusieurs poulies (en allemand *Flaschenzug*). Elle est composée d'un poinçon ou arbre, d'arcs-boutants, d'empâtements, de moises, de la grue, d'une roue, d'un tambour, d'un treuil, etc. Les grues modernes sont singulièrement modifiées.

GRUERIE, s. f., all. *Forstamt*, angl. *Court of justice in Eyre*, ital. *Tribunale de' giudici de' boschi e foreste*. Bâtiment ou siége de l'administration forestière. Se dit aussi d'un pavillon situé près d'une forêt et qui sert de logement aux gardes.

GUÉRITE, s. f., all. *Schilderhaus*, angl. *Sentry-box*, ital. *Casotto da sentinella*. Petit pavillon d'environ un mètre carré, ordinairement construit en bois qui sert à mettre une sentinelle à l'abri du mauvais temps. La guérite peut être richement décorée, si elle est à la porte d'un monument public, d'un palais ou hôtel-de-ville, par exemple.

GUETTE, s. f., all. *Strebebalken, Strebeband, Sturmband*, angl. *Brace*. ital. *Razza*. Pièce de charpente inclinée employée dans les pans de bois, assemblée à tenons et mortaises, dans les sablières et les chapeaux, pour empêcher par cette disposition le balancement des poteaux dans le plan du pan de bois. Lorsque l'angle que ces pièces font avec les sablières et chapeaux, est plus grand que 60 degrés, elles sont nommées guettes : quand l'angle est moindre elles prennent le nom de décharges ou d'écharpes. Nom qu'on donnait anciennement à la tour la plus élevée d'un château , d'une forteresse , parce qu'elle était destinée à contenir les soldats qui faisaient le guet.

GUEULES, s. m., all. *Roth*, angl. *Red* , ital. *Rosso*. C'est en blason le nom de la couleur rouge : elle est représentée par des traits verticaux en gravure.

GUICHET, s. m., all. *Kleine Thür in einem Thorflügel, damit*

man nicht nöthig hat, das ganze Thor zu öffnen ; auch ein Fens-
terladen welcher inwendig hinter den Fenstern angebracht ist :
kleine OEffnung mit einem Schieber oder Fensterchen in einer Thür
oder Wand : Thorweg, Pforte, angl. *Postern, Wicket, Shutter,* ital.
Sportello, Porticciuola. Petite porte de dégagement pratiquée
dans une porte plus grande ; ouverture pratiquée dans une
porte ou fenêtre avec fermeture à coulisse ou autre , souvent
grillée. Vaste passage à travers un bâtiment, fermé au moyen
de portes ou de grilles. On dit les guichets du Louvre, les guichets du Carrousel pour désigner les passages qui s'y trouvent.

GUIGNEAUX, s. m. pl., all. *Trumpf, Wechsel, Schlüsselbalken,*
angl. *Trimmers,* ital. *Pezzi di legno che lasciano l'apertura al*
cammino. Pièces de bois transversales assemblées par les deux
bouts dans les chevrons d'un toit, pour laisser un passage libre aux tuyaux de cheminée, comme sont les chevêtres dans
les planchers.

GUILLOCHER, v. a., all. *Mit rechtwinkelig in einander lau-.*
fenden parallelen Zügen, Linien oder glatten Streifen verzieren,
angl. *To wave,* ital. *Rabescare.* Faire des traits de différentes
manières, croisés à angles droits ou entrelacés les uns dans les
autres, pour orner le fond d'un panneau, etc.

GUILLOCHES, s. m. pl., angl. *Waved work*, ital. *Rabeschi.*
Ornement fort ancien, trouvé dans les anciens palais de Ninive
(Nimroud) en Assyrie ; a été employé en Égypte et en Grèce
dès les temps les plus reculés. Il est formé de deux bandes
plus ou moins larges qui s'entrelacent et forment des figures
rondes. On confond à tort les guilloches avec la grecque ou
méandre, avec laquelle ils n'ont aucune ressemblance.

GUIMBERGES, s. f. pl., all. *Schluszstein, Kopf oder Knospe in*
gothischen Gewölben, angl. *Boss, Hanging Ornement,* ital. *Chiave*
ornata di volta. C'est la clef de voûte ornée et clef de voûte
pendante. Il y a un ancien mot allemand, *Wimperge,* Wind-
Berge, dont on se servait pour désigner les frontons aigus de
l'extérieur des monuments du style ogival.

GUINGUETTE, s. f., all., *Schenke, Landhäuschen,* angl. *Pu-*
blic house out of town, a small country house, ital. *Bettola, Osteria*
popolare. Petit cabaret hors d'une ville : petite maison de
campagne.

GUIRLANDE, s. f., all. *Blumenschnur, Blumenkranz,* angl.
Garland, Wreath, ital. *Ghirlanda.* Feston de fleurs, de feuilles et

de fruits soit en sculpture, soit en peinture, que l'on emploie dans les décorations extérieures et intérieures.

GUIVRÉ , adj. (TORE). On nomme ainsi plusieurs tores ou boudins juxtaposés et formant des zigzags.

GYMNASE, s. m., all. *Gymnasium*, angl. *Gymnasium*, ital. *Ginnasio*. Établissement chez les Grecs destiné à l'exercice des facultés du corps, au développement de la force et de l'agilité ainsi qu'au développement scientifique de l'intelligence. Le gymnase grec était de forme oblongue et rectangulaire : il se composait d'une cour ou péristyle au sud, qui, sur sa face méridionale, avait des salles nommées exèdres. Ce péristyle avait trois portiques simples : le quatrième, qui regardait le midi, était double afin qu'en temps d'orage le vent ne pût pousser la pluie jusqu'au fond. Le long des trois portiques étaient distribuées de vastes salles, avec des siéges sur lesquels les philosophes, les rhéteurs et tous ceux qui aimaient les lettres pouvaient discourir. Au double portique on construisait plusieurs salles : au centre était l'*ephebeum*, où l'on enseignait aux jeunes gens qui sortaient de l'adolescence les premiers principes de la gymnastique : à droite était le *corycée*, ou jeu de paume : tout à côté était le *conisterium* où les athlètes, après s'être frottés d'huile, se couvraient de poussière (ou sable d'Égypte). Auprès du conisterium le bain d'eau froide; à gauche de l'ephebeum, l'elæothesium, le dépôt de l'huile, où s'allaient oindre ceux qui s'exerçaient; ensuite venait le frigidarium, salle pour se refroidir un peu avant de se trouver en plein air : de là un passage conduisait au propnigeum, lieu où l'on faisait le feu pour échauffer les salles et les bains. En face du frigidarium était placée l'étuve voûtée où l'on transpirait, appelée *laconicum*. Telle était dans la palestre, autre nom grec pour le gymnase, la distribution du péristyle.

En dehors étaient bâtis trois autres portiques, l'un en face du péristyle, les deux autres à droite et à gauche. Celui qui était situé au nord était double et les deux autres étaient simples, avec des rebords en forme de trottoirs. Le centre des portiques était creusé. On y descendait par deux degrés, afin que ceux qui se promenaient habillés sur les trottoirs, ne fussent point incommodés par les artistes qui s'exerçaient dans le bas. Ce portique était appelé xyste : c'était dans ce lieu couvert que s'exerçaient les athlètes, pendant la mauvaise saison.

Le long du xyste il y avait des promenades découvertes. Derrière le xyste ou plutôt les promenades, il y avait un stade formé de manière à ce qu'un grand nombre de personnes pussent voir à l'aise les exercices des athlètes. Les gymnases étaient ornés de peintures et de sculptures. Chaque ville un peu considérable de la Grèce avait son gymnase : ceux d'Athènes étaient surtout célèbres : c'étaient l'Académie, le Lycée, et Kynosarges. Pausanias nomme en particulier ceux d'Elis, d'Olympie, de Thèbes ; et Strabon parle de celui de Taras, en Italie, dans la Grande-Grèce. On a retrouvé les ruines assez bien conservées du gymnase de Troas, en Asie-Mineure (*Antiquities of Ionia by the Society of Dilettanti*. IIe partie. Londres, 1797, in-fol.) La surveillance sur les gymnases était confiée à l'Aréopage et aux sophronistes, élus dans les Phyles depuis Kleisthènes et au nombre de dix.

GYMNIQUE, s. f., all. *Zu Leibesübungen gehörig*, angl. *Gymnic*, ital. *Ginnastica*. Science des exercices propres aux athlètes.

GYNÉCÉE, s. f. (GYNÆCONITIS), all. *Wohnung der Weiber be den Griechen*, angl. *Ginæceum*, ital. *Gineceo*. C'était cette portion de la maison grecque antique, réservée aux femmes, et qui venait à la suite de l'Andronitis, demeure des hommes. Les Grecs étaient un peuple éminemment moral, et ils employaient les moyens les plus sévères et les plus efficaces pour conserver la moralité domestique et sociale. La séparation absolue des femmes d'avec les hommes était un de ces moyens que la raison et les bonnes mœurs ne peuvent qu'approuver. C'est à cette haute moralité grecque que l'honneur et la pureté du sang se maintenaient dans les familles au rebours de ce qui se passe dans les sociétés européennes depuis quinze siècles.

GYP ou GYPSE, s. m., all. *Gyps*, angl. *Gypsum*, ital. *Gesso*. Veine de pierre transparente, calcaire et sulfureuse que l'on rouve dans le plâtre. P ilée et employée avec mastic, elle mite parfaitement le marbre. Les pierres gypseuses étant calcinées, produisent le plâtre.

H

HABITATION, s. f., all. *Wohnung, Wohnplatz, Wohnort,* angl. *Habitation,* ital. *Abitazione, Dimora.* Se dit d'une maison, d'un palais ou autres lieux propres à être habités.

HACHER, v. a., all. *Hacken, Hauen,* angl. *To hash,* ital. *Sminuzzare.* Faire des entailles à une pièce de bois, à un plafond, à un mur, etc., pour recevoir un enduit de mortier ou de plâtre.

—— UN DESSIN, all. *Schraffiren,* angl. *to hatch a drawing.* Figurer des teintes et des ombres en traçant parallèlement des lignes serrées soit au crayon, soit à l'encre. On dit *contre-hacher,* passer des lignes, qui en croisent d'autres diagonalement ou carrément.

HACHURES, s. f. pl., all. *Schraffirungen,* angl. *Hatches,* ital. *Intagli.* Lignes tracées au crayon ou à l'encre sur les parties massives d'un plan ou d'une coupe, ou sur une façade pour indiquer des ombres.

HAHA, s. m., angl. *Haha, opening in a garden wall,* ital. *Apertura a un muro di giardino, con una fossa di fuori.* Ouverture pratiquée à un mur de clos ou de jardin séparé du terre-plein par un fossé.

HALLE, s. f., all. *Markt, Kramläden,* angl. *Market-Hall,* ital. *Marcato, Piazza per commestibili.* Place ou bâtiment entouré de galeries avec les magasins propres à contenir les choses nécessaires à l'alimentation. Il y a des halles au blé, des halles à la viande, des halles à légumes, des halles à poisson, etc.

HANGAR, s. m., all. *Wagenschoppen,* angl. *Shed, Cart-house,* ital. *Tettoja, Rimessa per carri.* Lieu propre à remiser des chariots, des voitures, charrettes, charrues et autres objets.

HAPPE, s. f., voyez CRAMPON.

HARAS, s. m., all. *Stuterey, Gestüte,* angl. *Stud, Breed of Horses,* ital. *Mandria per la Razza de' cavalli.* Etablissement composé de bâtiments vastes et commodes avec écuries et dépendances, destiné à loger des étalons, ainsi que les chefs et les palefreniers. Il y avait dans l'antiquité de vastes haras dans la Médie : il y en avait aussi en Grèce et en Sicile, destinésàl'élève de chevaux de courseà chars dans les hippodromes. Alcibiades avait un grand nombre de chevaux de course.

HARDI, IE, adj., all. *Kühn, Keck*, angl. *Bold, Daring*, ital. *Sollevato, Ardito, Franco*. Se dit des édifices et en général des constructions dont les dimensions et la disposition excitent l'admiration et l'étonnement.

HARMONIE, s. f., all.*Uebereinstimmung, Wohlklang, Einigkeit*, angl. *Harmony*, ital. *Armonia*. Rapport normal et juste, accord parfait des parties avec l'ensemble dans une œuvre d'art : C'est l'accord parfait des parties concourant à un but déterminé. C'est au moyen de l'harmonie que l'architecte a su introduire dans le caractère d'une façade et que l'œil saisit avec plaisir, que l'ensemble produit l'effet d'une grande masse indivisible, dans laquelle on aperçoit le calme et l'unité dans la multiplicité : cette unité lie les parties distinctes et séparées, et produit cette sensation imposante au spectateur qui est le résultat et qui doit être essentiellement le résultat de toute œuvre architecturale de valeur. Mais l'harmonie dans les arts du dessin n'est donnée aux artistes que dans les grandes époques de synthèse : dans les époques de décadence, elle se perd et se trouve cependant quelquefois par exception chez certains artistes.

HARPE, s. f., all. *Verzahnung*, angl. *Toothing*, ital. *Morsa*. Pierre d'attente laissée à un mur, pour former plus tard liaison avec celui que l'on veut adosser contre. Se dit des carreaux longs que l'on place en liaison à une chaîne ou jambage de pierre de taille posée dans un mur.

HARPIE, s. f., all. *Harpye*, angl. *Harpy*, ital. *Arpia*. Représentation figurée et symbolique grecque. Filles de Thaumas, fils du Pont et d'Iris ou de l'arc-en-ciel, Aello (vent d'orage), et Ocupete (qui attaque avec vivacité), les deux harpies représentaient les déesses de la tempête des mers : dans l'ancienne poésie grecque, elles passaient pour des génies de la mort qui enlèvent leur proie avec la rapidité des vents. On en nomme une troisième, Celæno (la foncée, l'obscure); mais c'est une pléiade. Les Harpies avaient le corps d'un vautour, la tête et le sein d'une femme, des oreilles d'ours, des ailes de chauvesouris, des griffes aux pieds et aux mains, la queue d'un lion. Elles empoisonnaient par leur haleine.— Il y avait une tombe avec des harpies dans l'acropole de Xanthos, en Asie Mineure (Lydie), dont on voit des bas-reliefs au musée britannique :

ce monument n'était pas antérieur à 500 avant l'ère vulgaire. La Harpie était aussi un symbole de la religion des anciens Égyptiens. C'est elle qui enlevait l'âme des mourants ou des morts.

HECTARE, s. m. Mesure décimale de superficie équivalant à dix mille mètres carrés ou cent ares.

HECTOGRAMME, s. m. Mesure décimale de pesanteur, équivalant à cent grammes.

HECTOLITRE, s. m. Mesure décimale de capacité, équivalant à cent litres. Un quart de gallon anglais vaut 1,135 litres. Trois sacks ou bushels valent 1,090 hectolitre.

HECTOMÈTRE, s. m. Mesure décimale de longueur, équivalant à cent mètres. Un hectomètre est égal à 304,79 pieds anglais ou 313,85 pieds du Rhin.

HÉLICE, s. f., all. *Schraubenlinie*, angl. *Helical line*, ital. *Elica*. Ligne tracée en vis ou spirale, autour d'un corps cylindrique ou rampant, pour les volutes et autres enlacements. On la nomme aussi *hélicoïde*.

HÉLIOMÈTRE, s. m., all. *Sonnenmesser*, angl. *Heliometer*, ital. *Eliometro*. Instrument qui sert à mesurer les distances éloignées et à prendre le diamètre d'un astre.

HÉMICYCLE, s. m., all. *Halbzirkel*, angl. *Hemicycle*, ital. *Semicircolo*. Demi-cercle. La forme des gradins où étaient assis les spectateurs dans les théâtres grecs et romains, était en hémicycle. On indique aussi par ce mot les absides des basiliques et des églises du moyen âge, à cause de leur forme semi-circulaire. — Aussi arc à plein cintre, divisé en nombre impair de claveaux égaux, dont le plus élevé est la clef.

HEPTAGONE, s. m., all. *Siebeneck*, angl. *Heptagon*, ital. *Ettagono*. Figure régulière à sept côtés et à sept angles.

HERMÈS, s. f., all. *Herme*, angl. *Hermes*, ital. *Hermes*. Piédestal en forme de gaîne plus étroit du bas qu'en haut, surmonté d'une figure humaine jusqu'à mi-corps.

HERMITAGE, s. m., all. *Einsiedeley*, angl. *Hermitage*, ital. *Romitorio*. Lieu dans une belle position, où l'on établit une maison pour y vivre retiré du monde.

HERSE, s. f., all. *Fallthor*, *Fallgatter*, angl. *Harrow*, *Portcullis*, ital. *Erpice*. Sorte de grille en fer ou de porte à jour pratiquée à l'entrée d'une ville, d'un château fort ou autres lieux. Elle glisse dans des rainures verticales, pouvait tomber tout à coup pour intercepter instantanément un passage quelconque. On s'en servait dans l'antiquité, et chez les Romains elles s'appelaient *cataractæ*.

HEURTOIR, s. m., all. *Thürklopfer*, angl. *Door Handle*, ital. *Martello della porta*. Marteau qui sert à frapper sur une porte où il est adapté. Les artistes du moyen âge et de la Renaissance ont extraordinairement varié la forme et les sujets des heurtoirs. Il y en a qui représentent des sujets entiers, des hommes, des femmes, des animaux naturels et fantastiques, des feuillages, des scènes religieuses, etc.

HEXAÈDRE, s. m., all. *Sechsseitiger Körper oder Würfel*, angl. *Hexaedron, Cube*, ital. *Essaedro, Cubo*. Corps solide à six faces, le même que *cube*, qui a quatre côtés verticaux, un dessus et un dessous horizontaux.

HEXAGONE, s. m. et adj., all. *Sechseck*, angl. *Hexagon*, ital. *Esagono*. Figure plane qui a six côtés et six angles.

HEXAMÈTRE, s. m. et adj. Mesure de longueur qui a deux mètres.

HEXASTYLE, s. m. et adj., all. *Mit sechs Säulen*, angl. *Hexastyle*, ital. *Esastilo*. Édifice antique grec ou romain, orné de six colonnes de front. Les temples de Thésée à Athènes et d'Athéné à Égine étaient hexastyles.

HIÉROGLYPHE, s. m., all. *Altägyptische Bilderschrift*, angl. *Hieroglyph*, ital. *Geroglifico*. Signe de l'écriture des anciens Égyptiens. Elle était sculptée ou peinte, et composée de signes qui sont la figure fidèle d'animaux, de l'homme, d'astres, de plantes, d'objets divers, produits de l'industrie humaine. Selon les auteurs de l'antiquité, les Égyptiens avaient deux espèces d'écriture : l'*écriture sacrée*, dite hiérographique, l'écriture des dieux ou hiéroglyphique et l'*écriture populaire*, dite démotique. Clément d'Alexandrie nomme l'une *hiératique*, ou manière sacerdotale d'écrire, et l'autre *épistolographique* ou épistolaire. La première méthode représente les idées destinées à être retracées, non par les signes abstraits que nous nommons lettres, mais en peignant régulièrement les représentations de toutes sortes, soit de la nature, soit de l'art. Les Égyptiens, contemplant la voûte étoilée des cieux, l'homme dans ses divers rapports, les faces infinies de la nature, les ustensiles et les produits innombrables de l'art, s'efforçaient de transmettre à la postérité ou de faire connaître au temps

présent, au moyen d'une série de tableaux mimiques, les souvenirs du passé en les inscrivant et en les sculptant. A ces formes parlantes ils avaient donné une organisation telle, qu'ils
les rendaient capables d'exprimer clairement les séries d'idées
nécessaires. Ce moyen consistait dans un développement perfectionné d'écriture peinte, dont il y a traces chez deux autres
peuples de la terre : celle des Mexicains, écriture peinte dans
sa forme la plus primitive, sans organisation particulière ou
distincte, et celle des Chinois, qui est même plus développée
dans sa structure que celle des Égyptiens ; car souvent les
formes ne représentent que seulement des sons, toujours constitués d'une manière toute conventionnelle. — Les hiéroglyphes égyptiens étaient divisés en deux classes, ceux qui
représentaient des idées, nommés *idéographes*, ou peintures
d'idées, et ceux qui exprimaient des sons, nommés *phonéti-
ques*. La première classe appartenait à l'ordre de l'écriture
peinte, mais la seconde formait un syllabaire aussi parfait
que la langue égyptienne, ou le dialecte sacré, l'étaient eux-
mêmes. Il est donc par conséquent très-probable qu'il y eut
une époque où la langue était entièrement composée d'images
ou d'idéographes ; mais tous les monuments, même ceux de la
plus haute antiquité, offrent les deux classes ou catégories employées à la fois dans les inscriptions. Quant à l'écriture peinte
pure ou isolée, il est impossible d'en connaître l'âge autrement
que par induction. L'invention des deux catégories d'écriture
est attribuée aux dieux eux-mêmes. On estime à mille le nombre d'hiéroglyphes connus aujourd'hui : on les gravait en
creux sur les colonnes, les pilastres et les parois des temples,
des tombeaux et des palais égyptiens; on les peignait sur les
boîtes de momies.

HIPPODROME, s. m., all. *Rennbahn*, angl. *Hippodrome,
Race-course*. Lieu public chez les Grecs et les Romains, où
avaient lieu les courses de chevaux et à chars; il avait la forme
d'un carré long : à l'extrémité était la borne qu'il fallait at -
teindre, et elle était posée de telle sorte qu'il ne pouvait passer près d'elle qu'un char à la fois. Une tranchée d'une pente
douce régnait autour du terre-plein qui la portait, afin que celui qui suivait un char, s'il venait à se briser, pût y descendre,
remonter et se rapprocher de la borne. Les juges étaient assis
à où la course se terminait, et les spectateurs se plaçaient,

le long d'un mur à hauteur d'appui qui formait l'enceinte. L'hippodrome le plus célèbre de la Grèce était celui d'Olympie ; il avait quatre stades ou 740 mètres de longueur sur 185 de largeur. Il y en avait deux à Byzance, dont un très-vaste, et appelé Atmeidan (place des chevaux) par les Turcs.

HIPPOGRIFFE, s. m., all. *Phantastisches Thier, halb Pferd und halb Greif*, angl. *Hippogryff*, ital. *Ipogrifo*. Animal idéal et fantastique de l'antiquité grecque. Pégase, le cheval ailé, a quelque analogie avec l'Hippogriffe. Pégase, descendu des nues sur l'Acrocorinthe, fut dressé par Bellérophon ; Corinthe prit le cheval ailé pour emblème et le mit aussi sur ses monnaies.

HIPPOPODES, s. m. pl. Figures employées comme ornement, ayant la tête, le buste et les cuisses d'un homme, et les jambes d'un cheval.

HISTOIRE DE L'ARCHITECTURE, s. f., all. *Geschichte der Baukunst*, angl. *History of Architecture*, ital. *Istoria della architettura*. Narration philosophique et chronologique des idées et des sentiments qui ont donné lieu aux différentes formes employées dans la construction et ce qui caractérise ces formes elles-mêmes, — c'est la description des détails qui ont concouru au développement progressif de cet art. L'histoire des monuments des divers pays de la terre est une des branches les plus essentielles de l'histoire générale, pour certains peuples elle est leur unique histoire. Sans la connaissance des monuments de l'Égypte et de l'Assyrie, nous ne saurions que fort peu de chose de l'histoire et des mœurs des Égyptiens et des Assyriens.

On s'est occupé dès le xviie siècle des œuvres d'architecture, de leur histoire et de leurs auteurs. Mais les divers travaux faits sur ce sujet ne furent que très-superficiels et insuffisants. J.-F. Félibien publia en 1687 un recueil historique de la vie et des ouvrages des plus célèbres architectes. Mais il n'y est point question de théorie du beau appliquée à l'architecture, l'auteur ne fait aucune appréciation des œuvres qu'il énumère. Onze ans plus tard, P. Monier fit paraître son Histoire des arts qui ont rapport au dessin et où il promet de traiter de son origine, de ses progrès, de sa chute et de son rétablissement ; le tout forme un petit volume in-12 de 349 pages qui fut publié à Paris en 1698. De 1740 à 1744, Juvenel de Carlencas

donna ses Essais sur l'histoire des belles-lettres, des sciences
et des arts : dans ces deux petits volumes in-12, il y a douze
pages sur l'architecture. Les Considérations sur les révolutions
des arts par G.-A. de Méhégan qui parurent en 1755 promet-
taient par ce titre une étude sur le rapport des arts avec les
événemens politiques, sur leur influence réciproque par les
causes intrinsèques de leur origine, de leur décadence et de
leur renaissance. Mais l'auteur n'a point réalisé l'espoir qu'il
faisait naître chez le lecteur; l'auteur a traité son sujet d'une
manière tout aussi superficielle et même aussi vide que ses
devanciers. A cette époque , on écrivait sur les monuments
d'après les livres antérieurs et non en les étudiant eux-mêmes. D'ailleurs, on n'en connaissait encore qu'un petit nombre. Dans leurs travaux sur les antiquités monumentales, tous
ces auteurs se bornaient aux sujets sur lesquels ils pouvaient
pirouetter et faire briller leur stérile et petite érudition. Aussi ces
livres ne contribuèrent-ils en aucune manière à l'avancement
de l'histoire de l'art et surtout de l'histoire de l'architecture.
Vers le milieu du siècle dernier, le comte de Caylus fit faire
quelques progrès dans la voie des connaissances sur l'antiquité. Il publia le Recueil d'antiquités égyptiennes, étrusques,
grecques, romaines et gauloises. Paris, 1752 à 1767, sept volumes in-4°. Il détermina d'une manière plus exacte et plus
précise que ses devanciers le rapport qui existe entre l'art
grec et l'art romain et il eut aussi une certaine action sur la
science contemporaine relative à l'élucidation de quelques
questions d'art. Parmi les sciences historiques , l'histoire
de l'art est la plus récente, comme la plus difficile et la plus
compliquée. On peut dire avec raison que l'histoire réelle de
l'art doit sa naissance à Winckelmann ; il fut le premier qui
aperçut et traça dans le nombre infini et confus de ruines monumentales, les indices d'un développement naturel, semblable au germe, à la naissance, à la floraison et à la décrois-
sance de la plante. Ce fut lui qui débrouilla et fixa une suite
organique dans l'inextricable confusion des manifestations
architectoniques, et qui en donna un aperçu rationnel. Il sut
faire comprendre la raison d'être et la nécessité intrinsèque
de toute création d'art prise isolément et faire en même temps
sentir ses qualités et ses défauts. Possédant le sentiment du
beau, par conséquent admirateur passionné de l'antiquité, il

sut l'étudier avec succès et en faire ressortir toutes les beau-
tés. La réaction du xvi° siècle contre le moyen âge qui se con-
tinuait sans bruit pendant les deux siècles qui suivirent, laissa
tout à fait de côté l'étude et l'appréciation des monuments
élevés en Europe depuis Charlemagne jusqu'à François Ier. Les
édifices de l'antiquité et de la Renaissance seuls préoccupè-
rent l'esprit des historiens et des artistes ; ceux du moyen
âge furent considérés avec raison comme dus à une époque
sinistre de ténèbres et de barbarie ; c'est ce qu'annonçait déjà
le seul titre de la grande œuvre de Séroux d'Agincourt : *« Histoire de l'art par les monuments depuis sa décadence au iv° siècle
jusqu'à son renouvellement au xvi°.* » Paris, 1810, six volumes
in-folio, dont le dernier parut en 1823. Cependant d'autres
ouvrages parurent encore en France, en Allemagne et en Angleterre sur l'histoire des beaux-arts. En 1752 , J. Lacombe
avait publié son Dictionnaire portatif des beaux-arts. J.-G.
Sulzer voulut éclipser ou surpasser ce travail et en 1771 il fit
paraître sa Théorie universelle des beaux-arts , remplie d'a-
perçus et de renseignements originaux, curieux et instructifs.
En 1793, R.-A. Bromley donna au public britannique son
Histoire philosophique et critique des beaux-arts, dans laquelle il s'étendit beaucoup sur l'architecture et non sans
succès. C.-L. Stieglitz , appréciateur fin et juste de tous les
genres d'architecture , publia à Nurenberg en 1827 une histoire de cet art, depuis l'antiquité la plus reculée jusqu'aux
temps modernes, en un volume in-8°. C'était la première fois
qu'on voyait l'histoire de l'architecture dans l'antiquité et dans
le moyen âge réunie et comprise dans le même ouvrage.
Quant à la Renaissance, elle n'y figure que dans une ving-
taine de pages. Le succès très-justement mérité de ce livre
en fit faire une seconde édition en 1837, considérablement
augmentée ; la première est de 470 pages, la seconde de 654.
En 1842, F. Kugler enrichit la littérature des beaux-arts d'un
Manuel de l'histoire de l'art. Ce livre a de longs et de nombreux chapitres sur l'histoire de l'architecture ; mais l'exposé
de l'auteur est sec, systématique. Il n'initie nullement le lecteur aux causes diverses qui ont si puissamment contribué à
l'origine, au développement et à la décadence des divers
styles d'architecture. Son livre n'est qu'une anatomie froide,
brève, des monuments qu'il dissèque, habilement, à la vérité.

Cet ouvrage est à sa troisième édition. En 1843 l'auteur de ce dictionnaire a publié un *Manuel de l'Histoire générale de l'architecture chez tous les peuples et particulièrement de l'architecture en France au moyen âge.* 2 volumes in-18. En 1856 Kugler publia une Histoire de l'architecture, écrite et traitée dans les mêmes conditions que son Manuel. Toutefois c'est un livre à consulter et qui est devenu populaire en Allemagne. En 1843, M. Charles Schnaase publia les deux premiers volumes de son Histoire des arts du dessin. Dusseldorf, in-8º. Ils contiennent l'histoire des arts chez les nations de l'Orient, chez les Grecs et chez les Romains. L'auteur expose l'art dans ses rapports avec la vie des peuples, comme résultat et manifestation des conditions physiques et intellectuelles, constituées par le développement national en général. Ensuite l'auteur expose encore les rapports et les relations qui existent entre les arts des divers peuples, ce qui contribue beaucoup à l'intérêt général ainsi qu'à la juste appréciation des différentes époques. Quel que soit le mérite réel de ce livre, fait avec soin et talent, on regrette cependant la brièveté avec laquelle l'auteur a traité l'antiquité tout entière et la trop grande étendue de l'autre côté qu'il a consacrée à l'histoire de l'art pendant le moyen âge. L'auteur aurait peut-être pu abréger son travail sur cette époque et rester aussi vrai, aussi complet et aussi intéressant : mais son œuvre est parfois un peu trop dogmatique et trop abstraite. Ses déductions sont quelquefois trop métaphysiques, souvent spécieuses ou recherchées, ce qui fait que l'esprit se perd dans des spéculations qui éloignent du sujet principal. Le sixième volume a paru en 1861 : un huitième a terminé l'ouvrage. En 1855 M. J. Fergusson a donné au public anglais son Manuel illustré d'architecture, orné de 850 vignettes sur bois. L'ouvrage forme deux volumes in-8º, comprenant 1,004 pages. L'Inde y est exposée en cent trente-trois pages, l'Assyrie en vingt, la Babylonie en six, l'Égypte en quarante et une et la Grèce en *trente.* Les chapitres sur l'Inde sont assez complets, instructifs et intéressants. Les vignettes qui les accompagnent offrent beaucoup de monuments la plupart inédits. Les pages sur l'architecture assyrienne sont incomplètes et laissent à désirer. Les matériaux qu'on possède sur les antiquités de ce pays permettaient d'en donner des appréciations plus satisfaisantes et il en est de même de l'histoire de l'art monumental en Égypte. Quant aux deux chapitres sur l'architecture grecque, on regrette leur exiguïté, la pauvreté de détails et de considérations. Il en est de même de l'architecture romaine. Le second volume, passablement complet , donne assez bien chronologiquement l'histoire des styles au moyen âge. Mais le livre de M. Fergusson n'est point philosophique ; on n'y trouve point l'analyse des éléments de la civilisation des divers peuples dont il retrace les œuvres d'architecture. Son livre fait connaître une série de monuments, mais non les conditions ni les sentiments qui ont conduit à les élever. Son Manuel est plutôt un atlas de planches et de belles planches qu'une histoire de l'architecture. Une seconde édition a paru en 1866 en trois volumes.

Nous ne terminerons pas cet article sans nommer un volume publié à Stuttgard et Tubingue en 1847 par M. Hübsch et intitulé « *L'Architecture dans son rapport avec la peinture et la sculpture contemporaine* » (en allemand, in-8° de 180 pages). L'auteur, architecte-antiquaire distingué, passe en revue le développement historique de l'architecture, il s'arrête au style particulier de chaque peuple et à des considérations dues à l'esprit et au sentiment élevé des arts d'un connaisseur consommé dans sa profession. L'ouvrage de L. Batissier, qui a eu trois éditions, est trop connu pour que nous ayons besoin de nous y arrêter.

L'auteur de ce dictionnaire a publié en 1862 une *Histoire générale de l'architecture* en deux volumes grand in-8° avec 523 vignettes sur bois dans le texte.

HISTORIÉ, adj., all. *Verziert mit einem Gegenstand*, angl. *Ornamented with a subject*, ital. *Istoriato, Storiato*. Se dit d'un chapiteau qui représente un sujet.

HOCHE, s. f., all. *Kerbe*, angl. *Nick, Notch*, ital. *Tacca, Intaccatura*. Se dit d'une entaille faite quelque part.

HOPITAL, s. m., all. *Kränkenhaus*, angl. *Hospital*, ital. *Ospedale*. Établissement composé de plusieurs bâtiments disposés pour recevoir les personnes malades ou infirmes.

HORLOGE, s. f., all. *Uhr, Uhrwerk, Schlaguhr*, angl. *Clock*, ital. *Orologio*. Machine qui marque et sonne les heures : bâtiment dans lequel se trouve une horloge.

HOSPICE, s. m., all. *Armenhaus, Krankenhaus*, angl. *Hospital*, ital. *Ospizio*. Sorte de couvent, fondé dans un lieu désert, ou au sommet d'une montagne, pour recevoir les voyageurs. Établissement public dans des villes où l'on reçoit les malades pauvres des deux sexes.

HOTEL, s. m., all. *Gasthof*, angl. *Hotel, Lodging*, ital. *Osteria, Albergo, Palazzo*. Maison dans une ville, où les voyageurs trouvent à loger commodément. — Vaste maison de ville où loge une seule famille : l'hôtel est souvent entre cour et jardin, c'est-à-dire qu'il y a une cour dans laquelle on entre par la rue et où sont les dépendances : vient ensuite l'hôtel avec un jardin derrière ou au fond.

—— DE MARS (OU DES INVALIDES). Établissement entretenu aux frais de l'État, et dans lequel les vieux militaires, ou les militaires blessés au service de la patrie, trouvent un asile et une existence assurés.

—— DIEU. all. *Armenhaus oder Krankenhaus*, angl. *Hospital*, ital. *Spedale*. Établissement public où l'on reçoit des malades et des pauvres.

—— DE LA MONNAIE. all. *Die Münze*, angl. *The Mint*, ital. *Zecca*. Établissement public avec dépendances où l'on frappe la monnaie.

—— DE PRÉFECTURE. Habitation d'un préfet.

—— DE VILLE. all. *Rathhaus*, angl. *Town-house, Guildhall*, ital. *Palazzo della Città*. Maison où s'assemblent les administrateurs d'une commune, le maire, les conseillers municipaux, etc.

HOTTE DE CHEMINÉE, s. f., all. *Rauchfang*, angl. *the Gathering*, ital. *Cappa del cammino*. Manteau d'une cheminée plus large en bas qu'en haut et d'ordinaire d'une cuisine.

HOURDAGE, s. m., all. *Rauhes Mauerwerk*, angl. *Rough Masonry*, ital. *Muro grossiere*. Ouvrage en maçonnerie grossièrement exécuté.

HOURDER, v. a., all. *Mit Mörtel oder Kalk grob bewerfen*, angl. *to rough-work*, ital. *Murare in grosso*. Faire de la maçonnerie grossière avec de menus moellons ou plâtras : enduire grossièrement avec du mortier ou du plâtre.

HOUSSAGE, s. m., all. *Bretterwerk*, angl. *Shutters of a Windmill*. Fermeture faite d'ais.

HUILE (à l'), all. *In Oehl*, angl. *in Oil*, ital. *Pittura all' oglio*. Sorte de peinture dont l'huile est le principal amalgame des couleurs. L'invention de la peinture à l'huile est attribuée à J. von Eyk qui vivait au commencement du xv⁰ siècle.

HUISSERIE, s. f., all. *Thürgerüst, Thürgestell*, angl. *Door-frame or case*, ital. *Impostatura d'una porta*. Assemblage d'un linteau avec les poteaux ou montants d'une porte de charpente.

HUTTE, s. f., all. *Hütte*, angl. *Hut*, ital. *Capanna*. Petite baraque, loge, faite avec de la terre, du bois, etc.

HYDRAULIQUE, s. f. et adj., all. *Hydraulik*, angl. *Hydraulics*, ital. *Idraulica*. Science des lois qui régissent le mouvement des corps liquides ; science qui enseigne à trouver, conduire et élever les eaux par l'usage des machines.

HYDROGRAPHIE, s. f., all. *Beschreibung der Gewässer*, angl. *Hydrography*, ital. *Idrografia*. Art de décrire les eaux et machines hydrauliques.

HYPERBOLE, s. f., all. *Linie, welche der schiefe Kegelschnitt an seiner Peripherie beschreibt*, angl. *Hyperbole*, ital. *Iperbole*. Ligne que décrit une section conique dans sa périphérie.

HYPÈTHRE, s. m. et adj. (Ὑπο, dessous, Αἰθηρ, air), all. *Hypäthros*, angl. *Hypæthral*, ital. *Edificio scoperto, Ipetro*. Edifice ou temple ayant sur chacune de ses façades principales dix colonnes; sur ses quatre faces un double portique; la cella dans l'hypèthre était sans toit ou ouverte. Vitruve comprend ce genre de temple dans la septième classe, et cependant le Parthénon d'Athènes n'a que huit colonnes sur ses façades principales : mais sa cella était à découvert. Ce monument n'a aussi qu'un portique simple de ceinture. C'est une des nombreuses preuves que les règles données par Vitruve sont souvent arbitraires, quoique posées d'une manière absolue.

HYPERTHYRUM, s. m., all. *Das über einer Thüröffnung befindliche Gesims, eigentlich der Thürsturz*, angl. *Hyperthyrum, the lintel or cross-piece of the aparture of a doorway*, ital. *Listello, l'architrave d'una porta*. Linteau d'une baie de porte.

HYPOCAUSTE, s. f. Fourneau souterrain dans les bains grecs et romains qui distribuait la chaleur partout où elle était nécessaire et à divers degrés. Employée aussi dans les maisons d'habitation.

HYPOGÉE, s. m., all. *Unterirdisches Grab*, angl. *Hypogæum*, ital. *Ipogeo, costruzioni e volte sotterrane*. Excavation artificielle ou construction souterraine destinée en Grèce à déposer les cendres des morts, et en Égypte à conserver les momies de personnages célèbres. Il y en a à Thèbes et dans ses environs : ceux de Béni-Hassan, de Météharra sur le Nil et de Biban-el-Molouk, sont très-remarquables à cause de leur style et de leur antiquité.

HYPOPADIUM, s. m. Marchepied employé dans les bains des anciens.

HYPOSCENIUM, s. m. Lieu dans les théâtres grecs où étaient placés les musiciens; il formait une partie de l'orchestre, et était orné de statues et de colonnes vers le public.

HYPOTHÉNUSE, s. f. Côté d'un triangle rectangle, faisant face à l'angle.

HYPOTHYRIUM, s. m. Seuil de porte.

HYPOTRACHELIUM, s. m. La partie la plus mince d'une colonne, immédiatement en dessous du chapiteau.

I

ICHNOGRAPHIE, s. f., all. *Zeichnung eines Grundrisses*, angl. *Representation of the ground plot of a building*, ital. *Jcnografia*. L'art de tracer un plan avec le compas, la règle et l'équerre d'après des mesures exactes.

ICONOGRAPHIE, s. f., all. *Bilderbeschreibung*, angl. *Iconography*, ital. *Iconografia*. Description des objets de sculpture, de peinture, de gravure et autres objets antiques.

ICONOLOGIE, s. f. Science qui consiste à enseigner les attributs avec leur signification des dieux, des hommes, etc., sous des symboles et des figures qui leur conviennent; — explication des personnifications des passions, des vertus, des vices, des saisons, des pays, des fleuves, des mers, des sciences, des arts, etc.

IDÉE, s. f., all. *Erster Gedanke oder Skizze eines Kunstwerkes*, angl. *The first idea or sketch of a work of art*, ital. *Primo progetto*. Primitive esquisse d'un projet, soit d'un édifice, d'une sculpture ou d'une peinture ou tableau.

IMAGE, s. f., all. *Bild*, angl. *Image*, ital. *Immagine*. Représentation par les arts du dessin d'un sujet quelconque, soit physique, soit intellectuel.

IMPASTATION, s. f., all. *Impastation*, angl. *Plastering composition*, ital. *Impasto, Impastamento*. Mastic composé de matières de diverses couleurs et consistances, sert à construire des colonnes, des pilastres, des obélisques et autres monuments.

IMPOSTE, s. f., all. *Kämpfer*, angl. *Impost*, ital. *Imposta*. Corps saillant et horizontal formé d'une ou de plusieurs moulures, destiné à couronner un jambage, un pilier, et d'où s'élève ou s'appuie le premier voussoir d'un arc ; en usage dans presque toutes les architectures.

—— CINTRÉE. Celle qui ne se profile pas sur le jambage ou pilier, mais qui sert de bandeau à une arcade et se retourne en archivolte. On appelle aussi cintrée celle qui est circulaire en plan.

—— COUPÉE. Celle qui est interrompue dans son étendue par quelque corps.

IMPRIMER, v. a., all. *Gründen*, angl. *To lay on the priming colour*, ital. *Dare l'imprimitura*. Passer la première couche de couleur sur du bois ou autres corps.

INCRUSTATION, s. f., all. *Mit etwas bekleidet, belegt seyn*, angl. *Incrustation*, ital. *Incrostatura*. Placage de marbre, de pierres ordinaires ou fines, de bois minces, dans des entailles faites exprès à des parements de murs, de soubassements, de piliers, de piédestaux, etc., ou dans des panneaux de menuiserie.

INFIRMERIE, s. f., all. *Krankenhaus, Krankenstube, Siechhaus für Geistliche*, angl. *Infirmary*, ital. *Infermeria*. Pièce ou bâtiment séparé dans un établissement public ou communauté, destiné à recevoir les malades.

INGÉNIEUR, s. m., all. *Kriegsbaumeister*, angl. *Engineer*, ital. *Ingegnere*. Celui qui réunit les connaissances indispensables aux constructeurs sans avoir besoin de connaître les lois du beau dans les arts. L'ingénieur ne pratique que l'utile, tandis que l'architecte doit y joindre le beau. Jusque sous Louis XV, il n'y avait que des architectes et point d'ingénieurs. D.-C. Trudaine, intendant général des finances, fonda en 1747 l'école des ponts et chaussées, dont il confia la direction à Jean-Rodolphe Perronet qui devint, par arrêt du conseil d'État, du 14 février 1747, premier ingénieur des ponts et chaussées de France.

INSCRIPTION, s. f., all. *Inschrift*, angl. *Inscription*, ital.

Inscrizione. Mots écrits en une ou plusieurs lignes sur un monument quelconque, en mémoire d'un personnage célèbre, d'un événement important, ou destinés à indiquer le but d'un édifice.

INSCRIRE, v. a., all. *Eine Figur in einer andern beschreiben, zeichnen,* angl. *To inscribe one figure in another,* ital. *Inscrivere.* Tracer une figure dans une autre, comme un carré, un triangle dans un cercle, etc.

INSTRUMENTS, s. m. pl., all. *Werkzeuge,* angl. *Instruments mathematical,* ital. *Instrumenti matematici.* Se dit des compas, règles, équerres, boussoles, niveaux, planchettes, graphomètres, etc., nécessaires pour lever et dessiner correctement des plans, coupes et élévations; ils se distinguent des outils qui ne servent qu'à l'exécution et à la construction des ouvrages.

—— DE SACRIFICE. all. *Opfer- Werzeuge.* Candélabres, vases, trépieds, patères, couteaux, masses, en usage dans le culte des nations de l'antiquité et dont surtout les Romains ont orné les frises et les métopes de leurs temples. Les Grecs eurent un trop bon goût pour avoir suivi l'usage des Romains.

INTERSECTION, s. f., all. *Durchschnittspunkt,* angl. *Intersection,* ital. *Intersezione.* Point où deux lignes se rencontrent, se croisent ou se coupent. On nomme aussi *Intersection,* all. *Kreuzung, Vierung,* l'espace dans une église du moyen âge, formé par le croisement de la nef et du chœur avec le transsept. Cet espace est ordinairement carré et surmonté d'une coupole ou d'une flèche.

INTERSTICE, s. m., all. *Zwischenraum, Fuge,* angl. *Joint, Interval,* ital. *Interstizio.* Intervalle, joint entre les pierres.

INTRADOS, s. m., lat. *Concavitas,* all. *Die untere Seite eines Gewölbes oder Gewölbesteines, die innere Bogenrundung derselben,* angl. *Intrados,* ital. *Intrados, Imbotte.* Douille ou partie concave ou inférieure d'une voûte, ou d'un arc. Se dit principalement des voûtes d'arête et à plein cintre.

IONIQUE, adj., all. *Ionisch,* angl. *Ionic,* ital. *Ionico.* Ordre d'architecture. Il est plus léger et plus gracieux que l'ordre dorique et moins riche d'ornementation et de moulures que le corinthien. On le reconnaît à son chapiteau peu élevé et orné aux angles de volutes et à sa base qui manque à l'ordre dorique. Si l'architecture dorique était pratiquée par ceux des

Grecs dont les provinces relevaient du collége hiératique établi auprès de l'Apollon de Delphes, il n'en est point ainsi de l'ordre ionique, qui doit son origine à des influences asia tiques. Il y a dans certains bas-reliefs des palais de Ninive des représentations de pavillons et de constructions avec des colonnes qui ont dans leur chapiteau des volutes. Des bords du Tigre ces volutes sont venues sur les rives de l'Ionie et là, sans qu'on en sache encore l'époque, s'éleva une architecture en opposition avec le style imposé, semble-t-il, par le dorisme delphien. Lorsque, au viiie siècle avant l'ère vulgaire, l'influence ionienne commença à s'étendre sur les côtes de la Grèce européenne, et que la population ionienne secoua en partie la pression que le dorisme exerçait sur elle, l'architecture ionique acquit droit de cité dans l'Hellade. Cela eut lieu sous ce qu'on nomme la tyrannie. Quand Myron, prince de Sykion, élevait dans la première année de la trente-troisième olympiade, ou 648 avant l'ère vulgaire, un trésor d'ordre ionique à côté du trésor dorique d'Olympie, il se déclarait l'antagoniste du dorisme et opposant à la puissance absolue du trépied de Delphes. La renaissance de la race ionienne, commencée à Sykion, fut plus heureusement et plus complétement développée à Athènes. Là on ne bâtissait pas seulement et simultanément dans les deux styles (le vieux Parthénon et le temple d'Athéné Poliade), mais on y sut encore fusionner intimement les règles des deux ordres. Athènes sut réunir la sobriété dorique, la sévérité de la forme de l'art, la loi de la cohérence intellectuelle avec la liberté morale et l'aptitude créatrice de l'ordre ionique, en sorte que sur ce point Athènes a encore su fondre dans une haute unité les contrastes du dorisme et de l'ionisme. La colonne ionienne était employée où les supports verticaux demandaient moins de solidité et où la place était exiguë. Depuis la Renaissance on l'a employée pour des théâtres, des châteaux ou maisons de campagne, des décorations intérieures, et quand on superpose des ordres, on a l'habitude de décorer le premier étage dans le style ionique. Mais on doit éviter avec soin cette dernière ordonnance.

ISOLÉ, ÉE, adj., all. *Freistehend*, angl. *Isolated*, *Insulated*, ital. *Isolato*. Se dit des corps détachés, comme un pavillon, un obélisque, un pilier, une colonne, une statue, etc.

ISOLEMENT, s. m., all. *Abstand einer Säule, eines Gebäu-*

des, etc., von andern, angl. *Isolation,* ital. *Staccamento d'una colonna.* Distance, espace ou intervalle laissé d'une colonne à un pilastre, d'une forge, d'un four, etc.

J

JALON, s. m., all. *Absteckpfal,* angl. *Stake, Pole,* ital. *Baston da livello.* Corps cylindrique ou à pans, mince et très-allongé, pointu d'un bout, qui sert à lever des plans, à tracer des niveaux et des alignements.

JALOUSIE, s. f., all. *Fensterschirm, Gitterfenster,* angl. *Window-blind,* ital. *Gelosia.* Volet de fenêtre ou de porte dont le milieu est à jour au moyen des traverses adaptées et appelées lames. On en fait d'autres où l'on évide le bois des panneaux, en sorte qu'elles représentent des ornements et des figures.

JAMBAGE, s. m., all. *Nebenpfeiler, Thürpfosten, Pilaster,* angl. *Jamb, doorpost, side post,* ital. *Stipito, Pilastro.* Trumeau ou pied-droit d'une porte ou d'une fenêtre. Se dit aussi des côtés d'une cheminée à la Rumford, contre lesquels les chambranles sont adaptés.

JAMBE, s. f., all. *Eine Reihe in ein ander greifender Quadersteine, in einer Mauer senkrecht aufgeführt : id. womit die Ecken der Gebäude eingefasst werden,* angl. *Jamb-stones.* Chaîne verticale faite avec des carreaux et boutisses, qui est élevée dans l'épaisseur d'un mur ou à l'angle d'un bâtiment, pour contribuer à sa force.

—— BOUTISSE. all. *Quaderstein, dessen schmale Seite aus der Mauer heraussieht, hat auch die Dicke der Mauer,* angl. *Header.* Pierre formant la liaison d'un mur et dont la plus longue dimension est placée dans le sens de l'épaisseur (en travers) du mur.

—— DE FORCE. all. *Eine starke Stütze von Holz, eine Trägersäule,* angl. *Post,* ital. *Stile.* Pièce de bois verticale ou inclinée servant à affermir une pièce verticale ou à porter l'entrait et les pannes.

—— D'ENCOIGNURE. all. *Eckschaft.* Pièce de bois disposée à porter des retombées sur deux faces d'un bâtiment.

—— ÉTRIÈRE. Tête d'un mur mitoyen au rez-de-chaussée,

taillée à deux tableaux et disposée à recevoir deux retombées.

JAMBETTE, s. f., all. *Kleine Stützsäule, Stützband, Strebe*, angl. *Brace*, ital. *Razze, Monachino, o sostegno che serve a calzare i puntoni*. Petite pièce de bois de charpente debout, destinée à soulager ou fortifier les arbalétriers d'un comble.

JARDIN, s. m., all. *Garten*, angl. *Garden*, ital. *Giardino*. Emplacement auprès d'une maison, disposé avec ou sans symétrie, dans le premier cas, en compartiments, ornés d'arbres et de fleurs.

— ANGLAIS. Celui disposé irrégulièrement, c'est-à-dire sans symétrie, emprunté aux Chinois. Jusqu'au xviiie siècle les jardins étaient dessinés régulièrement, genre que Le Nôtre avait su amener à sa perfection. Mais ses élèves et ses imitateurs avaient dans la suite outré son genre jusqu'à en faire la caricature. Le jardin français était devenu en usage en Angleterre où il trouva pour antagoniste William Kent, architecte et peintre, né dans le Yorkshire en 1685. Tandis qu'Addison publiait, dans *le Spectateur*, son célèbre essai sur l'art des jardins, que Pope tournait en ridicule dans ses lettres critiques les courbes et les lignes en colimaçon des jardins contemporains, qu'enfin le spirituel Horace Walpole émettait de nouvelles idées sur le tracé des jardins, la pratique devança la théorie. Kent fut le premier qui, dans la disposition des jardins, abandonna la décadence de son temps. Les vieux ornements disparurent et les *Pleasure-grounds* commencèrent leur vogue. Tout en exposant pour principe l'imitation de la nature, du paysage, dans le tracé et la disposition des jardins, Kent ne parvint pas à le réaliser dans la pratique. Son style, au lieu d'être simple, fut affecté et outré ; ses jardins étaient surchargés de petits temples, d'obélisques, de ruines et de hors-d'œuvre de tout genre. L'excès du genre eut lieu surtout après la publication de l'ouvrage de W. Chambers en 1772 sur la disposition des jardins orientaux et plus spécialement chinois. Brown suivit les idées de Kent, mais elles étaient plus grandioses, comme on peut le voir dans ses arrangements du parc de Blenhenhouse dans le Oxfordshire. D'autres systèmes s'élevèrent sur la composition des jardins. Payne Knight et Sir Uvedale Price furent les fondateurs d'une meilleure école. Le dernier de ces deux auteurs combattait spécialement, dans ses « *Essays on the Picturesque* », contre le goût de l'art des jardins de son temps, et Repton, artiste plein de talent, le suivit dans cette voie. C'est à ces hommes, admirateurs et appréciateurs du beau, que l'Angleterre doit ses plus beaux parcs. Avec les temples et les obélisques, disparurent aussi des jardins tous les enfantillages et les niaiseries du passé, et les vallons, les bois et les collines ne furent plus défigurés. Depuis le milieu du XVIIIe siècle, l'art de tracer les jardins anglais (*Landscape-Gardening*) s'introduisit aussi en Allemagne et en France : mais là on exagéra encore davantage les imitations des erroments des modèles. Hirschfeld publia à Leipzig, en allemand, sa *Théorie de l'art des jardins* et de 1808 à 14 M. de Laborde écrivait sa *Description des nouveaux jardins de la France*, etc. En 1823, Joseph Ramée, père de l'auteur, publia les premières livraisons de ses *Maisons de campagne et jardins irréguliers*, et en 1839 ses *Parcs et jardins*.

JARDIN ʙᴏᴛᴀɴɪǫᴜᴇ. Celui qui est disposé de manière à y cultiver toutes sortes de plantes.

—— ᴘᴏᴛᴀɢᴇʀ. Celui qui est planté d'arbres fruitiers et de légumes.

—— ꜱᴜꜱᴘᴇɴᴅᴜ. Celui qui est placé sur des voûtes, qui sert quelquefois de serre en hiver. Les jardins suspendus de Babylone n'étaient que des terrasses en amphithéâtre, pour rappeler, dans les plaines de l'Euphrate et du Tigre, les montagnes de la Médie, patrie d'Amytis, une des femmes de Nabuchodonosor qui régnait de 605 à 561, et que ce roi avait fait bâtir et disposer.

JET D'EAU, s. m., all. *Wasserstrahl eines Springbrunnens*, angl. *Waterspout*, ital. *Zampillo*. L'eau lancée dans une fontaine par un seul tube. Le jet d'eau peut être vertical ou oblique.

JEU, s. m., all. *Spielraum*, angl. *Void*, *Hollow*, ital. *Facilità*, *mobilità*. Vide laissé entre deux corps qui sont sujets à se heurter, afin que le mouvement soit facile et que le frottement soit peu sensible.

JEU DE PAUME, s. m., all. *Ballspielhaus*, *Ballspielsaal*, angl. *Tennis-court*, ital. *Luogo dove si giuoca alla pallacorda*. Bâtiment ou grande salle où l'on joue à la paume, ornée de galeries pour les spectateurs. Le jeu de paume est très-ancien : il y avait dans les gymnases ou palestres des Grecs un emplacement destiné à cet exercice. On s'y est livré aussi pen dant le moyen âge; au xvi⁰ siècle ce jeu fut en grande vogue et continua ainsi sous Louis XIII. Il n'y avait pas de palais ni de château pendant ces deux époques qui n'eût son jeu de paume. Celui de Versailles est devenu célèbre par la réunion de l'Assemblée Nationale qui y eut lieu le 20 juin 1789, et le serment que prêtèrent ses membres de ne se séparer que lorsqu'ils auraient établi la constitution du royaume.

JOINT, s. m., all. *Fuge*, angl. *Joint*, ital. *Giuntura, convento delle pietre*. Espace, vide, intervalle entre deux pierres, rempli soit de ciment, de mortier ou de plâtre; id. entre deux ais, deux planches ou madriers.

—— A ANGLET. Celui employé pour les incrustations et compartiments de marbre.

—— CARRÉ. Celui qui est d'équerre à son retour.

—— DE DOUELLE. all. *Im innern eines Gewölbes sichtbarwerdende Mauerfuge*. Celui qui, sur l'épaisseur d'un arc, a sa direction sur la longueur de la voûte.

—— DE FACE. Celui qui est vu d'un côté du parement d'un arc.

—— DE LIT. all. *Fuge welche oben auf einem Gewölbe oder einer Mauer sichtbar ist*. Celui qui est inférieur à une pierre.

—— DE RECOUVREMENT. all. *Fugen, wo eine über die andere hinübergreift, wie bei den Treppenstufen*. Celui qui est produit par la saillie d'une marche sur l'autre.

—— EN COUPE. Celui qui, incliné, prend sa direction à un point de centre.

—— FEUILLÉ. Celui qui est formé par le recouvrement de deux pierres l'une sur l'autre, entaillées à mi-épaisseur.

—— GRAS. Celui qui, plus ouvert que le droit, dépasse quatre-vingt-dix degrés.

—— MAIGRE. Celui qui, moins ouvert que le droit, n'a pas quatre-vingt-dix degrés.

—— MONTANT. Celui qui est vertical et d'aplomb.

—— A ONGLET. Celui qui est coupé diagonalement suivant un angle de 45 degrés (Espèce d'assemblage en menuiserie).

—— OUVERT. Celui où l'on place des cales épaisses, ou celui dont le tassement non uniforme l'a fait ouvrir.

—— RECOUVERT. Celui qui au moyen d'une moulure formant une espèce de bourlet ou d'ourlet se trouve caché.

JOINT serré. Celui que l'on dégarnit pour en faciliter le tassement.

JOINTOYER, v. a , all. *Fugen verstreichen*, angl. *To joint, to make joints*, ital. *Riempire i conventi delle pietre con calcina.* Garnir ou remplir des joints de ciment, de mortier ou de plâtre. On dit *rejointoyer* quand on fait de vieux joints.

JOUÉE, s. f., all. *Oeffnung einer Thür oder eines Fensters*, angl. *Door or Window Gap*, ital. *Apertura d'una porta ovvero d'una finestra*. Ouverture d'une porte ou d'une fenêtre.

—— D'ABAT-JOUR. Chacun des parements compris dans l'épaisseur d'un mur tant droits qu'inclinés.

—— DE LUCARNE. all. *Schief in die Höhe laufenden Backen oder Seitenwände eines Dachfensters*. Les deux côtés triangulaires hourdés et enduits de plâtre, couverts quelquefois en ardoises à l'extérieur.

JOUR, s. m , all. *Oeffnung*, angl. *Aperture, opening through any body*, ital. *Apertura, finestra*. Ouverture qui, pratiquée dans un mur ou une cloison quelconques, sert à éclairer l'intérieur d'un espace, comme pièces, salles, chambres, escaliers, etc.

—— D'APLOMB. all. *Tageslicht welches man senkrecht von oben durch eine Oeffnung in der Decke einfallen läszt*. Celui qui d'en haut descend verticalement.

—— D'EN HAUT. all. *Tageslicht, welches schräg von oben einfällt*. Celui qui, d'une ouverture élevée, tombe en bas.

—— D'ESCALIER. all. *Freier Raum zwischen den Treppenwangen*, angl. *Opening or well-hole of a staircase*. Vide compris entre le développement des limons ou des noyaux creux d'un escalier.

—— DROIT. Celui qui est établi à hauteur d'appui.

—— FAUX. all. *Falsches Licht*, angl. *False-light*, ital. *Falso-lume*. Celui qui vient de l'intérieur d'une pièce et qui par conséquent n'est pas direct.

JUBÉ, s. m., all. *Lettner*, angl. *Rood-loft, Rood-screen*, ital. *Tribuna*. Sorte de tribune plus ou moins spacieuse, plus ou moins richement ornée, placée à l'entrée du chœur dans quelques grands monuments du culte chrétien, où l'on assemble les chanteurs et où l'on met quelquefois un buffet d'orgues. Ceux de la Madeleine de Troyes, de Saint-Étienne du Mont de Paris, de la cathédrale de Halberstadt, de l'église conventuelle de Maulbronn, de Zell dans le Pinsgau, des cathédrales de York, de Canterbury, de Lincoln, etc., sont remarquables.

JUILLIÈRES, s. f. pl., all. *Seitenmauern einer Schleuse*. Jambages ou pieds-droits formant les murs d'amont d'une écluse et qui servent à fixer les portes.

JURANDE, s. f., all. *Collegium der Geschwornen-Gilde*, angl. *Wardenship*, ital. *Uffizio annuo di chi prende cura degli affari d'un corpo d'artifice*. Institution sous l'ancienne monarchie française jusqu'en 1789, établie dans chaque corps d'état, de profession et de métier, chargée d'examiner les différends qui survenaient entre les membres qui la composaient. La jurande des maçons se trouve dans les règlements que fit dresser en 1258 Étienne Boileau, prévôt des marchands sous Louis IX.

K

KILOGRAMME, s. m. Poids décimal égal à mille grammes.

KILOLITRE, s. m. Mesure décimale de capacité égale à mille litres.

KILOMÈTRE, s. m. Mesure décimale itinéraire égale à mille mètres. Le mille d'Allemagne de 15 au degré est égal à 7,408 kilomètres ; le mille anglais de 1,760 yards est égal à 1,609 kilomètre ; le mille d'Italie de 60 au degré est égal à 1,852 kilomètre, et le mille de la Toscane est égal à 1,653 kilomètre.

KIOSQUE, s. m., all. *Art Pavillon in einem türkischen Garten*, angl. *Turkish Pavillon*, ital. *Chiosco, Padiglione in terrazzi de' giardini turchi*. Pavillon turc sur une terrasse décoré avec magnificence, ouvert quelquefois de tous les côtés.

L

LABYRINTHE, s. m. Immense bâtiment, composé de cours, de galeries, de salles et de souterrains, élevé par le roi d'Égypte Aménemhé III, 3250 ans avant l'ère vulgaire, auprès du lac Mœris, dans le Fayoum moderne, et destiné à recevoir, pendant les grandes assemblées nationales de l'Égypte, les dépu-

tés sacerdotaux, civils et militaires du royaume. La ressemblance des cours entre elles, les grandes dimensions des
péristyles, le grand nombre des pièces du palais élevé par
Aménemhé, ont donné naissance à l'idée que le labyrinthe
avait des passages obscurs et tortueux qui égaraient le visiteur
au point qu'il ne pouvait en sortir seul, sans l'assistance d'un
conducteur.

Le labyrinthe de l'île de Crète était célèbre chez les Grecs et
surtout par le Minotaure et l'histoire de Thésée et d'Ariane.
Il était très-ancien puisqu'on lui assignait pour auteur Dédale.
Mais il y a tout lieu d'admettre que le labyrinthe de Crète ne
fut qu'une fiction poétique.

LAIT DE CHAUX, s. m., all. *Kalkmilch,* angl. *Lime-water,*
Whiting, ital. *Acqua di Calce.* Composition faite avec de la
chaux délayée dans de l'eau, qui sert à blanchir des murs,
plafonds, etc. On y ajoute de la colle si l'on veut qu'elle ait
plus de consistance.

LAITERIE, s. f., all. *Melkerey, Milchkeller, Milchkammer,*
angl. *Dairy, Milkfarm,* ital. *Cascina.* Bâtiment ou pièce auprès
d'une vacherie, où l'on entrepose le lait. C'est aussi dans une
maison de campagne une grande salle bien décorée, avec des
fontaines, des bassins et autres accessoires, où l'on fait des
collations.

LAMBOURDE, s. f., all. *Rippe,* angl. *Joist,* ital. *Piana, Tra-*
vicello. Pièce de bois couchée et scellée diagonalement sur les
solives pour y attacher du parquet, ou carrément pour y
clouer des ais. Aussi pièce de bois horizontale, destinée à
maintenir les extrémités des solives dans les planchers. Se dit
encore d'une qualité de pierre que l'on extrait dans les environs de Paris.

LAMBRIS, s. m., all. *Täfelwerk, Getäfel, Schalwerk,* angl.
Wainscot, ital. *Fregio, ornamento che ricorre intorno alle stanze.*
Liteaux cloués en lattis pour une cloison, un plancher supé-
rieur, etc., enduit de plâtre ou de mortier bâtard.

—— DE PLAFOND. Enfoncements ou caissons ornés de sculpture, de peinture et de dorure dans un plafond.

—— DE MARBRE. Revêtement par compartiment de diverses
sortes de marbres, placé en arrasement ou en saillie, pour les
hauteurs d'appui, contre-cœurs et évasements des fenêtres,
portes, etc.

LAMBRIS DE MENUISERIE. Assemblage de montants, pilastres, panneaux, etc., pour revêtir les murs d'une pièce. On en emploie de différentes hauteurs.

LAMBRISSAGE, s. m., all. *Täfeln, Täfelwerk,* angl. *Wainscotting,* ital. *Impiallacciatura.* Ouvrage de menuiserie, plâtrerie, marbrerie, etc.

LAME DE PLOMB, s. f., all. *Dünne bleyerne Platte,* angl. *Sheet lead,* ital. *Lama di piombo.* Feuille de plomb mince, employée dans la couverture à plusieurs usages ; placée aussi dans les joints des pierres de taille dans les grandes constructions pour empêcher que le tassement ou la poussée qu'elles peuvent éprouver ne fassent écorner les arêtes.

LAMPADAIRE, s. m., all. *Lampenstock, Lampenträger,* angl. *Lampbearer,* ital. *Stromento che sostiene le lampade.* Montant ou tige, de formes diverses, destiné à supporter une lampe.

LAMPE, s. f., all. *Lampe,* angl. *Lamp,* ital. *Lucerna, Lampada.* Vases de modèles et de dessins divers, en terre cuite, en bronze, en or ou en argent, dans lesquels on met de l'huile avec une mèche en coton, et qui sert à éclairer des lieux obscurs. On s'en servait beaucoup dans l'antiquité. Il y avait une lampe en or massif, exécutée par Kallimachos vers 412 avant l'ere vulgaire, placée dans le temple d'Athéné Polias sur l'acropole d'Athènes. Elle était surmontée d'un palmier en bronze doré par où s'échappait la fumée de la lampe. Cette lampe ne s'éteignait jamais, comme celles dont les vestales romaines devaient éternellement entretenir le feu. La lampe qui brûle jour et nuit dans les églises chrétiennes n'est donc qu'une imitation de l'antiquité.

LAMPION, s. m., all. *Lämpchen, besonders bei öffentlichen Beleuchtungen,* angl. *Small lamp,* ital. *Lucerna, Lumicino.* Vase en terre cuite dans lequel on met de la graisse ou du suif et une mèche de coton, qui sert à éclairer, dans la nuit, des passages et lieux dangereux. On se sert de lampions en verre pour les fêtes publiques : alors on en varie les couleurs. On en compose des guirlandes et des dessins divers.

LANCE D'EAU, s. f., all. *Kleiner Wasserstrahl,* angl. *High but small waterspout,* ital. *Piccolo Zampillo.* Ajustage mince d'un jet d'eau qui s'élève à une grande hauteur.

LANCETTE (ARC, OGIVE A), adj. Arc ou ogive dont la base est moindre que le rayon qui sert à décrire les deux côtés curvilignes; surtout en usage dans les monuments de la fin du XVᵉ et du commencement du XVIᵉ siècle.

LANCI, s. m. Pierre ayant peu de hauteur et beaucoup de longueur en queue, destinée à lier d'autres pierres qui en ont moins.

LANGUETTE, s. f., all. *Zunge oder verticale dünne Zwischenmauer welche einen Schornstein in verschiedene Röhren theilt*, angl. *The tongue or small separation between chimney-flues*, ital. *Tramezzo d'un condotto di cammino*. Séparation étroite pratiquée entre des tuyaux de cheminée.

—— DE CHAUSSE-D'AISANCE. all. *Die Zunge oder der Unterschied zwischen zwei Abtritten*. Parpaings en auplats de briques qui séparent chaque tuyau de descente des étages.

—— DE MENUISERIE. all. *Spund oder Feder, womit ein Brett in die Vertiefung eines andern eingreift und hierdurch mit ihm zu einer ebenen Tafel verbunden wird*, angl. *Tongue*, ital. *Linguetta*. Tenon continu pratiqué dans toute la longueur d'une planche, d'une frise ou madrier, ayant plus ou moins d'épaisseur, mais d'ordinaire le tiers : s'emboîte dans une enrainure, qui peut passer pour une mortaise allongée.

LANTERNE, s. f., all. *Laterne*, angl. *Lantern*, ital. *Lanterna*. Petite construction ou dôme en charpente élevé au sommet et au centre d'un plus grand dôme et quelquefois sur un comble. Se dit aussi des châssis vitrés que l'on adapte au-dessus d'une galerie, d'un passage, d'un corridor.

L'antiquité ne connaissait point les lanternes élevées comme petits pavillons sur les dômes. Les dômes de Florence, de Saint-Pierre de Rome, de Saint-Paul de Londres, du Panthéon et des Invalides de Paris ont des lanternes.

On applique aussi le mot lanterne à ces constructions légères et à jour placées au sommet des tours du moyen âge et quelques-unes de ces tours elles-mêmes élevées au-dessus de l'intersection, quand elles sont peu massives, comme celles de Coutances, de Saint-Ouen de Rouen, des cathédrales d'York et d'Ely.

—— D'ESCALIER. all. *Treppenthürmchen*. Tourelle élevée au-dessus d'un escalier d'une terrasse, pour le couvrir et masquer son arrivée. Celle du château de Chambord est très-riche et remarquable.

LAPIDAIRE, s. m., all. *Steinschneider, Edelsteinhändler*, angl.

Lapidary, ital. *Lapidario*. Ouvrier qui taille, fait des inscriptions et vend toute sorte de pierres précieuses.

LARENIER, s. m., all. *Traufleiste an Fensterrahmen*, angl.
Washer, Border, ital. *Cordone, Grondatojo, Gocciolatojo*. Petite
pièce de bois en saillie au pied d'un châssis pour empêcher
que les eaux ne coulent dans l'intérieur d'un bâtiment.

LARMES, s. f. pl., all. *Tropfen, Kälberzähne*, angl. *Drops,
Gutta*, ital. *Giocci pendente*. Ornements oblongs, circulaires ou
triangulaires de l'ordre dorique, en manières de gouttes pendantes, servent à orner le plafond d'un larmier de corniche ou
le bas des triglyphes, en dessous du filet de l'architrave.

LARMIER, s. m., all. *Kranzleisten, hängende Platte*, angl.
*Corona, drip ; the situation of this member of the cornice is bet-
ween the cymatium above, and the bed-moulding below*, ital. *Corona gronda, Latojo, Gocciolatojo*. Corps en forte saillie sur la
paroi d'un mur pour empêcher que les eaux ne découlent
contre.

—— BOMBÉ ET RÉGLÉ. Linteau cintré par le devant et droit
en son profil.

—— DE CHEMINÉE. Couronnement d'une souche de cheminée.

—— DE CORNICHE. Moulure carrée, creusée en manière de
canal à sa face inférieure et qu'on nomme *gouttière*.

—— DE MUR. Sorte de plinthe sous l'égout d'un chaperon de
mur quelconque.

—— MODERNE. Saillie pratiquée à l'extérieur, au niveau
des planchers ou sous les appuis des fenêtres ; fait en chanfrein avec un canal circulaire par-dessous.

LATRINES, s. f. pl., all. *Abtritt*, angl. *Privy*, ital. *Latrina*.
Lieu et cabinet d'aisance.

LATTES, s. f. pl., all. *Latten*, angl. *Laths*, ital. *Panconcelli*.
Bois de chêne ou de sapin refendus de différentes épaisseurs
et largeurs ; placés horizontalement sur des chevrons, reçoivent les ardoises ou tuiles d'un couvert.

LATTIS, s. m., all. *Lattenwerk, Belattung*, angl. *Lathing,
covered with laths*, ital. *Panconcellatura*. Arrangement de lattes
sur un comble.

LAVE-MAIN, s. m., all. *Waschbecken*, angl. *Lavatory*, ital.

Lavatoio. Cuvette ou bassin en pierre ou en métal, de diverses formes, placé dans une cuisine, dans un réfectoire ou dans une sacristie.

LAVER, v. a., all. *Eine Zeichnung mit Tusch oder Wasserfarben überlegen, lassiren*, angl. *To illuminate in water colours, to colour a drawing,* ital. *Illuminare.* Étendre des couleurs transparentes à l'aquarelle et de convention sur le trait d'un dessin et qui indiquent le genre de construction que l'on veut faire ; pour un plan, une coupe, une élévation de projet. En terme de charpenterie et de menuiserie, c'est effacer ou enlever les traits de la scie avec la besaiguë ou la varlope.

LAVIS, s. m., all. *Die gewaschene oder getuschte Zeichnung,* angl. *Drawing coloured in water-colours,* ital. *Acquerello.* Dessin d'abord fait au trait, au crayon ou à l'encre, sur lequel on applique des teintes de couleurs transparentes ou à l'aquarelle. Les plans ne se teintent jamais qu'en rouge lorsqu'ils indiquent des projets non exécutés. Quand ils représentent de vieux murs on les teinte en noir ou en gris. Les parties massives, dans la coupe, sont indiquées par de très-légères teintes de rouge. Sur les élévations, on met des teintes différentes, selon les matériaux que l'on veut indiquer. Si la façade est en pierre, on l'indiquera par du jaune ton de pierre ; si elle est en brique, on la mettra en rouge ton de brique. Les toits en ardoises sont indiqués par une teinte bleue violacée, les tuiles par du rouge. Les principales couleurs à employer sont : le lapis-lazzuli ou outre-mer, le cobalt pour les bleus ; la laque carminée, le vermillon et le minium pour les rouges ; le jaune de Naples, la terre de Sienne brûlée et la pierre de fiel pour les jaunes. Pour bien laver un dessin, il faut le coller par les bords sur une planche, bien le laisser sécher : ensuite le mouiller de nouveau à chaque ton qu'on veut étendre dessus, soit petit, soit grand. Plus un dessin au lavis est lavé légèrement, avec transparence, plus il plaît et plus il est élégant. Quand on n'a pas simulé ou indiqué la menuiserie des portes et des fenêtres, on est dans l'habitude de teinter les baies en noir, plus foncé à gauche en haut en adoucissant vers le bas : mais ces teintes noires doivent également conserver une sorte de transparence, excepté dans la partie du haut, à gauche, où l'on peut appliquer le noir dans presque toute sa force. Sur ce noir, on peut aussi passer une teinte de cobalt, pour donner plus d'air aux parties intérieures qu'on est censé apercevoir par ces ouvertures.

LAVOIR, s. m., all. *Waschplatz, Waschhaus, Goszstein in der Küche*, angl. *Washhouse*, ital. *Lavatojo*. Pièce contiguë à une cuisine où on lave les ustensiles de cuisine ; bâtiment particulier ou public où l'on lave le linge ; pierre creuse dans une cuisine qui sert à laver la vaisselle, ou le linge dans une buanderie. Ce nom était donné dans l'antiquité à de vastes bassins où la jeunesse se baignait et apprenait à nager : on les nommait aussi *Piscines*.

LAYER (LA PIERRE), v. a., all. *Steine mit dem Zahnhammer behauen*, angl. *Stroking and tooling*, ital. *Scarpellare una pietra colla martellina*. Tailler, unir le parement d'une pierre avec un marteau à dents ou refendu du côté du taillant.

LAZARET, s. m., all. *Quarantänenhaus, Lazareth*, angl. *Lazarhouse, hospital for the performance of quarantine*, ital. *Lazzaretto*. Vaste bâtiment, auprès d'un port de mer, avec des logements séparés ou isolés, où les voyageurs de débarquent d'un vaisseau séjournent pendant un certain temps quand ils viennent d'un pays infecté d'une épidémie. Se dit aussi d'une salle ou d'un bâtiment, dans un hôpital, dans un hospice, où sont placées les personnes attaquées de quelque maladie contagieuse.

LEGER, ÈRE, adj., all. *Leicht, angenehm*, angl. *Light, agreable*, ital. *Leggiere, giocondo*. Se dit, en architecture, d'un monument, d'un bâtiment particulier qui a un grand nombre d'ouvertures et peu de parties massives ou solides, où la beauté des formes consiste dans le peu de matière : comme les galeries à colonnes, les arcades, les péristyles, les ornements délicats et les ouvrages faits avec des matériaux légers.

LÉPROSERIE, s. f., all. *Spital für Aussätzige*, angl. *Pesthouse, a hospital for the reception of those afflicted with leprosy*, ital. *Spedale de'lebbrosi*. Hôpital destiné à recevoir des personnes affectées de la lèpre. Il y avait beaucoup de léproseries au moyen âge, même dans nos pays du nord. Le roi Louis IX en institua un grand nombre.

LEVER UN PLAN, v. a., all. *Einen Plan aufnehmen*, angl. *To levy or take up a plan*, ital. *Levar la pianta, designar la pianta d'un edifizio*. Prendre avec un mètre les mesures exactes de superficie d'un bâtiment quelconque, supposé tranché horizontalement à une certaine hauteur, un mètre par exemple. On dit encore lever un plan, d'une manière plus générale, prendre les mesures exactes en superficie, en élévation, en coupe et profil d'un lieu quelconque.

LEVIER, s. m., all. *Hebel*, angl. *Lever*, ital. *Lieva*. Instrument de bois ou de fer, d'une forme mince et longue, avec lequel on soulève des fardeaux pesants.

LEVIS, s. m., all. *Zugbrücke*, angl. *Drawbridge*, ital. *Ponte levatojo*. Pont à bascule, qui se lève et s'abaisse, pour ôter la communication d'un lieu à un autre. En usage dans les fortifications et dans les châteaux forts ou manoirs du moyen âge, pour les portes de villes modernes, etc.

LÉZARDE, s. f., all. *Risz*, *Spalte*, angl. *Crevice in a wall*, ital. *Fissura*, *Crepaccia*. Crevasse ou fente qui se fait dans les murs, dans une cloison, à un plafond, etc.

LIAIS, s. m., all. *Benennung eines harten Werksteines*, angl. *Lias*, ital. *Sorta di pietra forte che cavasi nelle vicinanze di Parigi*. Qualité de pierre dure des environs de Paris.

LIAISON, s. f., all. *Verbindung, Vereinigung*, angl. *Binding, joining, strengthening*, ital. *Concatenazione, Muraglia in piano collegata*. Pose des matériaux de construction de manière à ce que posés les uns sur les autres et les uns à côté des autres, par assises ou à joints de rencontre, ils se découpent tant en parements qu'en épaisseur de mur. On dit aussi que le mortier, le ciment et le plâtre font la liaison des corps entre lesquels on les emploie.

LIBAGE, s. m., all. *Bruchplaner*, angl. *Large stone hewn coarsely*. ital. *Sassatelli che s'adoperano ne'ripieni delle fondamenta d'un edifizio*. Gros moellons équarris grossièrement : ils servent à former les fondements des bâtiments.

LICE, s. f., all. *Rennbahn, Kampfplatz*, angl. *Lice, List*, ital. *Lizza*. Lieu où l'on fait des exercices. Se dit des barrières qui circonscrivent et forment l'enceinte d'un manége, d'un carrousel et de garde-fou à un pont de bois.

LIEN, s. m., all. *Band, Stützband*, angl. *Brace, Strut*, ital. *Catena, Legame*. Pièce de bois dans un assemblage de comble qui lie le poinçon avec le faîte et le sous-faîte. Cette pièce de charpente est inclinée et forme un triangle avec le poinçon et une des autres pièces nommées.

—— DE FER. all. *Eisernes Band*, angl. *Iron tie, brace*, ital.

Catena di ferro. Fer coudé qui, fixé à deux pièces de bois d'un assemblage, les tient liées.

LIERNE, s. f., all. *Horizontales Querband, welches die gebogenen Sparren der Kuppeln verbindet,* angl. *Horizontal cros-ties of ribs in the construction of domes (ridge-rib);* all. *Longitudinal-mittel-Rippe in gothischen Gewölben,* angl. *Ridge-rib,* ital. *asticciuola.* Pièce de bois, faite de courbes assemblées de niveau, et disposée à recevoir les tenons et mortaises des chevrons courbes d'un dôme ; nervure centrale, supérieure et longitudinale d'une voûte gothique ; pièces de bois avec entailles, servant à brider et relier d'autres pièces dans un assemblage ; pièce de bois qui sert à entretenir deux poinçons sous le faîte d'un comble, et à porter le faux plancher d'un galetas.

—— DE PALÉE. Pièce de bois qui, placée sur une rangée de pieux, est fixée par des boulons, ou de chaque côté, en manière de moise.

LIGNE, s. f., all. *Linie,* angl. *Line,* ital. *Linea.* Espace, étendue, longueur sans largeur ni épaisseur.

—— A PLOMB, all. *Senkrechte Linie,* angl. *Vertical line,* ital. *Linea verticale.* Celle qui est perpendiculaire à la ligne de niveau.

—— BLANCHE. Celle qui est tracée avec une pointe.

—— CIRCULAIRE. Celle qui est également éloignée d'un point du centre.

—— CONIQUE. Celle qui, étant courbe, termine la section oblique d'un cône.

—— COURBE. Celle qui n'est pas droite ; elle est régulière quand elle est décrite d'un seul point, et irrégulière quand elle a plusieurs ondulations.

—— DE DIRECTION. Celle qui passe d'aplomb par le centre d'un corps.

—— DE PENTE. Celle qui n'est pas de niveau, pour limons, tablettes rampantes d'escaliers et autres.

—— DIAMÉTRALE. Celle qui coupe un corps ou une circonférence en deux parties égales.

—— DIAGONALE. Ligne droite tirée à travers une figure et qui joint deux angles opposés. Le triangle n'a pas de diagonale. La diagonale d'un carré ou d'un rectangle les sépare en deux triangles égaux.

LIGNE DROITE. Celle qui est tirée et qui est aussi le plus court chemin d'un point à un autre.

—— ELLIPTIQUE. Celle qui ressemble à la courbe produite par l'intersection de deux cylindres; partie de circonférence parfaite ou surbaissée.

—— EN RAYON. Celle qui part du centre d'une figure, et se termine à un angle ou à une ligne circulaire.

—— HÉLICE. Qui se tourne en vis ou en colimaçon autour d'un cylindre (colonne, etc.).

—— HORAIRE. Celle qui, pour marquer les heures, est tracée sur un cadran.

—— HORIZONTALE. all. *Wagerechte Linie*, angl. *horizontal Line*, ital. *Linea orizzontale*. Celle qui est tracée de niveau et qui est parallèle à la superficie de l'eau.

—— HYPERBOLIQUE. Celle qui est empruntée aux sections coniques.

—— INDÉFINIE. Celle dont les extrémités sont inconnues.

—— MIXTE. Celle qui est composée de lignes droites et courbes.

—— DE NIVEAU. Celle qui est parallèle à la superficie de l'eau.

—— OBLIQUE. Celle qui n'est pas perpendiculaire, inclinée d'un côté ou de l'autre, est rampante ou biaise.

—— PARABOLIQUE. Celle qui naît de la courbe formée de l'intersection d'une surface conique et d'un plan la coupant parallèlement à un autre plan qui touche la surface conique.

—— PARALLÈLES. Lignes qui, prolongées à l'infini, ne peuvent jamais se rencontrer.

—— PERPENDICULAIRE. Celle qui élevée sur une ligne droite laisse à droite et à gauche des ouvertures égales entre elles, ou de chaque côté un angle droit ou quatre-vingt-dix degrés.

—— PLEINE. Celle qui sans interruption marque ou trace un contour quelconque.

—— PONCTUÉE. Ligne interrompue par de petits espaces blancs, et qui, à travers un corps solide, indique ce que l'on a l'intention de figurer.

—— PROPORTIONNELLES. Celles qui, ayant des divisions de même nombre, ont des rapports de l'une à l'autre.

—— SÉCANTE. Celle qui coupe une figure circulaire quelque part.

LIGNE spirale. Celle qui tourne en vis ou en colimaçon autour d'un cône.

—— sous-tendante. Base ou corde d'un arc.

—— tangente. Celle qui touche en un seul point, une ligne circulaire.

—— transversale. Celle qui coupe en travers un corps ou une figure quelconque.

LIGNE, s. f., all. *Linie*, angl. *Line*, ital. *Linea*. Ancienne mesure duodécimale ; en France, la cent quarante-quatrième partie d'un pied, la douzième partie d'un pouce, équivaut à 2,256 millimètres. Dans d'autres pays, la ligne n'est que la dixième partie du pouce.

LIGNE DE TERRE, s. f., all. *Grundlinie der Tafel (Perspective), auf welcher die Gegenstände in ihrer wahren Grösse erscheinen*, angl. *Ground line*, ital. *Linea d'abbasso*. En perspective, c'est la ligne du bas du tableau où l'on rapporte les largeurs et longueurs des objets à mettre en perspective ; elle représente la section commune à l'objet regardé et à la surface de la terre.

LIMACHE ou VIS D'ARCHIMÈDES, s. f., all. *Schnecke, Archimedische Schraube oder Schnecke, Wasserschraube, Wasserschnecke*, angl. *Pumping screw of Archimedes, or screw-cylinder for raising water*, ital. *Pompa a chiocciola*. Machine propre à épuiser les eaux d'un bas-fonds et à les élever à une grande hauteur, inventée par Archimèdes, environ vers l'année 246 avant l'art vulgaire : c'est une vis creuse dans laquelle l'eau monte par son propre poids.

LIMAÇON, adj., all. *Schneckenartig*, angl. *Like a screw*, ital. *Chiocciola*. Se dit des voûtes, des escaliers et des rampes qui décrivent des lignes en spirales ou en hélices.

LIMANDE, s. f., all. *Richtscheidt, Werkzeug der Zimmerleute*, angl. *Carpenter's Rule*, ital. *Riga, Regolo da carpentiere*. Règle dont les charpentiers font différents usages.

LIMON, s. m., all. *Treppenwange, Treppenbacke*, angl. *String-Board, in stairs*, ital. *Colonna per scala à chiocciola*. Bois ou pierres travaillés et rampants, du côté du jour, ou vide d'un escalier dans lequel s'assemblent les marches.

—— faux. Celui posé contre les murs d'échiffres d'un escalier, pour recevoir l'extrémité des marches.

LIMOSINAGE, s. m., all. *Ausgefülltes Mauerwerk, einge-*

wickeltes Mauerwerk, angl. *Roughwalling,* ital. *Fabbrica alla grossa.* Maçonnerie faite avec des pierres, sans être travaillées, pour les fondements d'un bâtiment. C'est l'emplecton des anciens.

LIMOSINER, v. a. Faire de la maçonnerie à bain de mortier et pierres brutes.

LINÇOIR, s. m., all. *Kleiner Balken, auf welchem die Sparren der Dachfenster aufsitzen,* angl. *Lintel or wall-plate,* ital. *Traverse per sostenere travicelli.* Pièce de bois entaillée de mortaises, et placée à 13 ou 16 centimètres des murs, pour recevoir les solives d'un plancher; pièce de bois, faisant partie d'un chevêtre, pour les passages des tuyaux de cheminée et d'escalier; pièce de bois horizontale formant le dessus d'une lucarne rampante, sur laquelle repose le pied des chevrons.

LINTEAU, s. m., all. *Hölzerner Riegel über einer Fenster- oder Thüröffnung,* angl. *Lintel,* ital. *Travi liminari.* Dessus de porte ou de fenêtre; pièce de bois horizontale formant le dessus des portes et des fenêtres; barre de fer qui empêche les claveaux d'une plate-bande de pierre de varier.

LISSE, adj. m. et f., all. *Schlicht, glatt, ohne Verzierung,* angl. *Plane, smooth, unadorned, without ornament,* ital. *Liscia.* Se dit des parties unies, sans ornements, des frises sans rinceaux, sans bas-reliefs, des pilastres sans cannelures, et autres ouvrages unis qui seraient susceptibles de quelques ornements.

LISSE, s. f., all. *Riegel an einem hölzernen Brückengeländer,* angl. *Sill or cill, stone or timber at the foot of the rails along bridges.* Pièce de bois qui couronne un garde-fou; *lisse d'appui,* celle, dans les pans de bois, sur laquelle pose la fenêtre, en all. *Brustriegel.*

LISSER, v. a., all. *Glätten,* angl. *To smoothen,* ital. *Lisciare.* Polir un parement, rendre uni quelque chose.

LISTEL, s. m., all. *Riemen, Plättchen,* angl. *Fillet, Listel,* ital. *Listello, Gradetto, Orlo, Regoletta.* Petite moulure étroite, unie et verticale, qui en couronne une autre plus grande, qui sépare deux moulures concaves ou convexes. Petit champ lisse et vertical qui sépare les cannelures des colonnes ou pilastres ioniques et corinthiens.

LIT, s. m., all. *Lager, Bett,* angl. *Bed,* ital. *Letto.* Situation naturelle de la surface de dessous des pierres dans la carrière.

Lit tendre, celui de dessous. *Lit dur*, celui de dessus. *Lit brut*, celui qui n'est pas ébousiné.

LIT DE CANAL OU DE RÉSERVOIR. Partie la plus basse de l'excavation, faite de glaise, de béton, de pavé, etc.

—— EN JOINTS. Ceux qui sont inclinés, comme pour les claveaux d'arcades ou plates-bandes.

—— EN PAREMENT. Ceux qui ne sont pas recouverts d'une autre assise, comme le dessus d'un balcon de mur.

—— DE PONT DE BOIS. Plancher composé de poutrelles, de travous et de couchis.

—— DE VOUSSOIR OU DE CLAVEAU. Côté caché dans les joints.

LITEAU, s. m., all. *Kleine Latte*, angl. *Small lath*, ital. *Piccolopanconcello*. Petite latte qui est employée à liteler un plafond, une cloison, etc.

LITELER, v. a. Clouer, poser, fixer des liteaux sur un plafond, etc.

LITHOGRAPHIE, s. f., all. *Das Beschreiben der Steine, Steindruck*, angl. *Lithography*, ital. *Litografia*. Traité et description des pierres. Art d'imprimer, après avoir dessiné avec une substance grasse sur une pierre.

LITRE, s. m., all. *Trauerbinde*, angl. *Black girdle*, ital. *Fascia funebre*. Bande noire, peinte sur les faces d'une église et sur laquelle étaient peintes, de distance en distance, les armoiries des seigneurs-patrons-fondateurs de l'édifice ou des seigneurs hauts-justiciers, lors de leur mort.

LITRE, s. m. Mesure décimale de capacité, décimètre cube ou dixième partie cube du mètre. Un quart de gallon anglais vaut 1,135864 litre. Un litre vaut 1,760773 pinte ang.

LOBE, s. m., all. *Kreis des Maszwerks in den Füllungen der Fenster (Pass)*, angl. *The circles, or part of circles in the Tracery of windows formed by projecting points or cusps, so arranged that the intervals between them ressemble leaves*. Segment de cercle plus ou moins grand, inscrit dans les ogives de l'architecture française du xiiie siècle, qui forme feston simple ou feuille tracée au moyen de trois, quatre, cinq ou six centres, qui s'intersectent et forment des crochets intérieurs. Ces lobes se tracent d'une manière très-régulière et au moyen de figures géométriques. Pendant le règne de Louis IX, on trouve le plus souvent trois, quatre et cinq lobes dans les fenêtres, tracés par le triangle équilatéral, le carré et le pentagone. Plus tard, et surtout au xive siècle, on a multiplié les lobes dans l'architecture, ce qui lui a fait donner le nom de *rayonnante*. On voit souvent les crochets produits par l'intersection des segments de cercle ornés de feuilles, de fleurs de lis ou de touffes de feuillages. Il y a de beaux exemples de lobes dans les fenêtres des cathédrales d'Amiens, de Beauvais, d'Évreux et de Rouen.

LOGE, s. f., all. *Loge*, angl. *Loggia*, ital. *Loggia*, *Loggiato*. Galeries et portiques avec des arcades à jour. Telles sont les Loggia dei Lanzi auprès du palais vieux de Florence et du Vatican, si célèbres par les peintures de Raphaël et de ses élèves.

—— DE COMÉDIE, all. *Kleines Cabinet in einem Schauspielhause*, angl. *Box of a theatre*, ital. *Palchetto d'un teatro*. Cabinet qui, dans une salle de spectacle, est ouvert par devant.

—— DE PORTIER, all. *Stube oder Wohnung des Pförtners oder Schweizers über oder im Thorweg eines Palastes*, angl. *Porters lodge or dwelling in a Pallast*, ital. *Camera del portinajo*. Chambre ou logement près de l'entrée d'une grande maison, d'un hôtel et d'un palais, qui sert à loger le portier. Il y avait des portiers dans les plus anciennes maisons grecques et il y en avait aussi chez les Romains.

—— MAÇONNIQUE, all. *Freimaurerloge*, angl. *Freemason's Hall*, ital. *Loggia*. Une ou plusieurs salles décorées d'emblèmes rappelant les faits mémorables de l'institution de la franc-maçonnerie.

LOGEMENT, s. m., all. *Wohnung*, angl. *Apartment, dwelling, lodging*, ital. *Abitazione*. Appartement ou plusieurs pièces et autres dépendances, destinées à être habitées.

LOGION, s. m. C'était dans les théâtres grecs, une partie de l'orchestre où se tenaient les chœurs, tandis qu'une autre partie recevait les mimes et les danseurs, et enfin une troisième (l'hyposcenion) la musique.

LOGIS, s. m., all. *Zu einer Wohnung in einem Hause gehörigen Zimmer und Apartements*, angl. *Dwelling, Lodging, Inn*, ital. *Casa, Abitazione*. Habitation, hôtellerie. On dit un *avant-logis*, en parlant des bâtiments établis en avant-corps de la principale façade.

LONG-PAN, s. m., all. *Die lange Seite eines Hauses oder Daches im Gegensatz der Giebelseite*, angl. *The longer side or slope of a house or roof*, ital. *Ala di Tetto*. Se dit du plus long côté d'un comble.

LOQUET, s. m., all. *Drücker an einer Thür*, angl. *Latch*, ital. *Saliscendo*. Sert à fermer et à ouvrir une porte ou une fenêtre au moyen d'une poignée ou d'un bouton. On en emploie de différentes sortes.

LOQUETEAU, s. m.. all. *Kleiner Drücker an einer Thür*, angl. *Small latch*, ital. *Piccolo Saliscendo*. Petit loquet.

LOSANGE, s. m., all. *Raute, Rhombus, geschobenes Quadrat, Rautenviereck,* angl. *Lozenge*, ital. *Rombo*. Figure à quatre côtés égaux, deux angles obtus, deux aigus. Moulure de l'architecture romane. Les contre-chevrons ainsi que les contrezigzags, peuvent aussi former les losanges de ce style. Ils sont fréquemment employés dans les frises, cordons et tailloirs de chapiteaux.

LOSANGÉ, adj. Orné de losanges. Se dit des fûts de colonnes, soit circulaires ou à pans, du xii° siècle et qui offrent cet ornement.

—— CURVILIGNE. Celui dont les côtés sont formés par des lignes courbes.

—— DE COUVERTURE. Genre de couvert employé à un comble de clocher, à un dôme et autres édifices.

LOUVRE, s. m. Grand palais de la Renaissance bâti à Paris, par Pierre Lescot, en 1546, avec une cour intérieure de plus de 120 mètres carrés. La colonnade est de Perrault et du règne de Louis XIV (1665).

LUCARNE, s. f., all. *Dachfenster*, angl. *Dormer, Window*, ital. *Abbaino, Finestrella d'un tetto*. Fenêtre pratiquée dans le rampant d'un comble et dont la face de devant est verticale.

—— A LA CAPUCINE. Celle qui est couverte en croupe de comble.

—— DAMOISELLE. Celle qui, faite de charpente appuyée sur les chevrons, est couverte en triangle.

—— FAÎTIÈRE. Celle qui, prise dans le haut d'un comble, est couverte en manière de pignon.

—— FLAMANDE. Celle qui, ornée d'un fronton, est construite en maçonnerie.

Au moyen âge, on était en usage de richement orner les lucarnes, mais cela eut surtout lieu au xv° siècle et pendant les premiers temps de la Renaissance. Nous citerons, comme lucarnes remarquables, celles de l'ancien évêché de Noyon, de la maison de Jacques Cœur de Bourges, de l'hôtel du Bourg-theroulde et du Palais de justice de Rouen, de l'hôtel de Cluny à Paris, du château de Fontaine-le-Henri, près de Caen, etc.

LUNETTE, s. f., all. *Die überwölbte Kappe einer Fenster oder Thüröffnung*, angl. *Lunette, an aparture in a concave ceiling to admit light*, ital. *Lunetta*. Petite voûte qui traverse les reins d'une voûte en berceau, pour donner du jour ou soulager la poussée. Il y en a de *biaises* et de *rampantes*. On peut dire que les voûtes d'arête sont formées par quatre lunettes. Se dit aussi des petites ouvertures que l'on pratique aux combles des clochers, aux murs qui séparent une propriété d'une autre où l'on veut prendre du jour, en se conformant aux usages voulus par les lois.

LUSTRE, s. m., all. *Kronleuchter*, angl. *Lustre, Sconce*, ital. *Lampedario, Lustro*. Espèce de chandelier en métal, de forme et de grandeur diverses, qui sert à éclairer et à orner une salle de spectacle, de grandes salles dans les palais et autres lieux. Ils sont ordinairement suspendus au milieu des lieux et pièces qu'ils doivent éclairer.

LUTRIN, s. m., all. *Das Pult im Chore*, angl. *Lectern, Lettern*, ital. *Leggio*. Espèce de pupitre double, placé dans le chœur des églises et dont l'usage est de porter les livres de chant. Le pupitre, souvent richement sculpté, est fixé sur une tige sur laquelle il peut pivoter ; on a des exemples de lutrins en pierre et en marbre, en bronze, mais le plus ordinairement en bois. On en trouve aussi qui représentent un pélican ou un aigle, les ailes déployées pour recevoir les volumes. L'usage des lutrins est fort ancien.

LYCÉE, s. m., all. *Lyceum*, ang. *Lyceum*, ital. *Licèo*. Établissement public chez les Grecs, où l'on faisait des exercices gymnastiques et militaires, où l'on instruisait la jeunesse et où les savants s'assemblaient pour professer les sciences. Celui d'Athènes, situé sur l'Ilyssus, fondé par Pisistrate, restauré par Périclès et embelli par Lycurgue, était célèbre : il était consacré à Apollon Lykios (le lumineux, le tueur de loups) ; c'est dans ses jardins délicieux qu'enseignaient Aristote et les Péripatéticiens.

M

MACHICOULIS, s. m., all. *Das Loch in den überhängenden Gängen alter Festungen zum herunterwerfen der Steine*, angl. *Machicolations*, ital. *Cadilòje*. Ouvertures ou vides dans la partie supérieure des châteaux et fortifications du moyen âge, destinés à la défense, formés au moyen d'un parapet en saillie sur le mur et supporté par des consoles ou corbeaux. Par ces vides, placés ordinairement au-dessus des portes d'entrée, et souvent ailleurs, le long des murs, on lançait sur les assaillants des pierres, du plomb fondu, du sable brûlant, de l'eau bouillante et une foule d'autres projectiles. Les machicoulis ont été employés dans les fortifications romaines ; c'est surtout depuis le xii⁰ siècle qu'on les a mis en usage en Europe : les Maures ou Arabes les connaissaient aussi. On croit que ce mot vient de *mascil* ou *maschil* (*mandibulum*, mandibule) et de *coulisse*, passage ou ouverture par où un objet quelconque est jeté ou lancé. Les machicoulis devinrent très-communs en Europe au xive siècle et dans le siècle suivant, ils servaient par leur élégance et leur richesse, autant à la décoration des édifices qu'à leur défense; les tours surtout en étaient couronnées.

MACHINE, s. f., all. *Rüstzeug, Kunstwerk*, angl. *Machine*, ital. *Macchina*. Objet destiné à augmenter ou à régler les forces mouvantes, comme le levier, la vis, la poulie, le coin, le tour, la roue dentée.

—— DE BATIMENT. Se dit des objets ou ustensiles qui servent à lever les matériaux employés dans la construction, comme grue, chèvre, tourniquet, échelle d'engin, bourriquet et autres, que l'on meut avec des cordages, poulies, vis, etc.

—— HYDRAULIQUE. Combinaison de forces qui sert à élever et à conduire les eaux aux endroits où l'on veut, comme pompes, rouages, etc., qui se meuvent par l'eau ou la vapeur.

—— DE MARLY. Appareil pour monter les eaux de la Seine aux château et bourg de Marly (entre Saint-Germain en Laye et Versailles) et de là à Versailles. Rennequin Sualem, Liégeois, simple charpentier, en fut l'inventeur et elle fut exécutée par lui de l'année 1675 à 1682. Sur un canal pris sur la Seine on pratiqua une chute d'eau. Au dessous de cette chute étaient établies quatorze roues hydrauliques de 11 mètres 70 cent. de diamètre chacune, mues par l'eau qui se précipitait du haut de cette chute; ce système de roues mettait en jeu soixante-quatre pompes, prenant immédiatement l'eau du fleuve, et la refoulant à un premier puisard, placé sur le penchant de la montagne; l'eau, élevée à ce premier puisard, y était reprise par soixante-dix-neuf pompes et refoulée une seconde fois jusqu'à un second puisard supérieur au premier; là, soixante-dix-huit autres pompes achevaient d'opérer l'ascension de l'eau jusqu'au haut de la tour, dont la plate-forme supérieure était élevée au-dessus des eaux moyennes de la Seine de 154 mètres 60 cent., et qui se trouvait placée à 1236 mètres de distance horizontale de la machine en rivière, ou du premier mobile. La tour était bâtie à la naissance d'un bel aqueduc de 643 mètres de longueur. Cette machine aurait dû élever au sommet de la tour, ou à 155 mètres d'élévation, 6920 mètres cubes d'eau en vingt-quatre heures ; mais le produit effectif moyen de cette machine n'excédait pas la sixième partie du produit possible, c'est-à-dire 1,150 mètres cubes ou 1,150,000 litres en vingt-quatre heures, quantité très-suffisante pour les besoins privés de 115,000 habitants, dans un pays salubre.

MAÇON, s. m., all. *Maurer*, angl. *Mason*, ital. *Muratore*. Ouvrier qui travaille aux ouvrages de maçonnerie, dans une construction quelconque. On appelle *aide-maçon* ou *manœuvre* (manœuvrier), celui qui approche les matériaux, prépare le mortier ou gâche le plâtre. Dès l'antiquité, le maçon a appartenu à un corps de métier, à une corporation. Lorsque pendant le moyen âge, les constructions ne furent plus le domaine exclusif des prêtres, ce qui eut lieu au xiii° siècle, les maçons furent constitués en une corporation à Paris en l'année 1258, sous le règne de Louis IX.

MAÇONNAGE, s. m., all. *Maurerarbeit*, angl. *Masons'work*, ital. *Lavoro di muratore*. Ouvrage de maçon.

MAÇONNERIE, s. f., all. *Mauerarbeit, Mauerwerk*, angl. *Masonry*, ital. *Fabbrica, opera in pietra*. Art de préparer, de poser et de combiner des pierres pour une construction, afin de la rendre solide et régulière à l'œil. Cet art est très-ancien ; nous

en avons une preuve dans les pyramides d'Égypte, les palais
de Ninive et de Babylone, les trésors en forme conique de
Mykène et d'Orchomène : les Grecs ont excellé dans cet art,
comme dans tout ce qu'ils ont fait : les Étrusques nous ont
laissé des exemples de leur habileté. Les Romains ont eu de
la maçonnerie médiocre, quand ils n'ont pas empilé d'immenses pierres les unes sur les autres. Vitruve parle de six genres
de maçonnerie : la maillée ou *reticulatum*, semblable à un
réseau, comme à la maison de campagne d'été de Mécène, à
Tivoli, aux ruines des temples d'Hercule , au même endroit ,
aux restes de la maison de campagne de Lucullus, à Frascati
et aux grands pans de murs de celle de Domitien, dans la
villa Barbarini; l'irrégulière ou *incertum*, de petites pierres
irrégulières; le *revinctum*, deux parements de pierre taillée ,
liés par des crampons de fer et remplis au centre de ciment ou
de cailloux de rivière pétris avec du mortier; l'*emplecton*,
composé de pierres brutes; l'*isododomum*, bâti massif, avec
pierres non taillées, à cause de leur dureté, sans liaisons régulières et sans grandeur réglée; le *pseudisodomum*, la même
que la précédente, mais avec des assises de hauteur inégale.

La maçonnerie suivit la décadence du goût. Jusqu'à Charlemagne elle est encore dans les bonnes traditions : après ce
prince elle devient très-mauvaise jusqu'au xiie siècle, où elle
subit une sorte de renaissance; au xiiie, elle varie selon les localités et l'habileté des maçons et des architectes. Au xve, elle
devient on ne peut plus défectueuse, et pendant le siècle de la
Renaissance elle s'améliore de nouveau pour arriver ainsi
jusqu'aux temps modernes. La dureté proverbiale du ciment
ou mortier romain n'est due qu'à l'âge et à la bonne qualité
de la chaux employée.

—— DE BLOCAGE. Celle qui est faite avec de menus matériaux posés sans sujétion dans un bain de mortier.

—— DE BRIQUES. Celle qui est construite avec des carreaux,
du plâtre ou du ciment.

—— DE LIMOSINAGE OU LIMOUSINAGE. Celle qui est faite en
gros blocs, sans être travaillés, pour les fondements d'un bâtiment et autres lieux.

—— DE MOELLONS. Celle qui est faite avec des pierres équarries, posées de niveau par assises et en liaison.

—— EN LIAISON. Celle qui est faite avec des carreaux et

boutisses, posés en recouvrement les unes sur les autres.

MAÇONNERIE (FRANC-), s. f., all. *Freimaurerei*, angl. *Free Masonry*, ital. *Fabbrica*. Lorsqu'aux xii⁰ et xiii⁰ siècles, un esprit d'indépendance se fit jour chez les laïques, et que ces derniers prirent une vive part aux sciences et aux arts, la pratique de l'architecture glissa insensiblement des mains des prêtres dans celles de *maîtres* séculiers. Ensuite il se forma des corporations d'ouvriers de métiers de tout genre. On pense que les corps de métiers institués alors prirent le nom de francs-maçons, à cause des priviléges et des immunités qui leur furent accordés par les souverains. Dans les *règlements sur les arts et métiers de Paris*, faits sous l'administration d'Étienne Boileau en 1256, sous le règne de Louis IX, nous voyons le corps des maçons au nombre des autres métiers, mais sans aucun privilége. Il y a donc lieu de penser que le nom de franc-maçon vient d'ailleurs. On appelait peut-être ainsi anciennement le tailleur de pierre qui savait tracer une épure et qui était franc de toute sujétion supérieure, à la différence du simple maçon poseur qui ne savait que dresser une pierre avec un marteau ou une hachette. Mais il faut faire remarquer que depuis la naissance de l'étude de l'histoire de l'architecture du moyen âge, on a attaché une plus grande importance à l'ancienne corporation des maçons, ou francs-maçons, que ne semblent justifier les circonstances connues qui s'y rattachent. En tous cas il ne faut pas confondre la maçonnerie en question avec cette société secrète dont le but est l'exercice de la charité. Nous reconnaissons ici que nous avons été trop loin sur l'influence attribuée aux francs-maçons constructeurs, dans notre Manuel de l'histoire de l'architecture. Mais à l'époque où nous écrivions, on n'avait que peu de documents sur le sujet et l'on bâtissait volontiers sur des conjectures.

MADRIER, s. m., all. *Starkes Brett*, *Bohle*, angl. *Thick Plank, Board*, ital. *Tavolone*. Pièce de bois épaisse et méplate.

MAGASIN D'ATELIER, s. m., all. *Gebäude zum Aufbewahren der Baugeräthe*, angl. *Magazine where mason's tools are kept*, ital. *Magazzino*. Local où les entrepreneurs enferment leurs outils et machines. Ils ont des magasins particuliers pour chaque genre de matériaux.

MAGASIN DE MARCHAND. Local disposé à entreposer et à étaler les marchandises pour être vendues. *Arrière-magasin*, sert de laboratoire et d'entrepôt.

—— GÉNÉRAL DE MARINE. Celui où l'on conserve toutes les choses nécessaires à l'armement d'un vaisseau. Les magasins *particuliers* servent à entreposer les poudres, vivres, goudrons, câbles, etc. Ils portent le nom de ce qu'ils renferment.

MAIDAN, MEIDAN, s. m. all. *Marktplatz bei den Orientalen,* angl. *Market place in the East,* ital. *Mercato in Oriente.* Marché ou place du marché chez les Orientaux.

MAIGNE, ad., all. *Mager,* angl. *Thin, Lean,* ital. *Scarso.* Se dit des joints faibles d'une pierre, d'un tenon, et autres liens qui ne remplissent pas les mortaises auxquelles on les destinait.

MAIL, s. m., all. *Mailbahn,* ital. *Giuocco del pallone.* Étendue très-longue et étroite, ornée en son pourtour d'une haie à hauteur d'appui ou d'un rang d'arbres; son aire est faite de pierres plates ou dalles posées de niveau, bien jointes et garnies : sert à y jouer aux jeux de force et d'adresse.

MAILLER, v. a. Fermer des compartiments de jardin par des hauteurs d'appui, faites avec des échalas ou en losange.

MAILLES, s. f. pl., all. *Maschen,* angl, *Mesh,* ital. *Maglie.* Intervalles losangés ou carrés, formés avec échalas ou en fils de fer, qui servent à garnir des hauteurs d'appui, des faces de berceaux et de cabinets.

MAIN-D'ŒUVRE, s. f. all. *Tagelohn; die Arbeit an einem Werke,* angl. *Labour, Workmanship,* ital. *Opera, lavoro delle mani.* Travail, vacation d'ouvriers.

MAIRIE, s. f., all. *Rathhaus,* angl. *Townhall, Mayoralty,* ital. *Pallazzo del municipio.* Maison, hôtel où les autorités municipales s'assemblent pour régir les intérêts de leurs administrés. C'est l'ancien hôtel de ville du moyen âge.

MAISON, s. f., all. *Haus, Wohnhaus,* angl. *House,* ital. *Casa.* Ensemble de plusieurs pièces servant d'habitation ou de demeure, soit à la ville, soit à la campagne. Les maisons égyptiennes sont les plus anciennes connues, elles nous ont été conservées dans les bas-reliefs. Elles étaient de dispositions diverses, et comme les Égyptiens étaient ennemis de la trop grande uniformité, ils avaient l'habitude de bâtir différemment les deux ailes de leurs villas, par exemple. Leurs cours avaient des péristyles à colonnes ; ils en mettaient également de chaque côté des fenêtres, et quelquefois même plusieurs colonnes ornaient les baies des fenêtres. Le long de ces dernières, ainsi que des colonnades, on plantait des arbres de différentes espèces, afin d'obtenir un certain degré de fraîcheur. Les pièces d'habitation étaient d'habitude situées au pourtour d'une cour ou sur un corridor découvert au bout duquel se trouvait l'escalier qui conduisait aux pièces supérieures. La maison égyptienne se composait le plus généralement d'un rez-de-chaussée et d'un premier étage; dans les villes, elle avait au plus deux ou trois étages. Quand l'emplacement le permettait, ces étages étaient élevés autour d'une cour, au centre de laquelle était une fontaine ou un petit parterre. Au-dessus de la porte d'entrée principale, sur son linteau était écrit le nom du propriétaire, ou une sentence de bon augure, placée là au moment de la dédicace de la maison. Cette porte était au milieu ou sur un côté de la façade ; les fenêtres étaient irrégulièrement percées toujours dans le but calculé d'éviter la symétrie ; l'ensemble était couronné par des colonnes qui supportaient une sorte de couverture ou auvent au-dessus de la terrasse ou toit plat.

La maison assyrienne était composée de plusieurs pièces étroites et oblongues qui donnaient sur des cours et des corridors; elle n'avait qu'un rez-de-chaussée. La maison grecque était assez vaste et se composait de deux parties distinctes, de l'andronitis et du généconitis. La première, demeure des hommes, avait une cour centrale sur laquelle étaient situées les pièces occupées par le maître et celles des domestiques. Une porte séparait l'andronitis du gynécée, habitation des femmes. La maison grecque était presque toujours entourée d'un jardin plus ou moins spacieux, où il y avait beaucoup d'arbustes, de fleurs, des pièces d'eau avec des jets d'eau, des volières, etc.

La maison romaine était bâtie à l'instar de la maison étrusque ou plutôt grecque ; seulement, hommes et femmes, tant maîtres que domestiques et esclaves, vivaient pêle-mêle, comme chez nous aujourd'hui, car le Romain était monogame. De l'entrée, appelée prothyrum, on passait au cavœdium et dans l'atrium, espace ouvert au centre duquel était le

compluvium ou sorte de bassin, destiné à recevoir les eaux
pluviales ; à droite et à gauche, au fond, étaient les deux *alæ*
ou ailes ; du fond du tablinum on passait dans un vaste péristyle. Autour de l'atrium et de ce péristyle étaient situés les
appartements avec leurs dépendances respectives. La maison
bien connue dite de Pansa, à Pompéi, peut donner une idée
assez exacte de ce qu'était la maison romaine. Cependant elles
n'étaient pas uniformément bâties sur le même patron ; la
forme du terrain et des considérations diverses faisaient,
comme de nos jours, concevoir et adopter telle ou telle disposition dans le plan. Jusqu'à l'année 280 avant l'ère vulgaire,
les maisons romaines étaient couvertes en chaume ou paille,
et ce n'est qu'à partir de cette époque que la tuile fut mise en
usage pour la couverture des maisons, qui n'avaient qu'un rez-
de-chaussée, sous le gouvernement de la République. Vitruve
dit que la loi ne permettait point de donner aux murs extérieurs plus d'un pied et demi d'épaisseur (0^m,44), et les murs de
refend, pour qu'il n'y eût point d'espace de perdu, ne devaient
pas être plus épais. Pline l'Ancien dit de son côté qu'on ne
construisait point de maisons en brique à Rome, parce que les
murs extérieurs et de refend ne devaient avoir qu'un pied et
demi d'épaisseur. Mamurra, chevalier romain et surinten-
dant des travaux dans les Gaules sous César, fut le premier à
Rome qui revêtit de dalles de marbre les parois de sa maison,
dont toutes les colonnes étaient en marbre de Caryste en Eu-
bée, ou de Luna en Étrurie. Vers l'année 78 avant l'ère vulgaire, M. Lépidus fut le premier qui pava le sol de sa maison
en dalles de marbre de Numidie. Vers 509 avant cette ère, une
loi permettait aux seuls généraux auxquels le triomphe était
décerné de faire battre les vantaux des portes de leur maison,
à l'extérieur, sur la rue.

Mais sous Auguste, les étages des maisons augmentèrent
en nombre. La cupidité en fut en partie la cause. Les gens enrichis par toutes sortes de spoliations bâtirent des maisons sur
les bords du Tibre, derrière les grands monuments et destinées aux classes pauvres. Grâce au mélange d'assises de
pierres, de chaînes de briques, dit Vitruve, de rangées de
moellon, les murs avaient pu atteindre une grande élévation ;
les étages s'étaient assis les uns sur les autres, et les avantages
s'étaient multipliés en raison de l'augmentation du nombre

des logements. Sous l'empereur Auguste, il était permis de donner aux maisons, situées sur les voies publiques, 70 pieds romains ou au delà de 20 mètres (à Paris, elles n'en ont que 15 jusqu'à la corniche). Dès le milieu du dernier siècle avant l'ère vulgaire, les maisons romaines étaient arrivées à une grande valeur. Pline rapporte que Publius Claudius habitait une maison qu'il avait payée 148,000 sesterces ou 31,180 fr. Il dit encore que Crassus refusa 6 millions de sesterces ou 1,260,000 francs à Domitius Æhenobarbus qu'il lui offrait pour sa maison.

La maison dégénéra au moyen âge, comme toutes choses, en misérable demeure ; ce n'est qu'au xiie siècle qu'elle commença à redevenir une habitation digne de l'homme. Sa façade est étudiée et ornementée, comme le prouvent les maisons actuellement existantes à Cluny, à Saint-Yrieix, à Reims, etc. Du milieu du xve siècle, nous citerons la jolie et curieuse maison de Jacques Cœur à Bourges. Les guerres des Français en Italie leur firent connaître la belle architecture de la renaissance de ce pays, où se maintint presque toujours la tradition de la maison antique avec le péristyle, converti en cour à arcades. Sous François Ier, on bâtit ces jolies petites maisons mignonnes de la Touraine et des bords de la Loire. Elles ont toutes leur cour plus ou moins grande, plus ou moins ornée, et l'on n'y voit plus trace du moyen âge. Nous citerons à Bourges l'hôtel Cujas, rue des Arènes, bâti en 1515 par Guillaume Pellevoisin, architecte de la cathédr. le, l'hôtel Lallemand avec ses deux façades sur les rues Bourbonnaux et des Vieilles-Prisons, également à Bourges, et du règne de Louis XII ; à Orléans, la jolie maison dite d'Agnès Sorel, rue du Tabourg, 15, du style en usage sous François Ier ; la maison dite de Diane de Poitiers, rue Neuve des Albanais, n° 22 ; la maison dite de Jean d'Alibert, Marché à la volaille, 6 ; la maison du Lion-Rouge, rue Pierre-Percée, 4 ; la maison dite de Jeanne-d'Arc, rue du Tabourg, 39-41, avec architecture du temps de Henri II ; la maison de Marie Touchet, rue Vieille-Poterie, 7 ; la maison dite de François Ier ou de la duchesse d'Étampes, rue de Recouvrance, 28 ; et enfin l'élégante et simple maison dite de Du Cerceau, rue des Hôtelleries-Sainte-Catherine, 52.

Toutes les maisons de la Renaissance n'ont que de très-petites portes pour les piétons, ou d'une moyenne largeur pour y laisser passer les chevaux, car jusqu'alors il n'y avait généralement que ce moyen de transport; mais avec l'introduction de l'usage du carrosse, le plan des maisons dut changer nécessairement; il fallait avant tout une porte cochère, car on ne voulait pas monter et descendre de voiture dans la rue. De là, cour plus spacieuse qu'auparavant, établissement d'une grande porte qui donnait accès aux voitures dans l'intérieur de la maison. Ces modifications commencent dès la première moitié du règne de Louis XIII, et depuis elles ont conservé leur empire.

MAISON DE DÉTENTION. Lieu disposé pour recevoir des condamnés à des peines correctionnelles.

—— DE PLAISANCE. Château d'un personnage ou d'un particulier riche à la campagne, qui sert de séjour pendant la belle saison.

—— ROYALE. Palais à la campagne, avec ses dépendances, qui appartient au roi et où il habite quelquefois.

MAITRE-MAÇON, s. m., all. *Mauermeister*, angl. *Mastermason*, ital. *Capo-mastro*. Individu qui se charge de confectionner, dans une construction, tout ce qui concerne la maçonnerie. On dit des autres professions : *maître charpentier, menuisier, serrurier*, etc. Le mot de *magister*, maître, était primitivement appliqué à l'architecte; une inscription de la cathédrale de Strasbourg nomme *magister* le célèbre Erwin de Steinbach, qui posa la première pierre de cette église en 1277, et qui mourut en 1318, et il est encore nommé *magister* dans l'inscription qui rapporte le jour et l'année de sa mort. Au portail méridional de la cathédrale Notre-Dame de Paris, on voyait jadis une inscription où l'architecte Jean de Chelles, qui éleva cette partie de l'église en 1257, était qualifié de *Magister*. Maître Jacques, un Français, bâtit en 1228 l'église de Saint-François-d'Assise. En 1402, maître Pietro di Giovanni de Fribourg, coopère aux travaux de la cathédrale d'Orvieto. En 1391, maître Jean Fernach de Fribourg, et en 1394 Ulrich de Frissingen d'Ulm, travaillent à la cathédrale de Milan. Alexandre Berneval, architecte des transepts de Saint-Ouen de Rouen, est nommé *maistre des œuvres de machonnerie* dans l'inscription de son tombeau de l'année 1440.

MAITRISE, s. f. all. *Meisterschaft*, angl. *Freedom of a compa-*

ny, ital. *Qualita dei maestri in qualche arte.* Priviléges que la société féodale du moyen âge accordait aux professions, arts et métiers de chaque genre d'industrie, moyennant rétribution à ceux qui les accordaient. En 1774, Turgot avait déjà médité le projet de la suppression des jurandes et des maîtrises : l'Assemblée nationale constituante le réalisa (décret du 2-17 mars 1791). L'article 7 de ce décret est ainsi conçu : A compter du premier avril prochain, il sera libre à toute personne de faire tel négoce, ou d'exercer telle profession, art ou métier qu'elle trouvera bon ; mais elle sera tenue de se pourvoir auparavant d'une patente, d'en acquitter le prix suivant les taux ci-après déterminés, et de se conformer aux règlements de police qui sont ou peuvent être faits.

Il existait déjà des corporations sous les Romains et aussi anciennes que le règne de Numa : elles étaient connues sous le nom de *Collegia.* Mais autant qu'on peut en juger par les rares renseignements qui nous en sont parvenus, elles n'avaient qu'un caractère politique et religieux ; elles n'embrassaient pas l'exercice et l'apprentissage des métiers et des professions. Les corporations étaient naturellement constituées par des éléments féodaux qui ont exclusivement appartenu au moyen âge ; elles sont en rapport avec la formation d'une bourgeoisie et le développement des villes. On favorisa de bonne heure et de plusieurs manières le séjour permanent d'ouvriers dans les villes qui s'élevèrent sous la protection de points fortifiés, du siége d'un évêque, de couvents puissants, et au xe siècle, l'empereur Henri Ier octroya un privilége à ces artisans, en faisant défense aux campagnes d'exercer aucun métier manuel ni industriel. Les premiers corps de métiers se sont formés des artisans qui fabriquaient les étoffes les plus usuelles à la distinction de celles de qualité inférieure, fabriquées par les serfs des seigneurs de la campagne et destinées à l'usage de la maison ou du ménage. Tels étaient les drapiers, les fourreurs, les tisserands. Un des plus anciens exemples de corporation est celle des pêcheurs de Ravenne, qui remonte jusqu'à la première moitié du xe siècle. Un des plus anciens corps de métiers de France est celui des bouchers de Paris, ainsi qu'on peut le voir par l'autorisation ou la confirmation donnée en 1282 et dans laquelle il est dit : *A tempore, a quo non extat memoria* (Ordonnances des rois de France,

t. III, p. 260. Charte du roi Philippe III de l'année 1282).

Mais pour en revenir à ce qui concerne les corps des métiers constructeurs, on peut dire qu'ils ne se sont constitués qu'au moment où l'architecture et ses œuvres matérielles passèrent des mains du clergé et des moines dans celles de séculiers, ce qui eut lieu dès la seconde moitié du xiie siècle. Dans les règlements sur les arts et métiers de Paris au xiiie siècle, fait par Étienne Boileau en 1258, on trouvera ce qui se rapporte directement aux maçons, tailleurs de pierre, martelliers et plastriers. Il est certain que dans les derniers siècles de leur existence, il y eut beaucoup d'abus et d'arbitraire dans les maîtrises, des vexations sans nombre. Il aurait fallu les réformer et non les supprimer. Alors nous aurions plus de moralité parmi les ouvriers, et le public serait mieux servi et non exposé si souvent, comme il l'est, aux malfaçons dans les ouvrages qu'il fait faire. L'ouvrier moderne oublie totalement qu'à côté des droits qu'on lui a octroyés, il a des devoirs sacrés de société à remplir.

MALANDRES. s. f. pl., all. *Verfaulte Knoten im Zimmerholze*, angl. *Malandres*, ital. *Malandre*. Nœuds pourris, nuisibles aux bois équarris de construction.

MAL-FAÇON, s. f, all. *Fehlerhafte Arbeit*, angl. *Defective labour, defect in a piece of work, or workmanship*, ital. *Difetto in cose costrutte*. Matériaux employés sans habileté, sans art, sans goût et pour ainsi dire gâtés pour la vue et quelquefois pour la solidité.

——— EN CHARPENTERIE. Mise en ordre de bois défectueux ou flâches, de plus fortes dimensions que la nécessité l'exige ; emploi de planches minces pour un plancher, de mauvais clous, pose inhabile, etc.

——— EN COUVERTURE. Mise en œuvre d'une mauvaise qualité de tuiles ou d'ardoises, mal taillées, mal clouées, ou clouées avec de mauvais clous et garnies faiblement de mortier ou de plâtre.

——— EN MAÇONNERIE. Incruster des plaques de demi-épaisseur dans un mur peu épais, et particulièrement sous la portée des poutres où elles devraient former parpaing ; placer des moellons à plat au lieu de les mettre en coupe dans une construction d'arc quelconque ; laisser des caves ou vides dans des massifs que l'on remplit en blocages à sec, au lieu d'y faire entrer du mortier ; employer du mortier trop gras ou trop maigre, du plâtre noyé ou éventé et autres abus.

—— EN MENUISERIE. Mettre en œuvre des bois verts, faire des panneaux de capucine, de parquet, etc., avec des planches minces ou qui ont des défauts nuisibles, comme aubiers, nœuds vicieux, gales, tampons, futées, etc.

—— EN SERRURERIE. Employer du fer pailleux, cendreux, aigre ou avec d'autres défauts ; faire des ouvrages trop faibles, des serrures mal garnies, des clous ou des vis trop minces, des rivures sans solidité, etc.

—— EN VITRERIE. Employer du verre bombé, nuancé, moucheté, ondé, casilleux, etc.

MANÉGE, s. m., all. *Reitbahn*, angl. *Riding-house*, ital. *Cavallerizza, maneggio*. Étendue de terrain, ordinairement couverte, où l'on donne des leçons d'équitation et où l'on dresse de jeunes chevaux. Le manége contient souvent les logements destinés aux écuyers et les écuries pour les chevaux appartenant à l'école d'équitation. Il existe de très-grands manéges à Pétersbourg, à Potsdam et à Darmstadt.

MANŒUVRE, s. m., all. *Handlanger, Handarbeiter*, angl. *Mason, Labourer, assistant*, ital. *Manovale, lavorante*. Ouvrier qui transporte, approche et monte les matériaux employés dans une construction par les maçons : qui fait le mortier, gâche le plâtre, etc. Se dit aussi du mouvement des machines qui exigent un grand ensemble et beaucoup de régularité dans leurs mouvements.

MANGEOIRE, s. f., all. *Krippe, Pferdekrippe*, angl. *Crib, manger*, ital. *Mangiatoja*. Auge placée dans une écurie dans laquelle les bestiaux mangent. Sa profondeur se nomme *enfonçure*, et ses bords *devanture*.

MANIER A BOUT, v. ac., all. *Ein Dach neu belatten und die alten Ziegel oder Schiefer wieder auflegen*, ital. *Rifare a fondo un tetto*. Mettre des lattes neuves à un couvert et replacer des tuiles ou ardoises dessus. Se dit encore du pavé dont on relève à bout les cailloux sur une autre forme de graviers.

MANIÈRE, s. f., all. *Eigenthümliche Art eines Künstlers*, angl. *Manner*, ital. *Maniera, Modo*. Ce mot exprime le genre et le goût particuliers d'un artiste dans ses œuvres. On dit : Un architecte profile ses compositions d'une gracieuse, bonne, mauvaise ou sèche manière.

MANIVELLE, s. f., all. *Kurbe, Kurbel,* angl. *Handle, Rounce,* ital. *Maniglia, Manovella.* Manche de bois ou de fer courbé, qui sert à tourner des rouages, tours, etc.

MANNEQUIN, s. m., all. *Gliedermann,* angl. *Manniken, Lay-figure,* ital. *Modello.* Imitation de grandeur naturelle du corps humain exécuté en bois avec articulation des membres, pour aider les peintres et les sculpteurs à se rendre compte des draperies et leurs plis, qu'on jette dessus. Se dit aussi des mauvais dessins de décorations, de statues, de draperies et autres, dont l'exécution est mauvaise.

MANNEQUINAGE, s. m., sculpture mise mal à propos en usage à certains édifices.

MANOIR, s. m., all. *Wohnung,* angl. *Manor,* ital. *Abitazione.* Vieux mot de la féodalité pour qualifier une résidence seigneuriale à laquelle étaient annexées des terres.

MANSARDE, s. f., all. *Benennung eines gebrochenen oder aus zwei Dächern bestehenden Dachs, von seinem Erfinder Mansard so genannt,* angl. *Mansard Roof,* ital. *Tetto alla Mansarda.* Comble brisé d'une maison, formé de deux pentes, dont la supérieure est douce, et l'inférieure très-peu oblique. Cette espèce de comble a été inventée par François Mansard, mort en 1666.

MANTEAU DE CHEMINÉE, s. m., all. *Dünne Verkleidung eines Kamins in einem Zimmer, von der Œffnung des Kamins bis zur Decke,* angl. *Chimney-Mantel,* ital. *Nappa di cammino.* Cette portion du tuyau d'une cheminée, depuis la tablette du chambranle jusqu'au plafond, ornée d'une glace, de moulures, cadres, bas-reliefs, chiffres, etc., montée en plâtre ou en brique.

—— **EN HOTTE, all.** *Rauchmantel, oder trichter færmige Mündung eines Schornsteins welche den Rauch vom Heerd aufnimmt und dem Schornsteine zuführt,* angl. *Gathering,* ital. *Capa del cammino.* Portion du tuyau de cheminée qui fait face à la pièce, et qui est plus large en bas qu'en haut; souvent supportée par des consoles et principalement employée dans les cuisines.

MANTONNET, s. m., all. *Wandhacken, Schlieshacken,* angl. *Holdfast, Hook,* ital. *Monachetto.* Petite pièce de fer avec un cran, destinée à arrêter un loquet, un pêne de serrure, etc.

MANUFACTURE, s. f., all. *Manufaktur, Gewerkhaus,* angl.

Manufactory, ital. *Manifattura*. Bâtiments plus ou moins étendus, renfermant de vastes salles, des galeries, des laboratoires, des magasins et quelquefois même des logements pour les contre-maîtres qui en dépendent. L'ensemble est distribué et disposé suivant le genre de travail qu'on y fait.

MARBRE, s. m., all. *Marmor*, *Farbenstein*, angl. *Marble*, ital. *Marmo*. Pierre calcaire à grains fins, susceptible de poli et qui par sa blancheur ou par sa couleur plus ou moins vive, peut être employée et a été employée à la décoration extérieure et intérieure des édifices et dans l'ameublement. Il en existe en quelque sorte partout, et principalement depuis les dépôts jurassiques jusqu'aux calcaires siluriens; c'est dans les parties de ces dépôts qui avoisinent les terrains de cristallisation que se trouvent en général les variétés les plus riches en couleurs et les plus agréablement nuancées de veines. On distingue de nombreuses variétés de marbres, à chacune desquelles on donne un nom particulier. Les plus beaux marbres se nomment *marbres antiques*, expression qui, dans le principe, indiquait des matières dont les carrières étaient perdues, et qu'on tirait des anciens monuments, mais qui, dans l'état actuel, s'applique aux variétés choisies parmi celles qu'on exploite journellement. Les marbres durs sont des granits ou des porphyres. On distingue les marbres :

—— SELON LES COULEURS ET PAYS :

—— AFRICAIN. De couleur rouge brun, avec quelques veines de blanc terne.

—— ATRAÏQUE. (Atraïcum marmor). Mélange de blanc, de vert, de bleu et de noir. Se tirait du mont Atrax en Thessalie.

—— BARBANÇON. Noir veiné de blanc.

—— BATZATO. Fond brun clair, sans tache, avec filets menus.

—— BLANC. Se tire de Grèce, de Carrare et des Pyrénées.

—— BLANC VEINÉ. Se tire de Carrare et des Pyrénées.

—— BLEU TURQUIN. A fond bleuâtre et veines plus foncées, dont le plus beau provient de Carrare.

—— BOURBONNAIS. Fond de couleur rouge sale, gris tirant sur le bleu, mêlé d'un jaune sale.

—— D'AUVERGNE. Fond rose, mêlé de vert, de jaune et de violet.

Marbre de brescia (royaume d'Italie). Fond jaune à taches blanches.

—— brocatelle. (Espagne). Petites nuances de couleurs isabelle, jaune, rouge pâle et gris.

—— de caen. Fond rouge avec de grandes taches blanches.

—— de campan (Gascogne). Rouge blanc et vert.

—— de carrare (royaume d'Italie). Blanc, marbre statuaire.

—— de champagne. Approche de la brocatelle, mêlé de taches bleues, nuancé de jaune pâle et de blanc.

—— de corinthe. Jaune.

—— cypolin (de la côte de Gênes, d'Egypte et Barbarie). Disposé par couches ondées, mêlées de blanc, de vert pâle et nuances d'eau de mer. Renferme du mica verdâtre disséminé dans une pâte blanchâtre et saccharoïde. Il y a beaucoup de colonnes de monuments romains en cypolin.

—— de dinant (royaume de Belgique). D'un noir très-pur et beau.

—— d'égypte. Fond blanc sale, avec des taches grises et verdâtres.

—— de namur (royaume de Belgique). Noir bleuâtre, avec quelques filets gris.

—— de paros (Ile de l'Archipel grec). Du plus beau blanc, à grains fins. La plupart des statues antiques en sont faites. Les plus belles carrières étaient celles de Marpessa, montagne de l'île.

—— du pentélique (dans l'Attique). D'un beau blanc et d'un grain fin. Le temple de Thésée, celui de la Victoire sans ailes, le Parthénon, les Propylées, etc., d'Athènes, sont élevés en marbre pentélique.

—— de picardie. D'un blanc rougeâtre avec des filets de rouge foncé.

—— de portor. A fond noir et veines jaunes.

—— de rance (en Hainaut). Fond rouge sale, mêlé de taches bleuâtres et blanches.

—— de roquebrune (près Narbonne) ou de Languedoc. Fond rouge vif, et grandes veines blanches ondulées.

—— de saint-maximin (Provence). Fond noir et jaune très vif.

—— de sarancolin (Pyrénées). Fond gris jaune, avec taches

rouges couleur de sang; quelquefois transparent comme de l'agate.

Marbre de savoie. Mêlé d'un rouge fort, avec d'autres couleurs, dont chaque pièce paraît rapportée.

—— de sicile. L'ancien est rouge brun, isabelle et blanc, fouetté de taches carrées oblongues : ses couleurs sont vives; le moderne a des couleurs très-pâles.

—— de signan (Pyrénées). Fond vert brun, avec taches rouges, grises et vertes.

—— de tray (Provence). Fond jaunâtre, tacheté de gris et d'un peu de rouge.

—— d'italie. Fond blanc sale, avec taches grises et verdâtres, presque semblable à celui d'Égypte.

—— de hou (sur la Meuse, royaume de Belgique). Grisâtre, blanc mêlé de rouge foncé.

—— de languedoc. Fond rouge, avec de grandes taches blanches ; semblable à celui de Caen. Se tire près de la ville de Cosne.

—— de morgosse (Milanais). Fond blanc, avec veines brunes couleur d'oxyde de fer.

—— de sienne, jaune.

—— de teff (près Liége, royaume de Belgique). Fond rouge pâle, avec grandes plaques et veines blanches.

—— de givet (Ardennes). Noir veiné de blanc, moins brouillé que le Barbançon.

—— jaspe. L'antique est verdâtre, mêlé de petites taches rouges.

—— lumachello (royaume d'Italie). Antique et moderne; est mêlé de taches grises, noires et blanches, en forme de coquilles.

—— œil de paon. Mêlé de taches rouges, blanches et bleuâtres.

—— porphyre (antique) rouge. De couleur de lie de vin foncée, avec de petites mouches de cristallisation blanches et roses. Se tirait de la haute Egypte. L'obélisque de Sixte-Quint ou de Saint-Jean de Latran est de porphyre.

—— serpentin (antique). Fond vert noirâtre, avec des taches et raies jaunâtres et verdâtres. Venait de Memphis en Egypte.

—— vert antique. Fond vert d'herbes et de noir par taches

d'inégales grandeurs. Dans l'antiquité il était nommé *marmor laconicum* ; il était extrait du mont Taygète.

MARBRE VERT DE MER. Fond vert clair gai aux veines blanches. Se tire à Carrare.

SELON SES DÉFAUTS :

—— CAMELOTÉ. De même couleur ; prend des nuances en le polissant.

—— FIER. Très dur, difficile à travailler ; est sujet à s'éclater.

—— FILANDREUX. Celui qui a des fils ; presque tous les marbres de couleur y sont sujets.

—— POUF. Celui dont la consistance faible du grain ne peut conserver ses arêtes en le travaillant.

—— TERRASSEUX. Celui qui a des parties tendres qu'il faut réparer avec du mastic.

SELON SES FAÇONS :

—— ARTIFICIEL, all. *Künstlich*, angl. *Artificial*, ital. *Artificiale*. Celui qui est fait avec une composition mêlée de couleurs pour imiter les marbres naturels.

—— BRUT, all. *Roh, unbearbeitet*, angl. *Coarse, not worked*, ital. *Brutto, rozzo*. Tel qu'on l'extrait des carrières : sans être travaillé.

—— DÉGROSSI, all. *Aus dem Groben gehauen*, angl. *Chipped, cleared*, ital. *Sgrossate*. Equarri selon les dimensions ordonnées.

—— ÉBAUCHÉ, all. *Leicht entworfen*, angl. *Rough hewn*, ital. *Abbozzo, schizzo*. Travaillé à la double pointe pour la sculpture ; avec le ciseau pour l'architecture.

—— FEINT, all. *Gemalt*, angl. *Painted*, ital. *Simulato*. Celui qui est imité au moyen de la peinture sur laquelle on passe un vernis.

—— FINI, all. *Ganz ausgeführt*, angl. *Finished*, ital. *Terminato*. Terminé avec le petit ciseau, la râpe et le trépan, pour évider les creux et dégager les ornements.

—— POLI. Frotté avec du grès et un rabot fait de pierre de Gothende, repassé avec de la pierre ponce et terminé avec un bouchon de liège et de la potée d'émeri pour les marbres de couleur et d'étain pour les blancs.

MARBRES BRÈCHES, s. m. pl. Variétés de marbres veinés, dans lesquelles les veines coupent la masse de manière qu'elle semble composée de fragments réunis ; sont extraits dans différents pays ; sont de différentes couleurs et grosseurs.

MARBRE D'AIX OU DE TOLONET. A grands fragments jaunes et violets réunis par des veines noires.

—— ANTIQUE. Mêlé de taches rondes d'inégales grosseurs, de couleur noire, grise, rouge, blanche, etc.

—— BLANC. Mêlé de violet, de brun, de gris, avec de grandes taches blanches.

—— CORALINE. Mêlé de taches de couleur de corail.

DE DEUIL (GRAND ET PETIT). Avec des éclats blancs sur un fond noir ; on le tire dans l'Ariége, l'Aude et les Basses-Pyrénées.

—— DORÉ. Mêlé de taches jaunes et blanches.

—— GROSSE. Mêlé de taches grises, jaunes, noires, rouges, bleues et blanches.

—— ISABELLE. A fond de grandes plaques couleur roussâtre, avec des taches blanches et violettes pâles.

—— NOIR OU PETIT. Fond mêlé de gris brun, à taches noires et petits points blancs.

—— VIOLET. A fond violet avec de grands éclats blancs : un des marbres les plus riches, qui provient de la côte de Gênes, mais dont les carrières sont depuis longtemps épuisées.

—— SARAVÈCHE. Fond violet, avec de grandes taches rousses et blanches.

MARBRÉ, ÉE, adj. En façon de marbre.

MARBRER, v. a., all. *Auf Marmorart anstreichen, marmoriren*, angl. *to marble, to vein*, ital. *Dar il color di marmo*. Peindre, faire une imitation du marbre.

MARBRIER, s. m., all. *Marmorschneider, Marmorarbeiter*, angl. *Marble cutter*, ital. *Marmorario*.

MARBRIÈRE, v. a., all. *Marmorbruch*, angl. *Marble-quarry*, ital. *Luogo dove si cava il marmo*. Carrière d'où l'on extrait le marbre. Le lieu où il est scié et travaillé, est nommé *marbrerie*.

MARCHANDER, v. a., all. *Verdingen*, angl. *to contract*, ital. *prezzolare*. Convenir de faire un ouvrage quelconque moyennant un prix déterminé. *Sous-marchander*, faire un second accord avec un *sous-traitant*.

MARCHE, s. f., all. *Stufe, Staffel*, angl. *Step*, ital. *Gradino, Scaglione*. Partie horizontale d'un escalier sur laquelle on pose le pied. On la nomme aussi *degré*.

—— COURBE. Cintrée devant ou derrière.

MARCHE D'ANGLE. La plus longue du quartier tournant : *demi-angle*, la plus rapprochée de celle de l'angle.

—— DÉLARDÉE, all. *abgeründet*, angl. *chamfered*, ital. *Tondato*. Démaigrie en chanfrein par dessous.

—— DOUBLE. Se dit d'un palier.

—— DROITE. Celle dont le giron est parallèle.

—— GIRONNÉE, all. *Stufen von ungleicher Breite*, angl. *Winders of unequal breadth*, ital. *Scala lumacha*. Celle du quartier tournant d'un escalier circulaire ou ovale.

—— MOULÉE, all. *Vorne mit Gliedern versehen*, angl. *Nosing of the step*. Celle dont la partie supérieure du devant du giron est ornée d'un boudin avec filet et congé.

—— PALIÈRE, all. *Zum Absatz einer Treppe gehörig*, angl. *Landing step*, ital. *l'ultimo gradino della Scala*. Celle qui fait partie d'un palier : la première marche d'un escalier (par en haut).

—— RAMPANTE, all. *Abhängig, abschüssig*, angl. *Rampant*, ital. *strisciante*. Celle qui, en pente sur le devant, a peu d'élévation et beaucoup de longueur.

MARCHÉ, s. m., all. *Markt*, angl. *Market-place*, ital. *Mercato*. Place plus ou moins spacieuse dans les villes et les bourgs, où l'on vend des objets divers. On en construit de couverts où l'on vend les légumes, viandes, poissons et autres denrées. Chez les Grecs, le marché était appelé *Agora*, chez les Romains *Forum*. Ils étaient ordinairement ornés de portiques et de statues. Il y en avait au moins un dans chaque ville grecque et romaine, mais il y en avait quatorze à Rome, appelés *Fora Venalia*.

MARCHÉ D'OUVRAGE, s. m., all. *Bauvertrag*, angl. *The contract or agreement attached to a specification for the performance of certain works*, ital. *Apoca*. Contrat, convention par écrit entre un entrepreneur et celui qui fait bâtir, basé sur un plan, un devis et un détail estimatif.

—— AU MÈTRE, all. *Verdungene Arbeit nach dem Mètre (oder einem andern Maase)*, angl. *Contract by the yard or any other measure*, ital. *Cottimo, Prezzo fermo*. Convention pour les prix seulement de chaque nature d'ouvrages qui sont ensuite mesurés ou métrés et reçus après leur confection.

—— AU RABAIS, all. *Um den niedrigsten Preis übernommen*, angl. *To the most reduced price*, ital. *A diffalco*. Se fait d'après un devis, un détail estimatif et des plans, coupes et élévations, faits et approuvés par un architecte ; adjugé au bénéfice d'un entrepreneur, d'après un rabais qu'il propose (à tant pour cent) et moyennant la somme de tant, payable à des époques déterminées.

—— LA CLEF A LA MAIN, all. *Schlüssel in Hand*, angl. *Key in hand, quite finished*, ital. *Casa finita*. Bâtiment fait par un entrepreneur, moyennant une somme déterminée, dans un espace fixé et d'après les plans, coupes, élévations, détails, profils, cotes, etc., signés et approuvés par les parties contractantes. Un tel bâtiment est tout achevé et prêt à être habité.

MARCHEPIED, s. m., all. *Fusztritt, Fuszchemel, Hütsche*, angl. *Footstool, footboard*, ital. *Perdilla, Marciapiede*. Dernière marche d'arrivée d'un trône, d'un autel, etc. Petit escalier portatif formé de plusieurs marches.

MARGELLE, s. f., all. *Der oberste Stein eines Geländers um einen Brunnen*, angl. *Curbstone of a well*, ital. *Pietra dell'orlo del pozzo*. Pierre qui couronne le tour d'un puits.

MARQUETER, v. a., all. *Mit buntem Holze einlegen*, angl. *To inlay*, ital. *Intarsiare*. Faire de la marqueterie.

MARQUETERIE, s. f., all. *Eingelegte Arbeit*, angl. *Marquetry*, ital. *Intarsiatura*. Ouvrage fait avec des feuilles minces de bois dur, précieux, plaqué sur un assemblage de compartiments ou de panneaux qui sont séparés les uns des autres par des filets de plomb, de cuivre, d'ivoire, de bois colorié ou naturel.

—— DE MARBRE. Dessins et ornements faits par incrustation, à des panneaux ou à des compartiments de lambris ou autres, pavés, etc., que l'on désigne aussi sous le nom de *mosaïque* et *pièces de rapport*.

MARQUISE, s. f., all. *Sonnendach, Sonnenschirm von Leinewand, vor Fenster*, angl. *Penthouse*, ital. *Zorno*. Sorte de petit auvent au-dessus des portes d'entrée, quelquefois en fer avec du verre à vitre : sert à descendre de voiture à couvert.

MARRAIN, s. m., all. *Abfall*, angl. *Rubble*, ital. *Breccia*. Se dit des déblais de démolition de murs ou des recoupes de pierre de taille.

MARTEAU, s. m., all. *Hammer*, angl. *Hammer*, ital. *Martello*. Outil dont les ouvriers se servent pour travailler la pierre, le fer, le bois, etc.

MARTELET, s. m., all. *Kleiner Hammer*, angl. *Small hammer*, ital. *Martelletto*. Petit marteau.

MASCARON, s. m., all. *Fratzengesicht*, angl. *Grotesque head*, ital. *Mascherone*. Tête ou masque de fantaisie qui sert d'ornement à une porte, à des fontaines, à des grottes, etc. En usage dans l'architecture romaine, mais non chez les Grecs ; au moyen âge, on l'employait pour orner des clefs de voûte.

MASQUE, s. m., all. *Masque, Larve*, angl. *Grotesque head or face*, ital. *Maschera*. Tête sculptée d'un personnage, divinité, etc., à la clef d'une arcade ; on représente aussi ainsi la personnification des saisons, des éléments, des âges, etc., accompagnés de leurs attributs.

MASSE, s. f., all. *Masse*, angl. *Mass, Bulk, Stock*, ital. *Massa*. Mot pour désigner l'ensemble ou la grandeur d'un édifice. En peinture, amas d'ombres ou de lumières sur des objets, lesquels sont disposés de manière à ce qu'ils puissent les recevoir convenablement pour produire un effet d'ensemble.

MASSIF, s. m., all. *Körper nicht hohl, sondern überall mit Masse oder Materie ausgefüllt, stark, fest, dick*, angl. *Massy, masonry-work, not hollow*, ital. *Massiccio*. Corps plein et solide. On dit un massif de fondement d'un édifice, etc. Se dit encore de constructions qui offrent peu d'ouvertures.

MASTIC, s. m., all. *Steinkitt, Bildhauerkitt*, angl. *Mastich, Mastic*, ital. *Mastico*. Composition d'ingrédients divers, selon la nature de son emploi, et qui sert à faire les joints de pierre, de marbre, de brique, de rocaille, etc., ou à coller des pièces rapportées.

MASURES, s. f. pl., all. *Alte verfallene Gemäuer, altes baufälliges Haus*, angl. *Paltry decayed houses, ruins of houses*, ital. *Una casa devasta, inhabitabile*. Vieux bâtiments qui tombent en ruine.

MATÉRIAUX, s. m. pl., all. *Materialien, der Stoff*, angl. *Materials*, ital. *Materiali*. On nomme ainsi toutes les différentes matières qui entrent dans la construction d'un bâtiment, d'un édifice, d'une maison, d'un mur, etc., comme pierre, moellons, bois, fer, tuiles, ardoises, etc.

MATHÉMATIQUES, s. f. pl., all. *Mathematik, Grössenlehre*, angl. *Mathematics*, ital. *Matematiche*. Science qui a pour objet la recherche des résultats qui peuvent être logiquement déduits ou admis dans l'étendue ou dans les nombres ; ou science qui a pour objet les propriétés et tout ce qui est susceptible d'augmentation ou de diminution. Les mathématiques pures ou abstraites embrassent particulièrement les propriétés de l'étendue, comme ensemble composé de parties ; les mathématiques appliquées s'occupent des propriétés physiques des corps ; les premières comprennent l'arithmétique, l'algèbre et la géométrie ; les secondes, la physique, la mécanique, la statique, l'astronomie, etc. L'architecte doit savoir l'arithmétique, la géométrie, l'astronomie, l'optique, la perspective, etc.

MAUSOLÉE, s. m., all. *Prächtiges Grabmaal, Ehrenmaal*, angl. *Mausoleum, Tomb*, ital. *Mausoleo*. Tombeau décoré d'architecture, de sculptures avec épitaphe, élevé en l'honneur ou à la mémoire de quelque personne célèbre. Ce nom vient de Mausole, roi de Carie, mort en 353 avant l'ère vulgaire et du tombeau d'ordre ionien que lui éleva sa femme Artémise. On désigne aussi quelquefois par ce nom les catafalques élevés pour une pompe funèbre.

MÉDAILLE, s. f., *Schaumünze, Gedächtniszmünze, Denkmünze*, angl. *Medal*, ital. *Medaglia*. Monnaie primitive des anciens ; pièce de métal mince et circulaire en forme de disque, avec bas-relief représentant une tête humaine avec des symboles et des attributs. Les monnaies d'Athènes avaient d'un côté une tête d'Athéné casquée, de l'autre une chouette ; celles de Lacédémone une tête casquée d'homme, au revers un Hercule assis avec une massue à la main ; celles de Syracuse une belle tête de Proserpine entourée de dauphins, au revers un quadrige couronné par une Victoire ailée ; celles d'Égine une tortue ; celles de Thèbes un bouclier, au revers un homme avec un arc et une massue : celles de la Phocide des têtes de taureau, au revers une couronne de feuillages ; celles de Corinthe un cheval ailé ; chez les Romains, l'*as* portait une tête de Janus, le *semis* celle de Jupiter, le *triens* et l'*unce* celle de Pallas, le *quadrans* celle d'Hercule, le *sextans* celle de Mercure ; on voit sur les plus anciennes monnaies romaines en argent la tête de Pallas, de la Pallas *Victrix* et sur le revers les Dioscures.

Voici la nomenclature des principales médailles :

—— AURÉLIENS, du nom de l'empereur Aurélien.

—— BIGES, ayant au revers un char à deux chevaux.

—— CHOUETTES, d'Athènes, la figure de cet oiseau.

MÉDAILLES CISTOPHORES, de quelques villes grecques, portant le ciste mystique de Dionysos.

—— CONTORNIATES, de grand module en bronze, entourées d'un cercle du même métal ou de tout autre.

—— CONTRE-MARQUÉES, ayant reçu après leur émission l'empreinte de quelque signe particulier, figure ou lettre, ou pour les affecter à un usage temporaire, tel que de servir comme de billet d'entrée à certains spectacles, ou bien pour accréditer dans un pays les monnaies d'un autre.

—— DARIQUES, médailles persanes de Darius.

—— ÆS GRAVE. Les pièces remarquables par leur volume et leur poids.

—— ENCASTRÉES. Tête d'une médaille et revers d'une autre, sciés et soudés ensemble par les faussaires.

—— FOURNÉES OU BRACTÉATES, dont l'*âme* en bronze ou en plomb est recouverte d'une légère feuille d'argent ou d'or ; fausse monnaie antique. Il y en a de grecques et de romaines. Les Latins les nommaient nummi *pelliculati*, *subærati*, *bracteati*.

—— INCUSES, dont le type est en creux d'un côté et en relief de l'autre, le plus souvent par inadvertance du monnayeur pour les médailles romaines, et caractère de haute antiquité pour les médailles grecques.

—— PHILIPPES, de la Macédoine, du roi Philippe.

—— QUADRIGES, ayant au revers un char à quatre chevaux.

—— REFRAPPÉES, dont les contours du type sont doubles, par l'effet des coups redoublés du marteau et du mouvement du flan.

—— RESTITUÉES, d'un empereur romain, frappées par l'ordre d'un de ses successeurs.

—— SAUCÉES, frappées sur cuivre et ensuite argentées.

—— SCIÉES OU DENTÉES, la tranche étant dentelée, par caprice ou pour dérouter les faux monnayeurs.

—— SCYPHATI, convexes d'un côté, concaves de l'autre, comme une coupe.

—— SPINTRIENNES, relatives aux débauches de Tibère à Caprée.

—— SUR-FRAPPÉES, qui ont reçu un nouveau type légal.

—— TORTUES, du Péloponèse, type une tortue.

—— VICTORIÉES, portant la figure de la Victoire.

MÉDAILLIER, s. m., all. *Münzschrank*, angl. *Cabinet of medals, or a screen*, ital. *Armadio in cui si conservano le medaglie*. Cabinet ou vaste armoire où l'on place et conserve des médailles.

MÉDAILLON, s. m., all. *Grosses Schaustück, die runderhabene Fläche*, angl. *Medallion*, ital. *Medaglione*. Pièce en tous métaux, de grandeur et de volume extraordinaires, impropre à l'usage de la monnaie. Disque plat ou bombé, entouré d'un cadre quelconque, servant d'ornement dans l'architecture, tant en dehors qu'à l'intérieur des édifices. Représente souvent des têtes en profil ou de face, des emblèmes, des chiffres ; non en usage dans l'architecture ogivale, mais dans les styles antiques, dans le roman et surtout dans l'architecture de la Renaissance et depuis.

MÉLANGE, s. m., all. *Mischung*, angl. *Mixture*, ital. *Mescolanza*. Action de réunir du bleu et du jaune pour former du vert ; du bleu et du rouge pour du violet ; du rouge et du jaune pour de l'orange et ainsi des autres couleurs.

MEMBRE, s, m., all. *Glied, Theil*, angl. *Member, moulding*, ital. *Partita, madanatura*. Toute partie d'architecture, comme piédestal, colonne, architrave, frise, corniche, attique, fronton, etc. Se dit aussi des moulures qui les composent.

MEMBRON, s. m., all. *Der bleierne Unterzug eines gebrochenen Daches*. Baguette qui sert d'ourlet aux brisures d'un comble à la Mansard, ainsi qu'aux faîtes d'un comble de plomb ou de zinc.

MEMBRURE, s. f., all. *Rahmen, Einfassung, Bohle*, angl. *Panel-square*, ital. *Cornice di legname*. Tout cadre propre à recevoir les panneaux d'un revêtement ou d'un lambris. Se dit encore des plus grosses pièces de toutes celles qui sont employées dans les machines.

MÉMOIRE, s. m., all. *Rechnung*, angl. *Note, Bill*, ital. *Nota*. Etat détaillé où sont désignés la quantité, le prix et le montant d'un travail ou d'une construction entière.

MÉNAGERIE, s. f., all. *Thiergarten, Thierhaus, der Viehhof auf grossen Landgütern*, angl. *The house where a collection of foreign animals are kept, poultry-yard*, ital. *Serraglio di bestie*. Cour environnée de cabanes, de loges où sont nourris et entretenus des animaux rares et curieux. Se dit aussi des basses-cours d'animaux domestiques. A Paris il y a une ménagerie au Jardin des plantes, à Londres dans le *Zoological garden.*

MENEAU, s. m., all. *Pfosten, Fenster-Pfosten,* angl. *Mullion,* ital. *Stipito.* Montant léger en pierre qui dans l'architecture ogivale divise les fenêtres en compartiments verticaux. Parmi les plus anciens meneaux, il faut nommer ceux de l'église bénédictine de Saint-Leu d'Esserent, département de l'Oise. Là, les fenêtres de la claire-voie n'en ont qu'un qui les divise en deux ; ce meneau est encore très-large. La baie géminée en question a un meneau central de 0,20 c. de largeur qui la divise en deux parties de chacune 1,55 de largeur, sur 4,20 d'élévation jusqu'au sommet de l'ogive ; le meneau est donc là la seizième partie encore du vide, ce qui est considérable. Le meneau de Saint-Leu est plat, abattu en chanfrein aux angles. Dans la suite cette forme fut abandonnée. La face fut ornée d'une fine colonnette accompagnée de moulures verticales. Au xvᵉ siècle, le meneau perd peu à peu sa colonnette, s'épatte et ses moulures deviennent molles et disgracieuses, et l'on supprima même sa base. Le meneau existait encore dans la première moitié du xvıᵉ siècle , il formait le montant vertical de la croix pratiquée dans les fenêtres, d'où vient le nom de croisée. Le meneau avec le liteau horizontal formait la croix.

MÉNIANE, s. f. Sorte de volet disposé de manière à voir ce qui se passe à l'extérieur d'un lieu sans être aperçu.

MENSOLE, s. f., all. *Schluszstein eines Gewölbes,* angl. *Keystone of a vault,* ital. *Serraglio.* Clef de voûte, d'arc, etc.

MENUISER, v. a., all. *Schreiner oder Tischler Arbeit machen,* angl. *To do joiner's work,* ital. *Lavorare di legname.* Faire des ouvrages de menuiserie.

MENUISERIE, s. f., all. *Schreiner oder Tischlerarbeit,* angl. *Joinery,* ital. *Lavoro di legname.* Art industriel qui consiste à travailler et à assembler les bois pour les menus ouvrages de bâtiment, tels que planchers, portes, fenêtres, volets, persiennes, placards d'armoire, etc. Se dit aussi de l'ouvrage même.

—— D'ASSEMBLAGE. Elle consiste en cadres et en panneaux, assemblés à tenons et mortaises, rainures et languettes, collés et chevillés.

—— DE PLACAGE. Feuilles minces de bois précieux, plaqués avec ordre et formant dessins sur des compartiments de menuiserie ordinaire.

Menuiserie dormante. Se compose de revêtements, chambranles, lambris, parquets, etc.

—— mobile. Toute fermeture de porte, de fenêtres, volets, persiennes, etc.

MENUISIER, s. m., all. *Schreiner*, angl. *Joiner*, ital. *Falegname*. Ouvrier qui fait de la menuiserie.

MÉPLAT, TE, s. m. et adj., all. *Halbflach, auf einer Seite dicker als auf der andern,* angl. *Wide-Thin,* ital. *Schiacciato.* Bois équarris ou refendus qui ont plus de largeur que d'épaisseur.

MERLON, s. m. all. *Stück der Brustwehre zwichen zwei Shieszscharten,* angl. *Merlon,* ital. *Merli.* La partie solide d'un parapet crénelé, comprise entre deux créneaux ou embrasures (le vide). Le merlon est très-ancien, on en voit dans les bas-reliefs égyptiens, assyriens et grecs. Les Romains en faisaient usage aussi dans les murs de fortifications de leurs villes. Au moyen âge, l'usage en devint très-général, mais l'invention de la poudre à canon le fit insensiblement cesser. Vers la fin du xiii° siècle, on se servit en Angleterre des merlons et des créneaux comme simple ornementation, on les employait comme corniche, comme couronnement dans l'architecture tant religieuse que profane. Une grande quantité de tombeaux sont ornés de merlons. On s'en est servi aussi pour couronner des murs et des tourelles à l'extérieur.

MERRAIN, s. m., all. *Die dünnen schmalen eichenen Bretter,* angl. *Thin plank of oak,* ital. *Legno da fabbricare.* Planches minces en bois de chêne.

MESAULE, s. f., all. *Nebenhof, Hinterhof eines Schlosses, eines Palastes,* angl. *Middlecourt.* Vitruve les nomme *itinera,* ou passages entre les péristyles et les appartements consacrés aux hôtes et aux étrangers ; mais il y a lieu d'admettre qu'ils étaient des petites cours. Apollonius de Rhodes, en faisant la description de la réception des Argonautes dans le palais d'Aetès, les fait d'abord entrer dans le vestibule, ensuite il les introduit par les portes à vantaux dans la *mesaula* qui avait çà et là des *thalami* et un portique sur chacune de ses faces. Vitruve n'est pas un bon étymologiste ; *mesaulion* ne signifie point un passage entre deux cours, mais bien une cour située entre deux corps de bâtiment ou murs.

MESQUIN, INE, adj., all. *Kärglich, dürftig, armselig,* angl.

Niggardly, ital. *Meschino*. Se dit de détails, de composition d'ensemble, d'ornements de moulures, etc., pauvres, maigres et de mauvais goût.

MESURE, s. f., all. *Mass*, angl. *Measure*, ital. *Misura*. Certaine dimension de convention et adoptée pour rechercher combien de fois elle est contenue dans une autre dimension ; en géométrie, strictement, une dimension en grandeur, une quantité prise comme unité, au moyen de laquelle on mesure d'autres dimensions ou d'autres quantités ; ou enfin quantité prise ou donnée pour connaître l'étendue d'une distance, d'une face ou le solide d'un corps.

La coudée naturelle égyptienne était de 461, 8 millimètres ; la coudée royale égyptienne était de 52,45 millimètres. Le côté du carré d'un cube d'eau de pluie de 822,000 grammes chez les Babyloniens, formait leur coudée, qui était de 52 centimètres. 35 centimètres ou les deux tiers de la coudée formaient le pied babylonien. Les Phéniciens adoptèrent cette mesure, et par eux, au moyen du commerce, elle fut introduite à Egine et par le roi Pheidon à Argos, probablement vers 748 aux jeux olympiques. Le pied grec valait 308,245 millimètres ; la coudée 462,367 millimètres ; l'orgie 1 m. 849 470 ; un plèthre 30 m. 8 245 ; un stade 184 m. 9470.

Le pied romain équivalait à 295844 millimètres ; la coudée romaine équivalait à 443766 millimètres ; le mille romain était de 1479 m. 220.

Le pied anglais est égal à 3,0479449 décimètres ou 30 centimètres 479 millimètres ; un décimètre est égal à 3,937079 pouces anglais ; un mètre est égal à 3,2808992 pieds anglais ; un mille anglais de 1760 yards est égal à 1609,3149 mètres ; un yard anglais est égal à 0,91438348 mètre. Un yard carré équivaut à 0,836097 mètre carré ; un rod à 25,291939 mètres carrés ; un rood (1210 yards carrés) à 10,116775 ares ; un acre (4840 yards carrés) à 0,404671 hectare. Un mètre carré vaut 1,196033 yard carré ; un are 0,098845 rood ; un hectare 2,471143 acres. Une pinte ou 1/8e de gallon est égale à 0,567932 litre ; un litre est égal à 1,760773 pinte.

Un pied du Rhin est égal à 31,38536 centimètres. Le pied romain moderne est égal à 297,9 millimètres ; un palme des architectes ou 3/4 du pied romain moderne vaut 223,4 millimètres; une canne de constructeur est égale à 10 palmes.

MESURER, v. a., all. *Messen*, angl. *To measure*, ital. *Misurare*. Faire un métré, relever des mesures.

MÉTAIRIE. s. f., all. *Meierey*, angl. *Farm-House*, ital. *Podere affittato*. Ferme avec ses dépendances; habitation d'un métayer.

MÉTAL, pl. MÉTAUX, s. m., all. *Metall*, angl. *Metal*, ital. *Metallo*. Corps minéral pondérable ; se distingue par sa pesanteur, son opacité, sa ténacité et sa ductilité ; la chaleur le dissoud et le fond. Dans une température élevée, il se mêle à l'oxygène de l'air atmosphérique, perd son brillant métallique et se convertit en chaux ou oxyde. Les métaux connus des anciens étaient : l'or, l'argent, le fer, le cuivre, le mercure, le plomb et l'étain. Quelques chimistes modernes ont porté le nombre des métaux connus à quarante-deux. Ceux employés dans le bâtiment sont : le fer, le plomb, le cuivre, l'étain et le zinc.

MÉTIER, s. m., all. *Handwerk*, angl. *Calling, trade, traffic, hand's labour*, ital. *Arte meccanica, Mestiere*. Il ne faut pas le confondre avec l'art. Le métier est un travail, une occupation qui ne sont pas agréables par eux-mêmes et qui ne sont attrayants que par leur résultat, le salaire. C'est l'exercice d'un art mécanique. Le maçon, le charpentier, le menuisier, le serrurier, etc., exercent un métier. Métier est aussi une machine qui sert dans certaines manufactures.

MÉTATOME, s. m. *voy*. MÉTOCHE.

METOCHE, s. f., all. *Metoche, Ausschnitt zwischen zwei Zähnen, Zwischentiefe*, angl. *Metoche, space between the dentels of the ionic order*, ital. *Metoce*. Coupure ou intervalle compris entre deux denticules dans l'ordre ionique. Baldus observe que dans les anciens manuscrits de Vitruve, le mot *métatome* est employé au lieu de celui de Métoche ; c'est ce qui fit présumer à Daviler que le texte vulgaire de Vitruve était corrompu et qu'on devait lire métatome au lieu de métoche. Métatome vient du grec μετα, entre, et τεμνω, je coupe.

MÉTOPE, s. f., all. *Zwischentiefe, quadratischer Raum im Fries des dorischen Gebälks zwischen den Triglyphen oder Balkenköpfen*, angl. *Metopa, Metope*, ital. *Metopa*. Intervalle compris entre les triglyphes dans la frise de l'ordre dorique. Primitivement les métopes étaient à jour ainsi que nous l'apprend un passage de l'*Iphigénie* d'Euripide, où Pylades con.

seille à Oreste de se glisser à travers une des métopes, afin de pouvoir pénétrer dans le temple. Au nombre des plus anciennes métopes sculptées, il faut citer celles du temple central de l'Acropole de Sélinunte, en Sicile, qui datent de la 50ᵉ olympiade ou 580 ans avant l'ère vulgaire. Elles représentent Héraclès nu, portant les deux frères Kerkopes, Kandale et Atlante; Persée coiffé du pylos ou chapeau de feutre rond d'Hermès et portant des ailes à la chaussure ; Athénée orné du *peplos;* Méduse avec Pégase. Ces métopes sont exécutées dans un tuf calcaire et elles étaient peintes et ornées de détails en bronze doré. Celles du temple auprès de l'amphithéâtre à Pæstum, dans la grande Grèce ; celles du temple d'Assos, en Asie-Mineure; mais les plus belles sont celles du Parthénon d'Athènes.

MÉTOPE BARLONGUE, all. *Breiter als hoch,* angl. *Longer than high,* ital. *Bislungo.* Espace entre deux consoles qui supportent une corniche, un balcon, etc.

MÈTRE, s. m. Unité fondamentale des poids et mesures de France. Elle est la dix-millionième partie du quart du méridien terrestre. Par le décret du 8 mai-22 août 1790, l'Assemblée Constituante s'occupa déjà de l'uniformité des poids et mesures. Un autre décret du 8-15 décembre 1790 y est encore relatif : son décret du 26-30 mars 1791, admet la grandeur du quart du méridien terrestre pour base du nouveau système de mesures (arc depuis Dunkerque jusqu'à Barcelone, qui embrasse 9 degrés deux tiers et qui contient environ 6 degrés au nord, et 3 degrés et demi au midi du 45ᵉ degré de latitude. Enfin il était réservé à l'immortelle Convention nationale qui a tant fait pour l'avancement de l'intelligence et de ses œuvres, de décréter que le nouveau système des poids et mesures, fondé sur la mesure du méridien de la terre et la division décimale, servirait uniformément dans toute la République : c'est ce que contient son décret du 1ᵉʳ-2 août 1793. Méchain et Delambre furent chargés de mesurer la méridienne en question.

La monnaie aussi fut mise en rapport, quant à son module, avec le mètre. Ainsi dix-neuf pièces d'argent de cinq francs et onze de deux francs, donnent un mètre, ou vingt pièces d'argent de deux francs et vingt de un franc, donnent également le mètre. Quant au poids, il y a aussi rapport décimal : ainsi une pièce d'argent de un franc pèse cinq grammes ; une pièce d'argent de deux francs pèse dix grammes; quatre pièces d'argent de cinq francs ou dix pièces d'argent de deux francs pèsent cent grammes; cent cinquante-cinq pièces d'or de vingt francs ou quarante pièces d'argent de cinq francs, pèsent un kilogramme ou mille grammes; un sac de mille francs ou deux cents pièces de cinq francs pèsent cinq kilogrammes.

Un mètre est égal à 0,513074 toise ancienne, ou 3 pieds 11,296 lignes. Un pied valait 0,32484 mètre et une toise valait 1 mètre 94904. Trois pieds grecs anciens équivalaient à 0 m. 924735. (Voyez MESURE.)

MÉTRÉ, s. m. Art de mesurer les surfaces et les corps solides, d'après le système décimal.

MÉTRIQUE, adj. Qui se rapporte au mètre ou au métré.

MEUBLE, s. m., all. *Hausgeräth, Mobilien*, angl. *Household goods*, ital. *Mobile*. Tout ce qui sert à meubler un appartement tant pour l'utilité que pour l'agrément.

MEUBLER, v. a., all. *Mit Hausrath versehen*, angl. *To furnish*, ital. *Ammobigliare*. Fournir de meubles les endroits convenables : les placer dans les différentes salles et dépendances qui composent une habitation.

MEULIÈRE, s. f., all. *Eine Mühlstein-art*, angl. *Millstone*, ital. *Pietra da macine*. Pierre calcaire siliceuse avec ou sans coquilles. Sert à construire les citernes, les fosses d'aisance, les égouts, les soubassements de bâtiments divers. Principalement en usage à Paris et dans ses environs. On nomme aussi meulière la carrière où l'on fait les meules de moulin.

MEZANINE, s. f., all. *Kleines Geschoss über ein grösseres*, angl. *A story of small height built upon a higher one*, ital. *Mezanine*. Attique ou petit étage élevé au-dessus d'un autre.

MEZZANINE, s. f., all. *Halbgeschoss, auch ein Fenster in niedrigen oder Halbgeschossen, Halbfenster, das zwar die Breite der zutreffenden oder zugeordneten Hauptfenster hat, aber gewöhnlich nur halb so hoch als breit ist; zuweilen wohl ein Quadrat bildet*, angl. *A story of small height introduced between two higher ones, square window*, ital. *Mezzanine*. Petit étage compris entre deux autres d'une plus grande élévation; ordre qui comprend deux étages dans sa hauteur; fenêtre carrée d'un entre-sol.

MEZZO-PILASTRO, s. m., all. *Eckiger Pfeiler, welcher nur zum Theil aus der Wand heraustritt*, angl. *a part of a square projection engaged in a wall and only a fourth or fifth of its thickness.* Partie d'une saillie carrée sur un mur qui a environ un quart ou un cinquième de son épaisseur.

MEZZO-TINTO, s. m., all. *Mittelfarbe, gebrochene Farbe,* angl. *Mezzotinto.* Le ton rompu ou intermédiaire dans la peinture, le ton qui fait passer du clair à l'ombre ou qui naît du mélange de deux couleurs.

MILLIAIRE, s. m. et adj., all. *Meilenzeiger,* angl. *Milliary,* ital. *Termine, migliare.* Petites bornes ou colonnes ornées de sculptures et d'inscriptions que les Romains élevaient au bord de leurs grandes voies pour indiquer les distances ou quelques époques mémorables. Elles étaient placées à une distance de quatre *milles* romains ou 5884ᵐ92, ce qui fait pour le *mille* romain 1471ᵐ23 (quelques auteurs admettent 1479ᵐ220 pour le mille). La première borne milliaire était placée sur le Forum de Rome.

MILLIGRAMME, s. m. Mesure décimale de pesanteur, la millième partie d'un gramme.

MILLIMÈTRE, s. m. Mesure décimale de longueur, la millième partie d'un mètre.

MINARET, s. m., all. *Schlanker Thurm an einer türkischen Moschee,* angl. *Minaret,* ital. *Minareto, Torretta.* Tour haute et mince avec balcon des mosquées musulmanes et d'où le prêtre annonce aux croyants l'heure des prières et autres exercices.

MINER, v. a., all. *Untergraben,* angl. *to undermine,* ital. *minare, scavare.* Faire crouler un corps en attaquant son pied ou sa base avec des outils, de la poudre, etc., pour extraire des pierres, des minerais, etc.

MINEUR, s. m., all. *Bergknappe, Bergmann,* angl. *Miner, Underminer,* ital. *Minatore.* Ouvrier employé à miner, à faire des mines.

MINIATURE, s. f., all. *Miniaturmalerei, Kleinmalerei,* angl. *Miniature,* ital. *Miniatura.* Espèce de peinture à l'aquarelle dont les proportions sont minimes.

MINUTE, s. f., all. *Minute,* angl. *Minute,* ital. *Minuto.* Douzième partie d'un module.

MIROIR, s. m., all. *Unnütze Höhlung auf der glatten Seite eines behauenen Steines,* ital. *Mencanza, Cavita.* Cavité sans nécessité au parement d'une pierre. On nomme encore ainsi des ornements en ovale taillés sur des moulures concaves et ornées parfois de fleurons.

MIXTE, s. f., all. *Vermischt*, angl. *Mixed*, ital. *Misto*. Genre de peinture où les différentes couleurs sont mises en usage. Art bâtard , avec mélange de genres quelquefois heureux quand il est fait avec goût et discernement.

MODÈLE, s. m., all. *Modell, körperliches Bild*, angl. *Model*, ital. *Modello*. Essai en relief exécuté en cire, en terre ou en plâtre, pour se rendre compte de l'effet de l'attitude et de la correction d'une figure ou d'un bas-relief quelconques.

—— DE BATIMENT. Représentation en petit, selon des proportions, de tout l'ensemble et des détails d'un bâtiment. On en fait de terre ou de plâtre pour les pièces de trait, ou pièces spéciales, comme claveaux, nervures, clefs de voûte, etc., et de bois et carton coloriés pour la charpente et autres détails.

—— EN GRAND. S'exécute en maçonnerie brute ou d'assemblage de charpente, revêtue de toile sur laquelle on représente la chose à exécuter, tels qu'arcs de triomphe et autres édifices élevés pour juger de l'effet des ordres et ornements qu'on veut employer.

MODELER, v. a., all. *Ein Modellmachen, in Erde oder Wachs modelliren*, angl. *to model, to shape*, ital. *Modellare*. Faire des modèles se dit surtout en sculpture; faire des modèles en terre ou en cire pour l'étude et l'exécution.

MODERNE, adj., all. *Neu, heutig, modern*, angl. *Modern, recent*, ital. *Moderno*. Se dit des différentes architectures et détails comme ornements qui n'ont pas les vraies proportions des ordres, détails et ornements antiques.

MODILLON, s. m., all. *Sparrenkopf*, angl. *Modillion*, ital. *Modiglione*. Petite console plus ou moins ornée sous la corniche d'un entablement corinthien et composite, destiné à la soutenir. Il y en a d'élégants et fort simples à la Maison carrée de Nîmes, de très-ornés aux ruines du temple de Jupiter Stator, aux thermes de Dioclétien et au Panthéon, à Rome.

—— A PLOMB. Celui qui, étant biais, n'est pas d'équerre avec la corniche rampante d'un fronton.

—— EN CONSOLE. Celui qui a plus de hauteur que de saillie, prend depuis le larmier et descend jusqu'à la frise.

—— RAMPANT. Celui qui est d'équerre avec les corniches de niveau et rampantes.

MODULE, s. m., all. *Modul, Model*, angl. *Module*, ital. *Modulo.*
Mesure ou unité prise arbitrairement et qui n'est employée
que lorsqu'il s'agit de colonnades : elle sert à déterminer les
proportions des détails, leur rapport au tout et enfin à fixer la
distance des colonnes entre elles. Le module n'est donc pas
une dimension, une mesure absolue, comme par exemple le
mètre, le pied, mais une mesure indéterminée et proportionnelle, empruntée au diamètre inférieur du fût de la colonne.
Plus la colonne a d'élévation, plus aussi gagne-t-elle en force
et plus aussi son module a-t-il de longueur, et plus aussi enfin
les détails deviennent-ils forts ou puissants en dimension.

La mesure de la colonne est son diamètre; mais lorsqu'elle
est très-forte, sa mesure est la moitié du diamètre, moitié qui
est nommée *module,* du latin *modulus*, mesure. Vignole a divisé le module, la moitié du diamètre, en 12 parties, nommées minutes, pour l'ordre toscan et l'ordre dorique, et en
18 pour les autres ordres. Le module de Palladio, de Cam-
bray, de Desgodets et autres, est divisé en 30 parties ou minutes. C'est d'après le module qu'on proportionne et qu'on
détermine la hauteur des colonnes et de l'entablement, ainsi
que la hauteur et la saillie de chaque moulure. On divise la
hauteur du monument à élever et décoré de colonnes, en cinq
parties égales, dont quatre formeront l'élévation des colonnes :
la cinquième partie donnera la hauteur de l'entablement. La
hauteur trouvée de la colonne sera ensuite divisée en autant
de parties égales qu'elle compte de modules donnés à chaque
sorte d'ordre. Ainsi la colonne toscane aura 14 modules, la
dorique 16, la ionique 18, la romaine et corinthienne 20.
Ainsi on aura trouvé le module de toute colonne quelconque
qu'on peut ensuite diviser en 12, 18 ou 30 parties ou minutes.

Cette division de la colonne exclut cependant le piédestal :
car la colonne doit poser directement sur le sol. Si la colonne
doit poser sur un piédestal, il faut d'abord déterminer la hauteur de ce dernier, hauteur qui doit être défalquée de toute
l'élévation de l'édifice, et ensuite on cherchera ou détermi-
nera dans la hauteur qui reste, celle de la colonne et la dimension de son module. Mais toutes ces proportions données
d'une manière si positive par Vitruve et par Vignole, ne sont
point absolues : elles sont un peu arbitraires et, en les appli-
quant rigoureusement aux monuments existants, on trouve

toujours des différences et des variantes que le goût des artistes de l'antiquité a amené. Quant à l'ordre corinthien surtout, ces règles de Vitruve sont très-incertaines. Mais on peut
néanmoins les utiliser avec fruit et s'en servir pour former la
carcasse ou charpente d'une colonnade.

MOELLON, s. m., all. *Bruchstein*, angl. *Stone*, ital. *Pietra
molle*. Pierre qui sert à bâtir toutes sortes de murs : comme
murs de face, murs de refend, murs de clôture, etc.

—— D'APPAREIL. Celui qui, pour être employé dans une construction, est soigneusement équarri en ses joints et parements.

—— DE PLAT. Celui qui dans un mur d'aplomb est posé sur
sa plus grande face.

—— EN COUPE. Celui qui est posé sur champ pour les arcs
et les voûtes.

—— GISANT. Celui dont la forme est plate ; il nécessite par
conséquent moins de travail et de main-d'œuvre.

—— PIQUÉ. Celui dont les joints et parements sont équarris
et dressés à la grosse pointe; employé pour caves, etc.

MOISE, s. f., all. *Ein Band, schräg gelegtes Stützband in einer Zimmerholzverbindung*, angl. *A thin piece of timber that
ties or binds the several parts of a timber framing, a binding
piece*, ital. *Tavole giunte per rinforzi*. Pièces de bois qui, jointes
ensemble selon leur épaisseur avec des boulons, servent de
liens dans les combles, dans les palées ou files de pieux, ainsi
qu'aux principales pièces de grues et autres machines. Elles
sont entaillées à mi-bois, pour recevoir les pièces qu'elles embrassent et dont elles augmentent la stabilité. Elles sont ou
droites ou circulaires, selon le cas. On nomme *moises coudées*,
celles qui sont délardées de leur demi-épaisseur au lieu d'être
entaillées.

MOISER, v. a., all. *Binden, Verbinden*, angl. *To tie, to bind
with certain pieces of timber*, ital. *Fortificare, sostenere con rinforzi*. Fixer des moises à un assemblage.

MOLLASSE, s. f., all. *Weicher Stein*, angl. *Soft stone*, ital.
Pietra assai molle. Pierre tendre disposée par bancs de diffé-
rentes épaisseurs, de couleur bleue ou rousse. On en trouve en
Dauphiné qui résiste au feu.

MOLE, s. m., all. *Rundes Grabmonument bei den Römern*,
angl. *Term applied by the Romans to a kind of circular mauso-*

leum., ital. *Molo (sepolcro romano).* Sorte de monument sépul-
cral des Romains, susceptible de beaucoup d'ornements, qui
servait de tombeau surtout aux empereurs. Le tombeau d'A-
drien à Rome, aujourd'hui château ou fort Saint-Ange, était
un *môle.*

MOLE DE PORT, all. *Grosser in einen Hafen hineingehender Steindamm, zum Abhalten des Sandes und Schlammes und zum Schutz
für die Schiffe,* angl. *Molo,* ital. *Molo.* Digue ou jetée, ou constructions analogues dans un port, qui mettent les bâtiments
de mer à l'abri des vagues.

—— EN MENUISERIE. Morceau de bois dans lequel on fait des
rainures qui servent à échantillonner les languettes des
planches, etc., que l'on travaille.

MONASTÈRE, *voy.* ABBAYE.

MONNAIE (HÔTEL DE LA), s. m., all. *Münze,* angl. *Mint,* ital.
Zecca. Bâtiment et accessoires où l'on bat la monnaie. La Mon-
naie de Paris a été bâtie en 1771 par l'architecte Jacques-Denis
Antoine. L'élévation de la Monnaie de Londres est l'œuvre de
Johnson ; les portes d'entrée, etc., sont de Robert Smirke.

MONOCHROMATE, s. et adj., all. *Gemälde mit nur einer
Farbe,* angl. *One colour painting,* ital. *Monocromato.* Peinture
ou travaux de décoration, peints en camaïeu d'une seule couleur.

MONOGRAMME, s. m., all. *Namenszug,* angl. *Monogram,* ital.
Monogramma. Chiffre qui contient les lettres qui commencent
les noms de quelque personne : elles sont souvent entrelacées
pour former des écussons.

MONOLITHE, s. m., all. *Aus einem einzigen Stein bestehend,*
angl. *Monolithal, consisting of a single stone,* ital. *Opera di una
sola pietra.* Œuvre qui consiste ou est travaillée dans un seul
morceau de pierre, comme les obélisques égyptiens, par
exemple.

MONOPODE, s. m., angl. *Monopodium, pillar and claw table,*
ital. *Monopodo.* Table qui est portée par un piédestal.

MONOPTÈRE, s. m., all. *Monopteros, ein runder Tempel, wo
die Zelle durch die Säulen gebildet wird,* angl. *Monopteral,* ital.
Monopterale. Temple circulaire dont le cella est formé par des
colonnes. Il y en a à Tivoli et à Puzzuole.

MONOTONE, adj. m. et f., all. *Eintönig, einförmig, langweilig,* angl. *Monotonous,* ital. *Monotono.* Ce qui est presque

toujours sur le même ton. Exprime quelque chose d'ennuyeux, de triste, de pauvre.

MONOTONIE, s. f., all. *Eintönigkeit, Einförmigkeit*, angl. *Monotony, a dull uniformity*, ital. *Monotonia*. Égalité, uniformité ennuyeuse de ton.

MONOTRIGLYPHE, s. m., all. *Der Raum eines Dreyschlitzes zwischen zwei Säulen*, angl. *Monotriglyph*, ital. *Monotriglifi*. Intervalle entre les triglyphes d'entrecolonnement.

MONTANT, s. m., all. *Nebenpfeiler der aber keinen Bogen trägt*, angl. *Quarter, post*, ital. *Regolo d'appoggio, sostegno montante*. Corps saillants qui dépendent d'un chambranle de porte ou de fenêtre ; ils servent à supporter les corniches et frontons.

—— DE CHARPENTERIE. Arbre posé verticalement, soutenu et contrebouté par des bras de force, des liens, etc.

—— DE LAMBRIS. Sorte de pilastres étroits et allongés, ravalés et ornés de festons, qui servent à séparer les compartiments des lambris.

—— D'EMBRASURE. Revêtement en marbre ou en bois, avec compartiments arasés ou saillants, dont on orne les embrasures des portes et fenêtres.

—— DE MENUISERIE. Principales pièces de bois posées verticalement dans les assemblages des portes et fenêtres.

—— DE SERRURERIE. Barreaux renforcés qui séparent et maintiennent les cours d'une grille.

MONTÉE, s. f., all. *Stiege, Auffahrt*, angl. *Staircase, Ascent*, ital. *Scala, Salita*. Escalier ou suite de degrés par où l'on monte à des étages supérieurs.

MONTER, v. n., all. *Hinaufschaffen*, angl. *To rise, to wind up*, ital. *Montare*. Lever des matériaux dans un bâtiment en construction ; assembler des ouvrages préparés, les mettre en place.

MONTOIR, s. m., all. *Tritt aufs Pferd zu steigen*, angl. *Horseblock*, ital. *Montatojo*. Pierre taillée par degrés qui, posée dans une cour ou auprès d'un portail, facilite à monter à cheval. Dans l'antiquité, le montoir était indispensable, parce qu'on ne connaissait point encore les étriers. Il y avait des montoirs de distance en distance le long des grandes voies romaines et destinés à la cavalerie. Au moyen âge, les montoirs n'étaient plus aussi nécessaires par l'usage qu'on faisait des étriers que les Normands ont fait connaître. Les plus anciennes représentations d'étriers, sont celles de la tapisserie de Bayeux brodée par la reine Mathilde (du xi° siècle).

MONUMENT, s. m., all. *Denkmal*, *Oeffentliches Gebäude*, angl. *Monument*, ital. *Monumento*. Bâtiment élevé en l'honneur et en mémoire de quelque homme illustre ou de quelque grand événement au sein d'une nation. Dans cette catégorie on range les arcs de triomphe, les tombeaux, les obélisques, les mausolées, les pyramides, etc. On nomme aussi monuments, les édifices élevés par la souveraineté d'un peuple, pour des usages publics, comme temples, églises, monnaies, hôtels de ville, palais, etc.

MORCEAU, s. m., all. *Stück*, angl., *Piece*, ital. *Pezzo*. On dit un morceau, un beau morceau d'architecture, de peinture, de sculpture pour indiquer un ensemble, un bel ensemble d'œuvre d'art.

MAURESQUE, s. f. et adj., all. *Maurisch*, angl. *Moorish*, ital. *Moresco*. Genre d'ornements composés de tiges enroulées, de rinceaux, de feuilles, de boutons et de fleurs, imités au xiii° siècle des Arabes, qui plusieurs siècles auparavant en avaient emprunté les éléments à l'ornementation des monuments du Bas-Empire, élevés en Asie et en Afrique. On dit aussi *arabesque*.

MORGUE, s. f., all. *Ort wo Todtgefundene zur Schau hingelegt werden*, angl. *Bone-house*, ital. *Camera per i cadaveri*. Bâtiment disposé et destiné à recevoir les noyés et autres individus ayant péri par accident ou assassinés, dont on ne connaît pas l'identité et dont la justice s'empare.

MORTAISE, s. f., all. *Zapfenloch*, angl. *Mortice*, ital. *Mortisa*, *Intaglio*. Trou ou vide fait dans une pièce de bois, de la forme et de la dimension du tenon qu'il doit recevoir. Pour qu'une mortaise soit bien faite, il faut qu'elle soit juste tant en gorge qu'en about.

MORTIER, s. m., all. *Mörtel*, angl. *Mortar*, ital. *Malta*. Composition et mélange de chaux, de sable et d'eau, employée dans la construction de pierre, pour lier les matériaux entre eux. Dans beaucoup de pays, c'est un nom général employé pour désigner toute espèce de liaison liquide dont il est fait usage dans la construction de la pierre de taille, ou du garni de l'intérieur des murs.

Les anciens faisaient le mortier par les mêmes procédés que

les modernes. Ils mariaient la chaux et le sable dans la proportion de un à trois ou de un à deux. Les Romains employaient la pouzzolane, recueillie à Baja et sur les coteaux de Pouzzole, aux environs du Vésuve. Dans les beaux temps de l'architecture grecque, on ne se servait point de mortier dans les constructions. Les murs étaient construits en gros blocs de pierre ou de marbre, liés ensemble au moyen de crampons en fer scellés au plomb. Tels sont les murs du Pirée et ceux du Parthénon. Les tambours des colonnes étaient posés sans mortier : leurs lits étaient parfaitement dressés : au centre on avait pratiqué un trou carré dans lequel on plaçait un goujon en bois (bois de cyprès au temple du cap Sunion), et quelquefois au lieu de bois, on employait des os de mouton. Au reste, les lits et joints des anciens monuments grecs étaient si bien dressés et taillés, polis même au sable, qu'on n'apercevait nullement l'appareil pour ainsi dire. On a soulevé une foule d'hypothèses sur la solidité du mortier des constructions romaines et autres; le mystère, tout le mystère de cette surprenante solidité, n'est autre que le temps, pendant lequel le mortier et la pierre eurent l'occasion d'adhérer l'un à l'autre. Les anciens ne se servaient point de lait, de farine de seigle ou d'autres substances, en dehors de la chaux, du sable et de l'eau pour leur mortier; seulement ils le faisaient avec tout le soin que demandaient leurs constructions colossales. C'est encore pendant le sinistre moyen âge, que la qualité du mortier est devenue très-mauvaise. Il y a des églises entières dans lesquelles le mortier, au lieu d'être devenu une masse compacte, adhérente aux pierres, n'est réellement qu'une poussière, qui n'offre aucune liaison ni aucune solidité.

MOSAIQUE, s. f., all. *Mosaische Arbeit, Mosaïk*, angl. *Mosaic work*, ital. *Mosaico*. Manière de représenter des objets en assemblant de petits cubes d'une matière quelconque, comme verre, pierre, marbre, bois, coquilles, etc. Cette espèce de travail était très en usage dans l'antiquité, en Grèce, à Rome, en Asie-Mineure. On suppose que la mosaïque a été inventée par les Phéniciens qui la firent connaître aux Grecs : ceux-ci la portèrent dans la grande Grèce, d'où elle s'étendit dans le reste de l'Italie. Le terme de mosaïque n'est pas la même chose que marqueterie : il ne s'applique qu'aux ouvrages exécutés en matières dures, comme verre, mastic, métaux et pierre. La mosaïque des ateliers de Florence est la plus belle et la plus précieuse des temps modernes. La mosaïque est pratiquée sur un fond de stuc, et quand elle est travaillée avec goût et avec art, elle imite la peinture.

MOSQUÉE, s. f., all. *Moschee*, angl. *Mosque*, ital. *Moschea*, église mahométane, monument du culte de la religion de Mahomet. Les plus anciennes mosquées étaient ornées d'un grand nombre de colonnes qui avaient appartenu à des monuments antiques. Les mosquées turques se distinguent surtout par le diamètre considérable et l'élévation de leurs coupoles. La mosquée a un ou plusieurs minarets plus ou moins élevés, et une fontaine donnant l'eau pour faire les ablutions ordonnées par le Coran et pratiquées dans de nombreux bassins ou piscines.

MOUCHETTE, s. f., all. *Kranzleiste, Regenrinne*, angl. *Drip*, ital. *Grondatojo*. L'arête saillante du dessous du larmier où l'on a pratiqué un canal pour faciliter la chute des eaux pluviales.

MOUFLE, s. m., all. *Kloben eines Flaschenzugs*, angl. *A tackle of pulleys*, ital. *Muffola*. Réunion de plusieurs poulies, au moyen de laquelle on multiplie la force mouvante.

MOULE, s. m., all. *Gieszform*, angl. *Mould*, ital. *Forma*. Modèle en creux de ce que l'on veut imiter en sculpture, soit en plâtre, soit en métal. Modèle découpé dans de la tôle ou du bois, pour représenter les moulures qui doivent être représentées.

MOULER, v. a., all. *Giessen, formen, abdrucken*, angl. *To cast, to mould, to print*, ital. *Modellare, stamparo*. Jeter des matières délayées dans des moules préparés à cet effet, pour faire des modillons, des consoles, des rosaces, des mascarons et ornements quelconques.

MOULIN, s. m., all. *Mühle*, angl. *Mill*, ital. *Mulino*. Combinaison mécanique ou ensemble de pivots et de roues, mu par le vent, l'eau, la vapeur ou la force mobilisée. Ce nom est donné à un grand nombre d'artifices, comme ceux à *farine*, à *huile*, à *poudre*, à *papier*, etc. Parmi les moulins, les uns ont leurs roues principales placées *verticalement*, d'autres les ont *horizontalement* ou à *auges*.

MOULURE, s. f., all. *Glieder des Simswerks*, angl. *Mouldings*,

ital. *Modanatura.* Saillies plus ou moins proéminentes, de différentes formes, placées dans les profils des architraves, des
archivoltes, des corniches, des entablements, des tailloirs, des
chapiteaux, des bases et autres détails d'architecture. Il y a six
moulures simples : 1° le *filet* ou *listel* ou *quadra,* all. *der
Riemen, das Plättchen,* angl. *The Fillet,* ital. *Listello, Filetto,
Gradetto,* formé de deux lignes horizontales peu éloignées
l'une de l'autre et d'une ligne verticale ; 2° la *bande,* all. *das
Band, der Streifen,* angl. *Band,* ital. *Benda,* qui n'est qu'un filet
large ; 3° l'*astragale,* all. *der Reif, der Stab,* angl. *Astragal,* ital.
Astragalo, formé de deux lignes horizontales et la moitié du
cercle ; c'est un demi-cylindre : l'astragale est, avec le filet,
la plus petite moulure ; 4° l'*échine,* ou quart de rond, all.
der Wulst, der Viertelstab, angl. *Ovolo, quarter round,* ital. *Uovolo, Schiena,* formé de deux lignes horizontales et un quart
de cercle : cette moulure est convexe ; 5° le *cavet,* le quart de
rond ou échine renversé, ou cymaise dorique, all. *die Hohlleiste, die Hohlkehle,* angl. *Cavetto,* ital. *Guscio.* Cette moulure
est concave et forme une gorge ; 6° le *tore* ou *boudin,* all. *der
Pfuhl,* angl. *Torus,* ital. *Toro, Bastone,* formé comme l'astragale de deux lignes horizontales et de la moitié du cercle :
c'est également un demi-cylindre, comme l'astragale. Il y a
trois moulures composées : 1° la *cymaise* ou *talon,* all. *Die
Kehlleiste, der Kehlstoss,* angl. *Ogee, Cyma reversa,* ital. *Onda,
Gola rovescia,* composée du quart de rond et du cavet. Cette
moulure est convexe en haut et concave en bas ; 2° la *doucine,*
all. *Die Rinnleiste, der Karnies,* angl. *Cyma recta,* ital. *Gola
diritta,* composée comme la cymaise du quart de rond et du
cavet. Cette moulure est concave en haut et convexe en bas ;
3° la *scotie,* all. *Die Einziehung,* angl. *Scotia, Trochilus,* ital.
Cavetto, Guscio, moulure cave composée du cercle, mais de
deux rayons différents. De ces neuf moulures principales sont
formées toutes les autres.

  MOULURE INCLINÉE. Celle dont le champ n'est pas d'aplomb.

  —— LISSE. Celle qui n'a que la grâce de ses contours.

  —— ORNÉE. Celle qui est enrichie de sculpture ou de peinture.

Durant le moyen âge le nombre des moulures a été étendu
à l'infini et de la manière la plus fantastique. On distingue
parmi elles : le *chanfrein ordinaire,* all. *eingezogene Abgradung,*

Schrägung, angl. *Chamfer, Bevel, Slope, under Slope;* le *chanfrein renversé,* all. *Ausgebogene Abgradung, Schrägung,* angl. *upper Slope;* le chanfrein double, all. *Doppelte Abgradung,* angl. *Double sloped or chamfered;* l'onglet, all. *Doppelte innere Schrägung, Abgradung,* angl. *Double sloped groove or channel,* rainure rectangulaire : il y a une multitude de formes d'onglets dans l'architecture du moyen âge. Parmi les moulures curvilignes, nous citerons : le *tore elliptique,* all. *Elliptischer Pfuhl,* angl. *Elliptical Torus;* le *tore ogive,* all. *Spitzbogiger Pfuhl,* angl. *Pointed-arch Torus;* le *tore lancéolé,* all. *Lanzenformiger Pfuhl,* angl. *Lancetlike Torus.*

A l'architecture romane appartiennent : la *frette,* all. *Gebrochenes Stäbchen,* angl. *Embattled fret;* le *damier,* all. *Würfelformig,* angl. *Square Billet,* composé de petits carrés alternativement creux et saillants; les *étoiles,* all. *Sterne,* angl. *Stars,* à quatre branches, modifiée, et nommée violette; les *losanges,* all. *Rautenförmig,* angl. *Lozenge;* les têtes de clou et de diamant, all. *Würfel Brillanten-Schnur,* angl. *Nail Head;* les *têtes plates* ou *saillantes,* angl. *Beak-Head,* masques qui décorent les archivoltes et les cordons romans, et qu'on distingue par leur plus ou moins de saillie; les *chevrons* ou zigzags, all. *Zickzack,* angl. *zig-zag* ou *chevron,* formé d'un tore décrivant une suite d'angles; les*nébules,* all. *wölkig, gewölkt,* angl. *nebule,* formant des ondulations; les *câbles,* all. *gewundenes Stäbchen,* angl. *cable,* grosse corde; les dents de *scie,* all. *Zackenschnitt,* angl. *indented,* imite les dents d'une scie; les *perles,* all. *Perlenschnur,* angl. *Pearls;* les *fuseaux,* all. *die Spindeln,* angl. *Double cone;* les *besants,* all. *der Pfennig ohne Gepräg,* angl. *Pellets;* les *billettes,* all. *Rollenmuster,* angl. *segmental Billet.*

MOUTON, s. m., all. *Rammblock, die Ramme,* angl. *Monkey, Ram, Tup,* ital. *Montone.* Gros billot en fer ou en bois, armé de fer, avec lequel on enfonce des pilotis ou pieux dans le sol ou dans l'eau. La *hie* est plus pesante que le mouton, s'élève avec un engin, et tombe en décrochant un ressort nommé *déclic.*

MOYE, s. f., all. *Weiche Ader in einem Steinbruche,* angl. *Soft surface of a hard Stone,* ital. *Vena tenera.* Couche de pierre tendre qui se rencontre dans les délits et joints des bancs de carrières.

MOYER, v. a., all. *Grosse Steine nach der Ader spalten,* angl.

To split a stone. Refendre une pierre suivant la direction des moyes.

MUETTE, s. f., all. *Jagdhaus*, angl. *Hunting lodge*, ital. *Capanna ad uso della caccia*. Bâtiments, cour, écurie, chenil et accessoires où logent les officiers et les domestiques d'une meute.

MUFLES, s. f. pl., all. *Thierkopf, Löwenmaul, Hundskopf*, etc., angl. *Muzzle*, ital. *Mascherone*. Ornements sculptés ou peints représentant une tête de lion, de chien, d'ours, de panthère ou d'autres animaux ; servant à décorer des clefs d'arcades, des caissons, des corniches. Au Parthénon d'Athènes, ces ornements (têtes de lion) servent à cracher l'eau du toit.

MUR, s. m., all. *Die Mauer*, angl. *The Wall*, ital. *Muro*. Muraille, ouvrage de maçonnerie d'une certaine longueur, élévation et épaisseur, destiné à clore un bâtiment et ses dépendances, une enceinte.

—— BLANCHI. Empreint d'une couleur blanche, quand il est enduit et regratté, lorsqu'il est en pierre.

—— BOUCLÉ, all. *Bäuchig, gerissen*, angl. *Cracked*, ital. *Muro guasto*. Celui qui est ventru et crevassé.

—— CIRCULAIRE, all. *Kreisförmig*, angl. *Circular*, ital. *Circolare*. Celui qui en plan décrit un cercle ou un rond.

—— COUPÉ. Celui où l'on pratique une coupure pour loger les bouts des soliveaux d'un plancher.

—— CRÉPI, all. *Mit Kalk beworfen, übertüncht*, angl. *Parge-work, Plaster-work*, ital. *Intonacato*. Celui qui est revêtu d'un enduit brut de mortier ou de plâtre.

—— D'APPUI, all. *Brustmauer, Stützmauer*, angl. *Parapet under a window, Breastwall*, ital. *Murello, Muro d'appoggio*. Celui qui pour parapet ou garde-homme a environ un mètre au moins d'élévation ; le dessous d'une baie de fenêtre.

—— DÉCHAUSSÉ, all. *Eine am Fundamente schadhafte Mauer*, angl. *Degraded at its base*, ital. *Scalzato*. Celui dont le fondement est ruiné, dépéri.

—— D'ÉCHIFFRE, all. *Der schräge Absatz einer Mauer, auf welchen man die Treppenstufen oder Treppenwangen legt*, angl. *Partition wall of a Stair*, ital. *Anima, Muro da scala*. Parpaing de pierre ou maçonnerie en pierre ou brique qui sert à supporter les marches d'un escalier.

—— DE CLOTURE. all. *Einschliessungs Mauer*, angl. *An in-*

closure wall, ital. *Di cintura*. Celui qui sert à clore une enceinte, un parc, une cour, un jardin ou autres lieux.

MUR DE DÉCHARGE, all. *Eingemauerter Bogen über dem Ausschnitt einer Thür oder eines Fensters*, angl. *Discharging-arch*, ital. *Di sostegno*. Arc jeté pour soulager certaines parties de mur ou au-dessus d'une baie ou ouverture quelconques.

—— DE DOUVE. Contre-murs entre lesquels on place de la terre glaise pour empêcher les filtrations des eaux d'une citerne, d'un réservoir, d'une fosse d'aisances, etc., etc.

—— DE FACE EXTÉRIEURE, all. *Aeussere Seite einer Haupt oder Aussenmauer*, angl. *The external facing side of a Wall*, ital. *Di fronte esteriore*. Celui dont la face donne sur une rue, sur une place, du côté d'un jardin ou autres lieux.

—— DE FACE INTÉRIEURE, all. *Innere Seite einer Haupt-oder Aussenmauer*, angl. *The internal facing side of a wall*, ital. *Di fronte interiore*. Celui dont la face donne dans l'intérieur d'un bâtiment.

—— DE PARPAING, all. *Eine Mauer allein aus Bindesteinen bestehend*, angl. *Of whole stones in breadth*, ital. *Muro di pietre della spessezza del muro*. Celui dont les matériaux qui le composent forment toute l'épaisseur du mur, ou gros de mur.

—— DE PIGNON, all. *Giebelmauer*, angl. *Gable-wall*, ital. *Accuminato*. Celui qui se termine suivant la pente d'un comble à deux ou plusieurs rampants.

—— DE REFEND, all. *Scheidemauer*, angl. *Partition-wall*, ital. *Di tramezzo*. Celui qui sépare les pièces dans l'intérieur d'un bâtiment, d'un appartement et les chapelles dans une église.

—— DE TERRASSE, all. *Futtermauer*, angl. *Breastwall, retaining-wall*, ital. *Di terazza*. Celui qui, par sa disposition et construction forte et solide, sert à soutenir des terres.

—— EN AILE. Celui qui, près d'un portail, raccorde un corps bas avec un corps plus élevé, ou qui sert d'épaulement en amont ou en aval d'un pont.

—— ENDUIT OU ÉPARVÉRÉ, all. *Polirter Ueberzug mit Kalk oder Gyps*, angl. *Polished thickness of mortar or plaster-work*, ital. *Intonacato*. Celui qui est revêtu de plâtre ou de mortier, uni et dressé avec un frottoir.

—— EN PIERRES SÈCHES, all. *Mauer in Moos gelegt*, angl. *Laid dry, without mortar or plaster*, ital. *Muri in pietra senza cimento*. Posées sans mortier ni plâtre; on le pratique au fond d'un puits ou le long d'un sol marécageux, afin de faciliter l'écoulement des eaux.

MUR EN SURPLOMB OU DÉVERSÉ, all. *Eine aus dem Loth gesetzte oder gewichene Mauer*, angl. *Out of the upright*, ital. *Strappiombo*. Hors d'aplomb, celui qui penche au dehors.

—— EN TALUS, all. *Eine Mauer welche abgeböscht ist*, angl. *Wall built with a sloping or battering face*, ital. *Pendio, Scarpa*. Celui qui de haut en bas a une inclinaison sensible en arrière.

—— HOURDÉ, all. *Mit Mörtel oder Kalk grob gebaut*, angl. *Rough-work masonry*, ital. *Murare all' in grosso*. Celui qui est construit en moellons bruts.

—— MITOYEN, all. *Gemeinschaftliche Mauer, Brandmauer*, angl. *Middle wall*, ital. *Mediano*. Celui qui sépare deux propriétés et qui leur est commun.

—— ORBE, all. *Eine blinde Mauer, in welcher keine Fenster sind*, angl. *Blind wall, a wall without openings*, ital. *Cieco*. Sans baies.

—— PENDANT OU CORROMPU, all. *Aufgelöst, in Verfall*, angl. *A wall in decay*, ital. *Vecchio, cadente*. Celui qui, décomposé, menace ruine.

—— PLANTÉ, all. *Eine auf Pfählen oder einem Roste stehende Mauer*, angl. *A wall brought up upon piles or upon planking*, ital. *Palificato*. Celui qui est établi sur pilotis, ou grillage en charpente.

—— RECOUPÉ, all. *Eine Mauer in Absätzen*, angl. *A wall brought up with recesses*, ital. *Rientrato*. Celui où l'on a pratiqué différentes retraites.

—— SANS MOYEN. Celui qui, par un privilége spécial, n'est jamais commun avec le voisin.

MURER, v. a., all. *Vermauern, Zumauern*, angl. *To wall up, to immure*, ital. *Murare*. Condamner une baie quelconque en y pratiquant un mur; faire un mur de clôture.

MUSEAU, s. m., all. *Armlehne am Kirchengestühl, mit Thierornamenten*, angl. *Ornamental decoration on the props of stalls, seats*, etc., ital. *Muso, ceffo*. Accoudoir des stalles du chœur d'une église, où l'on sculptait au moyen âge des sujets bizarres, surtout des têtes d'animaux.

MUSÉE, s. m., all. *Museum*, angl. *Museum*, ital. *Museo*. Établissement ou salle contenant des collections d'histoire naturelle, des objets d'art, d'architecture, de sculpture, de peinture, de gravure et autres ouvrages précieux. Comme architecture extérieure, le musée de Dresde est un des plus remarquables; il a été construit en 1846 par l'architecte G. Semper, et a dans sa façade principale 127 mètres de longueur.

MUSEUM, s. m. Vaste salle où l'on expose des ouvrages de peinture et de sculpture.

MUTILER, v. a., all. *Verstümmeln, abnehmen*, angl. *To mutilate, to knock or to take off*, ital. *Troncare, tagliare.* Retrancher, abattre la saillie ou un membre quelconque d'une corniche, d'une imposte, etc. On dit qu'une statue est *mutilée*, lorsqu'elle a des parties de ses membres cassées, endommagées.

MUTULES, s. f. pl., all. *Dielenköpfe*, angl. *Mutulus*, ital. *Falsi Modiglioni.* Sorte de modillons carrés de l'ordre dit dorique, de l'architecture romaine, selon Vitruve, et qui répondent aux triglyphes de l'entablement de cet ordre.

N

NACELLE, s. f., all. *Einziehung*, angl. *Cavetto*, ital. *Scanalatura.* Moulure ou membre creux en demi-ovale, dans un profil. On le nomme aussi *gorge* ou *rond-creux*.

NAISSANCE de voûte, s. f., all. *Die erste Steinschicht auf der Widerlage eines Gewölbes*, angl. *The springing course of an arch or of a vault, the lowest part of an arch or vault*, ital. *Principio d'una volta.* Commencement ou partie inférieure d'un berceau de voûte : première assise horizontale de pierres d'une voûte, à son pied.

——— de colonne, all. *Ablauf, in Bezug auf die Verbindung zweier Säulenglieder*, angl. *Conge, apophyge*, ital. *Apofigi.* Celle qui commence immédiatement après le congé de la ceinture d'un fût de colonne.

NAOS, s. m. La nef d'une église, mot grec.

NAPPE D'EAU, s. f., all. *Wasserfall der sich wie ein weisses Tuch ausbreitet*, angl. *A sheet of water*, ital. *Strato d'acqua.* Cascade formée par des bassins et réservoirs, dont l'abondance et la force d'eau verse sur ses rebords et représente comme des nappes en étoffe blanche.

NARTHEX, s. m., mot grec. Espèce de porche intérieur qui précédait les anciennes basiliques chrétiennes, destiné à contenir les catéchumènes, les pénitents et les païens.

NATTES, s. f. pl., all. *Flechtwerk - Ornament*, angl. *Mat or twist ornament*. Ornement en forme de nattes, employé aux édifices romans du XIIe siècle.

NAUMACHIE, s. f., all. *Platz wo Lustgefechte zu Schiffe gehalten wurden*, angl. *A place for the show of mock sea-engagements (in ancient architecture)*, ital. *Naumachia*. Sorte de cirque entouré de gradins en amphithéâtre destinés aux spectateurs. L'espace libre au centre ou l'arène était creusé assez profondément pour que des vaisseaux d'une assez forte dimension pussent y manœuvrer commodément. Ces vaisseaux étaient montés par des criminels, des esclaves ou des prisonniers ennemis dont bon nombre perdaient la vie dans ces combats maritimes simulés. Le grand cirque de Rome pouvait être mis sous l'eau pour cette destination en peu de minutes. Ce spectacle plaisait beaucoup aux Romains. L'empereur Claude, en l'année 52, transforma le lac Fucin en naumachie, en faisant ériger tout autour des siéges pour les spectateurs. On a reconnu des restes de naumachie à Metz et à Saintes.

NAVÉE, s. f., all. *Die Ladung eines Flussschiffes, Schiffsladung*, angl. *A barge-full*, ital. *Barcata, Carico d'una nave*. Chargement d'un bâteau, principalement de pierres.

NAVRER, v. a. Dresser un échalas, un linteau, etc., en enlevant tous les nœuds et défauts.

NÉBULES, s. f., all. *Ornament der romanischen Bauart, dessen Ecke eine wellenförmige Linie beschreibt*, angl. *Nebule, an ornament in norman Architecture, whose edge forms an undulating or wavy line*. Moulure de l'architecture romane formant des ondulations. Le dessin de cette ligne est formée de demi-cercles, une rangée en haut et l'autre en bas, renversée, qui se joignent sur la ligne tirée à travers les points de centre.

NEF, s. f., all. *Das Schiff einer Kirche, der mittelste Theil einer Kirche, welcher gewöhnlich länger als breit ist*, angl. *Nave*, ital. *Navàta di chiesa*. Partie des églises du moyen âge qui de l'ouest à l'est s'étend depuis le portail jusqu'au transept ou intersection avec le bras transversal de la croix. On la nomme aussi *vaisseau*.

NERVURES, s. f. pl., all. *Die Rippen, oder hervorstehenden*

Grade, oder erhabenen Adern in einem Kirchengewölbe des Mittel-alters, angl. *Nerves, the ribs and mouldings on the surface of a vault*, ital. *Cordoni degli Archi delle vôlte.* Moulures qui ornent les arêtes ou les angles rentrants d'une voûte, si elle est en arc de cloître. Leur emploi remonte au XIe siècle : primitive-ment la mesure ne consistait qu'en un tore; ce tore fut doublé au XIIe siècle et souvent un filet sépare les deux tores ou bou-dins. Au XIIIe siècle les nervures se compliquent beaucoup. — *Nervure de console*, moulures circulaires sur leurs contours.

NICHE, s. f., all. *Nische, Blinde, Bilderblinde*, angl. *Niche, recess in a wall for a statue, vase, or other erect ornament*, ital. *Nicchia.* Enfoncement pratiqué dans l'épaisseur d'un mur, cir-culaire ou carré dans l'architecture antique, circulaire au sommet dans le style roman et à ogive dans l'architecture française à partir du XIIIe siècle. La statue placée dans une niche doit être proportionnée de telle sorte que les yeux soient sur la ligne horizontale tirée à travers le point de centre qui a servi à déterminer la moitié de la calotte sphérique ou sommet de la niche. La meilleure proportion d'une niche sera comme deux (sa largeur) à cinq (sa hauteur).

—— A CRU. Celle qui, sans appui, est établie au niveau de l'aire.

—— ANGULAIRE. Celle qui, pratiquée à une encoignure, ra-chète un berceau pour sa couverture.

—— CARRÉE. Celle dont les angles de l'enfoncement sont d'équerre.

—— EN TOUR RONDE. Celle qui est prise en saillie dans la partie circulaire d'un mur.

—— FEINTE. Enfoncement où l'on peint des bas-reliefs et autres ornements.

NILLES, s. f. pl. Petits pitons en fer rivés aux traverses des armatures en fer des vitraux, destinés à retenir les panneaux au moyen de clavettes. Ital. *Cadiglia.*

NIMBE, s. m., all. *Nimbus, Heiligenschein, der Glanz, Schimmer oder Strahlenkranz*, angl. *Glory*, ital. *Aureola, Co-rona di raggi.* Ornement en forme de cercle ou couronne de rayons lumineux qui entoure la tête des représentations de Dieu ou de personnages de la mythologie chrétienne. Le nimbe est toujours croisé lorsqu'il est celui d'une des personnes de la Trinité, à très-peu d'exceptions près. En sculpture, le nimbe est en relief ou gravé ou doré.

NIVEAU. s. m., all. *Die Bleiwage, Wasserwage, Richtwage, Setzwage, wagerechte Fläche,* angl. *Level, a line or surface which inclines to neither side,* ital. *Livello.* Instrument destiné à faire des nivellements, à régler des pentes de routes et canaux. Il y a des niveaux d'air et des niveaux d'eau. Les premiers sont composés d'un tube de verre fermé hermétiquement à leurs extrémités, remplis d'huile de tartre qui n'est point sujette à la gelée comme l'eau, ni à la dilatation, raréfaction ou condensation, comme l'esprit-de-vin ; la bulle formée par le manque de liqueur sert à déterminer la ligne de niveau en se plaçant à l'endroit qui lui est indiqué au milieu du tube. Les niveaux d'eau sont formés d'un tuyau de bois, de fer-blanc ou de cuivre, garnis à leurs extrémités de deux tubes de verre qu'on remplit d'eau. Le tout est supporté par un pied et genouillère.

NIVELER, v. a., all. *Nach der Wasser oder Richtwage abmessen, abwägen ; gleich machen,* angl. *To level, to take the level,* ital. *Livellare.* Chercher au moyen du niveau une ligne, une surface parallèle à l'horizon, en une ou plusieurs stations. On dit niveler un terrain, une place et autres lieux où l'on règle des pentes pour canaux, voûtes, etc.

NIVELLEMENT, s. m., all. *Die Abmessung nach der Wasserwage, etc. Gleimachung,* angl. *Levelling,* ital. *Livellazione.* Opération faite avec le secours d'un niveau pour se rendre compte de la hauteur d'un objet par rapport à un autre, par le moyen de lignes supposées ou tracées parallèles à l'horizon, à la faveur de stations intermédiaires et suivant les sinuosités du sol ou du terrain.

NOEUDS. s. m. pl., all. *Knoten, Knorren im Holze,* angl. *Knots in Timber,* ital. *Nochi, nodi.* Défauts dans une pièce de charpente ou de menuiserie qui lui ôtent toute sa force ; les nœuds proviennent de la naissance des branches, restée dans la pièce de charpente.

NOLETS, s. m. pl. Tuiles qui servent à couvrir les lucarnes ou les chéneaux pour laisser égoutter les eaux pluviales.

NOQUETS, s. m. pl. Morceaux de plomb carrés, pliés et fixés à l'ouverture d'une lucarne.

NORMALE (école), adj. f. Établissement destiné à enseigner l'art d'enseigner.

NORMANDE, adj., all. *Name des Styls der Architectur der Normandie*, angl. *Norman style, name of the style of architecture of Normandy*, ital. *Stile normano*. Nom donné à l'architecture romane au commencement de l'étude des styles du moyen âge, et nommé *roman* aujourd'hui. Les Anglais nomment *anglo-norman* l'architecture introduite chez eux lors de la conquête d'Angleterre par Guillaume en 1066, et qui a duré 85 ans, jusqu'en 1135 et souvent plus tard jusqu'à l'introduction générale du style ogival. Nous citerons comme exemples les nefs des cathédrales de Rochester et d'Ely, celles de Saint-Barthélemi de Londres, de Barfreston, de Castor dans le Northamptonshire, de Sainte-Croix dans le Hampshire, le château de Rochester, la tour de Clifford à York, l'abbaye de Saint-Alban.

NOUE, s. f., all. *Kehlrinne, Einkehle eines Daches*, angl. *Sloped gutter in roofs*, ital. *Embrice, Doccia*. L'angle rentrant formé par la rencontre de deux combles (à l'extérieur). Se dit aussi d'une pièce de bois qui porte des empanons.

—— DE PLOMB. Cornier en chéneau placé sur la noue qui reçoit les eaux des deux pentes.

NOUETTE, s. f., all. *Dachziegel mit einer erhobenen Kante*, angl. *Tile with a ridge on one side*.

NOULETS, s. m. pl., all. *Kleine Sparren welche die Dachkehle bilden*, angl. *Small rafters forming the gutter of a roof*, ital. *Condotto di doccioni diversi*. Petits chevrons qui forment les noues de la rencontre d'une couverture de lucarne avec celle d'un comble, nommés aussi *fourchette*.

NOYAU, s. m. all. *Kern, ein Klumpen Gyps, welcher bei der Stükkaturarbeit zuerst angeworfen wird, um eine Figur daraus zu bilden*, angl. *Core, mould, nucleus*, ital. *Nocciolo*. Se dit d'une ébauche grossière qui doit ensuite recevoir un enduit de stuc, de plâtre, etc.

—— CREUX. Celui où est pratiqué un vide en son milieu.

—— D'ESCALIER. Poteau au centre d'un escalier à vis où correspondent les marches tournantes. All. *Spindel einer Wendeltreppe*, angl. *The upright cylinder or pillar, round which, in a winding staircase, the steps turn, and are supported from the bottom to the top*, ital. *Di scala*. Bouton ou poteau au centre d'un escalier tournant où correspondent les marches de cet escalier.

NU DE MUR, s. m., all. *Die glatte Fläche einer Mauer aus welcher Simswerk oder ein Basrelief hervortritt*, angl. *The plain part or surface of a wall*, ital. *La parte nuda di un muro*. Surface d'un mur qui sert de fond ou de champ aux saillies, à des sculptures, etc.

NUANCE, s, f., all. *Schattirung, Abstufung der Farben*, angl. *Shadowing, gradation of colours*, ital. *Gradazione dei colori*. Augmentation ou diminution insensible d'une même couleur, en passant par degré d'un clair à l'obscur.

NUMISMATIQUE, s. f. et adj., all. *Münzwissenschaft, Münzkunde*, angl. *Numismatical*, ital. *Numismatico*. Science des monnaies; ce qui a rapport aux médailles antiques.

NYMPHÉE, s. f., all. *Ein Springbrunnen bei den alten Römern, welcher sein Wasser aus vielen Röhren ergosz, ringsherum mit Säulen verziert und mit Ruhesitzen versehen war*, angl. *Nymphæum, a name used by the ancients to denote a picturesque grotto in a rocky or woody place, etc.*, ital. *Ninfea*. Établissement public de bains particulièrement chez les Romains, décoré de grottes, jets d'eau, bassins, statues et autres ornements analogues.

O

OBÉDIENCE, s. f. Petits prieurés placés sur les terres d'une abbaye, et servant de résidences temporaires à des moines qui, quelquefois, y étaient envoyés par punition, appelés aussi *celles*.

OBÉLISQUE, s. m., all. *Obelisk, ein hoher vierkantiger, grösstentheils aus dem Ganzen gearbeiteter Stein, der sich nach oben zu verjüngt*, angl. *Obelisk, a lofty pillar of a rectangular form, diminishing towards the top*, ital. *Obelisco*. Ouvrage d'architecture, fait d'une seule pierre à quatre faces, ordinairement d'une élévation remarquable et dont l'épaisseur diminue de la base au sommet. Ces monuments appartiennent à l'art égyptien et sont d'une haute antiquité. Tous les obélisques égyptiens sont érigés, par couples, sur la rive droite ou orientale du Nil ; on n'en trouve pas un seul de l'autre côté du

fleuve. Les obélisques étaient consacrés au soleil, Osiris, le
représentant du principe actif, mâle ou générateur.

Les obélisques égyptiens sont presque tous de granit rose,
substance consacrée aux monuments sacrés ; les deux qui ornaient le temple de Louqsor, à Thèbes, ont 22 mètres de hauteur (l'un est celui de la place de la Concorde à Paris) et ils ont
été érigés par Rhamsès le Grand, durant le xv⁰ siècle avant
l'ère vulgaire. Chaque face de ces monuments est ornée d'inscriptions hiéroglyphiques en creux, et le sommet se termine en
pyramide ; il était doré. Les arêtes des obélisques sont vives
et bien dressées, mais leurs faces ne sont point parfaitement
planes, et leur légère convexité est une preuve de l'attention
que les artistes égyptiens apportaient à la construction de ces
monuments. Si les faces avaient été tout à fait planes, elles
auraient paru concaves à l'œil : la convexité compense cette
illusion d'optique.

Thoutmès III, du xvi⁰ siècle avant l'ère vulgaire, éleva, soit
à Memphis, soit à Héliopolis, deux obélisques en granit rose
qu'on voit aujourd'hui à Alexandrie, connus sous le nom
d'aiguilles de Cléopâtre. Un autre obélisque de ce prince a été
transporté à Rome ; c'est celui élevé devant Saint-Jean de
Latran ; il a 33 mètres d'élévation. Constantin le fit transporter à Alexandrie, et de là Constance l'envoya à Rome où il fut
placé dans le grand Cirque, en 357 de l'ère vulgaire. En l'année 1588, le pape Sixte V le fit élever par Fontana à la place
où il est aujourd'hui.

Les deux grands obélisques de l'entrée du palais de Karnac,
à Thèbes, avaient au delà de 35 mètres d'élévation, le socle
compris.

OBJET, s. m., all. *Der Gegenstand*, angl. *Object*, ital. *Oggetto*.
La chose qui attire et fixe nos regards et notre attention. Dans
une composition, soit d'architecture, soit de sculpture ou de
peinture, il vaut mieux laisser quelque chose à désirer plutôt
que de fatiguer les yeux et l'esprit du spectateur par une trop
grande multiplicité d'objets ou de détails. On reconnaît le goût
sûr et élevé d'un artiste : au choix des incidents qu'il fait entrer
dans un sujet, à l'attention qu'il porte de n'employer rien
que de piquant et d'intéressant, rejetant tout ce qui est fade
et puéril, enfin à composer un tout auquel chaque objet, en
particulier, soit comme nécessairement lié et dépendant. Les

artistes de l'antiquité ont surtout excellé dans ces qualités, ainsi que ceux de l'époque dite de la Renaissance au xvi° siècle.

OBLIQUE, adj., all. *Schräge, schief*, angl. *Oblique*, ital. *Obbliquo*. Qui n'est point perpendiculaire, mais penché.

OBLONG, UE, adj., all. *Länglich*, angl. *Oblong*, ital. *Bislungo*. Qui est plus long que large.

OBRON, s. m. Morceau de fer percé au milieu, fixé à l'obronière d'un coffre.

OBRONIÈRE, s. f., Bande de fer à charnière, fixée en dedans du couvert d'un coffre.

OBSCUR, URE, adj., all. *Helldunkel, eine Zeichnung, welche die Gegenstände blos in Weiss und Schwarz oder in Licht und Schatten darstellt*, angl. *A drawing made in two colours, black and white, also the art of advantageously distributing the ligths and shadows which ought to appear in a picture*, ital. *Oscuro*. Se dit des dessins où l'on n'a employé que deux couleurs, le blanc et le noir, en imitant l'effet produit par la lumière sur des objets, en répandant des jours sur les surfaces qu'elle frappe, et en laissant dans l'ombre celles qui lui sont opposées. Nommé aussi *clair-obscur*.

OBSERVATOIRE, s. m., all. *Die Sternwarte*, angl. *Observatory*, ital. *Specola, Osservatorio*. Édifice public, surmonté de terrasses, avec des tours très-élevées, le plus souvent établi sur une éminence et destiné à faire des observations astronomiques et des expériences physiques.

La grande pyramide de Memphis en Égypte était un monument qui servait à cet usage. La fameuse tour de Babel en était un autre.

L'observatoire de Paris a été bâti par Claude Perrault vers 1668.

OBTUS, USE, adj., all. *Stumpf*, angl. *Obtuse*, ital. *Ottuso*. On nomme ainsi un angle ou autres figures, dont l'ouverture a plus de quatre-vingt-dix degrés, plus grande qu'un angle droit.

OCHE, s. f., all. *Kerbe*, angl. *A notch, a nick*, ital. *Tacca, Intaglio*. Cran, entaille faite sur une règle pour marquer quelques mesures.

OCRE, s. f., all. *Der Ocker*, angl. *Ochre, oker*, ital. *Ocra*. Oligiste, minerai de fer, variété terreuse, mélangée de substances alumineuses. Il y a des ocres rouges et jaunes.

OCTAÈDRE, m., all. *Ein von acht gleichseitigen Dreyecken eingeschlossener Körper*, angl. *Octaedrical body*, ital. *Ottaedro*. Corps solide à huit faces.

OCTOGONE, s. m. et adj., all. *Achteckig, das Achteck*, angl. *Octangular, Octogon*, ital. *Ottogono*. Figure qui a huit angles et huit côtés.

OCTOSTYLE, s. f., all. *Eine Reihe von acht Säulen*, angl. *Octostyle*, ital. *Ottastillo*. Disposition ou ordonnance d'un édifice ayant huit colonnes de front. Les portiques du Parthénon d'Athènes, du Panthéon de Rome et de la Madeleine de Paris ont huit colonnes de front. On en pratiquait aussi à Rome dans l'antiquité et durant la Renaissance, de circulaires qui supportent un dôme.

ODEUM, ODÉON, s. m., all. *Odeum*, angl. *Odeum*, ital. *Odeon*. Sorte de théâtre chez les Grecs et les Romains où avaient lieu des luttes et des concours de poésie et de musique. Le premier de ces monuments fut élevé à Athènes par Périclès, vers 445. C'était un vaste édifice contenant à l'intérieur une infinité de siéges et de colonnes. Sa couverture était probablement une sorte de coupole, si l'on en juge par des vers de Kratinos qui, en parlant de l'Odéon de Périclès, fait allusion au crâne de ce grand homme. Pausanias dit en outre que ce monument curieux devait représenter la tente royale de Xerxès, roi des Perses. L'Odéon d'Athènes subsista jusqu'en l'année 86 avant l'ère vulgaire, au temps de Sylla, lorsque Aristion le fit incendier, de crainte que le général romain ne se servit de la charpente pour construire les machines de guerre avec lesquelles on aurait pu attaquer l'Acropole.

ODOMÈTRE, s. m., all. *Odometer, ein Instrument, die Länge der Wege zu messen*, angl. *Pedometer*, ital. *Odometro*. Instrument ressemblant à une montre, formé de plusieurs roues à engrenage et au moyen duquel on mesure le chemin qu'on a parcouru.

OEIL, s. m., all. *Auge*, angl. *Eye*, ital. *Occhio*. Se dit de toute ouverture circulaire, elliptique ou ovale pratiquée à un fronton, à un attique, aux reins d'une voûte, dans un mur et autres endroits.

—— DE BOEUF, all. *Ochsenauge, rundes Dachfenster*, angl. *Bull's eye*, ital. *Occhio di bove*. Ouverture circulaire ou ovale pratiquée en manière de lunette aux dômes, combles et autres lieux.

OEIL DE DÔME, all. *Die runde Oeffnung im Scheitel oder im Nabel einer Kuppel, die man entweder offen läszt, ader mit einer Laterne bedeckt*, angl. *The eye of a dome*, ital. *Apertura di una Cupola*. Ouverture pratiquée au sommet d'un dôme ou d'une coupole.

—— DE PONT. Ouverture laissée au massif d'une pile de pont pour la rendre plus légère et laisser un passage lors des fortes eaux.

—— DE VOLUTE, all. *Das Auge in einer Schneckenlinie*, angl. *The eye of a volute*, ital. *Centro di una voluta*. Petit cercle au centre de la volute ionique, où l'on trace les treize centres nécessaires pour décrire la ligne spirale.

ŒUVRE, s. f. Terme qui comprend plusieurs significations. *Dans œuvre*, all. *im Lichten, bezeichnet die Grösse einer Oeffnung oder eines Zimmers, ohne die Einfassung oder Mauerdicke*, angl. *Mensuration within the extremities of the work, Withinside the building*, ital. *Interno dell' opera*. Le *dans-œuvre* se dit en parlant des corps ou espaces et dimensions du dedans. *Hors œuvre*, all. *mit Einfassung oder Mauerdicke*, angl. *without the extremities of the work*, ital. *Esterno dell' opera*. Se dit en parlant des corps ou espaces et dimensions du dehors.

—— D'ÉGLISE. Banc surmonté d'un piédestal destiné à recevoir les reliques exposées.

—— SOUS-ŒUVRE, all. *Untermauern*, angl. *To bring up new solid work in the lower part of defective foundation*, ital. *Per di sotto*. Faire des ouvertures ou reprendre un mur dans les fondations.

OFFICE, s. m., all. *Speise-und-Fischgeräthkammer*, angl. *Buttery, pantry, larder*, ital. *Credenza, Officio*. Pièce fraîche auprès d'une cuisine et de salle à manger où l'on entrepose des provisions et des ustensiles de table.

OGIVAL, voy. ARCHITECTURE, page 23.

OGIVES, s. f. pl., all. *Spitzbögen, die inneren gerippten Gewölbbogen, die erhabenen Rippen in den Gewölben des Mittelalters*, angl. *The pointed arch, the gothic vault, with its ribs and cross springers*, etc., ital. *Arco acuto*. Les arcs en diagonale qui se croisent dans une voûte; arcs nés du besoin de voûter un espace oblong, rectangulaire, plus large que long. On pense que les premières ogives ont été employées, sous l'administration de Suger, à l'église de Saint-Denis, vers 1140. L'ogive apparaît dans l'architecture, ou style dit de transition, de l'année 1135 à 1200. L'église Notre-Dame de Noyon, et celle de Saint-Leu d'Esserent, département de l'Oise, sont de beaux et complets exemples de cette architecture de transition, où le roman est mêlé aux formes ogivales.

L'architecture ogivale de l'Italie diffère essentiellement de celle du Nord. En Italie, elle est indigène, née d'une influence méridionale ou même orientale. En Angleterre, elle a pris un caractère particulier. L'Allemagne a suivi des modèles français, et là le style ogival a emprunté la caractère français en suivant même les transformations auquel ce style a dû se plier chez nous. Voyez le second volume de notre Histoire générale de l'architecture. Paris, 1862. Philibert de l'Orme se sert déjà du terme de *croisée d'ogives*.

OLIVES, s. f. pl., all. *Oehlbeeren*, angl. *Olives*, ital. *Olive*. Ornements taillés en grains oblongs, enfilés en manière de chapelets sur les astragales et baguettes ; employées dans l'architecture de l'antiquité, du moyen âge et de la Renaissance.

OMBRE, s. f., all. *Schatten*, angl. *Shade*, ital. *Ombra*. Absence de lumière dans un lieu où elle ne peut pénétrer, empêchée qu'elle est par un corps opaque. L'ombre est toujours projetée en face de la lumière et derrière le corps quo frappe cette dernière. L'ombre est la partie renforcée de couleur dans un dessin, pour désigner et faire sortir le clair-obscur. Les profils des corniches, des bas-reliefs et autres ornements sont accusés par des *ombres portées*, all. *Hauptoder ganze Schatten, Schlagschatten*, en observant les *contre-ombres*, all. *Halbschatten*.

ONGLET, s. m., all. *Zusammenfügung des Holzes durch Zapfen und Loch nach der Gehrung*, angl. *Mitre, mitre-joint*, ital. *Intaccatura a Ugnatura*.

OPUS INCERTUM, s. m., all. *Das ungewisse Mauerwerk der Römer*, angl. *The species of walls called uncertain by the romans*, ital. *Fabbrica irregolare dei Romani*. Maçonnerie ou appareil irréguliers des Romains, dite l'ancienne par Vitruve. Elle consistait à employer les pierres telles qu'on les tirait des carrières, et qu'on adaptait les unes aux autres aussi bien qu'on le pouvait. Les moellons y étaient placés les uns sur les autres de manière à s'enchaîner entre eux.

OPUS RETICULATUM, all. *Netz oder rautenförmiges Bekleiden der Mauern bei den Römern*, angl. *Netlike masonry of the romans*, ital. *Fabbrica reticolata dei Romani*. Maçonnerie romaine composée de pierres taillées et carrées, mais assemblées de manière que la ligne des joints formait un diagonale à 45 degrés, ce qui donnait aux murs l'apparence d'un *réseau* ou *filet*. Ces murs sont souvent bâtis en brique.

—— SPICATUM, all. *Verzierte Füssböden bei den Römern*, angl. *Floors laid out in stones or bricks diagonally (ancient Rome)*, ital. *Pavimenti a spina di pesce*. Ouvrages ou plancher ou sol en pierres rectangulaires, ou briques posées comme des grains de blé dans l'épi ou en arête de poisson.

OR, s. m., all. *Gold*, angl. *Gold*, ital. *Oro*. Métal jaune précieux, très-lourd, extrêmement ductile, ce qui permet de le réduire en feuilles extrêmement minces (trente mille dans l'épaisseur de deux millimètres). Ces feuilles s'appliquent sur des couches de peinture et l'or sert ainsi à enrichir l'intérieur et l'extérieur d'un bâtiment.

—— A L'HUILE, all. *Oehlvergoldung*, angl. *Oil guilding*, ital. *all' Oglio*. Feuille d'or appliquée sur un vernis à l'huile.

—— BRUNI, all. *Glanzgold*, angl. *Burnished gold*, ital. *Oro brunito*. Celui qui est poli avec une dent de loup.

—— EN COQUILLE. Celui que l'on emploie dans le dessin.

ORANGERIE, s. f., all. *Orangeriehaus*, *Gewächshaus*, angl. *Orangery*, *orangehouse*, ital. *Stanzone degli agrumi*. Bâtiment exposé au midi où l'on entrepose en hiver des orangers, des arbustes et autres plantes qui craignent le froid.

ORATOIRE, s. m., all. *Bethaus*, *Betstelle*, angl. *Oratory*, ital. *Oratorio*. Petite chapelle, dépendance d'un château, d'une église ou d'un couvent.

ORBE, adj., all. *Volle*, *Blind*, *blinde Mauer*, *ohne Thüren und Fenster*, angl. *Blind, a wall without doors or windows*, ital. *Muraglia cieca*. Se dit d'un mur qui n'a point d'ouvertures.

ORCHESTRE, s. m., all. *Orchester*, angl. *Orchestra*, ital. *Orchestra*. Lieu où se placent les musiciens dans un théâtre. Dans l'antiquité l'orchestre était ce que nous nommons le parterre. L'orchestre des Grecs était destiné aux danseurs, aux chœurs et aux musiciens : chez les Romains c'était dans l'orchestre qu'étaient placés les siéges des sénateurs et des gens de qualité.

ORDONNANCE, s. f., all. *Die Anordnung*, angl. *Ordonnance*, ital. *Ordine, Disposizione*. Se dit d'une œuvre d'art dans laquelle certaines règles sont observées, où il n'y a pas d'arbitraire ; composition réglée d'un bâtiment et disposition convenable de toutes ses parties.

ORDONNANCE, s. f., all. *Verordnung, Verfügung, Vorschrift*, angl. *Warrent*, ital. *Ordinanza, edilto, legge, decreto*. Déclaration d'une autorité compétente, qui règle les droits de chacun. Il y a des ordonnances municipales, de police, de grande et de petite voirie, etc., etc.

ORDRE, s. m., all. *Ordnung, Säulenordnung*, angl. *Order*, ital. *Ordine*. On comprend dans ce mot la base, le fût, le chapiteau et l'entablement d'une colonne. Ce sont les proportions et les ornements réguliers qui règlent la colonne, l'entablement et leurs accessoires qui déterminent à quel ordre ou style appartient la colonne.

Il n'y a rigoureusement que trois ordres d'architecture, le dorique, l'onique et le corinthien. C'est surtout par le chapiteau qu'on distingue les ordres.

Le toscan n'est point un ordre ni le composite non plus, corruption de l'ionique et du corinthien mélangé. Voyez au mot *architecture grecque*.

OREILLÉ, s. m., all. *Seitentiefe der Schnecke des jonischen Capitäls*, angl. *Coussinet, Cushion*, ital. *Cuscino*. Face de côté d'une volute ionienne.

OREILLONS, s. m. pl., all. *Kröpfungen, Verkröpfungen*, angl. *Ancones, crossettes*, ital. *Risalti, Sporti*. Retours d'un chambranle de porte ou de fenêtre.

ORGUE, s. m., all. *Orgel, Orgelwerk*, angl. *Organ*, ital. *Organo*. Instrument de musique à vent. Le premier orgue est attribué à l'architecte Ctesibius d'Alexandrie qui vivait 200 ans avant l'ère vulgaire. L'instrument était mis en jeu au moyen de l'eau qui y faisait entrer l'air. En l'année 757, l'empereur Constantin Copronyme envoya en présent un orgue à Pépin, père de Charlemagne. C'était le premier instrument de ce genre introduit dans le nord. L'orgue à vent est nommé par des auteurs des IIIe et IVe siècles ; il en est question dans une poésie attribuée à l'empereur Julien :

> Il s'offre à mes regards de singuliers pipeaux :
> C'est dans un sol d'airain qu'ils ont pris leur naissance.
> L'homme de les gonfler n'aurait pas la puissance :
> Il faut un air lancé par des cuirs de taureaux,
> Et qui pénètre au fond des plus légers tuyaux.
> Cependant un artiste, aux mouvements agiles,
> Laisse glisser ses doigts, prompts comme des éclairs ;
> Et la touche, adaptée aux chalumeaux dociles,
> Exhale, en bondissant, d'harmonieux concerts.

Il paraît que de la Grèce les orgues se répandirent lentement en Occident. Cassiodore, qui vivait au VIe siècle en Italie, décrit un orgue à air. Ce ne fut qu'au IXe siècle que ces instruments devinrent d'un usage plus fréquent dans les églises de ce côté des Alpes ; ils sont souvent nommés en Allemagne aux XIIe et XIIIe siècles. Les plus anciens constructeurs d'orgues étaient des moines ; le pape Jean VIII (de 872 à 882) demande au couvent de Freising un constructeur d'orgues. Au XIIIe siècle ce métier fut exercé par des laïcs ; en 1250, Jean, facteur d'orgues, est nommé comme habitant Cologne. En 1260, le dominicain Ulrich Engelbrecht, disciple d'Albert le Grand, construisit le premier orgue pour la cathédrale de Strasbourg. En 1312, un facteur d'orgues allemand en établit un à Venise. Au XIVe siècle l'usage en devint très-général en Allemagne et en France.

Guillaume de Malmesbury rapporte que saint Dunstan construisit lui-même deux orgues et qu'il en offrit un troisième à l'église abbatiale de Malmesbury. Au rapport des auteurs anglais, l'orgue de l'époque anglo-saxonne avait des tuyaux en cuivre ; un de ces instruments, dans la cathédrale de Winchester, décrit par Wulston, dans sa préface de la vie de saint Swithin, est dit avoir été de grande dimension et d'une force étonnante.

Orgues se dit aussi d'une espèce de herse avec laquelle on fermait les portes d'une ville ou d'un château fort attaqués ; all. *Fallbaum, Fallgatter*, angl. *Portcullis*, ital. *Erpice, Saracinesca.*

ORGUEIL, s. m., all. *Hypomochlium, Unterlage des Hebels*,

angl. *Fulcrum*, ital. *Bietta*. Grosse cale de pierre ou de bois qui sert de point d'appui à un levier d'abatage.

ORIEL, s. m., all. *Erker, Erkerfenster*, angl. *Oriel*. Tour en encorbellement aux fenêtres, petit oratoire pratiqué dans l'épaisseur d'un mur, porche, dépendance d'un édifice, l'étage supérieur au moyen âge, etc.

ORIENTER, v. a., all. *Nach den Himmelsgegenden richten, stellen oder legen*, angl. *To set towards the east*, ital. *Orientare*. Diriger les façades d'un bâtiment quelconque et autres objets du côté qui leur convient, les disposer selon les points cardinaux; marquer sur un dessin ou plan le nord et le midi.

ORLE, s. m., all. *Ein Riemen oder ein Plättchen, als Glied einer Säulenordnung*, angl. *Fillet under the ovolo or quarter round of a capital*, ital. *Orlo*. Filet sous l'ove d'un chapiteau.

ORNEMENT, s. m., all. *Verzierung*, angl. *Ornament*, ital. *Ornamento*. Toute sculpture, feuillages, arabesques, dessins courants, etc., mise en usage en architecture.

—— DE RELIEF, all. *Rund erhaben*, angl. *Relievo*, ital. *Risalto, Rilievo*. Ornement qui est taillé sur le contour des moulures en manière de feuillages d'eau, de joncs, de coquilles, etc.

—— EN CREUX. all. *Hohl, tief*, angl. *Hollow*, ital. *Cavo, concavo*. Ornement qui est exécuté en enfoncement, comme oves, canaux, rais-de-cœur.

ORNEMENTATION, s. f., all. *Verzierung, Zierde, Schmuck*, angl. *Decoration, Embellishment*, ital. *Ornatura*. Ensemble et caractère des ornements d'un édifice.

ORNER, v. a., all. *Verzieren, schmücken*, angl. *To adorn, to embellish*, ital. *ornare*. Faire des ornements, placer des décorations, enrichir de détails, de sculptures, meubler un lieu, etc.

ORNIÈRE, s. f., all. *Gleis, Fuhrgeleise*, angl. *Wheel-rut*, ital. *Rotaja*. Partie basse d'un pavé où les eaux coulent.

OSSATURE, s. f., all. *Gerippe*, angl. *Carcass, Skeleton*, ital. *Ossatura*. Carcasse d'une construction, les arcs doubleaux, les fermerets et les croisées d'ogives, formant l'ossature d'une voûte.

OUBLIETTES, s. f. pl., all. *Im Mittelalter, das unterirdische Gefängniss mit einer Fallthüre*, angl. *A dungeon of death in the middle ages*, ital. *Trabocchetto*. Cachot souterrain sans autre ouverture qu'une bascule horizontale ou trappe, au fond duquel on n'arrivait qu'au moyen d'une échelle ou d'un panier suspendu à une poulie. Le condamné à mort passait sur la bascule et tombait dans le fond du cachot.

OUIES, s. f. pl., all. *Die grossen Oeffnungen an den Kirchenthürmen*, angl. *Belfry-Windows*, ital. *Branchie*. Grandes baies des abat-vent ou abat-sons des tours des églises du moyen âge.

OURLET, s. m., all. *Saum*, angl. *A hem, an edge*, ital. *Orlo, Orlatura*. Rebord à la rencontre de deux tables de plomb ; rebord des ailerons d'un plomb de vitrail.

OUTILS. s. m. pl., all. *Werkzeuge, Handwerkzeuge*, angl. *Tools*, ital. *Strumenti*. Instruments mécaniques et autres dont les ouvriers font usage pour l'exécution des travaux.

OUVERTURE, s. f., all. *Oeffnung*, angl. *Aparture*, ital. *Apertura*. Se dit d'une brèche ou d'une baie de porte et de fenêtre. On dit aussi une ouverture d'angle pour indiquer son étendue ou sa mesure.

OUVRAGE, s. m., all. *Das Werk, die Werke, der Bau*, angl. *Work, Workmanship*, ital. *Opera, lavoro*. Se dit de tous les travaux de construction quelconque : terrasse, maçonnerie, charpente, menuiserie, serrurerie, vitrerie, peinture, plomberie, etc.

—— DE SUJÉTION. Ceux qui sont cintrés, rampants en leurs plans et élévations.

—— GROS, comprenant : les murs, les voûtes, les crépissages, les enduits et autres.

—— LÉGERS, sont : les travaux en plâtre, les tuyaux et manteaux de cheminée, les lambris et tous les ouvrages d'architecture en saillie.

OUVRIER, s. m., all. *Arbeiter, Handwerker*, angl. *Workman, labourer*, ital. *Lavorante, Artifice*. Celui qui travaille d'un métier aux constructions.

OVALE, s. m. et adj., all. *Oval, Ellipse*, angl. *An oval, an ellipsis*, ital. *Ovale*. Figure curviligne oblongue comme un œuf, tracée au moyen de deux foyers ou diamètres. On en pratique de rallongés, de rampants, etc.

OVE, s. m., all. *Der Wulst, der Echinus*, angl. *Ovolo*, ital. *Uovolo, Bottaccio*. Moulure de l'architecture antique dont la coupe est un quart de rond. Se dit aussi des ornements taillés sur l'*ove* ; on les nomme fleuronnés quand ils sont entourés de feuilles sculptées.

OVICULE, s. m., all. *Der kleine Wulst*, angl. *A small ovolo,* ital. *Uovoletto*. Petit ove.

OVOIDE, adj., all. *Eiförmig*, angl. *Having the appearance of an egg*, ital. *A uovolo*. En forme d'œuf.

P

PAGODE, s. f., all. *Pagode, Tempel der Asiaten, der Hindus und Chinesen*, angl. *Pagoda*, ital. *Tempio degl'Indiani*. Temples les plus modernes de l'Inde : ils ont la forme de la pyramide ou de l'obélisque et sont bâtis par étages dont les dimensions diminuent à mesure qu'ils s'élèvent. La pagode de Tanjore a 61 mètres d'élévation ; il y en a d'autres remarquables à Madure, à Tritchinapaly, à Siringham, à Combouconum, à Tranquebar, à Tripetty, à Chalembaram, à Canji-Pouram, à Jagannathas ou Jagarnaut, etc.

PAIRLE, s. m., all. *Das Gabelkreuz*, ital. *Pergola*. Pal qui mouvant de la pointe, se partage vers le milieu en deux branches égales qui vont aboutir aux deux angles du chef. Cette pièce de blason a la forme d'un Y.

PALAIS, s. m., all. *Pallast, Gerichtshof*, angl. *Palace*, ital. *Palazzo, Tribunale*. Édifice qui prend différents noms, selon sa destination et les personnes qui l'habitent, comme impérial, royal, grand-ducal, ducal, pontifical, cardinal, archiépiscopal, épiscopal, de justice, municipal, etc. Indiquer une série de palais, ce serait faire une histoire de l'architecture. Depuis quelques années, on a appris à connaître les palais assyriens de Ninive, ceux de Persépolis sont célèbres ; il en est de même des palais égyptiens de Thèbes et nous citerons ceux de Louqsor, de Karnac, de Kourna. La Grèce antique n'avait que peu de palais et ils étaient petits et très-modestes. Vers la fin de la république, les Romains ont mis un grand faste dans leurs gigantesques palais, ornés de spolations faites sur les peuples vaincus. Théodoric avait un palais à Ravenne dont il y a des vestiges ; il ressemblait à celui que Dioclétien éleva à Spalatro. Charlemagne avait beaucoup de palais ; ceux d'Aix-la-Chapelle, d'Ingelheim et de la Wartbourg sont surtout loués pour leurs richesses. Frédéric Ier Barberousse, empereur d'Allemagne, de 1152 à 1190, bâtit des palais à Hanau, à Triefels et à Gelnhausen : ce dernier existe encore en partie. Son fils Frédéric II, qui régna de 1197 à 1254, bâtit les palais de Foggia et de Castel del Monte. Louis IX, roi de France, éleva le palais dans la Cité et Charles V fit construire celui du Louvre ancien par l'architecte Raimond du Temple. Nous citerons encore les palais de Fontainebleau, de Blois, de Chambord, de Gaillon, des Tuileries, du Luxembourg, etc. L'Angleterre est riche en palais parmi lesquels sont ceux de la Tour de Londres, de Windsor, de Harewood, de Spofford dans le Yorkshire, de Kenilworth, de Warwick dans le Warwickshire.

PALÉOGRAPHIE, s. m., all. *Die Kenntniss der alten Schrift,* angl. *Paleography,* ital. *Paleografia.* La science des écritures et des inscriptions anciennes.

PALE, s. f., all. *Schütze, Schützbrett,* angl. *Floodgate, Pale, Wan,* ital. *Ala del molino.* Petite trappe d'une écluse d'étang, d'un moulin, d'un canal.

PALÉE, s. f., all. *Brückenjoch,* angl. *A row of stakes or pales,* ital. *Palata.* Rang de pieux enfoncés dans le sol pour former une digue, soutenir des terres, etc.

PALESTRE, s. m., all. *Palästra, Gymnasium, Stadium,* angl. *Palestra, Palæstra,* ital. *Palestra.* Monument ou lieu public dans l'ancienne Grèce où l'on développait non-seulement l'esprit, mais encore les facultés du corps. Ce monument était composé de péristyles carrés, le long desquels étaient distribuées de vastes salles avec des siéges pour les philosophes, les rhéteurs et tous ceux qui aimaient les lettres. Au centre était l'*éphebeum,* où l'on enseignait aux adolescents les principes de la gymnastique, endroit garni de siéges ; à droite était la *corycée* ou jeu de paume : tout à côté, le *conisterium,* lieu où les athlètes se couvraient de poussière après s'être frottés d'huile. A l'angle d'un portique était le bain d'eau froide ; à gauche de l'éphebeum, l'*elæothesium,* lieu où l'on conservait l'huile et auprès duquel se trouvait le *frigidarium,* salle où se tenaient pendant quelque temps les personnes qui sortaient du bain chaud pour se refroidir un peu, avant de se trouver en plein air. En dehors, il y avait trois autres portiques pour s'exercer comme dans le stade ; ils avaient intérieurement des trottoirs et le milieu était creusé ; on y descendait par des degrés. Il y avait un portique nommé *xyste* où l'on s'exerçait en hiver. Derrière le xyste, il y avait un stade formé de manière à ce qu'un grand nombre de personnes pussent voir à l'aise les exercices des athlètes. On a trouvé des restes de palestre à Ephèse et à Aphrodisias.

PALIER, s. m., all. *Der Absatz einer Treppe, Ruheplatz*, angl. *Landing-place, Stair-head*, ital. *Pianerottolo*. Espace large entre deux rampes d'escaliers continues, sépare les volées d'un escalier. Ceux qui se trouvent entre deux étages et ne donnent accès à aucune porte, sont appelés *paliers de repos*. On nomme *demi-palier*, celui qui est carré. Palier de communication est celui qui sert de dégagement à deux appartements.

PALIÈRE (marche), s. f., all. *Die oberste Stufe einer Treppe, welche mit dem Austritt oder Ruheplatz in einer horizontalen Ebene liegt*, angl. *First step to the landing-place*, ital. *Primo gradino*. Lorsque la marche est la dernière d'une rampe et fait ainsi partie des paliers.

PALISSADE, s. f., all. *Schanzpfähle*, angl. *Palisade, stake, hedge-row of trees*, ital. *Palizzata*. Barrière faite avec des pieux pour empêcher l'approche ou l'accès d'un lieu.

—— DE JARDIN. Faite par des plantations d'arbres, d'arbrisseaux, etc., disposés en manière de haie.

PALME, s. m., all. *Palmo, Palmus*, angl. *Palm*, ital. *Palmo* Mesure de longueur, différente dans chaque pays.

—— DE CAGLIARI vaut 206,6 millimètres.

—— DE GÈNES vaut 25 centimètres.

—— DE NAPLES vaut 263 millimètres.

—— DE NICE vaut 261,5 millimètres.

—— DE PALERME vaut 242 millimètres.

—— DE PORTUGAL vaut 219 millimètres.

—— ROMAIN ANCIEN vaut 73,6 millimètres.

—— ROMAIN MODERNE vaut 223 millimètres.

PALME, s. f., all. *Palmzweig*, angl. *Palm-tree branch*, ital. *Ramo di palma*. Branche de palme employée dans une décoration, comme attribut de la victoire.

PALMETTE, s. f., all. *Palmblatt*, angl. *Palm-leaf*, ital. *Palme*. Ornement taillé sur quelques moulures en manière de feuilles de palmier ou de chèvre-feuille.

PALPLANCHE, s. f., all. *Spundpfahl*, angl. *Pile of a coffer-dam*, ital. *Palanca*. Pièce de bois qui garnit le devant d'un pilotis, de culées de pont, de digues, de jetées, etc.

PAMPRE, s. m., all. *Weinrebe, Weinranke*, angl. *Vine branch*,

Pampre, ital. *Pampano*. Branche de vigne avec ses feuilles et ses fruits, feston arrangé avec grappes de raisins. Se dit aussi des branches et feuilles de vigne enlacées autour du fût d'une colonne.

PAN, s. m., all. *Seite, Fläche, Wand*, angl. *Pane, Side*, ital. *Faccia, Facciata*. Côté d'une figure régulière ou irrégulière.

—— coupé, all. *Abgestufte Kante, Ecke*, angl. *Chamfer, the arris of anything originally right-angled cut a slope or bevel, so that the plane it then forms is inclined less than a right angle to the other planes with which it intersects.*

—— de bois, all. *Hölzerne Bleich-oder Riegelwand*, angl. *Partition, framework of timber, used for dividing parts of a house into rooms*, ital. *Facciata, Faccia*. Assemblage de poteaux et traverses de différentes manières, avec garniture de maçonnerie légère dans les entre-deux.

—— de comble, all. *Die Fläche eines Daches*, angl. *Slopeness and surface of a roof*, ital. *Facciata di un tetto*. Côté d'une pente de comble. On nomme *long-pan*, all. *Die lange Seite eines Daches*, le plus grand côté d'un comble, angl. *The long side of a roof*.

PANACHE, s. f. Portion de voûte triangulaire qui aide à porter la voûte d'un dôme. Ornement qui forme l'amortissement des pinacles et du pédicule par lequel se terminent les arcs en accolade du style flamboyant du xve siècle.

PANETERIE, s. f., all. *Die Hofbäckerei*, angl. *Pantry*, ital. *Panatteria*. Lieu dans une grande maison où l'on entrepose et distribue du pain.

PANIER, s. m., all. *Korb*, angl. *Basket*, ital. *Paniere*. Détail de sculpture qui représente un panier chargé de fruits et de fleurs : sert d'amortissement. On nomme *anse de panier*, all. *Gedrückter Bogen*, angl. *Surbased arch*, ital. *Arco, o volta a mezza botte*. Un arc ou voûté surbaissés.

PANNE, s. f., all. *Dachstuhlfette*, angl. *Purline, Rib, Spar*, ital. *Corrente*. Pièce de charpente placée horizontalement sur les arbalétriers pour supporter les chevrons. *Panne de brisis*, all. *Dachstuhlfette an einem gebrochenen Dache*, angl. *Purline on the edge of a Mansard-roof.*

PANNEAU, s. m., all. *Die vertiefte Fläche oder Füllung*, angl. *Panel*, ital. *Quadro*. Représente la face d'une pierre taillée. On dit *panneau de tête, de douelle, de joints*, etc.

—— de fer, all. *Feld, Füllung an einem cisernen Gitterwerk*, angl. *Iron panel*, ital. *Quadro di ferro*. Cadre propre à recevoir des ornements, pour balcons, rampes d'escaliers, pilastres, grilles, etc.

PANNEAU DE GLACE, all. *In einem mit Spiegeln ausgesetzten Zimmer*, angl. *Panel and frame for looking-glaces*, ital. *Assicello dietro d'uno specchio*. Compartiments pratiqués à un placard, pour présenter à la vue une étendue plus éloignée par la réflexion de la lumière. Compartiments avec encadrement pour recevoir une glace.

—— DE MAÇONNERIE, all. *Ein ausgemauertes Feld in einer hölzernen Wand*, angl. *A panel of masonry in a partition*. Espace compris entre des poteaux, cadres, etc.

—— DE MENUISERIE, all. *Die Füllung an einem Thürflügel oder einem Lambris*. Partie comprise dans un cadre ou chambranle, etc.

—— DE SCULPTURE, all. *Eine Vertiefung mit Schnitzwerk*, angl. *Panel with sculptures*. Champ rentrant ou en saillie qui reçoit de la sculpture en bas-relief.

—— DE VITRES, all. *Ein Fensterflügel*, angl. *A chequered frame for holding the squares of glass in windows*, etc. Assemblage de verres de différentes couleurs ou grandeurs pour une fenêtre quelconque.

—— D'ORNEMENTS, all. *Ein verziertes Feld an einem Lambris oder Thürflügel*. Tableau qui représente des sujets quelconques.

PANONCEAU, s. m., all. *Wappenschild*, angl. *The shield in heraldry*, ital. *Pannoncello, Scudo*. Écusson d'armes, d'armoiries, girouettes, etc.

PANTHÉON, s. m., all. *Pantheon, ein Tempel der vornehmsten Gottheit geweiht*, angl. *Pantheon*, ital. *Panteone*. Édifice sacré de l'antiquité consacré à la principale divinité ou à tous les dieux. Le Panthéon de Rome est le plus connu. Il a été bâti en l'année 25 de l'ère vulgaire par Marcus Agrippa, gendre d'Auguste, et primitivement il n'était qu'une dépendance des thermes établis par ce Romain opulent. Ce monument est néanmoins de différentes époques, et Agrippa le consacra à Jupiter Ultor; il reçut le nom de Panthéon soit d'un certain nombre de statues de petite dimension placées à côté de celles de Mars et de Vénus, soit parce que son dôme ressemblait à la voûte du ciel. Incendié plusieurs fois, il fut restauré par l'empereur Adrien et plus tard encore par Septime Sévère. La dernière restauration est transmise par une inscription placée sur l'architrave du portique : elle date de l'année 202.

Le panthéon est circulaire, d'un diamètre de 43^m 50 intérieurement et surmonté d'une coupole à caissons haute de 41 mètres. Il n'a point de fenêtres, mais seulement une grande ouverture circulaire ou œil au sommet par où la lumière plonge dans le monument. En avant est un portique de 34 mètres de longueur et octostyle, d'ordre corinthien. Derrière ces huit colonnes, il y en a huit autres sur deux rangs. Ces colonnes, de plus de 14 mètres d'élévation, sont en granit d'Égypte. L'empereur Phokas consentit à ce que le pape Boniface IV convertît le Panthéon en une église chrétienne en l'année 608, consacrée à sainte Marie des Martyrs. En 663 Constance II lui enleva ses tuiles en bronze ; Grégoire III le fit couvrir en plomb. Urbain VIII de la famille des Barberini restaura la colonne du portique avec l'abeille dans le chapiteau, mais enleva le plafond en bronze doré pour en faire exécuter le baldaquin de Saint-Pierre ainsi que des canons pour le fort Saint-Ange. De là le proverbe : *Quod non fecerunt Barbari Romæ fecit Barberini*. Ce fut le même pape qui fit élever en 1632 les deux clochers qui cachent une partie de l'édifice et nommés les oreilles d'âne de Bernini. — C'est dans le Panthéon qu'on voit les tombeaux de Raphaël et d'Annibal Carrache.

PANTOGRAPHE, s. m., all. *Ein Schreib-oder Zeicheninstrument, Storchschnabel*, angl. *Pantograph*, ital. *Pantografo*. Instrument qui sert à copier mécaniquement toutes sortes de dessins.

PANTOMÈTRE, s. m., all. *Ein Instrument zum Messen von Linien und Winkeln; eine Meszscheibe*, angl. *Pantometer*, ital. *Pantometro*. Instrument pour relever toutes sortes d'angles de longueur ou de hauteur.

PAPETERIE, s. f., all. *Papiermühle*, angl. *Paper-mill*, ital. *Cartiera*. Bâtiment avec foulons où l'on fabrique du papier.

PAPIER, s. m., all. *Papier*, angl. *Paper*, ital. *Carta*. Composition de chiffons détrempés aux foulons, mélangés avec certains ingrédients, étendus par feuilles, sert à dessiner, à écrire, à peindre et à beaucoup d'autres usages. Le papier était connu des anciens Égyptiens. Le plus ancien papier de chanvre connu en France, est une lettre du sire de Joinville à Louis IX de 1270.

PAPIER MACHÉ. Matière formée de gros papier, de plâtre, de craie, etc., dont on fait des ornements divers.

—— PEINT, all. *Tapeten Papier*, angl. *Printed paper used for lining walls*. Papier imprimé en diverses couleurs et dessins employés à la décoration intérieure des maisons.

PARABOLE, s. f., all. *Parabel*, angl. *Parable, parabola*, ital. *Parabola*. Ligne courbe qui résulte d'une section conique, pratiqué par un plan parallèle au côté du cône. Le grand axe, étant infini, se change ainsi en une courbe ouverte dont les extrémités s'écartent de plus en plus du second foyer primitif, en se confondant avec l'ellipse au sommet commun.

PARABOLIQUE, adj., all. *Parabolisch*, angl. *Parabolical*, ital. *Parabolico*. Se dit d'un ouvrage tracé ou taillé en forme de parabole.

PARALLÈLE, s. f. et adj., deux lignes supposées prolongées à l'infini et qui ne peuvent se rencontrer.

PARALLÉLIPIPÈDE. s. m., all. *Parallelipipedum*, angl. *Parallelopiped*, ital. *Paralellepipedo*. Corps solide terminé par six parallélogrammes, dont les opposés sont parallèles entre eux.

PARALLÉLOGRAMME, s. m., all. *Parallelogramm*, angl. *Parallelogram*, ital. *Paralellogrammo*. Figure plane dont les côtés opposés sont parallèles. Il est rectangle lorsque les angles sont droits.

PARAPET, s. m., all. *Brustwehr*, angl. *Parapet, breastwork*, ital. *Parapetto*. Mur plein, évidé ou à jour, élevé à hauteur d'appui le long d'un pont, d'un quai, d'un précipice, nommé aussi *garde-homme*.

PARC, s. m., all. *Park, Garten, Lustwäldchen, Lusthain*, angl. *Park*, ital. *Parco, Giardino*. Superficie close de murs et plantée d'arbres divers où l'on élève des animaux ; enceinte disposée pittoresquement en manière de grand jardin, attenant à quelque maison royale ou châteaux particuliers; parc de Versailles, parc de Fontainebleau.

—— DE MARINE. Grande enceinte qui renferme tous les magasins destinés à l'entrepôt de tous les objets nécessaires aux constructions navales.

PARCLOSE, s. f., Sorte d'enceinte que forme chaque stalle d'église, sorte d'échancrure à la hauteur des épaules dans les siéges d'église.

PAREMENT, s. m., all. *Die äussere glatte Seite einer Mauer oder eines Steins*, angl. *Facing, that part in the work of a building seen by a spectator*, ital. *Faccia esteriore d'una muraglia, d'una pietra*. Face principale d'un mur, d'une pierre, d'une douelle, etc.

—— DE COUVERTURE. Plâtre appliqué le long des murs et des arêtiers pour empêcher les eaux de filtrer.

—— DE MENUISERIE, all. *Die äussere verzierte und fein gearbeitete Seite an der Tischlerarbeit oder dem Täfelwerk*, angl. *The facing in joinery*. Toutes les faces apparentes des lambris d'ébrasure de portes et fenêtres; revêtements de murs, parquets, etc.

—— DE PAVÉ. Partie droite d'une carillotte en tout sens.

PARLOIR, s. m., all. *Das Sprechzimmer*, angl. *Parlour*, ital. *Parlatorio in un monasterio*. Pièce d'un monastère où l'on admettait les étrangers pour communiquer avec les membres de la communauté. Les communications dans certains parloirs n'avaient lieu qu'à travers une grille.

PARPAING, s. m., all. *Ein Binder oder Bindestein*, angl. *Through-or bond stone*, ital. *Leghe*. Pierre qui tient toute l'épaisseur d'un mur ordinaire, d'un mur d'échiffre pour un escalier, et de contre-cœur pour une fenêtre. On dit une *pierre en parpaing, une pierre parpaigne*.

PARQUET, s. m., all. *Ein aus Feldern und künstlich eingelegter Arbeit bestehender Fussboden*, angl. *Inlaid floor*, ital. *Tavolato*. Partie de menuiserie composée de bâtis et de panneaux arasés les uns avec les autres et diposés selon différents compartiments.

—— DE CHEMINÉE, OU DE GLACE. Assemblage de bois à petits panneaux avec bâtis d'entourage et bâtis intérieurs pour recevoir les glaces.

Le mot parquet s'entend aussi de l'espace renfermé dans la barre d'une salle de tribunal.

PARQUETAGE, s. m. Ouvrage de parquet.

PARQUETER, v. a., all. *Einen aus Feldern und künstlich eingelegter Arbeit bestehenden Fussboden verfertigen oder setzen*, angl. *To set, to lay an inlaid floor*, ital. *Fare tavolati*. Faire ou poser un parquet.

PARTERRE, s. m., all. *Das Luststück im Garten, das Blumenbeet, das Gartenbeet*, angl. *Flower-Garden, Grass-plott*, ital.

Piano d'un giardino. Partie en plein air, plate et unie d'un jardin devant une habitation particulière, un palais, un château ou enfin autre part, divisée en compartiments divers séparés par des chemins et des allées.

PARTERRE D'EAU. Celui qui est orné de bassins, bouillons et jets d'eau.

—— DE GAZON. Celui qui est formé de compartiments carrés ou en enroulements.

—— DE THÉATRE, all. *Das Parterre im Schauspielhause*, angl. *Pit of a playhouse*, ital. *Platea.* Espace compris entre les stalles d'orchestre et l'amphithéâtre où les spectateurs sont assis et quelquefois debout.

—— EN PIÈCES COUPÉES. Celui qui est composé de compartiments d'allées et contre-allées, avec banquettes garnies de fleurs diverses.

PARTHÉNON, s. m. Grand temple d'Athènes, nommé aussi temple de Minerve ou Hécatompédon. Commencé en 448 avant l'ère vulgaire, ce monument fut achevé en 438. Iktinos et Kallikrates en furent les architectes ; c'est sous l'administration de Périklès que la ville d'Athènes fut dotée de cet édifice magnifique. Il était situé sur l'acropole ou citadelle. Il se compose d'une colonnade extérieure, d'un pronaos ou anticella à l'orient, d'une cella-hypèthre de 30 mètres de longueur de l'est à l'ouest sur 19 mètres de largeur, de l'opisthodôme fermé, avec quatre colonnes centrales placées sur deux rangs. La longueur totale du monument de l'est à l'ouest est de 68 mètres 90 centimètres, et sa largeur est de 30 mètres 47 centimètres de l'extérieur à l'extérieur des colonnes. La hauteur du dessus du gradin supérieur, au-dessus de la corniche de l'entablement, est de 13^m 68. La hauteur totale y compris le fronton est de 17^m 93. Le Parthénon est octostyle, périptère et d'ordre dorique ; la hauteur des colonnes de la galerie extérieure est de 10^m 38, y compris le chapiteau : l'ordre dorique n'a point de base, comme on sait. C'est dans ce temple que se trouvent les admirables frises avec les belles métopes et le cortége des Panathénées dus au génie de Phidias. Lorsque les Vénitiens prirent Athènes en l'année 1687, une bombe mit le feu à un magasin de poudre établi par les Turcs : ce magasin sauta et ruina une partie du Parthénon ainsi que le temple de la Victoire sans ailes qui était auprès. Un Anglais,

F.-C. Penrose, a publié un livre remarquable sur l'architecture athénienne, intitulé : *An Investigation of the Principles of Athenian Architecture*. Londres, 1851, un volume in-folio.

PARVIS, s. m., all. *Vor-Platz, Vor-Hof einer Kirche*, angl. *Parvise, an open area before the entrance of a church*, ital. *Atrio davanti una chiesa*. Place devant l'entrée d'une église, située ordinairement sur la façade occidentale.

PAS, s. m., all. *Ein Zapfenloch*, angl. *a notch*, ital. *Tacca, intaglio*. Petite entaille faite par embrèvement, sur les plates-formes ou sablières d'un comble dans laquelle les abouts rompus des chevrons viennent s'appuyer.

—— DE PORTE, all. *Thürschwelle*, angl. *Door step or stair*, ital. *Soglia*. Élévation de la marche ou du seuil qu'il faut franchir en entrant ou en sortant d'un lieu quelconque.

—— DE VIS, all. *Schraubengang*, angl. *Furrow*, ital. *Passo d'una vite*. Tour complet que fait le cylindre d'une vis.

PASSAGE, s. m., all. *Jeder freie Durchgang in einem Gebäude*, angl. *Passage, avenue*, ital. *Passaggio*. Corridor, allée ou dégagement par lequel on arrive à une maison, dans une cage d'escalier ou autres lieux.

—— DE SERVITUDE. Celui dont on jouit sur la propriété d'autrui, par convention ou par prescription.

—— DE SOUFFRANCE. Celui qu'on est contraint d'accorder en vertu d'un titre.

PASSER, v. a., all. *Linien mit Tinte überziehen*, angl. *To draw lines in ink*, ital. *Lineare con in chiostro*. Tirer des lignes de crayon à l'encre.

PASTEL, s. m., all. *Malerei mit trocknen Farbenstiften*, angl. *Pastel*, ital. *Pastello, Guado*. Sorte de peinture faite à sec au moyen de crayons de plusieurs couleurs, inventée au XVIe siècle.

PATENOTRE, s. f., all. *Perlstab*, angl. *Paternoster*, ital. *Paternostro*. Petit grain en forme de perle ronde, taillé sur une baguette ou astragale.

PATÈRE, s. f., all. *Opferschale*, angl. *A cup used in sacrifices*, ital. *Patera, Coppa*. Vase très-ouvert au sommet, qui recevait le sang des victimes sacrifiées ; elle a la forme d'un disque et elle est souvent mise en usage comme ornements aux frises ou aux frontons des arcades de l'ordre dorique, surtout chez les Romains.

PATIN, s. m., all. *Die Sohlbank oder Schwelle, die Sohle einer Treppe, der Rost unter einem Mauerwerk*, angl. *Patten, a sill*, ital. *Pattino*. Pièce de bois qui, posée horizontalement sous l'échiffre d'un escalier de bois, reçoit et supporte le limon. Se dit aussi des pièces de bois placées sur les têtes des pilotis, sur lesquels sont fixés les grillages.

PATTE D'OIE, s. f., all. *Dreizack, Krähfuss*, angl. *a kind of platform in church roofs*, ital. *Piè d'oca*. Enrayure de charpente de deux tirants au-dessus d'un chevet d'église. Assemblage de trois tiges de fer fixées aux deux extrémités d'un tirant, pour assujettir les pierres de taille dans les murs de fondations. — Se dit aussi de la rencontre de trois chemins ou voies qui se continuent en une seule.

—— DE PAVÉ. Extrémité d'une chaussée pavée qui se développe en glacis circulaire, pour se raccorder aux glacis d'en bas.

PATTE, s. m., all. *Klaue*, angl. *Joggle*, ital. *Branca o zampa di ferro*. Petit morceau de fer servant à différents usages ; les uns servent à fixer des plaques de cheminée, des chambranles en marbre ; celle à goujons soudés et à scellement sert à lier les dalles entre elles ; une autre espèce sert à arrêter les dormants de fenêtres ainsi que les chambranles de porte.

Patte se dit aussi de l'ornement pratiqué sur la plinthe des colonnes romanes, pour opérer la transition de l'angle carré à la base circulaire. All. *Eckknolle*, angl. *Prominent ornament springing out of the mouldings and lying on the angles of the plinth of a romanesque or early english column.*

PAVÉ, s. m., all. *Der Pflasterstein, das Pflaster*, angl. *Pavement*, ital. *Lastricato, selciato*. Cailloux, pierres, grès, granits, etc., propres à faire un pavé ou une couverture solide sur le sol.

—— DE BRIQUE, all. *Ziegel- oder Backsteinpflaster oder-Fussboden*, angl. *Brick-pavement*, ital. *selciat a di mattoni*. Celui qui est fait avec des briques soit à plat, soit sur champ, de différentes grandeurs et figures. Nommé aussi *carrelage*.

—— D'ÉCHANTILLON. Fait avec des carreaux d'après des dimensions voulues.

—— DE MARBRE, all. *Marmor-Pflaster*. Fait en carreaux de marbre et d'échantillon, par compartiments qui correspondent souvent à l'ensemble des voûtes ou plafonds. On en exécute aussi en manière de mosaïque.

PAVÉ DE TERRASSE. Exécuté avec des dalles de pierre ; lorsqu'il est établi sur une voûte, on mastique ou on coule ses joints avec du plomb : sur un couchis pour un pont, on pose des briques à plat sur du mortier-ciment.

PAVEMENT, s. m., all. *Das Pflasterlegen ; die Materialien dazu*, angl. *Pavement*, ital. *Fare il selciato*. Action de paver.

PAVER, v. a., all. *Pflastern*, angl. *To pave*, ital. *Lastricare*. Exécuter le pavé sur une forme, le battre avec une demoiselle ou une hie, et le revêtir ensuite d'une couche de graviers sablonneux.

—— À BAIN DE MORTIER, all. *Pflaster auf Mörtelwäsche gelegt*, angl. *Pavement laid on a coat of thin mortar*, ital. *Inseliciare*. L'exécuter sur un massif de maçonnerie avec ciment de chaux et sable, etc. *Repaver* c'est le relever à bout.

PAVEUR, s. m., all. *Der Pflasterer, Steinsetzer*, angl. *A paver*, ital. *Lastricatore*. Celui qui exécute les pavés.

PAVILLON, s. m., all. *Nebenflügel eines Hauses, eines Gebäudes*, angl. *Pavilion*, ital. *Padiglione*. Bâtiment carré, isolé ou adossé à un avant-corps de maison ou d'édifice. On en établit de plus petits dans les jardins ou sur les hauteurs pour y jouir d'un beau coup d'œil, d'une belle vue. — Toit ou comble en *pavillon*, celui qui est construit sur un plan carré et offrant pour versants ou rampants quatre triangles inclinés qui se réunissent à leur sommet.

PAYSAGE, s. m., all. *Landschaft, Landschaftsmalerei*, angl. *Landscape, landscape painting*, ital. *Paesetto*. Pays vu d'un seul aspect. Genre de peinture dont le dessin et le coloris doivent être faits avec talent pour produire un heureux effet ; elle sert à reproduire des points de vue, des monuments, des tombeaux, des fabriques en ruine, des maisons de plaisance et leurs accessoires. Parmi les peintres de paysage célèbres, on cite Cor. Matsys (1543), J. Breughel (1569 à 1625), Paul Bril (1554 à 1626), Nicolas Poussin (1594 à 1665), Claude Lorrain (1600 à 1682), etc.

PEINDRE, v. a., all. *Malen*, angl. *To paint*, ital. *Pingere, dipingere*. Dessiner les contours et appliquer soit à l'aquarelle ou à l'huile les teintes et les couleurs qui conviennent aux sujets que l'on veut représenter.

PEINTRE, s. m., all. *Der Maler*, angl. *The Painter*, ital. *Pittore*. L'artiste ou l'ouvrier qui fait profession de peindre.

PEINTURE, s. f., all. *Malerei*, angl. *Painting*, ital. *Pittura, dipintura*. Consiste en trois choses : l'invention, le dessin et le coloris. Ces trois parties, mises en pratique sur une surface unie, représentent un objet visible. On distingue différents genres de peintures : à la *détrempe*, all. *Wasserfarben*, angl. *Distemper*, ital. *Tempera* ; en *émail*, all. *Schmelz*, angl. *Enamel*, ital. *Imalto* ; à *fresque*, all. *Fresco*, angl. *Fresco*, ital. *A fresco* ; à l'*huile*, all. *In Oehl*, angl. *In oil*, ital. *all'oglio* ; en *miniature*, all. *Kleinmalerei, Miniaturmalerei*, angl. *Miniature*, ital. *Miniatura* ; en *mosaïque*, all. *mosaische Malerei*, angl. *Mosaic*, ital. *Musaico* ; au *pastel*, all. *Mit trockenen Farbenstiften*, angl. *Pastel*, ital. *Pastello* ; *camaïeu*, all. *Grau in grau*, angl. *Broock*, ital. *Chiaro-oscuro*. Les peintures à l'huile, à la détrempe, à fresque, en émail, en mosaïque et en camaïeu, contribuent à la décoration et à l'embellissement des maisons et des édifices publics, tant à l'extérieur qu'à l'intérieur, en disposant avec goût les tons et en les plaçant et ménageant avec art.

Les plus anciennes peintures se trouvent chez les Égyptiens qui les pratiquèrent dès soixante siècles avant l'ère vulgaire. Les pyramides de Memphis , les tombeaux qui les entourent, les palais et les temples de Thèbes et d'autres lieux en Égypte ont conservé des peintures d'un goût très-élevé. Nous citerons ensuite les peintures de l'ancienne Ninive, sortie de dessous terre depuis un quart de siècle. La plus ancienne école de peinture grecque était établie sur les côtes de l'Asie-Mineure et dans les îles de l'Archipel grec. Elle traça d'abord des silhouettes ou profils ; ensuite elle fit usage de la peinture monochrome (à une seule couleur). Panænus, neveu de Phidias, qui fleurissait de 448 à 445 avant l'ère vulgaire, fit faire de grands progrès à la peinture grecque. Il concourut dans les jeux pythiques avec le peintre Timagoras de Chalcis et fut vaincu par lui. Ensuite vinrent Micon, Polygnote, Zeuxis, Parrhasius et Apelles. — Chez les Romains, peuple grossier, la peinture fut peu cultivée. Fabius est leur seul peintre. Ils imitèrent la peinture des Étrusques qui a une grande analogie avec la peinture grecque. Durant une grande partie du moyen âge la peinture byzantine exerça une puissante prépondérance dans l'Europe occidentale. Avec Cimabuë au XIII° siècle s'éleva l'école italienne qui fut plus ou moins imitée dans le nord, en France et en Allemagne. Cimabuë commence cette école en Toscane : il mourut en 1303. L'école italienne peut se diviser en trois phases ou époques : 1º de Cimabuë à Raphaël, durant cette première époque la peinture est au service de l'Église : 2º de Raphaël aux Carraches ; alors elle s'émancipe, se développe en toute liberté en traitant des sujets profanes et religieux : 3º des Carraches jusqu'aujourd'hui. Dans la première période se distinguent Giotto, Masaccio, et l'inimitable et grand Léonard de Vinci ; la seconde période comprend Raphaël, Michel-Ange, Titien et le Corrège. — Les précurseurs de Cimabuë furent Giunta Pisano vers 1236, Guiduccio de Sienne vers 1200, André Tafi mort en 1294, Buffalmacco vers 1350. Giotto (de 1270 à 1336) était élève de Cimabuë ; Masaccio, mort en 1443, émancipa la peinture des types traditionnels ; ensuite vinrent Ghirlandajo, mort en 1495, et enfin Léonard de Vinci, mort en 1519. Plus tard la peinture n'est plus dans un rapport intime avec l'architecture. L'école flamande commence avec les frères Van Eyck (1370); on y distingue Gérard van der Meir, Hugo van der Goes, Juste de Gand, Rogier de Bruges, J. Memling, Lucas de Leyde. Dans le Brabant se distinguèrent Quentin Metsys, Rogier van der Weyde, M. Coxis, Mabuse. Rubens fut le fondateur de la seconde école flamande. Il eut pour élève l'élégant Van Dyk.

Jean Cousin commence l'école française de peinture : ensuite vinrent Martin Fréminet, Simon Vouet, Nicolas Poussin, M. Valentin, Claude Lorrain, Philippe de Champaigne, les Mignard, Lesueur, Callot, Lebrun, les Courtois, Noël Coypel, H. Rigaud, A Wateau, F. Boucher, Vanloo, J. Vernet, Vien et David.

Les architectes, dans la disposition et l'ensemble des édifices et des habitations dont ils conçoivent les projets, doivent avoir le sentiment de la peinture et les connaissances que cet art exige ; ils doivent être décorateurs : sans cela ils ne pourront, suivant les circonstances, disposer les masses propres à recevoir les créations hardies et de bon goût, et les peintres, appelés à les exécuter, rencontreraient des obstacles et leur talent resterait en demeure.

PENDENTIF, s. m., all. *Pendentif, Hängebogen, die Vermittlung der runden Kuppelgewölbe mit dem ins Viereck gestellten Auflager der Gurtbögen durch eine Ausmauerung der Ecken,* angl. *Pendentive*, ital. *Pendenza, d'una Volta.* C'est la partie voûtée en encorbellement qui rachète la transition d'une coupole avec la partie carrée sur laquelle repose cette coupole ; c'est une petite voûte conique jetée en travers de l'angle du carré, ayant son sommet dans l'angle, et dont la base forme un arc qui supporte la fourche correspondante de la coupole. Dans l'architecture byzantine, le pendentif est une portion d'une voûte sphérique retranchée d'une sphère dont le diamètre est égal à la diagonale de l'espace à couvrir. On en voit des exemples à l'église Saint-Marc de Venise, à celle de Saint-Antoine de Padoue, de S. M. della Pieve, à Arezzo, à Trente. Quant au premier genre de pendentif, il n'est employé que pour les dômes à pans ou à fourches, ou dômes polygonaux. On peut étudier ce genre de pendentifs à l'église de Saint-Michel et à la Chartreuse de Pavie, à Saint-Ambroise de Milan, au dôme de Monza, aux cathédrales de Parme et de Pise, à N.-D. d'Avignon et à N.-D. de Grâce, à Arles. Les pendentifs de Monza et de Saint-Michel de Pavie, sont pratiqués à deux étages.

On nomme encore pendentifs ou clefs en pendentifs, all. *Schluszsteine mit bildlicher Verzierung*, angl. *Pendants*, la clef des voûtes du xiie siècle et des suivants, enrichies de sculptures ; aux xve et xvie siècles elles deviennent très-allongées et dépassent de beaucoup en saillie le dessous de l'intrados de l'arc, ou les nervures d'une voûte. On en voit de beaux exemples dans le chœur de Saint-Pierre de Caen, dans la chapelle de la Vierge de l'église de la Ferté-Bernard, dans la cathédrale de Senlis, dans la chapelle des Bourbons de la cathédrale de Lyon, dans la chapelle Notre-Dame de l'église de Caudebec, etc.

PENDENTIF DE VALENCE. Voûte en manière de cul de four, racheté par quatre fourches.

PENDULE, s. f., all. *Pendeluhr, Perpendikeluhr*, angl. *A Clock*, ital. *Pendula.* Horloge à ressorts avec cadran.

PÈNE, s. m., all. *Der Riegel am Schlosse*, angl. *Bolt of a lock*, ital. *Stanghetta.* Petit morceau de fer long, en forme de verrou, que la clef fait sortir ou rentrer dans la serrure, et qui est destiné à tenir la porte fermée. Le pène entre dans un trou carré ordinairement garni d'une gâche.

PÉNOMBRE, s. f., all. *Der Halbschatten*, angl. *Penumbra*, ital. *Penombra.* Partie de l'ombre éclairée par une partie de corps lumineux. C'est encore l'espace entre l'ombre et la lumière, dont l'art exige qu'elle soit presque insensible.

PENTADÉCAGONE, s. m. et adj., all. *Eine fünfzehnseitige Figur*, angl. *A figure of fifteen sides*, ital. *Quindecagono*. Figure qui a quinze côtés et autant d'angles.

PENTAGONE, s. m., all. *Das Fünfeck*, angl. *Pentagon*, ital. *Pentagolo*. Figure qui a cinq côtés et autant d'angles.

PENTE, s. f., all. *Der Abhang, Absturz, Abdachung*, angl. *The slope, declivity*, ital. *Declivio*. Inclinaison peu sensible pratiquée à un comble, à une place, à une rue, à un canal, etc., pour faciliter l'écoulement des eaux.

PENTURE, s. f., all. *Das Band an einem Thürflügel*, angl. *Hinge*, ital. *Bandella*. Bandes de fer plat terminées par un œil ou anneau dans lequel entre le gond, et qu'on fixe sur la porte avec des vis ou des clous; servent à tenir les portes ouvertes ou fermées.

PÉPINIÈRE, s. f., all. *Baumschule, Pflanzschule*, angl. *Nursery, seed-plot*, ital. *Semenzajo*. Lieu où l'on plante et greffe toutes sortes d'arbres et d'arbrisseaux, pour ensuite les transplanter ailleurs.

PERCÉE, s. f., all. *Durchbruch, Durchstich*, angl. *Aparture*, ital. *Apertura*. Ouverture faite à un mur d'enceinte, de maison, soit de face ou de refend, et autres lieux.

PERCEMENT, s. m., all. *Das Durchbrechen, das Durchstechen*, angl. *An opening, to open*, ital. *Perforare un muro*. Ouverture faite par sous-œuvre à un mur, pour y établir une porte ou une fenêtre. Les percements ne doivent pas se faire dans un mur mitoyen, sans y appeler les voisins qui y sont intéressés.

PERCHE, s. f., all. *Messruthe*, angl. *Perch, rod*, ital. *Pertica di terreno*. Ancienne mesure française de superficie, différente dans chaque province. La perche des Eaux et Forêts valait 51,07 mètres, celle de Paris 34,19 mètres; — la perche d'Espagne vaut 0,112 ares; la perche carrée de Suisse vaut 0,090 ares.

PÉRIPHÉRIE, s. f., all. *Der Umkreis*, angl. *Periphery, the circumference of a circle, ellipsis, parabola, or other regular curvilinear figure*, ital. *Periferia, circonferenza*. Pourtour, contour d'une figure curviligne.

PÉRIPTÈRE, s. m., all. *Peripteros*, angl. *Periptery*, ital. *Edifizio cinto de ogni parte da a un ordine di colonne isolate*. Temple ou monument de l'antiquité qui avait six colonnes sur chacune des faces principales, antérieure et postérieure, et onze de chaque côté latéral, y compris celles des angles. Ces colonnes devaient être placées de manière à ce que l'espace qui se trouvait entre les murs et les colonnes qui les entouraient, fût égal à l'entre-colonnement, dans toute la longueur de la colonnade et assez large pour qu'on pût se promener autour de la cella. Le temple de Jupiter Stator à Rome et celui de l'Honneur et de la Vertu étaient des périptères. Le premier de ces monuments date du milieu du IIe siècle avant l'ère vulgaire, le second d'un siècle avant la même ère. On entend en général par périptère un édifice entouré d'une colonnade.

PÉRISTYLE, s. m., all. *Peristyl, Peristylium*, angl. *Peristylium, Colonnade*, ital. *Peristilio*. Lieu en plein air circonscrit de colonnes isolées. On entend aussi par péristyle un rang de colonnes tant à l'intérieur qu'à l'extérieur d'un édifice. On dit le péristyle de la Bourse, de l'église de la Madeleine à Paris, etc.

PERLES, s. f. pl., all. *Perlen*, angl. *Pearls*, ital. *Perle*. Petits ornements sphériques ou globuleux ou en poire qui sont souvent réunis en chapelets, ornent les nervures des feuilles, les galons, le dessous de filets, etc.

PERPENDICULAIRE, s. f., all. *Die senkrechte Linie*, angl. *Perpendicular line*, ital. *Perpendiculare (linea)*. Ligne élevée à plomb et d'équerre sur une surface ou ligne quelconque : elle laisse à droite et à gauche des ouvertures égales entre elles, ou de chaque côté un angle droit ou quatre-vingt-dix degrés. Toute perpendiculaire élevée sur la surface de la terre, se dirige vers le centre de la terre.

PERPENDICULAIRE, adj., all. *Perpendicular Styl*, angl. *Perpendicular style*. Nom donné par les antiquaires anglais au style qui a prévalu en Angleterre durant cent quarante années, depuis 1377 (Richard II) jusqu'en 1509 (Henri VII). La ligne perpendiculaire domine dans ce style, les meneaux des fenêtres et des panneaux montent en lignes perpendiculaires et donnent un caractère inanimé et froid aux monuments, qui semblent être élevés à l'aide de fils de fer. Ce style est le dernier de ceux qui furent en usage en Angleterre au moyen âge. On en voit des exemples à Westminster Hall, à la façade occidentale de la cathédrale de Winchester, au King's College à

Cambridge, à la chapelle de Saint-Georges de Windsor, à la chapelle de Henri VII dans l'église de Westminster à Londres, dans des parties de la cathédrale de Norwich, dans l'église Saint-Michel d'Oxford, etc., etc. Le terme de *perpendicular* fut en premier employé par Thomas Rickman en 1817.

PERRON, s. m., all. *Treppe, eine Freitreppe die unbedeckt vor einem Hause liegt*, angl. *Steps, stairs before a house*, ital. *Scalinata, Poggiuolo*. Escalier découvert à l'extérieur d'un édifice, d'une maison, pour monter peu haut. Il y en a un dans la cour du Cheval-Blanc du château de Fontainebleau qui a été construit par Lemercier, sous le règne de Louis XIII. Il est à deux rampes supportées par des arcades ornées de pilastres.

—— A PANS. Perron dont les encoignures sont coupées.

—— CINTRÉ. Celui qui a les marches circulaires ou ovales.

—— DOUBLE. Qui a deux rampes égales pour arriver au même palier, ou deux rampes opposées pour aboutir à deux paliers.

PERSIENNE, s. f., all. *Sommerladen, Jalousieladen*, angl. *Venetian window-blind*, ital. *Persiana, sorta di gelosia*. Bâtis avec traverse contenant de minces lames de bois posées obliquement, pour fermer les fenêtres et les portes et cependant laisser passer le jour et l'air. C'est un volet à jour, au travers duquel on peut voir de l'intérieur à l'extérieur, mais non du dehors au dedans.

PERSIQUE, adj. Ordre où des figures remplacent les colonnes pour supporter un entablement.

PERSPECTIF, VE, adj. Qui représente un objet en perspective. On dit un plan *perspectif*, une vue *perspective*, all. *Fernscheinig*.

PERSPECTIVE, s. f., all. *Fernscheinlehre*, angl. *Perspective*, ital. *Prospettiva*. Art de représenter les objets selon la différence que l'éloignement et la position y apportent : aspect des objets vus de loin.

—— AÉRIENNE, all. *Luftperspective*, angl. *Aërial perspective*, ital. *Prospettiva aerea*. Celle qui fait la gradation des couleurs.

—— D'ARCHITECTURE, all. *Architectonische Perspective*, angl. *Architectural perspective*, ital. *Prospettiva architettonica*. Celle qui représente l'intérieur et l'extérieur des édifices, monuments, bâtiments quelconques, des jardins et autres lieux ; les parties fuyantes sont diminuées par proportions depuis la ligne de terre jusqu'à la ligne d'horizon, et les côtés raccourcis ou diminués en s'éloignant.

PERSPECTIVE FEINTE, all. *Blinde Perspective*, angl. *Simulated perspective*, ital. *Prospettiva simulata.* Celle qui est pratiquée sur des murs de face, de clôture, sur des murs formant fond de cour, sur des pans de salles et de pièces, pour dissimuler les difformités, pour racheter la symétrie ou imiter l'éloignement, et raccorder enfin le faux avec le vrai.

—— LINÉAIRE, all. *Linear Perspective*, angl. *Linear perspective*, ital. *Prospettiva lineare.* Celle qui est tracée ou figurée seulement au moyen de lignes, sans ombres et sans couleurs. C'est l'opposé de la perspective aérienne, mais qui lui sert cependant de fondement.

PERTUIS, s. m., all. *Enge Durchfahrt einer Schleuse*, angl. *Passage through a dam, a sluice*, ital. *Pertugio.* Espace peu large, pratiqué en manière d'écluse, à un barrage qui élève les eaux d'une rivière, d'un canal, etc. ; est destiné au passage des bateaux, pour faciliter la navigation. Se dit aussi d'un trou qui sert à écouler les eaux d'un bassin, d'un réservoir, etc.

PESANTEUR SPÉCIFIQUE, s. f., all. *Specifische Schwere*, angl. *Specific gravity*, ital. *Peso specifico.* C'est la comparaison du poids d'une substance sous un même volume avec une autre.

PÉTRIFICATION, s. f., all. *Die Versteinerung*, angl. *Petrifaction*, ital. *Petrificazione.* Conversion d'un corps qui consiste à lui faire prendre la dureté et la qualité de la pierre. Les eaux chargées de matières en solution déposent souvent sur les plantes, les animaux, les pierres, qui se trouvent sur leur passage, une couche solide plus ou moins épaisse, qui en conserve grossièrement la forme extérieure; c'est ce qui a lieu fréquemment par les eaux qui sourdent des montagnes calcaires, et qui sont chargées de carbonate de chaux. Plusieurs sources, en France et ailleurs, se trouvant à la portée des routes, sont particulièrement renommées pour ces effets, et les paysans ont soin d'y placer des nids d'oiseaux, de petits paniers de fruits, etc., qui s'incrustent très-promptement, et qu'ils vendent aux curieux sous le nom fort impropre de pétrification. On profite mieux de ces eaux en les faisant jaillir sur des moules exécutés avec soin, où le dépôt se configure en jolis bas-reliefs. C'est ce qui a été fait jadis à Saint-Philippe, en Toscane, où les eaux déposent un calcaire pur et blanc, et, dans ces derniers temps, à Saint-Nectaire et Saint-Alyre, près de Clermont-Ferrand (Beudant).

PHARE, s. m., all. *Leuchtthurm*, angl. *Lighthouse*, ital. *Faro*. Tour élevée sur la côte maritime, près d'un port de mer ou près d'un écueil, au sommet de laquelle on entretient des feux pendant la nuit pour guider les vaisseaux qui sont en mer. En l'année 284 avant l'ère vulgaire, Ptolémée II Philadelphe fit élever le célèbre phare d'Alexandrie, que bâtit l'architecte Sostratos, de Knide. Cet édifice, de forme pyramidale, s'élevait en gradins. Quand l'empereur Claude, qui régna de l'année 41 à 54, établit le port d'Ostie, il y fit élever un phare en imitation de celui d'Alexandrie qui exista jusqu'au xii⁰ siècle, où il fut détruit par les Arabes. — Sous le règne de Henri III, vers 1584, fut élevée la célèbre tour de Cordouan, à l'embouchure de la Garonne, pour servir de phare. Louis de Foix, architecte, né à Paris, en fut l'auteur. Cette tour ne fut achevée qu'en 1610. Louis est l'architecte de l'Escurial. En 1757, on commença à bâtir le phare d'Eddystone en Angleterre, qui a eu pour auteur John Smeaton. Nommons encore pour mémoire le célèbre colosse de Rhodes qui tenait les feux dans sa main droite, allumés dans un bassin.

—— Fanal ou colonne de cimetière. Angl. *Round Tower*. Espèce de pilier creux ou cylindrique, d'un diamètre plus ou moins étendu, quelquefois polygonal ou corné, percé d'ouvertures au sommet qui permettaient aux feux ou à la lumière qu'on y plaçait d'envoyer ses rayons dans toutes les directions. Ce pilier s'élevait sur un soubassement le plus souvent pourvu d'un autel en pierre, destiné sans doute aux cérémonies funéraires. Ces fanaux sont la plupart du xii⁰ siècle. En France, on voit de ces phares à Estrées, arrondissement de Châteauroux, à Saint-Georges de Ciron, département de l'Indre, à Vercia, non loin de la Souterraine, département de la Creuse. Il en existe encore en Irlande, où il y en avait beaucoup et dont parle Girald Barry (plus connu sous le nom de Giraldus Cambrensis, Girald, du pays de Galles), qui visita ce pays vers 1185.

PHORONOMIE, s. f., all. *Die reine Grössenlehre der Bewegungen*, angl. *The laws of motion*, ital. *Leggi del moto*. Science du mouvement.

PHYSIQUE, s. f., all. *Naturlehre*, angl. *Natural philosophy*, ital. *Fisica*. Science des choses naturelles, des propriétés des corps.

PIÈCE, s. f., all. *Das Gemach, Zimmer*, angl. *Room, Hall, an enclosed space in a monument, in a house*, ital. *Stanza*. Chambre, salle, etc., isolée ou dépendante d'un appartement. *Pièce d'assemblage*, all. *Zusammengefügtes Stück*, angl. *A joined piece of work*, ital. *Pezzi d'insieme*. Une *Pièce de bois*, all. *Ein Stück Zimmerholz*, angl. *A piece of Timber*, ital. *Pezzo di legname*. Une *Pièce d'appui*, all. *Brustriegel, Brustwehr*, angl. *Breastprop, Parapet under the window-sill*, ital. *Sostegno*. Une *Pièce d'eau*, all. *Ein grosses Wasserbehältniss, Wasserbecken*, angl. *A Pool, a Pond*, ital. *Stagno, Serbatojo d'acqua*.

PIED, s. m., all. *Fuss, Schuh*, angl. *Foot*, ital. *Piede*. Mesure de longueur, différente dans chaque pays, destinée à mesurer les superficies et les corps solides ; se divise en douze pouces et en 144 lignes. Un pied est égal à 0,32484 mètre ; un pouce est égal à 0,02707 mètre ; une ligne est égale à 2,256 millimètres.

Un pied anglais est égal à 3,0479449 décimètres.
>   de Vienne (Autriche) est égal à 31,611 centimètres.
>   d'Espagne, 1/3 de vara est égal à 27,863 centimètres.
>   du Rhin est égal à 31,385 centimètres.
>   de Suède est égal à 29,69 centimètres.
>   de Suisse est égal à 30 centimètres.

Le pied grec ordinaire de l'antiquité valait 30 centimètres ; le pied grec olympique valait 307 millimètres. Le pied romain valait 294,5 millimètres.

—— DE BICHE. Sorte de ciseau en fer formant une fourchette à deux tranchants, à biseaux très-courts, pour saisir, en les entaillant faiblement, les clous et broches en fer que la rouille retient dans le vieux bois, et les enlever en appuyant fortement sur le bout du manche.

—— DE CHÈVRE. Troisième pièce de bois qui contre-boute une *échelle d'engin* ou chèvre.

—— DE MUR. C'est la naissance d'un mur qui s'élève au-dessus des retraites d'un fondement.

PIED-DROIT, s. m., all. *Nebenpfeiler, kleiner Wandpfeiler*, angl. *Pier, door-post*, ital. *Pilastrata*. Partie d'un jambage, de porte, de fenêtre, qui comprend le chambranle, le tableau, la feuillure, l'ébrasement et l'écoinçon.

PIEDESTAL, s. m., all. *Säulenstuhl, Fussgestell, Unterlage*, angl. *Pidestal*, ital. *Piedestallo*. Partie carrée plus haute que large avec base et corniche, qui supporte une colonne et qui lui sert de soubassement; supporte aussi une statue, un vase, etc.

—— CONTINU, all. *Läuft unter mehreren Säulen weg, ohne dass es einen besondern Vorsprung bildet*, angl. *Uninterrupted pedestal*, ital. *Piedestallo continuato*. En hauteur d'appui sans saillie, porte plusieurs colonnes.

—— DOUBLE, all. *Trägt zwei gekuppelte Säulen oder Pfeiler*, angl. *Bearing two columns or piers*. Celui qui est disposé de manière à supporter deux colonnes.

—— EN ADOUCISSEMENT, all. *Ohne Würfel in der Mitte, nach oben bogenförmig und spitz zulaufend*. Dont le dé est engaîné.

—— EN BALUSTRE, all. *Wie eine Geländersäule ausgebaucht und gleich jenem dazu dient um Trophäen und dergleichen darauf zu stellen*. Son profil est contourné en figure de balustre.

—— EN RETRAITE ET EN SAILLIE, all. *Zurückziehend und her vorspringend*. Continu, forme avant-corps à l'aplomb de chaque colonne et arrière-corps, à l'intervalle de l'un à l'autre.

PIEDOUCHE, s. m., all. *Kleines zierliches Fussgestell*, angl. *Little pedestal*, ital. *Peduccio, Mensola*. Petite base oblongue ou carrée en adoucissement, avec moulures, sert à supporter un buste ou une petite figure.

PIERRE, s. f., all. *Stein*, angl. *Stone*, ital. *Pietra, Sasso*. Corps dur et solide qui se forme dans la terre, composé de substance sablonneuse ou terreuse. On peut en diviser les différentes sortes en quatre classes; savoir : les *argileuses*, all. *Thonartig*, angl. *Argillous*, ital. *Argilloso*; les *calcaires*, all. *Kalkartig*, angl. *Limy, Calcareous*, ital. *Calcare*; les *gypseuses*, all. *Gypsartig*, angl. *Gypseus, chalky*, ital. *Natura del gesso*; les *scintillantes*, all. *Schimmernd, funkelnd*; angl. *Sparkling*, ital. *Scintillante*.

—— ARGILEUSE. On nomme ainsi les différentes espèces d'ardoises, les ollaires, les vrais talcites, les micas, les amiantes, les roches dites de corne, et généralement toutes celles qui ne font point effervescence avec les acides et qui durcissent au feu ordinaire, qui ne se réduisent ni en chaux ni en plâtre. Elles sont douces au toucher, composées de filaments, d'écailles ou de lames qui peuvent se séparer.

PIERRE CALCAIRE. Celle qui étant exposée à l'ardeur du feu pendant un certain temps, se réduit en chaux; elle n'a pas assez de consistance pour résister à un corps dur, est entièrement dissoluble avec les acides, avec lesquels elle fait effervescence.

—— GYPSEUSE. Composée de sulfate de chaux, hydratée, renfermant 21 pour 100 d'eau. Dans les carrières elle se trouve par couches, ne fait point effervescence avec les acides; exposée quelque temps au feu, elle produit une sorte de chaux connue sous le nom de plâtre.

—— SCINTILLANTE. Celle qui résiste aux acides et au feu le plus violent; elle produit des étincelles de feu lorsqu'on les frappe avec de l'acier. On les divise en quatre espèces : 1° le *grès*, all. *Sandstein*, angl. *Sandstone, freestone*, ital. *Pietra bigia*, pierre calcaire, siliceuse et ferrugineuse, se lie difficilement avec le mortier, sert à faire des pavés, à bâtir des fours à chaux et autres constructions; 2° la *meulière*, all. *Mühlstein-artig*, angl. *Millstone*, ital. *Molare, Travertino*, composée de parties quartzeuses, criblée de traces, d'anfractuosités, sert à faire d'excellents travaux de maçonnerie (citernes, fosses d'aisance) et des meules de moulin; 3° la *quartzeuse* ou *pierre à fusil, silex*, all. *Feuerstein*, angl. *Flint-stone*, ital. *Pietra focaja*, en rognons opaques, ses parements étant lisses, on ne peut l'employer avantageusement pour la maçonnerie; la *roche composée*, all. *Gemengt*, formée de la réunion de plusieurs matières différentes; elles suivent la quantité, la nature et la variété des substances mélangées.

La pierre est classée en architecture suivant ses *espèces*, ses *qualités*, ses *façons*, ses *usages* et ses *défauts*. Il y a deux espèces de pierre, selon leur nature : la pierre dure et la pierre tendre. La pierre dure est celle qui résiste en général le plus aux fardeaux et aux injures de l'atmosphère. Le poids de 34,277 décimètres cubes de pierre dure est de 70 kilogrammes; celui de la pierre tendre est de 57 kilog. 50.

PIERRE SELON SES QUALITÉS :

- A CHAUX, all. *Kalkstein*, angl. *Limestone*, ital. *Calcare*. Corps donnant de la chaux vive par calcination, sans gonflement ni décrépitation; soluble avec une vive effervescence dans l'acide azotique. Poids spécifique 2,72. Dureté peu considérable.

PIERRE A PLATRE OU GYPSE, all. *Gypsstein*, angl. *Gypseus*, ital. *Natura del gesso*. Formée d'hydrate, après avoir été calcinée, produit le plâtre.

—— DE TAILLE DURE OU TENDRE, all. *Quaderstein*, angl. *Tooled-ashlar*, ital. *Pietra d'opera o a costruire*. Celle qui présente assez de consistance et de solidité pour être œuvrée sous telle apparence qu'on le désire.

—— FIÈRE, all. *Hart zu arbeiten*, angl. *Firm, hard*, ital. *Firma, resistente*. Difficile à travailler à cause de sa grande dureté.

—— FRANCHE, all. *Frei von fremden Substanzen*, angl. *thoroughly of the same nature*, ital. *Schietta*. Dépourvue de toute enveloppe ou mélange qui ne tient pas de sa nature, parfaite en son espèce, qui ne tient point de la dureté de la pierre de roche ni du tendre du moellon.

—— PLEINE, all. *Geichkörnig, ohne Zusatz.* angl. *Full, without medley*, ital. *Ripiena*. Toute pierre dure qui n'a point de cailloux, de coquillage, de trous ni de moyes.

—— VIVE, all. *Sehr hart*, angl. *most, very hard*, ital. *Multo dura, tenace*. D'une qualité très-dure, comme les roches, les marbres et autres calcaires.

PIERRE SELON SES FAÇONS :

—— A BOSSAGE OU DE REFEND, all. *Hervorragender Stein, Feld welches glatt gelassen ward um Laubwerk, Wappen und sonstige Verzierungen darauf zu arbeiten*, angl. *A projecting stone cut into mouldings or carved into ornaments*, ital. *A bozza*. Celle qui est réglée par assises découpées avec des canaux pratiqués à chaque joint.

—— ARTIFICIELLE, all. *Künstlich*, angl. *Artificial*, ital. *Artificiale*. Celle formée par l'industrie de l'homme, comme briques, tuiles, carreaux, etc.

—— DE BAS APPAREIL, all. *Von wenig Höhe*, angl. *Of little height in the course*, ital. *Basse*. Celle qui a peu de hauteur de banc.

—— D'ÉCHANTILLON, all. *Nach gegebenem Masze gearbeitet*, angl. *Scantling*, ital. *A misure fissate*. Tout bloc taillé d'après des dimensions voulues.

PIERRE ESMILIÉE, all. *Mit der Hammerspitze abgeviert*, angl. *Picked with the point of a hammer.*

—— HACHÉE, dressée avec un taillant, ensuite brettelée.

—— NETTE, dépourvue de bousin et autres couches tendres.

—— PARPAIGNE, all. *Bindestein*, angl. *Through or bond stone*, ital. *Pietra leghe*. De l'épaisseur d'un mur et faisant parement sur les deux faces ou côtés du mur ; elle le traverse de part en part.

—— PIQUÉE, dont les arêtes sont relevées au ciseau, ses parements redressés et finement piqués avec une pointe.

—— POLIE, dont toutes les hachures ont été enlevées avec du grès.

—— RETAILLÉE, toute pierre tirée d'une démolition et refaite pour être de nouveau mise en œuvre.

—— RUSTIQUÉE, dressée, hachée et piquée à la grosse pointe.

—— STATUAIRE, celle qui est propre à faire des statues, bas-reliefs, figures, etc.

—— VELUE, celle qui est amenée brute de la carrière.

PIERRE PAR RAPPORT A SES USAGES.

—— D'ATTENTE, all. *Verzahnung. Die wechselsweise hervorretenden Steine an einer Mauer, um das Neue mit dem Alten verbinden zu können*, angl. *Toothing*, ital. *Addentellato, morsa*. Pierres qui d'assise en assise, d'espace en espace, s'avancent à l'extrémité d'un mur pour faire liaison avec une autre bâtisse.

—— D'ÉVIER, all. *Der Guszstein, Gossenstein in den Küchen*, angl. *Sink*, ital. *Acquajola*. Recreusée et placée dans une cuisine ou lavoir pour servir à laver la vaisselle.

—— DE TOUCHE, all. *Probirstein*, angl. *Touchstone*, ital. *Pietra di paragone*, marbre noir employé pour éprouver les métaux.

—— JECTISSES, all. *Wurfsteine*, angl. *Thrown stones (on a road)*, ital. *Gittate*. De grosseur moyenne, employées à faire des encaissements de grandes routes, de chemins et autres lieux.

—— MILLIAIRE, all. *Meilenzeiger*, angl. *Milestone*, ital. *Migliare*. Borne que les Romains plaçaient sur les grandes voies stratégiques et autres, où ils inscrivaient les distances d'un lieu à un autre. La première, placée à Rome sur le Forum, était le point de départ des distances. La pierre ou colonne milliaire s'élevait au-dessus du sol d'environ un mètre, et une inscription latine indiquait le nom de l'empereur qui avait fait construire ou réparer la route sous son règne. Venait ensuite l'indication numérique de la pierre, qui donnait ainsi la distance en *milles* de la ville où la route commençait. Les chiffres sont précédés des lettres M ou MP, *milliorum* ou *milliarium passum*.

PIERRE PERCÉE. Celle qui sert de cadre à un regard de fosse d'aisance, d'ouverture de puits, etc.

PIERRE SELON SES DÉFAUTS :

—— COQUILLEUSE , all. *Mit Muscheln und Löchern*, angl. *Containing shells and holes*, ital. *Con conchiglie e bucata.* Celle qui est garnie de coquillages et de petites anfractuosités.

—— DÉLITÉE, all. *Shwach, weich, sich spaltend*, angl. *without consistency, soft, which cleaves, splits*, ital. *Senza consistenza,* Celle qui a peu de consistance et qui se refend facilement.

—— EN DÉLIT, all. *Die Richtung eines Steines entgegengesetzt derjenigen welche er in der Grube hatte*, angl. *Laying out of his natural bed*, ital. *In letto diverso.* Celle qui n'est pas posée sur son lit, comme elle l'était dans la carrière.

—— FEUILLETÉE, qui se délite par feuilles ou feuillets, pompe l'humidité et de là sujette à être gelée.

—— GÉLIVE, all. *Dem Frost ausgesetzt*, angl. *Frostbitten*, ital. *Che, gela.* Qui ne peut être exposée aux intempéries de l'air sans se désagréger plus ou moins promptement et tomber en fragments ou en poussière. Ce sont surtout les variétés de pierre susceptibles de s'imbiber lentement d'eau que les gelées viennent surprendre avant qu'elle ait pu s'évaporer, et qui, augmentant alors de volume en se consolidant, fait éclater la masse.

—— GAUCHE, all. *Schiefgehauen*, angl. *Badly worked*, ital. *Malfatta.* Celles dont les faces ou parements ne sont pas droits en tous sens.

—— GRASSE, all. *Nicht fest, nicht gedrängt*, angl. *Slack, loose,* ital. *Porosa.* Peu serrée, pompant l'humidité et sujette à geler.

—— MOULINÉE, composée de grains grossiers peu serrés et sujette à se décomposer.

—— MOYÉE, all. *Mit weichen Adern*, angl. *With soft veins,* ital. *Tenera.* Avec des parties tendres en ses joints, qui causent des déchets considérables pour les enlever.

—— SOUPIER, all. *Der unterste Bruch, nicht zu gebrauchen,*

angl. *The lowest reef*, ital. *Cattiva*. Le banc le plus bas non susceptible d'être employé dans la construction.

PIERRÉE, s. f., all. *Steinerne Wassergang, Steingerinne*, angl. *Drain, Water-course*, ital. *Chissajuola*. Canal ou conduit souterrain qui, fait de pierres sèches avec aire de glaise dans le fond, sert à conduire les eaux, à les attirer, afin d'assainir ou sécher un lieu ou dessécher un marais.

—— CONSTRUCTION PAR, all. *Bau mit kleinen Materialien und Steinmörtel*, angl. *Rubble wall of small stones drowned in mortar*. C'est jeter pêle-mêle et sans ordre, mais cependant lit par lit, des cailloux ou des pierres grosses au plus comme les deux poings ; des caisses dont les dimensions sont proportionnées aux épaisseurs et hauteurs que doivent avoir les murs, sont disposées pour les recevoir. Cette maçonnerie est hourdée avec des mortiers différents, selon que sa construction se fait dans l'eau ou dans des lieux secs.

PIEU, s. m., all. *Pfahl, Grundpfahl*, angl. *Stake, post*, ital. *Pivolo*. Pièce de bois qui, ronde ou équarrie, enfoncée dans le sol, sert pour établir la palée d'un pont, d'un batardeau, ou à retenir les berges d'une rivière. Sert aussi à faire des pilotis.

PIGNON, s. m., all. *Giebel*, angl. *Gable-end, Gable*, ital. *Muro che termina in punta, e regge il colmo del tetto*. C'est le sommet ou la partie supérieure d'un mur, terminé en pointe où viennent aboutir les deux rampants d'un comble. Les anciens pignons en pierre du moyen âge étaient peu ornés ; ceux des églises étaient percés de roses ou de fenêtres ; leur rampant était garni d'un chaperon diversement profilé et orné d'un larmier. Durant la Renaissance, ils sont souvent à redents, disposition qui se prolonge jusque sous le règne de Louis XIII.

Quant aux pignons des maisons en bois ou en charpente, ils sont presque toujours établis en encorbellement et présentent fréquemment un arc ogival ou trilobé, au centre duquel se trouve une fenêtre cornée et souvent géminée. Il y a encore de beaux exemples de pignons ornés à Caen, à Rouen, à Abbeville, etc. ; en Angleterre : à Salisbury, au palais d'Eltham (Kent), à l'abbaye de Schrewbury, à Oxford, etc. Il y en a aussi quelques-uns dans le centre et le nord de l'Allemagne. Pugin a publié en 1839 un ouvrage sur les pignons : *Ornamental Wooden Gothic Gables*, in-4°.

—— A REDENTS, all. *Höher als der Giebel, steigt in Absätzen oder Stufen empor,* angl. *Higher than the ridge, with steps on both sides or Corbie-steps.* Celui qui, plus élevé que le toit, se termine en gradins.

PIGNON ENTRAPETÉ. Celui qui est élevé en manière de la coupe d'une mansarde.

PILASTRE, s. m., all. *Pfeiler, Stütze, Pilaster,* angl. *Pilaster,* ital. *Pilastro.* Support, pilier carré dans son plan, auquel on donne en hauteur les mêmes proportions et ornements qu'aux différents ordres dont il dépend.

—— ACCOUPLÉS, all. *Gekuppelte Pfeiler, welche auf einem gemeinschaftlichen Piedestal stehen,* angl. *Coupled pilasters,* ital. *Accoppiato.* Ceux qui sont disposés de deux en deux.

—— ANGULAIRE, all. *Eckpfeiler,* angl. *Angular,* ital. *Angolare.* Celui qui est placé à une encoignure.

—— ATTIQUE, all. *Ein Halbpfeiler,* angl. *Half Pilaster,* ital. *Mezzo Pilastro.* Celui qui a moins d'élévation que les ordres d'architecture.

—— BANDÉ, all. *Mit Binden oder Bossage,* angl. *With bonds or bossages,* ital. *Con fascie ovvero bozzi.* Avec des bossages intermédiaires qui comprennent quelques parties de la hauteur.

—— CANNELÉ, all. *Mit Aushölungen, kannelirt,* angl. *Channeled, fluted, chamfered,* ital. *Scanalato.* Orné de cannelures.

—— CINTRÉ, all. *An der äussern Fläche einer kreisförmig gebogenen Wand stehend,* angl. *Circular, placed on a circular surface,* ital. *Centinato.* Celui qui est circulaire dans son plan.

—— COUPÉ, all. *Durchschnitten,* angl. *Stopped, interrupted,* ital. *Interrotto.* Celui qui est interrompu par un imposte.

—— DE FER, all. *Pilaster an einem eisernen Gitterwerk,* angl. *Iron Pilaster,* ital. *Pilastro di ferro.* Assemblage de plusieurs montants et traverses supportant les travées ou compartiments d'une grille.

—— DE LAMBRIS, all. *Vorsprünge in einer Vertäfelung,* angl. *Wainscot-Pilaster,* ital. *Pilastro che ricorre intorno alle stanze.* Celui qui sépare les panneaux des compartiments d'un revêtement de menuiserie.

—— DE RAMPE, all. *Kleiner Pfeiler am Anfang eines Treppengeländers; überhaupt der Pfeiler eines Treppengeländers,* angl. *Pilaster of a staircase balustrade,* ital. *Pilastro d'una ba-*

laustrata di scala. Composé d'une base, d'un fût et d'un chapiteau; sert à séparer les cours d'une balustrade.

PILASTRE DE TREILLAGE, all. *Ein aus Latten zusammengeschlagener Pfeiler an Gartenlauben,* angl. *Pilaster in a lattice-work,* ital. *Pilastro con legname da pergola.* Liteaux assemblés en forme de pilastre, pour former des niches, pans de pavillon et autres.

—— DOUBLE, all. *Zwei zusammenstehende Pfeiler mit zusammenlaufenden Basen und Capitälern,* angl. *Coupled pilasters placed under the same capital and upon the same uninterrupted base,* ital. *Doppio.* Formé de deux masses de pilastres, dont les bases et chapiteaux se confondent.

—— ENGAGÉ, all. *Wandpfeiler,* angl. *Engaged in or backed against a wall,* ital. *Mezzo pilastro.* Celui dont un de ses côtés touche à un mur, à un corps quelconque.

—— EN GAINE DE TERME, all. *Oben stacrker als un ten,* angl. *Sheath-like,* ital. *Inguainàto.* Plus large au sommet qu'au pied.

—— FLANQUÉ, all. *Zwischen zwei andern stehend,* angl. *Flanked on both sides by another or half one's,* ital. *Fiancheggiato.* Accompagné de deux demi-pilastres, avec une petite saillie.

—— GRÊLE, all. *Hinter einer Saüle und von ihrer Dicke und Verjüngung,* angl. *Backing a column, and with its breadth and entasis.* Celui qui placé derrière une colonne, a sa largeur et sa diminution.

—— ISOLÉ, all. *Freistehend,* angl. *Isolated,* ital. *Isolato.* Celui qui ne touche à aucun corps.

—— LIÉ, all. *Mit einer Saüle durch irgend ein Simswerk verbunden,* angl. *Joined to a column by means of an astragal,* ital. *Fasciàto.* Qui tient à une colonne au moyen d'une baguette ou d'une moulure quelconque.

—— RAVALÉ, all. *Vertieft und mit dünnem Marmor bekleidet,* angl. *Hollowed to receive a thin marble slab, or other ornaments,* ital. *Arricciato.* A parement recreusé pour recevoir un placage de marbre ou d'autres ornements.

—— RUDENTÉ, all. *Dessen Kannelirung ein Drittel seiner Höhe mit Stäbchen ausgefüllt ist,* angl. *The flutings of which are filled in one third of the hight with perpendicular astragals,* ital. *Cannellata in basso.* Celui dont les cannelures sont pleines ou ornées de cylindres jusqu'à un tiers de leur hauteur ou jusqu'à une certaine hauteur.

PILE, s. f., all. *Steinerne Stütze, ohne alle architektonische Verzierung*, angl. *Pier*, ital. *Piliere, pilastro da ponti*. Massif de maçonnerie qui sert à porter l'arche d'un pont.

PILIER, s. m., all. *Pfeiler überhaupt*, angl. *Pillar, post, buttress*, ital. *Pilastro, piliere*. Support carré, massif de maçonnerie ou en pierre de taille, ordinairement de la forme cylindrique ou d'un prisme quadrangulaire, et destiné à soutenir les parties supérieures d'un édifice. Il est sans proportions. Lorsque dans les fondations d'un mur, on rencontre un mauvais terrain, on se contente d'élever des piliers de maçonnerie pour éviter la trop grande dépense. Le pilier sert aussi à porter les voûtes, soit dans l'architecture romaine, soit dans celle du moyen âge.

—— BOUTANT, all. *Strebepfeiler*, angl. *Buttress*, ital. *Contraforte, pilastro di rinforzo*. Massif de maçonnerie élevée pour contre-bouter une voûte, pour empêcher l'écartement, la poussée au vide.

—— CARRÉ, all. *Viereckiger Strebepfeiler*, angl. *A square buttress*, ital. *Pilastro quadrato*. Celui qui est carré dans son plan. Dans l'architecture romaine, il y avait des piliers carrés. Ce genre se continua dans la primitive architecture romane du xiᵉ siècle, mais alors commence une innovation, celle de garnir les faces lisses de colonnes engagées. Au xiiᵉ siècle cette disposition est changée, on voulait plus de richesse, plus de vie. Alors le pilier prend la forme de la croix grecque, et se cantonne dans les angles rentrants d'une colonnette engagée tout en conservant les quatre grosses colonnes qui ornent les quatre principales faces. Ensuite les colonnes secondaires d'angle se multiplient et le pilier en offre douze de grosseurs différentes. L'architecture française ogivale ou à tiers point, adopte le pilier roman, mais multiplie tellement les colonnes engagées, qu'elle transforme le pilier en un faisceau de colonnettes dont les bases s'élèvent sur une espèce de piédestal articulé : elle conserve souvent les arêtes qui séparaient leurs fûts, mais les fait alterner avec des gorges et des échancrures profondes. Au xvᵉ siècle, les piliers n'ont plus cette fermeté, cette solidité et cette élégance des styles antérieurs ; ils se couvrent d'arêtes prismatiques ou en forme de poire, leur base forme des faisceaux bizarrement profilés à des niveaux différents. A la fin de l'époque dite du flamboyant, les moulures disparaissent des piliers, et ils redeviennent cylindriques et d'une monotonie ennuyeuse.

PILONNER, v. a., all. *Erde stampfen*, angl. *To ram the earth, the soil*, ital. *Damare*. C'est dans la construction d'un mur en fondation, opérer le tassement artificiel qu'on fait subir aux terres à mesure de l'exécution de ce mur.

PILORI, s. m., all. *Drillhäuschen; eine Art Pranger in Frankreich und Italien*, angl. *Pillory*, ital. *Berlina, gogna*. Petit bâtiment en manière de lanterne, exhaussé sur un soubassement élevé, et dans les baies de laquelle se trouvaient deux madriers, ayant chacun une échancrure semi-circulaire et qui, en se juxtaposant verticalement, formaient un trou rond, où l'on passait le cou des condamnés qui devaient subir cette peine. Le pilori était encore un simple poteau où l'on attachait le criminel au moyen d'un cercle de fer et une chaîne, sorte de collier.

PILOTAGE, s. m., all. *Pfahlrost*, angl. *Pile-work*, ital. *Palificato, Palizzata*. Ouvrage exécuté en pilotis.

PILOTER, v. a., all. *Pfähle einrammen*, angl. *To drive in piles*, ital. *Palificare*. Enfoncer des pilotis pour resserrer le sol sur lequel on veut bâtir une maison, un édifice, avec la sonnette, un engin quelconque, etc.

PILOTIS, s. m., all. *Rostpfahl*, angl. *A pile, a stake*, ital. *Palo da far palafitte*. Pièce de bois cylindrique ou équarrie affûtée par le bas, armée d'une pointe en fer au bas-bout, frettée d'un cercle de fer à son sommet ou couronne. Enfoncée dans le sol, elle le resserre et donne de la solidité nécessaire à la construction que l'on veut élever au-dessus.

PINACLE, s. m., all. *Kleines Helmdach*, angl. *Pinnacle*, ital. *Pinacolo*. Petite pyramide à nombre de pans ou côtés indéterminé qui couronne un contrefort, un pilier-boutant dans l'architecture des XIIIe, XIVe et XVe siècles.

PINACOTHÈQUE, s. m., all. *Pinacothek, Bildergallerie, Bildersammlung*, angl. *Picture-gallery*, ital. *Pinacoteca, Galleria di pitture*. Bâtiment ou salle destiné à la conservation de tableaux et de dessins. Celle de Munich est remarquable ; elle fut bâtie par l'architecte de Klenze de 1826 à 1832.

PIQUER, v. a., all. *Betüpfen*, angl. *To work the face of a stone with the point*, ital. *Scarpellare pietre*. Faire des parements à une pierre avec la pointe d'un marteau; tracer des pièces de bois avec le traceret, pour les tailler ou façonner.

PIQUEUR, s. m. all. *Bauaufseher, Parlirer, Polirer*, angl. *Surveyor, Overseer*, ital. *Soprastante*. Chef ouvrier, maître compagnon dans un atelier, qui note les matériaux reçus ou enlevés, qui marque les journées des ouvriers. Le chef en second est nommé *chasse-avant*.

PISCINE, s. f., all. *Wasserbehälter, Wasserbecken*, angl. *Piscina*, ital. *Piscina*. Réservoir d'eau. Grand bassin au milieu du balneum ou bain d'eau chaude dans les thermes des Romains. Aussi cuvette d'une crédence; grande cuve de formes diverses dans laquelle on plongeait les néophytes en les baptisant.

PISÉ, s. m. all. *Erdbaustoff*, angl. *A species of walling, used in France, made of stiff earth or clay rammed in between moulds as it is carried up*, ital. *Costruzione di creta*. Maçonnerie en terre pilonnée, exécutée dans des moules sur place.

PISTON, s. m., all. *Kolben*. angl. *The sucker or embolus of a pump*, ital. *Stantuffo*. Partie de cylindre garnie de cuir disposée dans un tuyau de pompe, en sorte qu'en le retirant et le refoulant, on comprime l'eau et on la force de remonter à volonté.

PIVOT, s. m., all. *Der eiserne Zapfen an dem Laufer eines Thorflügels welcher sich in einer eisernen Pfanne bewegt*, angl. *Pivot, stud or small pin on which any thing turns*, ital. *Perno*. Morceau de métal arrondi, tournant sur une crapaudine, placé au bas des vantaux d'une porte, sert à la supporter et à la faire mouvoir.

PLACAGE, s. m., all. *Die ein oder ausgelegte Holzarbeit*, angl. *Inlaying, veneering*, ital. *Tarsia, Impiallacciatura*. Feuille mince de bois précieux, adaptée au moyen de colle forte sur des panneaux, chambranles et autres ouvrages de menuiserie, d'ébénisterie.

PLACARD, s. m., all. *Zierliche Verkleidung über einer Thür*, angl. *Jib door*, ital. *Telajo d'una sopraporta*. Espèce d'armoire pratiquée dans une pièce, tant pour l'utilité que pour la décoration. On en fait de *doubles*, de *cintrés* et de *feints*. Ces derniers ne servent dans un revêtement que pour la symétrie.

PLACE, s. f., all. *Platz, Bauplatz*, angl. *Place, space, room*, ital. *Piazza, Luogo*. Local où l'on veut bâtir; lieu, espace.

PLACE PUBLIQUE, all. *Oeffentlicher Platz*, angl. *Public place*,
ital. *Piazza pubblica*. Lieu qui sert de réunion, de rassemblement au public; halle, marché; place devant un palais, une
église, un hôtel de ville.

PLAFOND, s. m., all. *Die Decke eines Saales, eines Zimmers, das Deckenstück, das Deckengemälde*, angl. *The ceiling,
inner roof*, ital. *Soffitta, cielo*. Face inférieure d'un plancher supérieur d'une salle, d'une pièce, d'une chambre, enduite d'une couche de plâtre, ou autre substance, sur lattis
jointif.

—— DE CORNICHE. C'est le dessous du larmier d'une corniche d'entablement, quelquefois enrichi de sculpture.

—— DE PEINTURE, all. *Gemalte Decke*, angl. *Painted ceiling*,
ital. *Dipinto*. Celui qui est orné de compartiments de peinture. Les plafonds chez les Grecs de l'antiquité ont d'abord été
construits en bois, plus tard en dalles de pierre ou de marbre,
laissant des champs creux, d'où sont venus les caissons. Des
murs de la cella du temple à l'architrave supportée par les
colonnes, étaient placées des poutres en marbre, dans l'intervalle desquelles on plaçait des dalles également de marbre et
avec des champs refouillés. L'extrémité des poutres était ornée
avec un triglyphe.

Chez les Romains, les plafonds étaient horizontaux, plats,
ou voûtés. Les plafonds plats étaient construits en bois et ornés
de champs refouillés, nommés Laquearia. Souvent aussi les
plafonds voûtés en cylindre étaient enrichis de caissons, ornés
d'une rosace dorée. Quelquefois ils étaient lisses et peints.

Durant le moyen âge il y avait beaucoup de plafonds horizontaux, dont les solives et les poutres étaient apparentes et
richement peintes et dorées. Les entrevous étaient peints en
azur. On voit encore de beaux plafonds plats dans les cathédrales d'York et de Winchester.

PLAFONNER, v. a., all. *Die Decke eines Zimmers bekleiden
oder verzieren*, angl. *To ceil, to make a ceiling*, ital. *Ornare,
abbellir il soffitto, la volta d'una stanza*. Faire un plafond.

PLAIN-PIED, s. m., all. *Ebenen Fusses*, angl. *On the same
floor*, ital. *In piano*. Se dit de plusieurs pièces, dont le sol, les
planchers ou les aires sont au même niveau.

PLAN, s. m., all. *Grundriss, horizontaler Bauriss*, angl.
Plan, horizontal section of a building, ital. *Pianta*. Représenta-

tion horizontale des principales dispositions d'un ouvrage, d'une construction, en figurant les masses solides par des tons plus ou moins foncés. C'est la section horizontale supposée faite à une certaine distance du sol, du rez-de-chaussée, du plancher des divers étages, en indiquant les parties solides et les vides, comme par exemple les murs, les colonnes, les pilastres, les pans de bois, les cloisons, etc., en montrant leurs épaisseurs, leurs longueurs et leur position, les dimensions des pièces ou chambres, l'endroit des portes et des fenêtres, etc., comment ces pièces communiquent entre elles, etc., etc. Le plan est fait au compas et à l'équerre, avec une échelle de proportion.

PLAN GÉOMÉTRAL, all. *Geometrischer*, angl. *Geometrical*, ital. *Geometrica*. Celui qui est dessiné ou tracé d'après des mesures données, prises et rapportées exactement.

—— PERSPECTIF, all. *Perspectivisch, fernscheinig*, angl. *Perspective, optical*, ital. *Prospettiva*. Figuré en perspective d'après les règles de cet art.

PLANCHE, s. f., all. *Ein Brett, eine Bohle*, angl. *A board more than four inches in breadth and not more than two inches and a half in thickness*, ital. *Tavola, Asse*. Toute pièce de bois refendue depuis 0ᵐ,067 jusqu'à 0ᵐ,054 d'épaisseur sur des longueurs et des largeurs indéterminées.

—— DE JARDIN, all. *Gartenbeet*, angl. *Garden-bed*, ital. *Tavolato*. Espace garni de légumes, entouré ou bordé quelquefois d'herbes potagères.

PLANCHÉIER, v. a., all. *Dielen, brettern, bohlen, mit Dielen oder Brettern belegen; ausschalen, beschalen*, angl. *To lay a floor, to board*, ital. *Intavolare*. Couvrir de planches, jeter un couvert de planches sur une face ou sur une surface quelconque.

PLANCHER, s. m., all. *Der Boden, der Fussboden, auch die Decke eines Zimmers*, angl. *The floor, the bottom of a room*, ital. *Palco, Pavimento incrostato*. Partie basse horizontale d'une salle, d'une pièce, d'une chambre; se dit aussi de la partie haute d'une chambre, mais qu'il ne faut pas confondre avec le plafond qui n'en est qu'une partie.

—— DE PLATE-FORME, all. *Bohlendecke, Schwellen eines Pfahlrostes*, angl. *Planking*, ital. *Palco di battuto*. Exécuté en madriers posés sur un grillage, sur lequel on appuie les premières assises d'une maçonnerie de pont ou autres constructions quelconques.

PLANCHER OURDI. Formé de soliveaux, avec des planches posées de l'un à l'autre, retenues par des liteaux clavés, garni ensuite de plâtras, merrains, etc., pour recevoir un carrelage par-dessus.

—— TAMPONNÉ. L'espace compris entre les soliveaux et garni d'une maçonnerie légère.

PLANCHETTE, s. f., all. *Das Brettchen, der Messtisch*, angl. *A little board, the theodolite*, ital. *tavoletta*. Petite planche ; se dit aussi d'un instrument de mathématique en forme de petite table, destiné à lever des plans.

PLANIMÉTRIE, s. f., all. *Die Flächenmessung*, angl. *Planimetry*, ital. *Planimetria*. Art de mesurer les surfaces planes.

PLANTER UN BATIMENT, v. a., all. *Die Grundmauern eines Baues legen in gleicher Höhe und bis zur Erdoberfläche*, angl. *To bring up the foundations of a building to the level of the soil*, ital. *Fondare*. En jeter les fondements en les arasant à la hauteur du sol. On dit aussi planter des pieux, des pilotis, all. *Pfähle einrammen*, angl. *To drive in piles*, ital. *Palizzata;* les enfoncer avec une sonnette, un engin, etc., jusqu'au refus de la hie ou du mouton.

PLAQUE, s. f., all. *Platte, Plättchen*, angl. *A plate of metal, a marble slab*, ital. *Grondaje di pietra, di marmo, di metallo*. Table en pierre ou en métal qui sert à faire des foyers, des contre-feux, etc., et qui sert encore à d'autres usages.

PLAQUER, v. a., all. *Belegen, bekleiden, überziehen*, angl. *To inlay, to variegate wood*, etc., ital. *Incrostare*. Adapter avec art sur les ouvrages de menuiserie et d'ébénisterie des feuilles minces de bois précieux.

PLASTRON, s. m., all. *Bruststück*, angl. *Breast, breast-plate*, ital. *Piastra*. Sorte de cuirasse qui ne couvre que le devant et le haut du corps; sert d'ornement dans les décorations de trophées et d'armoiries.

PLATE-BANDE, s. f., all. *Thür-oder Fensterfutter, innere Fensterbekleidung*, angl. *Platband, the lintel of a door or window*, ital. *Fascia*. Fermeture carrée qui sert de linteau à une porte ou à une fenêtre, faite d'une pièce ou de plusieurs claveaux dont le nombre doit être impair, afin qu'il y en ait un au milieu qui serve de clef.

PLATE-BANDE ARASÉE. Dont les claveaux sont à têtes égales en hauteur et ne font pas liaison avec les assises du dessus ; dont les claveaux sont *extradossés* (voyez ce mot).

—— BOMBÉE et RÉGLÉE. C'est le linteau d'une porte ou d'une fenêtre qui est bombé dans l'ébrasure ou dans le tableau et droit en son profil.

—— DE FER, all. *Eine eiserne Schiene, welche unter den Sturz eines steinernen Fenstergewandes gelegt wird*, angl. *Iron platband*, ital. *Fascia di ferro*. Morceau de fer méplat encastré sous les claveaux d'un arc, pour en diminuer la poussée.

PLATÉE, s. f., all. *Die Grundmauer unter einem ganzen Gebäude*, angl. *The foundation under the whole building*, ital. *Platea*. Massif de fondement qui comprend toute l'étendue d'une construction.

PLATE-FORME, s. f., all. *Terrasse in einem Garten, ein freier offener Platz vor einem Gebäude, ein flaches Hausdach, ein Söller*, angl. *Platform*, ital. *Battuto, Piatta forma*. Élévation de terre dans un jardin, un parc. Couvert d'un bâtiment en forme de terrasse, dont l'aire est d'asphalte, en dalles ou en plomb, zinc, etc.

—— DE COMBLE, all. *Saumschwelle, Setzsohle, Spannrahmen*, angl. *Pole-plate*, ital. *Suolo di travicelle*. Pièces refendues assemblées par des entretoises et sur lesquelles reposent les abouts des chevrons. On les nomme *sablières* quand elles sont étroites.

—— DE FONDATION, all. *Die Schwellen eines Pfahlrosts, eines Grundbaues, die Bohlendecke*, angl. *The timber platform in planking ; the timber pieces laid across the foundation*, ital. *Palificato*. Pièces de bois équarries disposées en grillage et posées sur un pilotis.

PLATRAS, s. m., all. *Das alte abgefallene Stück Gyps*, angl. *Rubbish, old dry plaster*, ital. *Calcinaccio*. Vieux morceaux de plâtre tirés d'une démolition, employés de nouveau dans les constructions nouvelles.

PLATRE, s. m., all. *Gyps*, angl. *Plaster, plaster of Paris*, ital. *Gesso*. Pierre gypseuse, composée d'acide sulfurique de chaux et d'une eau de cristallisation ; étant calcinée et réduite en poudre, mêlée avec de l'eau, s'emploie dans les maçonneries, plafonds, gipes et autres constructions légères.

—— BLANC, all. *Weisser Gyps*, angl. *White plaster*, ital. *Gesso bianco.* Celui qui est dépourvu de charbon, celui qui a été râblé, c'est-à-dire dont on a ôté le charbon dans la plâtrière.

PLATRE ÉVENTÉ, all. *Verdünstet*, angl. *Evaporated, fumed away*, ital. *Sventato.* Celui qui, pulvérisé et exposé à l'air, a perdu sa force et ne fait que de mauvais ouvrages.

—— GRAS, all. *Feist, fettig, stark*, angl. *Strong, easily employed, soon hard*, ital. *Gesso dolce.* Celui qui ayant eu une cuisson convenable est doux à manier, facile à employer, durcit de suite et fait de bonnes liaisons.

—— GRIS, all. *Grau*, angl. *Gray*, ital. *Gesso grigio.* Celui qui n'a pas été râblé, dont on n'a point ôté le charbon.

—— GROS, all. *Grob*, angl. *Common, rough, not sifted*, ital. *Grossolano.* Employé comme il vient du four de la plâtrière, et dont on se sert pour *épigeonner.*

—— NOYÉ, all. *Gebadet, getränkt mit zu viel Wasser*, angl. *Gauged or mixed with too much water*, ital. *Innacquato.* Celui qui, délayé avec beaucoup d'eau, durcit lentement, sert à couler les joints au moyen d'une fiche.

—— SERRÉ, all. *Mit wenig Wasser gemengt*, angl. *Mixed with little water, gauged stiff*, ital. *Con poc' acqua.* Gâché avec peu d'eau, sert à souder et serrer les bras de force, les étais, tables de marbre que l'on travaille, et autres menus ouvrages.

—— VERT, all. *Zu wenig gebrannt, erhärtet, schwer, sich leicht auflösend, untauglich*, angl. *Not calcinated sufficiently, without hardness, tenacity and solidity*, ital. *Malcotto.* Peu cuit, sans consistance.

PLATRERIE, s. f., all. *Gypswerk*, angl. *Plaster-work*, ital. *Opera di gesso.* Ouvrage exécuté en plâtre.

PLATRIÈRE, s. f., all. *Gypsgrube, Gypsbruch*, angl. *Plaster-quarrie*, ital. *Cava delle pietre da gesso.* Carrière d'où l'on extrait et où l'on fabrique le plâtre en le calcinant.

PLEIN, s. m., all. *Masse, das Volle*, angl. *Massiness*, ital. *Pieno, massa.* On dit le plein d'un mur pour en exprimer le massif.

PLEIN CINTRE, s. m., all. *Voller Halbbogen*, angl. *Semicircular arch*, ital. *Arco, volta semi-circolare.* Arc ou voûte formé d'un demi-cercle. Cette dénomination a été donnée d'abord à l'architecture antérieure au style ogival; aujourd'hui on lui a substitué le nom de *roman.*

PLI, s. m., all. *Einbiegung in einer Mauer*, angl. *A crease in a wall,* ital. *Piega.* C'est l'effet contraire du coude dans la continuité d'un mur.

PLINTHE, s. f., all. *Plinthe, Tafel, das unterste viereckige einer Tafel oder Platte gleichende Glied, worauf eine Säule steht,* angl. *Plinth,* ital. *Plinto.* Table carrée sous les moulures des bases d'une colonne ou d'un piédestal.

—— ARRONDIE, all. *Rund im Grundriss,* angl. *Circular in plan,* ital. *Circolare.* Celle qui étant posée a son plan circulaire.

—— DE MUR OU CORDON, all. *Mauerband, Band einer Mauerkappe,* angl. *Course of a plinth, course beneath the coping of a wall,* ital. *Cordone.* Sert à marquer l'élévation des planchers ou étages, le chaperon d'un mur de clôture et le larmier d'une souche de cheminée.

—— DE SOUBASSEMENT. Bandeau placé pour servir de base à une hauteur d'appui.

PLOMB, s. m., all. *Blei,* angl. *Lead,* ital. *Piombo.* Métal trèspesant, d'un blanc bleuâtre, aisé à fondre, mou, ductile. Il n'est ni sonore ni élastique ; il entre en fusion à la température de 322° centigrades; à l'air il perd promptement son éclat. L'eau de pluie étant prise pour 1, le poids spécifique du plomb est égal à 11,352. Le mètre cube de plomb pèse 1515 kilogrammes. Ce métal, connu de toute l'antiquité, sert à couvrir des bâtiments, des terrasses, des chéneaux, à des scellements de gonds, happes, etc.

—— DE VITRES OU DE VITRAUX, all. *Karniesblei,* angl. *The lead used in fretwork or ornamental part of lead-light work,* ital. *Piombo da vetri.* Lanières de plomb ayant de chaque côté une rainure dans laquelle s'adaptent les morceaux de verre qui, par leur assemblage, constituent un vitrail.

—— D'OUVRIER, all. *Bleiloth, Loth,* angl. *Plummet,* ital. *Archipenzolo.* Petit disque épais, tant soit peu conique, ouvert au milieu, où se trouve une croix à trois branches en cuivre ou en fer. Le centre de cette croix, identique à celui du disque, a une petite ouverture dans laquelle passe une ligne en ficelle ou en fouet, terminée par un nœud qui la retient. Sert à poser un objet quelconque d'aplomb.

PLOMBER, v. a., all. *Das Bleiloth gebrauchen,* angl. *To make use of the plummet,* ital. *Piombare.* Se servir du plomb d'ouvrier. Se dit aussi des scellements de gonds, happes, etc., exécutés en plomb.

PLOMBERIE, s. f., all. *Bleigiesserei, Bleiarbeit*, angl. *Lead-kiln, leadwork*, ital. *Arte di struggere e lavorare il piombo*. Art de fondre, fabriquer et employer le plomb : ouvrages en plomb.

PLUMÉE, s. f., all. *Die Kanten eines Steins gerade behauen um ein Lineal daran legen zu können und den Stein zurichten*, angl. *To straighten the edges of a stone with a tool so as to make it fit to be planed, polished*, ital. *Scalfire la pietra*. Pratiquer une plumée, c'est dresser à la règle et à l'outil les angles ou bords d'un parement d'une pierre pour la dégauchir.

—— OU GOUTTIÈRE, all. *Aushöhlung eines Steines*, angl. *Excavation on the surface of a stone, gutter*, ital. *Grondaja di pietra*. Excavation dans une pierre.

POCHER, v. a., all. *Die Mauern auf einem Plan angeben, mit Farbe überziehen*, angl. *To shadow a plan, a section, etc.*, angl. *Macchiare i muri*. Etendre des couleurs sur les parties massives dans un plan, dans une coupe ou un profil.

PODOMÈTRE, s. m., all. *Der Wegemesser*, angl. *Pedometer*, ital. *Odometro*. Instrument servant à compter le nombre de pas faits par une personne ou les révolutions de roues quelconques.

POÊLE, s. m., all. *Ofen, der Stubenofen*, angl. *A stove*, ital. *Stufa*. Construction en carreaux de faïence, ou briques et en terre ou en métal, dans laquelle on brûle du bois, de la tourbe, du charbon, du coke, etc., et destinée à chauffer un lieu quelconque.

POINÇON, s. m., *Giebelsäule, Hängesäule*, angl. *King-post*, ital. *Monaco, Punteruòlo*. Pièce de bois posée au milieu et verticalement dans un assemblage de charpente contre laquelle les arbalétriers viennent contre-bouter.

POINT, s. m., all. *Punkt*, angl. *Point*, ital. *Punto*. Ce qui n'a point d'étendue.

—— D'APPUI, all. *Ruhepunkt, Stützpunkt*, angl. *Basis, Support*, ital. *Appogio, Sostegno*. Lieu solide où l'on appuie un levier pour faire abattage.

—— D'ASPECT, all. *Schaupunkt, Schepunkt*, angl. *Point of sight*, ital. *Punto di vista*. Lieu où l'on se place pour examiner un objet quelconque, un bâtiment, etc., qui doit être au moins à la hauteur de la distance de l'édifice ou à 45 degrés.

POINT CENTRAL, all. *Mittelpunkt*, angl. *Centre*, ital. *Centro, mezzo*. Celui du milieu d'une figure régulière ou non, comme le point de section des deux diagonales d'un carré, d'un parallélogramme, d'un rhomboïde, etc.

—— COURANT, allongé, destiné à marquer les sillons dans un dessin.

—— DE NIVEAU, all. *Ende der Horizontallinie mit dem Auge gezogen*, angl. *The end of an horizontal line drawn by the eye*, ital. *Punto del livello*. Extrémité de la ligne horizontale visée avec l'œil.

—— D'INTERSECTION, all. *Durchschnittspunkt*, angl. *Intersection*, ital. *Intersezione*. Le lieu, le point où deux lignes se coupent.

POINT DE DISTANCE, s. m., *Distanzpunkt*, angl. *Point of distance*, ital. *Punto orizzontale*. Celui qui en perspective est toujours de niveau à l'œil qui se porte à droite et à gauche du point de vue ; sert à marquer le raccourcissement apparent mis en perspective, relativement au point opposé au point de vue.

POINT DE VUE, s. m., *Augenpunkt*, angl. *Point of sight*, ital. *Punto di vista*. C'est en perspective le point opposé à l'œil où tous les rayons visuels vont aboutir en rencontrant la ligne horizontale, toujours de niveau avec l'œil.

POINTAL, s. m., all. *Polzen, Stempel*, angl. *Any piece of timber to support or to prop*, ital. *Puntello, sostegno*. Toute pièce de bois ou de charpente destinée à servir d'étais ou de supports.

POINTE, s. f., *Spitze, Ende*, angl. *Point, end, extremity*, ital. *Punta, estremita*. Extrémité d'angle, de comble, de clocher, d'obélisque, de môle, etc.

—— DE PAVÉ. La plus forte élévation du bombement d'une chaussée pavée.

POINTER, v. a., all. *Stechen, punktiren, abstechen*, angl. *To stick, to dot, to point*, ital. *Punteggiare*. Rapporter les traits, profils et figures de l'épure ou du plan sur des panneaux ou morceaux de carton avec des pointes d'instrument.

POINTILLER, v. a., all. *Punkte machen*, angl. *To dot, to*

point, ital. *Punteggiare*. Faire des points sur un dessin avec le crayon, la plume, le pinceau.

POITRAIL, s. m., all. *Brustriegel, die Schwelle oder der Hauptbalken auf einem Mauerwerke, worauf das andere Holzwerk ruht : der Querbalken über einer Thür, das Blattstück*, angl. *Breast-summer*, ital. *Spranga per sostegno di un'apertura*. Pièce de bois de forte dimension placée au sommet d'une baie d'une longueur considérable et posant sur des piles de pierre ou jambes étrières.

POLYÈDRE, s. m., all. *Das Vieleck*, angl. *Polyedron*, ital. *Poliedro*. Corps solide régulier ou non, ayant plusieurs faces égales et proportionnelles entre elles.

POLYGONE, s. m., all. *Vielseitig, vieleckig*, angl. *Polygon*, ital. *Poligono*. Figure plane régulière ou non, ayant plusieurs angles et plusieurs faces ou côtés ; prend des noms distincts selon le nombre de ses faces.

POMME DE PIN, s. f., all. *Tannzapfen*, angl. *Pine apple*, ital. *Pina*. Ornement taillé en forme d'olive, placé en amortissement sur le sommet d'un piédestal ou aux angles des denticules d'une corniche des ordres antiques.

POMPE, s. f., all. *Pumpe*, angl. *Pump*, ital. *Pompa*. Machine combinée et destinée à élever de l'eau. Elle peut se mouvoir par le vent, l'eau, la vapeur et autres moteurs. Il y en a de différentes espèces :

—— ASPIRANTE, all. *Saugpumpe*, angl. *Liftpump*, ital. *Aspirante*. Elle a deux soupapes qui se trouvent dans le tuyau de pompe, qu'on plonge dans le réservoir où l'on veut puiser. Elle élève l'eau à environ dix mètres de hauteur, suivant la pesanteur de l'air qui en est le principe.

—— MIXTE. Celle que l'on met en usage par la combinaison des procédés aspirants et refoulants.

—— REFOULANTE, all. *Drückpumpe*, angl. *Forcing-pump*, ital. *Deprimente*. Dont le piston et sa soupape sont plongés dans le réservoir et dont le tuyau montant est placé à côté du corps de la pompe.

—— SOULEVANTE. Composée d'un tuyau où se trouve un piston garni d'une soupape et d'un étrier qui élève et comprime l'eau au-dessus de la soupape et successivement au sommet de son tuyau de conduite.

PONCEAU, s. m., all. *Eine kleine Brücke*, angl. *small bridge*, ital. *Ponticello.* Petit pont d'une arche qui sert à traverser un ruisseau, un fossé, etc.

PONT, s. m., all. *Eine Brücke*, angl. *A bridge*, ital. *Ponte.* Construction en pierre, bois, fil de fer, fer, servant à établir une communication directe et facile entre deux points séparés par un espace quelconque, comme rivière, vallée, ravin, ruisseau, route, chemin de fer, etc.

——— A BASCULE, all. *Drehbrücke*, angl. *Drawbridge*, ital. *Ponte ad altalena.* Celui qui tourne horizontalement s ur un essieu.

——— A COULISSE. Celui qui se glisse dans œuvre pour franchir un petit espace.

——— DE BOIS, all. *Holzbrücke*, angl. *Timber-bridge*, ital. *Ponte di legno.* Il est construit avec des palées en bois, ou piles en pierre, avec travées en charpente d'assemblage, ou avec longerons. Quelquefois couvert.

——— DE PIERRE, all. *Steinbrücke*, angl. *Stone-bridge*, ital. *Ponte di pietra.* Celui dont l'ensemble et les détails sont construits en pierre de taille.

——— DORMANT, all. *Feststehende Brücke*, angl. *Immovable bridge*, ital. *Ponte fisso.* Fixe dans un lieu quelconque; se dit des ponts des places de guerre.

———LEVIS, all. *Zugbrücke*, *Fallbrücke*, angl. *Drawbridge*, ital. *Ponte levatojo.* Celui qui est construit de pièces de charpente et de madriers; étant baissé, sert à passer un fossé et à fermer une porte étant levé; pratiqué dans les villes de guerre.

——— TOURNANT. Celui qui se meut sur un pivot, angl. *Swing bridge.*

——— VOLANT, all. *Fliegende oder Gierbrücke*, angl. *Flying-bridge*, ital. *Ponte volante, mobile.* Celui qui est construit pour ne servir que temporairement, et qui est construit de madriers, de poutres, de tonneaux, de pontons ou de bateaux, etc.; l'ensemble fixé à un câble traversant la rivière, ou à des pilotis enfoncés à cet effet. Pratiqué par une armée.

PORCELAINE, s. f., all. *Porcellan*, angl. *China, porcelain*, ital. *Porcellana.* Terre de Chine et du Japon, employée pour la céramique et autres usages.

PORCHE, s. m., all. *Halle, Vorhof*, angl. *Porch, portico*, ital. *Portico, atrio.* Espace couvert, ouvert sur un ou plusieurs côtés, orné de colonnes isolées avec entablement et fronton. Le porche est situé devant un temple, une église, un palais ou autre monument public. Le Parthénon d'Athènes, les autres temples grecs et ceux de Rome et du reste de l'Italie, ont des porches, nommés *Pronaos.* Les anciennes basiliques avaient des porches. Plusieurs églises romanes et ogivales ont aussi des porches, par exemple, Notre-Dame de Noyon (il est du xive siècle), Notre-Dame et Saint-Michel de Dijon ; en Angleterre, il en existe de romans à Southwell, dans le Nottinghamshire, à Malmesbury, dans le Wiltshire ; il y en a d'autres aux cathédrales de Wells, de Salisbury et de Lincoln. En Allemagne, nous citerons ceux de la cathédrale de Ratisbonne, d'Ulm, de Notre-Dame de Nuremberg, de l'église d'Essen.

PORPHYRE, s. m., all. *Porphyr*, angl. *Porphyry*, ital. *Porfido.* Roche remplie de cristaux disséminés, tantôt d'orthose, tantôt d'albite, quelquefois d'autres espèces, qui forment sur la pâte des taches parallélogrammiques. On distingue les porphyres par la couleur de leur fond : il y en a de bruns, de rouges, de roses, de verts, de noirs, etc. Dans l'ancienne Égypte, les monuments du culte seuls étaient élevés en porphyre : les palais et autres édifices profanes étaient construits en pierre ou en grès. Il y a dans le Mecklembourg un magnifique porphyre à fond noir, aux veines blanches, grains d'or et taches violettes.

PORT, s. m., all. *Hafen*, angl. *Port, harbour*, ital. *Porto.* Lieu près de la mer ou d'un fleuve, ou d'une rivière où abordent les vaisseaux et où ils s'abritent des tempêtes et des vagues. Dans l'antiquité les ports du Pirée en Grèce, d'Alexandrie, d'Ostie étaient surtout célèbres. Le Pirée fut établi par Thémistocle et relié à Athènes par des murs.

PORTAIL, s. m., all. *Portal, Prachtthür, Vorderseite (hauptsächlich des Westens) einer Kirche*, angl. *Portal, front of a church*, ital. *Porta maestra.* Façade décorée d'architecture qui sert d'entrée principale à un édifice public, surtout à une église. Ceux de Reims, d'Amiens, de Lyon, etc. En Angleterre, ceux de York, de Salisbury, de Lincoln, de Peterborough, de Wells, etc. En Allemagne, ceux de Cologne, de Ratisbonne, de Fribourg, etc. On se sert aussi de cette expression pour désigner la porte ou entrée principale d'une église.

PORTE, s. f., all. *Thür*, angl. *Door, entrance*, ital. *Porta uscio.* Ouverture de forme et de dimension diverses, donnant accès à un lieu. Se dit aussi d'une fermeture en fer, en bronze ou en bois.

PORTE BIAISE, all. *Schiefe, schräge,* angl. *Sloped,* ital. *Obbliqua.* Celle dont les angles et les tableaux des jambages ne sont pas à angle droit sur l'alignement de la façade extérieure.

—— COCHÈRE, all. *Der Thorweg durch welchen man fahren kann,* angl. *A large door or gateway,* ital. *Porta da carrozza.* Celle qui est carrossable, a plus de deux mètres de largeur.

—— DE DÉGAGEMENT, all. *Nebenthür,* angl. *Door in a passage,* ital. *Porta di disimpegno.* Porte de petite ou de moyenne dimension par où l'on communique d'une pièce dans une autre sans passer par les portes principales.

—— DE DERRIÈRE, all. *Hinterthür,* angl. *Back-door,* ital. *Porta posteriore.* Celle qui est établie sur une façade postérieure.

—— DE DEVANT, all. *Vorderthür,* angl. *Street-door,* ital. *Porta d'avanti.* Celle qui est établie sur la façade principale d'un bâtiment.

—— DE FAUBOURG, all. *Thür einer Vorstadt,* angl. *Gateway in a suburb,* ital. *Porta di soborgo.* Celle qui est établie à l'entrée d'un faubourg.

—— D'ENFILADE, all. *Eine derjenigen in einer Linie angelegten,* angl. *One of a range of chambers on the same line,* ital. *Porta in fila.* Celle qui dans plusieurs pièces d'un appartement se trouve parmi celles qui sont alignées sur un même axe.

—— DE VILLE, all. *Stadtthor,* angl. *Door of a town, of a city,* ital. *Porta di citta.* Celle par où l'on entre et sort d'une ville.

—— ÉBRASÉE, all. *Deren Pfosten äusserlich zugeschrägt sind,* angl. *Whose side posts are slanted or bevelled externally,* ital. *Porta strombata.* Celle dont les angles extérieurs de jambages sont taillés en pans.

—— EN TOUR CREUSE, all. *Aus einem Thurm führend,* angl. *Opened in a tower, a steeple,* ital. *Porta che si apre al di dentro d'una torre.* Celle qui est ouverte de l'intérieur d'une tour.

—— EN TOUR RONDE, all. *In einen Thurm führend,* angl. *Opened to a tower,* ital. *Porta esterna d'una torre.* Celle par laquelle on pénètre dans l'intérieur d'une tour.

PORTE FENÊTRE, all. *Fensterthür*, angl. *Door-window*, ital. *Porta finestra*. Celle dont la baie part du niveau de l'aire ou du plancher où elle est pratiquée.

—— LATÉRALE, all. *Seitenthür*, angl. *Side door*, ital. *Porta laterale*. Celle qui est pratiquée sur une façade de côté.

—— RAMPANTE, all. *Ansteigende*, angl. *Rampant*, ital. *Porta montante*. Celle dont les naissances de l'arc formant le sommet, ne sont pas sur un même niveau.

—— SURBAISSÉE, all. *Mit gedrückten Stürz-Bogen*, angl. *With a depressed arch*, ital. *Porta schiacciata*. Celle dont le sommet est en forme d'anse de panier.

—— TRIOMPHALE, all. *Triumphthor, Schauthor*, angl. *Triumphal-door*, ital. *Porta trionfale*. Celle qui est bâtie en commémoration d'un fait historique et plutôt par magnificence que par utilité.

PORTE MOBILE, s. f., all. *Bewegliche Thür*, angl. *Movable-door*, ital. *Porta mobile*. Fermeture en bronze, fer, bois, etc., remplissant une ouverture dans sa hauteur et dans sa largeur, pouvant se fermer et s'ouvrir, soit à un ou plusieurs vantaux.

—— A DEUX VANTAUX, all. *Aus zwei Flügeln bestehend*, angl. *Two-leaf*, ital. *Porta a due battante*. Celle qui brisée au milieu s'ouvre de chaque côté au moyen de deux battants.

—— A JOUR, all. *Gatterthor*, angl. *Opened frame-door*, ital. *Porta con aperture*. Dont une partie, ordinairement celle du haut, est garnie de barreaux de bois ou de fer. Se nomme aussi *claire-voie*. (Voyez ce mot.)

—— ARASÉE, all. *Schnurgleich*, angl. *Flush*, ital. *Pareggiata*. Dont l'assemblage ne présente aucun creux ni renfoncement.

—— BRISÉE, all. *Laden oder Flügelthür*, angl. *Folding-door*, ital. *Porta a pezzi articolati*. Composée de deux ou de plus de parties se repliant les unes sur les autres.

—— COCHÈRE, all. *Thorwegthür*, angl. *Door in a gateway*, ital. *Porta a carrozze*. Assemblage en menuiserie composé de deux vantaux, dont les panneaux peuvent être décorés d'ornements divers.

—— D'ASSEMBLAGE, all. *Zusammengefügte*, angl. *Framed*, ital. *Porta a pezzi connessi*. Faite de cadres et de panneaux ajustés.

PORTE DE BRONZE, all. *Erzthür*, angl. *Cast in brass*, ital. *di bronza*. Coulée en bronze, simple ou ornementée.

—— DE FER, all. *Aus Eisen gemacht*, angl. *Of iron*, ital. *Di ferro*. Celle dont les châssis, les traverses et les barreaux montants ou panneaux sont en fer, soit forgé, soit coulé ou fondu.

—— DE MOUILLE, all. *Schleusenthür*, angl. *Water-gate, floodgate*, ital. *Porta d'incastro*. Celle d'une écluse.

—— PEINTE, all. *Blinde Thür*, angl. *Blind-door*, ital. *simulata*. Celle qui n'est que figurée et ne peut servir.

—— TOURNANTE, all. *Drehethür, Drehethor*, angl. *Whirl-door*, ital. *Che gira*. Qui se meut sur un axe central, en usage dans les écluses.

—— VITRÉE, all. *Glassthür*, angl. *Glazed-door*, ital. *Invetriata*. Dont une partie (la supérieure) est garnie de carreaux de verre.

PORTÉE, s. f., all. *Fracht, die Länge eines gelegten Balkens*, angl. *The Span*, ital. *Lungezza libera d'un legname*. La partie qui reste dans le vide entre deux supports, deux colonnes ou deux pilastres, deux murs, etc. C'est aussi l'extrémité d'une pièce de bois qui se trouve engagée dans un mur eu pierre, une pile ou un mur en moellons. La portée des principales pièces de charpente sont ordinairement engagées dans la maçonnerie d'au moins la moitié de leur épaisseur.

PORTER, v. a., all. *Halten, betragen*, angl. *Measure, Measurement*, ital. *Lungho*. Produire : on dit par exemple qu'une pièce de bois peut porter tant de mètres en longueur et en grosseur.

PORTIQUE, s. m., all. *Porticus, Halle, Säulengang*, angl. *Portico*, ital. *Portico*. Galerie ouverte, dont la couverture repose sur des colonnes, et sans fermetures mobiles, où l'on se promène à couvert.

POSER, v. a., all. *Aufsetzen, aufstellen*, angl. *To set, to place, to bring up*, ital. *Posare*. Mettre en place un ouvrage de menuiserie, de charpente, etc., et *déposer*, all. *Abnehmen*, angl. *To take away, to take off*, ital. *Deporre*. L'enlever soigneusement.

—— A CRU, all. *Auf die Erde setzen, einrammen*, angl. *In the soil*, ital. *Porre sul suolo*. Fixer un pilier ou un poteau de soutènement sur la terre.

—— A SEC, all. *Ohne Bindemittel*, angl. *Without mortar or any other binding*, ital. *Posare senz' aggiunta*. N'employer aucune composition dans les joints.

POSER DE CHAMP, all. *Auf die schmale Seite legen*, angl. *To lay on the edge*, ital. *In costa*. Matériaux placés ou disposés sur leur moindre épaisseur.

—— DE PLAT. C'est le contraire de *de champ*.

—— EN DÉCHARGE, all. *Strebend, stützend*, angl. *Discharge, relief*, ital. *Rinforzo*. Placer une pièce de bois pour contreventer, soulager ou arc-bouter un corps quelconque. *Pose*, se dit d'une pierre, d'une pièce de serrurerie, d'une pièce de charpente ou d'un autre objet quelconque.

POSEUR, s. m., all. *Steinsetzer*, angl. *The layer of stones or brickwork*, ital. *Aggiustatore*. Ouvrier qui pose les pierres de taille ou les briques. — *Contre-poseur*, aide-poseur.

POSTES, s. m. pl., all. *Verzierung halberhaben auf flachem Simswerk oder glatten Streifen in Form von Schneckenzügen*, angl. *Scroll*, ital. *Ornamenti a lumacha*. Enroulements simples ou fleuronnés, avec ou sans rosettes. Il y en a au couronnement de l'entablement du monument choragique de Lysicrates à Athènes.

POSTICHE, adj. m. et f., all. *Unnütze Verzierungen*, angl. *Ornaments added or done after, unfitly, postique*, ital. *A posticcio*. Se dit des ornements appliqués ou pratiqués en un lieu qui ne leur convient pas.

POTAGER, s. m., all. *Küchenheerd, Suppenheerd, Küchengarten*, angl. *A stove for cooking, kitchen-garden*, ital. *Muro da cucina; orto*. Fourneau de cuisine où l'on apprête les viandes, légumes et autres choses de consommation. Jardin où l'on cultive les légumes.

POTEAU, s. m., all. *Pfosten, Ständer, Pfahl*, angl. *A post, an upright piece of timber set in the earth*, ital. *Palo, palanca, stipite di legno*. Pièce de bois posée verticalement, pour soutenir et supporter un poids ou un fardeau.

—— CORNIER, all. *An den Ecken der Gebäude, Bleich-oder Riegelwänden stehend*, angl. *Angle brace, corner post of a house, or in a partition*, ital. *Palo angolare*. Principale pièce d'angle d'une maison en charpente et des extrémités d'un pan de bois.

—— DE CRÈCHE, all. *Pfosten eine Pferdekrippe zu stützen*, angl. *A post to support a manger, a crib*, ital. *Stipite per mangia-*

toja. Qui sert à supporter les tasseaux et madriers d'une mangeoire.

POTEAU DE DÉCHARGE, all. *Strebe, Strebeband, eine schräg stehende Stütze, um lothrechte Säulen in ihrer Stellung zu erhalten,* angl. *A brace, an inclined piece of timber used in trussed partitions,* etc., ital. *Palo di sostegno.* Celui qui posé obliquement ou en manière de guette sert à maintenir l'équerre dans un pan de bois.

—— DE FOND, all. *Ueber einander gepfropft,* angl. *One upon the other, ingrafted,* ital. *Palo soprapposto.* Ceux qui sont disposés les uns verticalement au-dessus des autres à chaque étage.

—— DE REMPLISSAGE, all. *Zwischenpfosten,* angl. *The small vertical filling posts or timbers in partitions,* ital. *Palo riempitivo.* Ceux qui sont placés verticalement entre les poteaux corniers et les décharges obliques.

—— MONTANT, all. *Senkrechter Pfosten auf das Zimmerwerk einer Brücke gesetzt,* angl. *An upright timber upon the timberwork of a bridge,* ital. *Palo verticale.* Pièce de charpente posée perpendiculairement à une charpente de pont, en façon de poinçon.

POTELETS, s. m. pl., all. *Füllbänder, kleine Pfosten,* angl. *Small posts, struts,* ital. *Travettini.* Poteaux courts ou de petit équarrissage destinés à garnir les hauteurs d'appuis de fenêtres et échiffres d'escaliers.

POTENCE, s. f., all. *Kniestütze unter einem Balken,* angl. *Crutch, a knee or piece of knee timber,* ital. *Cavalletto.* Pièce de bois debout coiffée d'un chapeau, avec un bras de force, qui sert à supporter une poutre longue et autres constructions en matériaux flexibles.

—— DE FER, all, *Eiserne Kniestütze,* angl. *An iron crutch,* ital. *Cavalletto di ferro.* Sorte de console destinée à porter un balcon, une galerie, une lampe, un réverbère, etc.

POTERIES, s. f. pl., all. *Töpferarbeiten,* angl. *Potter's work,* ital. *Stoviglie.* Nom générique donné a tous les matériaux en terre cuite et grès qu'on emploie dans la construction.

POTERNE, s. f., all. *Der Ausfall, die Ausfallthür,* angl. *Postern gate, sallyport,* ital. *Porta secreta.* Était dans les châteaux du moyen âge une sorte de porte dérobée ouvrant sur le fossé d'enceinte ou aux ouvrages qui le défendaient.

POUCE, s. m., all. *Zoll,* angl. *Inch,* ital. *Pollice.* La deuxième partie d'un pied : mesure qui en France était égale à vingt-sept millimètres; hors d'usage aujourd'hui.

POUCE D'EAU, all. *Zoll Wasser*, angl. *One inch water*, ital. *Pollice d'acqua*. On indiquait ainsi anciennement la quantité d'eau qui passe par une ouverture d'un pouce de diamètre ; on dit aujourd'hui : tant de centimètres d'eau.

POUF, s. f., all. *Marmor oder Stein der sich im Verarbeiten bröckelt*, angl. *Marble or stone of a bad quality, which crushes*, ital. *Marmo fragile*. Qualité de marbre ou de pierre de peu de consistance et qui s'égrène en le taillant.

POULIE, s. f., all. *Die Rolle im Kloben, die Blockrolle*, angl. *Pulley*, ital. *Carrucola, girella*. Petite roue massive ou non, en bois ou en fer, avec un canal sur son épaisseur, placée dans un engin quelconque; sert à lever des fardeaux considérables.

POURPRE, s. m., all. *Der Purpur, die Purpurfarbe*, angl. *Purple*, ital. *Porpora*. On donne ce nom en héraldique à la couleur violette, représentée en sculpture et en gravure par des lignes diagonales, allant de la gauche à la droite du champ.

POURTOUR, s. m., all. *Der Umfang*, angl. *Extent*, ital. *Contorno, circuito*. L'entier développement d'un corps ; c'est aussi la partie des bas-côtés d'un chœur d'église, qui entoure ou circonscrit son rond-point.

POUSSÉE, s. f., all. *Der Druck eines Bogens, eines Gewölbes*, angl. *The failure, the thrust of an arch or of a vault*, ital. *Spinta*. Effet produit par un arc, action d'une voûte, produite par la pression et le poids des matériaux, que l'on contrebalance par des piliers, des contre-forts, des arcs et des arcs-boutants. Se dit aussi des terres dont le poids et le glissement se font sentir contre un mur de soutènement, etc.

POUSSER, v. a., all. *Gesimse ziehen*, angl. *To run cornices or mouldings with wooden moulds in plastering*, ital. *Premere, spingere un modello*. C'est établir une moulure, une corniche au moyen d'un calibre découpé ou d'un guillaume.

POUSSER A VIDE, v. a., all. *Aus dem Loth weichen*, angl. *To push out of the upright*, ital. *Spingere al vuoto*. C'est l'écartement hors d'aplomb qu'une voûte ou un arc fait subir à ses jambages ; c'est une muraille qui surplombe et menace ruine.

POUSSIER, s. m., *Pulverstaub, Abfall beim Steinschneiden*, angl. *Rubble, or refuse of building-stone*, ital. *Polverio di pietre*. Ce sont les retailles petites et moyennes de pierres : on les place sous un dallage : ce sont aussi les débris de charbons de bois placés entre les lambourdes d'un parquet ou d'une capucine, pour empêcher l'humidité.

POUTRE, all. *Der Balken*, angl. *A beam, a girder*, ital. *Trave*. Pièce de bois de charpente sur laquelle on appuie les solives ou un assemblage de charpenterie, comme par exemple un pan de bois.

—— ARMÉE, all. *Ein verzahnter Balken*, angl. *Trussed or sagged beam or post*, ital. *Trave rinforzata di ferri*. Celle où deux décharges et une clef forment l'assemblage, le tout lié par des liens en fer.

—— FEUILLÉE, all. *Balkenmit Ausschnitten für die Lagerhölzer versehen*, angl. *A girder notched or grooved out to recieve the end of the bridging joists*, ital. *Trave con intagli*. Avec entailles et encastrements destinés à recevoir les abouts des soliveaux.

POUTRELLE, s. f., all. *Kleiner Balken*, angl. *A small beam*, ital. *Travicello*. Petite poutre qui sert à porter un plancher léger.

POUZZOLANE, s. f., all. *Pozzolanerde*, angl. *Puzzolano or Puozzolano*, ital. *Pozzolana*. Cendre volcanique des côtes auprès de Naples, formant une espèce de sable; matière poreuse et légère qui, mêlée à la chaux, forme un mortier excellent.

PRATIQUE, s. f., all. *Ausübung. Erfahrung, Anwendung der Kenntnisse*, angl. *The pratice, the skill*, ital. *pratica*. Exercice manuel d'un art, d'une science, facilité d'opérer.

PRATIQUER, v. a., all. *Ausüben, eine Kunst, ein Handwerk treiben, auf eine vortheilhafte Art über eine Sache verfügen*, angl. *To practise, to dispose a thing conveniently*, ital. *Praticare*. Arranger, disposer avec avantage et convenance tout objet de distribution.

PRÉAU, s. m., all. *Der grüne Platz in Bezirke eines Klosters oder im Hofe eines Gefängnisses*, angl. *A court, a green, a yard*, ital. *Cortile, piazzetta*. Durant le moyen âge, c'était un terrain compris entre les quatre faces d'un cloître; il servait quelquefois de lieu de sépulture.

PRÉCINCTION, s. f. Expression dont quelques antiquaires modernes se sont servis pour désigner des travaux en pierres ordinairement taillées en talus, et qui divisent horizontalement les baies de clochers construits au moyen âge.

PRESBYTÈRE, s. m., all. *Das Pfarrhaus, die Pfarrwohnung*,

angl. *The parsonage-house*, ital. *Presbiterio*. Habitation d'un curé et de ses vicaires, desservants d'une église. C'est aussi le nom que portait l'ensemble de la tribune des basiliques durant le moyen âge.

PRÉSENTER, v. a., all. *Anpassen*, angl. *To try, to see if a thing is suitable*, ital. *Provare, saggiare*. Placer une pierre, une pièce de bois, ou tout autre objet, pour s'assurer si elles conviennent à la place de leur destination.

PRESSOIR, s. m., all. *Weinpresse, Keller*, angl. *A press, a cellar or place where wine is made*, ital. *Torchio, strettojo*. Machine au moyen de laquelle on presse le raisin ou autres fruits, afin d'en extraire le jus; local où l'on presse les fruits.

PRÉTOIRE, s. m., all. *Das Richthaus, der Gerichtssaal eines Prätors*, angl. *Jugdment-hall, common hall, the pretor's palace*, ital. *Pretorio*. Lieu, chez les Romains, où les magistrats rendaient la justice.

PRIEURÉ, s. m., all. *Die Priorei*, angl. *Priory, prior's house*, ital. *Priorato*. Communauté religieuse, gouvernée par un prieur ou une prieure. Ensemble des bâtiments habités par cette communauté.

PRISME, s. m., all. *Das Prisma*, angl. *Prism*, ital. *Prisma*. Corps solide ou polyèdre compris sous plusieurs plans parallélogrammes, terminés de part et d'autre par deux plans polygones égaux et parallèles.

PRISMATIQUES (MOULURES), s. f. pl., all. *Prismatische Glieder*, angl. *Prismatic or reed-like mouldings*, ital. *Modanature prismatiche*. Sorte de moulure de forme prismatique, pratiquée dans les archivoltes romanes; celles aussi qui caractérisent la fin du style flamboyant dans le dernier quart du xve siècle et les quinze premières années du xvie.

PRISON, s. f., all. *Das Gefängniss, der Kerker*, angl. *Prison, jail*, ital. *Prigione, carcere*. Bâtiment fortement et simplement construit, où sont détenus les prévenus et les condamnés pour délits, crimes, dettes, etc.

PRIVÉ, s. m., all. *Der Abtritt*, angl. *Water-closet*, ital. *Cesso*. Lieu, dans un édifice ou maison quelconques, où l'on va faire ses besoins.

PRIVILÉGE, s. m., all. *Vorrecht, Gerechtsame*, angl. *Privilege*, ital. *Privilegio*. Avantage accordé à quelqu'un à l'exclusion des autres; droit, prérogative.

PROFIL, s. m , all. *Seitenansicht, Durchschnitt*, angl. *Side face, section*, ital. *Profilo, taglio*. Contour d'un objet vu de côté, face latérale d'une construction, section verticale, coupe.

PROFILÉ. adj., all. *Im Durchschnitt vorgestellt, abgeschnitten*, an l. *Represented in section*, ital., *Profilo determinato*. S'emploie avec un adverbe pour désigner : qui a un profil de telle ou telle façon.

PROFILER, v. a., all. *Von der Seite abzeichnen, im Durchschnitte vorstellen*, angl. *To draw the contour of a building, of a figure, to represent in section*, ital. *Profilare, tagliare*. Représenter de côté par une section verticale un entablement, une corniche, une moulure, un chapiteau et autres objets.

PROGRAMME, s. m., all. *Einladungsschrift, Aufforderungsschrift*, angl. *Programma*, ital. *Programma*. Projet détaillé de sujets d'architecture, de sculpture et de peinture, proposés au concours pour l'exécution, et auquel on accorde des prix d'encouragement.

PROGRESSION, s. f., all. *Eine nach einem bestimmten Gesetz fortlaufende Zahlenreihe*, angl. *Proportion, progression*, ital. *Progressione*. Série de nombres augmentant en proportion selon une certaine loi. La progression arithmétique, c'est le rapport que des quantités de même espèce ont les unes aux autres quant à l urs différences : ce sont des nombres qui augmentent ou diminuent selon un certain rapport. Le nombre qui indique ce rapport est nommé l'exposant de la série. — 3, 6, 9, 12, 15, 18, etc., sont une telle série, dont chaque nombre augmente ou diminue de 3, qui en est l'exposant. Dans la progression géométrique, chaque nombre est un multiple certain du membre ou du nombre qui précède, et le nombre qui indique ce multiple est également l'exposant de la série. Dans la progression géométrique, 2, 4, 8, 16, 32, 64, 128, 256, etc., l'exposant est le nombre 2.

PROMENOIR, s. m., all., *Spazierplatz*, angl. *Walking-place, ambulatory, a place to walk in, such as cloisters, etc.*, ital. *Passeggiata*. Ancien mot français qui désigne une avenue, une galerie de cloître, où l'on peut se promener.

PRONAOS, s. m., all. *Vorhalle bei den Tempeln der Alten, ehe man in die Tempelzelle eintrat*, angl. *Vestibule or portico in front of the cell of a temple*, ital. *Pronao*. Portique ou vestibule des temples de l'antiquité et qui précédait la cella.

PROPORTION, s. f., all. *Verhältniss, Gleichheit zweier Verhältnisse, Gleichmass, Ebenmass*, angl. *Proportion*, ital. *Proporzione.* Harmonie et justesse des membres et des détails de toutes les parties d'un ensemble, d'un bâtiment, et le rapport parfait des parties au tout, comme une colonne dans ses dimensions, par rapport à l'ordonnance générale d'un monument, d'un édifice, d'une façade, etc.

PROPORTIONNELLE, s. f., all. *Linie im Verhältnisse mit zweien andern stehend,* angl. *A line having the same ratio to two other one's,* ital. *Proporzionale.* Ligne qui a le même rapport d'une troisième à une seconde, ou d'une seconde à une première.

PROPYLÉES, s. m. pl., all. *Vorhöfe, Hallen oder Prachteingänge bei den Griechen,* angl. *A portico, court, or vestibule, before the gates of a buidling,* ital. *Propileo.* Entrée dans une enceinte sacrée ou d'un temple chez les Grecs, consistait dans un porche avec portes et était flanquée de bâtiments. Les propylées de l'Acropole d'Athènes, élevés en 439 avant l'ère vulgaire par l'architecte Mnésicles, sont célèbres. Il y en avait d'autres à Eleusis, qui datent de l'année 318 environ.

PROSCÉNIUM, s. m., all. *Die Vorbühne,* angl. *Part in front of the scene in ancient theatres,* ital. *Proscenio.* Emplacement dans les théâtres antiques en avant de la scène.

PROSTYLE, s. m. et adj., all. *Ein Säulenthor, ein Eingang mit Säulen geschmückt. Ein Tempel der nur auf der vordern Seite oder dem Eingange mit einer Säulenhalle geschmückt ist,* angl. *a portico, in which columns stand out quite free from the wall of the building to which it is attached, a temple with a portico on the front,* ital. *prostilo.* Un portique, une entrée, ornés de colonnes; un temple orné sur sa face antérieure ou sur son entrée de colonnes isolées, supportant un plafond. A Rome, les temples de Jupiter et de Faune, dans l'île du Tibre, étaient prostyles.

PROTHESIS, PROTHÈSE, s. f., all. *Seitenkapelle, Nebenkapelle,* angl. *Side or lateral chapel in the choir of a church,* ital. *Capella laterale.* Petite chapelle latérale ou petite abside qui flanquait la tribune de certaines basiliques.

PRYTANÉE, s. m., all. *Versammlungshaus der athenischen Prytanen, oder Senatoren,* angl. *The political meeting-house of the athenian Senators*, ital. *Pritaneo*. Edifice athénien où les présidents temporaires du Sénat ou conseil d'État siégeaient durant leur charge, logeaient et étaient nourris aux frais du trésor public. La nourriture dans le prytanée était une des plus hautes distinctions et ne s'accordait que sur des titres bien mérités.

PSEUDISODOMOS, adj., all. *Das ungleiche Mauerwerk des Alterthums, worin Lagen oder Schichten ungleich hoch gemacht werden*, angl. *Walls executed in courses of unequal heights*, ital. *Pseudi sodomo*. Appareil composé d'assises alternativement hautes et basses, mais régulièrement.

PSEUDODIPTÈRE, s. m. et adj., all. *Ein Tempel bei den Griechen, nur mit einer einfachen Säulenstellung rings umgeben obschon für doppelte Säulenreihen Raum gewesen wäre*, angl. *Pseudo-dipteral, false double winged*, ital. *Pseudoperittero*. C'est un temple faux diptère (voyez ce mot), ou diptère imparfait, parce qu'il n'a pas les deux rangs de colonnes qui sont au diptère. Tel était un temple de Diane à Magnésie bâti par Hermogène du temps d'Alexandre, et un temple de Dionysos à Téos par le même, et un autre d'Apollon bâti par Ménesthée. C'est à Hermogènes que Vitruve attribue l'invention du pseudodiptère.

PUISARD, s. m., all. *Die Schwindgrube, der Abzug, die Senkgrube*, angl. *Draining-well, cess-pool*, ital. *Smaltitojo d'acque*. Tuyau en métal posé dans un lieu quelconque pour ramasser les eaux pluviales ou autres et les écouler.

—— D'AQUEDUC. Regard ou ouverture par où l'on épuise les eaux qui s'échappent des tuyaux de conduite.

—— DE SOURCE. Puits pratiqués de distance en distance, pour recueillir, conserver et réunir les eaux d'une source.

PUITS, s. m., all. *Der Brunnen, der Schacht*, angl. *A well*, ital. *Pozzo*. Ouverture profonde et verticale creusée dans le sol de main d'homme, revêtue ordinairement de maçonnerie au pourtour intérieur, pour tirer de l'eau.

—— COMMUN, all. *Oeffentlicher Brunnen*, angl. *Public well*, ital. *Pozzo pubblico*. Celui au service du public.

——DE CARRIÈRE, all. *Steinbruchbrunnen, Minenbrunnen*, angl. *A hole or well in a stone quarry*, ital. *Pozzo da miniere*. Ouverture par où l'on sort la pierre d'une carrière, d'une mine.

—— ORNÉ, all. *Gezierter, verschönerter Brunnen*, angl.

Adorned, embellished, decorated with architecture, ital. *Ornato, decorato.* Celui qui est enrichi d'architecture, de pilastres, de consoles, de bassins et autres ornements, souvent en fer.

PUITS PERDU, all. *Mit losen Steinen gefüllt,* angl. *Filled with rubble, or small stones,* ital. *Pozzo smaltitojo.* Cavité remplie de pierrailles où s'écoulent les eaux d'un bas-fond.

PUREAU, s. m., all. *Die sichtbar bleibende Dachdecke, welche von der Schiefer-oder Ziegelbedeckung gebildet wird, dergestalt, das die Theile der Schiefer oder Ziegel, welche sich überdecken, dabei nicht in Berechnung kommen,* angl. *The gauge or margin seen in the unoverlapped part of slating or tiling,* ital. *La parte scoperta delle tegole.* C'est la partie visible d'une ardoise ou d'une tuile mise en place et par conséquent non recouverte par les matériaux.

PYCNOSTYLE, s. m. et adj., all. *Pyknostylos, eng-oder dicksäulig,* angl. *A building is so named, when the intercolumniations are equal to one diameter and a half of the lower part of the shaft,* ital. *Picnostilo.* Temple à entre-colonnement d'un module et demi.

PYRAMIDE, s. f., all. *Pyramide,* angl. *Pyramid,* ital. *Piramide.* Corps solide dont la base est un polygone, dont les côtés ou faces sont des triangles et dont les sommets se réunissent en pointe. — Monuments égyptiens de la IVe dynastie et d'environ 5000 avant l'ère vulgaire, situés exclusivement sur la rive gauche du Nil, sont des sanctuaires d'Isis ou de la Terre, le principe passif. Celles de l'ancienne Memphis (aujourd'hui Gizeh) sont surtout remarquables. La plus grande et plus ancienne a 232 mètres 85 de longueur à sa base (chacun de ses quatre côtés), sa hauteur perpendiculaire primitive était de 146 mètres 52 : elle a été élevée par Choufou, le Chéops des Grecs. La seconde pyramide, celle de Schafra ou Céphren, a 215 mètres 71 à sa base et 139 mètres 13 d'élevation. La troisième, de Mycérinus, et la plus petite, a à sa base 108 mètres 04 de longueur et 66 mètres 44 de hauteur. Indépendamment comme temples, les pyramides d'Égypte, qui renfermaient le tombeau de leur fondateur, servaient d'observatoire astronomique, de gnomon et enfin à la conservation des mesures itinéraires, etc., de la nation égyptienne. (Voyez notre chapitre sur ces monuments dans notre Histoire générale de l'architecture, Paris, 1862. Ier volume, page 142 à 188.)

Q

QUADRANGLE, s. m., all. *Das Viereck*, angl. *Quadrangle, square*, ital. *Quadrangolo*. Figure plane qui a quatre angles et autant de côtés, est aussi nommé *quadrilatère*.

QUADRANGULAIRE, adj., all. *Viereckig*, angl. *Quadrangular*, ital. *Quadrangolare*. Ayant la forme d'un quadrangle, quatre côtés.

QUADRATURE, s. f., all. *Die Vierung*, angl. *Quadrature, the finding a square equal in area to an other figure*, ital. *Quadratura*. Réduction mathématique d'une figure curviligne ou autre en un carré d'égale valeur.

QUADRILATÈRE, s. m. Voyez QUADRANGLE.

QUAI, s. m., all. *Kai oder Kaje, die steinerne Einfassung oder Böschung eines Kanales, eines Flusses*, angl. *Quay, Key for landing goods*, ital. *Via lungo un fiume*. Mur le long de la rive d'un canal, d'un fleuve, élevé en talus vers la rivière et en retraite sur le derrière; sert de soutènement à un passage, et empêche le débordement des eaux. Se dit aussi du passage lui-même.

QUART, s. m., all. *Das Viertel*, angl. *Quarter*, ital. *Un quarto*. La quatrième partie d'un tout, d'un ensemble, d'une unité.

—— DE CERCLE, all. *Das Viertel oder der vierte Theil eines Zirkels*, angl. *The fourth part of a circle*, ital. *Quadrante*. La quatrième partie de la circonférence d'un cercle, dont l'ouverture de l'angle est de 90 degrés; est aussi un instrument qui sert à rapporter des angles et à établir une construction d'équerre.

—— DE ROND, all. *Der Viertelstab, der Wulst an den Säulen*, angl. *Quarter-round, ovolo*, ital. *Uovolo*. Moulure qui a pour son contour la figure d'une partie du cercle; dans l'architecture romaine son profil est un quart de cercle exact.

QUARTIER, s. m., all. *Der Theil einer Stadt, Stadtviertel*, angl. *A quarter, a ward, district of a town*, ital. *Quartiere*. Certaine étendue dans une ville avec des limites déterminées.

—— TOURNANT, all. *Die Eckstufe in der Spindel einer Wendeltreppe angelegt*, angl. *The corner-winder affixed to the newel of a winding staircase,* ital. *Voltata d'angolo d'una scala.* Marche dansante d'angle d'un escalier tenant au noyau.

QUARTIER SUSPENDU, all., *Verdünnt, schräg behauene Treppenwange um eine Verbindung zweier Zimmer herzustellen,* angl. *A chamfered string board in a staircase to establish a communication between two rooms,* ital. *Parte sospesa d'una scala a lumaca.* Limon aminci dans la courbe des escaliers rampants pour établir une communication entre deux appartements ou pièces.

QUATRE-FEUILLES, s. m., all. *Vierpass,* angl. *Quatre-foil,* ital. *Quattro foglie.* Ornement de l'architecture ogivale, composé de quatre contre-lobes (cercles) et dont le nom est emprunté au blason.

QUATRE-LOBES, synonyme de quatre-feuilles.

QUARTZ, s. m., all. *Quarz,* angl. *Quartz, flint,* ital. *Quarzo.* Substance vitreuse, non altérable au feu, qui se rattache au système rhomboédrique, dont les cristaux offrent toujours des dodécaèdres à triangles isocèles, soit simples, soit avec les faces du prisme hexagonal. Le plus souvent les cristaux sont extrêmement déformés. Le quartz étincelle sous le briquet.

QUEUE DE PIERRE, s. f., all. *Der entgegengesetzte Theil der behauenen Fläche eines Steins,* angl. *The opposite part of the behewn facing of a stone,* ital. *Parte posteriore della pietra.* Partie d'une pierre brute ou taillée à parement opposée à ce parement.

—— D'ARONDE, all. *Schwalbenschwanz,* angl. *Dove tail,* ital. *Coda di rondine.* Genre d'assemblage de deux pièces de bois, pratiqué par les charpentiers et les menuisiers et dans la forme de la queue éployée de l'hirondelle.

QUINCONCE, s. m., all. *Rautenförmig, ins Dreieck oder ins Kreuz gesetzte Bäume, Pflanzen, Weinstöcke, etc.,* angl. *Guincunx,* ital. *Ordine di piantazione che forma triangoli equilateri.* On dit d'objets (arbres, colonnes) disposés en quinconce, lorsqu'ils sont placés de manière à présenter, sous tous les aspects, des allées parallèles et régulières ; plan composé de quatre objets disposés en carré, avec un cinquième au centre ou milieu.

QUINDÉCAGONE, s. m., all. *Das Funfzehneck,* angl. *A plane figure of fifteen sides and as many angles,* ital. *Quindecagono.* Figure plane à quinze côtés et autant d'angles.

R

RABAIS, s. m., all. *Das Heruntersetzen des Preises, am wohlfeilsten*, angl. *Abatement*, ital. *Diffalco*. Diminution faite volontairement sur des prix donnés ou fixés.

RABOT, s. m., all. *Die Rührkrücke, Kalkkrücke*, angl. *A beater*, ital. *Marra da calcina*. Outil propre à délayer du mortier, de la terre dans de l'eau.

RACCORDEMENT, s. m., all. *Verbindung, Vereinigung*, angl. *Flush, level*, ital. *Ragguagliamento*. Réunion de deux surfaces au même niveau, au même aplomb, d'un ouvrage neuf avec un vieux.

RACCORDER, v. a., all. *Verbinden, vereingen, gleich machen*, angl. *To flush, to level, to make smooth*, ital. *Pareggiare, agguagliare*. Exécuter, faire un raccordement.

RACCOURCI, s. m., all. *Verkleinerung, Verkürzung*, angl. *Abridgment, epitome*, ital. *Scorcio*. Abrégé de ce qui est en grand ailleurs, dans un autre lieu, etc.; on dit en peinture, *en raccourci*, la diminution des détails (membres) d'une figure selon les règles de la perspective.

RACHETER, v. a., all. *Tilgen, ersetzen*, angl. *To correct a thing, to make it regular, to correct a slope by a regular figure*, ital. *Accomodare*. Corriger un défaut, un biais au moyen d'une figure régulière. Raccorder deux voûtes de différentes formes. Un cul de four *rachète* une voûte en berceau quand sa lunette s'enclave dedans ; quatre pendentifs *rachètent* une voûte sphérique ou coupole ou une tour de dôme, par la raison qu'ils se raccordent avec leurs plans circulaires.

RACINAL, s. m., all. *Grundbalken, Grundschwelle*, angl. *A prop, a beam*, ital. *Trave fondamentale*. Corbeau ou console de bois qui soutient l'about de l'entrait d'une ferme (durant le moyen âge) ou de toute autre poutre horizontale. Est aussi une pièce de bois de charpente qui sert de seuil et de soutien, d'affermissement à une ouverture d'écluse et sur laquelle repose une crapaudine. *Racinaux*, sont des pièces de bois posées sur les têtes des pilotis, pour recevoir les madriers des plates-formes.

—— DE GRUE, all. *Grundschwelle eines Krahns*, angl. *Mas-*

ter-beam of a crane, ital. *Trave fondamentale d'un argano*. Pièces de bois de charpente assemblées en croix, qui reçoivent l'arbre et les arcs-boutants d'une grue ou engin pour élever et monter des fardeaux.

RACINE, s. f., all. *Wurzel*, angl. *The root*, ital. *Radice*. Le facteur d'une puissance quelconque est nommé la racine de cette puissance; c'est multiplier un nombre par un autre. — a est la racine et la racine carrée de $a \times a = a^2$, la racine cubique de $a \times a \times a = a^3$, la racine biquadratique de $a \times a \times a \times a = a^4$. On indique la racine par le signe $\sqrt{}$. On aura donc $\sqrt{}^2 a^2 = a$, $\sqrt{}^3 a^3 = a$ et $\sqrt{}^4 a^4 = a$.

—— CARRÉE, all. *Quadratwurzel*, angl. *Square root*, ital. *Radice quadrata*. C'est dire : multiplier un nombre par un nombre égal en puissance, quatre multiplié par quatre, donne le nombre seize, quatre est sa racine.

—— CUBIQUE, all. *Cubikwurzel*, angl. *Cubic-root*, ital. *Radice cubica*. C'est le nombre multiplié deux fois par lui-même. La racine cubique de 64, par exemple, est 4, car 4 multiplié par $4 = 16$, et $16 \times 4 = 64$.

RADE, s. f., all. *Die Rhede*, angl. *A port or haven, a harbour*, ital. *Porto, spiaggia*. Etendue de mer enclavée dans la côte où les vaisseaux sont à l'abri des vents et des tempêtes.

RADEAU, s. m., all. *Eine Bühne, ein Gerüst*, angl. *A kind of scaffold*, ital. *Zattera per costruzioni*. Assemblage ou liaison de plusieurs pièces de bois qui sert durant la construction de pont volant et autres travaux le long des eaux.

RADIER, s. m., all. *Das Bett einer Schleuse, einer Brücke*, angl. *Apron or flooring of plank raised on the bottom or entrance of a dock, at the bottom of a bridge*, ital. *Suolo di una cateratta*. Grille en charpente ou construction en pierre sous un pont, pour empêcher les eaux de fouiller.

RAGRÉER, v. a., all., *Ueberarbeiten, vollends ausarbeiten, glatt machen, die letzte Hand an eine Arbeit legen*, angl. *To finish, to polish*, ital. *Pulire le mura*. L'action de recouper, dans un ouvrage achevé, les parties trop fortes pour les raccorder avec celles qui leur sont adjacentes.

RAGRÉMENT, s. m., all. *Die Ueberarbeitung, das Vollenden*, angl. *The completion, the finishing of a work*, ital. *Atto del pulire le mura*. Action de ragréer.

RAINEAU, s. m., all. *Der auf den Grundpfählen eingezapfte*

Balken, Band, angl. *The morticed beam upon piles driven in the soil*, ital. *Trave per legare una palizzata*. Pièces de bois assemblées pour lier des pilotis; en usage dans les fondements.

RAINURE, s. f., all. *Nuth, Falz, Spur*, angl. *groove*, ital. *Scannellatura*. Entaille ou petit canal rectangulaire pratiqué sur l'épaisseur d'une planche, pour recevoir une languette ou pour servir de coulisse.

RAIS DE CŒUR, s. m., all. *Herzlaub*, angl. *Heart shaped leaves*, ital. *Raggi a cuori*. Ornement végétal en forme de cœur, accompagné de feuilles d'eau, taillé ou peint sur des talons renversés; employé dans l'architecture grecque.

RALLONGEMENT, s. m., all. *Die Methode, die Länge der Grad-oder Ecksparren eines abgewalmten Dachs zu finden*, angl. *The hip rafter in a roof sloped each way*, ital. *Diagonale dal colmo del tetto all' angolo della cornice*. Ligne diagonale ou arêtier d'angle dans un comble en croupe, depuis le poinçon jusqu'au pied angulaire, qui porte une encoignure d'entablement.

RALLONGER, v. a., all. *Verlängern, ansetzen, anstücken*, angl. *To lengthen*, ital. *Allungare*. Rendre plus long, ajouter un objet à un autre, par un lien quelconque.

RAMPANT, TE, adj. *Ansteigend*, angl. *rampant*, ital. *Montante*. Tout corps qui n'est pas de niveau dans une construction et accessoires. Un arc rampant, angl. *raking-arch*, est celui dont les naissances ne sont pas sur le même niveau.

RAMPART, *voyez* REMPART.

RAMPE, s. f., all. *Die Stiegen einer Treppe zwischen zwei Ruheplätzen*, angl. *A flight of steps without landing places*, ital. *Parte di scala*. Suite de marches d'un escalier, comprises d'un palier à l'autre. *Rampe*, all. *Treppengeländer*, angl. *Balustrade of a staircase*, ital. *balaustrata d'una scala*. Se dit aussi de la balustrade en pierre, bronze, fer ou bois, d'un escalier posé sur le limon.

—— COURBE. Portion d'escalier à vis suspendue, ou à noyau.

—— DOUCE. Étendue en pente par où l'on monte et descend sans y pratiquer de marches ou degrés.

—— PAR RESSAUT, all. *Eine durch den Ruheplatz unterbrochene Treppenwange*, angl. *A flight of steps interrupted by a landing-place*, ital. *Scala interrotta per riposo*. Interrompue par des piliers, des quartiers tournants ou des paliers.

RATELIER, s. m., all. *Heuraufe, Hilde*, angl. *Rack, hay-frame*, ital. *Rastrelliera*. Espèce d'échelle ou de balustrade posée obliquement et en longueur horizontalement au-dessus des mangeoires d'une écurie.

RATISSER, v. a., all. *Abkratzen, abscharren*, angl. *To scrape, to clean*, ital. *Rastiare, raschiare*. Nettoyer un plafond, un mur, un plancher, etc., pour le blanchir ou le renduire avec de la chaux ou du plâtre, etc.

RAVALEMENT, s. m., all. *Erniedrigung, Aushölung*, angl. *A recess of little depth*, ital., *Abbassamento*. Renfoncement de peu de profondeur, destiné quelquefois à placer des inscriptions ou des bas-reliefs ou des peintures pour ornement.

— Ravalement, faire un *ravalement*, all. *Putz oder Bewerfen einer Mauerfläche*, angl. *Polishing or plastering of a wall*, ital. *Arricciatura d'un muro;* c'est lorsqu'on ripe et blanchit une façade de pierre de taille, qu'on couvre de ciment, de mortier ou de plâtre une façade élevée en brique ou en moellon.

RAVALER, v. a., all. *Eine Mauerfläche putzen, bewerfen*, angl. *To polish or to plaster a wall*, ital. *Arricciare*. Blanchir à la ripe un mur, une façade en pierre de taille, couvrir d'un enduit quelconque un mur, une élévation en brique ou en moellon, y figurer une saillie des champs, des naissances, des tables en mortier ou en plâtre, etc.

RAYON, s. m., all. *Die Linie die sich vom Auge zu den beobachteten Gegenständen zieht; in perspectivischen Zeichnungen die scheinbar gezogenen Linien welche sich vom Auge des Beobachters im Augenpunkt vereinigen*, angl. *Visual ray*, ital. *Raggio*. La ligne fictive qui part de l'œil et se dirige vers ou sur l'objet que l'observateur fixe, ou la ligne dirigée d'un point de centre. *Rayon visuel* en terme de perspective est la ligne fictive qui part du centre de l'œil et qui concourt à former une pyramide dont l'objet fixé est la base et l'œil le sommet. *Rayons visuels* sont les lignes supposées qui se dirigent du point de vue sur les objets observés.

—— all., *Radius, Halbmesser, halber Durchmesser*, angl. *Radius, semi-diameter of a circle*, ital. *Raggio d'un circolo*. Ligne droite menée du centre à la circonférence d'un cercle, nommée aussi demi-diamètre.

REBATIR, v. a., all. *Wiederaufbauen*, angl. *To rebuild, to build again*, ital. *Riedificare*. Faire une nouvelle construction sur un emplacement où il y en avait déjà une, ou faire une nouvelle construction semblable à une qui existait antérieurement.

RECEPER, v. a., all. *Abholzen, die Köpfe einer Reihe Pfähle wagerecht schneiden, machen,* angl. *To level the top or head of a range of piles,* ital. *Tagliare a livello la palizzata.* Couper les têtes de pilotis pour les mettre de niveau et les disposer à recevoir la plate-forme d'un grillage.

RÉCEPTACLE, s. m., all. *Zusammenfluss, Sammelplatz, das Behältnisz,* angl. *Receptacle, shelter,* ital. *Ricettacolo.* Un bassin, un réservoir, etc., dans lequel aboutissent plusieurs tuyaux pour diriger les eaux vers différents lieux.

RÉCHAFAUDER, v. a., all. *Ein neues Gerüst bauen,* angl. *To new-scaffold,* ital. *Rifare i palchi.* Faire de nouveaux échafauds.

RÉCHAMPIR, v. a., all. *Mehrere Anstriche mit Farben machen; wieder etwas (als Gesimse, Figuren) mit Farben aus dem Grunde hervor heben,* angl. *To work out mouldings, figures with colours,* ital. *Campire.* Étendre plusieurs couches de couleurs différentes sur un objet; passer de la couleur à l'endroit où une teinte voisine a anticipé.

RECHERCHE, s. f., all. *Ein Dach ausbessern,* angl. *To repair, to restore, to refit a roof,* ital. *Riparare un tetto.* C'est l'action de replacer des ardoises ou des tuiles à un couvert, un toit quelconque, ou des cailloux ou carillottes à un pavé.

RECHERCHER, v. m., all. *Sorgfältig, mit allem Fleisse ein Werk ausarbeiten,* angl. *To execute any work in architecture or in picture with ease and skill,* ital. *Ricercare.* Exécuter et terminer avec soin et science tous les ouvrages d'architecture et de sculpture.

RECONSTRUCTION, s. f, all. *Wiederaufbauung,* angl. *To build new again, to rebuild,* ital. *Riedificazione.* Action de reconstruire, de bâtir, de réédifier une œuvre quelconque.

RECONSTRUIRE, v. a., all. *Wiederaufbauen,* angl. *To build again,* ital. *Riedificare.* Réédifier une œuvre quelconque.

RECOUPES, s. f. pl., all. *Der Abgang bei dem Behauen der Steine,* angl. *Rubble of stones,* ital. *Schegge di pietre.* Eclats enlevés en taillant la pierre; quelquefois employés à faire du stuc, du mastic, du ciment, etc.

RECOUPEMENT, s. m., all. *Heiszt, wenn man die aus Qua-*

dern bestehende Grundmauer eines Gebäudes ohne schräge Anläufe aufführt, und jede obere Reihe Steine einige Zoll zurückzieht, wodurch Stufen oder Absätze entstehen, angl. *Projecting courses of stone at a wall, especially at its footing*, ital. *Diminuzione d'un muro*. Retraites de cinq centimètres et plus laissées à chaque assise de pierre ou de brique, pour donner plus d'empatement à certains ouvrages.

RECRÉPIR, v. a., all. *Wiedertünchen*, angl. *To parget again*, ital. *Arricciare un muro*. Refaire ou réparer le crépi d'un mur avec du plâtre ou du mortier nouveau.

RECREUSER, v. a., all. *Tiefer graben, tiefer hauen*, angl. *To dig, to hollow more deep*, ital. *Scavare piu profondo*. Donner plus de creux à un bassin, un canal, une gargouille, une pierre d'évier et autres objets creux.

RECULEMENT, s. m., all. *Die Ecksparre eines abgewalmten Dachs*, angl. *She hip-rafter in a roof sloped each way*, ital. *Saettile d'angolo*. C'est un arêtier ou pièce de bois de charpente délardée qui porte sur l'encoignure d'un entablement de maison ou d'édifice. Voyez aussi les mots ARÊTIER, RALLONGEMENT.

REDÉFAIRE, s. m., all. *Wieder abbrechen*, angl. *To break down a new*, ital. *Disfare*. Démolir des constructions mal faites.

REDENTS, s. m. pl., all. *Diejenigen Absätze welche eine Mauer bekommt, die einen Berg hinaufsteigt, wenn sie nicht nach der Neigung des Berges, geradlinicht oder parallel abgeglichen werden soll. Die Absätze sind horizontal oder schräg. Auch die Absätze an einer Giebelmauer, nicht parallel mit dem Dache*, angl. *The corbie-steps up the sides of a gable not parallel with the slope of the roof; the projections of a breast-or retaining wall*, ital. *Muro graduato*. Les ressauts d'un mur rampant construit sans talon : les marches ou degrés sur les deux côtés d'un pignon dont la ligne n'est point parallèle à celle du toit ou comble; les redents sont en talus ou en glacis.

RÉDUIRE UN PLAN, v. a., all. *Einen Plan nach einem andern Maasstabe vergröszern oder verkleinern*, angl. *Reduction of a plan, the copying it on a larger or smaller scale than the original, preserving the same form and proportions*, ital. *Ridurre un piano*. C'est diminuer ou augmenter un plan d'après une échelle plus petite ou plus grande en conservant toutes les formes et toutes les proportions.

RÉDUIT, s. m., all. *Abgesonderter Ort, Plätzchen, Eckchen*, angl. *A byplace, a nook*, ital. *Ridotto, stanzino*. Cabinet, placard ou lieu de peu d'étendue, quelquefois obscur et sans air auprès de quelques chambres et dans un comble.

RÉÉDIFICATION, s. f., all. *Der Wiederaufbau*, angl. *The rebuilding*, ital. *Riedificazione*. Action de rebâtir ou de reconstruire.

RÉÉDIFIER, v. a., all. *Wiederaufbauen*, angl. *To rebuild*, ital. *Riedificare*. Reconstruire, refaire, élever à nouveau un édifice, un monument, un bâtiment et autres ouvrages de construction quelconques.

REDRESSEMENT, s. m., all. *Das Geraderichten, die Abhelfung*, angl. *To rectify, to make flush, to redress*, ital. *Dirizzare*. Action de charger un mur de mortier, pour que son parement se dégauchisse, mettre de niveau un plancher, etc.

REFAIRE, v. a., all. *Umarbeiten*, angl. *To do or make again*, ital. *Rifare*. Rajuster des ouvrages quelconques mal exécutés.

RÉFECTOIRE, s. m., all. *Der Speisesaal in den Klöstern*, angl. *Refectory*, ital. *Refettorio*. Pièce ou salle d'un monastère où les moines se réunissent pour prendre leurs repas.

REFEND, s. m., all. *Scheidemauer, Scheidewand*, angl. *Partition wall*, ital. *Muro di spartimento*. Mur qui divise l'intérieur d'un édifice, d'une maison, etc., qui sépare deux pièces ou appartements. Se dit aussi des *joints* figurés dans un enduit, ou de ceux cavés dans la pierre de taille, destinés à accuser l'élévation des assises.

REFENDRE, v. a., all. *Spalten, Holz der Länge nach durchsägen, Steine mit eisernen Keilen spalten*, angl. *To split stone with wedges, to saw timber in its length*, ital. *Fendere, Ritagliare*. Diviser une pièce de bois à la scie, afin d'en obtenir des madriers, des soliveaux, des planches et autres plus menus. Se dit aussi des pierres et marbres divisés au moyen d'emboîtures où l'on enchâsse des coins de fer à la masse.

REFEUILLER, v. a., all. *Einen doppelten Falz oder Anschlay machen*, angl. *To make rebates, grooves or channels longitudinally in a piece of timber etc.*, ital. *Fare scannellature*. Pratiquer des feuillures pour loger un dormant, ou des fermetures de portes de volets ou de persiennes d'une fenêtre.

RÉFRACTION, s. f., all. *Die Strahlenbrechung*, angl. *Re* *fraction*, ital. *Rifrazione*. Déviation d'un rayon de lumière lorsqu'il passe obliquement d'un milieu dans un autre.

REFUITE, s. f., all. *Die übrige unnöthige Tiefe eines Zapfenlochs*, angl. *The depth more than necessary in a mortice, or other holes*, ital. *Profondita eccessiva d'un foro, o mortisa, intaglio*. Profondeur plus que nécessaire donnée à une mortaise ou autres trous.

REFUS, s. m., all. *Die Weigerung eines Rostpfahls, der nicht tiefer in den Erdboden eindringen will*, angl. *The stop of the action of the ram on a pile*, ital. *Resistenza*. Se dit de la résistance des pieux ou pilotis aux chocs multipliés d'un mouton, ou hie, masse, etc.

REGAIN, s. m., all. *Ueberflüssige Grösse eines Stück Bauholzes oder Steins*, angl. *That part of the unnecessary length of a piece of timber or of a stone*, ital. *Avanzo*. Se dit de la partie qui outre-passe la longueur voulue d'une pièce de charpente ou d'une pierre.

RÉGALEMENT, s. m., all. *Die Ebenmachung eines Platzes, des Erdbodens*, angl. *Levelling of the ground, of the soil*, ital. *agguagliamento d'un terreno*. Action de niveler les terres, soit de niveau, soit en pente.

RÉGALER, v. a., all. *Einen Platz eben machen*, angl. *To level a place, the soil*, ital. *Mettere a livello, livellare*. Mettre de niveau ou niveler un terrain.

REGARD, s. m., all. *Ein Wasserbehälter, Brunnenstube, senkrechte Oeffnung einer Wasserleitung*, angl. *Air, escape*, ital. *Sguardo*. Pavillon où sont placés des tuyaux et des robinets destinés à donner entrée à l'eau dans plusieurs conduits; c'est aussi une ouverture verticale sur une conduite d'eau, un aqueduc, etc.

RÈGLE, s. f., all. *Das Lineal, das Richtscheid*, angl. *Ruler*, ital. *Regolo*. Instrument méplat, mince, droit, plus ou moins long qui sert à tracer des lignes sur le papier, la pierre, le bois, etc., et à prendre des mesures.

RÉGLÉ, ÉE, adj., all. *Regelmäszig, bestimmt*, angl. *Regular*, ital. *Rigato*. Une pièce de trait est réglée, quand elle est droite en son profil, comme le sont les larmiers, les arrière-voussures, les trompes et autres ouvrages quelconques.

RÈGLEMENT, s. m., all. *Verordnung (polizeiliche), Bestimmung*, angl. *Regulation, order, law*, ital. *Regola, regolamento*.

Arrêté de l'autorité sur la marche à suivre pour l'emploi et la qualité des matériaux. Règlement est aussi le résultat de la vérification des mémoires fournis par les entrepreneurs de travaux de construction, all. *Besichtigung und Festsetzung der Rechnungen eines Baues*, angl. *The settlement of the bills of the contractors*, ital. *Verificazione de' conti*.

RÉGLET, s. m., all. *Riemen, Plättchen*, angl. *Fillet*, ital. *Regoletto, listello*. Petite moulure plate et étroite, qui sépare les panneaux d'un compartiment : synonyme de *bandelette*, de *filet*.

RÉGNER, v. a., all. *Sich erstrecken, rund herumgehen*, angl. *To extend, to stretch out*, ital. *Dominare*. On dit qu'une moulure, un ornement règnent, pour indiquer qu'ils s'étendent sur une grande longueur; exemple : cette corniche règne sur toute la façade, sur tout le pourtour de l'édifice.

REGRATTER, v. a., all. *Abkratzen, abputzen, abschleifen*, angl. *To scrape again, new-vamp*, ital. *Raschiare*. Enlever avec un instrument quelconque la surface d'un parement de mur en pierre de taille, ou d'un enduit.

REINS DE VOUTE, s. m. pl., all. *Die mit Steinen und Mörtel ausgefüllten Gewölbewinkel, um die schwächsten Theile des Gewölbes zu verstarken*, angl. *The reins of a vault*, ital. *Fianchi d'una volta*. Espace compris entre un plan vertical qui s'élèverait à la naissance de l'extra-dos d'une voûte, et un plan horizontal tangent au sommet de cet extra-dos. — Se dit aussi de la maçonnerie employée pour contre-bouter la poussée d'une voûte.

—— VIDES, all. *Wenn die obengesagten Winkeln leer sind*, angl. *When the reins are void, empty, hollow*, ital. *Fianchi vuoti d'una volta*. Quand l'espace indiqué plus haut est resté sans maçonnerie, sans remplissage.

REJET D'EAU, s. m., all. *Wasserableitend, ein Glied im Gesimse und anderswo*, angl. *Any moulding rejecting water, as a drip, etc.*, ital. *Respinta d'acqua*. Toute moulure servant à rejeter l'eau, comme un larmier.

REJOINTOIEMENT, s. m., all. *Die geputzte Mauerfläche, Fugenausschmierung*, angl. *The rejointing*, ital. *Giuntatura*. Les joints refaits d'un parement de maçonnerie de moellon ou de pierre de taille, avec du mortier ou du ciment.

REJOINTOYER, v. a., all. *Fugen ausschmieren*, angl. *To fill

up the chasms in masonry, to fill the joints with mortar or cement.
ital. *Agguagliare.* Faire ou refaire les joints d'une maçonnerie
de moellon ou de brique, pierre de taille, etc., etc., avec du
plâtre, du mortier ou du ciment.

RELAIS, s. m., all. *Die gewöhnliche besprochene oder gesetz-
liche Entfernung mit Schubkarren die Erde zu verführen; ein
Absatz oder ein Streif Land vor oder hinter einem Damme, oder
bei Ausstechung und Erdaushebung bei Fundamenten*, angl. *The
distance to which the earth is wheeled, the run*, ital. *Rilascio,
rilassamento.* Distance à parcourir pour les transports de terre
et autres matériaux que l'on déblaie ou que l'on veut employer.

RELIEF, s. m., all. *Irgend erhabene Arbeit*, angl. *A projecture, a sally*, ital. *Rilievo, risalto.* Saillie de tout ornement exécuté soit en bas-relief, soit en ronde-bosse ou d'une autre
manière.

REMANIER A BOUT, v. a., all. *Umdecken, ausbessern, umarbeiten*, angl. *To handle again, to do over again, to restore*,
ital. *Rimaneggiare un tetto.* Restaurer un toit, arranger les
tuiles, les ardoises d'un toit ou d'un couvert quelconque.

REMBLAI, s. m., all. *Die Ausfüllung mit Erde, mit Schutt*,
angl. *The filling with earth, with rubble or rubbish*, ital. *Riempitura.* Terres ou décombres jetés dans une excavation naturelle ou un creux artificiel, ou transportés en chaussée, etc.,
aplanis par couches, quelquefois battus à la hie.

REMEUBLER, v. a., all. *Wieder mit Hausrath versehen*,
angl. *To new-furnish*, ital. *Fornire di nuovi mobili.* Remettre,
replacer, garnir de nouveau de meubles ou d'ornements un
appartement.

REMISE, s. f., all. *Das Wagenhaus, Wagenscheuer, Schoppen*,
angl. *A coach-house*, ital. *Rimessa per le carrozze.* Lieu dans
ou auprès d'une habitation où l'on met les voitures à couvert,
les harnais et autres objets de carrosserie.

REMONTER, v. a., all. *Wieder zusammensetzen, wieder
einrichten*, angl. *To make up again*, ital. *Rimontare.* Rajuster
un assemblage, un tout, un ensemble qui avaient été dé-
montés, séparés.

REMPART, s. m., all. *Der Wall*, angl. *A rampart*, ital.
Bastione. Fortification formée d'une élévation de terre, souvent revêtue de maçonnerie : aussi les murailles qui forment

l'enceinte d'une ville de guerre ou d'une place fortifiée. Le rempart s'étend depuis les fossés extérieurs jusqu'aux maisons intérieures les plus voisines de la ville.

REMPIÉTEMENT, s. m., all. *Die Ausbesserung des Fusses einer Mauer*, angl. *The repair of the foot of a wall*, ital. *Riparazione d'un muro inferiormente*. La restauration du bas, du pied d'une muraille ; reprise en sous-œuvre de la partie inférieure d'une construction.

REMPIÉTER, v. a., all. *Den Fuss einer Mauer, eines Baues, ausbessern*, angl. *To repair the foot of a wall, of a construction*, ital. *Riparare un muro in basso*. Faire un rempiétement.

REMPLAGE, s. m., all. *Die Füllsteine*, angl. *The filling up with small stones and mortar*, ital. *Riempimento, muraglia di getto*. Maçonnerie exécutée en petites pierres, mortier ou plâtre, sur les reins d'une voûte ou au centre des poteaux d'un pan de bois.

REMPLISSAGE, s. m., all. *Füllsteinarbeit, Ausfüllung der Mauern, Gewölbewinkeln mit kleinen Steinen und Mörtel,* angl. *The filling up the interior of walls and of the reins of a vault, with small stones and mortar*, ital. *Ripieno*. Blocage compris entre deux revêtements de pierres appareillées ; blocage de petites pierres.

RENAISSANCE, s. m., all. *Wiederauflebung (der Künste und Wissenschaften im* XVI^{ten} *Jahrhundert)*, angl. *Revival of the arts and sciences in the* XVIth *century*, ital. *Cinque cento*. Époque qui désigne l'abandon de l'architecture du moyen âge pour retourner aux ordres d'architecture des Grecs et des Romains. Voyez page 23 de ce volume.

RENARD, s. m., all. *Gemeiner Ausdruck, ein kleiner Stein an einem Faden befestigt um den lothrechten Stand irgend eines Gegenstandes damit zu prüfen ; Oeffnung in einem Wasserbehälter zum Abzug des Wassers*, angl. *A vulgar expression, a small stone hung on a string by which perpendicularity is descerned ; an aperture, an opening in a bassin, a water-pool, a dock*, ital. *Peso arbitrario d'un livello ; apertura d'un recipiente d'acqua per darle uscita ad un dato livella*. Terme vulgaire employé par les ouvriers, pour indiquer une petite pierre attachée à l'extrémité d'une ficelle ou d'un cordeau et pour servir de plomb ; ouverture ou pertuis pratiqué à un bassin, à un réservoir, etc., par où les eaux peuvent s'écouler. Ce mot est auss crié par les conducteurs des batteries à sonnettes ou engin pour enfoncer les pilotis, pour faire cesser les manœuvres des ouvriers.

RENDUIRE, v. a. all., *Eine Tünche, einen Ueberzug von Kalk oder Gyps wieder anlegen*, angl. *A new-plastering*, ital. *Rifare l'intonaco*. Refaire, recommencer un enduit.

RENFLEMENT, s. m., all. *Die Bäuchung der Säulen, Ausbauchung*, angl. *Entasis, the swell of the shaft or columns of either of the orders of architecture*, ital. *Entasi*. Légère augmentation du diamètre environ au tiers de la hauteur du fût d'une colonne grecque antique, qui diminue ensuite jusqu'au chapiteau. Voyez le mot ENTASIS.

RENFONCEMENT, s. m., all. *Die Vertiefung*, angl. *A hollow, a cavity, a recess*, ital. *Sfondo, profondita*. Cavité en retraite avec fond pratiquée dans l'épaisseur d'un mur, pour simuler une ouverture convenable à la symétrie.

—— DE SOFFITE. Profondeur en manière de caisson, formée par les poutres et les solives de remplissage du plafond (plancher) d'une grande salle.

RENFORMIR, v. a., all. *Eine alte Mauer ausbessern oder sie bewerfen*, angl. *To parget, to plaster again*, ital. *Rifare l'intonaco*. Boucher les trous d'un mur dégradé avec du moellon et l'enduire ensuite au mortier fouetté au balai.

RENFORMIS, s. m., all. *Ausbesserung einer Mauer mit Steinen und neuem grobem Anwurf*, angl. *The repair, the restoration of a wall with stones and a coarse pargetting*, ital. *Rintonaco*. Travail consistant à réparer une maçonnerie dégradée avec des éclats de pierre, la crépir ensuite avec du mortier fouetté au balai.

RÉNURE. (Voyez *Rainure*.)

RÉPARATION, s. m., all. *Die Ausbesserung, die Wiederherstellung*, angl. *The repair, the restoration*, ital. *Riparazione, restaurazione*. Travail nécessaire à l'entretien ou bon état d'une maison, d'un édifice quelconques.

—— ACCIDENTELLE, all. *Zufällige Ausbesserung*, angl. *Accidental*, ital. *Accidentale*. Celle qui est causée fortuitement, par un cas non prévu et impossible à parer, dont personne n'est responsable.

—— GROSSES, all. *Die unumgänglichen schweren Ausbesserungen*, angl. *The indispensable, main repairs*, ital. *Reparazioni grosse.* Celles qu'il est urgent d'entreprendre aux gros murs, voûtes, planchers, pans de bois, combles, couvertures, etc., à la charge du propriétaire.

RÉPARATIONS LOCATIVES, all. *Den Miethmann angehende Aus-besserungen,* angl. *Belonging to the tenant,* ital. *Spettante al pigionante.* Celles qui sont à la charge du locataire, et non du propriétaire.

REPÈRE, s. m., all. *Das Merkzeichen,* angl. *A mark,* ital. *Segno.* Marques ou traits divers faits à différentes pièces de bois ou sur des pierres, afin de les reconnaître au moment où l'on veut les assembler ou poser.

REPOS, s. m., all. *Ruheplatz einer Treppe, Pedest,* angl. *Landing-place, stair-head,* ital. *Pianerottolo.* Palier d'un escalier.

REPOUS, s. m., all. *Der Mörtel von Kalk und Ziegelmehle oder zermalmtem Steinschutte,* angl. *A kind of cement made of lime and pulverized rubble of bricks or tiles,* ital. *Sorta di calcistruzzo.* Mortier formé de chaux et de briques ou de tuiles pulvérisées, ou encore de gravois d'une démolition de maçonnerie.

REPRENDRE, v. a., all. *Unterhalb ausbessern,* angl. *To renew the foot of a wall, of a building,* etc., ital. *Rifabbricare un muro.* Refaire, rebâtir, reconstruire, réparer le pied d'une maçonnerie quelconque en sous-œuvre. Voyez œuvre, sous-œuvre.

REPRISE, s. f., all. *Das neue Untermauern,* angl. *The renewing of the base or foot of a wall, of a building,* ital. *Riparazione per di sotto.* Réparation en sous-œuvre exécutée à un mur.

RÉSERVOIR, s. m., all. *Wasserbehälter,* angl. *Reservoir, a conservatory of water,* ital. *Serbatojo.* Lieu où l'on conserve de l'eau.

RESSAUT, s. m., all. *Vorsprung,* angl., *Projecture, outjetting or prominence beyond the naked of a wall.* ital. *Sporto.* Saillie sur le nu d'un corps uni, comme plinthes, cordons, corniches et autres corps. Signifie aussi le brisement de lignes verticales, un moment obliques ou horizontales, pour reprendre ensuite leur ascension perpendiculaire. Ce mot est alors synonyme de *Redent.*

RESTAURATION, s. f., all. *Die Wiederherstellung,* angl. *The restoration,* ital. *Ristaurazione.* Action de restituer et de faire des ouvrages à un bâtiment, afin de le remettre le plus possible dans son état primitif.

RESTAURER, v. a., all. *Wiederherstellen*, angl. *To restore*, ital. *Ristaurare*. Rétablir, refaire des parties ruinées d'un bâtiment ou de ses dépendances, le remettre à neuf. On dit réstaurer des statues, des bas-reliefs, des ornements, des moulures et autres menus détails que l'on répare.

RÉTABLE, s. m., all. *Das Altarblatt*, angl. *The altar-piece*, ital. *Ornamento d'altare*. Décoration sculptée ou peinte qui surmonte le fond d'un autel, appliquée à la muraille à laquelle l'autel est adossé.

RETOMBÉE, s. f., all. *Der Anfang eines Gewölbes*, angl. *The coussinet of an arch or vault*, ital. *Piede d'una volta*. Assise de pierre qui constitue la naissance d'un arc ou d'une voûte.

RETONDRE, v. a., all. *Die Spitze eines Schornsteinkastens oder einer Mauer abbrechen und wiederaufbauen*, angl. *To throw-down the top of a chimney or of a wall and to rebuild again*, ital. *Ritoccare un cammino*. Se dit d'une souche de cheminée ou d'un mur dont on abat le sommet pour le reconstruire. Se dit aussi d'une façade qu'on regratte, d'une pierre de taille écornée ou épaufrée, à laquelle on relève les arêtes au ciseau.

RETOUR, s. m., all. *Die Seite, Nebenseite eines Gebälkes, oder irgend eines Körpers, ein Vorsprung*, angl. *The lateral side of an entablature or of any body in projecture*, ital. *Profilo di modanature*. Se dit du profil d'un entablement ou d'autres corps quelconques en saillie.

—— D'ÉQUERRE, all. *Im rechten Winkel sich zurückziehend*, angl. *Facing on both sides to a right angle*, ital. *Voltata di squadra*. Celui qui est formé à une encoignure par un angle droit.

RETRAITE, s. f., all. *Die Einziehung*, angl. *Set off*, ital. *Rientrata, rientramento*. Moindre épaisseur donnée à un mur au-dessus de son empatement ou de toute autre portion plus élevée.

REVERS, s. m., all. *Rückseite; das abhängige Steinpflaster an den Häusern nach der Gasse*, angl. *The back of any thing; the paved path along houses*, ital. *Ravescio pendio del selciato*. Portion longue et étroite en pente, depuis le ruisseau ou l'ornière jusqu'au pied du mur de rue d'une maison ou d'une enceinte.

REVÊTEMENT, s. m., all. *Die Bekleidung einer Futtermauer*, angl. *The lining of any body*, ital. *Rincalzamento*. L'enduit d'un corps avec une matière sur peu d'épaisseur. Mur qui soutient un corps quelconque.

REVÊTIR, v. a., all. *Eine Erdböschung oder Terrasse mit Steinen bekleiden, mit Mauerwerk einfassen*, angl. *To line, to cloth any body*, ital. *Rincalzare*. Élever un mur en pierre de taille, en moellon, en brique, etc., destiné comme ceinture à un rempart, à une terrasse comme soutènement. Recouvrir, enduire quelque objet, comme mur, pan de bois, etc.

REVÊTISSEMENT, s. m., all. *Die Bekleidung*, angl. *The lining*, ital. *Rincalzamento*. Action de revêtir, de faire un revêtement.

REZ-DE-CHAUSSÉE, s. m., all. *Das Untergeschoss eines Gebäudes, oder das Geschoss zu ebener Erde*, angl. *The ground-floor*, ital. *Pian terreno*. Le lieu d'un édifice ou d'une maison situé au niveau ou presque au niveau du sol.

REZ-MUR, s. m., all. *Die Fläche einer Mauer im Innern*, angl. *The face of a wall with inside*, ital. *Faccia d'un muro interno dell' opera*. Se dit du nu d'un mur dans œuvre.

REZ-TERRE, s. m., all. *Die Oberfläche des Grundes oder der Erde, eben, mit oder ohne Abhang*, angl. *The surface of the ground, even, with or without declivity*, ital. *A fior di terra*. Surface de terrain, de sol unie, avec ou sans pente.

RHOMBE, s. m., all. *Rhombus, das geschobene Quadrat, die Raute, Rautenviereck*, angl. *Rhombus, rhomb*, ital. *Rombo*. Losange, figure plane, dont les côtés sont égaux sans que les angles soient droits.

RHOMBOIDE, s. m., all. *Rautenförmige oder geschobene Vierung*, angl. *Rhomboid*, ital. *Romboide*. Parallélogramme oblique, figure plane quadrilatère dont les côtés et les angles opposés sont égaux.

RIGOLE, s. f., all. *Die Rinne, der kleine Graben, Abzugsgraben* angl. *A gutter, a trench, a furrow*, ital. *Canaletto*. Petite tranchée pour faire couler les eaux, canal de dérivation.

—— DE JARDIN, all. *Ein kleiner Graben in einem Garten um Bäume zu pflanzen*, angl. *A small trench in a garden to plant small trees*, ital. *Piccolo fossato d'un giardino*. Fouille ou tranchée propre à planter des arbrisseaux, des fleurs, etc., dans un jardin ou parc.

RINCEAU, s. m., all. *Laubwerk, der Lauberzug, geschwungene Stiele mit leichtem Laub, welche bei Verzierungen vorkommen,* angl. *A bough, a foliage*, ital. *Fogliame*. Feuillage, sorte de branche d'arbre ou d'arbrisseau ou de fleur, qui naît dans un culot, formé de grandes feuilles naturelles, de fleurs ou de fruits naturels ou artificiels, pour servir d'ornement dans les frises, les gorges, les panneaux; dans l'antiquité ornait l'ordre corinthien; durant la Renaissance employé à l'ornementation des pilastres, etc.; il y a des rinceaux enrichis d'animaux naturels et fantastiques; ils peuvent être peints ou sculptés.

RIVE, s. f., all. *Das Ufer, der Rand einer Gehölzes*, angl. *A shore, water-side*, ital. *Ripa, riva*. Berge ou bord d'une rivière, d'un ruisseau, d'un torrent, d'une eau quelconque.

ROBINET, s. m., all. *Der Hahn, ein Werkzeug zum Oeffnen und Verschlieszen von Röhren und Gefäszen*, etc., *worin irgend eine Flüssigkeit enthalten ist*, angl. *A spout, a stop*, ital. *Chiave di fontana*. Portion de tuyau munie d'une clef pour fermer le passage à toutes sortes de liquides.

ROC, s. m., all. *Der Fels*, angl. *The rock*, ital. *Rupe, masso, roccia*: Masse ou bloc de pierre très-dure qui a sa racine en terre.

ROCAILLE, s. f., all. *Eine Zusammenfügung aus Steinen, Incrustaden, Schneckenmuscheln*, etc., *zur Bekleidung der Wände in unterirdischen Grotten*, etc., angl. *Rock-worked rustic*. ital. *Opera rustica*. Assemblages divers de coquillages et petites pierres de différentes couleurs et espèces, en usage pour les grottes, les soubassements de mur, etc.

ROCAILLEUR, s. m., all. *Grottenarbeiter*, ital. *Operaio che lavore grossamente.* Celui qui exécute, qui travaille en rocaille.

ROCHE, s. f., all. *Felsen, Stein, sehr harter Stein*, angl. *The rock, very hard stone*, ital. *Roccia, rupe*. Qualité de pierre très-dure de couleurs diverses. Fer de *roche*, celui qui vient de Champagne.

ROCHER, s. m., all. *Die Klippe, der Felsen*, angl. *A rock*, ital. *Rupe, scoglio*. Roc très-élevé, carrière, bloc ou masse de pierre de roche.

—— D'EAU. Disposition d'une source, d'une fontaine conçue avec art, ajustée contre une partie de rocher naturel ou artificiel qui renvoie de l'eau par nappes, bouillons, etc.

ROMAN, style d'architecture. Voyez page 22, ARCHITECTURE ROMANE.

ROND-D'EAU, s. m., all. *Ein kreisrundes Bassin*, angl. *A circular or round wet-dock*, ital. *Stagno circolare*. Bassin de grande dimension, de forme circulaire en béton, ciment ou garni de plomb avec degrés, banquettes de gazons tout au pourtour et un jet d'eau au centre.

ROND-POINT, s. m., all. *Der runde Endtheil des Chors einer Kirche, im Innern*, angl. *The inside circular portion or end of the choir of a church*, ital. *Semicircolo del coro*. Intérieur d'une abside ou terminaison circulaire du chœur d'une église, surtout en usage dans l'architecture romane.

RONDE-BOSSE. Voyez sculpture.

ROSACE, s. f., all. *Ein rosenförmiges Feld an gewölbten Decken*, angl. *Fleuron in a caisson*, ital. *Rosone*. Ornement de forme circulaire, à détails variant à l'infini, pratiqué dans les voûtes. Se dit aussi des baies ou ouvertures de fenêtres circulaires employées dans l'architecture française des xiii° et xiv° siècles, all. *Rosenfenster*, angl. *Rose-window, marigold window*, ital. *Finestra circolare*.

ROSE, s. f., all. *Rose*, angl. *Rose*, ital. *Rosa*. Grande fenêtre circulaire enrichie de meneaux variés à l'infini. Elles commencent à être employées en France vers la fin de l'architecture romane et se développent durant le style de transition. Elles sont très-belles au xiii° siècle, très-riches et compliquées au xiv°, mais dégénèrent avec le style flamboyant au xv° siècle. Les roses de Notre-Dame de Paris, de Reims et d'Amiens sont célèbres pour leur magnificence. Nous citerons encore celles des cathédrales de Chartres (style roman), d'Évreux (flamboyant), de Saint-Ouen de Rouen ; en Angleterre celles de Barfreston, Kent, de 1180, de Beverley Minster de 1250, du palais épiscopal de Saint-David de 1350.

ROSEAU, s. m., all. *Stab mit daran geflochtenen Blumen und Blättern in den Cannelirungen der Säulen*, angl. *A reed intertwined with leaves and flowers, in the fluting of columns*, ital. *Bastone nelle scannellatura delle colonne*. Sorte de baguette semi-circulaire ou circulaire dans son plan, avec ou sans feuilles et fleurs, pratiquée jusqu'à une certaine hauteur dans les cannelures des colonnes.

ROSETTE, s. f., all. *Eine rosenförmige Verzierung auf Platten, Füllungen und dergl. ; auch in Form eines kleinen Schilds*, angl. *A rose, a rosette*, ital. *Rosella*. Petite rosace ; ornement imitant la rose de plusieurs manières, soit en sculpture, soit en peinture, employée comme ornement pour des bandes, des gorges, etc.

ROTONDE, s. f., all. *Rotunda, ein kreisrundes Gebäude, ein runder Tempel*, angl. *Rotunda or rotonda, a building circular on the interior and exterior*, ital. *Rotonda*. Édifice circulaire à l'intérieur comme à l'extérieur; se dit aussi d'un vestibule, d'un salon circulaire dans son plan. Le Panthéon de Rome est une rotonde. Voyez PANTHÉON, p. 309.

ROUET, s. m., all. *Der Rost worauf des Gemäuer eines Brunnens aufgebaut wird, Brunnenkasten, Brunnenstube*, angl. *The curb of wood for steining wells*, ital. *Cerchio di legno per fundamento d'un pozzo*. Assemblage de charpente placé au fond d'un puits pour recevoir la maçonnerie en pierre sèche qu'on élève au-dessus.

ROULEAU, s. m., all. *Die Walze, das Rollholz*, angl. *A roll, a roller*, ital. *Cilindro*. Sorte de cylindre de bois qui sert à mouvoir les plus pesants fardeaux, pour les conduire d'un lieu dans un autre. Se dit aussi des enroulements de modillons, de consoles, de panneaux et autres ornements de serrurerie.

ROULON, s. m., all. *Eine Sprosse, eine Docke*, angl. *A small baluster*, ital. *Pivolo, piccolo cancello*. Morceau de bois (de frêne) de trois à quatre centimètres de diamètre et d'une longueur indéterminée, tourné ou non, assemblé dans une traverse haute, et une basse, pour râteliers, échelles, etc.

RUBAN, s. m., all. *Das Band*, angl. *A ribban, a riband*, ital. *Nastro*. Ornement taillé en relief, torturé, replié de différentes manières sur des baguettes, des frises, des encadrements, des piliers et beaucoup usité dans l'architecture romane.

RUDENTÉ, RUDENTÉE, adj., all. *Verstäbt*, angl. *Cabled*, ital. *Cannelloto*. Orné, pourvu, enrichi de rudentures.

RUDENTURE, s. f., all. *Glatte Stäbe in die Cannelirung der Säulen eingesetzt*, angl. *Cabling, a round moulding worked in the flutes of columns, pilasters*, etc.; ital. *Rudentura*. Bâton de cannelure, ou ornement sculpté en imitation d'une corde, placé dans les cannelures d'une colonne, ordinairement jusqu'au tiers de sa hauteur.

RUDÉRATION, s. f., all. *Das rauhe Mauerwerk*, angl. *The coarsest masonry of a wall*, ital. *La parte la più materiale d'un muro*. Maçonnerie dont l'exécution est grossièrement faite.

RUILLÉE, s. f. Enduit fait de plâtre ou de mortier et pratiqué sur les tuiles ou ardoises d'un toit.

RUINES, s. f. pl., all. *Ruinen, Trümmer, verfallene Gebäude*, angl. *Ruins, edifices or houses in decay*, ital. *Rovine.* Se dit d'édifices, de maisons et de constructions quelconques détruits, soit par le temps, soit par la main des hommes, et dont il ne reste que des fragments, des débris debout ou épars. Beaucoup de monuments de l'antiquité ne sont que des ruines.

RUINER, v. a., all. *Aushauen, einkerben*, angl. *To impair*, ital. *Atterrare.* Hacher des poteaux de cloisons, afin de faciliter l'adhérence ou la liaison d'un enduit. Saper les fondements d'un monument pour le faire écrouler.

RUINURE, s. f., all. *Die Einkerbung*, angl. *A notch, a groove*, ital. *Intacco del legno.* Hachure faite avec une coignée à une pièce de charpente pour la liaisonner avec l'enduit ou la maçonnerie qu'on adapte dessus ou contre.

RUSTIQUE, adj., all. *Ländlich*, angl. *A species of building wherein the faces of the stones are left rough or are hatched or picked with the point of a hammer*, ital. *Rustico, grossolano.* Manière de bâtir imitant la nature quoique faite avec art.

RUSTIQUER, v. a., all. *Aus grob behauenen Steinen aufführen*, angl. *To build in a rough manner, to make rustic-like*, ital. *Fabbricare rusticamente.* Bâtir d'une manière rustique, dresser les parements des pierres à la grosse pointe et relever leurs arêtes au ciseau.

S

SABLE, s. m., all. *Sand*, angl. *Sand*, ital. *Sabbia.* Terre formée de petits grains de gravier plus ou moins gros et de diverses couleurs; employée à faire du mortier.

SABLIÈRE, s. f., all. *Sandgrube*, angl. *A sand-pit*, ital. *Renajo.* Carrière d'où l'on extrait du sable. Sablière, all. *Saumschwelle, Setzsohle, Spannrahmen*, angl. *A sill, a cill*, ital. *Renajo.* Pièce de charpente qui, posée sur des poteaux, porte un pan de bois, une cloison, etc.

—— DE COMBLE, all. *Schwelle worauf der Fusz der Sparren gesetzt wird*, angl. *The uppercill to recieve the foot of the raf-*

ters, ital. *Corrente*. Pièce simple ou en plate-forme, posée sur le sommet d'un mur ou sur des poteaux; sert à porter un assemblage de charpente, les abouts inférieurs des chevrons, etc.

SABLIÈRE FAUSSE. Pièce de bois mince, méplate, boulonnée contre une poutre, et porte les abouts des solives au moyen d'étriers en fer.

SABLONNIÈRE, s. f. Carrière d'où l'on extrait du sable.

SABOT, s. m., all. *Der eiserne Schuh, womit ein in die Erde zu schlagender hölzerner Grundpfahl versehen wird, um das bessere Eindringen desselben in die Erde zu befördern*, angl. *An iron hoop, fixed tightly on the heads of piles, to prevent them from splitting*, ital. *Puntazza*. Fer aigu à plusieurs branches destiné à armer le bout inférieur des pieux formant un pilotis.

SACOME, s. m., all. *Durchschnitt, Profil*, angl. *Section*, ital. *Sacome*. La représentation de l'intérieur d'un bâtiment; profils, moulures et autres corps en saillie sur le nu d'un mur.

SACRISTIE, s. f., all. *Sacristei*, angl. *The sacristy, the vestry of a church*, ital. *Sacristia*. Pièce ordinairement attenant à une église, dans laquelle on sert les ornements sacrés et où les prêtres se vêtissent de leurs habits sacerdotaux.

SAILLIE, s. f., all. *Ausladung, Auslauf, Vorsprung*, angl. *A projecture, a sally*, ital. *Una projettura*. Avance d'un corps sur un autre, comme une corniche, un couronnement de porte ou de fenêtre, un cordon et autres profils.

SALLE, s. f., all. *Saal*, angl. *A hall, a large room*, ital. *Sala*. Grande pièce à plusieurs destinations : où l'on reçoit les visites; alors elle est susceptible de beaucoup d'ornements.

—— A MANGER, all. *Essaal, Speisezimmer*, angl. *Dining-room*, ital. *Sala per mangiare*. Pièce à proximité d'une cuisine où ont lieu les repas de famille ou de société.

—— D'ARMES, all. *Der Fechtboden, Waffengalerie*, angl. *Fighting-hall, armoury*, ital. *Sala d'armi*. Pièce ou galerie où l'on dépose et conserve des armes; salle où l'on s'exerce aux armes.

—— D'AUDIENCE, all. *Audienzsaal*, angl. *Public room to a manorhouse*, ital. *Sala d'udienza*. Pièce dans un palais où le prince donne audience; salle dans un tribunal où l'on juge.

—— D'EAU. Pièce au-dessous d'un rez-de-chaussée richement décoré, avec une aire en compartiments et jet de fontaine.

SALLE DE BAIN, all. *Badesaal*, angl. *An apartment for bathing*, ital. *Sala da bagno*. Pièce où l'on prend des bains soit dans un édifice, soit dans une maison particulière.

—— DE BAL, all. *Ballsaal*, angl. *Ball-room, dancing-room*, ital. *Sala da ballo*. Salle richement décorée avec orchestre où l'on danse.

—— DES GARDES, all. *Vorzimmer der Wachen, Leibgarden in einem Pallast*, angl. *Guard's-hall*, ital. *Sala delle guardie di corpo*. Grande pièce qui précède l'appartement d'un roi, d'un prince, où se tiennent les officiers des gardes.

—— DE JARDIN. Vaste pavillon décoré avec art, où l'on danse au printemps, en été et à l'automne.

—— DU COMMUN, all. *Das Gesindezimmer, die Bedientenstube*, angl. *Servants'room*, ital. *Tinello*. Celle où les domestiques mangent.

SALON, s. m., all. *Der grosse hohe Saal*, angl. *The drawing-room*, ital. *Salone*. Pièce spacieuse dépendant d'un appartement richement orné de tableaux, de glaces, de meubles, etc.

—— DE MUSIQUE, all. *Musiksaal*, angl. *Music-hall*, ital. *Sala da musica*. Salle destinée à faire de la musique ; on y met le moins possible de corps en saillie ; elle est décorée des attributs des Muses.

—— DE TREILLAGE. Pavillon circulaire ou polygonal, tapissé de verdure naturelle.

SALPÊTRIÈRE, s. f., all. *Salpetersiederei*, angl. *Saltpetre-house*, ital. *Nitraia*. Salle spacieuse dans un arsenal où il y a des fourneaux, des cuves et tous les ustensiles nécessaires à la fabrication du salpêtre.

SANCTUAIRE, s. m., all. *Der Ort wo der Hochaltar steht*, angl. *The sanctuary, the chancel*, ital. *Santuario*. Partie d'un monument du culte où est situé le maître-autel. C'était aussi dans l'antiquité le lieu le plus sacré dans un temple.

SAPER, v. a., all. *Untergraben*, angl. *To undermine*, ital. *Scavare*. Faire des fouilles sous un mur ou autre construction ou corps pour les faire écrouler.

SAPINES, s. f., all. *Der tannene Balken*, angl. *A fir joist*. ital. *Tavole di pino*. Pièces de bois de sapin qui, scellées de niveau sur des tasseaux, servent à former un échafaudage.

SARCOPHAGE, s. m., all. *Der steinerne Sarg der Alten*,

angl. *A tomb or coffin made of one stone used in antiquity*, ital. *Sarcofago*. Caisse parallélipipédique où, durant l'antiquité, on plaçait les morts. Ces tombeaux étaient ou simples ou très-enrichis de détails. Ceux des Romains étaient surtout très-ornés de figures, d'allégories, de bas-reliefs, etc.

SAUT-DE-LOUP, s. m., all. *Ein Graben mit Gegenmauer*, angl. *A ditch, a long trench with a breast-wall on one side*. Fossé établi entre deux terre-pleins, en face d'une ouverture d'un mur de clôture, pour ne point interrompre la vue quoique inaccessible. Le saut-de-loup est en talus d'un côté et rendu inaccessible de l'autre par un mur de soutènement.

SAUTERELLE, s. f., all. *Schmiege, Instrument womit ein Winkel der kein rechter ist, abgemessen wird*, angl. *A bevel*, ital. *Squadra zoppa*. Sorte de fausse équerre servant à prendre et à rapporter des angles qui ne sont pas des angles droits.

—— GRADUÉE, all. *Gleichbedeutend von Pentameter*. Celle où est adaptée un demi-cercle, nommé aussi *pentamètre*.

SAVONNERIE, s. f., all. *Die Seifensiederei*, angl. *A soap-house, a soap manufacture*. ital. *Saponeria*. Bâtiment plus ou moins étendu, composé de rez-de-chaussée et d'étages, pourvu de cuves, réservoirs, fourneaux et de tous les ustensiles et accessoires nécessaires à fabriquer du savon.

SCABELLON, s. m., all. *Ein Fuszgestell, worauf man ein Brustbild und dergl., setzen kann*, angl. *A pedestal for busts*, ital. *Piedestallo*. Piédestal de forme et de dimension diverses, servant à porter un buste, un groupe, une pendule, etc.

SCALÈNE, s. m. et adj., all. *Das ungleichseitige Dreieck*, angl. *A triangle whose sides are all unequal*, ital. *Scaleno*. Triangle dont les trois côtés sont inégaux.

SCELLEMENT, s. m., all. *Die Befestigung eines Hakens, etc., in einer Mauer*, angl. *Sealing, cramping*, ital. *Impiombatura*. Action de fixer un objet, comme un gond, une gâche, un arrêt de persienne, une patte, etc., avec du plomb, du plâtre, du soufre, du ciment, etc.

SCELLER, v. a., all. *Etwas in eine Mauer einsetzen, eingiessen*, angl. *To seal, to cramp, to bind*, ital. *Suggellare*. Fixer un objet dans un mur, un trou avec du plâtre, du plomb, du ciment.

SCÈNE, s. f., all. *Die Bühne, die Schaubühne, der Schauplatz*, angl. *The scene, the stage*, ital. *La scena*. La partie du théâtre où les acteurs remplissent leur rôle ou jouent ; elle représente par des décorations peintes sur toile ou sur papier, fixées sur des châssis, l'endroit où l'action de la pièce représentée a lieu, par exemple un palais, une salle, un cloître, un paysage, un parc, un jardin, etc.

SCÉNOGRAPHIE, s. f., all. *Die perspectivische Abbildung, die Kunst dergleichen zu machen*, angl. *scenography, the method of representing things in perspective*, ital. *Scenografia*. La perspective ; représentation d'un objet ou d'objets divers, seuls ou ensemble en projection sur un tableau, sur la scène d'un théâtre.

SCÉNOTAPHE, voyez CÉNOTAPHE.

SCIOGRAPHIE, s. f., all. *Aufrisz, Durchschnitt und Plan eines Gebäudes von innen, mit Schatten und Licht ; Schattenrisz*, angl. *Representation of the inside of a building with shadows, by elevations, sections and plans ; the science of projecting shadows as they fall in nature*, ital. *Sciografia*. Représentation de l'intérieur d'un bâtiment en élévation en coupes et en profils ; aussi la science de tracer correctement les ombres.

SCOTIE, s. f., all. *Einziehung, Hohlkehle*, angl. *scotia, trochilus, a hollow moulding*, ital. *Scozia, trochile*. Moulure concave ordinairement placée entre les tores d'une base de colonne et souvent sous le larmier de la corniche d'ordre dorique.

SCULPTER, v. a., all. *Bildhauerarbeit machen, ein Stein hauen, graben, schneiden*, angl. *To sculpt, to model, to carve, to prepare a stone*, ital. *Scolpire*. Modeler des figures ou des ornements, les reproduire dans le marbre ou la pierre, tailler la pierre pour en faire sortir des moulures et des sujets quelconques, etc.

SCULPTEUR, s. m., all. *Bildhauer, Bildner*, angl. *Sculptor*, ital. *Scultore, intagliatore*. Artiste qui pratique la sculpture.

SCULPTURE, s. f., all. *Bildhauerei, Bildhauerarbeit*, angl. *Sculpture*, ital. *Scultura, intaglio*. Le premier des arts d'imitation ; c'est l'art de représenter des objets et des sujets, principalement des figures humaines, au moyen de substances massives, comme le marbre, la pierre, l'argile, le bois, etc., en se servant d'outils qui sont propres à ce travail. Les exécutions de cet art se divisent en deux classes, en celle de ronde-bosse et en celle de bas-reliefs. La sculpture comprend : 1º la plastique ou l'art de former des figures au moyen de l'argile ;

2o la statuaire ou l'art de créer des statues prises dans des masses dures comme le marbre, la pierre, le granit, ou coulées en bronze, en fer, en plomb, etc. ; 3o le travail du bois, ou l'art de le tailler et de le sculpter.

La sculpture égyptienne, la plus ancienne connue, a produit des œuvres colossales. Nous citerons le sphinx, situé à 325 mètres au sud-est de la grande pyramide de Chéops, à Memphis, aujourd'hui Gizeh. Ce colosse, taillé dans le roc vif, a 39 mètres de longueur et 17 de hauteur depuis le ventre jusqu'au sommet de la tête. Ensuite nous nommerons encore les statues des deux temples d'Abou-Sembil, dont les unes ont jusqu'à 21 mètres de hauteur; elles sont du règne de Sésostris ou Rhamsès le Grand, du xve siècle avant l'ère vulgaire. La plus ancienne sculpture européenne se trouve à la porte d'entrée du château de Mykène, dans le Péloponèse. Elle représente deux lionnes et date peut-être du xive siècle avant l'ère vulgaire. La sculpture grecque fut portée à sa plus haute perfection sous l'administration de Périclès, au milieu du ve siècle avant l'ère vulgaire, par Phidias. En Sicile on admire encore les vestiges des grandes figures d'homme, hautes de 7^{m}60 qui ornaient au premier étage le temple de Zeus (Jupiter) Olympien à Agrigente. A Sélinonte en Sicile, se trouvent les remarquables métopes sculptées du temple central qui sont sans doute du vi^e siècle avant l'ère vulgaire.

Les Romains n'ont point marqué dans cet art; pour orner les édifices et leurs palais gigantesques, ils dépouillèrent la Grèce de ses magnificences plastiques. Le moyen âge replongea la statuaire dans la barbarie ; cependant l'ancienne Etrurie, la Toscane, ne laissa jamais perdre les grandes traditions de l'art du statuaire, et Nicolas de Pise, sous le règne de l'empereur et roi Frédéric II, de la race des Hohenstaufen, commença la renaissance de ce grand art que le roi François Ier de France favorisa on ne peut plus heureusement. Parmi les sculpteurs français de la Renaissance, nous nommerons Michel Colombe, vers 1480, Pierre de Brymbal vers 1533, Bertrand Picart vers 1550, Frémin Roussel vers 1540, Pierre Francheville vers 1560, Pierre Bontemps vers 1556, et Jean Goujon, l'auteur de la belle figure de Diane de Poitiers.

L'Allemagne a eu aussi ses sculpteurs de la Renaissance : Adam Kraft, mort en 1507, Tilman Riemenschneider, mort en 1513, Loyen Hering mort en 1521, Nicolas Lerch, mort en 1513, Jörg Syrlin d'Ulm, Pierre Vischer, Albert Dürer, etc., etc.

SCULPTURE EN BAS-RELIEF, all. *Halberhabene Bildhauerarbeit*, angl. *bas-relief or relievo*, ital. *Basso relievo*. Figures ou ornements en saillie, dont aucune partie n'est en saillie ou détachée de son fond.

—— ISOLÉE, all. *Freistehende Bildhauerarbeit*, angl. *Isolated, alto relievo*, ital. *Isolata*. Celle qui est exécutée en ronde-bosse.

—— RONDE-BOSSE, all. *Ganz erhabene, freistehende Bildhauerarbeit*, angl. *Alto relievo*, ital. *Alto relievo*. Celle qui est isolée ou détachée entièrement de son fond.

——HIÉRATIQUE, all. *Kirchliche Bildhauerarbeit*, angl. *Ecclesiastical*, ital. *Religiosa*. Celle consacrée aux monuments du culte.

SEC, SÈCHE, adj., all. *Trocken, mager, kalt*, angl. *Dry, barren, cold*, ital. *Magro, secco*. Se dit d'un dessin, d'une construction, surtout d'une façade, dont l'exécution est dure, pauvre et de mauvais goût. La maçonnerie à *sec* est celle où l'on n'emploie que des pierres, sans aucune liaison, comme mortier, ciment, plâtre, etc.

SÉCANTE, s. f., all. *Eine gerade Linie die eine Krumme, in zwei Punkten durchschneidet*, angl. *Secant*, ital. *Secante*. C'est une ligne qui rencontre une autre courbe, ou la circonférence en deux points.

SECTEUR, s. m., all. *Kreisausschnitt*, angl. *A sector*, ital. *Settore*. Partie du cercle comprise entre un arc et deux rayons de cercle menés aux extrémités de cet arc.

SECTION, s. f., all. *Der Durchschnitt*, angl. *Section*, ital. *Sezione*. Surface qui paraît d'un corps coupé verticalement; rencontre de deux lignes qui se croisent.

—— CONIQUE, all. *Kegeldurchschnitt*, angl. *Conical section*, ital. *Sezione conica*. Figures formées par les intersections d'un cône par un plan. Elles sont au nombre de cinq : le triangle, le cercle, l'ellipse, la parabole, et l'hyperbole.

—— HORIZONTALE, all. *Wagerechter Durchschnitt*, angl. *Horizontal*, ital. *Orizzontale*. C'est la représentation ou la figuration géométrale des plans d'un édifice ou d'une maison. Nommée aussi ichnographie.

SEGMENT, s. m., all. *Kreisabschnitt*, angl. *Segment*, ital. *Segmento*. C'est la surface ou portion de cercle comprise entre l'arc et la corde.

SELLERIE, s. f., all. *Geschirrkammer*, angl. *A closet for horse-harness*, ital. *Stanza per sellerie*. Lieu où l'on dépose les selles et harnais.

SELLETTE, s. f. Petite pièce de charpente, sorte de moise, placée à l'extrémité d'un engin au moyen de deux liens; porte le fauconneau. C'est encore une sorte d'échafaudage avec poteau au milieu qui servait à exposer un criminel sur la place publique.

SEMELLE, s. f., all. *Die Dachstuhlschwelle*, angl. *A sort of tie-beam*, ital. *Sorta di asticciuola*. Sorte de tirant fait d'une plate-forme, où sont assemblés les pieds de la ferme d'un comble pour en arrêter l'écartement.

—— D'ÉTAI. Pièce de bois couchée à plat sous le pied d'un étai, d'un pointal ou d'un chevalement.

—— OU TALON. Feuillet de bois propre à être plaqué, lequel est refendu obliquement dans une pièce de bois.

SÉMINAIRE, s. m., all. *Seminarium, Pflanzschule*, angl. *Seminary, college*, ital. *Seminario*. Institution où les jeunes ecclésiastiques reçoivent l'instruction dans les sciences et les fonctions de la carrière qu'ils ont choisie.

SEPTIZONE, s. m., all. *Septizonium*, angl. *Septizonium*, ital. *Septizonio*. Edifice à sept étages ornés de colonnes, élevé à Rome près de la porte Capène par Septime Sévère qui régnait de 193 à 211. Ce monument a été démoli au xvie siècle.

SÉPULCRE, s. m., all. *Das Grab, die Grabstätte*, angl. *A Sepulchre, a grave*, ital. *Sepolcro*. Tombeau, lieu particulier où un corps est enterré.

SÉPULTURE, s. m., all. *Die Grabstätte*, angl. *A grave*, ital. *Sepolcro*. Caveau ou monument qui renferme des tombeaux soit d'une personne, soit d'une famille. L'architecture en est ordinairement simple et d'un caractère particulier.

SÉRAIL, s. m., all. *Das Serail, der Pallast des Sultans in Constantinopel*, angl. *Seraglio*, ital. *Serraglio*. Palais du sultan à Constantinople, qu'il ne faut pas confondre avec le harem, l'habitation des femmes du sultan, et qui ne constitue qu'une portion du sérail. Le sérail est situé sur un promontoire, entre la mer de Marmara, le Bosphore et le port de Constantinople. Ses murs étendus renferment des mosquées, des jardins, de vastes bâtiments où habitent plusieurs milliers de personnes.

SERPENTIN, s. m., all. *Schlangenhaut*, angl. *Serpentine*, ital. *Marmo serpentino.* Sorte de silicate hydratifère, matière compacte, tendre, mais tenace, à cassure plus ou moins esquilleuse et d'un éclat gros, dont la poussière, et souvent la masse même, est généralement douce au toucher. Le serpentin tendre d'Allemagne des environs de Zœblitz en Saxe, est très-inférieur au serpentin antique, l'*ophites* des anciens : il était de fond vert noirâtre, avec des taches et raies jaunâtres et verdâtres; il venait de Memphis, en Égypte. On se sert peu de ce marbre dans la construction : mais on en fait beaucoup de petits ouvrages, comme vases de diverses sortes, socle de pendules, etc. Dans l'antiquité on en a fait des statues, des colonnes, des urnes, etc.

SERRE, s. f., all. *Gewächshaus*, angl. *A greenhouse*, ital. *Serra, stuffa.* Bâtiment dans un parc ou dans un jardin dont la couverture en verre est en pente et où l'on renferme les orangers, les arbrisseaux et autres plantes pour les mettre à l'abri du froid.

——CHAUDE, all. *Treibhaus*, angl. *Hot-greenhouse*, ital. *Stuffa calda.* Celle qui est constamment chauffée au moyen d'un fourneau ou calorifère pour y cultiver des plantes exotiques de climats très-chauds.

SERRURE, s. f., all. *Das Schloss*, angl. *A lock*, ital. *Serratura, toppa.* Machine formée d'une boîte nommée palastre, d'un ou de plusieurs pênes, et dans l'intérieur, de ressorts, gâchettes et garnitures qui font qu'une serrure ne peut être ouverte qu'avec sa clef. C'est la principale pièce des menus ouvrages de serrurerie.

—— A CLENCHE. Celle dont on se sert pour les portes cochères.

—— A PASSE-PARTOUT. Très-simple et qui est placée à une porte très-fréquentée.

—— A PÊNE DORMANT, all. *Das sich nur mit einem Schlüssel öffnende*, angl. *Only unlocked with a key*, ital. *A stanghetta.* Celle qui ne peut être ouverte qu'avec une clef.

—— A RESSORT, all. *Das mit einer Feder versehene Schloss*, angl. *Spring-lock*, ital. *A molla.* Celle qui se ferme en tirant ou en poussant la porte.

—— BÉNARDE. La clef l'ouvre en dehors et en dedans.

SERRURERIE, s. f., all. *Die Schlosserarbeit, das Schlosser-*

handwerk, angl. *Smithery, ironmongery,* ital. *Arte del magnano fabbro-ferrajo.* Métier de travailler les fers et autres métaux destinés à la construction.

SERRURIER, s. m., all. *Der Schlosser,* angl. *A locksmith,* ital. *Magnano, fabbro-ferrajo, chiavajuolo.* Ouvrier qui travaille ou exécute les ouvrages de serrurerie.

SERVICE, s. m., all. *Das Bedienen, der Dienst,* angl. *The service,* ital. *Servizio.* Direction et conduite active, convenablement réglée, quant au choix, au transport et à l'emploi des matériaux durant la construction.

SERVITUDE, s. f., all. *Baurecht, Servitut,* angl. *Buildings acts,* ital. *Servitù.* Obligation ou assujétissement légal qui force tout propriétaire voisin à certains égards réciproques. Le Code civil énumère les servitudes.

SESQUIALTÈRE, adj., all. *Anderthalbig,* angl. *Sesquialteral,* ital. *Sesquialtero.* Se dit des quantités dont l'une contient l'autre une fois et demie, ou rapport des nombres qui sont entre eux comme six à neuf, par exemple.

SEUIL, s. m., all. *Schwelle,* angl. *Threshold, sill, step,* ital. *Soglia, soglio.* Morceau de pierre placé au bas d'une baie de porte et qui la traverse ; bois au bas d'une porte contre lequel se fait le battement d'une porte mobile.

SIÉGE D'AISANCE, s. m., all. *Abtrittssitz,* angl. *The seat in a water-closet,* ital. *Sedia da cesso.* Panneau de devant, lunette et couvercle des lieux d'aisance.

SIMPLICITÉ, s. f., all., *Einfachheit, Wohlgeordnetheit,* angl. *Simplicity, plainness, convenience,* ital. *Semplicita.* Se dit d'une composition où l'on n'a introduit que les membres et ornements naturels sans exagération.

SIMBLEAU, s. m., all. *Die Zirkelschnur,* angl. *A carpenter's line,* ital. *Corda per fare un circolo.* Grande règle ou cordeau employé à décrire un grand cercle ou arc.

SINGE, s. m., all. *Der Kreuzhaspel,* angl. *Windlass,* ital. *Manubrio.* Machine composée de deux croix de Saint-André, avec un treuil à bras ou à double manivelle, qui sert à enlever les fardeaux, à tirer la fouille d'un puits, et à y descendre le moellon pour le fonder.

SINUS, s. m., all. *Sinus,* angl. *Sinus,* ital. *Seno.* Ligne perpendiculaire, menée d'une des extrémités de l'arc au rayon qui passe par l'autre extrémité.

SIPHON, s. m., all. *Die Saugeröhre*, angl. *A syphon, a water-spout*, ital. *Sifone, tubo*. Assemblage de tuyaux recourbés, avec lequel on peut élever les eaux à une hauteur considérable.

SITUATION, s. f., all. *Die Lage, die Stellung*, angl. *The site, the situation*, ital. *Situazione*. Superficie de terrain, convenable pour y élever un bâtiment ou autres établissements.

SMILLER, v. a., all. *Mit der Hammerspitze Steine abvieren*, angl. *To pick, to square stones with the point of a hammer*, ital. *Scarpellare*. Equarrir ou ébaucher des moellons avec un marteau à pointe.

SOCLE, s. m., all. *Der Untersatz, der Grundstein*, angl. *The socle, the base*, ital. *Dado, orlo, zoccolo*. Piédestal, base, corps carré posé sous la base d'un piédestal, destiné à supporter un groupe, une statue, une urne, etc.

SOFFITE, s. m., all. *Eine mit Feldern verzierte Decke eines Zimmers*, angl. *A panneled ceiling*, ital. *Soffito*. Plafond ou lambris de menuiserie, formé de pièces de bois croisées, de corniches volantes, avec des compartiments ornés de peintures et de sculptures.

SOL, s. m., all. *Der Grund, der Baugrund*, angl. *The soil, the ground*, ital. *Suolo*. Terrain sur lequel on peut bâtir.

SOLES, s. f. pl., all. *Die Schwellen*, angl. *A horizontal flatt beam to bind the head of piles*, ital. *Suoli*. On nomme ainsi toutes les pièces de bois posées à plat, qui servent à faire les empatements des machines, comme des grues, des engins, etc.; on les nomme *racinaux*, quand au lieu d'être plates, elles sont presque carrées.

SOLIDE, s. m., all. *Der feste Körper, festes Mauerwerk*, angl. *A solid body, full masonry*, ital. *Solido*. Corps terminé par des plans ou des faces planes, comme un prisme, un parallélipipède, une pyramide, une sphère. Corps de maçonnerie exécuté en brique ou pierre de taille. All. *Back- oder-Stein Mauerwerk*, angl. *A solid mass of masonry*, ital. *Massivo di muro*. Se dit d'un terrain ferme sur lequel on veut bâtir. All. *Fester Grund worauf man bauen will*, angl. *A firm ground to build upon*, ital. *Suolo resistente*.

SOLIDITÉ, s. f., all. *Güte und Dauer der Materialien und ihrer geschickten Zusammensetzung; Festigkeit des Grundes worauf man bauen will*, angl. *The goodness and duration of materials and their artfull, skillful tying together; firmness of the* *soil to build upon;* ital. *Solidita, durezza.* Se 'dit du bon choix et du bon emploi des matériaux, ainsi que de leur bonne liaison entre eux ; se dit aussi de la manière d'asseoir une construction sur un terrain ferme, résistant.

SOLINS, s. m., all. *Kurze, längliche Stücke Hölzer, im Zwischenraum der Balken angelegt*, angl. *Small joists between the binding-joists*, ital. *Sbarre.* Tronçons de bois posés au-dessus des poutres et entre les solives. Se dit aussi d'un enduit en plâtre ou en mortier, fait le long d'un pignon, pour joindre et retenir les premières tuiles, ou garantir le pied des souches des cheminées. all. *Ueberzug von Gyps oder Kalk unter der ersten Reihe der Dachziegel, um die Forstziegel darauf zu legen ; auch Ueberzug von Kalk am Fusse der äusseren Schornsteine;* angl. *Arris-fillets against the foot of chimney shafts, made of plaster, mortar or cement*

SOLIVE, s. f., all. *Das Lagerholz, kleiner Balken*, angl. *Bridging-joists*, ital. *Trave.* Pièces de bois ainsi nommées parce qu'elles constituent le sol de l'étage où elles sont placées. Elles portent immédiatement l'aire supérieure du plancher.

—— DE BRIN. Celle qui a la grosseur totale d'un arbre équarri.

—— D'ENCHEVÊTRURE, all. *Wechselbalken, Trumpf-oder Schlüsselbalken*, angl. *Chimney-joist*, ital. *Trave da cammino.* Pièces de bois plus fortes que celles ordinaires qui servent à porter les abouts de la traverse d'un chevêtre.

—— DE SCIAGE. Celle qui est débitée dans un gros arbre, suivant sa longueur et grosseur.

—— PASSANTE. Celle qui a toute la longueur d'un plancher.

SOLIVEAU, s. m., all. *Ein dünner, schwacher Balken*, angl. *A small joist*, ital. *Travicello.* Petite solive qui remplit et garnit les trop grands vides, et de moindre dimension que la solive.

SOMMELLERIE, s. f., all. *Die Kellnerei*, angl. *Pantry, Butlership*, ital. *Bottiglieria prossima alla cucina.* Lieu à proximité d'une cuisine où sont entreposés les vins destinés à la consommation journalière, duquel on communique à une cave par un escalier dérobé ou de service.

SOMMET, s. m., all. *Der Gipfel, die Spitze*, angl. *The summit, the top*, ital. *Cima, sommita.* Pointe ou extrémité aiguë d'un angle, d'un solide ou corps, d'un triangle, d'une pyramide, d'un obélisque, d'un clocher, etc.

SOMMIER, s. m., all. *Der oberste Stein in der Widerlage eines Gewölbes; ein hölzerner Sturz über einer Thür oder einem Fenster; desgleichen ein Träger, ein Brückenbaum*, angl. *A summer, abutmen*, ital. *Cuscino d'un arco.* Pierre taillée en coupe, qui sert de buttée au premier claveau d'une plate-bande. Aussi une pièce de bois de charpente qui porte les soliveaux d'un plancher.

SONNETTE, s. f., all. *Das Rammgerüst*, angl. *Pile engine*, ital. *Castelletto.* Machine propre à enfoncer des pieux, ou des pilotis, composée d'une enrayure, de montants ou jumelles, d'une poulie et d'un mouton : quand la corde qui tient le mouton est tirée directement par des hommes, la sonnette est dite à *tirande :* quand au contraire elle vient s'enrouler sur le corps d'un treuil, elle est dite à *déclic.*

SOUBASSEMENT, s. m., all. *Die Grundmauer*, angl. *Basement*, ital. *Basamento.* Sorte de base ou de piédestal continu qui supporte un édifice; le rez-de-chaussée est élevé dessus. On le nomme *socle* quand il n'y a point de base ni corniche.

SOUCHE, s. f., all. *Die äussere Schornsteinröhre*, angl. *Chimney shaft*, ital. *Cammino fuori del tetto, torretta.* On nomme ainsi les tuyaux de cheminées qui s'élèvent au-dessus du comble.

SOUCHET, s. m. Pierre qui se trouve immédiatement au-dessous du dernier banc-d'une carrière.

SOUDURE, s. f., all. *Die Löthe*, angl. *Solder*, ital. *Saldatura.* Composition de plomb et d'étain avec laquelle on réunit des pièces et tables de plomb, du fer-blanc, etc. Se dit aussi du plâtre serré entre deux corps de maçonnerie pour les lier ensemble.

SOUILLARD, s. m., all. *Die Strebe, der Strebebalken*, angl. *A beam assembled on the top of piles and forming the apron between two piers of a bridge*, ital., *Legname sopra palafitte.* Pièce de bois assemblée sur des pilotis, qui forme le glacis ou radier entre deux piles d'un pont.

SOUPAPE, s. f., all., *Die Klappe*, angl. *A valve*, ital. *Animella, turacciolo.* Espèce de languette avec bouchon placée dans un corps de pompe, qui se lève pour laisser passer l'eau ou un autre liquide, et s'abaisse pour l'empêcher de ressortir.

SOUPENTE, s. f., all. *Der Hängeboden, der Verschlag*, angl. *a story of small height*, ital. *Soppalco.* Sorte d'entre-sol bas composé d'un plancher avec des cloisons à jour. On y couche les domestiques.

SOUPENTE DE CHEMINÉE. Sorte de potence qui retient un faux manteau d'une cheminée de cuisine.

SOUPIRAIL, s. m.. all. *Das Kellerloch, das Luftloch*, angl. *Vent-hole, air-hole*, ital. *Spiraglio, spiracolo*. Baie ou ouverture donnant de l'air et de la lumière à un souterrain. Se dit aussi des *puits* ou *regards* pratiqués à un aqueduc pour y introduire de l'air.

SOURCE, s. f., all. *Quelle*, angl. *A spring, a fountain, a source*, ital. *Sorgente, fonte*. Eau qui sort naturellement d'une cavité du sol, ou qui est amenée artificiellement.

SOUS-CHEVRON, s. m. Pièce de bois de charpente placée sous un faîte pour consolider l'assemblage.

SOUS-TANGENTE, s. f., all. *Eine gerade Linie, die mit der Axe einer krummen in einem fortgeht*, angl. *Sub-tengent*, ital. *Sottotangente*. Partie de l'axe d'une courbe, comprise entre l'ordonnée et la tangente qui y correspond.

SOUS-TENDANTE, s. f., all. *Die Sehne oder gerade Linie von einem Ende des Zirkelbogens bis zum andern*, angl. *The subtense*, ital. *Sottotendente*. Ligne droite menée d'une extrémité de l'arc à une autre.

SOUTERRAIN, s. m., all. *Das unterirdische oder Erdgeschoss eines Gebäudes*, angl. *The subterranean floor, the cellar*, ital. *Sotterraneo*. Vide naturel ou cavité, espace artificiel au-dessous du niveau du sol environnant. Etage sous terre, cave, etc.

SPÉOS, s. m., all. *Unterirdischer Tempel der Aegypter*, angl. *an egyptian subterraneous temple*, ital. *Tempio sotterraneo in Egitto*. Temple ou sanctuaire religieux souterrain de l'Égypte.

SPHÈRE, s. f., all. *Die Kugel*, angl. *Sphere, globe*, ital. *Sfera*. Solide terminé par une surface courbe, dont tous les points sont également distants d'un point intérieur nommé *centre*. Globe, boule, sur lequel on trace la figure de la terre, où l'on représente la disposition du ciel par des cercles, etc.

SPHÉRISTÈRE, s. m., all. *Der Ballplatz*, angl. *Terris-playing place*, ital. *Sferisterio*. Lieu où anciennement on jouait à la paume, au ballon et autres jeux d'adresse.

SPHÉROIDE, s. m., all. *Die Afterkugel*, angl. *Spheroid*, ital. *Sferoide*. Corps qui approche de la figure de la sphère ; corps rond, rallongé ou ovale. La terre est un sphéroïde; ses deux diamètres présentent une différence de 42 kilomètres.

SPHINX, s. m., all. *Sphinx*, angl. *Sphinx*, ital. *Sfinge*. Figure symbolique égyptienne avec la tête, la poitrine, les mamelles d'une femme et le corps du lion. Celui qui est placé à 325 mètres au sud-est de la grande pyramide de Chéops, à Gizeh (l'ancienne Memphis), est taillé dans le roc vif et a 39 mètres de longueur, 17 mètres de hauteur depuis le ventre jusqu'au sommet de la tête ; il représentait l'entrée du soleil du signe du Lion dans celui de la Vierge. L'axe horizontal du sphinx est dirigé vers l'orient d'été, vers le soleil levant, à l'époque du solstice. Des rangées de sphinx précèdent les sanctuaires et les palais égyptiens.

SPIRALE, s. f., all. *Die Schneckenlinie*, angl. *Spiral line*, ital. *Spirale*. Ligne courbe qui tourne autour de son centre et qui s'en écarte de plus en plus ; ligne qui se développe circulairement autour d'un cône. La ligne spirale se voit dans les volutes de l'ordre ionien.

SPIRE, s. f., all. *Eine einzelne Windung einer Schneckenlinie ; der schneckenförmig gewundene Pfuhl einer Säule ;* angl. *In ancient architecture, the base of a column, and sometimes the astragal or torus,* ital. *Spira*. Base d'une colonne qui s'élève en serpentant ; ligne spirale, ou un seul de ses tours.

STADE, s. m., all. *Das Stadium , die Rennbahn bei den Griechen*, angl. *Stade, race*, ital. *Stadio*. Lieu chez les anciens Grecs, disposé pour la course et la lutte des athlètes. Le but était accusé par une colonne. Le stade était oblong, circulaire à une de ses extrémités, avec des siéges en amphithéâtre : cette partie était nommée *sphendoné*, et avait quelque analogie avec les théâtres ; tels étaient les stades d'Éphèse et de Messène ; il y en avait aussi de circulaires à leurs deux extrémités, comme ceux de Tralles, Magnésie, Sardes et Pergame.

Se dit aussi d'une mesure itinéraire grecque qui avait 184 mètres 94 centimètres.

STALLE, s. f., all. *Chorsitz, Chorstuhl ;* angl. *Stall*, ital. *Sedie del coro*. Espèce de fauteuil en bois qui présente un double siége, l'un bas et sur lequel on s'assied, et l'autre qu'on obtient en relevant le premier et qui ne représente qu'une petite surface sur laquelle on s'appuie afin de se tenir debout sans trop de fatigue. Les stalles de la cathédrale d'Amiens sont surtout célèbres. Il y en a du commencement du XIIIe siècle dans la cathédrale de Ratzbourg dans le Mecklembourg, et beaucoup d'églises d'Italie en conservent de très-belles et fort anciennes.

STATION, s. f., all. *Standpunkt*, angl. *The point of sight, bench mark*, ital. *Stazione*. Lieu du sol où l'on pose le niveau ou la planchette lorsqu'on lève un plan ou qu'on tire un niveau quelconque.

STATUAIRE, s. m., all. *Bildhauer*, angl. *A statuary, a sculptor*, ital. *Statuario*. Artiste qui exécute des figures en ronde-bosse ou des bas-reliefs, soit en marbre, soit en bois ou en bronze.

STATUE, s. f., all. *Das Standbild, die Bildsäule*, angl. *A figure, a statue*, ital. *Statua*. Figure humaine en marbre, porphyre, pierre, métal, bois, ivoire, etc., représentée en relief ou isolée. Le style égyptien est tout à fait monumental, architectural; témoin le siècle de Sésostris ou de Rhamsès II, du xve siècle avant l'ère vulgaire. Sa statue a été retrouvée dans le village de Mit-Rahinéh; une partie des jambes a disparu, et malgré cela ce colosse a encore 11 mètres de longueur. On connaît encore la statue de ce roi, en granit noir, de 2 mètres 30 de hauteur, dont le travail et l'exécution ne laissent rien à désirer sur la beauté et la pureté des formes. Nous citerons encore les statues du spéos de Phré à Abou-Sembil, et du spéos d'Hathôr dans le même lieu.

Le style étrusque a également quelque chose de très-sévère, mais les statues sont courtes, trapues. Le style grec a trois époques. La première commence vers 580 avant l'ère vulgaire et finit vers 440; la seconde commence avec Phidias et aboutit à environ 370, où Lysippe et Praxitèle commencèrent la troisième époque qui finit avec l'année 146.

Le style romain n'a été qu'une médiocre imitation des derniers styles étrusques et grecs.

Le style de la Renaissance s'est élevé en Italie sous le règne de Frédéric II, et s'est développé sous les Médicis; en France, sous Louis XII, François Ier et Henri II.

—— ALLÉGORIQUE, all. *Sinnbildliche Bildsäule*, angl. *Allegorical*, ital. *Allegorica*. Représentant un sujet fictif, supposé, comme les saisons, les éléments, etc.

—— COLOSSALE, all. *Uebergrosse, riesenmäszige Bildsäule*, angl. *Colossal, gigantic*, ital. *Colossale, gigantesca*. Celle dont les proportions dépassent les dimensions naturelles de la figure humaine.

STATUE CURRULE, all. *Auf einem zweirädcrigen Wagen von zwei oder vier Pferden gezogen, aufgestellte Bildsäule;* angl. *Placed in a two wheeled chariot drawn by two or four horses,* ital. *Curule.* Celle qui est placée dans un char de triomphe tiré par deux ou quatre chevaux.

—— ÉQUESTRE, all. *Ritterliche Bildsäule, Standbild zu Pferde,* angl. *Equestrian,* ital. *Equestre.* Figure humaine à cheval, élevée sur un piédestal.

—— PÉDESTRE, all. *Zu Fusze,* angl. *Pedestrian,* ital. *Pedestre.* Représentation de figure humaine à pied posée sur un piédestal.

—— PERSIQUES, all. *Bildsäulen als Stützen,* angl. *Human figures employed as a post, a column, etc.;* ital. *Cariatidi.* Figures humaines mises en usage comme colonnes, piliers, etc., pour supporter un entablement. Les figures de femmes employées à cet effet sont nommées cariatides. *Voyez* ce mot.

—— ROMAINE, all. *Römische Bildsaüle,* angl. *roman,* ital. *romana.* Celle qui représente soit un personnage de l'antiquité, soit des temps modernes, avec le costume romain.

STÈRE, s. m., all. *Kubikmeter,* angl. *One meter cube, a french measure of quantity,* ital. *Stero.* Mesure de France qui équivaut à un mètre cube : on s'en sert spécialement dans les achats et ventes des bois.

STÉRÉOBATE, s. m., all. *Grundmauer an denjenigen Stellen, die sich nicht unter einer Säule befinden, und glatt, ohne Glieder,* angl. *Pedestal,* ital. *Zoccolo, piedistallo, basamento,* Piédestal continu, sans base ni corniche.

STÉRÉOGRAPHIE, s. f., all. *Die Lehre von der Aufzeichnung der Körper,* angl. *Stereography,* ital. *Stereografia.* Art de représenter les corps solides ou polyèdres sur une surface plane.

STÉRÉOMÉTRIE, s. f., all. *Ausmessungslehre der Körper, Berechnungslehre des kubischen Inhalts derselben,* angl. *Stereometry,* ital. *Stereometria.* Science de la mesure des corps solides.

STÉRÉOTOMIE, s. f., all. *Durchschnittslehre dichter Körper,* angl. *Stereotomy,* ital. *Stereotomia.* Science de la coupe des pierres et de corps solides quelconques.

STRIES, s. f. pl., all. *Die Leisten zwischen den Aushöhlungen, Cannelirungen der Säulenschäfte;* angl. *Striges,* ital. *incanelature, strie.* Filets entre les cannelures des colonnes.

STRIGILES, s. f. pl., all. *Die S förmigen Cannelirungen*, angl. *The S shaped flutings*, ital. *Strigilli*. Cannelures en forme d'S.

STRIURES, s. f. pl., all. *Cannelirungen der Säulen*, angl. *The flutings of the columns*, ital. *Scanellature delle colonne*. Cannelures des colonnes.

STUC, s. m., all. *Stuk*, angl. *Stucco*, ital. *Stucco*. Composition formée de chaux, de poudre de marbre et plâtre dont on fait des enduits de murs, des colonnes, des figures, des ornements et autres objets.

STUCATEUR, s. m., all. *Der Stukaturarbeiter*, angl. *A maker of stucco work*, ital. *Stuccatore*. Ouvrier qui travaille le stuc.

STYLE, s. m., all. *Der Zeiger an einer Sonnenuhr*, angl. *The style, the pin*, ital. *ago, indice*. Aiguille d'un cadran solaire.

STYLOBATE, s. m., all. *Fuszgestell, Piedestal, Säulenstuhl*, angl. *Stylobata*, ital. *Piedistallo*. Piédestal continu régnant au pourtour d'un édifice, d'une salle, etc. C'est aussi le soubassement d'un avant-corps de bâtiment, et le piédestal d'une colonne.

SUPERFICIE, s. m., all. *Oberfläche*, angl. *The surface*, ital. *Superficia*. Longueur et largeur d'un objet sans profondeur.

—— CONCAVE, all. *Rund ausgehöhlte Oberfläche*, angl. *Concave*, ital. *Concava*. Celle qui présente une cavité.

—— CONVEXE, all. *Runderbabene Oberfläche*, angl. *Convexe*, ital. *Convessa*. Celle qui offre un bombement.

—— CURVILIGNE, all. *Krummlinige Oberfläche*, angl. *Curvilineal*, ital. *Curvilinea*. Celle qui est renfermée dans des lignes courbes.

—— PLANE, all. *Flache, ebene Oberfläche*, angl. *Plane, level*, ital. *Piana*. Celle qui est de niveau, qui n'a aucune inégalité.

—— RECTILIGNE, all. *Geradlinige Oberfläche*, angl. *Rectilinear*, ital. *Rettilinea*. Celle qui est circonscrite par des lignes droites.

SURBAISSEMENT, s. m., all. *Die Drückung eines Bogens oder Gewölbes*, angl. *Elliptical, formed like an ellipsis*, ital. *Abbassamento*. C'est l'état de tout arc ou voûte qui a moins de hauteur que la moitié de son diamètre.

SURFACE, s. f. Synonyme de superficie.

SURHAUSSEMENT, s. m., all. *Die Erhöhung eines Bogens oder Gewölbes*, angl. *the state of a stilted arch or vault*, ital. *Rialzamento*. C'est l'état de tout arc ou voûte qui a plus de hauteur que la moitié de son diamètre.

SURPLOMB, s. m., all. *Der nicht senkrechte Stand; eine Wand oder Mauer die nicht mehr senkrecht steht*, angl. *Out of the upright*, ital. *Fuori d'appiombo*. Corps quelconque qui n'est pas d'aplomb, qui ne forme pas une perpendiculaire avec le niveau de l'eau.

SVELTE, adj., all. *Leicht, frei, ungezwungen, schlank*, angl. *light, easy*, ital. *Svelto*. Délié, léger, délicat, élégant; se dit d'un corps, d'une colonne, d'ornements, etc. L'ordre ionien et corinthien sont dits sveltes.

SYMÉTRIE, s. f., all. *Das Ebenmasz*, angl. *symmetry, proportion*, ital. *Simmetria*. Proportion et rapport convenables entre les parties d'un tout.

SYMÉTRIQUE, adj., all. *Ebenmäszig*, angl. *symmetrical*, ital. *Compassato, simmetrico*.

SYSTYLE, s. m. et adj., all. *Nahesäulig*, angl. *Systyle*, ital. *Sistilo*. Entre-colonnement de six modules d'un axe de colonne à l'autre.

T

TABERNACLE, s. m., all. *Das Sacramenthäuschen*, angl. *Tabernacle*, ital. *Tabernacolo*. Petit monument en forme d'armoire, d'église, de tour, etc., placé au-dessus d'un autel chez les catholiques, et où sont conservés le ciboire et les hosties.

—— ISOLÉ, all. *Freistehende Tabernakel*, angl. *isolated*, ital. *isolato*. Celui qui n'est point posé contre un mur ou un retable, mais dont les quatre faces sont semblables et visibles.

TABLE, s. f., all. *Die Tafel*, angl. *A table*, ital. *Tavola*. Surface carrée, circulaire ou polygonale, plate ou de peu d'épaisseur, qui est souvent placée comme décoration sur le nu d'un mur. Dans ce sens elle est réputée *panneau*.

—— A CROSSETTES, all. *Tafel mit Verkröpfungen*, angl. *With ancones*, ital. *Con risalti*. Ornée d'oreillons à chaque angle.

—— COURONNÉE, all. *Tafel mit einem Aufsatze*, angl. *Adorned, crowned with a moulding, a cornice*, ital. *Ornata, circondata di cornice*. Recouverte à son arête supérieure d'une moulure ou corniche légères.

—— D'AUTEL, all. *Altarplatte*, angl. *Slab or altar-table*, ital.

Mensa d'altare. C'est la partie plane et horizontale du dessus d'un autel et sur laquelle on pose les vases et autres ustensiles sacrés dans la religion catholique.

TABLE DE CRÉPI, all. *Eine abgetünchte Fläche oder Füllung*, angl. *a pargetted panel*, ital. *Quadro intonacato*. Partie unie d'un enduit, détaché par un autre genre de décoration qui la fait ressortir.

—— DE CUIVRE, all. *Eine Messingplatte*, angl. *a sheet of copper*, ital. *tavola di rame*. Celle qui sert à couvrir un comble ou à être gravée.

—— DE PLOMB, all. *Eine Bleiplatte*, angl. *a sheet of lead*, ital. *tavola di piombo*. Celle qui, étant étirée et laminée, est employée à couvrir un comble, une terrasse, à faire des chéneaux, etc.

—— DE VERRE, all. *Die Glasscheibe*, angl. *a plate of glass*, ital. *tavola di cristallo*. Carreau de vitre.

—— EN SAILLIE, all. *Ausgeladene Tafel*, angl. *Projecting*, ital. *Projettata*. Qui excède le nu ou parement d'un mur ou d'un fond quelconque.

—— FEUILLÉE, all. *In einem dichten Körper, einer Mauer ausgehöhlt und eingelegt*, angl. *laid in a recess*. Cavée dans un fond uni, quelquefois ornée de petites moulures.

—— RUSTIQUE, all. *Bossage aus dem Groben gehauen*, angl. *Bossage picked roughly*, ital. *Bozzo rustico*. Bossage piqué seulement à la grosse pointe.

TABLEAU, s. m., all. *Das Gemälde*, angl. *a picture*, ital. *quadro, pittura*. Représentation d'un sujet quelconque peint à l'huile sur de la toile ou sur un fond de bois, enfermé dans un espace, et presque toujours d'un cadre plus ou moins riche.

—— DE BAIE, all. *Das Gewand der Fenster oder Thüröffnungen*, angl. *Revels or reveals*, ital. *Spazio di un muro fuori d'una finestra*. Partie dans l'épaisseur du mur, depuis l'angle extérieur d'une baie jusqu'à la feuillure d'évasement.

TABLETTE, s. f., all. *Das Täfelchen*, angl. *A tablet*, ital. *Tavoletta*. Pierre de peu d'épaisseur qui sert à couvrir des murs d'appui, de terrasse et autres.

—— D'APPUI, all. *Sohlbank*, angl. *The sill tablet or slab covering the parapet under a window*, ital. *Tavoletta d'appoggio*. Celle qui couvre l'appui d'une fenêtre ou d'un balcon.

TABLETTE DE BIBLIOTHÈQUE, all. *Das Bücherbrett*, angl. *Tablet in a book screen*, ital. *Tavoletta da biblioteca*. Pièces minces de bois de menuiserie disposées pour recevoir des livres.

—— DE CHEMINÉE, all. *Kaminplatte*, angl. *Chimney-table*, ital. *Tavoletta da cammino*. Morceau de marbre long, peu large et mince, qui recouvre le chambranle d'une cheminée.

TAILLEUR DE PIERRE, s. m., all. *Der Steinmetz*, angl. *a stone cutter*, ital. *scarpellino*. Ouvrier qui façonne la pierre.

TAILLOIR, s. m., all. *Die Platte*, angl. *abacus*, ital. *abaco*. Tablette carrée échancrée, avec ou sans moulures, qui termine le couronnement des chapiteaux; on dit aussi *abaque*.

TALON, s. m., all. *Die Kehlleiste*, angl. *Ogee, cima reversa*, ital. *Onda, gola rovescia*. Moulure composée, formée du quart de rond et du canet; elle est convexe en haut et concave en bas.

—— RENVERSÉ, all. *Die Rinnleiste*, angl. *cyma recta*, ital. *gola diritta*. Composé comme le précédent, mais concave en haut et convexe en bas. Synonyme de *doucine*.

TALUS, s. m., all. *Der Anlauf*, angl. *Slopeness, shelving, slanting*, ital. *pendio*. Pente donnée à un mur ou à une surface de terre.

TAMBOUR, s. m., all. *Windfang, Verschlag vor einer Thür*, angl. *a square partition at the interior of church doors to keep the wind off*, ital. *Controporte*. Sorte de petit pavillon pratiqué devant des portes, surtout des églises, pour empêcher le vent et le froid de pénétrer. Se dit aussi des assises de pierre ou de marbre dont est formée une colonne, quand elle n'est pas monolithe. Se dit encore de la partie circulaire verticale qui supporte un dôme, une coupole.

TAMPONNER, v. a., all. *Zimmerholz einhauen, mit Bandnägeln versehen, um die Tünche zu sichern*, angl. *to hack timber, to drive in it wooden pins to fasten the plastering*, ital. *Inserzione di legname per intonacare*. Hacher des bois de charpente, y planter de petites chevilles pour servir à lier l'enduit qu'on y applique.

TAMPON, s. m., all. *Bandnagel*, angl. *a wooden pin*, ital. *cavicchia*. Cheville de moyenne grosseur employée à des usages divers.

TANGENTE, s. f., all. *Die Tangente*, angl. *tangente*, ital. *tan-*

gente. Ligne droite qui ne touche qu'en un seul point une ligne courbe; ligne perpendiculaire à un rayon du cercle.

TANNERIE, s. f., all. *Eine Lohgärberei,* angl. *A tan-house,* ital. *Concia.* Établissement avec cours, hangars et autres dépendances, où l'on apprête les cuirs.

TAPIS VERT, s. m., all. *Der Rasenplatz,* angl. *A bowling-green,* ital. *Una verdura.* Surface plus ou moins grande et de plusieurs formes garnie de gazons.

TARGE, s. f., all. *Die Tartsche,* angl. *A target,* ital. *Targa, chiusura di finestra, tavolaccia.* Ornement en forme de croissant, arrondi aux extrémités, et qui ressemble à un bouclier romain.

TARGETTE, s. f., all. *Der Schubriegel,* angl. *A sort of little bolt,* ital. *Chiusura di finestra, paletto.* Petite plaque de fer ou de cuivre avec un verrou plat, sert à fermer des portes et des fenêtres.

TAS, s. m., all. *Wird vom Bauplatz gesagt,* angl. *Means the place, the spot of a construction,* ital. *Luogo della costruzione.* Se dit d'un bâtiment qu'on construit, d'une construction en œuvre. On dit tailler une pierre ou autres ouvrages sur le *tas.*

—— DE CHARGE. Se dit d'un coussinet ou d'un arc-doubleau, d'où naissent plusieurs arcs ogives.

—— DROIT. Rangée de pavés sur le haut d'une chaussée, dont les pentes se dirigent à droite et à gauche.

TASSÉ, E, adj., all. *Gesenkt, gedrückt,* angl. *Sunked down, settled,* ital. *Abassato.* On dit qu'un mur ou toutes autres constructions ont tassé, quand elles se sont assises sur elles-mêmes en se resserrant de haut en bas.

TASSEAU, s. m., all. *Die Leiste,* angl. *Anvil, bracket,* ital. *Beccatello.* Petit corbeau de bois ou de fer qui soutient une tablette.

TASSEMENT, s. m., all. *Die Senkung,* angl. *The action of sinking down, abasement, settlement,* ital. *Abassamento.* Mouvement de pression de haut en bas qui s'opère dans un mur, une construction, et ce mot est synonyme d'*affaissement.*

TAUDIS, s. m., all. *Kämmerchen, Nest, Loch,* angl. *A paltry room,* ital. *Piccola abitazione sporca.* Pièce petite et malpropre, le plus souvent placée auprès d'un comble ou sous une rampe d'escalier.

TELAMONES, s. m. pl., all. *Atlanten, Telamonen, männliche*

Bildsäulen, welche ein Gebälk oder andere Last tragen, angl. *Telamones,* ital. *Atlante.* Nom latin des figures d'hommes qui tiennent lieu de colonnes dans l'architecture antique, et qui étaient destinées à supporter des entablements dans le genre des cariatides. (Voyez le mot ATLANTES.)

TÉMOINS, s. m., all. *Maszhügel, Erdzeichen der Wallsetzer,* angl. *Marks, witnesses, bench-marks,* ital. *Indizio di abassamento.* Petits monticules que les terrassiers laissent dans une fouille, une excavation, pour faciliter le mesurage du cube déplacé.

TEMPLE, s. m., all. *Tempel,* angl. *Temple,* ital. *Tempio, templo.* Nom général donné au lieu où se pratique le culte d'une religion, mais plus particulièrement aux monuments du culte chez les Grecs et les Romains.

—— A ANTES, all. *In antis,* angl. *In antis,* ital. *Ante.* Celui qui a des pilastres à ses angles extérieurs. Le temple de Rhamnus en Attique, dédié à Némésis et du temps de Périclès, avait cette disposition. Il y en avait un autre à Myus en Ionie, dédié à Dionysos.

—— AMPHIPROSTYLE, all. *Amphiprostylos,* angl. *Amphiprostyle,* ital. *Anfiprostilo.* Celui qui est décoré de colonnes aux façades antérieure et postérieure ; tel était le temple ionique sur l'Ilissus à Athènes.

—— ARÉOSTYLE, all. *Areostylos,* angl. *Areostyle,* ital. *Areostilo.* Celui dont l'entrecolonnement est très-large, souvent plus de quatre diamètres.

—— DÉCASTYLE, all. *Tempel woran in einer Reihe hinter einander zehn Säulen oder Saulenweiten befindlich sind,* angl. *Decastyle,* ital. *Dicastilo.* Celui dont la façade principale est ornée de dix colonnes de front sur un seul rang.

—— DIASTYLE, all. *Diastylos, weitsäulig,* angl. *Diastyle,* ital. *Diastilo.* Mot grec qui signifie : appuyer, et que Vitruve a appliqué au temple dont les colonnes ont un entrecolonnement de trois fois le diamètre d'une colonne. Tel était le temple d'Apollon et de Diane, mais il ne dit pas de quel lieu.

—— DIPTÈRE, all. *Dipteros, mit doppelten Säulenreihen,* angl. *Dipteral,* ital. *Dittero.* Celui qui est orné dans son pourtour de deux rangs de colonnes, sur huit de front sur la façade principale.

—— EUSTYLE, all. *Schönsäulig,* angl. *Eustyle, most elegant intercolumniation,* ital. *A colonne ben disposte.* Celui à colonnes bien espacées, qui renferme toutes les conditions possibles de commodité, de beauté et de solidité.

TEMPLE HEXASTYLE, all. *Mit sechs Säulen*, angl. *Having six columns in front*, ital. *Esastilo*. Celui de six colonnes de front.

—— HYPÈTHRE, all. *Hypäthros*, angl. *Hypaethral*, ital. *Ipetro, tempio scoperto*. Celui qui a sur chacune de ses faces principales dix colonnes, sur ses quatre faces un double portique, sa cella sans toit ou ouverte.

—— MONOPTÈRE, all. *Monopteros, ein runder Tempel, wo die Zelle durch die Säulen gebildet wird*, angl. *Monopteral*, ital. *Monopterale*. Celui qui est circulaire, dont la cella est formée par des colonnes. Il y en a à Tivoli et à Puzzuole.

—— OCTOSTYLE, all. *Eine Reihe von acht Säulen*, angl. *Octostyle*, ital. *Ottastilo*. Celui qui a huit colonnes de front sur sa façade principale. Tel est le Parthénon d'Athènes.

—— PÉRYPTÈRE OU PÉRIPTÈRE, all. *Peripteros*, angl. *Peripteral*, ital. *Tempio circondato da colonne isolate*. Celui ayant six colonnes sur chacune des faces principales, antérieure et postérieure, et onze de chaque côté latéral, y compris celles des angles.

—— PROSTYLE, all. *Prostylos*, angl. *Prostyle*, ital. *Prostilo*. Celui qui est orné d'un portique antérieur.

—— PSEUDODIPTÈRE, all. *Pseudodipteros, mit einfacher Säulenstellung um den Tempel, doch mit Raum für doppelte Reihen Saülen*, angl. *Pseudodipteral*, ital. *Pseudodittero*. Celui dont la distance entre les fûts est de deux diamètres, et dont la colonnade règne sur toutes ses faces, en ayant place pour une seconde colonnade.

—— PYCNOSTYLE, all. *Pyknostylos, eng oder dichtsäulig*, angl. *Pycnostyle, when the space between the columns is one diameter and a half of the column*, ital. *Picnostilo*. Celui dont l'entrecolonnement est d'un diamètre et demi de la colonne.

—— SYSTYLE, all. *Systylos, nahesäulig*, angl. *Systyle, when the space between the columns is of two diameters*, ital. *Sistilo*. Celui dont l'ordonnance a deux diamètres d'un fût de colonne à l'autre.

—— TÉTRASTYLE, all. *Tetrastylos, mit einer Vorhalle von vier Säulen verziert*, angl. *Tetrastyle, with columns four in number in the front*, ital. *Tetrastilo*. Orné d'un portique à quatre colonnes.

Selon Festus, le mot de *templa* indiquait des éminences, des lieux élevés, pouvant être aperçus ou contemplés de tous les côtés, de *templari*, c'est-à-dire de *contemplari* ; dans la suite des temps, ce nom fut donné à des monuments somptueux, consacrés au culte. Dans l'origine, les temples étaient petits et ne contenaient que la statue d'une divinité.

La plupart des temples grecs forment un rectangle allongé, en longueur deux fois la largeur, de manière que si le portique antérieur avait six colonnes de front, les faces latérales en avaient douze. L'intérieur du temple était nommé *cella*, au-devant de laquelle était un vestibule ou *pronaos*. A la suite de la cella était l'*opisthodome*, en latin *posticum* ; quand les temples étaient spacieux, ils avaient un hypèthre, c'est-à-dire une cella à découvert. La plus grande partie des temples grecs sont d'ordre dorique, le plus ancien des styles helléniques, et que le collége des prêtres d'Apollon de Delphes consacrait généralement pour les édifices sacrés qui relevaient de leur pouvoir. L'ordre ionique vint plus tard. Inspiré de l'architecture assyrienne et perse aux Ioniens de l'Asie Mineure, on voit timidement commencer son emploi vers 650 avant l'ère vulgaire au trésor d'Olympie, élevé par le tyran Myron. Un siècle plus tard cet ordre s'épanouit dans toute sa magnificence dans le sanctuaire d'Artémise à Éphèse. Les temples de la Victoire sans ailes, celui sur l'Ilissus, à Athènes, étaient ioniques.

Le chapiteau corinthien, mélange intelligent des volutes ioniennes avec des formes végétales, apparaît vers l'année 440 avant l'ère vulgaire. A l'origine, il ne fut employé qu'accidentellement, qu'isolé ; ensuite il se répéta dans des parties secondaires des monuments. On ne le voit exclusivement utilisé que dans les petits édifices commémoratifs. Comme exemples, nous citerons le petit monument choragique de Lysikrates et la tour des Vents à Athènes. Durant la belle époque de l'art, les Grecs n'en firent point usage pour leurs grands temples. Les Romains, au contraire, eurent une grande affection pour le corinthien. Un des plus beaux monuments corinthiens, c'est le temple romain, dit Maison-Carrée de Nîmes. Il a été élevé par Auguste à Caius et Lucius dans la première année de l'ère vulgaire.

Les Étrusques ont une architecture spéciale pour leurs

temples. Elle tirait son origine de la construction en bois et avait quelque analogie avec l'ordre dorique primitif, mais moins d'élégance et de science. L'auteur de ce dictionnaire a tenté une restitution du temple étrusque, page 591 de son *Histoire générale de l'architecture.*

TENON, s. m., all. *Ein Zapfen, eine Klammer*, angl. *Tenon*, ital. *Maschio.* Pièce de bois ou de fer, diminuée carrément à l'extrémité, de manière à entrer dans une mortaise.

—— A QUEUE D'ARONDE, all. *Schwalbenschwanz*, angl. *Dovetail*, ital. *Coda di rondine.* Plus large à son extrémité ou about qu'à son décollement ou naissance, pour s'encastrer dans une entaille de même figure.

—— DE SCULPTURE. Bossage qui lie ensemble les membres délicats dans un ouvrage de sculpture.

—— EN ABOUT. Celui qui est coupé obliquement à la mortaise.

TERME, s. m., all. *Büste, Bildsäule*, angl. *Term, terminus*, ital. *Termine.* Buste d'homme ou de femme, posé sur une gaîne, destiné à supporter un entablement ou à orner une allée de parc ou de jardin.

—— DOUBLE, all. *Doppelte Büste*, angl. *Double*, ital. *Doppio.* Celui où deux demi-corps sont ajustés ensemble dans la même gaîne.

—— EN BUSTE. Partie depuis les épaules en dessus, également adaptée à une gaîne, ital. *A busto.*

—— EN CONSOLE, all. *Büste als Kragstein*, angl. *Employed as a bracket*, ital. *A mensola.* Dont la gaîne présente un enroulement et destiné à porter un balcon ou autres avant-corps quelconques.

—— MARIN, all. *Zur See gehörig*, angl. *Marine*, ital. *Marino.* Se terminant en double queue de poisson entrelacée ou tortillée ; on l'emploie pour les fontaines, les grottes, etc.

—— MILLIAIRES, all. *Büsten als Meilensäulen*, angl. *Milliary*, ital. *Migliare.* Certaines têtes de divinités de l'antiquité posées sur des bornes carrées de pierre ou de marbre, pour indiquer le chemin.

—— RUSTIQUE, all. *Büste im Groben*, angl. *Rough-worked*, ital. *Grossolano.* Dont la gaîne est ornée de bossages ou de glaçons, exécuté avec simplicité et sans beaucoup de fini.

TERRASSE, s. f., all. *Ein Absatz an einem Bergabhange,*

angl. *Terrace*, ital. *Terrazzo, battuto.* Élévation de terre naturelle ou artificielle, soutenue par un mur solide et construit avec art.

TERRASSE DE BATIMENT, all. *Dach Terrasse, flaches Hausdach*, angl. *A flat roof*, ital. *Piano.* Couverture plate ou de niveau d'un bâtiment, exécutée en plomb, zinc, cuivre ou asphalte, souvent aussi en dalles de pierre dure ou de marbre, dont les joints sont cimentés ou coulés en plomb.

—— DE MARBRE. Partie tendre ou autre défaut d'un marbre auquel on remédie, en y pratiquant un placage, ou en y ajustant des éclats de même matière avec du ciment, ital. *Diffettoso*.

—— DE SCULPTURE. Sommet ou extrémité supérieure d'une plinthe, où reposent une ou plusieurs figures.

TERRASSEMENT, s. m., all. *Abstechung und Wegführung der Erde*, angl. *Excavation to foundations*, ital. *Spostamento di terra.* Action de manier les terres, de les égaliser ; faire des excavations pour fondements, caves, etc., et enlever les terres.

TERRASSIER, s. m., all. *Der Wallgräber, Erdarbeiter*, angl. *Terrace-maker*, ital. *Che lavora ai terrazzi.* Celui qui travaille ou fait faire des terrassements, des mouvements de terre.

TERRE, s. f., all. *Der Grund worauf man bauet oder einen Garten anlegt*, angl. *The ground, the soil to build upon*, ital. *Terra, fondo.* Sol, terrain où l'on bâtit, ou sur lequel on dessine un jardin.

—— BLANCHE, all. *Weisse Erde*, angl. *White earth*, ital. *Terra bianca.* Celle qui est de nature glaiseuse, sert à édifier des murs.

—— GLAISE, all. *Thonerde*, angl. *Clay, potter's earth*, ital. *Argilla, creta.* Celle qui est employée à faire des carreaux et tous objets de poterie. On s'en sert pour des enduits de réservoirs, de citernes, de batardeaux et autres ouvrages qui craignent les filtrations des eaux.

—— JECTISSE, all. *Wurferde*, angl. *Thrown earth*, ital. *Terra gittata.* Celle qui est conservée dans un lieu et destinée à des remblais derrière des murs de terrasse et autres.

—— MASSIVE. Qui a les trois dimensions et sert à estimer la fouille ; c'est le cube de la terre.

—— NATURELLE. Superficie qu'on ne touche pas, où l'on ne fait aucune excavation ni fouilles.

—— RAPPORTÉE, all. *Hingebrachte Erde*, angl. *Earth moved, brought on a spot, a place,* ital. *Portata.* Celle qui est amenée pour remblayer une cavité ou celle qui est levée en chaussée.

TERRE FRANCHE, all. *Gartenerde,* angl. *Earth of the best quality,* ital. *Da giardino.* Dépourvue de pierres et de gravois et étant fumée, est excellente pour les prairies.

—— MEUBLE, all. *Leichter, lockerer Boden,* angl. *Light,* ital. *Leggiere, arabile.* Celle qui n'est point tenace, mais légère et en poussière.

—— FORTE, all. *Starke, fettige Erde,* angl. *Fat, too rich,* ital. *Forte.* Celle qui, mêlée d'argile, ne peut être employée sans être remuée et fumée.

—— FROIDE, all. *Kalt, feucht,* angl. *Cold, damp,* ital. *Fredda.* Celle qui est glaiseuse et humide, qui retarde la végétation.

—— MAIGRE, all. *Mager, schwach,* angl. *Lean, poor,* ital. *Magra, povera.* Celle qui tient du sable, sèche, stérile, ne produit qu'en la fumant.

—— TUFIÈRE, all. *Tof-Erde,* angl. *Loamy,* ital. *Di tufo.* Ingrate, stérile, impropre pour la végétation.

—— VEULE, all. *Die allzu leichte Erde,* angl. *Weak,* ital. *Sottile.* Trop légère, ne produit qu'en la remuant, la brûlant ou la fumant.

—— AMENDÉE, all. *Gedüngt, umgekehrt,* angl. *Made better, fertilized, fecundated,* ital. *Concimata.* Celle qui, retournée et fumée plusieurs fois, mélangée de bonne qualité de terre, est fertile et propre à une bonne végétation.

—— RAPPORTÉE, all. *Aufgeführte Erde,* angl. *Brought or heaped up,* ital. *Portata.* Celle qui est transportée d'un lieu dans un autre, pour améliorer ou combler une terre, une excavation.

—— REPOSÉE, all. *In Ruhe gelassen, ungebraucht,* angl. *Not cultivated for a time,* ital. *Riposata.* Celle qui n'est point cultivée annuellement.

—— PRÉPARÉE, all. *Zubereitet,* angl. *Prepared, good for culture,* ital. *Preparata.* Celle qui est disposée convenablement pour la culture des végétaux.

—— USÉE, all. *Abgenutzt, ausgemärgelt,* angl. *Ruined, wasted,* ital. *Stanca.* Celle qui est épuisée, laissée sans fumier, sans amendement.

TERRAIN, s. m., all. *Der Bauplatz,* angl. *The soil to build upon,* ital. *Terreno, fondo.* Lieu ou emplacement sur lequel on bâtit. On en distingue de différentes natures, comme tuf, roche, sable, graviers, glaise, vase, etc.

TERRAIN DE NIVEAU, all. *Wagerecht, flach,* angl. *Level,* ital. *A livello.* Celui qui est parallèle à la surface de l'eau, qui ne penche d'aucun côté.

—— PAR CHUTE, all. *Abhängig, bergig,* angl. *Hilly, mountainous,* ital. *Montagnoso.* Formé de parties basses et élevées, qui se raccordent par des rampes ou pentes.

TERREAU, s. m., all. *Die Düngererde,* angl. *Mould,* ital. *Terriccio.* Terre noire composée d'un mélange de fumier ; employée dans les parcs et les jardins pour massifs d'arbustes et de fleurs.

TERRE-PLEIN, s. m., all. *Der Wallgang, die Ausfüllung mit Erde zwischen zwei Mauern zu einer Terrasse,* angl. *Platform of earth,* ital. *Terrapieno.* Terre rapportée entre deux murs destinée à établir une communication d'un lieu à un autre.

TÊTE, s. f., all. *Theil, Kopf verschiedener Dinge,* angl. *The part, the head of certain things or animals,* ital. *Capo.* Ornement.

—— DE BOEUF OU DE BÉLIER, all. *Ochsenkopf, Widderkopf,* angl. *Of an ox or of a ram,* ital. *Capo di bove o di ariete.* Ornement de sculpture placé par les Romains dans les métopes d'une frise d'ordre dorique et autres endroits.

—— DE CANAL, all. *Eingang irgend eines Kanals,* angl. *Entrance to a channel,* ital. *Ingresso di un canale.* Entrée d'un canal quelconque.

—— DE CHEVALEMENT, all. *Kopf einer Stütze,* angl. *The headpiece of a prop, of a stay,* ital. *Testa di cavaletto.* Pièce de charpente moyenne qui traverse un mur, un massif de maçonnerie, portée par deux étais; employée aux ouvrages en sous-œuvre, aux percements de baies, etc.

—— DE MUR, all. *Das Ende einer Mauer,* angl. *The extremity of a wall,* ital. *Estremita d'un muro.* Partie apparente d'un mur à une ouverture, à une jambe étrière, etc., quelquefois revêtue en pierre de taille.

—— DE VOUSSOIR, all. *Vorder-oder-Hinterseite eines Gewölbsteins,* angl. *The front or back of a voussoir or vault-stone,* ital. *Faccie de'serragli.* Face antérieure ou postérieure d'un claveau de voûte, d'arc ou de plate-bande.

—— PERDUE, all. *Eingelassener Kopf, versenkt, mit der äusseren Fläche gleich,* angl. *Flush, on the same plane,* ital. *A testa*

perduta. Celle d'une cheville, d'un clou, d'un bou*t*on et autres,
incrustée, noyée ou en affleurement dans le bois ou le métal.

TÉTRAGONE, s. m., all. *Das Quadrat, die vierseitige Figur*,
angl. *Quadrangle*, ital. *Quadrangolo*. Figure à quatre angles et
à autant de côtés.

TÉTRASTYLE, s. m. et adj., all. *Mit vier Säulen verziert*,
angl. *With four columns in front*, ital. *Tetrastilo*. Édifice orné
sur la face principale de quatre colonnes de front.

THÉATRE, s. m., all. *Theater, Schauspielhaus*, angl. *Theatre*,
ital. *Teatro*. Vaste et magnifique édifice chez les anciens destiné à la représentation des pièces de spectacle. Chez les Grecs
les théâtres formaient une catégorie très-étendue de monuments, car ils étaient consacrés au spectacle de luttes et de
concours soit de gymnique, soit de musique, ou tout autre
exercice physique ou intellectuel. D'une forme très-simple,
ces édifices étaient le plus souvent consacrés à Dionysos ou à
Aphrodite, divinités du plaisir, de la joie et des jeux de toute
espèce. Destinés également aux assemblées populaires, comme
à Athènes et à Taras, ils étaient de dimensions infiniment plus
considérables que les temples, où les prêtres seuls pénétraient.
Les mêmes principes ont été suivis pour l'établissement des
théâtres dans tous les lieux de la Grèce. On cherchait à les
placer autant que possible sur le versant d'une montagne et
avec vue sur la mer, comme à Sicyone, à Taras et à Tauro-
ménion. Une infinité de ces monuments sont situés au couchant, mais jamais au midi. Leur forme présente ordinairement un hémicycle sur la base duquel se trouvait la *scène* pour
les acteurs avec tous ses accessoires, c'est-à-dire deux murs
latéraux élevés, ornés de peintures : un mur de fond, qui représentait un palais. Ce mur de fond était percé de trois portes :
celle du centre était destinée aux rois, celle de droite aux personnages de second rang et celle de gauche aux acteurs remplissant des rôles inférieurs. Le *lieu des spectateurs* constituait
la seconde partie du théâtre grec : il était compris dans le
pourtour de l'hémicycle ; enfin la troisième partie du théâtre
grec était formée par l'*orchestre* entre la scène et les spectateurs, destiné aux chœurs et établi en contre-bas de la scène.
Dans l'orchestre et au niveau de la scène se trouvait la *thymèle*, dans l'origine un autel consacré à Dionysos ; là aussi,
pendant les assemblées populaires, était placée la tribune. Il

existait une espèce d'estrade sur la scène, avec face postérieure, destinée à élever certains personnages au-dessus de la multitude, à les transporter, pour ainsi dire, dans une sphère étrange, merveilleuse et poétique.

On avait donc dans les théâtres grecs : 1° l'orchestre avec la thymèle au centre et les issues découvertes aux côtés ; 2° les constructions scéniques avec : 1° leurs décorations fixes à plusieurs étages, formées de colonnes, de murs de refend et de charpentes ; 2° leurs ailes ou murs latéraux ; 3° l'espace en avant du mur du fond de la scène et entre les ailes, plus élevé au moyen d'une estrade en charpente, et 4° enfin la face apparente de cette estrade tournée vers les spectateurs, et qui formait l'espace couvert nommé le *proscenium* ; 3° le théâtre proprement dit avec les siéges au pourtour et s'étendant dans l'hémicycle, concentriquement divisés par de larges couloirs, contenant des degrés, couloirs ayant en plan la forme d'un coin. Les gradins en amphithéâtre, destinés aux spectateurs, étaient primitivement en charpente. Mais, dans la suite, on établit les théâtres sur des collines ou des versants de montagnes, et alors on tailla dans le roc des siéges pour le public ; 4° la colonnade circulaire au-dessus et enveloppant les siéges supérieurs, destinée à donner à l'ensemble une clôture intérieure imposante et utile aux effets d'acoustique et de perspective, deux sciences qui entraient dans les études principales des constructeurs de théâtres chez les anciens, au rapport de Vitruve. Les théâtres en pierre ne datent chez les Grecs que de l'année 500 avant l'ère vulgaire. Celui de Dionysos, à Athènes, avait 80 mètres de diamètre. Le théâtre le plus spacieux de la Grèce était celui de Megalopolis, le plus beau celui d'Épidaure ; ceux d'Argos, de Sicyone, d'Assos, avaient 137, 122, 201 mètres de diamètre. Ensuite on distingue ceux de Syracuse, de Tauromenion, de Catane, d'Himera et d'Égeste.

Le premier théâtre en pierre à Rome fut construit par M. Émilius Lepidus, vers l'année 179 avant l'ère vulgaire. En l'année 55, Pompée en éleva un autre. En l'année 13, l'empereur Auguste inaugura celui de M. Claudius Marcellus, son neveu ; une partie en existe encore.

La forme des théâtres modernes a été empruntée à celle de l'antiquité, comme on voit ; ceux-ci étaient découverts, tandis que les nôtres ont un plafond et un toit.

Soufflot, au xviii° siècle, éleva à Lyon la salle de comédie ; Louis de France fut l'architecte de l'ancien théâtre de Bordeaux, J.-G. Legrand celui du théâtre Feydeau à Paris, incendié en 1837. J.-A. Gabriel commença en 1763 la salle de spectacle du château de Versailles, et qui ne fut achevée qu'en 1770 ; N. Lenoir bâtit le théâtre de la Porte-Saint-Martin en 1787.

En 1663, Ch. Wren éleva le théâtre d'Oxford; en 1705, Jean Vanbrugh construisit le théâtre de l'Opéra de Londres, incendié en 1789, rebâti en 1790 sur le projet de Michel Navosielski, mais changé et agrandi par Nash et Repton, de 1816 à 1818. Le second théâtre de Covent-Garden fut ouvert en 1809 ; il devint l'Opéra italien en 1847, et il fut incendié en 1856. Le théâtre actuel est de l'architecte E. M. Barry ; il date de 1858. Le théâtre de Hay-Market est l'œuvre de Nash, il fut livré au public en 1821.

Les théâtres les plus célèbres sont, en Allemagne, ceux de Vienne, de Berlin, par Schinkel, de Munich, de Dresde, par G. Semper (1838), de Carlsruhe et de Darmstadt. En Italie, nous citerons ceux de *San Carlo* de Naples, par Nicolini (1817), de la *Scala* à Milan, par Joseph Piermarini (1778), et le théâtre de Turin. Le plus grand théâtre est celui de Saint-Pétersbourg, bâti en pierre de taille et fer. Voir *Parallèle des principaux théâtres modernes de l'Europe*, par C. Contant. Texte par J. de Filippi. Paris, 1860, 2 vol. folio.

THÉATRE ANATOMIQUE, all. *Anatomisches Theater*, angl. *Anatomical*, ital. *Anatomico*. Espace semi-circulaire, disposé en gradins en amphithéâtre, avec table au centre, sur laquelle on fait des démonstrations anatomiques.

—— D'EAU. Combinaisons de cours ou d'allées d'eau, ornés de coquillages, de rocailles, de statues et autres accessoires, qui varient les décorations et la perspective.

—— DE JARDIN. Espace amphithéâtral dans un parc ou jardin, formé de terre et avec gradins semi-circulaires, fait de gazons ou de pierre, décoré d'arbres et de charmilles, et où l'on jouait des pastorales au xviii° siècle.

THÉORIE, s. f., all. *Theorie*, angl. *Theory*, ital. *Teoria*. C'est une réflexion, une contemplation, une méditation intellectuelle, science ou connaissance de ce qui ne tombe pas sous les sens. C'est une pénétration méditative dans l'essence, les causes, les lois et les rapports de ce qu'offre la vue ; c'est un essai, un discernement, au moyen duquel un objet est choisi parmi un grand nombre d'objets similaires ou de même nature. L'expérience de l'homme a son origine dans la mémoire ; l'expérience paraît être identique avec la science et la théorie. L'expérience conduit donc à la théorie, et l'absence d'expérience conduit au hasard, à l'arbitraire. La théorie, en fait d'art, c'est la connaissance d'un art par les principes intellectuels qui le déterminent, les lois qui le régissent ; la comparaison et l'expérience sont la pierre de touche de toute théorie. L'idée fondamentale sur laquelle repose la théorie, c'est son principe ; cette idée consiste dans le renvoi aux déductions qui découlent du principe pour la pensée, et déductions qui doivent concorder parfaitement de fait avec les phénomènes existants. La théorie de l'architecture n'est point seulement du domaine de la raison, de l'imagination, elle dépend aussi de la science. L'architecture est art et science ensemble : elle comprend et combine les avantages et les résultats de l'art et de la science. Elle est la réunion de la force, de la puissance avec la grâce et la beauté. Sa base est la science, l'art est son point culminant. D'un côté, l'architecture offre donc à notre appréciation, dans des œuvres matérielles construites selon des règles et des canons, la totalité des développements des propriétés de la nature, l'ensemble des vérités mathématiques et du génie créateur. De l'autre côté, elle unit le convenable à la grâce, elle satisfait nos sens, contente les notions que nous avons sur l'harmonie et les rapports des choses entre elles.

THERMES, s. m. pl., all. *Die warmen Bäder, öffentlichen Badehäuser der Alten*, angl. *The hot baths of the ancients*, ital. *Terme, bagni*. Édifices publics ou particuliers, d'un usage général dans toute l'antiquité pour y prendre des bains (voyez ce mot). Des statues, des bas-reliefs et des peintures ornaient les thermes des Grecs et des Romains. Le Laocoon a été trouvé dans les bains de Titus en 1506, par Felice de Fredis ; il est aujourd'hui au Vatican. L'on comprend que toutes les dispositions des thermes étaient soumises, soit aux localités, soit à la dépense que pouvaient faire ceux qui faisaient construire les bains. On y employait des briques et des pierres ; de petits piliers et de petites colonnes faisaient partie des constructions souterraines. On a trouvé, dans beaucoup de villes de France, des ruines de thermes romains, notamment dans les lieux où sont les eaux thermales.

C'est dans les thermes romains que les architectes du moyen âge ont pris les principales parties de leurs églises. (Voyez la page 838 de notre *Histoire générale de l'architecture*.)

THERMOMÈTRE, s. m., all. *Wärmemesser*, angl. *Thermometer*, ital. *Termometro*. Instrument qui indique ou mesure la température ou les degrés de froid ou de chaud.

Comparaison des thermomètres Fahrenheit, Réaumur et Centigrade.

Fahrenheit	Centigrade	Fahrenheit	Centigrade	Fahrenheit	Centigrade
— 4	— 20,00	33	0,56	70	21,11
— 3	— 19,44	34	1,11	71	21,67
— 2	— 18,89	35	1,67	72	22,22
— 1	— 18,33	36	2,22	73	22,78
0	— 17,78	37	2,78	74	23,33
1	— 17,22	38	3,33	75	23,89
2	— 16,67	39	3,89	76	24,44
3	— 16,11	40	4,44	77	25,00
4	— 15,56	41	5,00	78	25,56
5	— 15,00	42	5,56	79	26,11
6	— 14,44	43	6,11	80	26,67
7	— 13,89	44	6,67	81	27,22
8	— 13,33	45	7,22	82	27,78
9	— 12,78	46	7,78	83	28,33
10	— 12,22	47	8,33	84	28,89
11	— 11,67	48	8,89	85	29,44
12	— 11,11	49	9,44	86	30,00
13	— 10,56	50	10,00	87	30,56
14	— 10,00	51	10,56	88	31,11
15	— 9,44	52	11,11	89	31,67
16	— 8,89	53	11,67	90	32,22
17	— 8,83	54	12,22	91	31,78
18	— 7,78	55	12,78	92	33,33
19	— 7,22	56	13,33	93	33,89
20	— 6,67	57	13,89	94	34,44
21	— 6,11	58	14,44	95	35,00
22	— 5,56	59	15,00	96	35,56
23	— 5,00	60	15,56	97	36,11
24	— 4,44	61	16,11	98	36,67
25	— 3,89	62	16,67	99	37,22
26	— 3,33	63	17,22	100	37,78
27	— 2,78	64	17,78	101	38,33
28	— 2,22	65	18,33	102	38,89
29	— 1,67	66	18,89	103	39,44
30	— 1,11	67	19,44	104	40,00
31	— 0,56	68	20,00	105	40,56
32	— 0,00	69	20,56	106	41,11

Réaumur	Centigrade
0°	0°
1	1,25
2	2,50
3	3,75
4	5,00
5	6,25
6	7,50
7	8,75
8	10,00
9	11,25
10	12,50

THOLUS, s. m., all. *Tholus, der Mittelpunkt in einem Kuppelgewölbe, der Schluszstein daselbst, auch die ganze Kuppel,* angl. *The centre of a dome, the key of a cupola, or the whole dome,* ital. *Parte centrale di cupola, cupola.* Le point central d'une coupole, sa clef, souvent aussi le dôme entier.

THYROMA, s. m., all. *Ein Thürgestelle oder Thürgewande,* angl. *Door-jambs,* ital. *Parti solide di una porta.* Chez Vitruve, la porte avec ses tableaux, embrasures et encadrement.

THYRONEUM, s. m., all. *Durchgang in einem Gebäude,* angl. *Passage through a building,* ital. *Corridojo.* Passage ou corridor dans un édifice, une maison.

THYRSE, s. m., all. *Ein mit Epheu und Weinlaub begränzter Stab,* angl. *Thyrsus, Dionysus's javelin,* ital. *Tirso.* Tige en bois, ornée de lierre et de pampre, en usage dans les fêtes à Dionysos.

TIERCERON, s. m., all. *Bogen, welcher seinen Ursprung aus den Winkeln der Widerlage hat,* angl. *Intermediate ribs in the middle age vaults, tierceron, tierceret,* ital. *Rilievi di volta gottica.* Nervure d'une voûte d'arête qui, partant des angles, s'élève entre les croisées d'ogives et les arcs-doubleaux ou formerets, et va se réunir à une lierne.

TIERCINE, s. f. Portion d'une tuile refendue en deux, employée par les couvreurs contre les parois des murs et des souches de cheminées, ital. *Mezza tegola.*

TIERS-POINT, s. m., all. *Der dritte Punkt eines gleichseitigen Dreiecks,* angl. *Tierce point, the vertex of an equilateral triangle,* ital. *Terzo acuto.* On a aussi donné ce nom à l'architecture ogivale ou française du xiii° siècle.

TIERS-POTEAU, s. m., all. *Das Laurband, die Dreilingsdiele*, angl. *A post, a stake to strengthen the head or intertie in partitions*, ital. *Stipite aggiunto*. Poteau posé à un gipe ou cloison, pour la renforcer quand elle a trop d'étendue.

TIGE, s. f., all. *Der Saulenschaft*, angl. *The shaft of a column*, ital. *Fusto della colonna*. Le fût d'une colonne.

—— DE FONTAINE, all. *Untersatz, Stütze, Träger eines Brunnenbeckens*, angl. *The support or prop of a wet-dock*, ital. *Sostegno o appoggio d'una vasca, d'una fontana*. Support en forme de colonne, de balustre, etc., supportant une vasque, un bassin de jet d'eau de fontaine jaillissante.

—— DE RINCEAU, all. *Geschwungener Stiel welcher aus Laub oder einer Düte emporsteigt*, angl. *A stem or stalk, which springs out of leaves, out of a boss or a bracket*, ital. *Fusto con fogliame per ornamento*. Tige avec branchage qui sort d'un culot et forme des ornements.

TIGETTE, s. f., all. *Der Blumenstengel der sich im corinthischen Capitäl in einem Schnörkel endigt*, angl. *The stem of the caulicolus of the corinthian capital*, ital. *Stipite a voluta del ordine corintio*. Sorte de tige cannelée d'où paraît sortir la volute du chapiteau corinthien.

TIMPAN. Voyez TYMPAN.

TIRANT, s. m., *Der Kehlbalken, auch ein hölzerner oder eiserner Anker*, angl. *A beam, iron cramp*, ital. *Tirante*. Pièce de fer carrée en coupe ou méplate ayant à chaque about ou extrémité un œil destiné à recevoir une ancre. Ces fers servent à empêcher l'écartement des différentes parties d'une construction.

TOISE, s. f. Ancienne mesure française : elle équivalait à 1^m,94904.

TOISÉ, s. m. Mesurage à la toise.

TOISER, v. a. Mesurer des ouvrages à la toise ; est supprimé aujourd'hui, remplacé par métré.

—— SELON LES US ET COUTUMES. C'était anciennement mesurer tant plein que vide et toutes les saillies ; en sorte que la plus petite moulure était comptée en pourtour pour un demi pied ou 16 centimètres, et la moulure couronnée, pour le double, lorsque la pierre était piquée ou avec enduit.

TOIT, s. m., all. *Das Dach*, angl. *The roof*, ital. *Il tetto*. Couverture d'un édifice, d'une maison, petite ou grande.

TOITURE, s. f., all. *Das Dachwerk*, angl. *The roofing, the roof-work*, ital. *Materiali d'un tetto*. Ce mot désigne la nature des matériaux employés comme couverture, plutôt que l'ensemble de cette couverture elle-même dont, au contraire, le mot *toit* comporte toujours l'idée.

TOLE, s. f., all. *Das Eisenblech*, angl. *Sheet-iron*, ital. *Latta di ferro*. Fer laminé plat, large et mince, qui est employé pour des tuyaux de poêle et autres ouvrages, même d'ornement.

TOMBALE (PIERRE), s. f., all. *Grab oder Leichenstein*, angl. *A tomb, a ledger, a grave stone*, ital. *Pietra da sepulcro*. Dalles gravées recouvrant une sépulture, en faisant partie du pavé d'un cloître ou d'une église, etc.

TOMBE, s. f., all. *Das Grab, der Grabstein*, angl. *A tomb, a grave*, ital. *Tomba*. Dalle en pierre ou en marbre posée à plat ou verticalement, ornée d'inscriptions, de gravures en creux ou en relief, avec ou sans armoiries, placée sur une sépulture en mémoire de celui qui y repose.

TOMBEAU, s. m., all. *Das Grabmal*, angl. *A sepulchral monument*, ital. *Sepolcro, monumento*. Monument funéraire petit ou vaste, simple ou orné et d'un style sévère, où l'on dépose un ou plusieurs corps. On ne doit pas compter au nombre des tombeaux les pyramides d'Égypte, bien que leurs fondateurs y fussent inhumés, ni le soi-disant tombeau d'Osymandyas à Thèbes, qui n'est autre d'après les recherches modernes que l'immense palais bâti par Rhamsès II ou Sésostris. Le Tholus de Mycène avait deux fins : c'était un tombeau et en même temps un trésor, antérieur à 1194 avant l'ère vulgaire.

Les Grecs honorèrent la mémoire des morts par des monuments publics. Ceux des fondateurs des villes et ceux des héros étaient dans l'intérieur des murailles, et les autres en dehors. Les plus anciens tombeaux des Grecs étaient des *tumuli* ou monticules factices. On en a retrouvé dans la plaine de Troie, qui ont été décrits par Homère. Plus tard, un simple cippe, ou colonne tronquée, entourée d'arbres verts, s'élevait au-dessus de la sépulture, et une inscription rappelait le nom et les titres du défunt. Dans la suite, le luxe se mêla aussi à ces commémorations, et il reste encore des monuments funéraires où l'architecture et la sculpture ont déployé de grandes perfections. Nous citerons, entre autres, le tombeau de Mausole, roi de Carie en Asie Mineure, élevé par sa femme

Artémise, vers 350 avant l'ère vulgaire. Il existe des tombeaux remarquables et en grand nombre en Lycie, en Phrygie, dans la Galatie et dans plusieurs îles de l'archipel grec.

Dans la Grande Grèce, au sud de l'Italie, les tombeaux étaient construits dans la terre, en pierres de taille, et cette enceinte était couverte en dalles formant un toit. A côté du mort on suspendait aux murs par des clous de bronze, des vases peints, de dimensions diverses, et c'est en partie dans ces tombeaux qu'on a recueilli les plus beaux vases grecs, dits étrusques, et qui font l'ornement de nos musées et de nos cabinets.

Les Étrusques creusaient dans le roc vif des grottes peu profondes, ayant généralement la forme d'une croix. On en trouve à Cortone, à Perugia, à Clusium, à Tarquinium et à Volterre. D'autres dispositions se trouvent aux tombeaux de Cœre, de Vulci, où est le plus grand tombeau de l'Étrurie, connu sous le nom de Cucumella. C'est un tumulus de 73 mètres de diamètre. A Clusium on voit le tombeau de Porsenna ou qui passe pour tel. En Sardaigne sont les nuraghes, constructions très-primitives.

Les Gaulois enterraient leurs morts sous des *tumuli*, dont les *pierres fichées* semblent avoir été des dépendances consirables. Les pierres levées étaient une autre espèce de monuments funéraires de la Gaule.

Les tombeaux romains les plus communs, sont un cippe en pierre, plus ou moins considérable, d'habitude de forme quadrangulaire, plus ou moins orné. Dans la suite, en approchant de l'ère vulgaire, le luxe s'introduisit dans ces monuments, témoin le tombeau de Cœcilia Metella, femme du triumvir Crassus, le tombeau d'Auguste (détruit), celui d'Adrien (aujourd'hui château Saint-Ange à Rome), celui de saint Remi en Provence, etc.

Durant le moyen âge, la forme et la dimension des tombeaux ont considérablement varié. Nous en avons de romans fort simples ; mais dès le XIIᵉ siècle, l'usage s'était introduit de placer sur les tombeaux la statue couchée du mort qu'ils renfermaient. Au XIIIᵉ siècle ils deviennent très-riches d'architecture et de sculpture ; ce luxe augmente encore durant le siècle suivant, témoin le tombeau du pape Innocent VI dans l'église de Villeneuve-lez-Avignon. L'Allemagne et surtout l'Angleterre sont fort riches en splendides tombeaux du moyen âge.

Comme tombeaux de la Renaissance, il faut citer ceux du cardinal d'Amboise dans la cathédrale de Rouen et de Louis de Brézé, mari de la belle Diane de Poitiers, par Jean Goujon, et également dans cette église.

TONDIN, s. m., all. *Pfuhl*, angl. *Torus, tondino*, ital. *Toro, tondino*. Tore ou grosse baguette employée comme moulure.

TONNEAU DE PIERRE, s. m., all. *Tonne Stein*, angl. *A ton of stone*, ital. *Botte de pietre, tonnellata*. Quantité, volume de pierre qui équivaut à environ 50 centimètres cubes, pour la charge d'un bateau ou d'un vaisseau, et d'un poids de 1000 kilogrammes. En Allemagne le tonneau est de 2000 livres ou mille kilogrammes, en Angleterre de 2240 livres.

TONNELLE, s. f., all. *Längliche Sommerlaube*, angl. *A bower, an arbour in a garden*, ital. *Pergola*. Berceau élevé en treillage de bois ou de fer, couvert de verdure.

TORCHÈRE, s. f., all. *Fackelstuhl*, angl. *A kind of high stand for a torch*, ital. *Gran candeliere*. Sorte de support, de guéridon, destiné à supporter un flambeau, une torche ou une bougie.

TORCHIS, s. m., all. *Der Kleiberlehm*, angl. *Mud, clay*, ital. *Loto con paglia, fieno, con cui si fabbricano muraglie in Francia*. Mélange de terre argileuse, de foin ou de paille, dont on fait des murs de remplissage.

TORE, s. m., all. *Der Pfuhl, stärkste Rundstab am Säulenfusse*, angl. *Torus*, ital. *Toro, bastone*. Moulure convexe dont le profil est un demi-cercle ; c'est le plus gros anneau d'une base de colonne.

—— CORROMPU OU BRAVETTE. all. *Gedrückter oder verdorbener Pfuhl*, angl. *Debased torus*, ital. *Toro alterato*. Moulure convexe dont le profil est décrit au moyen de deux centres ; c'est l'opposé de la scotie : était en usage dans l'architecture ogivale.

—— ELLIPTIQUE, all. *Elliptischer Pfuhl*, angl. *Elliptical torus*, ital. *Toro o bastone ellitico*. Celui dont la coupe est une demi-ellipse coupée suivant son petit diamètre.

—— ELLIPTIQUE PLAT, all. *Elliptisch flacher Pfuhl ohne grosse Ausladung*, angl. *Flat elliptical*, ital. *Schiacciato*. Celui dont la coupe est également une demi-ellipse, mais coupée suivant son grand axe.

—— INFÉRIEUR, all. *Der dickeste Pfuhl in einer attischen Basis*, angl. *The strongest torus in an attic base*, ital. *inferiore*. Le plus gros tore dans une base attique.

TORE LANCÉOLÉ, all. *Lanzettenförmiger Pfuhl*, angl. *Lancet-like*, ital. *Lanceolato*. Celui qui affecte la forme de cet instrument.

—— EN SOUFFLET, all. *Blasebalgförmiger Pfuhl*, angl. *Bellowshaped*, ital. *Soffietto*. Celui dont le contour rappelle celui de cet instrument.

—— SUPÉRIEUR, all. *Der höchste und dünnste Pfuhl einer Säule*, angl. *The smallest and highest torus of the shaft of a column*, ital. *toro superiore*.

TORTILLIS, s. m., all. *Der kleine gewundene Zierath*, angl. *Small twisting ornament, vermiculated, twisting strain on any material*, ital. *Vermicolare*. Vermoulures faites avec un outil, à des bossages d'une chaîne ou d'un soubassement.

TOSCAN, adj., all. *Toscanisch*, angl. *Tuscan*, ital. *Toscano*. Nom donné par Vitruve au style étrusque ; le rez-de-chaussée du théâtre de Marcellus à Rome est toscan. On le nomme aussi *rustique*.

TOUR, s. f., all. *Thurm*, angl. *Tower*, ital. *Torre*. Construction carrée ou circulaire, prison adjacente à un grand bâtiment. Il y en a aux églises, aux châteaux fortifiés, aux châteaux de la noblesse, aux bastions, etc.

TOUR D'ÉCHELLE, s. m., all. *Der Platz längs einer um einige Schuh eingezogenen Mauer hin; Platz zwischen zwei Mauern oben am Dache*, angl. *Room for a ladder*, ital. *Spazio della scala*. Espace d'un mètre compris entre un mur et l'héritage voisin, où l'on a le droit de passer pour faire les réparations convenables à ce mur ; quand ce mur est mitoyen, le droit de passage est réciproque.

TOURELLE, s. f., all. *Ein kleiner Thurm*, angl. *A little tower*, ital. *Torretta*. Petite tour adaptée en encorbellement ou sur un cul-de-lampe, à l'encoignure d'un édifice ou d'une maison.

TOURILLON, s. m., all. *Grosser Zapfen an Glocken, Fallbrücken und dergleichen beweglichen Gegenständen*, angl. *Trunnion, pivot*, ital. *Cardine, orecchione*. Pivot placé au bout d'un arbre de moulin, à un essieu de pont de bascule, à un montant de porte cochère, supporté au moyen d'une crapaudine dans laquelle il tourne ; battant d'une cloche.

TOURNER, v. a., all. *Wenden*, angl. *To turn, to make choice of a situation for a building,* ital. *Disporre, orientare.* Orienter, faire choix de l'orientation d'un bâtiment et ses dépendances.

TOURNIQUET, s. m., all. *Das Drehkreuz, der Drehbaum,* angl. *Turnstile,* ital. *arganello.* Croix en charpente posée horizontalement et tournant sur un pivot, placée entre deux barrières fixes, destinée à arrêter les animaux et les empêcher de pénétrer dans un jardin, un parc, une promenade et autres lieux; très en usage en Allemagne.

TRACER, v. a., all. *Zeichnen, abzeichnen,* angl. *To trace, to sketch,* ital. *Delineare, designare.* Faire le projet, le dessin d'un plan, d'une coupe, d'une élévation, d'un détail, etc.

—— AU SIMBLEAU, all. *Mit der Zirkelschnur abzeichnen,* angl. *To trace with the carpenter's line,* ital. *Designare con cordicella.* Décrire une circonférence, un arc avec une grande règle ou avec un cordeau.

—— EN CHERCHE, all. *Der Lehrbogen, die Zeichnung zu einer Bogenwölbung oder einem Simswerk,* angl. *To describe any kind of curve, through given points, as an ellipse, a parabole, a hyperbole, a catanary, or any other conical section,* ital. *Figura a punti d'una linea curva.* Décrire une ligne courbe, passant par des points fixes, comme une ellipse, une parabole, une hyperbole ou tous autres arcs d'une section conique.

—— EN GRAND, all. *In Naturgrösse,* angl. *As large as nature,* ital. *Designare della grandezza naturale.* Développer un dessin et lui donner les dimensions de grandeur naturelle ou d'exécution.

—— PAR ÉQUARRISSEMENT, all. *Steine nach gewissen Maszen schneiden, nach der Abvierung, hauen, bearbeiten,* angl. *To cut stones or timber pieces by a drawing made as large as nature,* ital. *Tagliare pietre o legname dietro disegno.* Couper des pierres ou des pièces de charpente, tracées d'après les mesures prises sur une épure.

—— SUR LE TERRAIN, all. *Auf den Grund abzeichnen,* angl. *To trace an object on the soil, the ground,* ital. *Disegnare sul terreno.* Faire des lignes en grand d'après les proportions et les formes fixées dans un dessin, pour compartiments de jardins, allées de parcs, bouquets d'arbustes, corbeilles de fleurs, etc.

TRAINER EN PLATRE, v. a., all. *In Gyps ziehen, Gypsgesimse herstellen,* angl. *To draw, to run any moulding in plaster,* ital. *Premere, spingere un modello sul gesso.* Pousser un objet quelconque, comme une moulure, une corniche, un cadre au calibre avec du plâtre ou autres compositions.

TRAIT, s. m., all. *Die Kunst des Steinschnitts, Strich*, angl. *The science of cutting stones, a line*, ital. *Sterotomia ; tratto.* Science de la coupe des pierres ; stéréotomie ; ligne qui limite ou détermine un objet quelconque.

—— CARRÉ, all. *Zwei sich durchkreuzende Linien vier gerade Winkel bildend*, angl. *Two intersecting lines forming four right angles*, ital. *Linee in croce.* Deux lignes qui se coupent formant quatre angles droits.

—— CORROMPU, all. *Eine Linie aus freier Hand gezogen, ohne Cirkel*, angl. *A debased line, drawn without a compass*, ital. *Linea irregolare.* Ligne droite tracée à la main, ou courbe sans compas.

TRANCHE, s. f., all. *Die Schnitte*, angl. *A slice, a thin tablet*, ital. *Taglivole, fetta.* Table mince de marbre ou de pierre incrustée en un lieu quelconque, destinée à recevoir une inscription ou des ornements.

TRANCHÉE, s. f., all. *Laufgraben, Graben zu Röhrleitungen; Löcher in Mauern, um Anker, Balken, etc., einlegen zu können*, angl. *A Trench, a ditch*, ital. *Trincea, canale.* Excavation pratiquée pour des fondements de quelque construction ; hachures faites à un mur pour y loger la portée d'une poutre, un ancre, etc.

TRANCHIS, s. m., all. *Die Reihe Schiefer oder Ziegelsteine, welche in der Einkehle eines Daches auf andere zu liegen kommen*, angl. *A row of cut slates*, ital. *Docce rovesciate.* Rang d'ardoises ou de tuiles échancrées et posées sur les arêtières.

—— DE VANNE. Madrier qui s'abaisse et s'élève dans des rainures ou coulisses pour laisser passer les eaux d'un canal.

TRANSITION. Voyez ARCHITECTURE DE TRANSITION, page 22.

TRANSSEPT, TRANSEPT, s. m., all. *Kreuzarm des Schiffs einer Kirche*, angl. *Transept*, ital. *Crociata.* La totalité des bras transversaux du vaisseau d'une église.

TRAPÈZE, s. m., all. *Trapezium, ein ungleichseitiges Viereck*, angl. *Trapezium*, ital. *Trapezio.* Figure irrégulière limitée par quatre lignes droites, à côtés non parallèles, ni à angles opposés égaux.

TRAPÉZOIDE, adj., all. *Ein Viereck, wo keine Seite mit der andern parallel ist,* angl. *Trapezoid,* ital. *Trapezoide.* Trapèze sans côtés parallèles.

TRAPPE, s. f , all. *Fallthür,* angl. *Trap, trap-door,* ital. *Botola.* Porte à un ou deux vantaux, posée horizontalement dans un encadrement, destinée à fermer l'ouverture d'une descente de cave, etc.

TRAVAILLER, v. a., all. *Arbeiten,* angl. *To work, to labour,* ital. *Lavorare, fabbricare.* Faire un travail de construction, façonner. Un bâtiment travaille lorsqu'il subit un tassement irrégulier, plus fort dans un endroit que dans un autre, conséquence d'une construction vicieuse, ou par l'inconsistance du sol sur lequel il est édifié. Se dit encore des bois de charpente et de menuiserie employés qui, n'étant pas secs, se retirent, gercent ou se voilent.

—— A LA JOURNÉE, all. *In Tagelohn arbeiten,* angl. *In day's labour,* ital. *Lavoro al giorno.* Donner son travail pendant un certain nombre d'heures, moyennant un prix ou une somme convenus.

—— A LA TACHE, all. *Verdungene Arbeit machen,* angl. *Labour in undertaking,* ital. *Lavoro a prezzo fisso.* Exécuter un ouvrage entier moyennant un prix convenu ou déterminé d'avance.

—— AU MÈTRE, all. *Nach dem Meter arbeiten,* angl. *Per square, cube or lineal meter,* ital. *Lavoro al metro.* Élever un mur, tailler de la pierre et autres ouvrages, moyennant un prix ou une somme convenus pour chaque mètre courant, superficiel ou cube.

—— PAR SOUS-ŒUVRE, all. *Untermauern, nach Wollendung Oeffnungen herstellen,* angl. *To labour underneath a wall,* etc., ital. *Per di sotto.* Reprendre un mur en dessous, à son pied, en refaire la fondation, ou y pratiquer après coup des ouvertures.

TRAVÉE, s. f., all. *Quer-Abtheilungen des Schiffs einer Kirche, eines Kreuzgangs,* angl. *Transverse compartment of a church, of a cloister,* ital. *Compartimento d'una chiesa, d'un chiostro.* Chacune des divisions d'une nef, d'un cloître, d'une galerie quelconque. C'est encore un rang de soliveaux dont les bouts portent sur des poutres.

—— DE BALUSTRE. Suite de balustres comprise entre deux murs, entre deux pilastres, entre deux colonnes, etc.

TRAVÉE DE COMBLE, all. *Dachstuhlwand*, angl. *bay of roofing*, ital. *Spazio di corrente*. Rang de pannes portant d'une ferme de charpente à l'autre et servant d'appui aux chevrons.

—— DE GRILLES DE FER, all. *Das eiserne Gitterwerk zwischen zwei Pfeilern*, angl. *bay of screen*, ital. *Compartimento d'una inferriata*. Plusieurs montants avec traverses compris entre deux pilastres.

—— DE PONT, all. *Die Jochspannung einer Brücke*, angl. *The bay or division between two arches of a bridge*, ital. *Compartimento d'un ponte*. Partie du plancher d'un pont comprise entre deux palées, deux piles sur laquelle les travons sont appuyés.

TRAVERSE, s. f., all. *Querholz, Querstück, Querriegel*, angl. *Cross-beam, rail*, ital. *Traversa*. Pièce de bois de charpente ou de menuiserie qui assemble et forme le cadre de quelques ouvertures, assemblages et autres ouvrages.

TRAVON, s. m., all. *Träger, der Tragebalken*, angl. *The head piece on piles*, ital. *Traversa sopra una palizzata*. Pièce de bois posée en chapeau, sur un rang de pieux pour servir d'appui aux poutrelles d'un assemblage de pont.

TRÈFLE, s. m., all. *Dreipass (gothische Bauart)*, angl. *Trefoil*, ital. *Trifoglio*. Ornement de l'architecture du moyen âge présentant trois lobes, comme la plante dont il porte le nom, dont chacun est formé des deux tiers environ d'un cercle, et dont deux rangés en pointe et un en chef.

TREILLAGE, s. m., all. *Das Gitterwerk, Bindewerk*, angl. *Arbour-work, treillis*, ital. *Pergolato*. Ouvrage fait en échalas et poteaux, disposé en forme de berceau pour mettre une allée à l'ombre : orné de verdure.

TREILLIS, s. m., all. *Eiserne Gitter vor den Fenstern, über den Hausthüren*, etc., angl. *Lattice-work of iron*, ital. *Traliccio, graticcio*. Fermeture faite avec de moyens barreaux de fer, de bronze, etc., formant des dessins divers.

—— DE FILS DE FER, all. *Eisendrathgitter*, angl. *Lattice-work of iron wire*, ital. *Traliccio di filio di ferro*. Disposition faite en mailles, carrément ou en losange.

TRÉMIE, s. f., all. *Der Schornsteinbusen*, angl. *Chimney-hearth*, ital. *Tramoggia*. Emplacement du foyer d'une cheminée.

TRÉMION, s. m., all. *Ein Eisen, womit der Rauchmantel oder Schurz eines Küchen Schornsteins an das Gebälk oder die Decke gehängt wird*, angl. *The iron barr to support the chimney-hearth,* ital. *Stanga di ferro per sostinere il focolare di un cammino.* Barre de fer ou de bois destinée à supporter la caisse ou trémie d'une cheminée.

TRÉSILLON, s. m., all. *Kleine Steife, Spreitze, Trempel,* angl. *As mall prop,* ital. *Piccolo puntellino.* Un petit étai ; liteau placé entre deux planches nouvellement sciées pour les faire sécher.

TRÉSOR, s. m., all. *Der Schatz,* angl. *The vestry in catholic churches where relics, sacred vessels and vestments are kept,* ital. *Tesoro di una chiesa.* Lieu réservé dans une ou près d'une église, où l'on conserve les reliques et autres objets du culte.

—— PUBLIC, all. *Oeffenlicher Schatz, Schazkammer,* angl. *The public treasury,* ital. *Tesoro pubblico.* La monnaie, les bijoux et autres objets précieux propriété de l'État, le lieu où ils sont conservés.

TRÉSORERIE, s. f., all. *Schatzkammer, das Gebäude wo die öffentlichen Gelder liegen,* angl. *The edifice containing the public incomes,* ital. *Palazza del tesoro pubblico.* Bâtiment où les revenus nationaux sont versés et conservés, et ensuite employés au budget des dépenses de l'État.

TRÉTEAU, s. m., all. *Das Gestell, der Bock, Träger unter einem Gerüste,* angl. *A tressel, a prop,* ital. *cavalletto.* Sorte de chevalet, servant à faire des échafauds ou à élever des bois que l'on doit refendre.

TREUIL, s. m., all. *Der Wellbaum an einer Winde,* angl. *The axle-tree, the windlass,* ital. *Verricello.* Corps cylindrique dans une machine ou engin, que l'on meut au moyen de leviers ou de manivelles, et qui sert à élever des fardeaux.

TRIANGLE, s. m., *Das Dreieck,* angl. *The triangle,* ital. *Triangolo.* Figure à trois côtés et autant d'angles.

—— RECTANGLE, all. *Das rechtwinklichte Dreieck,* angl. *Rectangular,* ital. *Rettangolo.* Celui qui a un angle droit.

—— ÉQUILATÉRAL, all. *Gleichseitiges Dreieck,* angl. *Equilateral,* ital. *Equilatero.* Celui dont les trois côtés et les trois angles sont égaux.

—— ISOCÈLE, all. *Gleichschenklichtes Dreieck,* angl. *Isoscele,* ital. *Isoscele.* Celui dont deux côtés sont égaux.

—— SCALÈNE, all. *Das ungleichseitige Dreieck,* angl. *Scaleno, with three unequal sides,* ital. *Scaleno.* Celui qui a trois côtés inégaux.

TRIANGULAIRE, adj., all. *Dreieckig*, angl. *Triangular*, ital. *triangolare*. Figure ou corps qui a trois angles.

TRIBUNAL, s. m., all. *Der Gerichtshof, das Gericht*, angl. *Court of justice*, ital. *Tribunale*. Cour de justice ; l'ensemble des siéges des juges.

TRIBUNE, s. f., all. *Der halbrunde Theil der römischen Gerichtshöfe*, angl. *The semi-circular part of the roman court of justice*, ital. *Tribuna*. Hémicycle des basiliques romaines. Lieu élevé d'où parlent les orateurs, all. *Rednerbühne*, angl. *The rostrum, the pulpit*, ital. *Ringhiera*. Grandes galeries du premier étage des églises du moyen âge.

TRICLINIUM, s. m., all. *Empfangssaal bei den Römern*, angl. *The large company room in the roman houses*, ital. *Triclinio*. Salle de réception et à manger dans les maisons romaines. Salle annexée aux basiliques chrétiennes, où l'on recevait les pèlerins.

TRIFORIUM, s. m., all. *Die äusserlich von dem Pultdache des Nebenschiffes verdeckte, innerlich zuweilen mit einem Laufgange versehene Mauerfläche oberhalb der Arkadenbögen und unterhalb der Fensterreihe des Hauptschiffes*, angl. *Triforium*, ital. *Triforio*. Petite galerie située au-dessus des bas-côtés d'une nef, au-dessus des arcades du rez-de-chaussée ou au-dessus de la grande galerie ou tribunes du premier étage, et en dessous des fenêtres supérieures ou de la claire-voie.

TRIGÉMINÉE (baie), adj., all. *Dreidoppelt*, angl. *Subdivided in six parts*, ital. *Trigemine*. Subdivisé en six parties.

TRIGLYPHE, s. m., all. *Dreischlitze*, angl. *Triglyph*, ital. *Triglifo*. Les ornements rectilignes et verticaux d'une frise dorique, ornés de cannelures au milieu et d'une demi-cannelure sur chacun de leurs côtés. Selon Vitruve, les triglyphes représentent ou rappellent les abouts des poutres, ornés dans la suite.

TRIGONOMÉTRIE, s. f., all. *Die Dreieckslehre, die Dreiecksmessung*, angl. *Trigonometry*, ital. *Trigonometria*. Science de mesurer les triangles et les distances inaccessibles, par le moyen de la triangulation.

TRILOBÉ, adj., all. *Dreipass*, angl. *Trefoil*, ital. *Trefoliato*. Qui a trois lobes. (Voyez aussi TRÈFLE.)

TRINGLE, s. f., all. *Eine dünne runde Stange, die Vorhangsstange, das Windeisen an den Fenstern*, angl. *rail, curtain rod*, ital. *Verga di ferro.* Petits fers carrés ou cylindriques servant à différents usages. Aussi une baguette équarrie, longue, méplate et étroite, servant à plusieurs usages dans la menuiserie.

TRINGLER, s. m., all. *Mit einer bestrichenen Schnur eine Linie ziehen*, angl. *To mark with a chalked line*, ital. *Rigare.* Tracer une ligne sur la pierre ou le bois avec un cordeau frotté avec de la craie, de la pierre noire ou rouge.

TRIPOT, s. m., all. *Das Spielhaus, das Ballhaus*, angl. *Tennis-court, gaming-house*, ital. *Giuoco di palacorda, biscazza.* Local où l'on joue à la paume ; où l'on est volé au jeu.

TRIPTIQUE, s. m., all. *Ein Ladengemälde, wovon die zwei äusseren Theile den mittelsten bedecken*, angl. *Triptic*, ital. *Quadro triplice.* Tableau divisé en trois compartiments, dont les deux latéraux se replient sur le compartiment médial et le recouvrent.

TRIQUE-BALLE, s. m., all. *Der Handprotzwagen*, angl. *A truck, a sling-cart*, ital. *Macchina per transporti.* Machine servant à transporter des fardeaux pesants.

TRISPATON, s. m., all. *Eine Machine die durch drei Räder, Winden, etc., gezogen wird*, angl. *An engine worked by three wheels or pulleys*, ital. *Macchina a sollevar pesi.* Machine mue par trois roues ou poulies pour soulever de grands fardeaux.

TROCHILE, s. m., all. *Die Einziehung, Hohlkehle, Regenrinne*, angl. *Trochilus, scotia*, ital. *Cavetto, guscio, scozia.* Moulure concave, ordinairement placée entre les tores d'une base de colonne et souvent sous le larmier de la corniche de l'ordre dorique.

TROMPE, s. f., all. *Ein überragender Gewölbebogen, welcher erscheint, wenn in der Mauer eines runden Thurms, Thür-oder-fensteröffnungen angebracht werden; auch das Gewölbe über einer Ecknische, die vorn keine gerade Linie bildet; auch der überragende Gewölbogen, Kegelgewölbe*, angl. *The concave ribless surface of the junction of a square part to a round one, a conical vault*, ital. *Volta conica, mensolone.* Sorte de voûte tronquée en saillie, qui semble se soutenir dans le vide ; partie conique et saillante en angle. (Voyez aussi ARRIÈR E-VOUSSURE).

—— DANS L'ANGLE. Celle qui est dans le coin d'un angle rentrant.

TROMPE DE MONTPELLIER. Rachète une tour ronde sur un angle.

—— EN NICHE. Concave, sans être réglée par son profil.

—— EN TOUR RONDE. Celle dont le plan, sur une ligne droite, rachète u .e tour ronde par le devant, et est faite en manière d'éventail.

—— RÉGLÉE. Celle qui est droite par son profil.

—— SUR LE COIN. Celle qui porte l'encoignure d'un bâtiment pour faire un pan coupé au rez-de-chaussée. Toutes ces trompes sont hors d'usage aujourd'hui et employées très-rarement.

TROMPILLON, s. m., all. *Ein kleines Kugel oder Kegelgewölbe*, angl. *A small conical vault,* ital. *Piccola mensola.* Petite trompe de peu d'étendue en plan et de peu de portée.

—— DE VOUTE. Pierre ronde qui sert de coussinet aux voussoirs du cul-de-four d'une niche, et pour porter les premières retombées d'une trompe.

TRONC, s. m., all. *Der Stamm, der Rumpf, Säulenschaft,* angl. *The trunk, the columnshaft,* ital. *Tronco, fusto della colonna.* Ce mot s'applique au fût d'une colonne et au dé d'un piédestal.

TRONCHE, s. f., all. *Das unbearbeitete Stück Bauholz, der Klotz, der Block,* angl. *An unworked piece of timber,* ital. *tronco d'albero.* Forte pièce de bois de charpente non encore travaillée.

TRONÇON, s. m., all. *Ein Stück Marmor oder Stein zum Schaft einer Säule gehörig,* angl. *A piece of marble or stone employed in the shaft of a column,* ital. *Pezzi di colonna.* Morceau de pierre ou de marbre qui fait partie du fût d'une colonne.

TRONE, s. m., all. *Der Thron,* angl. *The throne,* ital. *Trono.* Siége où les princes sont assis dans les fonctions officielles.

TROPHÉE, s. m., all. *Das Siegeszeichen, das Siegesdenkmal,* angl. *A trophy,* ital. *Trofeo.* Réunion d'armes disposée avec goût, exécutée en sculpture ou en peinture, sur des arcs de triomphe, sur des colonnes triomphales et autres monuments élevés en mémoire d'un succès, d'une bataille, d'une victoire, etc.

TROP-PLEIN, s. m., all. *Eine Röhre um das überflüssige Wasser aus einen Behälter zu leiten,* angl. *A pipe to discharge superfluous water out of a wet-dock, a bassin,* etc., ital. *Scaricatojo.* Tuyau ou conduit destiné à décharger un bassin du liquide quand il est à une certaine hauteur.

TROTTOIR, s. m., all. *Der erhabene Fuszweg*, angl. *The foot-way*, ital. *Marciapiede*. Espace étroit plus élevé que la rue ou la chaussée, dont il est séparé par le ruisseau, pavé, bitumé ou non, destiné à la circulation des piétons.

TROU, s. m., all. *Ein Loch, eine Höhlung*, angl. *A hole, a void, a hollow*, ital. *buco*. Ouverture que l'on fait, soit dans un mur en pierre à la masse et au poinçon, soit dans un mur en moellon, en brique ou en plâtras, avec la hachette.

TRUELLE, s. m., all. *Die Mauerkelle*, angl. *a trowel*, ital. *cazzuola*. Outil en fer avec manche en bois dont se servent les maçons; en cuivre pour les plâtriers.

TRULLISATION, s. f., all. *Die Bewerfung eines Gewölbes, einer Säule aus Mauerwerk, mit Mörtel oder Gyps*; ital. *Intonicatura ripetuta*. Poser différentes couches d'enduits les unes sur les autres pour dresser un mur, arrondir une voûte ou une colonne de maçonnerie, etc.

TRUMEAU, s. m., all. *Fensterschaft*, angl. *Pier, solid between the doors or windows of a building*; ital. *Spazio tra due finestre*. Partie de mur de face entre deux fenêtres et qui porte de fond les sommiers des plates-bandes.

TUERIE, s. f., all. *Schlachthaus*, angl. *Slaughter-house*, ital. *Macello*. Ancien mot pour indiquer les bâtiments et dépendances où l'on abattait différents bestiaux. Aujourd'hui *abattoir*.

TUF, s. m., all. *Der Tuf, der Tufstein*, angl. *A kind of soft sandy stone*, ital. *tufo*. Sorte de pierre tendre, grasse et grossière.

TUILE, s. f., all. *Der Ziegel, der Dachziegel*, angl. *A tile*, ital. *tegola*. Carreau de terre cuite servant à couvrir un bâtiment.

—— CREUSE, all. *Hohl*, angl. *hollow*, ital. *cava*. Celle qui est circulaire en son profil.

—— FAITIÈRE, all. *Firstziegel*, angl. *Ridge tile*, ital. *Da colmo*. Celle qui se pose sur le sommet d'un comble.

—— FLAMANDE, all. *Schlusziegel, Fittichziegel*, angl. *Pan-tile*, ital. *Tegola a doppia curva*. Représente un ∽ en son profil.

—— GIRONNÉE, all. *Ziegel von nicht einerley Breite, Gierenziegel, die an einem Ende schmäler sind, als am andern*; angl.

Thicker on one end then on the other; ital. *Piu stretta in basso che in alto.* Plus large dans un bout que dans l'autre.

TUILE PLATE, all. *Flacher Ziegel,* angl. *Plain,* ital. *Piatta.* Celle qui a un petit crochet pour la fixer sur la latte.

—— VERNISSÉE, all. *Glasiert, gefirnisst,* angl. *Glazed,* ital. *Invetriata.* Celle qui est enduite de vernis de diverses couleurs.

TUILEAUX, s. m. pl., all. *Stücke Ziegeln,* angl. *Shards or bits of tiles,* ital. *Pezzi di tegole.* Morceaux de tuiles qui étant cassés et réduits en poudre, servent à composer un mastic utile à différents usages.

TUILERIE, s. f., all. *Ziegelbrennerei,* angl. *A tile-kiln,* ital. *Fornace da tegole.* Lieu avec bâtiments, fours, hangars, et autres dépendances où l'on fabrique des tuiles, des carreaux et autres objets de poterie.

TUILIER, s. m., all. *Der Ziegelstreicher,* angl. *A tile-maker,* ital. *Fornaciajo di tegole.* Ouvrier qui fabrique des tuiles.

TURCIE, s. f., all. *Der Steindamm,* angl. *A mole, a dyke,* ital. *Sassaja.* Levée ou chaussée le long d'une rivière, pour empêcher le débordement des eaux.

TUYAU, s. m., all. *Die Röhre,* angl. *A pipe,* ital. *tubo.* Corps cylindrique et creux, qui sert à conduire les eaux. On en fait en fonte, en plomb, en cuivre, en fer-blanc, en zinc, en poterie, en bois, etc.

—— ADOSSÉ, all. *An etwas angelehnte Röhre,* angl. *Leaned on something,* ital. *Fissato.* Appuyé contre quelque chose, ou contre un autre tuyau.

—— APPARENT, all. *Sichtbare Röhre* angl. *Apparent,* ital. *Apparente.* Celui qui est en saillie sur un mur.

—— INCRUSTÉ, all. *Belegte, bekleidete Röhre,* angl. *Incrusted,* ital. *Incrustato.* Dans l'épaisseur du mur.

—— DE CHEMINÉE, all. *Die Feueresse, der Schlot,* angl. *The flue,* ital. *Gola del cammino.* Celui qui conduit la fumée hors d'une maison.

—— DE DESCENTE, all. *Eine an die Wandfläche befestigte Röhre um das Wasser von der Dachrinne zum Erdboden zu führen,* angl. *Soil pipe,* ital. *Tubo discendente.* Celui qui conduit les eaux d'un comble ou d'un évier au sol.

—— DÉVOYÉ, all. *Nicht gerade oder lothrecht sondern schief angebrachte Röhre,* angl. *Out of the upright, lead astray,* ital.

Obliquo, sviato. Celui qui se détourne de son aplomb pour s'élever de côté et d'autre.

TYMPAN, s. m., all. *Der Giebel, das Giebelfeld*, angl. *Pediment*, ital. *Frontone.* Partie triangulaire comprise entre une corniche horizontale et deux corniches obliques : uni ou orné de sculpture en ronde-bosse ou en bas-relief, ou de peinture.

U

UNION, s. f., all. *Vereinigung*, angl. *Union*, ital. *Riunione.* Signifie le mariage de couleurs différentes, de matériaux divers mis en œuvre dans une construction ou décoration d'une façade, pour exécuter le but proposé d'un projet.

URILLES, s. m. pl., all. *Die Caulicolen*, angl. *Helix, urillæ*, ital. *Gambi, volute minori.* Petites volutes placées en troisième ligne dans un chapiteau corinthien.

URNE, s. f., all. *Die Urne,* angl. *An urn*, ital. *urna.* Vase très-large en diamètre, peu élevé, qui sert comme attribut aux fleuves et aux rivières. On en place aussi en amortissement sur les balustrades, etc.

—— FUNÉRAIRE, all. *Der Aschenkrug*, angl. *A funeral urn*, ital. *urna funebre.* Vase couvert, souvent élevé et de peu de diamètre qui, dans l'antiquité, renfermait les cendres d'un mort. Orné et sculpté, il sert d'amortissement à un tombeau, à une colonne, etc., et autres monuments funéraires.

V

VACHERIE, s. f., all. *Der Kuhstall*, angl. *The cow-house*, ital. *Mandra.* Bâtiment disposé pour élever et nourrir des vaches, des bœufs et des génisses.

VAISSEAU, s. m. Synonyme de NEF.

VANNE, s. f., all. *Schutzbrett,* angl. *A flood-gate, a water-gate*, ital. *Cateratta.* Sorte de porte en bois fixée dans des coulisses ; étant levée, elle sert à donner passage aux eaux d'un canal, et baissée à les arrêter.

VANTAIL, s. m., all. *Der Thürflügel, der Fensterladen*, angl. *The leaf of a foulding-door*, ital. *Battente d'un uscio.* Battant

d'une porte ou d'une fenêtre ajusté dans un bâti dormant;
au pluriel *Vantaux*.

VARLOPE, s. f., all. *Der Schlichthobel, Glatthobel*, angl. *a
plane*, ital. *pialla*. Outil de menuiserie, sert à dresser, à blanchir du bois.

VASE, s. m., all. *Das Gefäsz, die Vase*, angl. *a vessel, a
vase*, ital. *Vaso*. Vaisseau pour les liquides de plusieurs formes, sert d'ornement; il est en sculpture, isolé et creux,
peut être posé sur un socle ou un piédestal. On en fait en
pierre, en marbre, en bronze, en fonte, en poterie.

———— D'AMORTISSEMENT, all. *Vase als Aufsatz bei einem Gebäude*,
angl. *crowning*, ital. *Vaso da colmo*. Celui qui termine la décoration supérieure d'une façade; susceptible de grande richesse en ornements.

———— D'ENFAITEMENT, all. *Vase aus Blei und auf eine Giebelsäule
oder Hangesäule gesetzt*, angl. *Of lead and placed on the top of a
king-post*. Celui en plomb et placé sur un poinçon de comble.

———— DE SACRIFICE, all. *Zum Opfer gehörige Vase*, angl. *A holy
vessel, vase*, ital. *Vaso sacro*. Grande burette richement ciselée
avec bas-reliefs, en usage chez les anciens pour orner les
frises de l'ordre dorique romain.

———— DE TREILLAGE. Ceux qui sont placés sur les attiques
d'un pavillon.

———— DE THÉATRE, all. *Theater Urnen bei den Alten*, angl.
Vases of a theatre in ancient architecture, ital. *Vaso da teatro*.
Vases d'airain ou de poterie placés par les anciens sous les
gradins des théâtres pour étendre et rendre la voix plus sonore et plus harmonieuse.

VASE, s. f., all. *Der Schlamm*, angl. *Slime, mud*, ital. *Melma,
fango*. Terrain sans consistance, marécageux, humide, sur
lequel on ne peut établir de constructions sans y pratiquer
des pilotis et des grillages de charpente.

VASISTAS, s. m., all. *Ein kleines gegittertes Fenster in Thüren*, angl. *a small grated aperture in a door*, ital. *apertura in
un uscio*. Petite ouverture grillée dans une porte ou un volet
de fenêtre pour communiquer avec quelqu'un du dehors.

VASQUE, s. f., all. *Ein grosses flaches Wasserbecken*, angl.
a large flat water pan, ital. *Vasca*. Coupe circulaire et plate,
aussi d'autres formes pour réservoirs, fontaines dans des
parcs, jardins, serres, etc.

VEINE, s. f., all. *Adern im Holze, Steine, Erze*, etc., angl. *a vein*, ital. *vena, filone*. Défauts dans la pierre de taille, désignés par les mots *moyes, fils, délits* et autres parties tendres, qui l'exposent à s'écraser.

—— D'EAU. Différentes assises terreuses formées par le dépôt des eaux.

—— DE BOIS. Constituent la beauté des bois et surtout de ceux de placage.

—— DE MARBRE. Variétés de couleurs qui forment la beauté et le prix des marbres.

VENTILATEUR, s. m., all. *Der Luftzieher, der Luftfang, das Windrad*, angl. *the ventilator*, ital. *ventilatore*. Combinaison à renouveler l'air dans un lieu fermé.

VENTOUSE, s. f., all. *Eine OEffnung am Fusse einer Mauer zum Abzug des Wassers;* angl. *Water hole at the foot of a wall, air-hole*, ital. *sfiatatojo, spiraglio*. Ouverture pratiquée au pied d'un mur, pour faciliter l'écoulement de quelque eau. C'est aussi un tuyau adapté à une grande conduite, pour que l'air qui s'y introduit puisse s'en échapper.

—— D'AISANCE, all. *Die Stankröhre bei Abtritten*, angl. *The air hole or air-pipe in water-closets*, ital. *Tubo di latrina*. Tuyau adapté à une fosse d'aisance, pour laisser échapper la mauvaise odeur et les gaz.

VENTRE, s. m., all. *Der Bauch einer Mauer*, angl. *The autside swell of a wall*, ital. *La convessita d'un muro*. Etat d'un mur qui vers son milieu pousse au vide; bossage apparent sur le nu extérieur d'un mur, amené par son antiquité ou sa mauvaise construction.

VERBOQUET, s. m., all. *Das Lenkseil*, angl. *The guiding-rope in engines*, ital. *Corda per dirigere*. Contre-lien ou corde qui sert à attacher une pièce de bois au gros câble d'un engin et la diriger.

VERGER, s. m., all. *Der Obstgarten*, angl. *Orchard*, ital. *giardino, verziere*. Espace ou pré planté d'arbres fruitiers de toute espèce.

VERIN, s. m., all. *Die Schraubenwinde*, angl. *a jack-screw*, ital. *verricello*. Machine pour élever des fardeaux.

VERNIR, v. a., all. *Firnissen, lackiren*, angl. *to varnish, to glaze*, ital. *verniciare*. Etendre du vernis sur le bois, le fer, etc.

VERNIS, s. m., all. *Der Firniss, Lack*, angl. *Varnish*, ital. *Vernice*. Composition de gomme, d'esprit-de-vin et d'autres ingrédients ; sert à donner un lustre à un tableau, à en vivifier les couleurs ; à des boiseries et autres objets quelconques.

VERNISSER, v. a., all. *Firnissen, glasuren*, angl. *To varnish, to glaze*, ital. *Verniciare*. Etendre une couche de vernis.

VERNISSEUR, s. m., all. *Der Lackirer*, angl. *A varnisher*, ital. *Inverniciatore*. Celui qui vernit.

VERNISSURE, s. f., all. *Das Firnissen*, angl. *Varnishing*, ital. *Inverniciatura*. Action de l'emploi du vernis.

VERRE, s. m., all. *Das Glass*, angl. *Glass*, ital. *Vetro, cristallo*. Matière claire et transparente, fragile, qui sert à garnir les carreaux des fenêtres, all. *Scheibenglass*, angl. *Sheet glass*, ital. *Invetriata*.

—— DORMANT, all. *Unbewegliches Glass*, angl. *Fixed, steady*, ital. *Fisso*. Celui qui est fixé à un cadre qui ne peut s'ouvrir.

—— ONDÉ, all. *Glass mit Fehlern*, angl. *Defective*, ital. *Difettoso*. Celui qui a des veines, des boutons, des graviers et autres défauts.

—— PEINT, all. *Gemahltes Glass*, angl. *Stained*, ital. *Dipinto*. Celui sur lequel des sujets divers sont représentés au moyen de couleurs passées au four.

VERRERIE, s. f., all. *Glassgiesserei, Glasshütte*, angl. *Glasshouse*, ital. *Vitraja*. Etablissement considérable où l'on fabrique le verre.

VERROU, s. m., all. *Der Riegel*, angl. *A bolt*, ital. *Chiavistello*. Pièce de fer plate adaptée à une porte, afin de pouvoir la fermer, et qui va et vient entre deux crampons. Le verrou est monté sur platine avec tige à bouton tourné.

VERROUILLER, v. a., all. *Verriegeln, zuriegeln*, angl. *To bolt, to hasp*, ital. *Incatenacciare*. Fermer avec un verrou.

VERTEVELLE, s. f., all. *Der Riegelhaken eines Schlosses*, angl. *The staple of a bolt*, ital. *Annello per il chiavistello*. Sorte d'anneau qui fixe le mouvement d'un verrou, d'un pêne de serrure, etc.

VERTUGADIN, s. m., all. *Das amphitheatralische Rasenstück*, angl. *An amphitheatral surface of ground covered with grass*, ital. *Spianata di verdura*. Disposition des gazons en glacis, de forme circulaire, compris entre des lignes non parallèles.

VESTIBULE, s. m., all. *Das Vorhaus, die Hausflur, der Vorhof, der Vorplatz, der Vorsaal ;* angl. *Vestibule, porch, hall,* ital. *Vestibulo, atrio, ingresso, anticorte.* Pièce spacieuse placée en avant ou à l'entrée d'un édifice, d'une maison ou d'un appartement, servant de passage et de dégagement aux autres pièces. Dans le cas où il se trouve à l'entrée d'un petit appartement, on le nomme antichambre : il sert aussi quelquefois de salle à manger.

—— A AILES, all. *Vorplatz mit Flügeln,* angl. *A vestibule with side ailes,* ital. *Allato.* Celui qui a, à droite et à gauche, ou en avant et par derrière, des bas côtés qui accompagnent le grand passage médial.

—— EN PÉRISTYLE, all. *Mit vier Reihen Säulen geschmückt,* angl. *Adorned with four ranges of columns,* ital. *Ornato di quattro colonne.* Celui qui est orné de quatre rangs de colonnes.

—— FIGURÉ, all. *Ein unregelmässiger Vorplatz,* angl. *An irregular porch or hall,* ital. *Irregolare.* Celui qui est irrégulier.

—— SIMPLE, all. *Einfacher Vorplatz,* angl. *Plain,* ital. *Semplice.* Celui qui a ses parois opposées décorées d'arcades, de portes vraies ou simulées et autres compartiments.

—— TÉTRASTYLE, all. *Vorplatz mit vier freistehenden Saülen aufgeführt und Pilastern an den Wänden,* angl. *Adorned with four isolated columns and pilasters,* ital. *Tetrastilo.* Celui qui est décoré de quatre colonnes isolées auxquelles correspondent des pilastres ou des colonnes engagées.

VÉTUSTÉ, s. f., all. *Das Alter, wenn von Gebäuden die Rede ist,* angl. *Ancientness, oldness,* ital. *Vetusto.* Mot appliqué à un édifice qui dépérit faute d'y faire les réparations convenables.

VIDANGE, s. f., all. *Die Ausleerung, die Wegschaffung,* angl. *Emptying, clearing,* ital. *Votamento.* Action de vider, d'épuiser toute matière tirée d'un cloaque, d'un puits, d'une fosse d'aisance.

VIDANGEUR, s. m., all. *Schundfeger,* angl. *The nightman,* ital. *Votacessi.* Ouvrier qui travaille à la vidange.

VIDE, s. m., all. *Die Leere, der leere Raum, die Lücke,* angl. *The void, the empty space, the emptiness,* ital. *Il voto, vàcuo.* L'espace vide, l'air, qui n'est rempli que d'air. Se dit des ouvertures ou corps creux.

VIF, VIVE, adj., all. *Hart, rein,* angl. *Hard, strong, brisk,* ital. *Duro.* Corps qui est franc de matières tendres.

VILLA, s. f. Nom donné en Italie à une maison de campagne ou de plaisance.

VINDAS, s. m., all. *Die Winde, die Spille,* angl. *Windlass,* ital. *Argano.* Cylindre dans un engin, sur lequel le câble se roule.

VIS, s. f., all. *Die Schraube, die Schraubenschnecke, die Schnecke;* angl. *A screw,* ital. *Vite.* Pièce de fer, de cuivre ou de bois, cylindrique et cannelée en ligne spirale : s'enchâsse dans un écrou.

—— D'ARCHIMÈDE, all. *Die Wasserschraube,* angl. *Archimedean screw,* ital. *Vite d'Archimede.* Machine inventée par Archimède et qui sort les eaux d'un bas-fond.

—— DE COLONNE, all. *Schneckensäule,* angl. *A column in form of a spiral, or turning round like a screw,* ital. *Vite da colonna.* Fût d'une colonne qui a l'apparence d'une vis et qui est taillée en spirale ; c'est la même chose que colonne *torse.*

—— D'ESCALIER, all. *Die Wange, die Backe einer runden Treppe,* angl. *The string-board in circular stairs,* ital. *Colonna per scala a lumaca.* Limon d'escalier circulaire suspendu.

—— POTEYÈRE. Marche d'escalier de cave qui tourne autour d'un noyau circulaire.

—— SANS FIN, all. *Schraube ohne Ende,* angl. *The endless screw,* ital. *Vite perpetua.* Celle qui se tourne entre deux pivots fixes, dont un pas ou deux entrent dans les dents d'une roue et la font tourner sans cesse.

VITRAGE, s. m., all. *Glasswerke eines Baues,* angl. *The whole glazing of a building,* ital. *Invetriata.* Comprend toutes les vitres mises en œuvre dans un bâtiment.

VITRAUX, s. m. pl., all. *Gemahlte Fenster, Kirchenfenster,* angl. *Large church-windows, stained glass-windows,* ital. *Vetriera.* Ensemble d'une fenêtre d'église, garnie de verres blancs ou peints.

VITRE, s. f., all. *Die Glasscheibe, die Fensterscheibe,* angl. *A pane of glass, a glass-window,* ital. *Vetrata.* Pièce de verre plus ou moins épais qui garnit les châssis d'une ouverture quelconque.

VITRER, v. a., all. *Glasscheiben einsetzen,* angl. *To glaze, to do with glass,* ital. *Vetrare.* Poser, mettre en place des vitres.

VITRERIE, s. f., all. *Das Glaserhandwerk*, angl. *Glazier's work*, ital. *Arte del vetrajo*. Comprend tout ce qui tient et dépend de l'art de mettre en œuvre des vitres.

VITRIER, s. m., all. *Der Glaser*, angl. *The glazier*, ital. *Vetrajo*. Ouvrier qui pose et nettoie des vitres.

VITRIFIER, v. a., all. *Verglasen*, angl. *To vitrify, to vitrificate*, ital *Vetrificare*. Convertir par le moyen du feu une matière en verre.

VIVIER, s. m., all. *Der Fischteich, der Weiher*, angl. *A fishpond*, ital. *Vivajo, pescaja*. Réservoir destiné à conserver des poissons.

VOIE, s. f., all., *Der Weg, die Strasse, das Geleise, die Spur*, angl. *The way, the road*, ital. *Via, strada*. Chemin, rue, route, qui conduit d'un lieu dans un autre.

VOIRIE, s. f., all. *Das Wegeamt, die Strassenaufsicht*, angl. *Inspection of the highways, board of building*, ital. *Strada pubblica*. Administration chargée, sous la présidence du préfet, à veiller à la bonne construction des bâtiments, aux niveaux, aux alignements, à l'élévation des maisons, au bon état des fosses d'aisance, etc.

VOLÉE, s. f., all. *Der Vorsprung durch die Neigung eines Werkzeugs oder Hebezeugs hervorgebracht, um das Aufwinden oder die Erhebung einer Last zu erleichtern*, angl. *The sally made by the slope of an engine for the purpose to facilitate the rising of a load or weight*, ital. *Pendio d'una macchina*. Saillie formée par l'inclinaison d'un engin quelconque, pour faciliter la levée d'un poids ou d'un fardeau.

VOLET, s. m., all. *Der Fenster-oder Thürladen*, angl. *The window-shutter*, ital. *Imposta*. Fermeture de fenêtres, en planches simples ou doubles, d'un seul vantail ou brisée. C'est aussi un pigeonnier, all. *Taubenschlag*, angl. *Dovecot*, ital. *Colombaja*.

VOLIÈRE, s. f., all. *Das Vogelhaus*, angl. *An aviary, a place to keep birds*, ital. *Uccelliera*. Lieu où l'on nourrit des oiseaux.

VOLUTE, s. f., all. *Die Schnecke, der Schnörkel der Capitäler bei den jonischen und corinthischen Säulenordnungen*, angl. *Volute, scroll*, ital. *Voluta*. Enroulement en ligne spirale qui fait le principal ornement des chapiteaux des ordres ionique et corinthien. Il y a aussi huit volutes angulaires dans le chapiteau corinthien, accompagnées de huit autres plus petites nommées *hélices, urilles*.

VOLUTE ANGULAIRE, all. *An den Ecken angebrachte Schnecke* angl. *Angular*, ital. *Angolare*. Celle pratiquée sur l'angle et dont les quatre pans du chapiteau sont semblables.

—— ARASÉE, all. *Schnurgleiche Schnecke*, angl. *Level*, ital. *Non sporgente*. Celle dont le listel et ses contours sont sur une même ligne.

—— A TIGE DROITE. Celle qui sort de derrière l'abaque et s'allonge parallèlement au tailloir.

—— DE CONSOLE. Enroulements pratiqués sur les côtés d'une console.

—— DE MODILLON. Celle qui a deux enroulements inégaux du côté du modillon corinthien.

—— ÉVIDÉE. Celle dont le canal de circonvolution, à côté du listel, est percée à jour.

—— FLEURONNÉE. Dont le canal est orné de rinceaux.

—— NAISSANTE. Celle qui semble sortir du vase derrière l'ove, et se développe sur le tailloir, comme au chapiteau composite.

—— OVALE. Dont les circonvolutions sont plus hautes que larges.

—— RENTRANTE. Dont la spirale rentre en dedans.

—— SAILLANTE. Dont les enroulements se projettent en saillie ou en dehors.

VOUSSOIR, s. m., all. *Der Gewölbstein*, angl. *Wedge-wise stones of vaults*, ital. *Spigoli, peducci delle volte*. Pierre en forme de coin employée dans la construction des arcs et des voûtes.

—— A BRANCHES. Celui qui, taillée en fourche, forme la naissance d'un pendentif de voûte d'arête.

—— A CROSSETTES, all. *Verkröpfter Gewölbstein*, angl. *With small projecting pieces which hang upon the adjacent stones*, ital. *A risalto*. Celui qui a de petits crochets à ses joints pour les lier aux voussoirs adjacents.

VOUSSURE, s. f., all. *Die Wölbung, die Bogenründung*, angl. *The bending of a vault, of an arch*, ital. *Curvatura d'una volta, d'un arco*. Courbure ou élévation d'un arc ou d'une voûte. Se dit aussi des intrados biais et décorés de figures des grands arcs qui couronnent les riches portes d'églises du moyen âge, principalement à partir du XIIIe siècle. Les voussures des cathédrales d'Amiens, de Paris et de Reims sont surtout célèbres.

VOUTE, s. f., all. *Das Gewölbe*, angl. *The vault*, ital. *Volta*. Combinaison de pierres taillées d'une certaine manière, destinée à couvrir un espace vide.

—— BIAISE, all. *Schräges oder schiefes Gewölbe, über einem schiefen Raume*, angl. *Oblique arch or vault*, ital. *Arco obbliquo, volta obbliqua*. Celle dont les murs latéraux ne sont pas à angle droit ou d'équerre avec les pieds droits de l'entrée, et dont les voussoirs des têtes sont coupés obliquement à l'axe.

—— D'ARÊTE, all. *Das Kreuzgewölbe*, angl. *Roman plain groined vault*, ital. *Volta romana.* Celle qui est formée par l'intersection de deux demi-cylindres, ou par la rencontre de quatre lunettes dont les arêtes paraissent à l'intrados.

—— A COMPARTIMENTS, all. *Gewölbe mit vertieften Feldern*, angl. *With sunken pannels*, ital. *A compartimento*. Dont la douelle est ornée de caissons sculptés ou peints.

—— OGIVE, all. *Spitzbogengewölbe*, angl. *Pointed ribbed vault*, ital. *Volta acuta*. Celle qui est composée de formerets, d'arcs-doubleaux, d'ogives ou de tiers-points et de pendentifs. C'est celle des églises dites du style de transition, du milieu du XIIe siècle et des trois siècles suivants.

—— EN ARC DE CLOITRE, all. *Klostergewölbe*, angl. *A coved vault*, ital. *Ad arco di chiostro*. Celle qui est formée de quatre portions de cercle, et dont les angles en dedans font un effet contraire à la voûte d'arête.

—— EN CANONNIÈRE, all. *Horizontales Kegelgewölbe*, angl. *Horisontal conical vault*, ital. *Volta conica orizzontale*. En forme de cône horizontal, étroite à un bout et large à l'autre.

—— EN LIMAÇON, all. *Schneckenförmiges Gewölbe*, angl. *Shell vault*, ital. *Volta a chiocciola*. Voûte sphérique dont les assises ne sont pas posées de niveau, mais conduites en spirale.

—— A PLEIN CINTRE, all. *Halbkreisförmiges Tonnengewölbe*, angl. *Semi circular vault*, ital. *Piena*. Celle qui décrit une demi-circonférence.

—— RAMPANTE, all. *Das schräge oder steigende Tonnengewölbe*, angl. *A raking-vault*, ital. *Volta montante*. Celle qui a ses naissances inégales ou plus hautes d'un côté que de l'autre.

—— SPHÉRIQUE, all. *Die Kuppel, rund im Plane und im Durchschnitt*, angl. *A spherical vault*, ital. *Volta sferica*. C'est la coupole, ou voûte circulaire en plan et en coupe.

VOUTE SURBAISSÉE, all. *Ein gedrücktes, elliptisches Gewölbe*, angl. *A surbased vault*, ital. *Volta depressa*. Celle qui est moins élevée qu'un demi-diamètre de circonférence.

—— SURHAUSSÉE, all. *Ein erhöhtes Gewölbe*, angl. *A stilted vault*, ital. *Una volta rialzata*. Celle qui est plus élevée que le rayon qui sert à la tracer.

—— SUR LE NOYAU, all. *Ein Gewölbe, welches äusserlich auf einer kreisrunden Mauer und in der Mitte auf einem Pfeiler ruht*, angl. *A winding or screw vault*, ital. *Volta a lumaca*. Celle qui tourne à l'extérieur sur un mur circulaire et s'appuie au centre sur un pilier ou portion cylindrique. Nommée aussi *berceau tournant*.

Pour l'histoire des voûtes, voyez notre HISTOIRE GÉNÉRALE DE L'ARCHITECTURE, p. 260, 837.

VOUTER, v. a., all. *Wölben*, angl. *To vault*, ital. *Far volte*. Construire des voûtes.

—— EN TAS DE CHARGE, all. *Nach den Kragsteinen wölben, worauf das Gewölbe ruht*, angl. *To vault out of the ribs or solid block at the proper angles*. Diriger les joints partie en coupe du côté de la douelle, et partie de niveau du côté de l'extrados, pour les voûtes sphériques.

VOYER, s. m., all. *Der Bau und Wegaufscher*, angl. *The surveyor of the highways, the architect of the board of building*, ital. *Stradiere*. Architecte dans une ville, chargé de surveiller la police de la petite voirie. La grande voirie est du ressort des ingénieurs des ponts et chaussées.

VUE, s. f., all. *Alle Oeffnungen eines Baues*, angl. *All the openings of a house or an edifice*, ital. *Aperture in una fabbrica*.

—— A TEMPS, all. *Licht für eine gewisse Zeit*, angl. *Temporary*, ital. *A tempo*. Celle qui se détruit après une certaine époque.

—— D'APLOMB, all. *Lothrechte Aussicht in Verkürzung*, angl. *Directly downwards, shortened*, ital. *D'appiombo*. Voir d'en haut ou en raccourci.

—— DÉROBÉE, all. *Verborgen, geheim, einfallend Licht*, angl. *Skylight, hidden*, ital. *Nascosta*. Baie ou abat-jour établi au-dessus d'une corniche pour donner de l'air et du jour à un entresol, etc., pour ne point apporter de difformité à la décoration d'une façade.

—— DE SERVITUDE, all. *Durch Servitut*, angl. *By servitude or dependance*, ital. *Con servitù*. Celle qui est accordée à un voisin en vertu d'un titre légal.

VUE DE SOUFFRANCE, all. *Oeffnung aus Vergünstigung*, angl. *Tolerated*, ital. *Di toleranza*, Celle qui est établie sans titre dans un mur mitoyen et que le voisin peut anéantir à sa volonté.

—— D'OISEAU, all. *Oeffnung in gerader Linie von oben*, angl. *Bird's sight*, ital. *A vista d'uccello*. Représentation d'un plan au naturel, supposé vu d'en haut, d'aplomb.

X

XYSTE, s. m., all. *Xystus, Xystum*, angl. *Xystus*, ital. *Xisto*. Grande salle ou portique chez les Grecs, voûté chez les Romains, où les athlètes s'exerçaient à la gymnastique en hiver.

Z

ZÉNITH, s. m., all. *Der Scheitelpunkt*, angl. *The zenith*, ital. *Zenit*. Point du ciel élevé perpendiculairement sur chaque point du globe terrestre.

ZIGZAG, s. m., all. *Zickzack*, angl. *Zigzac*, ital. *Zigzag*. Lignes formant entre elles des angles très-aigus. Voyez aussi MOULURE.

ZINC, s. m., all. *Zink*, angl. *Zinc*, ital. *Zinco*. Métal laminé, aigre, cassant, peu ductile, d'un blanc terne.

ZOOPHORE, s. m. all. *Thierträger*, angl. *Zophorus*, ital. *Freggio a zoophori*. Frise chargée de figures d'animaux, selon Vitruve.

FIN

RÉPERTOIRE ALLEMAND–FRANÇAIS

A

Abbildung, perspectivische, *sténo-graphie*.

Abbrechen, wieder, *redéfaire*.

Abbrechung, *démolition*.

Abdachung, eines Grabens, *contrescarpe, pente*.

Abfall, *déchet, marrain*; beim Steinschneiden, *poussier*.

Abgang, bei dem Behauen der Steine, *recoupes*.

Abgesprengtes Stück eines Steins, *épaufrure*.

Abgradung, eingezogene, *chanfrein ordinaire*; ausgebogene, *chanfrein renversé*; doppelte, *chanfrein double*; innere, *onglet*.

Abhang, *glacis, pente*.

Abholzen, *recéper*.

Abkratzen, *ratisser, regratter*.

Ablauf, *congé, apophyge*; *naissance de colonne*.

Abmessen, nach der Richtwage, *niveller*.

Abmessung, nach der Richtwage, *nivellement*.

Abnehmen, *mutiler*.

Abputzen, *regratter*.

Abreissen, *démolir*

Absatz an einem Bergabhange, *terrasse*; schräger, einer Mauer, *échiffre*; einer Treppe, *palier*.

Absätze einer Mauer, *recoupements, redents*.

Abscharren, *ratisser*.

Abschleifen, *regratter*.

Abschnitt, schräger, *biseau, chanfrein*.

Abstand, *isolement*.

Abstechen, *pointer*; machen, *faire contraster*.

Abstechung und Wegführung der Erde, *terrassement*.

Absteckpfahl, *jalon*.

Abstossen einer Kante, *délardement*.

Absturz, *pente*.

Abtei, *abbaye*.

Abtheilung, *département*; quere, *travée*.

Abtragen, *démolir*.

Abtritt, *cabinet d'aisance, commodités, latrines, privé*.

Abtrittsgruft, *fosse d'aisance*.

Abtrittssitz, *siége d'aisance*.

Abvieren, *équarrir, équarrissement*.

Abvierung, *équarrissage*.

Abweichen, v. d. geraden Linie, *biaisement*; v. d. senkrechten Linie, *dévier*.

Abzeichnen, *tracer*.

Abzucht, *cloaque, égout*.

Abzug, *puisard, chantepleure*.

Achse, *axe*.

Achteck, *octogone*.

Achtsäulig, *octostyle*.

Ader, *veine*; weiche, *moye*; nach der A. spalten, *moyer*.

Aderig, *filardeux*

Adyton, *adyton*.

Afterkugel, *conoïde, sphéroïde*.

Akropolis, *acropole*.

Alcoven, *alcôve*.

Allee, *avenue*.

Almosenzimmer, *aumônerie*.

Altar, *autel*.

Altarblatt, *rétable*.

Altarnische, *abside*.

Altarplatte, *table d'autel*

Altarplatz, *cancel*.

Alter, *vétusté*.
Altstadt, *cité*.
Amazonen, *amazones*.
Anblick, *aspect*.
Anderthalbig, *sesquialtère*.
Angenehm, *léger, agréable*.
Ankertau, *câble*.
Anlauf, *congé, talus*.
Anordnung, *disposition, ordonnance*.
Anpassen, *présenter, essayer*.
Anpfropfen, *enter*.
Anrichte, *dressoir*.
Anschlag, *feuillure*; einen doppelten
    A. machen, *refeuiller*.
Ansetzen, *rallonger*.
Ansteigend, *rampant*.
Anstücken, *rallonger*.
Anwurf, *enduit*.
Arbeit, *ouvrage*.
Arbeit, erhabene, *relief, ronde bosse*;
    getriebene, *ciselure*; durchfloch-
    tene, *entrelacs*; fehlerhafte, *mal-
    façon*; eingelegte, *marqueterie*;
    mosaische, *mosaïque*.
Arbeiten, *travailler*.
Arbeiter, *ouvrier*.
Arbeitslohn, *façon*.
Archiv-Gebäude, *archives*.
Armenhaus, *hospice, Hôtel-Dieu*.
Armlehne, *accoudoir, museau*.
Armselig, *mesquin*.
Art, *manière*.
Aschenkrug, *urne, urne funéraire*.
Astragalus, *fusarolle*.
Athenäum, *athénée*.
Atlanten, *atlantes, télamones*.
Attik, Attica, *attique*.
Audienzsaal, *salle d'audience*.
Auffahrt, *montée*.
Aufforderungsschrift, *programme*.
Aufführen, *élever*; nicht gerade,
    dévoyer.
Aufgraben, *fouille de terre*.
Aufrichten, *dresser, ériger, édifier*.
Anfrisz, *élévation, façade*.
Aufschiebling, *coyau*.
Aufsetzen, *poser*.
Aufstellen, *dresser, poser*.
Auge, *œil*.
Augenpunkt, *point de vue, rayon vi-
    suel*.
Ausarbeiten, *ragréer*.
Ausbau, *avance*.
Ausbessern, *remanier à bout*; unter-
    halb, *reprendre, rempiéter*.
Ausbesserung, *renformis, réparation,
    rempiétement*.
Ausdehnung, *dimension*.
Aus dem Gröbsten arbeiten, *dégrossir*.
Ausfall, Ausfallthür, *poterne*.
Ausfüllen, mit Bruchsteinen, etc.,
    bloquer.

Ausfüllung, *remplissage*; der Mauern,
    garni; mit Erde, *remblai*.
Ausgusz, *canon de gouttière*.
Aushauen, *ruiner*.
Aushöhlen, *évider*.
Aushöhlung, *cannelure, ravalement*.
Ausladung, *saillie*.
Auslauf, *saillie*.
Ausleerung, *vidange*.
Ausmesser der Werkstücke, *appa-
    reilleur*.
Ausmessungslehre, der Kœrper, *sté-
    réométrie*.
Ausschweifen, *chantourner*.
Aussenseite, *façade*.
Austäfeln, *boiser*.
Austritt, *balcon*.
Ausüben, *pratiquer*.
Ausübung, *pratique*.
Auszieren, *broderie*.
Auszierung, *garniture*.

B

Backen an einer Wendeltreppe, *courbe
    rampante*.
Bæckerei, *boulangerie*.
Backhaus, *fournil*.
Backstein, *brique*.
Backsteinplatte, *carreau de paré*.
Backsteinwerk, *briquetage*.
Bad, *bain, bains, thermes*.
Badeort, *baignoir*.
Badesaal, *salle de bain*.
Badewanne, *baignoire*.
Badkufe, *cuve de bain*.
Balcon, *balcon*.
Balconfenster, *fenêtre à balcon*.
Balken, *poutre*; kleiner, *solive, so-
    liveau*; schwacher, *soliveau*; pou-
    trelle; tannener, *sapine*; auf
    Grundpfæhlen, *raineau, dormant*;
    im Zwischenraum, *entrevous*.
Balkenrisz, *enrayure*.
Ballplatz, *sphéristère*.
Ballsaal, *salle de bal*.
Ballspielhaus, saal, *jeu de paume*.
Band, *moise, lien, ruban*; eisernes,
    lien de fer, frette.
Bandnagel, *tampon*.
Bærenklau, *acanthe, branche ursine*.
Basilica, *basilique*.
Bassin, kreisrundes, *rond-d'eau*.
Bastei, *bastion*.
Bau, *bâtisse, construction, l'atelier*.
Bauanschlag, *devis*.
Bauaufseher, *piqueur*.
Bauch, *ventre*; machen, *forjeter*.
Bauchen; *forjeter*.
Bæuchicht, *bombé*.
Bæuchung, *bombement, renflement*.

Bauen, *bâtir, élever.*
Baugeræthmagazin, *magasin d'atelier.*
Baugrund, *sol.*
Bauhof, *chantier.*
Bauholz, *bois de charpente* ; untau-gliches, *cantibai.*
Baukunst, *architecture, construction.*
Bauliebhaber, *bâtisseur.*
Baumeister, *architecte.*
Baumschule, *pépinière.*
Bauplatz, *place où l'on bâtit, tas, terrain.*
Baurecht, *servitude.*
Baurisz, horizontaler, *plan.*
Baute, *bâtisse.*
Bauvertrag, *marché d'ouvrage.*
Bedienen, *service.*
Bedientenstube, *commun des gens, chambre de domestique.*
Befestigung, *scellement.*
Befriedigung, *clôture.*
Behaeltnisz, *réceptacle.*
Beichtstuhl, *confessionnal.*
Beifestung, *citadelle.*
Beinhaus, *charnier.*
Bekleiden, *plaquer.*
Bekleidung, *incrustation* ; einer Fut-termauer, *revêtement, revêtissement.*
Belattung, *lattis.*
Belegen, *plaquer.*
Belvedere, *belvédère.*
Berappen, *bretteler.*
Bergmann, Knappe, *mineur.*
Bergpech, *asphalte.*
Beschædigt, *dégradé, endommagé.*
Beschædigung, *dégradation.*
Beschlag, *ferrure.*
Beschlagen, mit Eisen, *ferrer.*
Besetzung, *garniture.*
Bestimmt, *réglé.*
Bestimmung, *règlement.*
Bethhaus, *oratoire.*
Betragen, *porter.*
Bett, *banc, lit.*
Betüpfen, *piquer.*
Bewerfung, *trullisation.*
Bezirk, *enclos.*
Bierschenke, *cantine.*
Bild, *figure, image.*
Bilderbeschreibung, *iconographie.*
Bildersaal, *galerie de peinture.*
Bildersæulenschaft, *gaine.*
Bilderschrift, ægyptische, *hiérogly-phes.*
Bilderstuhl, *acrotère.*
Bildhauer, *statuaire, sculpteur.*
Bildhauerarbeit, *sculpture* ; halb er-habene, *bas-relief* ; freistehende, *sculpture isolée* ; ganz erhabene, *ronde bosse* ; kirchliche, *hiérati-que, religieuse* ; B. machen, *sculpter.*
Bildhauerei, *sculpture.*

Bildersammlung, *galerie de tableaux.*
Bildhauerkitt, *mastic.*
Bildlich, *graphique.*
Bildner, *sculpteur.*
Bildsæule, *figure, statue, terme.*
Binde, *filet.*
Binden, *moiser.*
Bindestein, *parpaing.*
Bindewerk, *treillage.*
Bischœflicher Pallast, *évêché.*
Blætter, *feuilles* ; auslaufende, im jonischen Capitäl, *gousses.*
Blætterstæbchen, *chapelet.*
Battstück, *poitrail.*
Blei, *plomb.*
Bleiarbeit, *plomberie.*
Bleichwand, *pan de bois.*
Bleiloth, *plomb d'ouvrier* ; gebrau-chen, *plomber.*
Bleiwage, *niveau.*
Blind, *aveugle, feint, borgne.*
Blinde, *niche.*
Block, *bloc, tronche.*
Blockwagen, *binard.*
Blumen, *fleurs.*
Blumengehænge, *chute de festons.*
Blumenkranz, *guirlande.*
Blumenschnur, *guirlande.*
Blumenstengel, *ligette.*
Blumenwerk, *fleuron.*
Blumenzüge, *arabesques.*
Bock, *tréteau.*
Boden, *fond, grenier.*
Bogen, *arc, arche* ; gedrückter, *anse de panier, tierceron.*
Bogengerüst, *cintre* ; B. abnehmen, *décintrer.*
Bogenründung, *voussure.*
Bogenwœlbung, Zeichnung zur, *cher-che.*
Bohle, *ais, dosse, madrier, mem-brure, planche* ; mit Bohlen bele-gen, *planchéier.*
Bollwerk, *bastion, boulevard.*
Bolzen, *boulon, cheville, goujon.*
Borde, *galon.*
Bœrse, *bourse, change.*
Borte, *frise.*
Bœschung, *escarpe.*
Bossage, *bossage.*
Brauerei, *brasserie.*
Brett, *planche* ; starkes, *merrain, madrier* ; mit Brettern belegen, *planchéier.*
Brettchen, *planchette.*
Bretterwerk, *houssage.*
Brokatell, *brocatelle.*
Bruch eines Daches, *brisis.*
Bruchplaner, *libage.*
Bruchstein, *moellon* ; mit Bruchstei-nen ausfüllen, *bloquer.*
Bruchstück, *fragment.*

Brücke, *pont* ; kleine B., *ponceau.*
Brückenbaum, *sommier.*
Brückenjoch, *arche, palée.*
Brüderschaftsfahne, *gonfalon.*
Brunnen, *fontaine, puits.*
Brunnenbecken, *bassin.*
Brunnenstein, *margelle.*
Brunnenstube, *regard.*
Brustbild, *buste.*
Brustlehne, *balustrade, barre d'ap-
    pui.*
Brustmauer, *appui.*
Brustriegel, *poitrail.*
Bruststück, *plastron.*
Brustwehre, *parapet* ; Theil der B.,
    merlon.
Bücherbrett, *tablette de bibliothèque.*
Büchersaal, *bibliothèque.*
Büchersammlung, *bibliothèque.*
Bügel, *étrier.*
Bühne, *scène, radeau.*
Bühnenmaler, *peintre décorateur.*
Bund, *faisceau.*
Bundel, *faisceau.*
Büste, *terme.*

C

Cabinett, *cabinet.*
Cabinettchen, *boudoir.*
Calcidicum, *calcidique.*
Camee, *camée.*
Cannelirungen, die S förmigen, *stri-
    giles* ; C. der Säulen, *striures.*
Cannelirung-Zwischenleisten, *stries.*
Capelle, *chapelle.*
Capitäl, *chapiteau.*
Capitelhaus, *chapitre, salle capitu-
    laire.*
Capitolium, *capitole.*
Carthause, *chartreuse.*
Caserne, *caserne.*
Caulicolen, *urilles.*
Cement, *ciment.* C. Lage, *couche de ci-
    ment.*
Cherub, Cherubin, *chérubin.*
Chimära, *chimère.*
Chor, *cancel, chancel, chœur.*
Chorpult, *lutrin.*
Chorsitz, *stalle.*
Chorstuhl, *stalle.*
Ciborium, *ciboire.*
Citerne, *citerne.*
Cloak, *cloaque.*
Coliseum, *colisée.*
Collegialkirche, *église collégiale.*
Colosseum, *colisée.*
Compass, *boussole.*
Comthurei, *commanderie.*
Concentrisch, *concentrique.*
Concha, *conque.*

Corinthischer Styl, *ordre corinthien.*
Credenztisch, *crédence d'autel.*
Cubisch, *cubique.*
Cubus, *cube.*
Cylinder, *cylindre.*

D

Dach, *toit.*
Dach, obere Theil eines gebrochenen
    D , *faux comble.*
Dach, seine Ecksparren, *rallonge-
    ment.*
Dach, *comble, couverture* ; ausbessern,
    manier à bout, recherche. Bruch
    eines Daches, *brisis* ; seine Fläche,
    pan de comble.
Dachdecke, sichtbar bleibende, *pu-
    reau.*
Dachfenster, *lucarne.*
Dachforst, *faîtage.*
Dachgypsüberzug, *solin.*
Dachkehle, *fourchette* ; kleine Spar-
    ren, *noulets.*
Dachrinne, *chéneau, gouttière.*
Dachstuhl, *ferme de charpente.*
Dachstuhlpfette, *filière, panne.*
Dachstuhlsäule, *arbalétrier, force.*
Dachstuhlschwelle, *semelle.*
Dachstuhlwand, *travée de comble.*
Dachtraufe, *gouttière.*
Dachtraufenziegel, *batellement.*
Dachwerk, *comble, toiture.*
Dachziegel mit erhobener Kante,
    nouelle.
Dachzimmer, *galetas.*
Dammbret, *damier.*
Darstellung durch Linien, etc., *déve-
    lopper.*
Decke, *couverture, plafond* ; falsche,
    faux plancher ; bekleiden, *plafon-
    ner* ; verzierte, mit Feldern, *soffite.*
Deckung eines Daches, Materialien
    dazu, *garniture de comble.*
Denkmünze, *médaille.*
Diagonallinie, *diagonale.*
Dick, *massif.*
Dicke, hervortretende, *empatement.*
Diele, *planche* ; mit D. belegen, *plan-
    chéier.*
Dielenköpfe, *mutules.*
Dienerschaftskammer, *commun des
    gens.*
Dienst, *service.*
Distanzpunkt, *point de distance.*
Disteln, *chardons.*
Docke, *roulon.*
Döbel, *goujon.*
Domkirche, *cathédrale.*
Donnerkeil, *foudre.*
Doppelt, *géminé.*

Dorisch, *dorique*.
Drehbrücke, *pont à bascule*.
Drehhaspel, *cabestan*.
Drehkreuz, *tourniquet*.
Dreidoppelt *trigéminé*.
Dreieck, *triangle* ; ungleichseitiges, *triangle scalène*.
Dreieckig, *triangulaire*.
Dreiecksmessung, *trigonométrie*.
Dreipass, *arc trilobé, trèfle*.
Dreischlitz, *triglyphe*; Raum zwischen zwei Säulen, *monotriglyphe*.
Dreizack, *patte d'oie*.
Drillhäuschen, *pilori*.
Drücker einer Thür, *loquet* ; kleiner D., *loqueteau*.
Druck, *poussée*.
Drückpumpe, *pompe refoulante*.
Drückung eines Bogens, eines Gewœlbes, *surbaissement*.
Düngererde, *terreau*.
Dünnwerden einer Mauer, *fruit*.
Durch und durch, *bout en bout*.
Durchbrechen, *percement*.
Durchbruch, *percée*.
Durchfahrt einer Schleuse, *pertuis*.
Durchgang, freie, *passage*.
Durchmesser, *diamètre*.
Durchschnitt, *sacome, coupe d'édifice, profil* ; im D. vorgestellt, *profilé* ; wagerechter, *section horizontale*.
Durchschnittslehre dichter Körper, *stéréotomie*.
Durchschnittspunkt, *intersection, point d'intersection, section*.
Durchstechen, *percement*.
Durchstich, *percée*.
Durchzeichnung, *calque*.
Dürftig, *mesquin*.

E

Ebenen, *aplanir* ; ebenen Fusses, *plain-pied*.
Ebenfügung, *bouəmont*.
Eben machen, einen Platz, *régaler*.
Ebenmachung eines Platzes, *régalement*.
Ebenmass, *eurythmie, proportion, symétrie*.
Ebenmässig, *symétrique*.
Eckbogen, einer Brücke, *butée*.
Ecke, *carne*.
Eckchen, *réduit*.
Eckpfeiler, *butée, poteau cornier, pilastre angulaire*.
Eckpfosten, *poteau cornier*.
Eckschaft, *jambe d'encoignure*.
Ecksparre, *arêtier, reculement*.
Eckständer, *poteau cornier*.

Eckstufe in der Spindel einer Wendeltreppe, *quartier tournant*.
Edelsteinhändler, *lapidaire*.
Ehrengrabmal, *cénotaphe*.
Ehrenpforte, *arc de triomphe*.
Eichenholz, hartes, *bois de chêne dur* ; leichtes, *bois de chêne léger* ; weiches, *bois de chêne tendre*.
Einbiegung, *pli*.
Einfachheit, *simplicité*.
Einfahrt, *entrée*.
Einfällen, nach, E. gemacht, *caprice*.
Einfassung, *bordure, cadre, cartouche, chambranle, filotière, membrure*.
Einfassung, Thür oder Fenster, *bandeau*.
Einförmig, *monotone*.
Einförmigkeit, *monotonie*.
Einfügen, *encastrer, enclaver*.
Einfügung, *emboîture*.
Eingang, *bouche, entrée*.
Eingiessen, *sceller*.
Einkehle eines Daches, *noue*.
Einkerben, *ruiner*.
Einkerbung, *ruinure*.
Einigkeit, *harmonie*.
Einladungsschrift, *programme*.
Einlassen, *encastrer, enclaver*.
Einrichten, wieder, *remonter*.
Einschliessung, *enceinte*.
Einschnitt, *entaille, enture*.
Einsiedelei, Ermitage, *ermitage*.
Einsetzen, etwas in eine Mauer, *sceller*.
Eintheilung, *distribution*.
Eintönig, *monotone*.
Einziehung, *congé, nacelle, retraite, scotie, trochile*.
Eisbrecher, *brise-glace*.
Eisen, *fer* ; mit E. beschlagen, *ferrer*.
Eisenblech, *tôle*.
Eiskeller, *glacière*.
Elle, *coudée, canne*.
Empfangssaal bei den Rœmern, *triclinium*.
Emporkirche, *galerie d'église*.
Ende, *about, bout, extrémité, pointe*. E. am Abacus, *corne d'abaque*.
Endkugel, *boule d'amortissement*.
Endung, runde, des Chors, *rond-point*.
Entenschnabel, *bec de canne*.
Entwurf, *ébauche, épure*.
Eppig, *ache*.
Erdarbeiter, *terrassier*.
Erbauung, *construction*.
Erdbaustoff, *pisé*.
Erde, gesunkene, *fondis*; E. stampfen, *pilonner*.
Erdpech, *bitume*.
Erdzeichen, *témoins*.

Erheben, *ériger.*
Erhœhung eines Bogens, eines Ge- wœlbes, *surhaussement.*
Erker, *oriel, oratoire* ; E. Fenster, *fenêtre en encorbellement.*
Erniedrigung. *ravalement.*
Errichtung eines Gebäudes, *cons- truction.*
Ersetzen, *racheter.*
Erstrecken, sich, *régner.*
Erweiterung. *ébrasure.*
Erz, *bronze.*
Erzbischœfliche Pallast, *archevêché.*
Erzthür, *porte de bronze.*
Eselsrücken, *dos d'âne.*
Eselsrückenbogen, *arc en accolade.*

F

Fach, *département.*
Fackelstuhl, *torchère.*
Faden, *brasse, fil.*
Fahrgeleise, *ornière.*
Falknerei, *fauconnerie.*
Fallbrücke, *pont-levis.*
Fallgatter, *herse.*
Fallthor, *herse.*
Fallthür, *trappe.*
Falsches Licht, *faux jour.*
Falz, *coulisse, rainure* ; doppelten F. machen, *refeuiller.*
Farbe, *couleur* ; gebrochene, *mezzo- tinto* : mit einer F. *monochromate.*
Fechtboden, *salle d'armes.*
Fasanerei, *faisanderie.*
Feder, *languette.*
Feld, *champ, compartiment* ; über einer Thür, *dessus de porte.*
Feld, rosenfœrmiges, *rosace.*
Feldbrustwehre, *glacis.*
Felder, vertiefte, *caissons.*
Fels, *roc.*
Felsen, *roche, rocher.*
Fenster, *fenêtre, croisée* ; schræges, *abat-jour* ; blindes, *feinte* ; gemalte, *vitraux.*
Fensterflügel, *panneau de vitres.*
Fensterfutter, *plate-bande.*
Fenstergestell, *châssis de fenêtre.*
Fenstergewœlbe, vertieftes, *arrière- voussure.*
Fensterkreuz, *croisillons.*
Fensterladen, *contrevent, volet.*
Fensteröffnung, *espagnolette.*
Fensterschafft, *trumeau.*
Fensterschirm, *jalousie.*
Fensterscheibe, *vitre.*
Fensterschliessung, *espagnolette.*
Fenstervorsprung, *allége.*
Fernscheinlehre, *perspective.*
Festigkeit, *solidité.*

Festung, *forteresse.*
Feuerstein, *silex.*
Figur, geometrische, *figure de géo- métrie.*
Firnissen, *vernir.*
Firniss, *vernis.*
Firste, *faîte.*
Fischband, *fiche.*
Fischgraetenartig, *arête de poisson.*
Fischteich, *vivier.*
Flœche, *face, pan* ; abgeschliffene, *facette* ; vertiefte, *panneau* ; glatte, *nu de mur.*
Flœchenmessung, *planimétrie.*
Flammen, *flammes.*
Flammenfœrmig, *flamboyant.*
Flanke, *flanc.*
Flechtwerk-Ornament, *nattes.*
Fleiss, ein Werk mit F. ausarbeiten, *rechercher.*
Fliegende Brücke, *pont volant.*
Fliese, *carreau, dalle.*
Flügel, *aile.*
Flügelthür, *porte brisée.*
Formen, *mouler.*
Forst, *faîte.*
Forstamt, *gruerie.*
Fortziegel, *faîtière.*
Fracht, *portée.*
Fratzengesicht, *mascaron.*
Frei, *svelte.*
Freimaurerei, *francmaçonnerie.*
Freimaurerloge, *loge maçonnique.*
Freistehend, *isolé.*
Freitreppe, *perron.*
Fresco-Malerei, *fresque.*
Fries, *frise.*
Früchtengehænge, *chute d'ornements.*
Fruchtschnur, *feston.*
Fuge, *coulisse, interstice, joint.*
Fugenausschmierung, *rejointoiement.*
Fugen verstreichen, *jointoyer* ; aus- schmieren, *rejointoyer.*
Fugenschnitt, *appareil.*
Fülbænder, *potelets.*
Füllsteine, *blocage, remplage.*
Füllsteinarbeit, *remplissage.*
Füllung, vertiefte, *panneau.*
Fünfblatt, *cinq feuilles.*
Fünfeck, *pentagone.*
Fünfzehneck, *quindécagone.*
Fünfzehnseitige Figur, *pentadéca- gone.*
Fusz, *pied.*
Fuszboden, *parquet* ; *plancher.* F. setzen, *parqueter,*
Fuszbodenerhœhung, *estrade.*
Fuszgestell ; *scabellon, piédestal,* klei- nes, *piédouche.*
Fuszschemel, *marchepied.*
Fusztritt, *marchepied.*
Fuszweg, *trottoir.*

Futtermauer, ihre Bekleidung, *rêve-tement.*

G

Gabelkreuz, *pairle.*
Galeerenstrafen, Ort der, *bagne.*
Gallerie, *galerie.*
Gang, *allée,* vor einem Fenster, *balcon, corridor.*
Garten, *jardin, parc.*
Gasthof, *hôtel.*
Gatterthor, *porte à jour.*
Gebælke, *entablement.*
Gebæude, *bâtiment, édifice;* auf d. Hinterhof, *fourrière;* auf d. Hauptseite, *frontispice;* verfallene, *ruines.*
Gebæudedurchgang, *thyroneum.*
Gedæchtniszsæule, *cippe.*
Gedrückt, *tassé.*
Gefængnisz, *prison;* unterirdisches, *oubliettes.*
Gefæsz, *vase.*
Gegenbœschung, *contrescarpe.*
Gegenlatte, *contre-latte;* gerissene, *de fente;* geschnittene, *de sciage.*
Gegenlicht, *contre-jour.*
Gegenpfeiler, am Brückenjoche, *avant-bec.*
Gegenstand, *objet.*
Gegittert, *fretté, grillé.*
Gehænge, *feston.*
Gehæuse, *cage.*
Geist, *âme.*
Gelænder, *balustrade, garde-fou.*
Gelænderdocke, *balustre.*
Gelænderdocken æhnlicher Vasen, *candélabre.*
Gelænderstange, *barre d'appui.*
Geleise, *voie.*
Gemach, *pièce;* unterirdisches, *grotte.*
Gemœlde, *tableau.*
Gemalte Fenster, *vitraux.*
Gemæuer, verfallene, *masures.*
Geometrie, *géométrie*
Geometrisch, *géométral.*
Gepaart, *accouplé.*
Gerade richten, *redressement.*
Geræthkammer, *garde-meuble.*
Geræthschaft, *équipage.*
Gerechtsame, *privilège.*
Gerichtsaal, *prétoire.*
Gerichtshof, *tribunal.*
Gerippe, *ossature.*
Gerüst, *échafaud, échafaudage;* G. aufrichten, *échafauder.*
Gerüsten, Seilwerk an d., *chabots.*
Geschæftstube, *bureau.*
Geschirrkammer, *sellerie.*
Geschmack, *goût.*
Geschoss, *étage;* kleines, *mezzanine;*
zu ebener Erde, *rez-de-chaussée;* unterirdisches, *souterrain.*
Geschweifter Bogen, *arc en accolade.*
Gesenkt, *tassé.*
Gesims, *cantalabre;* wagerechtes, *cordon.*
Gesimse ziehen, *pousser des moulures.*
Gesindekammer, G. Zimmer, *commun des gens.*
Gestalt, *figure.*
Gestell, *tréteau, châssis.*
Gestüte, *haras.*
Getæfel, *lambris.*
Getriebene Arbeit, *ciselure.*
Gewæchshaus, *orangerie, serre.*
Gewæsser, Beschreibung, *hydraugraphie.*
Gewinde, *charnière.*
Gewœlbbogen, *doub'eau, trompe.*
Gewœlbe, *voûte;* schræges, *descente;* hohle Flæche, *douille, intrados;* æussere Ründung eines Gewœlbes, *extrados, extradossé;* Anfang, *retombée.*
Gewœlbstein, *voussoir.*
Gewœlkt, *nébules.*
Gewœlbewinkel, *reins de voûte.*
Gewundene Zierath, *tortillis.*
Giebel, *gable, pignon, tympan.*
Giebeldach, *fronton.*
Giebelsæule, *poinçon.*
Giebelzinne, *acrotère.*
Gierbrücke, *pont volant.*
Giessen, *mouler.*
Giessform, *moule.*
Gilde, *jurande.*
Gipfel, *faîte, sommet.*
Gitter, *treillis.*
Gitterfenster, *jalousie.*
Gitterstange, *barreau.*
Gitterthor, *grille.*
Gitterwerk, *treillage, barrière de bois, fretté, grille, grillage.*
Glanzgold, *or bruni.*
Glaser, *vitrier.*
Glaserhandwerk, *vitrerie.*
Glass, *verre.*
Glassscheibe, *table de verre, vitre.*
Glassscheiben einsetzen, *vitrer.*
Glassgiesserei, *verrerie.*
Glasswerk, *vitrage.*
Glatt, *lisse.*
Glætten, *lisser.*
Gleichmachen, *raccorder.*
Gleichmasz, *proportion.*
Gleis, *ornière.*
Glied, *membre;* des Simswerks, *moulure.*
Glieder, prismatische, *moulures prismatiques.*
Gliedermann, *mannequin.*
Globus, *globe.*

Glocke, *cloche.*
Glockenfœrmig, *campanulé.*
Glockenspiel, *carillon.*
Glockenthurm, *beffroi, campanile, clocher.*
Glockenzapfen, *tourillon.*
Glorie, *gloire.*
Gold, *or.*
Gosse, *enture.*
Gossenstein, *évier, lavoir.*
Gothisch, *gothique.*
Gottesacker, *cimetière.*
Grab, *tombe, tombeau, sépulcre ;* unterirdisches, *hypogée.*
Graben, *fossé, fosse.*
Graben, tiefer g., *recreuser.*
Grabmaal, *tombeau, mausolée ;* rundes, *môle.*
Grabschrift, *épitaphe.*
Grabstœtte, *sépulcre, sépulture.*
Grabstein, *tombe.*
Grad, *degré.*
Grau in grau, *camaïeu, grisaille.*
Greiff, *griffon.*
Grenzsteine, *bornes.*
Grillenwerk, *grotesque.*
Grœsse, überflüssige, *regain.*
Grœssenlehre der Bewegungen, *phoronomie.*
Grottenarbeiter, *rocailleur.*
Grube, *fosse.*
Gruft in e. Kirche, *caveau ;* unterirdische, *crypte, fossé.*
Grund, *sol, terre, terrain, champ, fond ;* eines Gebæudes, *fondation ;* G. legen, *fonder.*
Grund, mit Farben aus dem G. hervorheben, *rechampir.*
Grundbalken, *racinal.*
Gründen, *imprimer.*
Grundflæche, gemeinschaftliche G der Kegel eines Steines, *feuilletis.*
Grundlinie, *ligne de terre.*
Grundmauer, *embasement ;* ganze, platée, *soubassement, stéréobate.*
Grundmauern legen, *planter un bâtiment.*
Grundpfahl, *pieu ;* Balken auf dem G. *raineau.*
Grundrisz, Zeichnung, *plan, ichnographie.*
Grundschwelle, *racinal.*
Grundstein, *socle.*
Gürtel am Fusz einer Sæule, *ceinture, etc.*
Gurtgesims, *cordon, ou cours de plinthe.*
Gusseisenplatte am Rückenblatt eines Kamins, *contre-cœur de cheminée en fonte.*
Gymnasium, *gymnase.*

Gyps, *plâtre ;* in G. ziehen, *traîner, pousser en plâtre.*
Gypsbruch, *plâtrière.*
Gypsgrube, *plâtrière.*
Gypswerk, *plâtrerie.*
Gypswurf, *crépi de plâtre.*
Gyps anwerfen, *crépir, fouetter ;* einrühren, *gâcher.*
Gyps, altes abgefallenes Stück, *plâtras, gype, gypse.*

H

Hacken, *hacher.*
Hafen, *port,*
Hahn, *robinet.*
Halb erhabene Bildhauerarbeit, *bas-relief, demi-bosse.*
Halbbogen, *plein cintre.*
Halber Kreis, *demi-cercle.*
Halbfenster, *mezzanine.*
Halbflach, *méplat.*
Halbgeschoss, *entresol, mezzanine.*
Halbsæule, *colonne engagée.*
Halbschatten, *pénombre.*
Halbzirkel, *hémicycle.*
Halle, *porche, portique.*
Halten, *porter.*
Halsbrechend, *brise-cou.*
Hammer, *marteau ;* kleiner, *martelet.*
Handarbeiter, *manœuvre.*
Handlanger, *manœuvre.*
Hængesæule, *poinçon.*
Handprotzwagen, *trique-balle.*
Handwerker, *ouvrier.*
Hængeboden, *soupente.*
Hangebogen, *pendentif.*
Handwerk, *métier.*
Handwerkzeuge, *outils.*
Hangeisen, *étrier.*
Harpye, *harpie.*
Hart, *fier, vif.*
Haspel, *bourriquet.*
Haube des Chors, *chevet d'église.*
Hauen, *hacher ;* tiefer, *recreuser.*
Hauptaussenseite, *face.*
Hauptbalken, *architrave ;* H. worauf das Holzwerk ruht, *poitrail.*
Hauptkirche, *cathédrale.*
Haupttheil eines Gebæudes, *corps de logis.*
Haus, *maison.*
Hausflur, *vestibule.*
Hausgeræth, *meuble.*
Hausrath, mit H. versehen, *remeubler.*
Hebebock, *chèvre.*
Hebel, *levier.*
Hebezeug, *chèvre ;* Unterlage, *orgueil.*
Heiligenschein, *auréole, nimbe.*

Helldunkel, *obscur.*
Helmdach, *dôme* ; kleines, *pinacle.*
Herberge im Morgenland, *caravan-sérail.*
Herd, *âtre, foyer.*
Herme, *hermès.*
Herrenschenke, *burette.*
Heruntersetzen des Preises, *rabais.*
Herzlaub, *rais de cœur.*
Heuboden, *fénil.*
Heuraufe, *râtelier.*
Heuscheuer, *fénil.*
Heutig, *moderne.*
Hinaufschaffen, *monter.*
Hinterhof, *arrière-cour* ; Gebæude auf d., *fourrière, mesaule.*
Hochaltar, *maître-autel, sanctuaire.*
Hœcker, *bosse.*
Hof, *atrium, cour.*
Hofbæckerei, *paneterie.*
Hohe, *au droit.*
Hœhe und Dicke, ungleiche H. und D. geben, *désaffleurer.*
Hohl, *en creux.*
Hœhle, *grotte.*
Hohlkehle, *cavet, gorge* ; kleine, *goulette, scotie.*
Hohlleiste, *cavet, gorge.*
Hohlrund, *concave.*
Hohlründung, *concavité.*
Hœhlung, *trou* ; runde, *calotte.*
Hœhlung zwischen Quadersteinen, *anglet* ; unnütze H., *miroir.*
Holz, *bois* ; oberstes Stück um d. Eckpfosten, *chapeau* ; mit buntem H. einlegen, *marqueter.*
Holzarbeit, ausgelegte, *placage.*
Holzhof, *chantier de bois.*
Holzpfosten, schiefgestellter, *devers.*
Holzstall, *bûcher.*
Holzzapfen, *tenon.*
Hœrsaal, *auditoire.*
Hufeisen, *fer à cheval.*
Hühnerhof, *basse-cour.*
Hundestall, *chenil.*
Hundskopf, *mufle.*
Hütte, *hutte.*

I. J.

Jagdhaus, *muette.*
Jagen, *chasser.*
Incrustaden, *rocaille.*
Incinandergreifend, *engréné.*
Incinandergreifende Quadersteine, *jambe.*
Incinander beschreiben, *inscrire.*
Inschrift, *inscription.*
Joch, *arche.*
Jochspannung einer Brücke, *travée de pont.*

Jonisch, *ionique.*
Judenpech, *asphalte.*

K

Kabeltau, *câble.*
Kaffeehaus, *café.*
Kai, *quai.*
Kaissons, *caissons.*
Kælberzahn, *denticule, goutte, larme.*
Kalk, *chaux* ; geloeschter, *éteinte.*
Kalk anwerfen, *crépir* ; einrühren, *gâcher.*
Kalk loeschen, *détremper de la chaux, fuser* ; bewerfen, *hourdir.*
Kalkartig, *calcaire.*
Kalkgrube, *fosse à chaux.*
Kalkkrücke, *rabot.*
Kalkmilch, *lait de chaux.*
Kalkofen, *chaufour.*
Kalksteine, nicht zergangene, *biscuits.*
Kalkwurf, *crépi.*
Kalt, *sec.*
Kamin, *cheminée.*
Kaminplatte, *tablette de cheminée.*
Kamm, *crête.*
Kæmmerchen, *bouge, taudis.*
Kæmpfer, *imposte.*
Kampfplatz , *lice* , *amphithéâtre* , *arène.*
Kante, *arête* ; abstossen, *délardement, carne* ; abgestufte, *pan coupé* ; Kanten behauen, *faire une plumée.*
Kanzel, *chaire à prêcher.*
Kanzelei, *chancellerie.*
Kapitæl, *chapiteau, campane.*
Kappe, *fourche* ; überwœlbte K. einer Fensterœffnung, *lunette.*
Kærglich, *mesquin.*
Karniesz, *corniche, doucine, cimaise.*
Kæstchen, *ciste.*
Kasten eines eisernen Thürschlosses, *gâche.*
Kaufmannsbœrse, *bourse.*
Keck, *hardi.*
Kegel, *cône.*
Kegeldurchschnitt, *section conique.*
Kegelgewœlbe, kleines, *trompillon.*
Kehlbalken, *tirant.*
Kehlen, *canaux.*
Kehlleiste, *talon.*
Kehlrinne, *noue.*
Keil, *cale.*
Keilstein, eines Bogens, *claveau* ; verkrœpfter K., *clef à crossette.*
Kelch, *coupe.*
Keller, *cave.*
Kellerchen, *caveau.*
Kellerloch, *soupirail.*
Kellnerei, *sommellerie.*
Kelter, *pressoir.*

Kerbe, *hoche, oche.*
Kerbenfügung, *embrévement.*
Kerker, *cachot, prison.*
Kern, *noyau.*
Kerne, *graines.*
Kesselgewœlbe, *coupole, cul de four.*
Kettenbogen, *arc en chaîne.*
Kettenzüge, *entrelacs.*
Kieselsteine, *cailloux.*
Kieselsteinarbeit, *cailloutage.*
Kirche, *église.*
Kirchenfahne, *gonfalon.*
Kirchenfenster, *vitraux.*
Kirchenstuhl, *banc d'œuvre.*
Kirchhof, *cimetière.*
Kiste, *ciste.*
Klafter, *brasse.*
Klammer, *crampon, agrafe, goujon, tenon.*
Klappe, *soupape.*
Klaue, *patte.*
Klebearbeit, *bousille.*
Kleiberlehm, *bauge, torchis.*
Kleiderkammer, *garde-robe.*
Klinke, *cadole.*
Klippe, *rocher.*
Kloden eines Flaschenzugs, *moufle.*
Klopfring, *boucle.*
Kloster, *couvent.*
Klœsterlich, *claustraux.*
Klotz, *tronche.*
Kniestütze, *potence.*
Knolle, *crochet.*
Knopf, *bouton.*
Knorren im Holze, *nœuds.*
Knospe, *guimberge.*
Knoten, *nœuds.*
Knoten, verfaulte, im Zimmerholze, *malandres.*
Kohlblatt, *feuille de choux.*
Kolben, *piston.*
Koloss, *colosse.*
Kopf, *tête.*
Korb, *corbeille, panier.*
Kornspeicher, œffentlicher, *grenier public.*
Kœrper, fester, *solide.*
Krabbe, *crochet.*
Kragstein, *console, corbeau, encorbellement.*
Kragstein, Zwischenraum, *entre-modillon.*
Krahn, *grue.*
Kramlœden, *halle.*
Krampe, *crampon.*
Kranich, *grue.*
Krankenhaus, *hôpital, hospice, infirmerie.*
Krankenstube, *infirmerie.*
Kranz, um eine Sœule, *ceinture, corniche.*
Kranzleiste, *larmier, mouchette.*

Krohfusz, *patte d'oie.*
Kreis, *cercle*; halber, *demi-cercle*; des Maszwerks, *lobe.*
Kreisabschnitt, *segment.*
Kreisausschnitt, *secteur.*
Kreisbogen, *demi-lune.*
Kreuz, *croix*; Stein Kreuz, *de pierre*; Andreas Kreuz, *de Saint-André.*
Kreuzarm, *transept, croisillon.*
Kreuzchen, *croisette.*
Kreuzgang, *cloître.*
Kreuzhaspel, *singe.*
Kriegsbaumeister, *ingénieur.*
Krippe, *mangeoire.*
Krippenwehr, *batardeau.*
Kritzeln, *griffonner.*
Krone, *couronne, crête.*
Krœnen, *couronner.*
Kronleuchter, *lustre.*
Krœnung, *couronnement.*
Krœpfungen, *oreillons.*
Krug, kleiner, *burette.*
Krümme, *cambrure, courbure, curvité.*
Krummen, *déjeter.*
Krummlinig, *curviligne.*
Krummstab, *crosse.*
Krümmung an e. Gewœlbe, *arceau.*
Kubikmeter, *stère.*
Küche, *cuisine.*
Küchengarten, *potager.*
Küchenheerd, *potager.*
Kugel, *sphère.*
Kugelgewœlbe, *coupole*; kleines K., *trompillon.*
Kühn, *hardi.*
Kuhstall, *étable, vacherie.*
Kunst, *art.*
Kunstflusz, *canal.*
Künstler, *artiste.*
Künstlich, *artistement, factice.*
Kunstwerk, *machine.*
Kuppel, *coupole, dôme.*
Kuppelgewœlbe, *cul de four.*
Kurbe, *manivelle.*
Kurbel, *manivelle.*

L

Labyrinth, *dédale.*
Lack, *vernis.*
Lackiren, *vernisser.*
Lackirer, *vernisseur.*
Laden, *boutique, barder.*
Ladengemœlde, *triptyque.*
Lage, *situation.*
Lager, *lit.*
Lagerholz, *solive.*
Lœmpchen, *lampion.*
Lampe, *lampe.*
Lampenstock, *lampadaire.*
Lampentræger, *lampadaire.*

Landhaus, kleines, *cassine, villa.*
Landhæuschen, *guinguette.*
Lændlich, *rustique.*
Landschaft, *paysage.*
Langeseite, eines Daches, *long pan de comble.*
Længlich, *oblong.*
Langweilig, *monotone.*
Larve, *masque.*
Lasttrægerinnen, *cariatides.*
Laterne, *lanterne.*
Latte, kleine, *liteau.*
Latten, *lattes.*
Lattenwerk, *lattis.*
Lauberzug, *rinceau.*
Laubwerk, *enroulement, feuillage, rinceau.*
Laufgang einer Kirche, *triforium.*
Laufgraben, *tranchée.*
Laurband, *tiers poteau.*
Lazurstein, *azur.*
Leere, *le vide.*
Lehne, *accoloir.*
Lehre der Aufzeichnung der Kœrper, *stéréographie.*
Lehnstange, *barre d'appui.*
Lehranstalt, *collége.*
Leibesstellung, *attitude.*
Leibesübungen, zu, gehærig, *gymnique.*
Leibgardenvorzimmer, *salle des gardes.*
Leichengerüst, *catafalque.*
Leichengrüfte, *catacombes.*
Leichenstein, *pierre tombale.*
Leicht, *léger, svelte.*
Leichter machen, *élégir.*
Leiste, *filet, tasseau.*
Leistenverzierung, *godrons.*
Leiter, *échelle.*
Leitung, *conduit.*
Lenkseil, *verboquet.*
Lesepult, *ambon.*
Lettner, *jubé.*
Leuchtthurm, *fanal, phare.*
Licht, falsches, *faux jour.*
Lichten, im, *dans œuvre.*
Lineal, *règle.*
Linie, *ligne;* krumme, *ellipse;* senkrechte, *axe, cathète, etc., perpendiculaire;* in senkrechter L. ordnen, *affleurer;* im Verhæltnisz mit zweien andern stehend, *proportionnelle.*
Loch, *trou.*
Loch in überhangenden Gængen, *mâchicoulis.*
Lohgærberei, *tannerie.*
Loth, aus dem, L. weichen, *pousser à vide.*
Lœthe, *soudure.*
Lœwenmaul, *mufle.*

Luftzieher, *ventilateur.*
Lusthaus, *bastide.*
Luststück im Garten, *parterre.*
Lyceum, *lycée.*

M

Mæander, *grecque.*
Maas, *échantillon.*
Macherlohn, *façon.*
Mager, *maigre, sec.*
Mailbahn, *mail.*
Malen, *peindre.*
Maler, *peintre*
Malerei, *peinture;* buntscheckige, *bariolage.*
Manufaktur, *manufacture.*
Markt, halle, *marché.*
Marktplatz, *apport.*
Marmor, *marbre;* M. Arbeiter, *marbrier;* M.-Bruch, *marbrière.*
Maschen, *mailles.*
Masque, *masque.*
Masstab, verjüngter, *échelle.*
Mass, *mesure;* das M. beisetzen, *coter.*
Masse, *masse.*
Materialienkasten, *bourrique.*
Mathematik, *mathématiques.*
Mauer, *mur;* glatte Seite, *parement;* abbrechen, *retondre;* ausbessern, bewerfen, *renformir.*
Mauer, mit Verzahnungen, *épaulée;* blinde M., *mur orbe.*
Mauerband, *cordon.*
Mauerbewurf, *ravalement.*
Mauerflæche putzen, *ravaler;* im Innern, *rez mur.*
Mauerdicke, mit, *hors œuvre.*
Mauerecke, *écoinçon.*
Mauerflæche, geputzte, *rejointoiement.*
Mauerkappe, krumme, *bahut, chaperon.*
Mauerkelle, *truelle.*
Mauerputz, *ravalement.*
Mauern auf einem Plan mit Farben überziehen, *pocher.*
Maurer, *maçon.*
Maurerarbeit, *maçonnage, maçonnerie.*
Maurermeister, *maître maçon.*
Maurerwerk, *maçonnerie;* rauhes, *hourdage;* ausgefülltes, *limosinage;* ungewisses der Rœmer, *opus incertum;* rautenfœrmiges, *opus reticulatum;* ungleiches, *pseudisodomos;* mit M. einfassen, bekleiden, *revétir;* rauhes, *rudération;* festes, *maçonnerie solide.*
Maurisch, *mauresque.*
Meierei, *cense, ferme, métairie.*
Meierhof in d. Provence, *bastide.*

Meilenzeiger, *borne milliaire.*
Meisterschaft, *maîtrise.*
Meisterstück, *chef-d'œuvre.*
Merkmale, *attributs.*
Merkzeichen, *repère.*
Messen, *mesurer.*
Meszruthe, *perche.*
Meszscheibe, *pantomètre.*
Mesztisch, *planchette.*
Métope, halbe, *demi-métope.*
Milchkammer, Milchkeller, *laiterie.*
Mischung, *mélange.*
Mittelfarbe, *mezzo tinto.*
Mittelpunkt, *point central.*
Mittelwall, *courtine.*
Modell, *modèle*; M. machen, *modeler.*
Modul, *module.*
Mœrtel z. Grundlegen, *béton*; dünner, *coulis, mortier*; von Kalk und Steinschutt, *repous.*
Moschee, *mosquée.*
Mühle, *moulin.*
Mühlsteinart, *meulière.*
Münze, *hôtel des monnaies.*
Münzkunde, *numismatique.*
Münzschrank, *médaillier.*
Münzwissenschaft, *numismatique.*
Muschel, *conque, coquille.*
Muschelgewœlbe, *cul de four.*
Muschellinie, *conchoïde.*
Museum, *musée.*
Musiksaal, *salon de musique.*

N

Nabelœffnung, *œil de dôme.*
Nachgemacht, *factice.*
Nagel, *clou*; breitkœpfiger, *caboche.*
Nagelkopf, *tête de clou, pointe de diamant.*
Nahesœulig, *systyle.*
Namenszug, *monogramme, chiffre.*
Nasen, *contre-lobes.*
Naturlehre, *physique.*
Nebenausgang, *dégagement.*
Nebeneinander setzen, Steine, *asseoir.*
Nebenflügel, *pavillon.*
Nebenhof, *mésaule.*
Nebenpfeiler, *jambage, montant, alette, pied droit.*
Nebenschiffe, *bas côtés, collatéraux.*
Nebenseite, *retour.*
Neu, *moderne.*
Niederlage, *entrepôt.*
Normannisch, *normand.*
Nuth, *rainure.*

O

Obelisk, *obélisque, aiguille.*
Oben, von, herab, *contre-bas.*

Oberflæche, *superficie.*
Oberflæche des Grundes, *rez terre.*
Oberlichter, *claire voie.*
Obstgarten, *verger.*
Obstkammer, *fruitier.*
Ochsenkopf, *tête de bœuf.*
Ochsenauge, *œil de bœuf.*
Ochsenstall, *bouverie.*
Ocker, *ocre.*
Odeum, *odéon.*
Ofen, *étuve, four, poêle.*
Ofenkachel, *carreau de faïence.*
Oeffnung, *ouverture, jouée, jour, baie, bouche, claire-voie.*
Oeffnung, erweitern, *ébraser.*
Oeffnungen, an Kirchenthürmen, *ouïes, vue.*
Oehl; in Oehl, *à l'huile.*
Oehlbeeren, *olives.*
Oehlvergoldung, *or à l'huile.*
Olivenstæbchen, *chapelet.*
Opferschale, *patère.*
Orchester, *orchestre.*
Ordenpfründe, *commanderie.*
Orgel, *orgue*; Orgel-Gehæuse, Orgel-Kasten, *buffet d'orgues*; Orgelwerk, *orgues.*
Ort, abgesonderter, *réduit.*
Oval, *ovale.*

P

Pagode, *pagode.*
Palæstra, *palestre.*
Pallast, *palais*; bischœflicher, *évêché.*
Palmblatt, *palmette.*
Palmzweig, *palme.*
Panthéon, *panthéon.*
Papier, *papier.*
Papiermühle, *papeterie.*
Pappe, Risz auf, *carton de peinture.*
Parabel, *parabole.*
Park, *parc.*
Parlirer, *piqueur.*
Parthenon, *Parthénon.*
Pavillon, türkischer, *kiosque.*
Pechfanne, *falot.*
Penddluhr, *pendule.*
Peripteros, *périptère.*
Peristyl, *péristyle.*
Perlen, *perles.*
Perlenschnur, *perles.*
Perlenstæbchen, *chapelet.*
Perlstab, *patenôtre.*
Perpendicular-Styl, *style (anglais) perpendiculaire.*
Pfahl, *pieu, poteau*; Pfæhle einrammen, *piloter.*
Pfahlrost, *pilotage*; seine Schwellen, *plancher de plate-forme.*
Pfanne und Zapfen, *crapaudine.*

Pflanzschule, *séminaire.*
Pfarrhaus, *presbytère.*
Pfeiler, *pilier.*
Pfeiler, *dosseret* ; Zwischenweite, *entre pilastre* ; eckiger, *mezzo-pilastro, pilastre* ; gekuppelte, *accouples* ; Halbpfeiler, *attique* ; mit Binden, *bandé* ; mit Aushœhlungen, *cannelé* ; durchschnitten, *coupé* ; in Vertæfelung, *de lambris* ; freistehend, *isolé.*
Pfennige, *besants.*
Pferdekrippe, *mangeoire.*
Pflanzschule, *pépinière.*
Pflaster, *pavé* ; legen, *pavement* ; Pflastersteine, *pavés, caniveaux.*
Pflasterer, *pareur.*
Pflastern, *paver.*
Pflock, *cheville.*
Pfœrtnerwohnung, *loge du portier.*
Pfosten am Fenster, *meneau, poteau* ; senkrechter P. einer Brücke, *poteau montant* ; kleine P., *potelets.*
Pfropfen, *enter.*
Pfropfens, Art des, *enfourchement.*
Pfropfreis, Einschnitt, *enture.*
Pfuhl, *bâton, bosel, boudin, tore, tondin* ; elliptischer, *tore elliptique* ; spitzbogiger, *tore ogive* ; lanzenfœrmiger, *tore lancéolé.*
Phantastisches Thier, *hippogriffe.*
Pilaster, *pilastre.*
Plan aufnehmen, *lever un plan* ; vergrœssern, verkleinern, *réduire un plan.*
Plættchen, *filet, listel, orle, bandelette, plaque, réglet.*
Platte, *abaque, tailloir* ; viereckige, *carreau* ; bleierne dünne, *lame de plomb* ; hængende, *larmier, plaque, plinthe.*
Platz, *enclos, place* ; œffentlicher, *place publique.*
Plætzchen, *réduit.*
Plinthe, *plinthe.*
Polirer, *piqueur.*
Polzen, *pointal.*
Porcellan, *porcelaine.*
Porcellanfabrik, unæchte, *faïencerie.*
Porphyr, *porphyre.*
Portal, *portail.*
Porticus, *portique.*
Pozzolanerde, *pouzzolane.*
Priorei, *prieuré.*
Prisma, *prisme.*
Prismatische Glieder, *moulures prismatiques.*
Profil, *profil, sacome.*
Pult im Chore, *lutrin.*
Pulverstaub, *poussier.*
Pumpe, *pompe.*
Punkt, *point.*

Punkte machen, *pointiller.*
Punktiren, *pointer.*
Purpur, *pourpre.*
Pyramide, *aiguille, pyramide.*

Q

Quader, *pierre de taille.*
Quaderstein, *pierre de taille, cadette, chaîne* ; Dicke der Mauer, *jambe boutisse.*
Quadrat, *tétragone, carré.*
Quadratwurzel, *racine carrée.*
Quarz, *quartz.*
Quelle, *source.*
Querbalken, *poitrail.*
Querbalkenholz, *chantignole.*
Querband, horizontales, *lierne.*
Querbaum, *barre.*
Querbogen, *arc-doubleau.*
Quergurt, *arc-doubleau.*
Querholz, *traverse, fauconneau.*
Querriegel, *traverse.*
Querschiff, *croisée, croisillon d'église, transept.*

R

Radius, *rayon.*
Rahm, *cadre.*
Rahmen, *membrure.*
Rahmstück, *bâti.*
Rammblock, *mouton.*
Rammgerüst, *sonnette.*
Rasenplatz, *boulingrin, tapis vert.*
Rasenstück, amphitheatralisches, *vertugadin.*
Rathhaus, *hôtel de ville, mairie.*
Ræucherpfænnchen, *cassolette.*
Rauchfang, *hotte de cheminée.*
Rauchmantel, *manteau en hotte* ; R.-Eisen, R.-Stütze, *trémion.*
Raum, *enclos.*
Raum zwischen Sparrenkœpfen, *casse* ; R. unter einer Treppe, *échappée.*
Raute, *losange.*
Rautenfœrmig, *en quinconce, losanges, zigzags, rhomboïde.*
Rechnung, *mémoire.*
Regelmæszig, *réglé.*
Regenrinne, *mouchette.*
Reif, *fusarolle, astragale, baguette.*
Reihe Zimmer, *appartement.*
Rein, *vif.*
Reiszen, *déjoindre.*
Reitbahn, *manége.*
Reliquienkasten, *châsse.*
Rennbahn, *hippodrome, cirque, lice.*
Rhede, *rade.*
Rhombus, *losange, rhombe.*

Richten, nach den Himmelsgegenden, *orienter*.
Richthaus, *prétoire*.
Richtscheidt, *limande, règle*.
Richtwage, *niveau*.
Riegel, *barre, barreau* ; holzerner, *linteau, verrou*.
Riegelhacken, *vertevelle*.
Riegelwand, *pan de bois*.
Riemen, *filet, listel, orle, réglet, bandelette*.
Riesengestalt, *colosse*.
Ring, *annelure*.
Ringelrenn, platz, *carrousel*.
Ringe am dorischen Capital, *armilles*.
Ringelchen, *annelets*.
Rinne, *conduit, coulisse, feuillure, goulotte, rigole*.
Rinnen, *canaux*.
Rinnleiste, *cimaise, doucine, talon renversé*.
Rinnstein, *culière*.
Rippe, *lambourde*.
Rippe, hervorstehende, *nervure*.
Rippen, erhabene R., in Gewœlben, *croisées d'ogives*.
Risse, *gerçures*.
Risz, *fente, lézarde* ; auf Pappe, *carton de peinture*.
Ritze, *fente*; verkleiben, *gobeter*.
Ritze mit Leisten vermachen, *calfeutrer*.
Roh, *brut*.
Rœhre, *conduit, tuyau*.
Rolle im Kloben, *poulie*.
Rolle, *écoperche*.
Rollenmuster, *billettes*.
Rollholz, *rouleau*.
Romanischer Styl, *roman*.
Rose, *rose*.
Rost, *rouet*.
Rostpfahl, *pilotis* ; Weigerung, *refus*.
Roth, *gueules, rouge*.
Rotunda, *rotonde*.
Rückenblatt im Kamine, *contre-cœur de cheminée*.
Rückseite, *dossier, revers*.
Ruheplatz, *palier, repos*.
Ruhepunkt, *point d'appui*.
Rührkrücke, *rabot*.
Ruinen, *ruines*.
Rumpf, *tronc*.
Rundbogen, *arc à plein cintre*.
Runderhaben, *convexe, en relief*.
Rundherum gehen, *régner*.
Rundstab, *tore*.
Rüstbœume, *baliveaux*.
Rüstbock, *chevalet*.
Rüststangen, *boulins*.
Rüstzeug, *machine, engin*.

S

Saal, *salle*; hoher S. *salon*.
Sacramenthœuschen, *tabernacle*.
Sacristei, *sacristie*.
Sœgezahn-Ornament, *dent de scie*.
Salpetersiederei, *salpêtrière*.
Samenkœrner, *graines*.
Samischgerberei, *chamoiserie*.
Sammelplatz, *réceptacle*.
Sand, *sable*.
Sandgrube, *sablière*.
Sandstein, *grès*, Mauerei, *gresserie*.
Sarg, steinerner, *sarcophage*.
Satteldach, *bâtière*.
Saugerœhre, *siphon*.
Saugpumpe, *pompe aspirante*.
Sœulchen, *colonnette*.
Sœule, *colonne*; mit Sœulen verziert, *cantonné* ; mit vier S., *tétrastyle*.; mit sechs S., *hexastyle*.
Sœulenfusz, *base de colonne*.
Sœulenordnung, *colonnaison* ; rœmische, *ordre composite*.
Sœulengang, *colonnade, portique*.
Sœulenhals, *gorgerin*.
Sœulenordnung, *ordre d'architecture*.
Sœulenreihe, *colonnade*.
Sœulenschaft, *fût, tige, tronc de colonne*.
Sœulenstellung, *colonnade*.
Sœulenstuhl, *piédestal*.
Sœulenthor, *prostyle*.
Sœulenweite, *entre-colonnement*.
Saum, *ourlet*.
Saumschwelle, *couche, plate-forme de comble*.
Schablone, *calibre*.
Schœdelstœtte, *calvaire*
Schadhaftes Gebœude, *déchaussé*.
Schœferei, *bergerie*.
Schafstall, *bergerie*.
Schale, *coque, coupe, écaille*.
Schallbret, *abat-sons, abat-vent*.
Schalldecke, *abat-voix*.
Schalwerk, *lambris*.
Schanze, *fort*; kleine S., *fortin*.
Scharte, *brèche*.
Schanzpfœhle, *palissades*.
Schatten, *ombre*.
Schattenrisz, *sciographie*.
Schattirung, *nuance*.
Schaukelbret, *bascule*.
Schaumünze, *médaille*.
Schaupunkt, *point d'aspect*.
Schauspielhaus - Cabinet, *loge de théâtre*.
Schaustück, grosses, *médaillon*.
Schatz, *trésor*.
Schatzkammer, *trésorerie*.
Scheibenartig, *discoïde*.

Scheidemauer, *contremur*, *refend*.
Scheidewand, *refend*.
Scheiteloeffnung, *œil de dôme*.
Scheitelpunkt, *zénith*.
Schenke, *cabaret*, *guinguette*.
Schenkel der Triglyphen, *cuisse de triglyphe*.
Scheuer, *grange*.
Scheune, *grange*.
Schicht Steine, *assise*.
Schicklichkeit, *eurythmie*.
Schiedsrichter, *arbitre*.
Schiedspruch, *arbitrage*.
Schief, *oblique*.
Schiefer, *ardoise*; Schiefer-Reihe, in der Einkehle eines Daches, *tranchis*.
Schiesscharte, *arbalétrière*, *barbacane*, *créneau*.
Schiff, *nef*, *vaisseau*.
Schiffsladung, *navée*.
Schiffswinde, *cabestan*.
Schiftsparren, *empanons*.
Schild, *bouclier*.
Schildbogen, *formeret*.
Schilderhaus, *guérite*.
Schindel, *bardeau*.
Schirmdach, *appentis*, *auvent*, *hangar*.
Schlachthaus, *boucherie*, *abattoir*, *tuerie*.
Schlafsaal, *dortoir*.
Schlafzimmer, *chambre à coucher*.
Schlagbaum, *barrière*.
Schlagleiste, *battement*.
Schlaguhr, *horloge*.
Schlangenhaut, *serpentin*.
Schlank, *svelte*.
Schlauch, *canon de gouttière*.
Schlauder, *ancre*.
Schleifung, *démolition*.
Schleuse, *écluse*; Seitenmauern einer S., *juillières*; Bett einer S., *radier*.
Schlicht, *lisse*.
Schlichthobel, *varlope*.
Schliessen, *fermer*.
Schliesskappe, *gâche*.
Schloss, *bastille*, *château*, *serrure*.
Schlosser, *serrurier*.
Schosserarbeit, *serrurerie*.
Schlossriegel, *pêne*.
Schlossthurm, *donjon*.
Schubriegel, *targette*.
Schlupfloch, *cachette*.
Schlupfwinkel, *cachette*.
Schlusz, *fermeture*.
Schlüsselbalken, *guigneau*, *solive d'enchevêtrure*.
Schlüsselloch, *entrée de serrure*.
Schluszscharte, senkrechte, *archère*.
Schluszstein, in einer gleichen Mauer, *clausoir*, *guimberge*.
Schluszstein eines Gewœlbes, *clef de voûte*, *mensole*.

Schmiede, *forge*.
Schmiege, *buveau*, *embrasure*, *sauterelle*.
Schmuck, *ornementation*.
Schmücken, *orner*.
Schnabel, *bec*.
Schnecke, *limache*, *volute*; Archimedische S., *vis d'Archimèdes*.
Schneckenlinie : *spirale*; einzelne Windung, *spire*.
Schneckenartig, *en limaçon*.
Schneckenliniennauge, *œil de volute*.
Schneckenschraube, *vis de colonne*.
Schneckentreppe, *caracol*.
Schnitte, *tranche*.
Schnœrkel, *enroulement*.
Schnurgleich machen, *araser*.
Schœnheit, ideale, *beau idéal*.
Schœnsæulig, *eustyle*.
Schoppen, angebauter, *appentis* : offner, *échoppe*, *hangar*.
Schornstein, *cheminée*.
Schornsteinbusen, *trémie*.
Schornsteinkasten abbrechen, *retondre*.
Schornsteinrœhre, æussere, *souche de cheminée*.
Schotendorn, *acacia*.
Schraffiren, *hacher un dessin*.
Schraffirungen, *hachures*.
Schræge, *biais*, *oblique*.
Schrægung, *chanfrein*.
Schranke, *clôture de chœur d'église*; *barrière*.
Schraube, *vis*; ohne Ende, *vis sans fin*.
Schraubenlinie, *hélice*.
Schraubenwinde, *vérin*.
Schraubenzug, *pas de vis*.
Schreibstube, *bureau*.
Schreiner, *menuisier*.
Schreinerarbeit, *menuiserie*; machen, *menuiser*.
Schriftkonntnisz, *paléographie*.
Schriftzug, *chiffre*.
Schubkarren, Entfernung, etc., *relais*.
Schuh, *pied*; eiserner, *sabot*.
Schundfeger, *vidangeur*.
Schuppen, *écailles*.
Schutzbrett, *pale*, *vanne*.
Schutzgitter, *barrière*.
Schutzmauer, *allége*.
Schwalbenschwanz, *queue d'aronde*.
Schweifen, *bomber*.
Schwelle, *patin*; eines Pfahlrosts, *plate-forme de fondation*, *seuil*.
Schwellen, *soles*.
Schwellung, *entasis*.
Schwere, specifische, *pesanteur spécifique*.
Schwindgrube, *puisard*.
Sechseck, *hexagone*.

Sechssæulig, *hexastyle.*
Sechsseitiger Kœrper, *hexaèdre.*
Seeleuchte, *fanal.*
Sehepunkt, *point d'aspect.*
Sehne, *sous-tendante.*
Seifensiederei, *savonnerie.*
Seil, *écoperche.*
Seilerbahn, *corderie.*
Seilwerk, an den Gerüsten, *chabots.*
Seite, *retour.*
Seite, von der, abzeichnen, *profiler.*
Seite, von der, *face. flanc.* Von der
   S. decken, *flanquer, pan* ; auf die
   schmale S. legen, *poser de champ.*
Seitenansicht, *profil.*
Seitendachflæche e. Walmdachs,
   croupe.
Seitenkapelle, *prothesis, prothèse.*
Seitenmauern, *basjoyers.*
Seitenschiffe, *bas côtés, collatéraux.*
Seitentiefe d. Schnecke d. jonischen
   Capitæls, *oreille.*
Seitentischchen. *crédence.*
Seminarium, *séminaire.*
Senkgrube, *puisard.*
Senkung. *tassement.*
Septizonium, *septizone.*
Serail, *sérail.*
Servitut, *servitude.*
Setzbret, *contre-marche.*
Setzsohle, *plate-forme de comble.*
Setzstufe, *contre-marche.*
Setzung, schlechte, der Steine, *dé-
   liaison.*
Setzwage, mittelst der S., abgegli-
   chen, *arasement, niveau.*
Siebeneck, *heptagone.*
Siegesbogen, *arc de triomphe.*
Siegesdenkmal, *trophée.*
Siegeszeichen, *trophée.*
Silberschrank, *buffet.*
Simsensteine, *arases.*
Simswerk, an einen Bogen, *archi-
   volte.*
Sinnbilder, *attributs.*
Sinus, *Sinus.*
Skizze, *esquisse.*
Sohlbank, *patin, tablette d'appui.*
Sohle, *patin.*
Sœller, *plate-forme.*
Sommerladen, *persiennes.*
Sommerlaube, *tonnelle.*
Sonnendach, *marquise.*
Sonnenmesser, *héliomètre.*
Sonnenuhr, *cadran solaire.*
Sonnenuhrzeiger, *gnomon.*
Spalte, *fente, lézarde.*
Spalten, *refendre.*
Spannen, *bander.*
Spannrahmen, *plate-forme de com-
   ble.*
Spannriegel, *entrait.*

Sparre, *chevron* ; gebogene Sp. v. e.
   Kuppeldache, *courbe.*
Sparrenbalken, kleiner, *linçoir* ;
   Dachkehl Sp., *noulets.*
Sparrenkopf, *modillon.*
Sparrenkœpfen, Raum zwischen,
   casse.
Sparrenschwelle, *sablière de comble.*
Spaziergang, *ambulatoire.*
Spazierplatz, *promenoir.*
Speisekammer, *dépense, garde-man-
   ger, office.*
Speisekeller, *cellier.*
Speisesaal, der Alten, *cénacle* ; in
   Klœstern, *réfectoire, salle à man-
   ger.*
Sphinx, *sphinx.*
Spiegelfeld. *panneau de glace.*
Spielhaus, *tripot.*
Spielraum, *jeu.*
Spille, *vindos.*
Spindel, *fuseau* ; einer Wendeltreppe,
   noyau d'escalier.
Spindelfœrmig, *fuselé.*
Spinnerei, *filature.*
Spital für Aussætzige, *léproserie.*
Spitzbogen, *arc aigu, ogive, arc a
   tiers-point.*
Spitze, *aiguille, pointe, sommet.*
Spitzgurten, *diagonale, branches d'o-
   gives.*
Splint, *aubier.*
Sprechzimmer, *parloir.*
Spreize, *étrésillon.*
Springbrunnen, *fontaine* ; künstli-
   cher, *girande.*
Sprosse, *roulon.*
Spund, *languette.*
Spundpfahl, *palplanche.*
Spur, *rainure.*
Stab, *astragale, baguette, fusarolle* ;
   mit Blumen, *roseau.*
Stæbe, von Eisen, Holz, *festons* ; in
   Sæulenkannelirungen, *rudenture.*
Stæbchen, gebrochenes, *fratte* ; ge-
   wundenes, *câble.*
Stadium, *cirque, stade.*
Stadtviertel, *quartier.*
Staffel, *marche.*
Stall, *écurie.*
Stamm, *tronc.*
Stand, nicht senkrechter, *contrefruit,
   surplomb* ; senkrechter, *aplomb.*
Standbild, *statue.*
Stænder, *colombe, poteau.*
Stænderwerk, *colombage.*
Standpunkt, *station.*
Stange, *barre* ; dünne, *tringle.*
Stængelfœrmige Figuren der corinth.
   Capitæler, *caulicoles.*
Stapelplatz, *entrepôt.*
Stark, zu, *gras.*

Statuen, kleine, *figurines.*
Stechen, *pointer.*
Steife, *étrésillon.*
Stein, *pierre*; tonartiger, *argileuse*;
  kalkartiger, *calcaire*; gypsartiger,
  gypseuse; schimmerd, *scintillante*;
  gleichkœrniger, *pleine*; sehr harter,
  roche.
Stein, mit schmaler Seite aus der
  Mauer, *boutisse.*
Stein spalten, *déliter une pierre.*
Stein an einem Faden befestigt,
  renard.
Stein, schlechter, weicher, *mollasse.*
Steinbruch, *carrière.*
Steindamm, *môle, turcie.*
Steine neben d. Schlusstein, *contre-
  clef.*
Steine, schlechte Setzung der S., *dé-
  liaison.*
Steine abhauen, zurichten, *démai-
  grir.*
Steine mit d. Hammerspitze abvie-
  ren, *esmilier, smiller.*
Steine mit dem Zahnhammer be-
  hauen, *layer la pierre.*
Steine, ungleiche, *arrachement.*
Steinen, aus grob behauenen St.
  aufführen, *rustiquer.*
Steinern, *massif.*
Steingerinne, *pierrée.*
Steinkitt, *mastic.*
Steinmetz, *tailleur de pierre.*
Steinmortel, gelblicher, *badigeon.*
Steinplatte, *cadette, dalle.*
Steinplatten, mit, belegt, *carrelage.*
Steinrinde, *bousin.*
Steinschichte, *cours d'assises.*
Steinschneiden, Abfall, *poussier.*
Steinschneider, *lapidaire.*
Steinschnitt, *coupe des pierres, trait*;
  falscher, *fausse coupe.*
Steinsetzer, *poseur.*
Steinsplitter, ausgesprungener, *ba-
  lèvre.*
Steinzusammenfügung, *rocaille.*
Stellung, *attitude*; senkrechte St. der
  Steine, *déliaison.*
Stern, *étoile.*
Sternwarte, *observatoire.*
Stichbalken, *chevêtre, blochet.*
Stiegen einer Treppe, *rampe.*
Stirnziegel, *antefixe.*
Stockwerk, *étage.*
Strebe, *décharge, poteau de déchar-
  ge.*
Strebebalken, *guette, souillard.*
Strebeband, *guette, poteau de dé-
  charge.*
Strebebogen, *arc-boutant.*
Strebemauer, *contrefort.*
Strebend, *poser en décharge.*

Strebepfeiler, *contrefort, éperon.*
Streif, *bande.*
Steigerung, *gradation.*
Stellung, *situation.*
Stempel, *pointal.*
Stichbalken, *entretoise.*
Stiege, *montée.*
Stiel, *tige de rinceau.*
Stocklaterne, *falot.*
Strahlenbrechung, *réfraction.*
Strasse, *voie.*
Strebe, *jambette.*
Strebepfeiler, *pilier boutant*; viereck-
  iger, *carré.*
Strohhütte, *cabane.*
Stube, *chambre*
Stück, *morceau, tronçon.*
Stukaturarbeiter, *stucateur.*
Stuk, *stuc.*
Stufe, *marche*; gleichbreite, *marche
  droite*; oberste, *marche palière.*
Stufenende in Wendeltreppen, *collet
  de marches.*
Stufengang, *gradation.*
Stumpf, *obtus.*
Stuhl, *chaise.*
Sturmband, *guette.*
Stuterei, *haras.*
Sturz, hœlzerner, *sommier.*
Stützband, *décharge, esselier, gousset,
  jambette, lien.*
Stütze, *boutée, chevalement, étai,
  élançon*; von Holz, *jambe de force,
  pale, pilastre, pile.*
Stützen, *buter, contrebouter, étayer,
  étaiement.*
Stützend, *boutant, poser en déchar-
  ge.*
Stützpunkt, *point d'appui.*
Stützsæule, kleine, *jambette.*
Suppenheerd, *potager.*

T

Tafel, *plinthe, table.*
Tæfelchen, *tablette.*
Tæfelwerk, *lambris, lambrissage, boi-
  series.*
Tagelohn, *main-d'œuvre.*
Tannzapfen, *pomme de pin.*
Tapetenpapier, *papier peint.*
Tartsche, *targe.*
Taubenhaus, *colombier.*
Taufbecken, *fonts.*
Taufkapelle, *baptistère.*
Taufstein, *fonts.*
Tempel, *temple*; runder, *monoptère.*
Tempelhaus, *cella.*
Tenne, *aire.*
Theater, *théatre.*
Theil, *fragment, membre.*

Theorie, *théorie.*
Thiergarten, *ménagerie.*
Thierkopf, *mufle.*
Thierträger, *zoophore.*
Tholus, *tholus.*
Thon, *argile.*
Thonerde, *glaise.*
Thorband, *gond.*
Thorflügelzapfen, *pivot.*
Thorwegriegel, *fléau.*
Thorwegthür, *porte cochère.*
Thron, *trône.*
Thronhimmel, *baldaquin.*
Thür, *porte* ; kleine, *guichet* ; blinde, feinte, *fausse* ; ansteigende, *rampante* ; mit gedrückten Stürz-Bogen, *surbaissée* ; bewegliche, *mobile* ; aus zwei Flügeln bestehend, *porte à deux vantaux* ; schnurgleiche Thür, *porte arasée* ; zusammengefügte, *porte d'assemblage* ; Schleusenthür, *porte de mouille* ; Glassthür, *porte vitrée.*
Thürangel, *gond.*
Thürflügel, *battant, vantail* ; Th. Band, *penture*
Thürfutter, *plate-bande.*
Thürgerüst, *huisserie.*
Thürgestell, *huisserie, châssis de porte, thyroma.*
Thürgewand, *thyroma, huisserie de porte.*
Thürklinke, *cadole.*
Thürladen, *volet de porte.*
Thurm, *clocher, aiguille, tour* ; kleiner, *tourelle.*
Thurmhelm, *flèche.*
Thurmspitze, *flèche.*
Thürpfosten, *jambage.*
Thürschlosskasten, *gâche.*
Thürschwelle, *pas de porte.*
Thürverkleidung, *placard.*
Tief, *en creux* ; unnœthige Tiefe, *refuite.*
Tilgen, *racheter.*
Tinte, mit T. überziehen, *passer à l'encre.*
Tischgeræthkammer, *office.*
Tischler, *menuisier.*
Tischlerarbeit, *menuiserie* ; machen, *menuiser.*
Tischlerleim, *fusée.*
Todtenschau, *morgue.*
Tonne Stein, *tonneau de pierre.*
Tonnengewœlbe, *berceau, voûte à plein cintre* ; schræg aufsteigendes, *coquille d'escalier de pierre.*
Tœpferarbeiten, *poteries.*
Torus, *bâton.*
Toscanisch, *toscan.*
Tragbahre, *brancard.*
Tragebalken, *travon.*

Trageband, *gousset, aisselier.*
Tragehimmel, *baldaquin, dais.*
Træger, *sommier, travon.*
Trægersæule, *jambe de force.*
Tragstein, *cul-de-lampe.*
Trapezium, *trapèze.*
Trapezoid, *trapézoïde.*
Trauerbinde, *litre.*
Trauergerüst, *catafalque.*
Traufe, *gouttière.*
Traufhacken, *chanlatte, coyau.*
Traufleiste, *larmier.*
Traufrœhre, *bavette, cheneau, gargouille.*
Treiben, *chasser.*
Treibhaus, *serre chaude.*
Trempel, *étrésillon, trésillon.*
Trennen, *déjoindre.*
Treppe, *escalier.*
Treppenbacke, *limon.*
Treppenstufe, oberste Fleche, *giron.*
Treppenthürmchen, *lanterne d'escalier.*
Treppenwange, *limon* ; schræg behauene, *quartier suspendu* ; durch Ruheplætze unterbrochene, *rampe par ressauts.*
Treppenwangen, freier Raumzwischen, *jour d'escalier.*
Tribune, *chevet d'église.*
Trichter an Dachrœhren, etc., *cuvette.*
Trinkstübchen, *buvette.*
Tritt, *gradin* ; aufs Pferd zu steigen, *montoir.*
Triumph-Bogen, *arc de triomphe.*
Trocken, *sec.*
Trog, *auge.*
Trogvoll, *augée.*
Tropfen, *clochettes, gouttes, larmes.*
Trümmer, *ruines.*
Trumpf, *guigneau.*
Trumpfbalken, *solive d'enchevêtrure.*
Tufstein, *tuf.*
Tünche, *enduit* ; wieder anlegen, *renduire.*

U

Ueberarbeiten, *ragréer.*
Ueberarbeitung, *ragrément.*
Uebereinstimmung, *harmonie.*
Ueberfallwehr, *batardeau.*
Uebergattern, *graticuler.*
Uebergusz aus Mœrtel, *chape.*
Ueberlegen, mit Farben, *laver.*
Ueberschlag, *filet.*
Ueberschrift, *épigraphe.*
Ueberzug, mit Kalk, Gyps, etc., *enduit* ; wieder anlegen, *renduire.*
Ufer, *rive.*
Uhr, *horloge.*

Uhrwerk, *horloge.*
Umarbeiten, *refaire, remanier à bout.*
Umdecken, *remanier à bout.*
Umfang, *pourtour.*
Umkreis, *périphérie.*
Umrisz, *contour, galbe.*
Unbearbeitet, *brut.*
Ungeschickt, *gauche.*
Ungezwungen, *svelte.*
Unnatürlich, *grotesque.*
Unterbalken, *architrave.*
Unterbrochene Rundstæbe, *billettes;* Stæbe, *bâtons-rompus.*
Untergeschoss, *souterrain, rez-de-chaussée.*
Untergraben, *miner, saper.*
Unterhalb aushessern, *reprendre.*
Unterlage von Sand, *couchis;* des Hebels, *orgueil.*
Untermauern, *en sous-œuvre, reprise.*
Untersatz, *socle.*
Unterwall, *fausse braie.*
Unterzug, bleierner, *membron.*
Unterlage, *piédestal.*
Urne, *urne.*

V

Verarbeiten, *débiter.*
Verbinden, *moiser, raccorder.*
Verbindung, *liaison;* des Eisenwerks, *armature, embranchement;* der Baumaterialien, *assemblage, raccordement.*
Verdingen, *marchander.*
Verdünnung der Sæulen, *contracture.*
Vereinigen, *raccorder.*
Vereinigung, *liaison, raccordement, union.*
Verfall, *dégradation, vétusté.*
Verfügung, *ordonnance.*
Verglasen, *vitrifier.*
Verhæltnisz, *proportion.*
Verjüngung, *diminution, contracture;* einer Mauer, *fruit.*
Verkleidung eines Kamins, *manteau de cheminée.*
Verkleinerung, *raccourci.*
Verkræpfter Keilstein, *clef à crossette.*
Verkræpfung, *crossette.*
Verkræfungen, *oreillons.*
Verkürzung, *raccourci.*
Verlængern, *rallonger.*
Vermauern, *murer.*
Vermischt, *mixte.*
Verordnung, *ordonnance, règlement.*
Verriegeln, *verrouiller.*
Versammlungshaus der Prytanen, *prytanée.*
Versammlungsplatz, *forum.*

Verschalung, *couchis.*
Verschliessung, *fermeture.*
Verschmelzung, *adoucissement.*
Verstæbt, *rudenté.*
Versteinerung, *pétrification.*
Verstümmeln, *mutiler.*
Vertheilung, *compartiment.*
Vertiefen, *fouiller.*
Vertiefung, *feuillure;* mit Schnitzwerk, *panneau de sculpture;* renfoncement.
Verzahnung, *harpe, pierres d'attente.*
Verzahnungen, Mauer mit, *épaulée.*
Verzieren, *orner.*
Verzierer, *décorateur.*
Verziert, *historié.*
Verzierung, *broderie, décoration; ornement, ornementation;* ohne, *lisse,* am Simswerk, *postes;* unnütze, *postiche;* rosenfœrmige, *rosette.*
Verzierungsleiste, an Schieferdæchern, *bourseau.*
Vieleck, *polyèdre.*
Vieleckig, *polygone.*
Vielseitig, *polygone.*
Viereck, *carré, quadrangle.*
Viereckig, *quadrangulaire.*
Viereckige Platte, *carreau.*
Vierpass, *arc à quatre lobes, quatre-feuilles.*
Viertel, *quart.*
Viertelstab, *échine, quart de rond.*
Vierung, *quadrature.*
Vogelhaus, *volière.*
Voll, *plein.*
Vollenden, *couronner, ragrément.*
Vollendung, *couronnement.*
Voluten, jonische, Seite, *coussinet de chapiteau ionien.*
Vorbau, *avant-corps.*
Vorbühne, *proscénium, avant-scène.*
Vordach, *avant-toit.*
Vordertheil, *devanture.*
Vorderthor, *avant-portail.*
Vorgang, *corridor.*
Vorhalle, *pronaos.*
Vorhaus, *vestibule.*
Vorhof, *avant-cour, ante-cour;* einer Kirche, *parvis, porche, propylées, vestibule.*
Vorlegeschloss, *cadenas.*
Von oben herab, *contre-bas;* nach unten, *contre-haut.*
Vor-Platz einer Kirche, *parvis.*
Vorrecht, *privilége.*
Vorsaal, *vestibule.*
Vorschrift, *ordonnance.*
Vorsprung, *avance, saillie, ressaut, retour, volée.*
Vorstadt, *faubourg.*
Vorzimmer der Wachen, der Leibgarden, *salle des gardes.*

W

Wache, *corps de garde.*
Wachenvorzimmer, *salle des gardes.*
Wachhaus, *barrière.*
Wachthaus, *corps de garde.*
Wachthæuschen, *échauguette.*
Waffengalerie, *salle d'armes.*
Wagenhaus, *remise.*
Wagenscheuer, *remise.*
Wagenschoppen, *hangar, remise.*
Wahnkante, *flache.*
Wall, *rempart.*
Wallbruch, *brèche.*
Wallgang, *terre-plein.*
Wallgewœlbe, *casemate.*
Walmsparre, *coyer.*
Walze, *rouleau.*
Wand, *pan.*
Wandbacken, *mantonnet.*
Wandpfeiler, *pied droit, pilastre engagé, antes.*
Wandsæule, *colonne engagée.*
Wange, *vis d'escalier.*
Wappen, *armes.*
Wappenschild, *écusson, panonceau.*
Wappenspruch, *devise.*
Wærmemesser, *thermomètre.*
Wærmstube, *chauffoir.*
Wartsteine, *pierres d'attente.*
Waschbecken, *lave-main.*
Waschhaus, *buanderie, lavoir.*
Waschplatz, *lavoir.*
Wasser, *eau.*
Wasserableitend, ein Glied, *rejet d'eau.*
Wasserabzug, *ventouse.*
Wasserbecken, *piscine;* grosses, flaches, *vasque.*
Wasserbehælter, *piscine, bassin, regard, réservoir;* kreisrunder, *rond d'eau.*
Wasserfall, *nappe d'eau, cascade.*
Wasserfang, *citerne.*
Wasserfarben, *détrempe;* deckende, *gouache.*
Wassergang, steinerner, *pierrée, canal.*
Wassergarbe, *globe d'eau.*
Wasserleitung, *aqueduc.*
Wasserschraube, *vis d'Archimèdes.*
Wasserstrahl, eines Springbrunnens, *jet d'eau;* kleiner, *lance d'eau.*
Wasserwage, *niveau.*
Wechsel, *guigneau.*
Wechselbalken, *solive d'enchevêtrure.*
Weg, *voie, chemin.*
Wegaufseher, *voyer.*
Wegeamt, *voirie.*
Wegemesser, *podomètre.*

Weghauen, *ébousiner.*
Wegschaffung, *vidange.*
Weiberwohnung, bei den Griechen, *gynécée.*
Wiederauflebung, *Renaissance.*
Weiher, *vivier.*
Weihkessel, *bénitier.*
Weihwasser-Becken, *bénitier.*
Weinlaubbegrænzter Stab, *thyrse.*
Weinpresse, *pressoir.*
Weinranke, *pampre.*
Weinrebe, *pampre.*
Weissblech, *fer-blanc.*
Weinschenke, *cantine.*
Weite, zwischen Sæulen, *espacement.*
Wellbaum, einer Winde, *treuil.*
Wellenbogen, *arc en accolade.*
Wellenfœrmig, *nébules.*
Wenden, *tourner.*
Wendelstufe, *marche dansante, triangulaire.*
Wendeltreppen, Stufenende, *collet de marches;* Spindel, *noyau.*
Werk, *œuvre, ouvrage.*
Werkstein, harter, *liais.*
Werkstücke, Ausmesser der, *appareilleur.*
Werkzeuge, *instruments, outils.*
Wetterdach, *auvent.*
Wetterfahne, *girouette.*
Widderkopf, *tête de bélier.*
Widerlage, *contrefort;* oberste Stein, *coussinet, culée, éperon;* eines Gewœlbes, *naissance de voûte.*
Wiederaufbau, *réédification.*
Wiederaufbauen, *rebatir, reconstruire, réédifier.*
Wiederaufbauung, *reconstruction.*
Wiederherstellen, *restaurer.*
Wiederherstellung, *réparation, restauration.*
Wiederholt, zweimal, *bigéminé.*
Wiedertünchen, *recrépir.*
Widerlagsstein, *sommier.*
Winde, *vindos.*
Windfang, *tambour de porte.*
Winkel, im rechten, *retour d'équerre.*
Winkel, *encoignure.*
Winkelband, *équerre.*
Winkelfasser, *fausse équerre.*
Winkelmasz, *buveau, équerre.*
Wirthshaus, *cabaret, auberge.*
Wohlgeordnetheit, *simplicité.*
Wohlgereimtheit, *eurythmie.*
Wohlklang, *harmonie.*
Wohnhaus, *maison.*
Wohnung, *demeure, habitation, logement, manoir;* Zimmer zur W. gehœrig, *logis.*
Wohnort, *demeure, lieu d'habitation.*
Wohnplatz, *habitation, demeure.*
Wœlben, *voûter.*

Wœlbung, *voussure.*
Wulst, *balustre de chapiteau, échine,*
   ove ; kleiner, *ovicule.*
Wunderlich, *grotesque.*
Würfel, *dé.*
Würfel-Brillanten, *têtes de clous.*
Würfelfœrmig, *damier.*
Wurzel, *racine.*

X

Xystum, Xystus, *xyste.*

Z

Zackenmeisel, *boucharde.*
Zackenschnitt, *dents de scie.*
Zahlenreihe, fortlaufende, *progres-*
   sion.
Zahn, *denticule.*
Zahnausschnitt, *métoche.*
Zahnhammer, mit d. Z. behauen,
   bretteler.
Zapfen, *denticule, tenon.*
Zapfenfügung, *embrèvement.*
Zapfenloch, *mortaise, pas.*
Zehnsœulig, *décastyle.*
Zeicheninstrument, *pentographe.*
Zeichnen, *tracer.*
Zeichner, *dessinateur.*
Zeichnung, *dessin* ; gewaschene, *lavis.*
Zeiger, *style.*
Zellenfœrmig, *alvéolaire.*
Zeughaus, *arsenal.*
Zickzack, *chevrons.*
Zickzackiger Bogen, *arc zigzagué.*
Ziegel, *tuile* ; Stücke, *tuileaux.*
Ziegelbrenner, *briquetier.*
Ziegelbrennerei, *briqueterie, tuilerie.*
Ziegelsteine, Reihe, in der Einkehle
   eines Daches, *tranchis.*
Ziegelstreicher, *tuilier.*
Zierrath, in Gestalt eines Strickes,
   cordelière ; gewundene, *tortillis.*
Zierde, *ornementation.*

Zifferblatt, *cadran.*
Zimmer, *chambre, pièce.*
Zimmer, Reihe, *appartement* ; zur
   Wohnung gehœrig, *logis.*
Zimmerchen, *chambrette.*
Zimmerholz, *bois de charpente, char-*
   pente ; einhauen, *tamponner des*
   bois, etc.
Zimmermannskunst , *charpenterie ,*
   charpente.
Zimmerwerk, *charpente.*
Zink, *zinc.*
Zinne, *créneau.*
Zirkelschnur, *simbleau.*
Zoll, *pouce.*
Zollamt, *douane.*
Zollhaus, *douane.*
Zugang, *avenue.*
Zugbrücke, *pont-levis.*
Zugehœr, *garniture.*
Zügen, mit parallelen, verzieren,
   guillocher.
Zumauern, *murer.*
Zunge, *languette.*
Zurichten, Holz, Steine, *dégauchir.*
Zuzammenflusz, *réceptacle.*
Zusammenfügung, *assemblage, enche-*
   vauchure ; der Sparren eines run-
   den Daches, *épi* ; durch Zapfen
   und Loch nach der Gehrung, *à*
   onglet.
Zusammensetzen, wieder, *remonter.*
Zutritt, *entrée.*
Zweimal wiederholt, *bigéminé.*
Zweipass, *bilobé.*
Zweischlitze, *diglyphe.*
Zwischenpfosten, *poteau de remplis-*
   sage.
Zwischenraum, *interstice.*
Zwischenraum, Hœlzer der Balken,
   solins.
Zwischenstœbe, *côtes.*
Zwischentiefe, *métope.*
Zwischenweite, Pilaster, *entre-pilas-*
   tre.
Zwischenweiten, mit breiten, *aréos-*
   tyle.

RÉPERTOIRE ANGLAIS-FRANÇAIS

A

Abacus, *abaque, tailloir*.
Abasement, *tassement*.
Abatement, *rabais*.
Abbey, *abbaye*.
Abridgment, *raccourci*.
Abute, to, *buter*.
Abutment, *sommier, butée*.
Acacia-tree, *acacia*.
Academy, *académie*.
Acanthus, *acanthe*.
Acropolis, *acropole, citadelle, forte-resse*.
Acroterium, *acrotère*.
Aditum, *adyton*.
Adorn, to, *orner*.
Agreable, *léger, agréable*.
Agreement, to specification, *marché d'ouvrage*.
Ailes, *bas côtés, collatéraux*.
Air-hole, *soupirail*.
Alcove, *alcôve*.
Allette, *alette*.
Alloy, *allée*.
Altar, *autel*; altar-piece, *retable*.
Alto-rilievo, *ronde bosse*.
Amazon, *amazone*.
Ambo, *ambon*.
Ambulatory, *ambulatoire, promenoir*.
Amphiprostyle, *amphiprostyle*.
Amphitheatre, *amphithéâtre*.
Ancientness, *vétusté*.
Anchor, *ancre*.
Ancone, *crossette, oreillon*.
Angle, *carne, angle*; truncated angle of abacus, *carne d'abaque*; angle post, *poteau-cornier*; angle tie-piece, *coyer*; angle of a building, *encoignure*.

Annulets, *annelets, armilles, filets*.
Annulo, *fusarolle*.
Antæ, *antes*.
Ante-cour, *avant-cour*.
Antefixe, *antifixe*.
Antepagmenta, *bandeau*.
Anvil, *tasseau*.
Apartment, *logement, appartement*.
Aperture, *jour, ouverture, percée*.
Apophyge, *apophyge, congé, nais-sance de colonne*.
Apron, *radier, tablier*.
Apse, *abside, chevet d'église, rond-point*.
Aqueduct, *aqueduc*.
Arabesques, *arabesques*.
Arbiter, *arbitre*.
Arbitration, *arbitrage*.
Arbour-work, *treillage*.
Arch, *arc*; pointed arch, *arc en ogive*; elliptical arch, *arc en anse de pa-nier*; semi-circular arch, *arc à plein cintre*; stilted arch, *arc sur-haussé*; catenarian arch, *arc en chaîne*; ogee arch, *arc en talon ou en accolade*; four centered arch, id.; trefoil arch, *arc trilobé*; qua-trefoil, *arc à quatre lobes*; zigza-gated arch, *arc zigzagué*; trium-phal arch, *arc de triomphe*; trans-verse arch, *arc doubleau*; lancet arch, *arc lancéolé*; rib arch, *forme-ret*; raking arch, *arc rampant*; wall arch, rib, *formeret*.
Archbishop's pallace, *archevêché*.
Architect, *architecte*.
Architecture, *architecture*; civil ar-chitecture, *architecture civile*; mi-litary architecture, *architecture militaire*; religious architecture

architecture religieuse ou hiératique ; classical architecture, architecture antique ; gothic architecture, architecture gothique.
Architrave, architrave.
Archstone, claveau.
Archivolt, archivolte.
Arena, arène.
Armoury, salle d'armes.
Arris, arête ; arris-fillets, solins.
Arsenal, arsenal.
Art, art.
Artfully, artistement, avec art.
Artist, artiste
Ascent, montée.
Aspect, aspect.
Asphalt, asphalte.
Ass's-back, dos-d'âne.
Assemblage, assemblage.
Assistent, manœuvre.
Astragal, astragale, baguette.
Astray, to lead, dévoyer.
Athenæum, athénée.
Atlantides, atlantes.
Atrium, atrium.
Attic, attique.
Atticurgus, atticurgue.
Attitude, attitude.
Attributes, attributs.
Auditory, auditoire.
Avenue, allée, avenue.
Axis, axe.
Azure, azur.

B

Back, dos, derrière, revers ; back of a seat, dossier ; back-court, arrière-cour.
Bailey, basse-cour d'un château.
Bake-house, fournil, boulangerie.
Balcony, balcon.
Baldachin, baldaquin,
Ball, finial, top or ridge-ball, boule d'amortissement.
Ball-room, salle de bal.
Baluster, balustre ; a small-baluster, roulon.
Balustrade, rampe, balustrade.
Band, bande, shaft-band, annelure.
Baptistery, baptistère.
Barge-full, navée.
Bar, barre, barreau.
Barn, grange.
Barrack, caserne.
Barrel-vault, voûte en berceau.
Barrier, barrière.
Barrow, bourriquet.
Bars, iron, in timber-vork, armature.
Base, base.

Basement, embasement, soubassement.
Basilica, basilique.
Basis, point d'appui.
Basket, panier, corbeille.
Basso-relievo, bas-relief.
Bastil, bastille.
Bastion, bastion.
Bath, bain, thermes ; bath-room, salle de bain.
Bathing-place, baignoir ; bathing-tub, vat, baignoire, cuve de bain.
Battens, chanlattes.
Battlement, créneau.
Bay of roofing, travée de comble.
Bear's-breech, acanthe, branche ursine.
Beam, poutre ; a small beam, poutrelle, racinal ; mortised beam upon piles, etc., raineau, sole, souillard, tirant.
Bearings, armorical, armes en blason.
Beater, rabot.
Beau-idéal, beau-idéal.
Bed, banc, lit ; bed-room, chambre à coucher.
Belfry, beffroi ; belfry-window, ouïe.
Bell, cloche, corbeille ; bell-shaped, campanulé ; bell-tower, campanile.
Belvedere, belvédère.
Bench-marks, témoins.
Bending of an arch, a vault, voussure.
Beton, béton.
Bevel, buveau, fausse équerre, sauterelle.
Bill, mémoire.
Billiard, billard.
Billets, alternate, billettes.
Binding, liaison ; binding-joist, chevêtre, doubleau ; binding-pieces, moises.
Bird's beak, bec de chouette.
Bishop's pallace, évêché.
Bitumen, bitume.
Blind, aveugle, borgne.
Block, bloc, tronche ; to block up a wall, bloquer.
Board, ais, planche, frise, madrier ; a little board, planchette ; boards for centering, couchis ; board of building, voirie.
Bold, fier, hardi.
Bolt, boulon, cadole, fiche, pêne ; a small bolt, targette, verrou ; staple of a bolt, vertevelle.
Bondstone, boutisse, parpaing.
Bone-house, morgue.
Border, bordure, larmier.
Bordering, chambranle.
Boss, bosse, culot, guimberge.

Bossage, *bossage*.
Bottel, *bosel*.
Bough, *rinceau*.
Boutel, *bosel*.
Bower, *tonnelle*.
Bowling-green , *boulingrin* , *tapis
    vert*.
Bowtell, *bosel*.
Brace, *aisselier*, *esselier*, *guette*, *jam-
    bette*, *lien*.
Bracket, *console*, *cul-de-lampe*, *culot*,
    gousset, *tasseau*.
Brass, *bronze*.
Breach, *brèche*.
Break, to, down a new, *redéfaire*.
Breakneck-place, *brise-cou*.
Breast-piece, *barre d'appui*; breast-
    plate, *plastron*; breast-summer,
    poitrail; breast-wall, *mur d'appui*;
    breast-work, *parapet*.
Breed of horses, *haras*.
Brew-house, *brasserie*.
Brick, *brique*; brick-kiln, *brique-
    terie*; brick-clamp, *four à briques
    et tuiles*; brick-maker, *briquetier*;
    brick-work, *briquetage*.
Bridge, *pont*; a small bridge, *pon-
    ceau*.
Bridging-joist, *solive*.
Bring, to, up, *poser*, *élever*.
Brisk, *vif*.
Bronze, *bronze*.
Buckler, *bouclier*.
Build, to, *bâtir*, *élever*, *ériger*; to
    build new again, *reconstruire*.
Builder, great, *bâtisseur*.
Building, *monument*, *édifice*, *cons-
    truction*; of a house, *bâtisse*; buil-
    ding's acts, *servitude*.
Bulk, *masse*.
Bull's eye, *œil-de-bœuf*.
Bulwark, *boulevard*.
Bundle, *faisceau*.
Bust, *buste*.
Butment, *culée*.
Butlership, *sommellerie*.
Button, *bouton*.
Buttress, *contre-fort*, *éperon*, *pilier*.
Byplace, *réduit*.

C

Cabbage-leaf, *feuille de chou*.
Cable, *câble*.
Cabled, *rudenté*.
Cabling, *rudenture*.
Cænaculum, *cénacle*.
Cage, *cage*.
Caissons, *caissons*,
Calcareous, *calcaire*.
Calcidium, *calcidique*.

Caliber, *calibre*.
Calling, *métier*.
Calotte, *calotte*.
Calvary, *calvaire*.
Cameo, *camée*,
Canal, *canal*; canals, *canaux*.
Candelabra, *candélabre*.
Canopy, *abat-voix*, *ciboire*, *dais*.
Cantalever, *cantalabre*.
Canted, *biais*.
Canteen, *cantine*.
Cantilever, *cantalabre*.
Cantoned, *cantonné*.
Cantonized, *cantonné*.
Capital, *campane*, *chapiteau*.
Capitol, *capitole*.
Capstern, *cabestan*.
Caravansary, *caravansérail*.
Carcass, *ossature*.
Carousal, *carrousel*.
Carpentry, *charpenterie*.
Cart-house, *hangar*.
Cartoon, *carton de peinture*.
Cartouch, *cartouche*.
Carving, *ciselure*.
Caryatides, *cariatides*.
Casemate, *casemate*.
Casement, *gorge*.
Castle, *château*.
Catacombs, *catacombes*.
Catafalco, *catafalque*.
Catenaria, *cherche*.
Cathedral, *cathédrale*.
Cathetus, *cathète*.
Caulicoli, *caulicoles*.
Cave, *grotte*.
Cavern, *grotte*.
Cavetto, *cavet*, *nacelle*,
Cavity, *renfoncement*.
Ceiling, *plafond*; panneled-ceiling,
    soffite.
Cell, *cella*, *cellule*.
Cellar, *cave*; a little-cellar, *caveau*.
Cement, *ciment*, *repous*.
Cenotaph, *cénotaphe*.
Centre, *centre*, *cintre*.
Centres, taken off, *décintrer*.
Cess-pool, *puisard*.
Chair, *chaise*.
Chamfer, *pan coupé*; to chamfer, *dé-
    larder*.
Chamfering of doors or windows,
    embrasure; chamfering of steps,
    délardement.
Champ, *champ*.
Chancel, *cancel*, *chancel*, *chœur*.
Chancery, *chancellerie*.
Channel, little, *goulette*.
Chapel, *chapelle*.
Chaplet, *chapelet*.
Chapter-house, *chapitre*, *salle capi-
    tulaire*.

Charnel-house, *charnier*.
Chasing, *ciselure*.
Cherub, *chérubin*.
Chessboard-ornament, *damier*.
Chevrons, reversed, *contre-zigzags*.
Chime, *carillon*.
Chimera, *chimère*.
Chimney, *cheminée*; chimney-back, *contre-cœur*; chimney-mantle, *manteau de cheminée*; chimney-passage, *enchevêtrure*; chimney-tongue between the flues, *languette*; chimney shaft, *souche de cheminée*.
China, *porcelaine*; china-manufactory, *faïencerie*, *fabrique de porcelaine*.
Chink, *fente*; to stop chinks, *calfeutrer*.
Chip, to, *dégrossir*.
Choir, *chœur*.
Church, *église*; church-banner, *gonfalon*; church-yard, *cimetière*; collegiate-church, *collégiale*.
Cill, *lisse*; ground-cill, *couche*.
Cima-reversa, *talon*; cima recta, *talon renversé ou doucine*.
Cinctura, *ceinture*.
Cinquefoil, *cinq-feuilles*.
Cippus, *cippe*.
Circle, *lobe*.
Circuit, *contour*.
Circus, *cirque*.
Cist, *ciste*.
Cistern, *citerne*; cistern-head, *cuvette*.
Citadel, *citadelle*, *forteresse*, *acropole*.
City, *cité*.
Clapping-joint, *battement*.
Clasp, *agrafe*.
Claustral, *claustral*.
Clay, *argile*, *glaise*; clay-mortar, clay-work, *bauge*, *torchis*.
Clean, to, *ratisser*.
Clearing, *vidange*.
Cleft, *pente*, *gerçure*.
Clerc-story, *claire-voie d'église*.
Clock, *horloge*, *pendule*.
Cloister, *cloître*.
Closer, *clausoir*.
Closet, *cabinet*.
Coach-house, *remise*.
Coarse, *brut*.
Coat of cement, *couche de ciment*.
Cods, in the ionian capital, *gousses*.
Coffee-house, *café*.
Coffer-dam, *batardeau*; pile of, *palplanche*.
Coins, rustic, *chaînes de pierres*.
Cold, *sec*.
Coliseum, *colisée*.
Collar, *gorgerin*.
College, *collége*.
Colonnade, *colonnade*, *colonnaison*.

Colossus, *colosse*.
Column, *colonne*; with few columns, *aréostyle*; thin and small column, *colonnette*; its contraction, *contracture*.
Commandery, *commanderie*.
Compartment, *compartiment*; transverse compartment, *travée*.
Compass, *boussole*.
Composition, a whimsical, *caprice*.
Concave, *concave*.
Concavity, *concavité*.
Concentric, *concentrique*.
Concrete, *béton*; thin concrete, *coulis*.
Concha, *conque*.
Concoid, *concoïde*.
Conduit, *conduit*.
Cone, *cône*.
Confessional, *confessionnal*.
Conissinet, *coussinet*, *retombée*.
Conoid, *conoïde*.
Construction, *construction*.
Contract, to, *marchander*; contract, *marché d'ouvrages*; by the yard, *au mètre*; to reduced price, *au rabais*; key in hand, *clef en main*. — *Déjeter*.
Contrast, to, *contraster*.
Convent, *couvent*.
Convex, *convexe*; to make convex, *bomber*.
Cope, *chape*.
Coping, *couronnement*; saddle-backed, *bahut*; coping of a wall, *chaperon*.
Copula, *coupole*.
Corbeil, *corbeille*.
Corbel, *corbeau*, *console*, *encorbellement*.
Corbic-steps, *redents*.
Core, *noyau*.
Corner, *carne*; corner-winder, *quartier tournant*.
Cornice, *corniche*.
Corona, sunk panel, *casse*, *larmier*.
Correct, to, a thing, *racheter*.
Corridor, *corridor*.
Cottage, *cabane*, *petite maison de campagne*.
Cotton-manufactory, *filature de coton*.
Counter-lath, *contre-latte*.
Counterscarp, *contrescarpe*.
Counter-wall, *contre-mur*.
Country-house, a little, *cassine*, *guinguette*.
Country-seat, *bastide*, *maison de campagne*.
Coupled, *accouplé*.
Court, *cour*, *préau*; court of justice, *tribunal*; court of justice in Erye, *gruerie*.
Curtain, *courtine*.

Coussinet, *oreillé.*
Cow-house, *bouverie, étable, vacherie.*
Crab, *chèvre.*
Cramp, iron, *crampon de fer, tirant.*
Cramping, *scellement.*
Crane, *grue, chèvre;* crane-beam, *éco-perche.*
Crease in a wall, *pli dans un mur.*
Credence, *crédence.*
Crest, *crête.*
Crevice, *fente, lézarde.*
Crib, *mangeoire.*
Crocket, *crochet.*
Cross, *croix;* stone-cross, *croix de pierre;* a small cross, *croisette;* cross-springer, *arc-doubleau;* cross-beam, *traverse.*
Crossette, *crossette, oreillon.*
Crown, *couronne;* crown-work, *couronnement;* to crown, *couronner;* crown-post, *épi.*
Cruet, *burette.*
Crutch, *potence.*
Crypt, *crypte.*
Cube, *cube, hexaèdre.*
Cubic, *cubique.*
Cubit, *coudée.*
Cup, *coupe, patère.*
Cupboard, low, *crédence.*
Cupola, *coupole.*
Curb roof, circular moulding, *bour-seau;* angle made by a curb-roof, *brisis;* upper part of a curb-roof, *faux comble.*
Curb-stone of a well, *margelle.*
Curtain-rod, *tringle.*
Curve, of an arch, *arceau.*
Curvely, *courbure.*
Curvilinial, *curviligne.*
Cusps, *contre-lobes.*
Custom-house, *douane.*
Cylinder, *cylindre.*
Cyma, *cimaise;* cyma recta, *doucine;* cyma reversa, *talon.*
Cypher, *chiffre.*

D

Dairy, *laiterie.*
Daring, *hardi.*
Decay, foundation, *déchaussé.*
Declivity, *pente.*
Decoration, *décoration, ornementation.*
Decorator, *décorateur.*
Degradation, *dégradation.*
Degraded, *dégradé.*
Degree, *degré.*
Deminution of a wall, *fruit.*
Demolish, to, *démolir.*
Demolition, *abatis, démolition.*

Dentels, *denticules.*
Department, *département.*
Depth, unnecessary, *refuite.*
Descent, *descente.*
Designer, *dessinateur.*
Device, *devise.*
Diagonal, *diagonale.*
Dial, *cadran.*
Diameter, *diamètre.*
Die, *dé.*
Dig, to, *recreuser.*
Diglyphs, *diglyphes.*
Dimension, *dimension.*
Dining-room, *salle à manger.*
Discharge, *décharge.*
Discharging-vault, *arrière-voussure.*
Disjoin, *déjoindre.*
Disposition, *disposition.*
Distance, *espacement.*
Distemper, *détrempe.*
Distribution, *distribution.*
Ditch, *fossé.*
Dog-kennel, *chenil.*
Dome, *coupole, tholus;* dome-eye, *œil de dôme.*
Donjon, *donjon.*
Door, *porte, entrée.*
Door, field above, *dessus de porte;* blind, *fausse porte.*
Door-beam, *fléau.*
Door-case, *huisserie.*
Door-frame, *huisserie.*
Door-gap, *jouée.*
Door-handle, *boucle, heurtoir.*
Door-post, *jambage, pied-droit.*
Door-step, *pas de porte.*
Doric, *dorique;* doric frett, *grecque.*
Dormer, *lucarne.*
Dormitory, *dortoir.*
Dott, to, *pointer.*
Double, *géminé.*
Dove-house, *colombier.*
Dove-tail, *queue d'aronde.*
Downwards, *contre-bas.*
Drain, *pierrée.*
Draining-well, *puisard.*
Draw, to, lines in ink, *passer.*
Draw-bridge, *pont-levis.*
Drawing, *dessin;* made in two colours, *obscur.*
Drawing, to write measures in, *coter;* to colour a drawing, *laver;* coloured, *lavis.*
Drawing-room, *salon.*
Drinking-bout, *buvette.*
Drip, *larmier, mouchette.*
Drive, to, in, *chasser.*
Drops, *clochettes, gouttes, larmes.*
Dry, *sec.*
Dungeon, *cachot, donjon, oubliettes.*
Dyke, *turcie.*
Dwelling, *demeure, logement, logis.*

E

Earth, *terre*.
Earth, sinking, *fondis*; digging out of earth, etc., *fouille de terre*; earth-work, *terrassement*.
Easy, *svelte*.
Eave, *avant-toit*.
Eave's-board, eave's-lath, eave's catch, *battellement*.
Echinus, *échine*.
Edge, *arête*; sloped edge, *biseau, ourlet*.
Edifice, *édifice, bâtiment*.
Egg-appearance, *ovoïde*.
Elevation, *élévation*.
Ellipsis, *ellipse*.
Elliptical, *surbaissement*.
Embolus, *piston*.
Embroidery, *broderie*.
Emptying, *vidange*.
Enclosure, *clôture*.
End, *bout, pointe*.
Engaged, *engagé*.
Engineer, *ingénieur*.
Entablature, *entablement*.
Entasis, *diminution de colonne*.
Entrance, *barrière, bouche, porte*.
Entry, *entrée*.
Epigraph, *épigraphe*.
Epitaph, *épitaphe*.
Erect, to, *ériger*.
Estrade, *estrade*.
Escutcheon, *écusson*.
Estimate, *devis*.
Excavate, to, *fouiller*.
Excavation to foundations, *terrassement*.
Exchange, *bourse, change*.
Extend, to, *régner*.
Extent, *pourtour*.
Extrados, *extrados*.
Extremity, *about, pointe*.
Eye, *œil*.

F

Face, *façade, face*.
Facet, *facette*.
Facing, *parement*; facing to a right angle, *retour d'équerre*.
Factitious, *factice*.
Failure of an arch or vault, *poussée*.
Falconry, *fauconnerie*.
False light, *contre-jour, faux jour*.
Farm, *ferme*.
Farm-house, *métairie*.
Fastening of a sash-door or window, *espagnolette*.

Fathom, *brasse*.
Fee-farm, *cense*.
Fence, wooden, *barrière de bois*.
Festoon, *feston*.
Festoons, flow, wave of, *chute de festons ou d'ornements*.
Fie'd, *champ*.
Fighting-room, *salle d'armes*.
Figure, *figure*.
Fleuron in a caisson, *rosace*.
Fillet, *bandelette, côtes, filet, listel, orle, réglet*.
Filling with earth, rubble, rubbish, *remblais, remplage, remplissage*.
Finial, *amortissement*.
Finish, to, *ragréer*.
Firm, *fier*.
Fish-pond, *vivier*.
Flamboyant, *flamboyant*.
Flames, *flammes*.
Flank, *flanc*; to flank, *flanquer*.
Flap, to, *fouetter*.
Flashing, *bavette*.
Flaw, *flache*.
Flight of steps, *rampe*.
Flintstones, *cailloux*.
Floodgate, *pale, vanne*.
Floor, *aire, étage, plancher*; inlaid floor, *parquet*; on the same floor, *de plain-pied*; to lay a floor, *planchéier*; subterranean floor, *souterrain*.
Flooring, *radier*.
Flowers, *fleurs*.
Flower-garden, *parterre*.
Flower-work, *fleuron*.
Flush, out of, *balèvre*.
Flush, *raccordement*; to make flush, *redressement*.
Fluting, *cannelure, striures*; the S shaped flutings, *strigiles*.
Flyer, *marche droite*.
Flying-buttress, *arc-boutant*.
Fold, of a door, *battant de porte*.
Foliage, *feuillage, rinceau*.
Font, *fonts*.
Foot, *pied*.
Foot-board, *marchepied*.
Footstool, *marchepied*.
Foot-way, *trottoir*.
Forework, *devanture*.
Fore-part, *avant-corps*.
Forge, *forge*.
Fort, *fort*; little fort, *fortin*.
Fortress, *acropole, citadelle, forteresse*.
Forum, *forum*.
Foundation, *fondement, fondation*; to lay the foundation, *fonder*.
Fountain, *fontaine, source*.
Fragment, *fragment*.
Frame, *bâti, cadre, châssis*.

Framed-work, with rails, styles and pannels for shutters, *feuilles*.
Freedom of a company, *maîtrise*.
Freemasonry, *francmaçonnerie*.
Freese, *frise*.
Fresco-painting, *fresque*.
Fret, frett, *bâtons rompus*, *frette*, *grecque*; frettod, *fretté*.
Frieze, *frise*.
Frise, *frise*.
Front, *façade*, *face*.
Frontispice, *frontispice*.
Fruit-loft, fruitery, *fruitier*.
Fulcrum, *orgueil*.
Furnish, to, *meubler*.
Furniture, *garniture*.
Furrow, *pas de vis*, *rigole*.

G

Gable, *gable*, *pignon*.
Gallery, *corridor*; narrow, *couloir*, *galerie*.
Gaming-house, *tripot*.
Gap, *brèche*; door or window gap, *jouée*.
Garden, *jardin*; garden-bed, *planche de jardin*.
Gargoyle, *gargouille*.
Garland, *guirlande*.
Garret, *galetas*, *grenier*.
Gate, *barrière*.
Gathering, *hotte de cheminée*, *manteau en hotte*.
Gauge in slating and tiling, *pureau*.
Geometrical progression, *progression géométrique*.
Geometry, *géométrie*.
Ginæceum, *gynécée*.
Girder, *poutre*.
Girdle, *ceinture*; black, *litre*.
Glazing, *vitrage*.
Glass, *verre*; a pane of glass, *vitre*.
Gloss-house, *verrerie*.
Glass-stained-windows, *vitraux*.
Glaze, to, *vitrer*.
Glazier, *vitrier*.
Glazier's-work, *vitrerie*.
Globe, *globe*.
Glory, *gloire*, *auréole*, *nimbe*.
Glyph, *glyphe*.
Glyptotheca, *glyptothèque*.
Gnomon, *gnomon*.
Gnomonics, *gnomonique*.
Gold, *or*.
Gorgerin, *gorgerin*.
Gradation, *gradation*, *nuance*.
Gothic, *gothique*.
Graft, to, *enter*.
Grafting, *enture*.

Granite, *granit*.
Graphic, *graphique*.
Graticulate, to, *graticuler*.
Grave, *fosse*, *sépulture*; Grave-stone. *pierre tombale*.
Gravity, specific, *pesanteur spécifique*.
Gray in gray, painting, *camaïeu*, *grisaille*.
Greenhouse, *serre*; hot-greenhouse, *serre chaude*.
Griffin, Griffon, *griffon*.
Groove, *coulisse*, *rainure*; to set in a groove, *encastrer*.
Groove, to, *évider*.
Grotesque, *grotesque*.
Ground, *champ*; ground, even, *rez terre*, *sol*, *terre*.
Ground-floor; *rez-de chaussée*.
Guard-house, *corps de garde*.
Guard's-hall, *salle des gardes*.
Gudgeon, *goujon*.
Guiding-rope, *verboquet*.
Guildhall, *hôtel de ville*, *mairie*.
Guincunx, *quinconce*.
Gullyhole, *chantepleure*.
Guttæ, *clochettes*, *gouttes*, *larmes*.
Gutter, *chéneau*, *égout*; sloped gutter in roofs, *noue*, *rigole*.
Gutter-stones, *caniveaux*, *culières*, *gouttière*.
Gymnasium, *gymnase*.
Gymnic, *gymnique*.
Gypsum, *gyp*, *gypse*.

H

Habitation, *habitation*.
Half-relievo, *demi-bosse*.
Hall, *pièce*, *salle*.
Hammer, *marteau*; small, *martelet*.
Hammer-beams, *blochets*.
Hand-spike, *bourriquet*.
Handle, *manivelle*.
Hanging ornament, *guimberges*.
Harbour, *port*.
Hard, *vif*.
Harmony, *harmonie*.
Harpy, *harpie*.
Harrow, *herse*.
Hash, to, *hacher*.
Hatches, *hachures*.
Haven, *rade*.
Hay-frame, *râtelier*.
Hay-loft, *fenil*.
Head, *tête*.
Head, grotesque, *mascaron*, *masque*.
Header, *boutisse*.
Head-piece, *chapeau*.
Head-way, *échappée*.
Heart-shaped ornament, *rais de cœur*.

Hearth, *âtre, foyer* ; chimney-hearth, *trémie.*
Height, at the, of. ... *au droit.*
Helical line, *hélice.*
Helix, *urille.*
Hem, *ourlet.*
Hermitage, *ermitage.*
Herring-bone, *arête de poisson.*
Hiding-place, *cachette.*
Hieroglyph, *hiéroglyphe.*
Hinge, *charnière, gond, penture.*
Hippogryff, *hippogriffe.*
Hip-rafter, *arêtier, rallongement, reculement.*
Holdfast, *mantonnet.*
Hole, *trou.*
Hollow, *fondis, gorge, vide, jeu* ; to hollow, *recreuser, renfoncement, trou.*
Hollowness, *cambrure.*
Holy water-pot, vat, *bénitier.*
Honeycombed, *alvéolaire.*
Hook, *mantonnet.*
Hoop, iron, *sabot.*
Horseblock, *montoir.*
Horse shoe, *fer à cheval.*
Hospital, *hôpital, hospice.*
Hot-baths of the ancients, *thermes.*
Hotel, *hôtel.*
House, main body, *corps de logis, maison.*
Houses, old, decayed, ruined, *masures.*
Household goods, *meubles.*
Hunting-lodge, *muette.*
Husks in the ionian capital, *gousses.*
Hut, *hutte.*
Hypogæum, *hypogée.*

I. J.

Jack-rafter, *empanon.*
Jack-screew, *vérin.*
Jamb, *jambage* ; jamb-stones, *jambe, juillière.*
Icehouse, *glacière.*
Idea, *idée.*
Jib-door, *placard.*
Image, *image.*
Immure, to, *murer.*
Impair, to, *ruiner.*
Impost, *imposte.*
Inch, *pouce.*
Inclosure, *enceinte, enclos.*
Incurvated, *bombé.*
Indented, *engrené.*
Indenture between joists, *anglet.*
Inlay, to, *marqueter*; to inlay wood, *plaquer.*
Inlaying, *placage.*
Inn, *logis.*

Inscribe, to, *inscrire.*
Insulated, *isolé.*
Intercolumniation, *entrecolonnement.*
Interval, *interstice.*
Intrados, *intrados.*
Joggle, *patte.*
Joiner, *menuisier.*
Joiner's-putty, *futée.*
Joinery, *menuiserie* ; to do joiner's work, *menuiser.*
Joining, *liaison.*
Joint, *emboîture, interstice, joint*; to fill joints, *rejointoyer.*
Joint, to, *jointoyer.*
Joist, *lambourde* ; fir joists, *sapines* ; joists between binding joists, *solins* ; small, *soliveau.*
Ionic, *ionique, ionien.*
Iron, *fer.*
Iron hook, *étrier.*
Iron-hoop, *frette, sabot.*
Iron-tie, cramp, *feston.*
Ironwork, to bind with, *ferrer, ferrure.*
Isolated, *isolé.*
Isolation, *isolement.*
Judgment-hall, *prétoire.*
Juncture, *emboîture.*
Justness of proportion, *eurythmie.*
Jut out, to, *forjeter.*
Jut out of a wall, *contre-fruit.*
Jutting (small) pilaster, *dosseret.*

K

Key, *quai.*
Keystone, *clef de voûte, mensole.*
Kiln, *four, fourneau.*
King-post, *poinçon.*
Kitchen, *cuisine.* Kitchen-garden, *potager.*
Knee-timber, *potence.*
Knocker, *boucle, heurtoir.*
Knots, *entrelacs, nœuds.*

L

Labour, *façon, main-d'œuvre*; defective, *mal-façon.*
Labourer, *manœuvre, ouvrier.*
Labyrinth, *dédale, labyrinthe.*
Lace, sculpted, *cordelière, galon.*
Ladder, *échelle.*
Lady's private room, *boudoir.*
Lamp, *lampe* ; a small lamp, *lampion.*
Lampbearer, *lampadaire.*
Lancet-arch, *arc lancéolé.*
Landing-place, *palier, repos.*
Landing-step, *marche palière.*
Landmarks, *bornes.*

Landscape, *paysage*.
Lantern, large, *falot*, *lanterne*.
Larder, *dépense*, *garde-manger*, *office*.
Latch, *cadole*, *loquet*; small, *loqueteau*.
Lath, *latte*; small, *liteau*.
Lathing, *lattis*.
Lattice-work of iron, *treillis*.
Lavatory, *lave-main*.
Layer, a, *un poseur*.
Layfigure, *mannequin*.
Lazarhouse, *lazaret*.
Lead, *plomb*.
Lead, sheet, *lame de plomb*.
Lead-work, *plomberie*.
Leaf, of a door, *battant de porte*, *vantail*.
Lean, *maigre*.
Leaves, *feuilles*; rough hewn, *feuilles galbées*; phantastical, *imaginaires*; natural, *naturelles*.
Lectern, *lutrin*.
Length, unnecessary, *regain*.
Lettern, *lutrin*.
Level, *niveau*; to level, *niveler*, *receper*; levelling, *nivellement*, *raccordement*.
Level, to, *affleurer*, *aplanir*; to make level, *araser*; to level a place, soil, *régaler*.
Levelling of ground, soil, *régalement*.
Lever, *levier*.
Lias, *liais*.
Library, *bibliothèque*.
Life, *âme*, *vie*.
Light, *léger*, *svelte*.
Light-house, *phare*.
Lime, *chaux*; slack lime, *chaux éteinte*; to slack lime, *détremper de la chaux*, *fuser*; to mix lime with water, *gâcher*.
Lime-kiln, *chaufour*.
Lime-water, *lait de chaux*.
Limy, *calcaire*.
Line, *ligne*; to line, *revêtir*; carpenter's line, *simbleau*; spiral line, *spirale*.
Lining, *revêtement*, *revêtissement*.
Lintel, *linçoir*, *linteau*.
Listel, *bandelette*, *filet*, *listel*.
Litter, *brancard*.
Load, to, *barder*.
Lock, *serrure*.
Locksmith, *serrurier*.
Lodging, *hôtel*, *logement*, *logis*.
Loft, *grenier*.
Loggia, *loge*.
Loophole, cruciform, *arbalétrière*; vertical loophole, *archère*, *barbacane*.
Loosen, to, *déjoindre*.
Loss, *déchet*.

Losenge, *losange*.
Lumps, unslakeable, in lime, *biscuits*.
Lunette, *lunette*.
Lustre, *lustre*.
Lyceum, *lycée*.

M

Machicolations, *mâchicoulis*.
Machine, *machine*, *engin*.
Make, to, up again, *remonter*.
Malandres, *malandres*.
Manger, *mangeoire*.
Manner, *manière*.
Manniken, *mannequin*.
Manor, *manoir*.
Mansard-roof, *mansarde*.
Mantle, chimney, *manteau de cheminée*.
Manufactory, *manufacture*.
Marble, *marbre*; quarry, *marbrière*; cutter, *marbrier*.
Mark, *repère*.
Margin in slating and tiling, *pureau*.
Market-place, *apport*, *marché public*; in the east, *maïdan*, *meïdan*.
Marquetry, *marqueterie*.
Mason, *maçon*, *manœuvre*.
Masonry, *maçonnerie*; rough, *hourdage*; coarsest masonry of a wall, *rudération*.
Mason's-work, *maçonnage*.
Mass, *masse*.
Massy, *massif*.
Master-maçon, *maître maçon*.
Massiness, *plein*.
Mastic, *mastic*.
Mastich, *mastic*.
Mat-ornament, *nattes*.
Materials, *matériaux*.
Materials, preparing, etc., *débiter*; badly cut, *gauche*.
Mathematics, *mathématiques*.
Mausoleum, *mausolée*; round, *môle*.
Measure, *mesure*, *porter*.
Measures, to write, in a drawing, *coter*.
Measurement, *porter*, *métré*.
Medaillon, *médaillon*.
Medal, *médaille*; medal-screen, *medaillier*.
Medley of colours, *bariolage*.
Member, *membre*.
Mensuration within, without, etc., *œuvre*, *dans*, *hors*.
Merlon, *merlon*.
Mesh, *maille*.
Metal, *métal*.
Meter, one, cube, *stère*.
Meloche, *méloche*.

Metopa, metope, *métope*.
Middle-court, *mesaule*.
Milk-farm, *laiterie*.
Mill, *moulin*.
Milliary, *militaire*.
Mill-stone, *meulière*.
Miner, *mineur*.
Mint, *hôtel de la monnaie*.
Mislead, to, *dévier*.
Miter-dado framing, *bouement*.
Miter-joint, *onglet*.
Mixed, *mixte*.
Mixture, *mélange*.
Model, *modèle* ; to model, *modeler*.
Modern, *moderne*.
Modillion, *modillon*.
Module, *module*.
Mole, *turcie*.
Monastery, carthusian, *chartreuse*.
Monastic, *claustral, monastique*.
Monkey, *mouton*.
Monogram, *monogramme*.
Monopteral, *monoptère*.
Monotonous, *monotone*.
Monotony, *monotonie*.
Monument , *monument* ; sepulcral
   monument, *tombeau*.
Moorish, *mauresque*.
Mortar, *mortier*.
Mortar, thin, *coulis*.
Mortice, *mortaise*.
Mortise, to, *enclaver*.
Mosaic-work, *mosaïque*.
Mosque, *mosquée*.
Motion, laws of, *phoronomie*.
Motto, *devise*.
Mould, *moule, terreau*.
Moulding, *membre, mouture* ; moul-
   ding rejecting water, *rejet d'eau*.
Mouth, *bouche*.
Mud, *vase*.
Mudwork, *bousille*.
Mullion, *meneau*.
Mullioned, three, *bigéminé*.
Mullions, cross, of a window, *croisil-*
   lons.
Museum, *musée*.
Music-hall, *salon de musique*.
Mutilate, to, *mutiler*.
Mutulus, *mutule*.
Muzzle, *mufle*.

N

Nail, large headed, *caboche*.
Nail-head, *tete de clou, pointes de dia-*
   mant.
Nave, *nef, vaisseau*.
Neck, *gorgerin*.
Nerves, *nervures*.

Newel, winding line, in a winding
   staircase, *courbe rampante*.
New-furnish, to, *remeubler*.
New-plastering, *renduire*.
New-scaffold, to, *réchafauder*.
Nick, *hoche, oche*.
Niggardly, *mesquin*.
Nightman, *vidangeur*.
Nook, *réduit*.
Nosing of a step, *marche moulée*.
Notch, *entaille, hoche, oche, pas, rai-*
   nure.
Note, *mémoire*.
Nucleus, *noyau*.

O

Oak, hard, *chêne dur*.
  » soft, *chêne tendre*.
  » thin plank of, *merrain*.
Obelisk, *obélisque*.
Object, *objet*.
Oblique, *oblique*.
Oblong, *oblong*.
Observatory, *observatoire*.
Obtuse, *obtus*.
Ochre, *ocre*.
Octogon, *octogone*.
Odeum, *odéon*.
Office, *bureau*.
Ogee, *talon*.
Oil, *huile*.
Oker, *ocre*.
Oldness, *vétusté*.
Opening, *claire-voie, ouverture, jour,*
   percement, renard , vue.
Orange house, *orangerie*.
Orangery, *orangerie*.
Oratory, *oratoire*.
Orchard, *verger*.
Orchestra, *orchestre*.
Order, *ordre, style* ; composite, *com-*
   posite ; corinthian, *corinthien*.
Order, (law), *règlement, ordonnance*.
Ordonnance, *ordonnance*.
Organ, *orgue*.
Organ-case, screen, *buffet d'orgues*.
Oriel, *oriel*.
Ornament, *ornement* ; indented, *dent*
   de scie ; pellet, *discoïde*.
Ornamented, *historié , orné , orne-*
   menté.
Over-span, *contre-fruit*.
Outhouse, *appentis*.
Outline drawn on transparent paper,
   calque, contour.
Outward-wall, *avant-mur*.
Oven, *four, fourneau*.
Oval, *ovale, ellipse*.
Overseer, *piqueur*.

Ovolo, *échine, ove*; a small ovolo, *ovicule*.

P

Padlock, *cadenas*.
Pagoda, *pagode*.
Paint, to, *peindre*.
Painter, *peintre*.
Painting, *peinture*.
Palace, *palais*.
Pale, *pale*; a row of pales, *palée*.
Palisade, *palissade*.
Pane, a square, *carreau*, *pan*.
Palm-leaf, *palmette*; palm-tree-branch, *palme*
Panel, square, *membrure*, *panneau*.
Pantry, *office*, *paneterie*, *sommellerie*.
Paper, *papier*.
Paper-mill, *papeterie*.
Parget, to, *crépir*; to parget again, *recrépir*, *renformir*.
Parlour, *parloir*.
Part, a, *fragment*.
Partition, *pan de bois*; upright joists in a partition, *colombage*; oblique post of a partition, *devers*; partition-wall, *refend*.
Parsonage-house, *presbytère*.
Parvise, *parvis*.
Passage, *couloir*, *dégagement*, *entrée*, *pertuis*.
Pastel, *pastel*.
Paternostro, *patenôtre*.
Patten, *patin*.
Paved path, *revers*.
Pavement, *pavé*.
Paver, *paveur*.
Pavilion, turkish, *kiosque*, *pavillon*.
Paving with tiles, *carrelage*.
Peal, *carillon*.
Pearl, *perle*.
Pedestal, *piédestal*, *stéréobate*; a small pedestal, *piédouche*.
Pediment, *fronton*, *tympan*.
Pellet, *besant*.
Pendant, *cul-de-lampe*.
Pendentive, *pendentif*.
Pentagon, *pentagone*.
Penteys, *abat-sons*.
Penthouse, *auvent*, *marquise*.
Penumbra, *pénombre*.
Perch, *perche*.
Perfuming-pan, *cassolette*.
Perpend-stone, *parpaing*.
Perpendicularly, *à plomb*.
Pest-house, *léproserie*.
Pheasant-walk, *faisanderie*.
Place, *place*.
Philosophy, natural, *physique*.
Pick, to, with the point of a hammer, *esmiller*, *smiller*.

Picking-hammer, *boucharde*.
Piece, *morceau*.
Pier, *pile*, *trumeau*.
Pilaster, *pilastre*; small jutting pilaster, *dosseret*.
Pile, *pilotis*; to drive in piles, *planter des pieux*; pile-engine, *sonnette*; head-piece of piles, *travon*; pile-work, *pilotage*.
Pin, *cheville*; a wooden pin, *tampon*.
Pine-apple, *pomme de pin*.
Pinnacle, *aiguille*, *flèche*, *pinacle*.
Pipe, *conduit*, *tuyau*.
Pivot, *pivot*, *tourillon*.
Place, *tas*; to place, *poser*.
Plan, *plan*; to take up a plan, *lever un plan*.
Plane, *lisse*, *varlope*; to plane, *dégauchir*.
Plank, thin, of oak, *merrain*.
Planks, *madriers*, *dosses*.
Plaster, *plâtre*; plaster-work, *plâtrerie*; plaster-quarrie, *plâtrière*; to plaster again, *renformir*; yellow-plaster, *badigeon*; to mix plaster, with water, *gâcher du plâtre*.
Plastering, *enduit*; plastering composition, *impastation*.
Plate, *plaque*.
Platband, *plate-bande*.
Platform, *plate-forme*, *enrayure*; platform of earth, *terre-plein*.
Plinth, *plinthe*.
Plummet, *plomb d'ouvrier*.
Pole, *jalon*; pole-plate, *sablière*, *plate-forme de comble*.
Point, *point*.
Polish, to, *dégauchir*, *ragréer*, *ravaler*; polishing of a wall, *ravalement*.
Pollards, *baliveaux*.
Porcelain, *porcelaine*.
Porch, *porche*; outer-porch, *avant-portail*.
Port, *port*, *rade*.
Portcullis, *herse*.
Post, *colombe*, *pieu*, *pilier*, *poteau*; angle-post, *poteau cornier*, oblique post in a trussed partition, *devers*; side-post, *jambage*, *jambe de force*, *montant*.
Postern, *guichet*; postern-gate, *poterne*.
Porphyry, *porphyre*.
Portal, *portail*.
Portico, *porche*.
Postique, *postiche*.
Potter's-work, *poteries*.
Poultry-yard, *basse-cour*.
Practice, *pratique*.
Priory, *prieuré*.
Prison of galley-slaves, *bagne*.

Privy, *cabinet d'aisance, latrines.*
Profile, *section verticale d'un corps, coupe;* to cut a profile with a sweep, *chantourner.*
Progression, *progression.*
Projecture, *avance, saillie, relief, ressaut.*
Prop, *accoudoir, chevalement, étrésillon, racinal.*
Proportion, *proportion.*
Props, of stalls, their decoration, *museaux.*
Public-house, *cabaret.*
Pug-mortar, *charge.*
Pulley, *poulie.*
Pulpit, *chaire à prêcher.*
Pump, *pompe.*
Pumping-screw of Archimedes, *limache, ou vis d'Archimèdes.*
Purline, *panne.*
Purlins, *filières.*
Purlin-bracket, *chantignole.*
Purple, *pourpre.*
Put-logs, *boulins.*
Pyramid, *pyramide.*

Q

Quadrangle, *quadrangle, tétragone.*
Quadrature, *quadrature.*
Quarry, *carrière.*
Quarry-stone, *cadette.*
Quarter, *montant;* quart, *quartier.*
Quarter-round, *échine, quart de rond.*
Quatrefoil, *quatre-feuilles.*
Quartz, *quartz.*
Quay, *quai.*
Queenpost, *force.*

R

Rabetting, *enchevauchure.*
Race, *stade.*
Rack, *râtelier.*
Radius, *rayon.*
Rafter, principal, *arbalétrier;* common, *chevron;* rafter-foot, *coyaux;* small rafters forming the gutter of a roof, *noulets.*
Ram, *mouton;* to ram earth, *pilonner.*
Rampant, *rampant.*
Rampart, *boulevard, rempart.*
Ray, visual, *rayon.*
Rebate, *feuillure;* to make rebates, *refeuiller.*
Rebuild, to, *rebâtir, reconstruire, reconstruction.*
Rebuilding, the, *réédification.*
Receptacle, *réceptacle.*

Recess, *ravalement, renfoncement.*
Record or State Paper office, *archives.*
Rectify, to, *redressement.*
Red, *rouge, gueules.*
Redress, to, *redressement.*
Reduction of a plan, *réduire un plan.*
Reeding, *godrons.*
Reed, in column-fluting, *roseau.*
Refectory, *réfectoire.*
Refit, to, a roof, *recherche.*
Refraction, *réfraction.*
Refuse, of building-stone, *poussier.*
Regular, *réglé.*
Regulation, *règlement.*
Renew, to, etc., *reprendre;* renewing, *reprise.*
Reins of a vault, *reins de voûte.*
Rejointing, *rejointoiement.*
Repair, to, a roof, *recherche.*
Repair, *réparation.*
Repair of the foot of a wall, *rempiétement;* to repair, etc., *rempiéter.*
Restoration, *réparation.*
Restore, to, a roof, *recherche, remanier à bout.*
Revival, *renaissance.*
Rhombus, *losange.*
Ribban, *ruban.*
Ribs, *nervures.*
Ribs, diagonal groining, *branches d'ogives;* spherical of a dome, *courbes;* cross ribs of a groined vault, *croisées d'ogives;* intermediate ribs, *tiercerons.*
Ridge, *faîte.*
Ridge-piece, *faîtage;* ridge-tile, *faîtière.*
Ridge-rib, *lierne.*
Riding-house, *manége.*
Rise, to, *dresser, élever, ériger.*
Riser, *contre-marche.*
Road, *voie.*
Rock, *roc, roche, rocher.*
Rock-work, *cailloutage;* rock-worked rustic, *rocaille.*
Rod, *perche, tringle.*
Roll, *rouleau.*
Roller, *rouleau.*
Romanesque, *roman.*
Rood-loft, *jubé.*
Rood-screen, *jubé.*
Roof, *couverture;* hipped-roof, *croupe;* mansard, *mansarde;* slopeness of a roof, *pan de comble.*
Roof, two-sloped, *bâtière.*
Roofing, *toiture.*
Room, *chambre;* little, *chambrette, pièce.*
Root, *racine.*
Rope-walk, house, *corderie.*
Ropes, scaffolding, *chabots.*

Rose, *rose, roselle.*
Roselle, *roselle.*
Rotunda, *rotonde.*
Rough-cast, *crépi.*
Rough-hew, to, *ébousiner.*
Rough-stone, *moellon.*
Rough-walling, *limosinage.*
Rough-work, to, *hourder.*
Rounce, *manivelle.*
Rubbish, *bousin, plâtras.*
Rubble, *marrain, poussier;* rubble of stones, *recoupes.*
Rubble-wall, *construction par pierrée.*
Rule, carpenter's, *limande.*
Ruler, *règle.*
Run, to, *pousser, traîner;* the run, *le relais.*
Rustic-like, *rustique.*

S

Saddle-backed-coping, *bahut.*
Sailing's over, *saillie, avance.*
Saltpeter-house, *salpêtrière.*
Sally, *relief.*
Sally-port, *poterne.*
Sanctuary, *sanctuaire.*
Sand, *sable.*
Sand-pit, *sablière.*
Sandstone, *grès.*
Sap, *aubier.*
Sash, *châssis.*
Saw, to, *refendre.*
Scaffold, *échafaud;* scaffolds, *équipage, radeau;* scaffolding-ropes, *chabots.*
Scale, *échelle.*
Scales, *écailles.*
Scantling of materials, *échantillon;* of a building, *épure.*
Scape, *apophyge.*
Scarp of a ditch, *escarpe.*
Sconce, *lustre.*
Scotia, *scotie.*
Scrap, to, *ratisser, regratter.*
Scrawl, to, *griffonner.*
Screen, *grille, armoire.*
Screw, *vis;* screw-line, *limaçon.*
Scribble, to, *griffonner.*
Scroll, *enroulement, postes.*
Sculpt, to, *sculpter.*
Sculptor, *sculpteur.*
Sculpture, *sculpture.*
Scutcheon, *écusson.*
Seads, *graines.*
Sealing, *scellement.*
Seat, *siège;* back of a seat, *dossier.*
Section, *coupe, profil, sarcome;* conical section, *section conique.*
Seed-plot, *pépinière.*
Semi-circle, *demi-cercle.*

Sentry-box, *guérite.*
Seraglio, *sérail.*
Servant's-hall, room, *commun des gens.*
Set, to, *asseoir, poser;* to set up, *dresser.*
Sett-off, *empatement, retraite.*
Settled, *tassé.*
Settlement, *tassement.*
Sewer, *égout, cloaque.*
Shade, *ombre.*
Shadow, to, *ombrer, pocher.*
Sadowing, *nuance.*
Shaft, of a column, *fût, tige de colonne.*
Shape, nearly to a, *ébauche;* to shape, *modeler.*
Shed, *angar, appentis, hangar.*
Shell, *coquille, coque.*
Sheepfold, *bergerie.*
Sheet-iron, *tôle.*
Shelter, *réceptacle.*
Shelving, *talus.*
Shield, *bouclier, panonceau.*
Shingles, *bardeau.*
Shop, *boutique.*
Shore, *rive.*
Shrine, *châsse.*
Shutter, outside, *contrevent, volet, fermeture, guichet;* shutters of a windmill, *houssage.*
Side, *côté, flanc, pan;* lateral side, *retour.*
Side-board, *buffet.*
Side-face, *profil.*
Side-table, *dressoir.*
Silk-manufactory, *filature.*
Sill, *lisse, patin, seuil.*
Sine, versed, of an arc, *flèche.*
Sink, *évier.*
Size, to diminish the, *démaigrir.*
Skeleton, *ossature.*
Sketch, *esquisse.*
Skill, *pratique.*
Skylight, *abat-jour.*
Slab, stone or marble, *dalle ou plaque de pierre ou de marbre;* of timber, *dosse.*
Slate, *ardoise.*
Slaughter-house, *tuerie, abattoir.*
Sleeper, *dormant.*
Slice, *tranche.*
Slide, to, a moulding, *élégir.*
Slime, *vase.*
Sling-cart, *trique-balle.*
Slope, *pente.*
Sloped, *biais.*
Slopeness, *talus.*
Sloping-bank, *glacis;* sloping direction, *biaisement.*
Sluice, *écluse.*
Small space or room, *bouge.*

Smallage, *ache.*
Smithery, *serrurerie.*
Smoothen, to, *lisser.*
Soap-house, *savonnerie.*
Socket of the pivot of a gate, *crapaudine.*
Softening, *adoucissement.*
Soil, *fonds, terrain, terre.*
Sole of the pivot of a gate, *crapaudine.*
Solder, *soudure.*
Space, *espace, espacement.*
Span, *portée.*
Specification, *détail.*
Spindle, *fuseau.*
Spiral-stairs, *caracol.*
Spire, *aiguille, clocher, flèche.*
Spirit, *âme, vie.*
Splice, *fausse-coupe.*
Splinter, *épauffure.*
Split, to, *refendre.*
Spot, *tas.*
Spout, *robinet.*
Spring, *fontaine, source.*
Square, *carré;* to square, *équarrir;* square rule, *équerre.*
Squareness, *équarrissage.*
Squaring, *équarrissement.*
Squint, *abat-jour.*
Stable, *écurie.*
Stade, Stadium, *stade.*
Stage, *scène, étage;* front of stage, *avant-scène.*
Stair, *gradin;* stairs before a house, *perron.*
Stair-case, *escalier, cage d'escalier;* slope of the newel of a staircase, *échiffre.*
Stairhead, *palier.*
Stairs, *escalier.*
Stake, *pilotis, pieu, jalon;* a row of stakes, *palée.*
Stall, *échoppe.*
Stanchion, *étançon.*
Staple of a lock, *gâche.*
Star, *étoile.*
Starling, *avant-bec, brise-glace.*
Statue, *statue;* statue of a small size, *figurine.*
Stay, *chevalement.*
Steeple, *clocher.*
Step, *marche, gradin, degré, seuil;* its breadth, *giron.*
Steps, flight of, *rampe.*
Stick, to, *pointer.*
Stilted, *surhaussement.*
Stock, *masse.*
Stone, *pierre;* to cleave or to split a stone, *déliter une pierre;* to diminish the size of a stone, *démaigrir;* wrong-cutting of stones, *fausse-coupe;* stone of bad quality, *pouf;*
soft stone, *molasse;* of soft surface, *moye;* stone-course, *assise de pierres;* id., last level, *arase;* stone-cross, *croix de pierre;* perpend-stone, *parpaing.*
Stone-cutter, *tailleur de pierre;* master stone-cutter, *appareilleur.*
Stone-cutting, *coupe de pierres.*
Stone-facing, *appareil.*
Stone-layer, *assise de pierre, cours d'assise.*
Stone, a small, as a perpendicular, *renard.*
Stones, badly laid, *déliaison;* laid out of their natural bed, *délit.*
Stop, to, *fermer, arrêter;* stop of a ram, *refus;* stop, *robinet.*
Store-house, *entrepôt, magasin.*
Store-room, cellar, *cellier.*
Story, *étage;* a low story, *entresol.*
Stove, *poêle, fourneau;* stove for cooking, *potager.*
Stratum of sand, *couchis.*
Stretch, to, out, *régner.*
Strengthening, *liaison.*
Stringboard, *limon.*
Stringcourse, *cordon, cours de plinthe.*
Striges, *stries.*
Stroking, *layer la pierre.*
Strong, *vif.*
Strut, *lien;* a small strut, *potelet.*
Strutting-piece, *entretoise.*
Stud, *pivot, haras.*
Study, *atelier d'architecture, de peinture, de sculpture, bureau, cabinet.*
Suburb, *faubourg.*
Sucker, *piston.*
Suitable, to see if a thing is, *présenter, essayer.*
Sommer, *sommier;* breast-summer, *poitrail.*
Summit, *faîte, sommet.*
Sun-dial, *cadran solaire.*
Sunked-down, *tassé.*
Support, *boutée, étai, étrésillon, point d'appui;* to support, *contre-bouter, étayer.*
Supporting, *boutant;* the action of supporting something *étaiement.*
Surface, *superficie, surface.*
Surveyor, *piqueur.*
Sweep, gracefull, *galbe gracieux.*
Swelling, *bombement, renflement, entasis.*
Swing-gate, *pont à bascule.*

T.

Table, *table.*
Tablet, *tablette.*

Tackle of pulleys, *moufle.*
Tan-house, *tannerie.*
Target, *large.*
Taste, *goût.*
Tavern, *buvette.*
Tennis-court, *jeu de paume, mail, sphéristère.*
Terrace-maker, *terrassier.*
Theatre, *théâtre.*
Theory, *théorie.*
Thermæ, bath, *bain, bains, thermes.*
Thick, too, *gras.*
Thicket, *bosquet.*
Thin, *maigre.*
Thistles, *chardons.*
Theodolite, *planchette.*
Thorough, *bout en bout.*
Three mullioned, *bigéminé.*
Threshold, *seuil.*
Throne, *trône.*
Through-stone, *boutisse, parpaing.*
Throwing down the top of a chimney, etc., *retondre.*
Thrust of an arch, or vault, *poussée.*
Thunderbolt, *foudre.*
Tie-beam, *entrait, semelle.*
Tie straining-piece, *entretoise.*
Tierce-point, *tiers-point.*
Tighten, to, *bander.*
Tile with a ridge on one side, *nouelle*; tile kiln, *tuilerie*; tile maker, *tuilier.*
Tile, *tuile.*
Tile, square, *carreau de pavé*; hardened by vitrification, *carreau de faïence.*
Timber, *bois de charpente*; timber-frame, *grillage.*
Timber, to hack, *tamponner.*
Timber-roof, *comble.*
Timber-yard, *chantier.*
Timber, to support voussoirs, *couchis, pointal.*
Timber-pieces, to represent, etc., *développer, développement*; in a hipped roof, *embranchement.*
Timber-work, *charpente.*
Tin, *fer blanc.*
Tip, *bout.*
Tiring-room, *foyer de spectacle.*
Tomb, *mausolée, tombeau, sépulcre, sarcophage.*
Tondino, *fusarolle, tondin.*
Tongue between chimney flues, *languette.*
Tooling, *layer la pierre.*
Tools, *outils.*
Toothing, *arrachement, pierres d'attente, harpes.*
Top, from the, to the base, *contre-haut, faîte, sommet.*
Torus, *bâton (moulure), boudin, tore.*

Tower, *tour*; a little tower, *tourelle.*
Town-house, hall, *hôtel de ville, mairie.*
Trace, to, *tracer.*
Trade, *métier.*
Traffic, *métier.*
Transept, *croisée, croisillon d'église.*
Trap, trap-door, *trappe.*
Trapezium, *trapèze.*
Treasury, *trésor, trésorerie.*
Trefoil, *trèfle, trilobé.*
Trench, *rigole, tranchée.*
Trenching, *fouille de terre.*
Tressel, *chevalet, tréteau.*
Triforium, *galerie d'église.*
Triglyph, *triglyphe*; narrow space between the channels, *cuisse de triglyphe.*
Trimmers, *guigneaux.*
Trimming, *garniture.*
Trochilus, *scotie.*
Trompin, *goujon.*
Trophy, *trophée.*
Trough, *auge*; full trough, *augée.*
Trowel, *truelle.*
Truck, *binard, trique-balle.*
Trunk, *tronc.*
Trunnion, *tourillon.*
Truss, *ferme de charpente.*
Try, to, *présenter.*
Tup, *mouton.*
Turning-joint, *charnière.*
Turnstile, *tourniquet.*
Tuscan, *toscan.*
Twist-ornament, *nattes, tortillis.*
Twofold, *double, géminé.*
Two foliated circles, *bilobé.*

U

Undermine, to, *miner, saper.*
Uneven, to be, *désafleurer.*
Unfitly, *postiche.*
Unpolished, *brut.*
Upright, out of the, *surplomb.*
Upright, to push out of the, *pousser à vide.*
Urilke, *urilles.*
Urn, *urne*; funeral urn, *urne funéraire.*

V

Valley, *fourchette.*
Valve, *soupape.*
Variegate, to, wood, *plaquer.*
Varnisser, *vernisseur.*
Varnish, *vernis*; to varnish, *vernir, vernisser.*
Varnishing, *vernissure.*

Vault, *voûte*; discharging-v., *arrière-voussure*; full-centered, *berceau, à plein cintre*; oven-shaped, *en cul de four*; concave curvature, *douelle*; of the same thickness, *extradossé*.
Vein, *fil*; with veins, *filardeux*.
Vein, to, *marbrer*.
Veneering, *placage*.
Vestibule, *vestibule*.
Vine-branch, *pampre*.
Vent-hole, *soupirail*.
Vestry, *trésor*.
Void, *jeu, vide, trou*.
Volute, ionian, lateral part, *coussinet de chapiteau*; eye of a volute, *œil de volute*.
Voussoir, *voussoir*.
Voussoirs next to the key-stone, *contre-clefs*.

W

Wainscot, *boiseries, lambris*; to wainscot, *boiser*.
Wainscotting, *lambrissage*.
Walk, *allée, avenue*.
Wall, *mur*; blind wall, without openings, *mur orbe*; to plaster joints, etc., *gobeter*; to wall up, *murer*; wall-partition, *refend*; wall-face, inside, *rez-mur*; outward wall, *avant-mur*; uncoursed rubble wall, *blocage*; to block up a wall, *bloquer*; wall-arch, *formeret. Boulevard*.
Walling, earth, mud, *pisé*.
Wall-plate, *linçoir*.
Walls, lateral, of a sluice, *bajoyers*.
Wan, *pâle*.
Ward-robe, *garde-meuble, garde-robe*.
Wardenship, *jurande*.
Warming-place, *chauffoir*.
Warp, to, *déjeter*.
Warrent, *ordonnance*.
Washer, *larenier*.
Wash-house, *buanderie, lavoir*.
Watch-light, *fanal*.
Watch-turret, *échauguette*.
Water, *eau*; water-sheet, *nappe d'eau*.
Water-closet, *cabinet d'aisance, commodités, privé*.
Water-colour painting, *aquarelle, gouache*.
Watercourse, *pierrée*.
Water-hole, *ventouse*.
Water-pan, flat, *vasque*.

Water-sheaf, *globe d'eau*.
Waterspout, *jet d'eau, canons de gouttière*; high but small waterspout, *lance d'eau*.
Wave, to, *guillocher*.
Waved-work, *guilloches*.
Way, *voie, route, chemin*.
Weathercock, *girouette*.
Wedge, wooden, *cale*.
Well, *puits*.
Wet-dock, *bassin*; round wet-dock, *rond-d'eau*.
Wheel-rut, *ornière*.
Whiting, *lait de chaux*.
Wicket, *guichet*.
Wide-thin, *méplat*.
Wind, to, up, *monter, élever*.
Winder, *marche dansante*.
Winders, their narrow end, *collet de marche*.
Winding-stairs, *caracol*.
Windlass, *singe, treuil, vindas*.
Window, *fenêtre*; balcony-window, *fenêtre à balcon*; blanc window, *fenêtre feinte*; blind-window, *id.*; ornamented border around windows, *filotière*; window-blind, *jalousie*; venetian window, *persienne*; window-shutter, *volet*; window-breast-wall, *alége*; window-gap, *jouée*.
Wine-press, *pressoir*.
Wing, *aile*.
Wood, *bois*; cracked wood, unfit for use, *cantibai*.
Wood-curb for staining wells, *rouet*.
Woden wedge, *cale*.
Wood-house, *bûcher*.
Wood-yard, *fourrière*.
Work, to, *travailler*; to work out mouldings, *réchampir*.
Work, *atelier, ouvrage*.
Work, uncoursed rubble, *garni*.
Workman, *ouvrier*.
Workmanship, *main-d'œuvre, ouvrage*.
Wreath, *guirlande*.

X

Yard, *canne*.

Z

Zigzags, reversed, *contre-zigzags*.
Zoological-garden, *jardin des plantes*.

RÉPERTOIRE ITALIEN-FRANÇAIS

A

Abaco, *abaque, tailloir.*

Abassamento, indizio di, *témoins, tassement.*

Abassato, *tassé.*

Abbadia, *abbaye.*

Abbaino, *abat-jour, lucarne.*

Abassamento, *ravalement, surbaissement, tassement.*

Abitazione, *habitation, demeure, logis, logement, manoir;* abitazione sporca, *taudis.*

A bozza-pietra, *bossage.*

A bozzo, *ébauche, feuilles galbées.*

Acacia, *acacia.*

Acanto, *acanthe.*

Accademia, *académie.*

Accomodare, *racheter.*

Accoppiato, *accouplé.*

Accuminato, *mur de pignon.*

A coda di rondine, *queue d'aronde*

Acqua, *eau;* acqua di calce, *lait de chaux.*

Acquajolo, *évier.*

Acquarello, *aquarelle, lavis, détrempe.*

Acquidotto, *aqueduc.*

Acroterio, *acrotère.*

Addentellato, *arrachement, pierres d'attente.*

Addirizzare, *dégauchir.*

Addolcimento, *adoucissement.*

Adito, *adyton.*

A fior di terra, *rez-terre.*

Affusato, affusolato, *fuselé.*

Affusolare, l', una colonna, *contracture de colonne.*

Aggiustatore, *poseur.*

Agguagliamento, *arasement;* agguagliamento d'un terreno, *régalement.*

Agguagliare, *raccorder, rejointoyer.*

Ago d'un arpione, *goujon;* ago, *style, gnomon.*

Aguglia, *flèche.*

Aja, *aire, grange.*

Ala, *aile, collatéral, bas côtés;* ala del molino, *pale;* ala di tetto, *long pan de toit.*

Albergo, *hôtel.*

Alberi, viale d', *avenue.*

Alburno, *aubier.*

Alcovo, *alcôve.*

Aletta, *alette.*

Allungare, *rallonger.*

Alma, *âme.*

Altalena, *bascule, grue.*

Altare, *autel;* ornamento d'altare, *rétable;* mensa d'altare, *table d'autel.*

Altezza, all', *au droit.*

Alto, di, in basso, *contro bas, contrehaut.*

Altona, *belvédère.*

Alto rilievo, *ronde-bosse.*

Alveolo, che ha forma d', *alvéolaire.*

Alzare, in, *dresser.*

Alzata, *élévation.*

Amazzone, *amazones.*

Ambone, *ambon.*

Ammobigliare, *meubler.*

Ampolla, *burette.*

Andito, *allée.*

Anelli, *armilles.*

Anfiteatro, *amphithéâtre.*

Angolare-pilastro, *pilastre d'angle*.
Angoletto, *anglet*.
Angolo, *arête, carne*.
Anima, *mur d'échiffre*.
Animella, *soupape*.
Annello per il chiavistello, *verte-velle*.
Annulo, *fusarolle*.
Ante, *antes*.
Antefisse, *antéfixe*.
Anticorte, *avant-cour, vestibule*.
Antimuro, *avant-mur*.
Apertura, *baie, jour, ouverture, percée* ; apertura d'una porta ovvero d'una finestra, *jouée* ; aperture, in una fabbrica, *ouvertures pratiquées dans un bâtiment*.
Aperzione, *baie*.
A pian di terra, *au rez-de-chaussée*
Apoca, *marché d'ouvrage*.
Apofigi, *apophyge, naissance de colonne*.
A posticcio, *postiche*.
Apparecchio, *appareil*.
Appartamento, *appartement, corps de logis*.
Appianare, *aplanir*.
Appio, *ache*.
Appiombo, *aplomb* ; fuori d'appiombo, *surplomb*.
Applicare i numeri, *coter*.
Appoggio, *accoudoir, accottoir, barre, point d'appui* ; tavoletta d'appoggio, *tablette d'appui*.
Arabeschi, *arabesques*.
Arbitrato, *arbitrage*.
Arbitro, *arbitre*.
Arco, *arc* ; arco a mezza botte, *arc en anse de panier* ; arco semi-circolare, *arc plein cintre* ; arco acuto, *arc aigu ou à ogive* ; arco trionfale, *arc de triomphe* ; arco doppio, *arc-doubleau* ; incurvazione di uno arco, *arceau* ; arco di ponte, *arche de pont* ; arco di sostegno, *décharge* ; parte esteriore d'un arco, *extrados* ; parte interiore d'un arco, *intrados* ; arco d'una volta gottica, *formeret* ; cuscino d'un arco, *sommier*, piegato in arco, *bombé*.
Archipensolo, *plomb d'ouvrier*.
Architetto, *architecte*.
Architettura, *architecture*.
Architrave, *architrave* ; architrave d'una porta, *hyperthyrum*.
Archivio, *archives*.
Archivolto, *archivolte*.
Ardesia, *ardoise*,
Ardito, *hardi*.
Arganello, *tourniquet*.
Argano, *grue, cabestan, rindas*.
Arena, *arène*.

Argilla, *argile, glaise*.
Ariostilo, *aréostyle*.
Armadura di legname, *charpente*.
Armatura, *armature*.
Armille, *annelets*.
Armonia, *harmonie*.
Arnesi, *équipage*.
Arpia, *harpie*.
Arpione, *gond*.
Arricciare, *ravaler* ; arricciare un muro, *récrépir un mur*.
Arricciato, *ravalé*.
Arricciatura d'un muro, *ravalement*.
Arrotolamento, *enroulement*.
Arsenale, *arsenal*.
Arte, *art* ; arte del legname, *charpenterie* ; arte meccanica, *métier* ; arte dilavorare il piombo, *plomberie* ; arte del vetrajo, *vitrerie*.
Artefice, *ouvrier*.
Artificiale, *factice, artificiel*.
Artifizio, fatto con, *artistement*.
Artista, *artiste*.
Asciare, *débiter*.
Asfalto, *asphalte*.
Aspetto, *aspect*.
Asse, *ais, axe, frise, planche*.
Assicella, *bardeau*.
Assicello, dietro d'uno specchio, *panneau de glace*.
Assottigliare un legno, etc., *éléyir*.
Assottigliamento, *fruit*.
Asticciuola, *entrait, lierne, semelle*.
Astragalo, *astragale, bosel*.
Ateneo, *athénée*.
Atlante, *atlantes, telamones*.
Atrio, *atrium, porche, vestibule* ; atrio davanti una chiesa, *parvis*.
Atterrare, *ruiner, démolir*.
Attico, *attique*.
Attitudine, *attitude*.
Atto del pulire le mura, *ragrément*.
Attrezzi, *équipage*.
Attributi, *attributs*.
Auditorio, *auditoire*.
Aureola, *auréole, nimbe, gloire*.
Avanti-scena, *avant-scène*.
Avanzo, *regain*.
Azzuro, *azur*.

B

Baccelli, *gousses*.
Bacchetine, *godrons*.
Baddia, *abbaye*.
Bagni, *bains, thermes*.
Bagno, *bagne, baignoir, bain*.
Balaustrata, *balustrade*.
Balaustro, *balustre*.
Balcone, *balcon*.

Baldacchino, *abat-voix, baldaquin, dais*.

Banco, *banc* ; banco della fabriceria, *banc-d'œuvre* ; banco dei mercadanti, *change*.

Banda, *bande*.

Bandella, *penture*.

Banderuola, *girouette*.

Barbacane, *barbacane*.

Barcata, *navée*.

Bardellare, *barder*.

Barella, *bourrique, brancard*.

Barra, *barre*.

Barriera, *barrière*.

Basamento. *stéréobate*.

Basilica, *basilique*.

Basso-rilievo, *bas-relief, basse-taille*.

Bastione, *bastion, rempart*.

Bastone, *tore, bâton, boudin, goudrons* ; bastone da livello, *jalon*.

Battente, *battants, ventaux (ventail)*.

Battimento, *battement*.

Battisterio, *baptistère*.

Battuta, *dosseret*.

Battuto, *plate-forme, terrasse*.

Beccatello, *corbeau, tasseau*.

Bettola, *buvette, cabaret, guinguette*.

Biblioteca, *bibliothèque*.

Bietta, *chantignole, orgueil*.

Birra, luogo dove si fa la, *brasserie*.

Bisante, *besants*.

Biscazza, *tripot*.

Bislongo, *oblong*.

Bitume, *bitume*.

Bocca, *bouche*; bocca della stanghetta, *gâche*.

Borsa dei mercadanti, *bourse*.

Boschetto, *bosquet*.

Bosone, *culot*.

Betola, *trappe*.

Bottaccio, *ove*.

Botte de pietre, *tonneau de pierre*.

Bottega, *boutique* ; bottega dove il è forno, *fournil*.

Botteguccia, *échoppe*.

Bottola, *trappe*.

Bottone, *bouton*.

Bozza, *culot*.

Bozzo, *bossage*.

Braca, falsa, *fausse-braie*.

Braccio, *brasse, coulée* ; braccio di croce, *croisillon*.

Bracciuolo, *accotoir*.

Braciere da parfumi, *cassolette*.

Branca di ferro, *patte en fer*.

Branca orsina, *branche ursine*.

Branchie, *ouïes*.

Breccia, *brèche, marrain*.

Brocatello di Spagna, *brocatelle*.

Bronzo, *bronze*.

Brutto, *brut*.

Buco, *trou*.

Buffetto, *buffet*.

Bussola, *boussole*.

Busto, *buste*.

C

Cadiglia, *nilles*.

Caditòjo, *machicoulis*.

Caffe, *café*.

Cala, *cale*.

Calcareo, *calcaire*.

Calce, stemperare, *détremper de la chaux* ; spegner la calce, *éteindre de la chaux, fuser*.

Calcina, *chaux* ; fornace de calcina, *chaufour* ; calcina spenta, *chaux éteinte*; marra di calcina, *rabot*.

Calcinaccio, *plâtras*.

Calcistruzzo, *ciment, repous*.

Calco, *calque*.

Calettatura a triangolo, *assemblage par embrèvement*.

Calibro, *calibre*.

Calo, *déchet*.

Calotta, *calotte*.

Calvario, *calvaire*.

Calzatoia, *chantignole, chevalement*.

Camera, *chambre* ; camera del portinajo, *loge de portier* ; camera per i cadaveri, *morgue*.

Cameretta, *chambrette*.

Camerino, *bouge, cabinet*.

Cammeo, *camée*.

Cammino, *cheminée* ; cammino fuori del tetto, torretta, *souche* ; pezzi di legno che lasciano l'apertura al cammino, *guigneaux* ; cappa del cammino, *hotte de cheminée*; nappa di cammino, *manteau de cheminée*.

Campana. *cloche* ; cloche, corbeille de chapiteau.

Campanile, *beffroi, campanile, clocher*.

Campanulato, *campanulé*.

Campidoglio, *capitole*.

Campire, *rechampir*.

Campo, *champ*.

Canale, *canal, conduit, coulisse, tranchée*.

Canaletto, *goulotte, rigole*.

Canaliculo, *cannelure*.

Canapo, *câble*.

Cancelleria, *chancellerie*.

Cancello, *barreau, cancel, chancel* ; cancello di sostegno, *contre-latte* ; piccolo cancello, *roulon*.

Candelabro, *candelabre*.

Candeliere, gran, *torchère*.

Canestro, *corbeille*.

Canile, *chenil*.

Cannelloto, *rudenté*.

Cantieri, *empanons, chevrons*; recinto; di cantiere, *chantier d'atelier*.
Cantina, *cantine, cave*.
Cantinetta, *caveau*.
Canto vivo, *carne, arête vive*.
Cantonata, *encoignure*.
Cantonato, *cantonné*.
Cantoniera, *écoinçon, fourchette*.
Capa del cammino, *manteau de cheminée en hotte*.
Capanna, *cabane, grange, hutte*; capanna ad uso della caccia, *muette*.
Capitello, *campane, chapiteau*.
Capitolo, *chapitre*.
Capo, *tête*; capo di bove o di ariete, *tête de bœuf ou de bélier*.
Capo-mastro, *maître maçon*.
Capo d'opera, *chef-d'œuvre*.
Cappa, *chape*.
Cappella, *chapelle*.
Cappello, *chapeau*.
Cappellone, *abside*.
Capriccio, *caprice*.
Carcere, *prison*.
Cardi, *chardons*.
Cardine, *gond, tourillon*
Cardoni, *chardons*.
Carella, *console*.
Cariatidi, *cariatides*.
Carico d'una nave, *navée*.
Cariglione, *carillon*.
Carnajo, *charnier*.
Carriera, *carrière*.
Carrucola, *poulie*.
Carta, *papier*.
Cartella, *console*.
Cartiera, *papeterie*.
Cartoccio, *cartouche*.
Cartone, *carton de peinture*.
Casa, *logis, maison*; casa finita, *la clef à la main*; casa devastata, *masure*; casa di campagna, *bastide, villa*.
Casamatta, *casemate*.
Caserna, *caserne*.
Casino, *cassine*.
Casotto da sentinella, *guérite*.
Cassa degli organe, *buffet d'orgues*; cassa, *châsse, casse*.
Cassone, *caisson*.
Castelletto, *fortin, sonnette*.
Castello, *bastille, château*.
Catacombe, *catacombes*.
Catafalco, *catafalque*.
Catena, *lien, chaîne de pierre*.
Catenaria, *cherche*.
Cateratta, *vanne, écluse*; suolo di una cateratta, *radier*.
Cateto, *cathète*.
Cattedrale, *cathédrale*.

Cava, *carrière*; cava delle pietre da gesso, *plâtrière*.
Cavaletto, *chevalet, tréteau*.
Cavallerizza, *manège*.
Cavaletto d'una tettoja, *ferme de charpente, potence, tréteau*.
Cavetto, *gorge, goulotte, trochile*.
Cavicchia di ferro, *boulon, cheville, tampon*.
Cavità, *emboîture, miroir*.
Cavolo, foglia di, *feuille de chou*.
Cazzuola, *truelle*.
Ceffo, *museau*.
Cella, *cella, cellule*.
Celliere, *cellier*.
Cenacolo, *cénacle*.
Cenotafio, *cénotaphe*.
Centina, *cintre, couchis*.
Centine, torre via le, d'una volta, *décintrer*.
Cerchio di ferro, *frette*.
Cerniera, *charnière*.
Certosa, *chartreuse*.
Cesello, lavore di, *ciselure*.
Cesso, *privé*; sedia da cesso, *siège d'aisance*.
Cestello, *corbeille*.
Cherubino, *chérubin*.
Chiar-oscuro, *camaïeu, grisaille*.
Chiavajuolo, *serrurier*.
Chiavarda di ferro, *boulon*.
Chiave, *agrafe, ancre*.
Chiave, ornata di volta, *guimberge*; chiave di fontana, *robinet*.
Chiavica, *égout*.
Chiavico, *cloaque*.
Chiavistello, *verrou*.
Chiesa, *église*.
Chimera, *chimère*.
Chiocciola, *limaçon*.
Chiosco, *kiosque*.
Chiostro, *cloître*.
Chissajuola, *pierrée*.
Chiudenda, *clôture*.
Chiudere, *enclaver, fermer*.
Chiusura, *fermeture*; chiusura di finestra, *targe, targette*.
Ciappoletta, *échoppe*.
Ciborio, *ciboire*.
Cielo, *plafond*.
Cifera, *chiffre*.
Cilindro, *cylindre, plafond*.
Cima, *sommet*.
Cimento, strato di, *couche de ciment*.
Cimiterio, *cimetière*.
Cinque cento (Secolo del), *renaissance*.
Cinque foglie, *cinq feuilles*.
Cintura, *ceinture*.
Cippo, *cippe*.
Circo, *cirque*.
Circolo, *simbleau*.
Circonferenza, *périphérie*.

Circuito, *ceinture, pourtour*.
Cisterna, *citerne*.
Cisto, *ciste*.
Città, *cité, ville*.
Cidatella, *acropole, citadelle*.
Claustrale, *claustraux (bâtiments)*.
Coda, a, di rondine, *à queue d'a-ronde*.
Colatojo, *chantepleure, couloir, cu-lière*.
Coleggio, *collége*.
Coliseo, *colisée*.
Collarino, *gorgerin*.
Colma, *gable*.
Colmo, *comble, croupe, faîte*.
Colombajo, *colombier*.
Colonna, *colonne*; colonna per scala a chiocciola, *limon*; l'affusolare una colonna, *contracture*; colonne ben disposte, *eustyle*.
Collo, *collet de marche*.
Colonnata, *colonnade*.
Colonnato, *colonnaison*.
Colonnetta, *colonnette*.
Colonnino, *colonnette*.
Colosso, *colosse*.
Comignolo, *filière*; travi che cuo-prono il camignolo, *faîtage*.
Commenda, *commanderie*.
Commessura, *assemblage, charnière*; commessura a triangolo, *assem-blage par embrèvement*; commes-sura a denti, *assemblage en crémail-lère*; commessura a maschio e fem-mina, *assemblage à tenon et mor-taise*.
Commettitura, *assemblage*.
Compartimento, *compartiment, tra-vée*.
Compassato, *symétrique*.
Compluvio, *chéneau*.
Composito, ordine, *ordre composite*.
Conca, *conque*.
Concatenazione, *liaison*.
Concavo, *concave*.
Concavita, *concavité*.
Concentrico, *concentrique*.
Conchia, *tannerie*.
Conchilia, *coquille*.
Concoide, *concoïde*.
Condotto, *conduit*; condotto di doc-cioni diversi, *noulets*.
Confessionale, *confessionnal*.
Congiunzione, *assemblage*.
Cono, *cône*.
Conoide, *conoïde*.
Contorno, *pourtour*.
Contracchiave, *contre-clef*.
Contrafforte, *contrefort, esselier*.
Contrallume, *contre-jour*.
Contrasto, far un, *contraster*.
Controporte, *tambour*.

Contrascarpa, *contre-scarpe*.
Convento, *couvent*; convento delle pietre, *joint*.
Convesso, *convexe*.
Coperchio, *chape*.
Coppa, *patère*.
Corda per fare un circolo, *simbleau*.
Corda per dirigere, *verboquet*.
Corde, piccole, per fare i ponti, *cha-bots*.
Cordeggiare non, *désafleurer*.
Corderia, *corderie*.
Cordicella, *simbleau*.
Cordone, *cordelière, cordon, cours de plinthe, larenier*.
Cordoni, *nervures*.
Corinto, ordine, *ordre corinthien*.
Cornice, *bordure, corniche*; cornice d'impannata di un finestrone, *filo-tiere*; cornici, *godrons*; cornice di legame, *membrure*.
Coro, *chœur*; semi circolo del coro, *rond-point d'église*.
Corona, *couronne, chapelet*; corona gronda, *larmier*; corona di raggi, *nimbe, auréole*.
Coronare, *couronner*.
Corpo di guardia, *corps de garde*.
Corridojo, *allée, corridor, thyroneum*.
Corrente, *couche, coyer, panne, sa-blière*.
Corte, *cour*.
Cortile, *cour, préau*; cortile de die-tro, *arrière-cour*; cortile rustico, *basse-cour*.
Cortina, *courtine*.
Coscia, *butée*; coscia d'un ponte, *cu-lée de pont*.
Costole, *croisées d'ogives*.
Costruzione, *construction*; costru-zione di creta, *pisé*; luogo della cos-truzione, *tas*.
Cottino, *marché au mètre*.
Credenza, *crédence, office*.
Credenziera, *crédence d'autel*.
Crepaccia, *lézarde*.
Crepatura, *fente, gerçure*.
Cresta, *crête*.
Creta, *glaise, argile*.
Cristallo, *verre*.
Croce, *croix*; croce di pietra, *croix de pierre*.
Crocetta, *croisette*.
Crociata, *croisée d'église, transept*.
Crosta delle pietre di cava, *bousin*.
Cubico, *cubique*.
Cubo, *cube, hexaèdre*.
Cucina, *cuisine*.
Cupola, *coupole, dôme, tholus*.
Curva, *courbe*.
Curvare, *bomber*.

Curvatura, *curvité*; curvatura d'una volta, *voussure*.
Curvilineo, *curviligne*.
Curvità, *bombement, curvité*.
Cuscino, *oreillé*; cuscino d'un arco, *sommier*.
Cuvetta, *cuvette*.

D

D'alto in basso, *contre-haut*.
Dado, *crapaudine, dé*.
Da un capo all' altro, *bout en bout*.
Decastilo, *décastyle*.
Declivio, *pente*.
Decoratore, *décorateur*.
Decorazione, *décoration*.
Decreto, *ordonnance*.
Delineare, *tracer*.
Delineatore, *dessinateur*.
Demolire, *démolir*.
Demolizione, *démolition*.
Demolizione, *abatis*.
Dentello, *denticule*.
Deporre, *déposer*.
Designare, *tracer*.
Dettaglio, *épure*.
Deviare, *dévier*.
Diagonale, *diagonale*.
Di basso, in alto *de bas en haut*
Diametro, *diamètre*.
Difetto in cose costrutte, *mal-façon*.
Diffalco, a, *au rabais*.
Diglifo, *diglyphe*.
Dimensione, *dimension*.
Diminuzione, *diminution*.
Dimora, *habitation*.
Dinanza, *devanture*.
Dipartimento, *département*.
Dipingere, *peindre*.
Dipintura, *peinture*.
Dirittura, esser fuori di, *contre-fruit*.
Dirizzare, *redressement*.
Discesa, *descente*.
Discoide, *discoïde*.
Disegnatore, *dessinateur*.
Disegno, *dessin*.
Disfare, *redéfaire*.
Disgiugnere, *déjoindre*.
Dispensa, *dépense, garde-manger*; dispensa delle frutta, *fruitier*.
Disporre, *tourner, orienter*.
Disposizione, *disposition, ordonnance*.
Distaccarsi, *déjoindre*.
Distacco, *déliaison*.
Distanza, *espacement*.
Distribuzione, *distribution*.
Ditello, *gousset*.
Ditriglifo, *ditriglyphe*.

Docce rovesciate, *tranchis*.
Doccia, *noue*; doccia di gronda, *canons de gouttière, gargouille*.
Dogana, *douane*.
Dominare, *régner*.
Doppio, *géminé*.
Dorico, *dorique*.
Dormitorio, *dortoir*.
Dossiere, *dossier*.
Duomo, *dôme*.
Duro, *vif*.

E

Edificare, *bâtir, édifier, ériger*.
Edifizio, *édifice, bâtiment*: edifizio scoperto, *hypèthre*.
Editto, *ordonnance*.
Elemosinieria, *aumônerie*.
Elevare, *élever, édifier, bâtir*.
Elica, *hélice*.
Eliometro, *héliomètre*.
Ellissi, *ellipse*.
Embrice, *noue*.
Empire di frantumi di pietre, *bloquer*; empire di gesso le commessure delle pietre d'un muro, *gobeter*.
Entasi, *entasis, renflement*.
Entrata, *bouche, entrée*.
Epigrafe, *épigraphe*.
Epitafio, *épitaphe*.
Erigere, *ériger*.
Erpice, *herse*.
Esagono, *hexagone*.
Esastilo, *exastyle, hexastyle*.
Essaedro, *hexaèdre*.
Estremità, *about, bout, pointe*.
Ettagono, *heptagone*.
Euritmia, *eurythmie*.

F

Fabbrica, *bâtiment, bâtisse*; fabbrica alla grossa, *limosinage*; in pietra, *maçonnerie*.
Fabbricare, *travailler*.
Fabbricazione, *bâtisse*.
Faccetta, *facette*.
Facchini che portano la barella, *bardeurs*.
Faccia, *face, pan*.
Facciata, *façade, frontispice, pan*.
Facilità, *jeu*.
Fagiania, *faisanderie*.
Falcone, *écoperche*.
Falconeria, *fauconnerie*.
Falegname, *menuisier*.
Falso lume, *jour faux*.
Fanale, *fanal*.

Fango, *vase.*
Faro, *phare.*
Fascetto, *faisceau.*
Fascia, *plate-bande.*
Fascia dell' archivolto , *bandeau ;*
  fascia funebre, *litre.*
Fasciatura, *frette.*
Fascio d'acqua, *globe d'eau.*
Fattura, *façon.*
Fendere, *refendre.*
Fenile, *fénil.*
Feritore, *arbalétrière, archère.*
Fermo, *fier.*
Ferrare, *ferrer.*
Ferratura, *ferrure.*
Ferriata, *grillage.*
Ferro, *fer, fer à cheval.*
Fessura, *fente, gerçure.*
Festone, *feston.*
Fetta, *tranche.*
Fiamme, *flammes.*
Fiammeggiante, architettura, *archi-*
  tecture flamboyante.
Fiancheggiare, *flanquer.*
Fianco, *flanc.*
Figura, *chiffre, figure;* figura geo-
  metrica, *figure de géométrie.*
Figurine, *figurines.*
Filare di pietre, *cours d'assise.*
Filatura, *filature.*
Filone, *fil, veine.*
Fine, *bout.*
Finestra, *fenêtre, jour.*
Finestra, muro sottile nel vano di
  una, *allége.*
Fiore, *cul-de-lampe.*
Fiori, *fleurs.*
Fiorone, *fleuron.*
Fisica, *physique.*
Fissura, *lézarde.*
Focolare, *âtre, foyer.*
Fogliame, *feuillage, rinceau.*
Foglie, *feuilles;* foglie abozze, *feuilles*
  galbées ; foglie fantastiche, *feuilles*
  imaginaires; foglie naturali, *feuil-*
  les naturelles.
Fogna, *cloaque.*
Folgore, *foudre.*
Fondamento, *fondement.*
Fondare, *fonder, planter un bâti-*
  ment.
Fondazione, *fondation.*
Fondo, *fonds.*
Fontana, *fontaine.*
Fonte battesimale, *fonts.*
Forcella, *fourchette.*
Forma, *moule.*
Fornace, *four;* fornace di mattoni,
  four à briques.
Fornello, *four, fourneau.*
Forno, *boulangerie, four.*
Foro, *forum.*

Fortezza, *fort, forteresse.*
Fortino, *fortin.*
Fossa, *fosse, fossé.*
Fossato, *fosse, fossé.*
Frammento, *fragment.*
Franco, *hardi.*
Franmassòne, *franc-maçon.*
Frègio, *bordure, entablement, frise,*
  lambris.
Fresco, dipintura a, *peinture à fres-*
  que.
Frontispizio, *fronton.*
Frontone, *contre-cœur, tympan.*
Fucina, *forge.*
Fuoco, *foyer.*
Fusarolo, *coque.*
Fusi, *fuseaux.*
Fusto della colonna, *fût de colonne.*

G

Gabbia, *cage.*
Gabinetto, *boudoir, cabinet.*
Galleria, *galerie;* galleria per pittura,
  galerie de peinture.
Galloni, *galons.*
Gambi, *caulicoles, urilles.*
Garbo, *galbe.*
Gelosia, *jalousie.*
Geometria, *géométrie.*
Geometrico, *géométral.*
Geroglifico, *hiéroglyphe.*
Gesso, *plâtre;* gesso stemperato in
  molt' acqua, *coulis;* sbattere il
  gesso, etc., *fouetter;* opera di gesso,
  plâtrerie.
Ghiacciaja, *glacière.*
Ghièra, *frette.*
Ghirlanda, *guirlande.*
Giardino, *jardin, parc ;* piano d'un
  giardino, *parterre.*
Ginecco, *gynécée.*
Ginnasio, *gymnase.*
Ginnastica, *gymnique.*
Giocondo, *léger.*
Girella, *poulie.*
Giuntatura, *joint, rejointolement.*
Glifo, *glyphe.*
Gliptoteca, *glyptothèque.*
Globo, *globe.*
Gloria, *gloire.*
Gnomone, *gnomon.*
Gnomonica, *gnomonique.*
Gobba, *bosse.*
Goccie pendenti, *gouttes, clochettes.*
Gocciolatojo, *larenier, larmier.*
Gola, *cimaise, doucine.*
Gomena, *câble.*
Gonfalone, *gonfalon.*
Gorno, *chéneau.*
Gotico, *gothique.*

Gradazione, *gradation*; gradazione dei colori, *nuance*.
Gradetto, *filet, listel*.
Gradina, *boucharde*.
Gradinata dritta, *marche droite*.
Gradino, *marche*; primo gradino, *marche palière*.
Grado, *degré*.
Grafico, *graphique*.
Grafometro, *graphomètre*.
Granajo, *grenier*.
Granito, *granit*.
Grasso, *gras*.
Grata, *grillage*.
Graticcio, *claire-voie, treillis*.
Greca, *grecque*.
Greco-romano, *gréco-romain*.
Greggia, *bergerie*.
Grifone, *griffon*.
Gronda, *culière*.
Grondaja, *gouttière*.
Grondaje, *plaque*.
Grondatojo, *larmier, mouchettes*.
Gronde, pezzi da, *chantattes*.
Grossolano, *rustique*.
Grotta, *grotte*.
Grottesco, *grotesque*.
Grua, *grue*.
Guado, *pastel*.
Guaina, *gaîne*.
Guardaroba, *garde-meuble, garde-robe*.
Guarnir di legname, *boiser*.
Guarnitura, *garniture*.
Guasto, *dégradation*.
Guazzo, pittura a, *gouache*.
Guglia, *aiguille*.
Guocia, *congé*.
Gusci, *gousses*.
Guscio, *cavet, trochile*; guscio d'un ovo, *coque*.
Gusto, *goût*.

I.

Icnografia, *ichnographie*.
Iconografia, *iconographie*.
Idraulica, *hydraulique*.
Idrografia, *hydrographie*.
Illuminare, dar lume, *laver*.
Imbasamento, *base, embasement, empatement*.
Imboccatura, *embranchement*.
Imbotte, *intrados*.
Immagine, *image*.
Impannata, *châssis*.
Impastamento, *impastation*.
Impastare, *gâcher*.
Impasto, *impastation*.
Impiallacciatura, *lambrissage, placage*.

Impiombatura, *scellement*.
Imposta, *imposte, volet*; imposta di fuori, *contrevent*; imposta, *écluse*.
Impostatura d'una porta, *huisserie*.
Imposta, *bâti*.
Impresa, *devise*.
Imprimitura, dare l', *imprimer*.
Incamiciatura, *crépi*.
Incassato, *engagé*.
Incastare, *enter*.
Incastrare, *encastrer, plaquer*.
Incastro, *emboîture*.
Incatenacciare, *verrouiller*.
Incavalcatura, *enchevauchure*.
Incavallatura, *enrayure*.
Incavare, *évider, fouiller la terre*.
Incrostato, *plancher*.
Incrostatura, *incrustation*.
Incurvamento, *cambrure*.
Incurvare, *déjeter*.
Incurvatura, *courbure*.
Incurvazione di uno arco, *arceau*.
Infermeria, *infirmerie*.
Inferriata, *grille*.
Ingegnere, *ingénieur*.
Ingranato, *engrené*.
Ingresso, *bouche, entrée, vestibule*.
Innestazione, *enture*.
Inscrivare, *inscrire*.
Inscrizione, *inscription*.
Inseliciare, *paver à bain de mortier*.
Instrumenti matematici; *instruments de mathématiques*.
Intaccatura, *hoche*; intaccatura a triangolo, *embrèvement*; intaccatura a ugnatura, *onglet*.
Intagli, *hachures*.
Intagliatore, *sculpteur*.
Intaglio, *entaille, hoche, oche, pas, sculpture*.
Intaglio di pietre, *coupe de pierres*; intaglio, *mortaise*.
Intarsiare, *marqueter*.
Intarsiatura, *marqueterie*.
Intavolare con legname, *boiser, planchéier*.
Intavolato, *entablement*.
Intavolatura, *boiseries*.
Intelajatura di porte o finestre, *chambranle*.
Intercolonnio, *entrecolonnement*.
Intersezione, *intersection*.
Interstizio, *interstice*.
Intonacare, *crépir*.
Intonaco, *badigeon, enduit*; rifare l'intonaco, *renduire, renformir*.
Intonicatura ripetuta, *trullisation*.
Intonico, *crépi*.
Intrados, *intrados*.
Intrecciature, *entre-lacs*.
Intridere, *gâcher*.
Inverniciatore, *vernisseur*.

Inverniciatura, *vernissure.*
Invetriata, *châssis, vitrage.*
Ionico, *ionique.*
Iperbole, *hyperbole.*
Ipetro, *hypèthre.*
Ipogeo, *gypogée.*
Ipogrifo, *hippogriffe.*
Isolato, *isolé.*
Istoria della architettura, *histoire de l'architecture.*
Istoriato, *historié.*

L

Laberinto, *labyrinte, dédale.*
Lampada, *lampe.*
Lampedario, *lustre.*
Lanterna, *lanterne.*
Lanternone, *falot.*
Lapidario, *lapidaire.*
Lastricare, *paver.*
Lastricato, *pavé.*
Lastricatore, *paveur.*
Latojo, *larmier.*
Latrina, *latrines.*
Latta, *fer-blanc.*
Lavoratoja, *atelier d'architecture, de sculpture, de peinture.*
Lavatojo, *buanderie, lave-main, lavoir.*
Lavorante, *manœuvre, ouvrier.*
Lavorare, *travailler.*
Lavoro, *ouvrage.*
Lavoro fatto con pietruzze, *cailloutage;* lavoro delle mani, *main d'œuvre;* lavoro di legname, *menuiserie.*
Lazzaretto, *lazaret.*
Lebbrosi, spedale de', *léproserie.*
Legame, *lien.*
Legare, *bander.*
Legge, *loi, ordonnance.*
Leggiero, *léger.*
Leggio, *lutrin.*
Leghe, *parpaing.*
Legnaja, *bûcher, fourrière.*
Legname di fabbrica, *bois de charpente, charpenterie;* recinto da legname, *chantier;* armadura di legname, *charpente;* arte del legname, *charpenterie;* lavorare di legname, *menuiser.*
Legno, *bois;* legno difettoso, *cantibai;* legno angolare, *poteau cornier;* legno da fabbricare, *merrain;* intacco del legno, *rainure.*
Letto, *lit.*
Liceo, *lycée.*
Lieva, *levier.*
Limite, *bornes.*
Linea, *ligne.*

Lineare con inchiostro, *passer, à l'encre.*
Linguetta, *languette de menuiserie.*
Liscia, *lisse.*
Lista delle cose da eseguirsi, *devis.*
Listelli, *armilles, bandelettes.*
Listello, *filet, hyperthyrum, listel.*
Litografia, *lithographie.*
Livellare, *niveler, régaler.*
Livellazione, *nivellement.*
Livello, *niveau;* mettere a livello, *régaler.*
Lizza, *lice.*
Loggia, *galerie d'église, loge.*
Loggiato, *loge.*
Lozangato, *fretté.*
Lucchetto, *cadenas.*
Lucerna, *lampe, lampion.*
Lume, falso, *faux jour.*
Lumicino, *lampion.*
Lunetta, *lunette.*
Lungezza libera d'un legname, *portée.*
Lungho, *porter.*
Luogo, *place.*
Lustro, *lustre.*

M

Macchiare i muri, *pocher.*
Macchina, *machine, engin.*
Macello, *abattoir, tuerie.*
Madanatura, *membre.*
Magazzino di deposito, *entrepôt, magasin d'atelier.*
Maglie, *mailles.*
Magro, *sec.*
Majolica, *carreau de faïence;* fabbrica della majolica, *faïencerie.*
Malandre, *malandres.*
Malta, *mortier.*
Mandra, *vacherie.*
Mandria per la razza de cavalli, *haras.*
Maneggio, *manége.*
Mangiatoja, *mangeoire.*
Maniera, *manière.*
Manifattura, *manufacture.*
Maniglia, *manivelle.*
Manovale, *manœuvre.*
Manovella, *manivelle.*
Marciapiede, *marchepied, trottoir.*
Marmo, *marbre;* m. fragile, *pouf.*
Marmorario, *marbrier.*
Martello, *marteau;* m. della porta, *heurtoir, boucle.*
Martelletto, *martelet.*
Mascajuolo, *garde-manger.*
Maschera, *masque.*
Mascherone, *mascaron, mufle.*
Massa, *bloc, masse, plein.*

Massiccio, *massif.*
Masso, *roc.*
Mastello, *augée.*
Mastice o mastico, *futée, mastic.*
Mastietto, *fiche.*
Matematiche, *mathématiques.*
Materiali, *matériaux.*
Mattonato, *carrelage.*
Mattone, *brique*; casa fabbricata di mattoni, *briquetage*; fattura di mattoni, *briqueterie, carreau de pavé.*
Mattoniero, *briquetier.*
Mausoleo, *mausolée.*
Meandro, *frette.*
Medaglia, *médaille*; medagliere, armadio in cui si conservano medaglie, *médaillier.*
Medaglione, *médaillon.*
Mela, *boule d'amortissement.*
Melma, *vase.*
Mencanza, *miroir.*
Mensola, *console, cul-de-lampe, piédouche*; piccola mensola, *trompillon.*
Mensolone, *trompe.*
Mercato, *halle, marché.*
Mercato, *marché, apport*; Mercato in Oriente, *Maidan, Meidan.*
Merli, *merlon.*
Merlo, *créneau.*
Meschino, *mesquin.*
Mescolanza, *mélange.*
Mestiere, *métier.*
Metoce, *métoche.*
Metopa, *métope.*
Mezzanine, *mezzanine, mazzanine.*
Mezzanino, *entresol.*
Mezzo-cerchio, *demi-cercle.*
Mezza luna, *demi-lune.*
Mezza metopa, *demi-métope.*
Mezzo relievo, *demi-bosse.*
Mezzotinto, *mezzo-tinto.*
Migliare, *milliaire.*
Mina, *fourneau.*
Minare, *miner.*
Minareto, *minaret.*
Minatore, *mineur.*
Miniatura, *miniature.*
Minuto, *minute.*
Miscuglio di piu colori, *bariolage.*
Misto, *mixte.*
Misura, *dimension, mesure.*
Misurare, *mesurer.*
Mobile, *meuble.*
Mobilità, *jeu.*
Modanatura, *moulure*; modanature prismatiche, *moulures prismatiques.*
Modano, *épure.*
Modellare, *moduler, mouler.*
Modello, *calibre, modèle, mannequin.*

Moderno, *moderne.*
Modiglione, *modillon*; falsi modiglioni, *mutules.*
Modono, *archivolte.*
Modulo, *module.*
Molo, *môle.*
Monachetti, *force.*
Monachetto, *mantonnet.*
Monachino, *jambette.*
Monaco, *poinçon.*
Monocromato, *monochromate.*
Monogramma, *monogramme.*
Monopodo, *monopode.*
Monopterale, *monoptère.*
Monotonia, *monotonie.*
Monotono, *monotone.*
Monotriglifi, *monotriglyphe.*
Montante, *rampant.*
Montare, *monter.*
Montone, *mouton.*
Montatojo, *montoir.*
Monumento, *monument.*
Moresco, *mauresque.*
Morsa, *attente, harpe.*
Mortisa, *mortaise.*
Mosaico, *mosaïque.*
Moschea, *mosquée.*
Mostra d'orologio, *cadran*; mostra orologia del sole, *cadran solaire; échantillon.*
Moto, leggi del, *phoronomie.*
Motto, *devise, épigraphe.*
Muffola, *moufle.*
Mulino, *moulin.*
Municipio, pallazzo del, *hôtel de ville, mairie.*
Muraglia, *muraille*; m. in piano collegata, *liaison*; m. cieca, *mur orbe*; faccia esteriore d'una muraglia, *parement.*
Murare, *murer*; murare in grosso, *hourder.*
Muratore, *maçon*; lavoro di muratore, *maçonnage.*
Muro, *mur*; m. di fango, *bousille*; m. di rinforzo, *contre-mur*; la parte nuda di un m., *nu du mur*; perforare un m., *percement*; m. grossiere, *hourdage*; m. que termina in punta il colmo del tetto, *pignon*; macchiare i muri, *pocher*; muro gradato, *redents*; m. di spartimento, *mur de refend*; diminuzione d'un muro, *recoupement.*
Museo, *musée.*
Muso, *museau.*

N

Nappa di cammino, *manteau de cheminée.*
Nascondiglio, *cachette.*

Nastro, *ruban.*
Naumachia, *naumachie.*
Navàta di chiesa, *nef d'église.*
Navate, *bas côtés.*
Nicchia, *niche.*
Ninfea, *nymphée.*
Nitraja, *salpêtrière.*
Nocciolo, *noyau.*
Nocchi, *nœuds.*
Nodi, *nœuds.*
Norma, *équerre, fer coudé.*
Normano, *normand.*
Nota, *mémoire.*
Numismatico, *numismatique.*

O

Obbliquo, *biais, oblique.*
Obelisco, *obélisque.*
Occhio, *œil*; occhi di bove, *œil-de-bœuf.*
Ocra, *ocre.*
Odeon, *odéon, odeum.*
Odometro, *odomètre, podomètre.*
Officio, *office,*
Oggetto, *objet.*
Olive, *olives.*
Ombra, *ombre.*
Onda, *doucine.*
Opera, *ouvrage, œuvre, atelier*; o. rustica, *rocaille*; o. in pietra, *maçonnerie*; o. della mani, *main-d'œuvre*; interno dell' o., *dans œuvre*; esterno dell' o., *hors-d'œuvre.*
Opiana, *couche.*
Oratorio, *oratoire.*
Orbo, *aveugle, feint.*
Orchestra, *orchestre.*
Orecchione, *tourillon.*
Ordine, *ordre, ordonnance.*
Organo, *orgue, buffet d'orgues*; o. da levar pesi, *chèvre.*
Oriel, *oriel.*
Orientare, *orienter, tourner.*
Orlatura, *ourlet.*
Orlo, *ourlet, bandelette, bordure, filet, listel.*
Ornamenti a lumacha, *postes.*
Ornamento, *ornement, garniture.*
Ornare, *orner.*
Ornatura, *ornementation.*
Oro, *or.*
Orologio, *horloge.*
Oscuro, *obscur.*
Ospedale, *hôpital.*
Ospizio, *hospice.*
Ossatura, *ossature.*
Osservatorio, *observatoire.*
Osteria populare, *guinguette.*
Ottaedro, *octaèdre.*

Ottastilo, *octostyle.*
Ottagono, *octogone.*
Ottuso, *obtus.*
Ovale, *oval.*

P

Padiglione, *pavillon.*
Paesetto, *paysage.*
Palanca, *palplanche, poteau.*
Palancato, *colombage.*
Palata, *palée.*
Palazzo, *palais, hôtel*; palazzo della città, *hôtel de ville, mairie*; palazzo arcivescovile, *archevêché.*
Palchetto, *estrade*; palchetto d'un teatro, *loge de comédie, de théâtre.*
Palchi, rifare i, *réchafauder.*
Palco, *échafaud, estrade, plancher.*
Paleografia, *paléographie.*
Palestra, *palestre.*
Palificato, *plate-forme de fondation.*
Palizzata, *palissade.*
Palla, *boule d'amortissement.*
Pallacorda, luogo dove si giuoca alla, *jeu de paume.*
Pallone, giuoco del, *mail.*
Palme, *palmette.*
Palmo, *palme*; ramo di palma, *branche de palme.*
Palo, *poteau.*
Pampano, *pampre.*
Panatteria, *paneterie.*
Panconcellatura, *lattis.*
Panconcello, *contre-latte*; panconcello speccato, *contre-latte de fente*; piccolo panconcello, *liteau.*
Pannoncello, *panonceau.*
Panteone, *panthéon.*
Pantografo, *pantographe.*
Pantometro, *pantomètre.*
Parabola, *parabole.*
Parabolico, *parabolique.*
Paralellogrammo, *parallélogramme.*
Parapetto, *allége, parapet, garde-fou.*
Paravento, *contre-vent.*
Parco, *parc.*
Pareggiare, *affleurer, araser, raccorder.*
Parlatorio in un monasterio, *parloir d'un monastére.*
Parte estiore d'un arco, d'una volta, *extrados.*
Partita, *membre.*
Passaggio, *dégagement, échappée, passage.*
Passeggio, *ambulatoire.*
Passo d'una vite, *pas de vis.*
Pastello, *pastel.*
Patera, *patère.*

Paternostro, *patenôtre*.
Pattino, *patin*.
Pavimento, *plancher*.
Pecorile, *bergerie*.
Peduccio, *piédouche*.
Pendenza, *pendentif*.
Pendula, *pendule*.
Penombra, *pénombre*.
Pentagono, *pentagone*.
Perdilla, *marchepied*.
Pergamo, *chaire à prêcher*.
Pergola, *pairle, tonnelle*.
Pergolato, *treillage*.
Peristilio, *péristyle*.
Perle, *perles*.
Pernio, *goujon*.
Perno, *pivot*.
Persiana, *persienne*.
Pertica di terreno, *perche*.
Pertugio, *pertuis*.
Peso specifico, *pesanteur spécifique*.
Pescaja, *vivier*.
Pezzo, *morceau*.
Pialla, *varlope*.
Piallare, *démaigrir*.
Pian terreno, *rez-de-chaussée*.
Piana, *lambourde*.
Pianerottolo, *palier, repos*.
Piano, *étage*; in piano, *plain-pied*; ridurre un piano, *réduire un plan*.
Pianta, *plan*; levar la pianta, *lever un plan*.
Piastra, *plastron*.
Piatta-forma, *plate-forme*.
Piazza, *place*.
Picnostilo, *pycnostyle*.
Piede, *pied*.
Piedestallo, *piédestal, scabellon*.
Piè d'oca, *patte d'oie*.
Piega, *pli*.
Pieno, *plein*.
Pietra, *pierre*; pietra forte, *liais*; pietra molle, *moellon*; pietra dell' orlo del pozzo, *margelle*; pietra da macine, *meulière*; pietra assai molle, *molasse*; opera di una sola pietra, *monolithe*; grondaje di pietra, *dalle de pierre*; spezzare una pietra, *déliter une pierre*; pietra bigia, *grès*; scalfire la pietra, *plumée*.
Pietre per conguagliare, *arases*; filare di pietre, *assise*; pietre focaja, *cailloux*; l'intaglio di pietre, *coupe de pierres*; scarpellare pietre, *piquer la pierre*; shegge di pietre, *recoupes*.
Pifferello, *buveau, fausse équerre*.
Pigna, *avant-bec*.
Pila dell' acqua santa, *bénitier*.
Pilastrata, *pied-droit*.
Pilastri, etc., *antes*.

Pilastrino, *dosseret*.
Pilastro, *pilastre*; pilastro di canto, *butée, jambage*.
Piletta dell' acqua santa, *bénitier*.
Pina, *pomme de pin*.
Pingere, *peindre*.
Piombare, *plomber*.
Piombo, *plomb*; lama di piombo, *lame de plomb*.
Piramide, *pyramide*.
Piscina, *piscine*.
Pittore, *peintre*.
Pittura, *peinture*.
Pivolo, *pieu, roulon*.
Planimetria, *planimétrie*.
Platea, *parterre de théâtre, platée*.
Plinto, *plinthe*.
Podere, *cense, ferme, métairie*.
Poggiuolo, *perron*.
Poliedro, *polyèdre*.
Poligono, *polygone*.
Pollice, *pouce*.
Polverio di pietre, *poussier*.
Pompa, *pompe*; pompa a chiocciola, *limache, vis d'Archimède*.
Ponte, *pont*; ponte levatojo, *pont-levis*: arco di ponte, *arche, échafaudage*.
Ponti, *boulins*; fare ponti, *échafauder*.
Ponticello, *ponceau*.
Porcellana, *porcelaine*.
Porfido, *porphyre*.
Porpora, *pourpre*.
Porta, *porte*; porta da soccorso, *fausse porte*; porta maestra, *portail*; porta secreta, *poterne*.
Porticciuola, *guichet*.
Portico, *porche, portique*; portico esteriore, *avant-portail*.
Porto, *port, rade*.
Posare, *poser*.
Posticcio, a, *postiche*.
Pozzo, *puits*.
Pozzolana, *pouzzolane*.
Pratica, *pratique*.
Praticare, *pratiquer*.
Premere un modello, *pousser en plâtre*.
Preparar il legname da mettersi in opera, *débiter*.
Presbiterio, *presbytère*.
Pretorio, *prétoire*.
Prezzo fermo, *marché au mètre*.
Prigione, *prison*; prigione oscura, *cachot*.
Priorato, *prieuré*.
Prisma, *prisme*.
Pritaneo, *prytanée*.
Privilegio, *privilége*.
Profilare, *profiler*.

Profilo, *profil*; profile di modana-
  ture, *retour*.
Profondità, *renfoncement*; profondità
  eccessiva d'un foro, *refuite*.
Programma, *programme*.
Progressione, *progression*.
Propileo, *propylées*.
Proporzionale, *proportionnelle*.
Proporzione, *proportion*.
Propugnacolo, *boulevard*.
Proscenio, *avant-scène*, *proscénium*.
Prospettiva, *perspective*.
Provare, *présenter*.
Pulire le mura, *ragré-r*; atto del
  pulire le mura, *ragrément*.
Pulpito, *chaire à prêcher*.
Punta, *pointe*.
Puntazza, *sabot*.
Punteggiare, *pointer*.
Puntellare, *contre-bouter*, *étayer*.
Puntellino, *étrésillon*, *trésillon*.
Puntello, *arc-boutant*, *chevalement*,
  contre-fort, *étai*, *étaiement*, *étançon*,
  pointal.
Punteruolo, *poinçon*.
Punto, *point*.
Puntone, *chevron*.
Puntoni, *arbalétriers*, *blochets*.

Q

Quadrangolare, *quadrangulaire*.
Quadrangolo, *quadrangle*.
Quadrante, *quart de cercle*.
Quadrato, *carré*.
Quadratura, *quadrature*.
Quadrello, *brique*.
Quadrillo, *carreau*.
Quadro, *cadre*, *panneau*; quadro tri-
  plice, *triptyque*.
Qualità dei maestri in qualche arte,
  maîtrise.
Quartiere, *quartier*.
Quarto, un, *un quart*.
Quarzo, *quartz*.
Quattro foglie, *quatre feuilles*.
Quindecagono, *quindécagone*.

R

Rabescare, *guillocher*.
Rabeschi, *guilloches*.
Radice, *racine*.
Raggi a cuori, *rais de cœur*.
Raggio, *rayon*.
Ragguagliamento, *raccordement*.
Ralla, *crapaudine*.
Rampicone, *crampon*.
Raschiare, *ratisser*, *regratter*.
Rastrelliera, *râtelier*.

Rastrello, *claire-voie*.
Razza, *guette*.
Razze, *force*, *jambette*.
Razzi, *aisselier*.
Recinto, *enceinte*.
Recipiente d'acqua, apertura d'un.
  renard.
Refettorio, *réfectoire*.
Regola, *réglement*.
Regolamento, *règlement*.
Regoletta, *bandelette*, *filet*, *listel*.
Regoletto, *réglet*, *règle*.
Regolo, *équerre*; regolo da carpen-
  tiere, *limande*; regolo d'appoggio,
  montant.
Reliquiario, *châsse*, *reliquaire*.
Renajo, *sablière*.
Resistente, *fier*.
Resistenza, *résistance*, *refus*.
Respinta d'acqua, *rejet d'eau*.
Retare, *graticuler*.
Reticello, *entretoise*.
Rialzo, *côte*.
Ricamamento, *broderie*.
Ricercare, *rechercher*.
Ricettacolo, *réceptacle*.
Ricinto, *clôture*, *enclos*.
Ridotto, *réduit*; ridotto nei teatri,
  foyer de spectacle.
Ridurre un piano, *réduire un plan*.
Riedificare, *rebâtir*, *réédifier*, *recons-
  truire*.
Riedificazione, *réédification*, *recons-
  truction*.
Riempimento, *remplage*.
Riempire i conventi delle pietre con
  calcina, *jointoyer*.
Riempitura, *remblai*.
Rientramento, *retraite*.
Rientrata, *retraite*.
Rifabbricare un muro, *reprendre*.
Rifare, *refaire*; rifare a fondo un
  tetto, *remanier à bout un toit*.
Rifrazione, *réfraction*.
Riga, *limande*.
Rigare, *tringler*.
Rigato, *règle*.
Rilascio, *relais*.
Rilassamento, *relais*.
Rilievo, *relief*.
Rimessa per carri, *hangar*: r. per
  le carrozze, *remise*.
Rimontare, *remonter*.
Rincalzamento, *revêtement*, *revêtis-
  sement*.
Rincalzare, *revêtir*.
Ringhiera, *tribune*, *rampe de bal-
  con*.
Rintonaco, *renformis*.
Rinforzata, *boutée*.
Rinforzo, *boutant*
Ripa, *rive*.

Riparazione, *réparation*; r. per di sotto, *reprise*.
Ripieno, *garni, remplissage*.
Riquadratura, *équarrissage*.
Risalto, *crossette, relief*.
Risalti, *oreillons*.
Ristaurare, *restaurer*.
Ristaurazione, *restauration*.
Ritagliare, *refendre*.
Ritirata, *cabinet d'aisance*.
Ritoccare un cammino, *retondre*.
Riturare, *calfeutrer*.
Riunione, *union*.
Riva, *rive*.
Roccia, *roc*.
Rocco, *crosse*.
Rogo, *bûcher*.
Rombo, *losange, rhombe*.
Romitorio, *ermitage, hermitage*.
Rompicollo, *brise-cou*.
Rosa, *rose*.
Rosetta, *rosette*.
Rosone, *fleuron, rosace*.
Rosso, *gueules, rouge*.
Rotaja, *ornière*.
Rotonda, *rotonde*.
Rottami di pietre, *blocage*.
Rovina, *abatis*.
Rovine, *ruines*.
Rozzo, *brut*.
Rudentura, *rudenture*.
Ruinato, *dégradé*.
Rupe, *roc*.
Rustico, *rustique*.

S

Sabbia, *sable*.
Saettile, *arêtier*; saettile d'angolo, *reculement*.
Saggiare, *présenter, essayer*.
Sala, *salle*.
Saliscendo, *cadole, loquet*; piccolo saliscendo, *loqueteau*.
Salita, *montée*.
Salone, *salon*.
Santuario, *sanctuaire*.
Saponeria, *savonnerie*.
Sarcofago, *sarcophage*.
Sassaja, *turcie*.
Sassatelli delle fondamenta, *libage*.
Sbarra, *fléau*.
Sbièco, *biaisement*.
Scacciare, *chasser*.
Scaglie, *écailles*.
Scaglione, *chevron, gradin, marche*.
Scaglioni, larghezza degli, *giron*.
Scala, *montée, escalier, échelle*; scala a chiocciola, a lumaca, *escalier en limaçon, caracol*; muro da scala, *échiffre*; voltata d'angolo d'una scala, *quartier tournant*; parte sospesa d'une scala a lumaca, *quartier suspendu*; parte di scala, *rampe*; scala interrotta per riposo, *rampe par ressaut*.
Scaldatojo, *chauffoir*.
Scalinata, *perron*.
Scalino, *gradin*.
Scalmi, *côtes*.
Scalzatura, *déchaussé*.
Scampanata, *carillon*.
Scanalatura, *cannelure, nacelle*; scanalatura d'uscio, *feuillure*.
Scannellatura, *rainure*; fare scannellature, *refouiller*.
Scantonamento, *délardement*.
Scantonato, *délarder*.
Scarabocchiare, *griffonner*.
Scaricatojo, *issue du trop-plein*.
Scarpa, *escarpe*.
Scarpellare una pietra colla martellina, *layer*.
Scarso, *maigne*.
Scavare, *saper, fouiller la terre, miner, recreuser*.
Scena, *scène*.
Schegge di pietre, *recoupes*.
Scheggia, *épauffure*.
Schiacciato, *méplat*.
Schiccherare, *griffonner*.
Schiena di muro, *bahu, chaperon*; schiena di mulo, *dos d'âne, échine*.
Schizzo, *esquisse*.
Scolpire, *sculpter*.
Scorce, *dosses*.
Scorcio, *raccourci*.
Scorniciare, *chantourner*.
Scorrimento d'acque, *égout de comble*.
Scuderia, *écurie*.
Scudo, *bouclier, écusson, panonceau*.
Scultore, *sculpteur*.
Scultura, *sculpture*.
Secante, *sécante*.
Secco, *sec*.
Sedia, *chaise*.
Segmento, *segment*.
Segno, *repère*.
Selciata di mattoni, *pavé de brique*.
Selciato, *pavement*.
Selcine, grosse, pavamenti delle strade, *caniveaux*.
Semenzajo, *pépinière*.
Semenze, *graines*.
Semi, *graines*.
Semicircolo, *hémicycle*.
Seminario, *séminaire*.
Sepolcro, *sépulcre*.
Serbatojo, *réservoir*.
Serraglio di bestie, *ménagerie*.

Serraglio, *sérail, clef de voûte, mensole*.
Serrame delle finestre, *espagnolette*.
Serratura, *serrure*.
Servitù, le camere per la, *commun des gens*.
Settore, *secteur*.
Sezione, *section*.
Sfasciatura del legno, *flâche*.
Sfasciature, *dosses*.
Sfiatatojo, *ventouse*.
Sfondo, *renfoncement*.
Sgraziato, *gauche, (laid)*.
Sgrossare, *dégrossir*.
Sguncio d'una porta, etc., *embrasure*.
Sguardo, *regard*.
Silico, *cadette*.
Smagrire, *démaigrir*.
Smaltitojo d'acque, *puisard*.
Sminuire, *démaigrir*.
Sminuzzare, *hacher*.
Smusso, *chanfrein*.
Sobborgo, *faubourg*.
Sodo d'un edifizio, *empatement*.
Soffitta, *galetas, grenier, plafond*.
Soffito, doppio, *faux plancher*.
Soglia, *pas de porte*.
Solajo, *galetas*.
Sollevato, *hardi*.
Soprastante, *piqueur*.
Sorgente, *fontaine*.
Sostegno, *appui, chevalement, décharge*; S. montante, *montant, point d'appui*.
Sostenere, *buter*.
Sotto, per di, *en sous-œuvre*.
Sovrapporre in parte, *enchevauchure*.
Spaccati, presentare gli. d'un edifizio, *développement de dessin*.
Spagnoletta, *espagnolette*.
Spalliera, *dossier*.
Spalto, *glacis*.
Spazio, *espacement*; spazio tra una trave e l'altra, *entre-vous*; spazio della scala, *jour d'échelle*.
Specificazione, *détail*.
Specola, *observatoire*.
Spedale, *hôpital, Hôtel-Dieu*.
Sperone, *arc-boutant, contre-fort, éperon*.
Spianata, *glacis*; spianata di verdura, *vertugadin*.
Spina di, a, pesce, *arête de poisson*.
Spigoli, *branches d'olives*; spigoli, peducci delle volte, *voussoirs*.
Spigolo, *douille*.
Spingere un modello, *pousser, traîner*.
Spinta, *poussée*.
Spiraglio, *abat-jour, chantepleure, ventouse*.

Spogliare una pietra della parte tenere, *ébousiner*.
Sponda, *garde-fou*.
Sponde, *bajoyers*.
Sporgere in fuori, *forjeter*.
Sportello, *guichet*.
Sporti, *oreillons*.
Sporto, *avance, avant-corps, encorbellement, ressaut*.
Spranga, *fentons, fléau*; spranga per sostegno di un' apertura, *poitrail*.
Sprofondamento, *fondis*.
Squadra, *équerre*; squadra zoppa, *buveau, fausse équerre, sauterelle*; voltata di squadra, *retour d'équerre*.
Squadrare, *équarrir*.
Squadratura d'un pezzo di legno, *équarrissement*.
Staccamento d'una colonna, *isolement d'une colonne*.
Staffa, *étrier*.
Stagno, *bassin*; stagno circolare, *rond d'eau*.
Stalla, *écurie, étable*; stalla da buoi, *bouverie*.
Stampare, *mouler*.
Stanga, *barre*.
Stanghetta, *pêne*.
Stantuffo, *piston*.
Stanza, *pièce, chambre*; stanza da cani, *chenil*.
Stanzino, *réduit*.
Stanzone degli agrumi, *orangerie*.
Steccata, *barrière de bois*.
Steccato, *claire-voie*.
Stella, *étoile*.
Stemma scudo gentilizio, *armes*.
Sterotomia, *trait*.
Stile, *colombe, jambe de force*.
Stipite di legno, *poteau*; stipite liscio, *cantalabre*.
Stipito, *jambage, meneau*.
Storiato, *historié*.
Stoviglie, *poteries*.
Strada, *voie*; strada pubblica, *voirie*.
Stradiere, *voyer*.
Strato d'acqua, *nappe d'eau*.
Strettojo, *pressoir*.
Strombare, *ébraser*.
Strombatura, *ébrasure*.
Strumenti, *outils*.
Stufa, *étuve, poêle*.
Stuffa, *serre*; stuffa calda, *serre chaude*.
Suggellare, *sceller*.
Suolo, *aire*; suolo di travicelle, *plateforme de comble*.
Sviare, *dévoyer*.

T

Tacca, *entaille, hoche, oche, pas*.

Tagliare, *mutiler, profiler*; tagliare secondo il disegno, *chantourner*; tagliare a livello, *receper*.

Taglio, *profil, coupe d'édifice*; taglio in isbieco, *fausse coupe*.

Taglivole, *tranche*.

Tapocchia, *tête de clou*.

Tarsia, *placage*.

Tavola, *frisé, planche, ais, dressoir*: tavola sopra un uscio, *dessus de porte*.

Tavolato, *auvent, échafaud, parquet, planche de jardin*.

Tavole giunte per rinforzi; *moises*; tavole di pino, *sapines*.

Tavoletta, *planchette*.

Tavoliere, *damier*.

Tavolone, *madrier*.

Tazza, *coupe*.

Tegola, *tuile*; tegola da colmo, *faîtière*; la parte scoperta delle tegole, *pureau*; pezzi di tegole, *tuileaux*.

Tegolino, *faîtière*.

Telajo, *bati*; telajo maestro, *dormant*; telajo d'una sopraporta, *placard*.

Telamone, *atlantes*.

Tempera, *détrempe*.

Tempio, *temple*; tempio degl'Indiani, *pagode*.

Termine, *bornes, bornes milliaires*.

Terreno, *fonds, terrain, sol*; pian terreno, *rez-de-chaussée*.

Tesoro, *trésor*.

Tetto, *toit, avant-toit, couverture*; doppio tetto, *faux comble*; tetto posticcio, *faux comble*; ala di tetto, *long pan de comble*; rifare a fondo un tetto, *manier à bout*; tetto alla mansarda, *mansarde*; facciata di un tetto, *pan de comble*; diagonale dal colmo del tetto, etc., *rallongement*; riparare un tetto, *recherche*; rimaneggiare un tetto, *remanier à bout*.

Tettoja, *appentis, hangar*.

Tettuccio, *abat-vent, auvent*.

Tinozza, *baignoire*.

Tondino, *astragale, baguette, bosel, boudin, fusarolle, tondin*.

Tonnellata, *tonneau de pierre*.

Toppa, *serrure*.

Torchio, *pressoir*.

Toro, *bâton, bosel, boudin, tore*.

Torre, *tour*.

Torretta, *minaret, souche de cheminée, tourelle*.

Torrione, *donjon*.

Toscano, *toscan*.

Trabocchetto, *oubliettes*.

Traliccio, *treillis*.

Tramezzo, *clôture de chœur d'église*; tramezzo d'un condotto di cammino, *languette de cheminée*.

Tramoggia, *trémie*.

Trapezio, *trapèze*.

Trapezoide, *trapézoïde*.

Tratto, *trait*.

Travatura, *enchevêtrure*.

Trave per legare una palizzata, *rnineau*; trave da cammino, *solive d'enchevêtrure*.

Trave, *décharge, poutre, solive*; trave fondamentale, *racinal*.

Traversa, *entretoise, traverse*; traversa sopra una palizzata, *travon*.

Traverse per sostenere travicelli, *linçoir*.

Travettini, *potelets*.

Traviare, *dévoyer*.

Travicello, *chevêtre, lambourde, poutrelle*; capo de'travicelli, *coyaux*.

Trefoliato, *trilobé*.

Triangolare, *triangulaire*.

Triangolo, *triangle*.

Tribuna, *abside, chevet d'église, jubé*; tribuna con ferriata, *écoute*.

Tribunale, *tribunal*; tribunale de' giudici de' boschi e foreste, *gruerie*.

Trifoglio, *trèfle*.

Triforio, *triforium*.

Triglifo, *triglyphe*.

Trincea, *tranchée*.

Trochilo, *cavet, scotie*.

Trofeo, *trophée*.

Troncare, *mutiler, tronquer*.

Tronco, *tronc*; tronco d'albero, *tronche*.

Trono, *trône*.

Trouogola, *auge*.

Tubo, *tuyau*.

Tufo, *tuf*.

Tura, *batardeau*.

U

Uccelliera, *volière*.

Uffizio, *bureau*; uffizio degli affari d'un corpo d'artifice, *jurande*.

Ugnatura, *biseau*.

Uncino, *crochet*.

Urna, *urne*.

Uscir di linea, *forjeter*.

Uovoletto, *ovicule*.

Uovolo, *échine, ove*; a uovolo, *ovoïde*.

V

Vàcuo, *vide.*
Vagello da bagno, *cuve de bain.*
Vano, *échappée.* •
Vasca, *vasque.*
Vaso, *vase.*
Vedetta, *échauguette.*
Vena, *veine* ; vena tenera, *moye.*
Venato, *filardeux.*
Ventilatore, *ventilateur.*
Verdura, *boulingrin.*
Verga di ferro, *tringle.*
Vermicolare, *tortillis.*
Vernice, *vernis.*
Verniciare, *vernir, vernisser.*
Verricello, *treuil, vérin.*
Verziere, *verger.*
Vescovato, *évéché.*
Vestibulo, *vestibule.*
Vetrajo, *vitrier.*
Vetrare, *vitrer.*
Vetrata, *vitre.*
Vetriera, *vitraux.*
Vitrificare, *vitrifier.*
Vetusto, *vétusté.*
Via, *voie, rue.*
Viale, *avenue.*
Villa, *bastide.*
Vite, *vis.*
Vitraja, *verrerie.*
Vitro, *verre.*
Vivajo, *vivier.*
Volta, *voûte, abside* ; volta a mezza botte, *voûte en anse de panier* ; volta di ponte, *arche de pont* ; volta di dietro ad una porta o finestra, etc., *arrière-voussure* : volta a botte, *berceau* ; volta sotterranea, *crypte* ; chiave ornata di volta, *guimberges* ; principio d'una volta, *naissance de voûte* ; fianchi d'una volta, *reins d'une voûte* ; piede d'una volta, *retombée.*
Voluta, *volute.*
Volute minori, *caulicoles.*
Votacessi, *vidangeur.*
Votamento, *vidange.*
Voto, *vide.*

X

Xisto, *xyste.*

Z

Zambra, *commodités.*
Zampa di ferro, *patte.*
Zampillo, *jet d'eau* ; sorte di zampillo, *girande* ; piccolo zampillo, *lance d'eau.*
Zattera per costruzioni, *radeau.*
Zecca, *hôtel de la Monnaie.*
Zenit, *zénith.*
Zigzag, *zigzag.*
Zinco, *zinc.*
Zolla, *boulingrin.*
Zoophori, freggio a, *zoophore.*
Zorno, *marquise.*
Zucca, *caboche.*

FIN DU RÉPERTOIRE ITALIEN-FRANÇAIS

Imprimerie L. Toinon et Cᵉ, à Saint-Germain

ERRATA

Page	ligne	
2	28	*Acacia*, au lieu d'Acazia.
8	34	*Acquidotto*, au lieu de Aquidotto.
10	5	plinthe *ou* cymaise, au lieu de plinthe au cymaise.
11	15	*stilted*, au lieu de stilled.
11	35	à la suite de all. Zick-.
32	16	*Poser*, au lieu de poser.
32	24	*Tondino*, au lieu de Fondino.
34	27	*avanti*, au lieu d'avente.
39	6	*Balaustrata*, au lieu de Balustrata.
44	7	*Hühnerhof*, au lieu de Hünerhof.
48	24	*Biblioteca*, au lieu de Bibliotheca.
56	19	*tondino*, au lieu de rondino,
56	40	*Boule*, au lieu de Buole.
61	14	*un-*, au lieu d'im-
61	36	*Screen*, au lieu de Skreen.
62	17	ital. en avant de Squadra.
69	21	*Viereckige*, au lieu de Vierechige.
73	7	*Fee-Farm*, au lieu de Tee-Farm.
77	20	*Capitäl*, au lieu de Cäpital.
79	10	ital. *Arte del Legname*, au lieu de Arte del ital. Legname.
101	6	Composite *order*, au lieu de ordre.
105	28	*Shell*, au lieu de Schell.
120	35	*Ornament*, au lieu de ornement.
121	40	To take *off*, au lieu de To take of.
122	1	*centime*, au lieu de centime.
128	1	*altro*, au lieu d'attro.
135	39	*parte*, au lieu de parti.
138	22	Ebrasure *an-*, au lieu de au-
145	16	*Égréné*, au lieu d'Égrenée.
147	25	*architecture*, au lieu de arthitecture.
151	40	*Sketch*, au lieu de Scketch.
161	13	*Shutters*, au lieu de Schutters.
186	12	*di gesso*, au lieu de digesso.
192	25	*ionian*, au lieu de ionion.
205	30	*Ornament*, au lieu de Ornement.
222	10	une virgule après ments.
224	4	*Bastone*, au lieu de Baston.
229	23	*Pavilion*, au lieu de Pavillon.
237	24	*de*, au lieu de du.
241	13	*colo panconcello*, au lieu de colopanconcello.
246	37	*Maurerarbeit, Mauerwerk*, au lieu de Mauerarbeit, Mauerwerk.
248	3	*Compagnia massonica*, au lieu de Fabbrica.
276	21	*Modell machen*, au lieu de Modellmachen.
297	8	*Ottastilo*, au lieu de Ottastillo.
298	30	*Tischgeräthkammer*, au lieu de Fischgeräthkammer.
308	32	*Dachstuhlpfette*, au lieu de Dachstuhlfette.
317	14	*Brooch*, au lieu de Broock
319	1	*Pendenza d'una*, au lieu de Pendenza, d'una.
326	4	*Pedestal*, au lieu de Pidestal.
329	20	*hervortre*, au lieu de hervorre.
333	15	*unten*, au lieu de un ten.
343	36	*Appoggio*, au lieu d'Appogio.
354	12	*Balken mit*, au lieu de Balkenmit.
354	24	*practice*, au lieu de pratice.
367	16	*The*, au lieu de She.
386	12	*Ecclesia-*, au lieu d'Ecclesia.
392	4	*abutment*, au lieu d'abutnen.
393	33	*Tennis*, au lieu de Terris.
394	40	*Ratzebourg*, au lieu de Ratzbourg,
422	28	*Vollendung*, au lieu de Wollendung,
454	43	*Rostpfahl*, au lieu de Rostpfahl.